Mathematik im Kontext

Reihe herausgegeben von

David E. Rowe, Mainz, Deutschland

Klaus Volkert, Bergische Universität Wuppertal, Köln, Deutschland

Die Buchreihe Mathematik im Kontext publiziert Werke, in denen mathematisch wichtige und wegweisende Ereignisse oder Perioden beschrieben werden. Neben einer Beschreibung der mathematischen Hintergründe wird dabei besonderer Wert auf die Darstellung der mit den Ereignissen verknüpften Personen gelegt sowie versucht, deren Handlungsmotive darzustellen. Die Bücher sollen Studierenden und Mathematikern sowie an Mathematik Interessierten einen tiefen Einblick in bedeutende Ereignisse der Geschichte der Mathematik geben.

Renato Acampora

Evangelista Torricelli

Mathematiker des Großherzogs
Ferdinand II. der Toskana

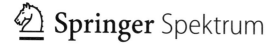 Springer Spektrum

Renato Acampora
Niederweningen, Zürich, Schweiz

ISSN 2191-074X   ISSN 2191-0758   (electronic)
Mathematik im Kontext
ISBN 978-3-662-66406-3   ISBN 978-3-662-66407-0   (eBook)
https://doi.org/10.1007/978-3-662-66407-0

Die Deutsche Nationalbibliothek verzeichnet diese Publikation in der Deutschen Nationalbibliografie; detaillierte bibliografische Daten sind im Internet über http://dnb.d-nb.de abrufbar.

Planung/Lektorat: Nikoo Azarm
Springer Spektrum ist ein Imprint der eingetragenen Gesellschaft Springer-Verlag GmbH, DE und ist ein Teil von Springer Nature.
Die Anschrift der Gesellschaft ist: Heidelberger Platz 3, 14197 Berlin, Germany

Für Elsbeth

Vorwort

Am 24./25. Oktober 2008 jährte sich zum 400. Mal der Geburtstag von Evangelista Torricelli, was aber diesseits und jenseits der Alpen nur wenig Beachtung gefunden hat. Immerhin erschien zu diesem Anlass ein Büchlein[1], welches dem Leben Torricellis gewidmet ist. Angeregt durch diese Biographie begann ich mich näher mit dem Werk des berühmten Mathematikers und Physikers zu befassen. Schon bald wurde mir klar, dass Torricelli neben seinen allgemein bekannten Leistungen als Mathematiker (u. a. die Weiterführung von Cavalieris Indivisiblengeometrie, die Quadratur der Zykloide, die Entdeckung des unter dem Namen „Torricellis Trompete" bekannten unendlich langen Rotationskörpers mit endlichem Volumen) und als Physiker (u. a. die Entdeckung des Luftdrucks im Zusammenhang mit seinem Vakuumexperiment sowie des Torricellischen Ausflussgesetzes) noch sehr viel mehr zu bieten hat. So reifte in mir langsam der Wunsch heran, ein Buch über Torricellis Leben und Werk zu schreiben. Als Grundlage diente mir dabei die im Jahre 1919 von Gino Loria und Giuseppe Vassura veröffentlichte dreibändige Ausgabe der Werke Torricellis[2] (ein vierter, ergänzender Band erschien 1944), welche ihren schwerwiegenden Mängeln zum Trotz einen guten Überblick über das Gesamtwerk Torricellis verschafft. Weiter konnte ich auch Vieles aus dem einzigen zu Lebzeiten gedruckten Buch Torricellis[3] schöpfen, ebenso wie aus der im dritten Band der Werke veröffentlichen Korrespondenz Torricellis. Sehr hilfreich war auch die Tatsache, dass die Biblioteca Nazionale di Firenze alle erhalten gebliebenen Manuskripte Torricellis in hervorragender Qualität digitalisiert und im Internet zur Verfügung gestellt hat.[4] Überhaupt sind inzwischen sehr viele Sekundärquellen zu Torricellis Werk auch

---

[1] Fabio Toscano, *L'erede di Galileo. Vita breve e mirabile di Evangelista Torricelli.* Milano: Sironi Editore 2008.

[2] *Opere di Evangelista Torricelli.* Faenza 1919.

[3] *Opera geometrica Evangelistae Torricellii.* Florenz 1644.

[4] http://www.internetculturale.it/opencms/opencms/it/ (Zu den Bänden mit den torricellischen Manuskripten gelangt man durch Eingabe von „Gal. 131" bis „Gal. 154").

im Internet zugänglich gemacht worden, was mir in manchen Fällen den Gang in eine Bibliothek ersparte.

Es war mir ein Anliegen, in dem vorliegenden Buch so weit wie möglich Abbildungen (zum Teil von mir leicht bearbeitet) aus den gedruckten Werken von Cavalieri[5] und Torricelli[6] sowie aus Torricellis Manuskripten[7] zu verwenden.

Ich widme dieses Buch meiner im Oktober 2018 verstorbenen Frau Elsbeth Acampora-Michel. In vielen Stunden haben wir gemeinsam an der Übersetzung der in lateinischer Sprache geführten Korrespondenz Torricellis mit Marin Mersenne und anderen französischen Mathematikern gearbeitet. Ohne ihre fundierten Lateinkenntnisse wäre dieses Buch wohl nie zustande gekommen.

Ein großer Dank gilt Herrn Prof. Dr. Klaus Volkert, der sich bereit erklärt hat, dieses Buch in die von ihm zusammen mit Prof. Dr. David E. Rowe herausgegebene Reihe „Mathematik im Kontext" aufzunehmen. Er hat mein Manuskript aufmerksam durchgelesen und mit seinen zahlreichen Vorschlägen wesentlich zu dessen Verbesserung beigetragen. Allfällige stehengebliebene Mängel habe ich allein zu verantworten. Ebenso geht mein Dank an die Mitarbeiterinnen und Mitarbeiter des Springer-Verlags, allen voran Frau Iris Ruhmann, Frau Dr. Annika Denkert und Frau Nikoo Azarm.

Im Übrigen danke ich auch allen Freundinnen und Freunden, welche in all den Jahren stets ihr Interesse für mein im Entstehen begriffenes Buch bekundet und mich so ermutigt haben, es zu einem hoffentlich guten Ende zu bringen.

CH-8166 Niederweningen   Renato Acampora
(Kt. Zürich, Schweiz)
im August 2022

---

[5] Abb. aus Cavalieris *Geometria indivisibilibus:* ETH-Bibliothek Zürich, Rar 5291, https://doi.org/10.3931/e-rara-4238; *Exercitationes geometricae:* Zentralbibliothek Zürich, https://doi.org/10.3931/e-rara-53675

[6] Abb. aus Torricellis *Opera geometrica:* ETH-Bibliothek Zürich, Rar 5224, https://doi.org/10.3931/e-rara-4082

[7] Siehe Anm. 4.

Inhaltsverzeichnis

Evangelista Torricelli. Leben und Werk

1

En virescit Galilaeus alter.
Siehe da, es erblüht ein zweiter Galilei.

1.1 Biographie

Evangelista Torricelli wurde am 15. Oktober 1608 geboren. Während langer Zeit gingen die Meinungen über den Geburtsort auseinander: nach der am meisten verbreiteten Ansicht war es Faenza, während andere den Geburtsort nach Modigliana[1], nach Brisighella[2], Imola[3], Piancaldoli[4] und schließlich nach Rom verlegten. Erst durch das Auffinden der Taufurkunde durch Giuseppe Bertoni[5] in den Registern der Basilika San Pietro in Rom konnten alle

---

[1] Bischofsstadt in der Provinz Forlì-Cesena. TARGIONI- TOZZETTI [1780], S. 173: «Evangelista Torricelli, nativo di Modigliana, sebbene si faceva chiamare Faentino…»
[2] Eine in der Provinz Ravenna gelegene Nachbargemeinde von Modigliana. – Giambattista Tondini (aus Brisighella) nennt ihn in der Prefazione zum Tomo II der *Lettere di uomini illustri,* Macerata 1782 «Brisighellese d'origine, ma nato in Roma».
[3] In seinem Brief vom 19. Juni 1632 an Galilei spricht Castelli von seinem Schüler «Evangelista Torricelli aus Imola». (*OG,* XIV, Nr. 2277).
[4] Ortsteil von Firenzuola in der Toskana. – Vgl. *Notizie raccolte da Gio. Battista Clemente Nelli per servire alla vita del Torricelli* in *OT,* IV, S. 30.
[5] BERTONI [1987]. – Allerdings wusste zumindest Galileis Schüler Vincenzo Viviani, dass Torricellis Familie zwar aus Faenza stammte, sein Geburtsort aber Rom war. Näheres dazu weiter unten.

(*) *En virescit Galilaeus alter:* Ein nicht ganz perfektes Anagramm von „Evangelista Torricellius", von einem unbekannten Autor. Bekannt geworden durch das Torricelli-Porträt von Pietro Anichini (1610–1670) im Frontispiz der *Lezioni Accademiche* von 1715.

Abb. 1.1 Die verschiedenen Ortschaften, die als Torricellis Geburtsort diskutiert worden sind

Zweifel beseitigt werden: Rom ist die Geburtsstätte von Torricelli. Aus dieser Urkunde geht hervor, dass Evangelista der Sohn des Gaspare Ruberti, eines Maurers aus Bertinoro, einer zwischen Forlì und Cesena gelegenen Stadt, und der aus Faenza gebürtigen, aus einer reichen Familie von Großgrundbesitzern stammenden Giacoma Torricelli ist. Evangelista, der sich stets als „Faentiner" ausgab, hat also, wie es im 17. Jahrhundert nicht unüblich war, den Familiennamen der Mutter angenommen, ebenso wie Francesco und Carlo, seine beiden in Rom verbliebenen Brüder. Aber auch wenn die Ehre der Geburtsstätte nun endgültig Rom zufällt, so wird man Torricelli zu Recht weiterhin als Faentiner bezeichnen dürfen – er selbst hat dies stets so gehalten –, denn in der Keramikstadt Faenza hat er einen großen Teil seiner Jugend verbracht und den ersten Unterricht erhalten. Nach dem frühen Tod des Vaters wurde Evangelista nach Faenza geschickt, wo seine Erziehung durch den Onkel mütterlicherseits Alessandro Torricelli – nach dem Eintritt in den Camaldolenserorden unter dem Namen Don Jacopo –, der in Faenza die Pfarrei S. Ippolito führte, übernommen wurde. Seinen ersten Mathematikunterricht erhielt Evangelista bei den Jesuiten in Faenza. Der Onkel scheint die mathematischen Fähigkeiten seines Neffen bald erkannt zu haben, denn er schickte ihn nach Rom an das 1551 von Ignaz von Loyola gegründete Collegium Romanum, wo er bei Benedetto Castelli[6], einem Schüler und Freund Galileis, einen vertiefteren Unterricht genoss. Castelli war, nachdem er in Pisa Galileis Sohn Vincenzio unterrichtet hatte, im Jahre 1626 von Papst Urban VIII. als Berater für Gewässerkorrektionen und als Lehrer von Taddeo Barberini, dem jungen Neffen des Papstes, nach Rom gerufen und bald darauf zum Professor der Mathematik an der «Sapienza», der 1303 gegründeten und damit ältesten Universität der Stadt Rom, ernannt worden.

---

[6] Näheres zur Biographie von Benedetto Castelli (1578–1643), Benediktinermönch und später Abt in Montecassino, siehe FAVARO [1907/08b].

Abb. 1.2 Benedetto Castelli.
Abb. aus *Iconoteca Italiana
ossia Collezione di sessanta
ritratti d'illustri Italiani.*
Firenze 1851. (Quelle: Library
of Congress)

Während sechs Jahren war Evangelista nun Schüler von Castelli, wobei Raffaello Magiotti[7] aus Montevarchi und Antonio Nardi[8] aus Arezzo zu seinen Mitschülern gehörten – Galilei sprach jeweils anerkennend von dem „Triumvirat", wenn von diesen drei Schülern Castellis die Rede war.

Daneben war er auch als Sekretär seines Lehrers tätig, der ihn sogar, während einer kurzen Abwesenheit, zu seinem Stellvertreter ernannte. In dieser Funktion hatte er auch Castellis Korrespondenz zu erledigen; u. a. bestätigte er in einem Brief vom 11. September 1632[9] den Empfang eines Schreibens von Galilei. Darin versichert er gegenüber Galilei, dass sein Lehrer [Castelli] den *Dialogo* Galileis bei jeder Gelegenheit voll und ganz unterstütze, und er drückt seine Überzeugung aus, dass aus diesem Grund die römische Kurie noch keine

---

[7] Raffaello Magiotti (1597–1656) aus Montevarchi hatte am bischöflichen Seminar in Florenz Theologie studiert. Nebenbei war er auch Schüler Galileis und später mit diesem befreundet. 1630 trat er in Rom in die Dienste des Kardinals Giulio Sacchetti, konnte daneben aber bei Castelli weiterstudieren. – Näheres zu seiner Biographie in CHECCHI [1997].

[8] Antonio Nardi (1598–um 1649) trat 1635 in Rom in die Dienste des Kardinals Giovanni Francesco dei Conti Guidi di Bagno. Sein Hauptwerk, die *Scene* – ein neun Kapitel („Scene") umfassendes Manuskript von insgesamt 1392 Seiten zur Philosophie, Physik, Literatur und Mathematik –, ist bis heute unveröffentlicht geblieben.

[9] *OT,* III, Nr. 1; *OG,* XIV, Nr. 2301. – Galilei hatte offenbar Castelli um Unterstützung im Zusammenhang mit dem bevorstehenden Inquisitionsprozess gebeten. Der entsprechende Brief scheint aber nicht überliefert zu sein.

Abb. 1.3 Links das in den Jahren 1582–84 von Bartolomeo Ammanati errichtete Gebäude des Collegium Romanum; rechts der Palazzo Doria-Pamphilj. – Abb. aus Giovanni Battista Falda, *Il nuovo teatro delle fabriche et edificii in prospettiva di Roma moderna*. Volume primo. Rom 1665. (Quelle: https://arachne.uni-koeln.de/item/buchseite/593982)

überstürzte Entscheidung gegenüber dem Autor dieses Werkes getroffen habe.[10] Torricelli ergreift dann die Gelegenheit, um sich bei Galilei vorzustellen und sich bei ihm anzupreisen:

> Ich bin Mathematiker von Beruf, obwohl noch jung seit sechs Jahren Schüler Castellis, und ich habe zwei weitere Jahre unter der Anleitung der Jesuitenpatres im Selbststudium verbracht. Ich bin hier im Hause des Paters Abt [Castelli] und in Rom überhaupt der Erste gewesen, der Ihr Buch [gemeint ist der *Dialogo*] eingehendst und ständig bis zum heutigen Tag studiert hat, mit jenem Genuss, wie Sie sich vorstellen können, den jemand hat, der, nachdem er sich sehr eingehend mit der gesamten Geometrie, mit Apollonius, Archimedes, Theodosius

---

[10] Galileos *Dialogo intorno ai due massimi sistemi del mondo* war im Februar 1632 in Florenz veröffentlicht worden. Aufgrund des Dekrets von 1616, nach welchem es verboten war, die Ideen des Kopernikus anders als rein hypothetisch darzustellen, hatte sich Galilei persönlich nach Rom begeben, um die Druckerlaubnis zu erhalten. Diese wurde ihm denn auch erteilt, allerdings unter der Auflage, gewisse Änderungen vorzunehmen. Zwar hielt sich Galilei der Form nach an diese Auflagen, es war aber leicht zu erkennen, dass er sich zum Kopernikanismus bekannte. Castelli hatte ihm geraten, das Buch in Florenz drucken zu lassen, da in Rom inzwischen die Stimmung, vor allem bei den Jesuiten, umgeschlagen habe. Im September 1630 wurde Galilei in Florenz das Imprimatur erteilt, und so wurde der *Dialogo* schließlich im Februar 1632 in Florenz veröffentlicht, obschon von Rom aus alles unternommen worden war, den Druck zu verhindern. Doch bereits im August wurde der Verkauf des Buches untersagt.

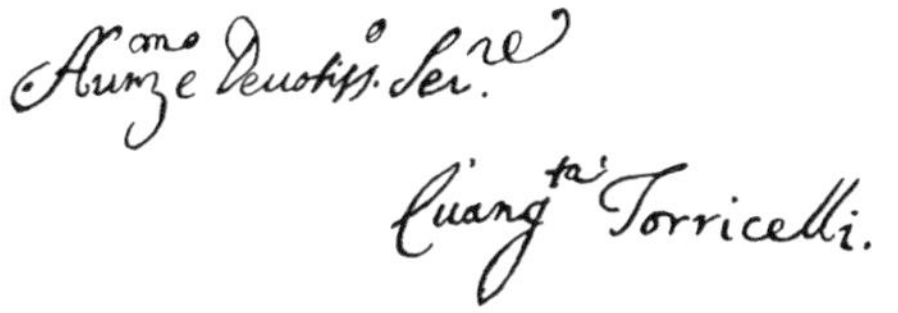

Abb. 1.4 Torricellis Signatur („Humilissimo e Devotissimo Servitore") seines Briefes vom 11. September 1632 an Galilei (*OT,* III, Nr. 1)

befasst, den Ptolemäus studiert und fast alles von Tycho, Kepler und Longomontanus gesehen hat, schließlich, von den vielen Übereinstimmungen genötigt, zum Anhänger des Kopernikus wurde, sich zu Galilei bekannte und zu dessen Gefolgschaft gehörte.[11]

Der letzte Satz zeigt, dass sich Torricelli bei seinen Studien auch intensiv mit Astronomie befasst hatte. Die Verurteilung Galileis nach der Veröffentlichung des *Dialogo* mahnte ihn dann aber offenbar zur Vorsicht, und er äußerte sich fortan nie mehr öffentlich – und auch in seinen Briefen nur ausnahmsweise – zu astronomischen Fragen. Auch in seinen nachgelassenen Schriften finden sich keine diesbezüglichen Stellen; immerhin steht aber fest, dass er sich weiterhin mit astronomischen Beobachtungen beschäftigt hat, wie seine Haushälterin bestätigte[12] und worauf auch seine Anstrengungen zur Vervollkommnung der Herstellung von optischen Linsen und der von ihm betriebene Handel mit selbstgebauten Fernrohren hinweisen. Auch die Berichte des Franzosen Balthasar de Monconys[13], der auf seiner ersten Italienreise im Jahre 1646 Torricelli in Florenz aufgesucht hat, bezeugen dessen ungebrochenes Interesse an astronomischen Themen.[14] Monconys Tagebucheintrag vom 7. November ist zu entnehmen, dass Torricelli es sogar gewagt hat, sich ihm gegenüber als Kopernikaner zu erkennen zu geben:

> Der besagte Torricelli erklärte mir auch, wie die Körper sich um ihr Zentrum drehen, wie die Sonne, die Erde und Jupiter den sie umgebenden Äther in Drehung versetzen, die näher liegenden Teile aber schneller als die entfernteren, so wie dies das Experiment beim Wasser zeigt, wenn man einen Stab in seinem Mittelpunkt dreht, und dasselbe [geschieht] bei den Planeten bezüglich der Sonne, beim Mond bezüglich der Erde, bei den mediceischen Sternen bezüglich Jupiter...[15]

---

[11] Torricelli an Galilei, 11. September 1632 (*OG,* XIV, Nr. 2301; *OT,* III, Nr. 1). – Dt. Übers. in MUDRY [1987, Bd. 2, S. 90–92]. – Im gleichen Brief berichtet Torricelli auch, dass Pater Grienberger großen Gefallen am *Dialogo* gefunden habe, Galileis Meinung aber nicht beipflichten könne und sie nicht für wahr halte, auch wenn sie es zu sein scheine.

[12] Befragt von Viviani gab sie zur Antwort: «Er arbeitete tagsüber, und nachts beobachtete er die Sterne, im Winter öfters als im Sommer». Vgl. GALLUZZI [1976, S. 84 und Anhang, Dokument C].

[13] Balthasar de Monconys (1608–1665), Arzt und Diplomat, bereiste in den Jahren 1645 bis 1649 u. a. Italien und Ägypten.

[14] S. 115–117 und 130 im *Journal des voyages de Monsieur De Monconys* etc. Première Partie. Lyon, chez Horace Boissat & George Remeus, MDCLXV. – Der den Besuch bei Torricelli betreffende Tagebucheintrag ist auch in *OT,* IV, S. 84–85 zu finden.

[15] *Ibid.,* S. 130–131.

Abb. 1.5 Giovanni Ciampoli
(Lorenzo Crasso, *Elogii
d'huomini letterati*. [Parte
prima] Venedig 1666, S. 271).
(Quelle: https://doi.org/10.
3931/e-rara-25050)

Nach der Veröffentlichung des *Dialogo* im Jahre 1632 fiel auch Galileis enger Freund Giovanni Ciampoli[16] – bis dahin ein aussichtsreicher Kandidat für die Kardinalswürde – in
Ungnade und wurde vom Papst als Gouverneur in die Provinz versetzt, zuerst nach Montalto della Marca, 1636 nach Norcia, 1637 nach Sanseverino, 1640 nach Fabriano und 1642
schließlich nach Iesi.

Torricelli folgte ihm offenbar ins Exil, allerdings möglicherweise erst einige Zeit später; eine notarielle Urkunde vom 13. Juni 1635 bestätigt jedenfalls, dass er sich zu dieser
Zeit als Sekretär des Gouverneurs in Montalto aufgehalten hat.[17] Auch seine Anwesenheit
in Sanseverino wird durch mehrere Urkunden aus den Jahren 1637–39 belegt[18]; weitere
Lebenszeichen Torricellis gibt es erst wieder aus den Jahren 1640–41, nämlich drei aus

---

[16] Giovanni Battista Ciampoli (1589–1643) hatte an den Universitäten Padua und Pisa studiert, wo er
Galileis Schüler war. Er setzte sich maßgeblich für die Erteilung des Imprimatur für Galileis *Dialogo*
ein, wobei er Papst Urban VIII. versicherte, dass sich Galilei an die ihm gemachten Auflagen halten
werde. Es mögen noch weitere Gründe zu Ciampolis Versetzung ins Exil geführt haben, doch der
Hauptgrund liegt mit Sicherheit in der Rolle Ciampolis – einem entschiedenen Gegner der Jesuiten
– im Zusammenhang mit der Veröffentlichung des *Dialogo*.

[17] MEDOLLA [1993]. Die betreffende Stelle «...in camera Ill[ustrissi]mi D[omi]ni Evangelistae Tur-
ricellae faentini...» ist dort im Anhang, S. 293 wiedergegeben. – Im achten Vortrag („Über den
Ruhm") der *Lezioni Accademiche* (siehe Kap. 9) erwähnt Torricelli nebenbei seinen Aufenthalt in
Norcia: «Und was nützen mir in diesen Zeiten der Sommerhitze die kühlen Bergwinde von Norcia,
wo ich doch so viele Meilen von ihnen entfernt bin. So wie sie mir damals bekömmlich waren, als
ich in jenen Bergen wohnte, mit Ihrem gelehrtesten und berühmtesten Ciampoli, so sind sie mir jetzt
ohne Nutzen, wo ich von ihnen keine Wirkung und keinen Anteil mehr habe.»

[18] *Ibid.*, S. 291–292 und im Anhang, S. 293–296.

Fabriano geschriebene Briefe.[19] Zu Beginn des Jahres 1641 kehrte Torricelli nach Rom zurück, vermutlich wegen der Erkrankung seiner Mutter, die wenige Monate später starb. Ciampoli blieb zunächst in Fabriano; im Juli 1642 zog er nach Iesi, wo er schließlich am 8. September 1643 starb.

Im Jahre 1641, auf dem Weg nach Venedig an das Generalkapitel der Benediktiner, machte Castelli Station in Florenz. Bei dieser Gelegenheit übergab er Galilei ein Manuskript *De motu* seines Schülers Torricelli, zusammen mit einem Brief, in welchem sich dieser sehr begeistert über Galileis Werke äußerte, insbesondere über die *Discorsi:*

> Ihren Werken ist viel eher Bewunderung als ein Kommentar angemessen. Seit dem ersten Tag, als mir die Ehre zuteilwurde, Ihre Bücher sehen zu dürfen, war mein Staunen immens; nichtsdestoweniger scheint es, dass dieses letzte [Buch] über die Bewegung in mir vielmehr Mut denn Bewunderung geweckt hat. Ich gebe zu, dass ich diese Auffassung verdiente, wenn ich je die Absicht gehabt hätte, diese kleinen Schriften in Rom oder anderswo erscheinen zu lassen, und vor allem, bevor Ihr Urteil darüber feststand. Diese Blätter schrieb ich, nicht weil ich fand, dass Ihre Lehren ihrer bedurft hätten, sondern aus der Notwendigkeit, diese Abhandlung für meine geringe Intelligenz umzuformen, und aus dem Wunsch, den ich hegte, meinem fernen Lehrer [Castelli] zu beweisen, auch in seiner Abwesenheit mit einigem Fleiß sein Lehrgebiet weiter verfolgt zu haben.[20]

Galilei, dem das Manuskript infolge seiner fortgeschrittenen Erblindung vorgelesen werden musste, scheint sich gegenüber Castelli sehr lobend darüber geäußert und das Wissen des Verfassers als sehr hoch eingeschätzt zu haben. Der schlechte Gesundheitszustand und das hohe Alter seines Gastgebers ließen Castelli befürchten, dass alle noch unveröffentlichten Gedanken Galileis nach dessen Tod verloren gehen könnten. Aus diesem Grunde schlug er vor, ihm Torricelli als Assistenten zur Niederschrift dieser Gedanken zur Seite zu stellen, was Galilei dankbar annahm.[21]

Wir wissen nicht, ob Torricelli durch Castelli, der nach seinem Besuch in Arcetri nach Bologna weiterreiste, oder gar durch Galilei selbst über die Einladung nach Arcetri informiert wurde; sobald er jedoch davon erfahren hatte, wandte er sich in einem weiteren Brief an Galilei, in welchem er sein Bedauern ausdrückte, der Einladung nicht sofort nachkommen

---

[19] 8. Jan. 1640 an Magiotti, 11. Juni 1640 an Castelli, 5. Jan. 1641 wiederum an Magiotti (*OT,* III, Nr. 2–4). Die drei Briefe veranlassten Cornelis de Waard (DE WAARD [1919]) zur Annahme, dass Torricelli Ciampoli ins Exil gefolgt ist. Diese Vermutung wurde zunächst von Antonio Favaro (FAVARO [1921]) als zu wenig gesichert in Frage gestellt; mit der Zeit wurde sie dann aber von der Mehrheit der Wissenschaftshistoriker übernommen. Nach den von Medolla (vgl. Anm. 18) aufgefundenen und veröffentlichten Dokumenten scheint nun nur noch die Frage offen zu sein, ob Torricelli gleichzeitig mit Ciampoli – d. h. am 24. November 1632 – oder erst später aus Rom abgereist ist.

[20] Brief vom 15. März 1641 (*OT,* III, Nr. 7).

[21] Wie Viviani in seinem *Racconto istorico della vita di Galileo* (*OG,* XIX, S. 626) berichtet, war es Castellis Absicht, seinen Schüler als Nachfolger Galileis im Amte des Hofmathematikers ins Spiel zu bringen; ein Vorhaben, das dann auch tatsächlich in Erfüllung gehen sollte.

Abb. 1.6 Galilei im Hofe seiner Villa in Arcetri (Zeichnung von Giovanni Silvestri, 1818). (Mit freundlicher Erlaubnis von Prof. Roberto Vergara Caffarelli)

zu können, da er während der Abwesenheit Castellis dessen Unterricht weiterzuführen habe und somit bis zu dessen Rückkehr zuwarten müsse.[22]

Am 29. Juni bestätigte er ein weiteres Mal, dass er noch immer gewillt sei, Galilei so bald wie möglich zu Diensten zu sein, dass aber Castelli den Sommer über in Venedig zu bleiben gedenke.[23] Als Beilage sandte er einen von ihm gefundenen, auf einem von Galilei formulierten Satz über die Flugbahn eines Geschosses beruhenden Beweis für die 18. Proposition in Archimedes' Werk *Über Spiralen*. In der Folge – nachdem er auf seinen Brief vom 29. Juni keine Antwort erhalten hatte – ließ Torricelli zusammen mit einem nächsten Brief[24] noch eine weitere seiner Arbeiten an Galilei übersenden, nämlich eine Abhandlung über eine Erweiterung der Methode des Archimedes' (in dessen Werk *Über Kugel und Zylinder*), worin er sich vorgenommen hatte, die Beweise seiner Propositionen ohne Verwendung von Indivisiblen zu führen. Das Original von Galileis Antwort vom 27. September,

---

[22] Brief vom 27. April 1641 (*OT*, III, Nr. 8).

[23] *OT*, III, Nr. 11.

[24] Brief vom 17. August 1641 (*OT*, III, Nr. 13).

in welchem dieser den Inhalt des verloren gegangenen Briefes noch einmal zusammenfasst, ist nicht erhalten geblieben; glücklicherweise wurde sie aber von Tommaso Buonaventuri[25] in seinem Vorwort zu Torricellis *Lezioni Accademiche* (Florenz 1715) abgedruckt.[26] Galilei wiederholt hier, dass er in jenem Brief seine Bewunderung über Torricellis Beweis der 18. Proposition des Archimedes zum Ausdruck gebracht habe:

> ... nämlich das wunderbare Prinzip, das Sie ausgedacht haben, um mit so viel Leichtigkeit und Eleganz zu beweisen, was Archimedes auf sehr unwirtlichen und mühsamen Straßen in seinen Spiralen untersucht hat, eine Straße, die mir stets sehr abstrus und abwegig erschienen ist, sodass ich mir, während ich mit Glück in hundert Jahren nicht verzweifelt wäre, die übrigen Sätze dieses Autors selber zu finden, diesen einzigen weder in tausend Jahren noch in Ewigkeit zu finden versprochen hätte.[27]

Weiter habe er seine Hoffnung zum Ausdruck gebracht, Torricelli bei sich empfangen zu dürfen, bevor er sein Leben, das sich nunmehr seinem Ende nähere, beenden werde:

> Dass sich dieser mein Wunsch erfüllen würde, dazu machten Sie mir in einem Ihrer liebenswürdigen [Briefe] nicht geringe Hoffnung; da ich nun aber in Ihrem letzten [Brief] kein Zeichen der Bestätigung dafür finde, vielmehr, wie ich aus Ihrem anderen Schreiben an den Pater Castelli erfahre[28] [...], scheint mir sehr wenig oder gar nichts mehr an lebendiger Hoffnung übrig zu bleiben. Ich will und darf nicht versuchen, derartige Begegnungen und Ereignisse zu verzögern, die sich dort bei Ihren Fähigkeiten, die so hoch über den gewöhnlichen Wissenschaften stehen, verdientermaßen einstellen werden; wohl aber sage ich Ihnen in aufrichtiger Zuneigung, dass vielleicht auch hier die Verdienste Ihres außergewöhnlichen Geistes anerkannt würden, und meine bescheidene Hütte wäre für Sie nicht zufällig eine weniger angenehme Herberge als irgendeine der prachtvollsten, denn ich bin sicher, dass Sie nirgendwo eine glühendere Zuneigung des Wirtes finden würden als in meiner Brust, und ich weiß wohl, dass dies der wahren Tugend mehr als jede andere Annehmlichkeit gefällt.[29]

Am 28. September – es ist nicht anzunehmen, dass er Galileis Brief vom 27. bereits erhalten hat – bekräftigt Torricelli ein weiteres Mal seinen Willen, sich nach Arcetri zu begeben:

---

[25] Tommaso Buonaventuri (1675–1731), seit 1697 Mitglied der Accademia della Crusca, 1713 Direktor der großherzoglichen Druckerei und zusammen mit Benedetto Bresciani (1658–1740), dem Bibliothekar von Cosimo III., Herausgeber der Werke Galileis in drei Bänden (Florenz 1718).

[26] BUONAVENTURI [1715].

[27] *Ibid.* S. xii

[28] Torricelli hatte seinem Brief an Galilei vom 1. Juni einen weiteren, für Castelli bestimmten Brief beigelegt, der übergeben werden sollte, sobald dieser auf seiner Rückreise wieder in Florenz Halt machen würde; da der Brief, der nicht überliefert ist, offen beigelegt war, konnte Galilei davon Kenntnis nehmen.

[29] BUONAVENTURI [1715, S. xiii].

Ich habe mehr denn je die Absicht, Ihnen zu dienen, doch ich bitte Sie, wie ich es in den früheren [Briefen] tat, diese kleine Verzögerung zu verzeihen, die nicht viele Tage ausmachen wird, wegen einer Angelegenheit, von der ich Ihnen vertraulich geschrieben habe.[30]

Allerdings macht er sich Sorgen um seine eigene Zukunft, die nach Galileis in Bälde zu erwartendem Tod völlig im Ungewissen liegen wird:

Was die Aussichten dort betrifft, so wird mir Ihre Gunst genügen, auch wenn mir jede andere Hoffnung fehlen mag.

Und ganz im Vertrauen fügt er hinzu, dass er sich von seinem Lehrer Castelli im Stich gelassen fühlt:

Aber hier in Rom stelle ich fest, dass ich während sieben Monaten nicht den Lehrer, sondern den Kutscher gegeben habe, und wenn ich nicht mit äußerster Vorsicht vorgehe, oder wenn derjenige nicht zurückkehrt, der mich an diese Stelle gesetzt hat, so fürchte ich, dass ich alles verloren habe.

So begab sich Torricelli im Oktober des Jahres 1641 nach Arcetri, wohin Galilei nach dem Urteil von 1633 verbannt worden war, und wurde zum Sekretär des von ihm bewunderten Meisters, bei einem Gehalt von monatlich 7 Scudi.[31] Der damals 19-jährige Florentiner Vincenzo Viviani[32], der schon zwei Jahre zuvor auf Wunsch des Großherzogs Galileis Schüler und Assistent in Arcetri geworden wer, berichtet:

Torricelli kam also in der Villa in Arcetri (wo Galilei wohnte) gegen Ende September an [Randbemerkung: vielmehr am 10. Oktober 1641, und ich zuvor im September 1639], und Galilei begann sofort damit, in Gesprächen, die er mit ihm den ganzen Tag führte, ihn darüber zu informieren, was von seinen eigenen Bemühungen und Betrachtungen, die er in Dialogform auf zwei Tage verteilen und zu den anderen vier des wenige Jahre zuvor gedruckten Werkes über die beiden neuen Wissenschaften der Mechanik und der Ortsbewegung hinzufügen wollte, noch zu erledigen war...[33]

Es gelang Galilei noch, seinem neuen Assistenten die Skizzen für eine zur Ergänzung der 1638 in Leiden gedruckten *Discorsi e dimostrazioni matematiche intorno a due nuove*

---

[30] *OT*, III, Nr. 16

[31] Dies geht aus einem Verzeichnis der Schulden Galileis hervor, das dessen Sohn Vincenzio erstellt hatte: «Al sig. Evangelista Torricelli, quale stette in casa del detto Galileo tre mesi con provisione di 7 scudi il mese come appare per una lettera e ricevuta sua, scudi quindici, sono L. 105.» [A. Favaro, Serie terza di Scampoli Galileiani; XIX. Inventario della eredità di Galileo.]

[32] Vincenzo (auch Vincenzio) Viviani (1622–1703) hatte bei P. Clemente Settimi Geometrie studiert. Der mit Settimi befreundete Galilei nahm Viviani 1639 als Schüler und Mitarbeiter in seine Villa in Arcetri auf. Zur Biographie Vivianis siehe FAVARO [1912/13].

[33] «Bozza di notizie ricordate e suggerite da me Vincenzo Viviani al Sig. Dott. Lodovico Serenai lasciatagli nelle mani nel mese di novembre 1672» (Ms. Gal. 131, c. 9*v*). – *OT*, IV, S. 21–22.

Abb. 1.7 Der Innenhof der Villa Galileis in Arcetri. Die beiden Fenster unter den Bögen beidseits der geschlossenen Türe gehören zu den Gemächern Torricellis (links) und Vivianis (rechts). (Photo: Sigrid de Vries)

scienze attinenti alla meccanica hinzuzufügende „Quinta Giornata" zu diktieren.[34] Ein zweites Vorhaben Galileis, nämlich einen Bericht über eine Reihe von älteren Experimenten im Zusammenhang mit der Stoßwirkung zu verfassen, konnte nicht mehr zu Ende gebracht werden[35], denn kaum drei Monate nach Torricellis Ankunft in Arcetri, am 8. Januar des folgenden Jahres, starb Galilei:

---

[34] Die „Quinta Giornata", welche die Definitionen 5 und 7 des V. Buches der *Elemente* Euklids zum Thema hat. Torricellis Entwurf wurde von Viviani unter dem Titel „Principio della Quinta Giornata del Galileo da aggiugnersi alle quattro stampate delle due nuove Scienze della Meccanica, e de' Movimenti Locali" in seinem Werk *Quinto Libro degli Elementi d'Euclide ovvero Scienza universale delle proporzioni spiegata colla dottrina del Galileo* (Firenze 1674) veröffentlicht. – Auch in *OG,* VIII, S. 347–362.

[35] Der Text wurde erstmals unter dem Titel „Sesta Giornata" in den *Opere di Galileo Galilei* (Firenze 1718) veröffentlicht. – Auch in *OG,* VIII, S. 321–346.

Die Konjunktion zweier so großer irdischer Leuchten durfte wohl sozusagen nur für einen Augenblick stattfinden, so wie es bei den himmlischen der Fall ist.[36]

Früher als erwartet sah Torricelli somit seine Befürchtungen bestätigt. Er war schon mit den Vorbereitungen für seine Rückkehr nach Rom beschäftigt, doch Andrea Arrighetti[37] konnte ihn überreden, mit der Abreise zuzuwarten, bis Ferdinand II., Großherzog der Toskana, aus Pisa zurückgekehrt war. Auf den Rat Arrighettis hin ernannte ihn dann der Großherzog zum Nachfolger Galileis, allerdings nicht mehr mit dem Titel «Matematico e Filosofo del Granduca», sondern „nur" noch als «Serenissimi Magni Ducis Mathematicus»[38]; gleichzeitig wurde für ihn der während Galileis Exil in Arcetri unbesetzt gebliebene mathematische Lehrstuhl an der Universität Pisa wieder eingerichtet. Neben einem ansehnlichen jährlichen Gehalt von 200 Scudi erhielt Torricelli auch freien Wohnsitz in einem Flügel des Palastes der Medici (Abb. 1.8).

Zu Beginn des Jahres 1644 wurde Torricelli außerdem mit den Vorlesungen über Festungsbau an der Florentiner Accademia del Disegno beauftragt. Zudem übernahm der Großherzog die Kosten für den Druck der *Opera geometrica* (siehe dazu Kap. 3).

Befreit von allen Existenzsorgen konnte sich Torricelli von nun an ganz der Wissenschaft widmen. Neben dem Austausch mit seinen Römer Freunden Nardi und Magiotti, dem jungen Michelangelo Ricci[39] und den Jesuiten des Collegio Romano pflegte er auch einen regen Briefwechsel mit Bonaventura Cavalieri in Bologna, ebenso mit Mersenne[40], Roberval[41] und Carcavi[42] in Paris sowie mit Du Verdus[43] in Rom. Unter seinen Leistungen auf dem

---

[36] Viviani, *Racconto istorico della vita di Galileo* (*OG*, XIX, S. 626).

[37] Andrea Arrighetti (1592–1672) hatte bei Castelli in Pisa Mathematik studiert. 1613 wurde er Mitglied der Accademia della Crusca; später hatte wurde er mit der Oberaufsicht über die Festungsbauten in der Toskana betraut. 1644 wurde er Senator, und 1668 verlieh ihm Herzog Ranuccio Farnese den Titel eines Grafen.

[38] Galilei hatte bei seiner Ernennung zum Hofmathematiker in Florenz ausdrücklich gewünscht, den Titel eines «Mathematikers des Großherzogs» mit «. . .und Philosophen» zu ergänzen (vgl. den Brief vom 7. Mai 1610 an Belisario Vinta; *OG*, X, Nr. 307). – Dass diese Ergänzung bei Torricellis Nomination wieder fallen gelassen wurde, kann als Ermahnung verstanden werden, sich angesichts der Verurteilung seines Vorgängers durch die Kirche nicht mehr zu „heiklen" Fragen zu äußern (GALLUZZI [1979, S. 46]).

[39] Michelangelo Ricci (1619–1682), Schüler von Benedetto Castelli und – bei dessen Abwesenheit – von Torricelli.

[40] Näheres zu Mersenne im Kap. 2.

[41] Gilles Personne de Roberval (1602–1675), französischer Mathematiker. Von ihm wird in den folgenden Kapiteln noch öfters die Rede sein. – Näheres zu Roberval in AUGER [1962] und in NIKIFOROWSKI & FREIMAN [1978], S. 180–213.

[42] Pierre de Carcavi (um 1605–1684), Mathematiker und Bibliothekar in Paris, der zum Kreis um Mersenne gehörte. Korrespondenz mit führenden Wissenschaftlern seiner Zeit (u. a. mit Galilei und Fermat).

[43] François du Verdus (1621–1675) ging 1641 von Bordeaux nach Paris, wo er mit Mersenne und Roberval, später auch mit Blaise Pascal bekannt wurde. Ende 1643 begab er sich im Gefolge des

Abb. 1.8 Der Palazzo Medici in der Via Larga (heute Via Cavour) Florenz, erbaut von Michelozzi für Cosimo il Vecchio, 1460 vollendet. Ende des 17. Jh. wurde der Palast von der Familie Riccardi beträchtlich vergrößert. – Abb. aus Ferdinando Leopoldo Del Migliore, *Firenze cittá nobilissima illustrata*, Florenz 1684, Abb. nach S. 198. (Quelle: Roma, Biblioteca del Senato «Giovanni Spadolini»)

Gebiete der Mathematik ragen hauptsächlich seine Arbeiten zur logarithmischen Spirale, die Bestimmung des Volumens des unendlich langen hyperbolischen Körpers (ein Körper mit unendlicher Oberfläche, aber endlichem Volumen) sowie die Quadratur der Parabel und der Zykloide hervor. Letztere war zwar zuvor bereits Roberval gelungen; weil dieser aber seine Entdeckungen nicht veröffentlicht hatte, war ihm Torricelli mit seiner diesbezüglichen Abhandlung in den *Opera geometrica* zuvorgekommen, worauf Roberval ihn – zu Unrecht, wie man heute weiß – des Plagiats bezichtigte. Sicher haben diese Anschuldigungen Torricelli sehr zugesetzt – Bossut geht sogar so weit zu vermuten, Torricelli sei aus Kummer über Robervals Plagiatsvorwürfe im Zusammenhang mit der Zykloide gestorben.[44] Selbst

---

Marquis Melchior de Mitte (der zum französischen Botschafter beim Heiligen Stuhl ernannt worden war) nach Italien. Mersenne hatte ihm bei dieser Gelegenheit Briefe an verschiedene italienische Wissenschaftler mitgegeben, was ihm u. a. die Bekanntschaft mit Torricelli eintrug. – Eine ausführliche Biographie findet man in Noel Malcolm (ed.), *The correspondence of Thomas Hobbes,* vol. II. Oxford 1994, S. 904–913.

[44] Bossut [1802, t. I, S. 298]: «Torricelli conçut un tel chagrin de cette accusation de plagiat, qu'il en mourut à la fleur de son âge». – Bossut nimmt aber Torricelli vor den Plagiatsvorwürfen in Schutz: «En suivant attentivement les démonstrations de Torricelli, on demeure convaincu qu'elles

zehn Jahre nach Torricellis Tod nahm Pascal in polemischer Form diese Vorwürfe in seiner *Histoire de la roulette*[45] wieder auf, möglicherweise in Absprache mit Roberval. Von Torricellis Leistungen auf physikalischem Gebiet sind zu nennen: das bereits erwähnte Werk *De motu,* die Entdeckung des nach ihm benannten Ausflussgesetzes und schließlich vor allem das berühmte, unter seiner Anleitung im Jahre 1644 ausgeführte Quecksilber-Experiment. Die damit verbundene Entdeckung des Luftdrucks führte schließlich zur Erfindung des Barometers, die auch heute noch Torricelli zugeschrieben wird. Auch bei der Herstellung von Linsen für den Bau von Fernrohren und Mikroskopen erwies er sich als Meister; seine Instrumente gehörten schließlich zu den besten ganz Italiens, sodass ihn der Großherzog mit einer wertvollen goldenen Kette belohnte. Aber auch außerhalb der Mathematik und den Naturwissenschaften bewies Torricelli außerordentliches Talent; seine Sprachgewandtheit fand 1642 ihre Anerkennung mit der Aufnahme in die Accademia della Crusca, die sich der Pflege der italienischen Sprache verschrieben hatte. Seine Freunde äußerten sich dazu allerdings eher skeptisch. So schrieb Cavalieri aus Bologna:

> Die Mitglieder der Accademia della Crusca haben mit Ihrer Aufnahme eine große Akquisition getätigt, die ihnen den auserlesensten Ertrag erbringen wird. Ich höre, dass sie eher physikalische als mathematische Dinge erwarten, und dies vielleicht zu Recht, denn jene würde ich eher mit der Crusca[46] vergleichen, und diese mit dem feinsten Mehl, der wahren Kost und Nahrung für den Verstand.[47]

Und Magiotti ließ sich aus Rom folgendermaßen vernehmen:

> ... ich schätze es als Sakrileg ein, dass Sie mit sprachlichen Dingen die Zeit verlieren werden, die Sie doch zum größeren sowohl privaten als auch öffentlichen Nutzen für Ihre Werke verwenden könnten.[48]

Daneben wirkte Torricelli auch in der Accademia dei Percossi mit, einer Vereinigung rund um den Maler und Komponisten Salvator Rosa, in deren Rahmen vor allem satirische Gedichte rezitiert wurden. Von Torricellis literarischen Leistungen scheint, wenn man von den *Lezioni accademiche* absieht, leider nur das folgende Epigramm erhalten geblieben zu sein, in wel-

---

lui appartiennent, et que vraisemblablement il n'avait pas lu les prétendues copies des solutions de Roberval, envoyées à Galilée, ni l'*Harmonie universelle* du P. Mersenne, publiée en 1637, où ces mêmes solutions sont imprimées.» In seiner späteren *Histoire générale des mathématiques*, t. I, Paris 1810, wiederholt er diese Aussage in ähnlicher Form, wobei er allerdings betont, dass Roberval zweifellos die Priorität zustehe.

[45] Näheres zu Pascals *Histoire de la roulette* im Kap. 5.

[46] Die Accademia della Crusca (*Crusca* ist die bei der Mehlherstellung als Nebenprodukt entstehende Kleie) hatte sich unter dem Motto *Il più bel fior ne coglie* (frei übersetzt: Die Spreu vom Weizen zu trennen) das Studium und die Bewahrung der italienischen Sprache zum Ziel gemacht.

[47] Cavalieri an Torricelli, 14. Juli 1642 (*OT*, III, Nr. 27).

[48] Magiotti an Torricelli, 19. Juli 1642 (*OT*, III, Nr. 28).

chem mit der doppelten Bedeutung des Wortes *Pontifex* (Brückenbauer – Papst) gespielt wird:

> Fecit Alexander pontem, tot millibus unum
>
> Quem cito praecipitem magna ruina dedit.
>
> Exclamare licet: fiunt si tam male pontes,
>
> O sortita malos tempora pontifices![49]

Das Epigramm spielt auf die folgende Begebenheit an: Das Arno-Hochwasser des Jahres 1637 führte in Pisa zum Einsturz der Hauptbrücke. Einem ersten Projekt zum Neubau einer dreibogigen Brücke wurde schließlich der Plan des Ingenieurs Alessandro Bartolotti vorgezogen, der vorsah, den Fluss mit einem einzigen Bogen zu überspannen. Als nach der Vollendung des Baus das Lehrgerüst entfernt worden war, stürzte die neue Brücke jedoch bereits nach acht Tagen erneut ein, worauf sich der Architekt nur durch Flucht vor der empörten Bevölkerung retten konnte.

Am 5. Oktober 1647 brach bei Torricelli ein hohes Fieber aus, begleitet von heftigen Kopfschmerzen. Nachdem die Erkrankung, deren genauer Charakter nicht bekannt ist, anfänglich nicht als gefährlich angesehen worden war, verschlechterte sich sein Zustand am Abend des 13. Oktober dramatisch. Am nächsten Morgen legte er die Beichte ab und gab seinem Freund Lodovico Serenai[50] Aufträge, die nach seinem Ableben auszuführen waren. Ihm, der seine Meinungsverschiedenheiten mit anderen Gelehrten nie in der Öffentlichkeit hatte austragen wollen, der sich bei den von anderen erhobenen Prioritätsansprüchen stets nachgiebig zeigte und selber nie solche geltend machte, war es ein wichtiges Anliegen, nach seinem Tode selbst mit seinen Gegnern, über die er sich mit persönlichen Randbemerkungen in den Büchern seiner Bibliothek verächtlich geäußert hatte, ins Reine zu kommen:

> Von jenen Büchern nehmen Sie alles, was Sie wollen [...] insbesondere gewisse, in denen ich gegen die Jesuitenpatres geschrieben habe, denn ich will, dass [alles] sorgfältigst ausradiert werde, nämlich zwei Bände von Cabeo[51] und die *Ars magna* von Athanasius Kircher; daher nehmen Sie diese an sich, dann sind es die Ihrigen und so werden sie nicht gesehen und man wird auch nicht sehen, dass ich sie je verachtet habe...[52]

---

[49] Alexander machte eine Brücke, eine unter Tausenden, die nun, eingestürzt, in Trümmern liegt. Man möchte ausrufen: „Wenn man so schlechte Brücken baut, heißt das, es ist eine Zeit schlechter Brückenbauer gekommen!" Dt. Übers. zitiert nach NIKIFOROWSKI & FREIMAN [1978, S. 179].

[50] Lodovico Serenai (1599–1685), Jurist und Verwalter *(cancelliere)* der Dombauhütte Santa Maria del Fiore in Florenz.

[51] Niccolò Cabeo (1586–1650), S.J., lehrte bis 1622 Theologie und Mathematik in Parma. Danach wurde er Priester und Professor für Mathematik am Jesuitenkollegium in Genua. Er setzte sich kritisch mit der Lehre Galileis auseinander. Bei der erwähnten zweibändigen Ausgabe handelt es sich um das Werk *In quatuor libros Aristotelis meteorologicorum commentaria et quaestiones*, Rom 1646.

[52] „Ricordi dettati a me Lodovico Serenai dal Sig.ʳ Vangelista Torricelli" (*OT*, IV, S. 86–87).

Dieses Anliegen war ihm so wichtig, dass er sogar in seinem Testament noch einmal ausdrücklich erwähnt, Serenai möge auf jeden Fall die Werke der Jesuiten Cabeo und Kircher an sich nehmen. Auf eine entsprechende Frage Serenais hin gab er genaue Anweisungen, wie mit seinem „Geheimnis der Gläser" (Torricellis streng gehütetes Verfahren zur Herstellung der Fernrohrlinsen) zu verfahren sei: Alle diesbezüglichen Notizen sollten in einer verschlossenen Kassette dem Großherzog übergeben werden, was denn auch geschah.

Bald nachdem er sein Testament gemacht hatte, fiel Torricelli ins Delirium, und er starb in der Nacht vom 24. auf dem 25. Oktober 1647 in Florenz. In seinem Brief vom 25. Oktober an Francesco Torricelli, Evangelistas in Rom lebender Bruder, schreibt Lodovico Serenai:

> In meinem [Schreiben] vom 14. dieses Monats informierte ich Sie über die schwere Krankheit Ihres Bruders Evangelista und über die Sorge, die sich Freunde und unser Herr, der Durchlauchtigste Großherzog, um seine Gesundheit machten, und ich sandte den Brief zweifach, um sicher zu sein, dass wenigstens einer [...] Sie erreichen würde. Es erstaunt mich nicht, dass weder Sie noch Ihr Herr Bruder Carlo erschienen sind, denn ich riet Ihnen, sich nicht ohne weitere Nachricht auf den Weg zu machen, aus den Gründen, die ich in jenem Brief nannte, doch ich befürchte sehr, dass Ihre Antwort verloren gegangen ist, kann ich doch nicht glauben, dass Sie, wenn Sie davon abgesehen haben, zu kommen, auch davon abgesehen haben sollten, zu schreiben. [...] Was mich mehr, sogar unendlich schmerzt, ist die Pflicht, Ihnen die traurige Mitteilung machen zu müssen vom Tode des Herrn Evangelista, der heute früh, zwei Stunden vor Tagesanbruch, eingetreten ist, zum allgemeinen Leidwesen der Stadt und unter dem außerordentlichen Mitgefühl des Großherzogs. Er hat ein Testament gemacht, in dem er mich zum Vollstrecker und als Erben zu zwei Teilen den Herrn Carlo und zu einem Teil Sie bestimmt hat, neben einigen Legaten von geringer Bedeutung. [...] An Bargeld wurden etwas weniger als dreihundertfünfzig Scudi gefunden; das Wertvollste unter dem Rest ist eine goldene Kette mit Medaillon, die etwa sechzehn Unzen wiegt, das übrige Erbe wird nicht sehr viel wert sein. Von allem wurde ein genaues Inventar erstellt, wie Sie werden sehen können. Der Leichnam wurde diesen Abend in den Gewölben der Hauptkirche San Lorenzo beigesetzt, und man wird zur Erinnerung und zu unserem und Ihrer Verwandtschaft Trost eine Inschrift anbringen. [...][53]

Das erwähnte Inventar wurde unmittelbar nach Torricellis Tod in Anwesenheit von vier Zeugen (darunter auch Viviani) erstellt und am 26. Oktober beim Notar Marchionne öffentlich beurkundet. Es enthält insgesamt 373 Posten, angefangen mit den Gegenständen der Wohnungseinrichtung bis zum vorgefundenen Bargeld, daneben sind aber auch zahlreiche Werkzeuge und Rohmaterialien aufgeführt, die zur Herstellung von Linsen dienten und die alle gemäß Torricellis Testament dem Großherzog übergeben wurden.

Torricelli hatte gewünscht, wenn möglich in der Kapelle der Domherren der Kollegiatskirche San Lorenzo in Florenz beigesetzt zu werden:

> Was das Begräbnis betrifft, so kümmert mich dies wenig, wenn es nur in einer geweihten Kirche stattfindet, denn Sie wissen, dass der Körper für uns Christen nichts bedeutet; aber

---

[53] *OT*, IV, S. 97–98

wenn es möglich wäre, so wünschte ich mir ein ehrenvolles Grab. Die Kirche San Lorenzo, und wenn möglich die Gruft der Domherren, falls sie mich für würdig erachten werden.[54]

Serenai leitete diesen Wunsch an Benedetto Guerrini, den Sekretär des Großherzogs weiter, doch der Fürst, zwar tief betrübt über den Tod seines Hofmathematikers, mochte sich nicht beim Prior von S. Lorenzo dafür einsetzen. Noch am selben Abend wurde Torricellis Leichnam in die Kirche überführt und am darauffolgenden Tag in einer eigenen Gruft beigesetzt; auf dem Sarg war eine Plakette aus Blei mit der Inschrift

EVANGELISTA TORRICELLIUS FAVENTINUS,
MAGNI DUCIS ETRURIAE MATHEMATICUS ET PHILOSOPHUS

angebracht worden. Der Großherzog hatte die Absicht, ihm im dortigen Kreuzgang ein Denkmal zu setzen. Eine in Auftrag gegebene Marmorbüste ging aber bereits bei der Anfertigung in Brüche, und das Vorhaben wurde schließlich aufgegeben, worauf die Grabstätte mit der Zeit in Vergessenheit geriet, sodass ihre genaue Stelle heute nicht mehr lokalisierbar ist. Etwa anderthalb Jahrhunderte nach Torricellis Tod musste Domenico Moreni, Bibliothekar der Biblioteca Laurenziana und Domherr an der Basilika von San Lorenzo, feststellen:

> Ein weiterer bedeutender Mathematiker ist auf unserem Friedhof begraben, und es ist dies der berühmte Evangelista Torricelli, zu dem die Toskana nach Galilei niemanden Seinesgleichen besäße, wenn ihn nicht in der Blüte seines Lebens der Tod, allzu begierig darauf, der Welt die besten Dinge zu entreißen, der Gelehrtenrepublik geraubt hätte. [...] Seine Gebeine aber ruhen derart unwürdig, denn es gibt keine Notiz, welche uns ihre Identifikation ermöglichen würde [...].[55]

Die zum 300. Geburtstag Torricellis von den Florentiner Stadtbehörden angeordneten Nachforschungen waren erfolglos, selbst die erwähnte Bleiplakette war nicht mehr auffindbar.[56] 1944, Aus Anlass des 300-jährigen Jubiläums von Torricellis Vakuumexperiment beabsichtigte die Stadt Faenza, im Kreuzgang von San Lorenzo eine Gedenktafel anbringen zu lassen, versehen mit derselben Inschrift, die sich auf der verschollenen Bleiplakette befunden hatte.[57] Es scheint jedoch, dass dieses Vorhaben nicht zur Ausführung gelangt ist, ebenso wie ein von dem Faentiner Architekten Luigi Emiliani entworfener monumentaler Brunnen, der 1947 zum 300. Todestag Torricellis hätte in Faenza errichtet werden sollen. Immerhin wurde dann aber 1948 anlässlich der von der Universität Florenz, der – 1947 ins Leben gerufenen – Accademia Torricelliana sowie der Stadt Faenza gemeinsam veranstalteten Gedenkfeiern

---

[54] *Ibid.*, S. 87.

[55] *Continuazione delle Memorie istoriche dell'Ambrosiana Imperial Basilica di S. Lorenzo di Firenze*, t. II. Florenz 1817, S. 58–59.

[56] Genauere Einzelheiten zu diesen Nachforschungen findet man in *OT*, IV, S. 114–120

[57] Ein Entwurf des Bildhauers Domenico Rambelli für diese Gedenktafel ist abgebildet in *OT*, IV, gegenüber von S. 120.

zum 300. Todestag im Kreuzgang von San Lorenzo eine Tafel enthüllt, mit einem Text von
Giorgio Pasquali[58], der an Torricelli als Wegbereiter der Infinitesimalrechnung erinnert:

EVANGELISTA TORRICELLI

BENEDICTI CASTELLI

GALILEIQVE VIRI DIVINO INGENIO

DISCIPVLVS

IVXTA BONAVENTVRAM CAVALIERI

ANALYSI INFINITESIMALI

VIAM MVNIVIT

VNIVERSA PHILOSOPHIA NATVRALI

INDAGATA

IMMORTALITATEM GLORIAE

CONSECVTVS EST

IN STVDIO FLORENTINO

INDE AB ANNO DOMINI MDCXLII

VSQVE AD MORTEM

ARTEM MATHEMATICAM PRAELEGIT ([59])

Torricellis Brüder hatten offenbar den Wunsch nach einem Porträt von Evangelista geäußert;
der von Serenai damit beauftragte Maler Lorenzo Lippi (1606–1665) hatte das Bildnis am
4. Dezember[60] vollendet, welches von Serenai gegen Ende Januar 1648 nach Rom gesandt
wurde. Wie es scheint, ist das Gemälde erst vor kurzem von der Kunsthistorikerin Francesca
Baldassari wieder aufgefunden worden.[61]

---

[58] Giorgio Pasquali (1885–1952), Prof. für griechische und lateinische Sprache an der Universität
Florenz und ab 1936 Mitglied der Accademia della Crusca.

[59] «Evangelista Torricelli. Er war Schüler von Benedetto Castelli und von Galilei, einem Mann von
göttlicher Geisteskraft. Zusammen mit Bonaventura Cavalieri war er Wegbereiter für die Infinitesimalrechnung [die Analysis des Unendlichen]: Er erforschte die gesamte Naturphilosophie und
erlangte dadurch den Ruhm der Unsterblichkeit. Am Florentiner Studio [Universität] beschäftigte er
sich von 1642 an bis zu seinem Tod mit der Mathematik.» (Übersetzung von Frau Regina Peter).

[60] Serenai, der während der Krankheit und nach dem Tod Torricellis peinlichst genau Buch führte
über Einnahmen und Ausgaben, notierte am 4. Dezember 1647: «Dem Herrn Lorenzo Lippi, Maler,
drei Scudi dafür, dass er das Porträt des Herrn Vangelista angefertigt hat, das im Auftrag und im
Einverständnis mit dem Herrn Carlo Torricelli nach Rom zu senden ist; und für die Leinwand und
den Rahmen 6 Lire, 6 Soldi, 8 Danari».

[61] Das Bildnis diente offensichtlich als Vorlage für das Frontispiz in den *Lezioni accademiche
d'Evangelista Torricelli* (Firenze 1715). Francesca Baldassari gibt eine Beschreibung des Porträts
S. 36–49 in *Un battito d'ali. Ritrovamenti e conferme*. Maastricht – The European Fine Art Fair,
Maastricht 18–27 marzo 2011. Stand 366 – Galleria Silvano Lodi & Due.

Abb. 1.9 Lorenzo Lippi: Porträt von Evangelista Torricelli. 1647. Öl auf Leinwand, 47,7 × 36 cm. (Mit freundlicher Erlaubnis von Silvano Lodi)

1.2 Die erfolglosen Bemühungen um die Herausgabe der Werke Torricellis

Torricelli hatte verfügt, dass seine für den Druck vorbereiteten Manuskripte an Cavalieri in Bologna zu senden seien, der dann frei darüber entscheiden möge, welche davon er veröffentlichen wolle. Die restlichen Schriften seien dann an Michelangelo Ricci in Rom weiterzugeben, der sie ordnen und schließlich publizieren solle.

Die letzten Briefe Cavalieris erreichten Torricelli, als dieser bereits auf dem Sterbebett lag und wurden daher erst nach dessen Tod geöffnet. Ihnen war zu entnehmen, dass Cavalieris Gesundheitszustand es verhinderte, ihm die Veröffentlichung von Torricellis Schriften zu übertragen. Serenai musste einsehen, dass somit dem Willen Torricellis nicht entsprochen werden konnte, und so bat er Cavalieri in seinem Brief vom 26. Oktober, in welchem er ihm den Tod seines Freundes mitteilte, die sich bereits in seinen Händen befindlichen Torricellischen Manuskripte zurückzusenden. Nun wandte sich Serenai an Michelangelo Ricci[62], der sich jedoch außerstande sah, die Aufgabe zu übernehmen:

> Jener Eifer, mit dem ich in den vergangenen Jahren das Studium der Mathematik betrieben habe, begann sich abzukühlen, einige Monate bevor Herr Torricelli seligen Angedenkens starb, und nach seinem Tode hat er dermaßen nachgelassen, dass ich eher Abneigung als Vergnügen empfinde, mich der Sache zu widmen. Dies wäre jedoch kein ausreichender Grund, um dieses Unternehmen aufzuschieben, zu dem mich Herr Evangelista bestimmt hatte [. . .]; ich bin aber derart beschäftigt, dass in der Vielzahl der Gedanken die Begriffe der Geometrie, die für

---

[62] Am 4. April 1648 (GALLUZZI [1975, Nr. 378]).

Abb. 1.10 Porträt von
Michelangelo Ricci
(1619–1682). Kupferstich
von Jacques Blondeau,
gedruckt bei Giovanni
Giacomo de Rossi in Rom.
https://commons.m.wikimedia.org/
wiki/File:Michelangelo_
Ricci_(par_Blondeau).jpg

sich allein den ganzen Verstand und das Vorstellungsvermögen beanspruchen, keinen Platz
haben.[63]

Auch Raffaello Magiotti, Torricellis Freund aus der Römer Zeit, sah sich nicht imstande,
diese Aufgabe zu übernehmen. Schon begann man sich Sorgen zu machen, ob nicht die
Verzögerung beim Druck der nachgelassenen Schriften vielleicht von Anderen – es war dabei
vor allem an Roberval zu denken – ausgenützt werden könnte, um Torricellis Ergebnisse
als ihre eigenen zu veröffentlichen. Nach langen Bemühungen Serenais erklärte sich dann
Viviani – inzwischen zum Nachfolger Torricellis als Hofmathematiker des Großherzogs
ernannt – dazu bereit, die Herausgabe der Manuskripte an die Hand zu nehmen.

Um sich aber ja keinem Verdacht auszusetzen, stellte er die Bedingung, niemals ein
Originalmanuskript Torricellis anzufassen, sodass der mathematisch nicht sehr gewandte
Serenai gezwungen war, eigenhändig Kopien der Dokumente anzufertigen, eine Aufgabe,
die er mit Akribie ausführte – es wurden beispielsweise selbst alle von Torricelli eigenhändig

---

[63] 11. April 1648 (GALLUZZI [1975, Nr. 381]).

Abb. 1.11 Vincenzo Viviani. Ausschnitt aus einer Radierung von Francesco Allegrini, 1763, nach einer Zeichnung von Giuliano Traballesi. (Abb. aus *Serie di ritratti d'uomini illustri toscani con gli elogj istorici dei medesimi*, t. II, 1668, S. 156. Quelle: Kunsthistorisches Institut in Florenz – Max-Planck-Institut)

gestrichenen Abschnitte sorgfältigst abgeschrieben und dann ebenfalls durchgestrichen – und mit der er während vier Jahren beschäftigt war. Serenai berichtet über diese Arbeit:

> ... Für welche Kopien ich die äußerste Sorgfalt verwendete, die mir möglich war, indem ich mit dem Text nicht nur die Figuren übertrug, auch die durchgestrichenen und die ausradierten, sondern auch jede Linie, jeden Punkt und beinahe jeden Tintenklecks, damit in meinen Kopien nichts fehlte von dem, was der Autor in seinen eigenen Notizen ausdrücken wollte.[64]

---

[64] Serenai in seinem Brief vom 27. Dezember 1673 an Viviani, abgedruckt S. 117–121 in V. Viviani, *Quinto libro degli Elementi d'Euclide*. Firenze 1674. – Weitere Auszüge aus diesem Brief im Anhang C.

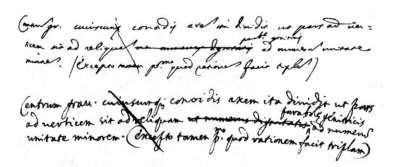

Abb. 1.12 Zum Vergleich: Torricellis Original oben (Ms. Gal. 141, c. 266*r*) und die von Serenai angefertigte Kopie unten (*ibid.*, c. 324*r*) einer Stelle aus dem Manuskript *De infinitis parabolis,* mit denselben Streichungen und Korrekturen

Außerdem bemühte er sich bei verschiedenen Stellen um Abschriften von Briefen Torricellis an die jeweiligen Adressaten. So gelang es ihm, von Stefano degli Angeli[65] etwa ein Dutzend Briefe Torricellis an Cavalieri zu erhalten; durch Vermittlung von Lorenzo Magalotti[66] konnte er sich auch Kopien der Briefe an Ricci und Magiotti sichern.

Viviani machte sich daran, die in einem wirren Durcheinander vorgefundenen Dokumente zu ordnen und zusammenzustellen. In einem Brief an Erasmus Bartholinus[67] berichtet er über den vorgesehenen Inhalt der posthumen Werke Torricellis und deren noch bevorstehende Bearbeitung:

> Beiliegend sende ich Ihnen eine Aufstellung der nachgelassenen originalen Werke des Herrn Torricelli, die sich seit dessen Tod bei Herrn Serenai befinden, der, um teilweise Ihrem Wunsch und Ihrer Neugierde zu entsprechen, aus dem Vorwort des Buches über die Proportionen das kopiert hat, was, wie Sie sehen, im Zusammenhang mit der Abhandlung *De lineis novis* steht, welche derselbe Herr Torricelli herauszugeben versprochen hatte. Ich weiß noch nicht, ob der plötzliche Tod ihm die Möglichkeit genommen hat, derart außerordentliche und wunderbare Entwürfe auszugestalten und zu vervollkommnen, die er in seinem besagten Vorwort schwach andeutet, da ich bis jetzt keine Kopie irgendeines Blattes zu diesem Thema bei mir gehabt habe. Da es sich um einen ersten Entwurf und um die ersten Ausführungen solch hochstehender

---

[65] Stefano degli Angeli (1623–1697), wie Cavalieri ein Angehöriger des Jesuatenordens, lehrte ab 1644 latur, Philosophie und Theologie in Ferrara. 1645 kam er nach Bologna, wo er unter den Einfluss von Cavalieri gelangte. Nach dessen Tod verzichtete er aus Bescheidenheit auf den ihm angebotenen frei gewordenen Lehrstuhl und ging nach Rom, wo er 1647–52 Rektor der Ordensschule am Kloster SS. Giovanni e Paolo war. 1662 erhielt er den Lehrstuhl für Mathematik an der Universität Padua, wo in den Jahren 1664–68 James Gregory zu seinen Studenten gehörte.

[66] Lorenzo Magalotti (1637–1712), Schüler Vivianis und ab 1660 Sekretär der Accademia del Cimento.

[67] Rasmus Bartholin (1625–1698), dänischer Mediziner, Mathematiker und Physiker. Er hatte u. a. in Padua studiert, wo er 1654 zum Dr. med. promoviert wurde. 1656 Professor der Mathematik und Medizin an der Universität Kopenhagen.

Betrachtungen handelt, befürchte ich jedoch – bei dem Durcheinander und den Fehlern – die Unvollkommenheit des Werkes selbst, das vielleicht nicht abgeschlossen und in jedem seiner Teile bewiesen, sondern an vielen Stellen nur angedeutet ist.[68]

Bei der Bearbeitung will er gleich vorgehen, wie bereits bei den anderen geometrischen Arbeiten, die er schon in den Händen gehabt hat:

> . . . nachdem ich sie, so gut wie es mir möglich war, besser geordnet habe (da sie völlig unge-ordnet vorgefunden worden waren), die fehlerhaften Stellen und die Schreibfehler verbessert, die üblicherweise in den ersten Entwürfen gemacht werden, alle Dinge entfernt, die von ihm oder von anderen bereits gedruckt worden sind und nichts zur Sache beitragen, und schließlich jene richtiggestellt habe, die aus Unachtsamkeit falsche Aussagen oder Schlussfolgerungen enthalten.

Für die notwendigen Vervollständigungen sieht er sich allerdings auf die Unterstützung durch Andere angewiesen, die in diesen neuen Betrachtungsweisen viel geübter sind,

> . . . da ich seit zehn Jahren oder vielmehr seit dem Tod des Herrn Galilei, meines Lehrers, infolge von verschiedenen Widerwärtigkeiten und schlechten Umständen, Feinden, häuslichen Angelegenheiten usw., sozusagen völlig fern von solchen Studien geblieben bin, die im Übrigen meinem Verstand völlig angemessen wären, nicht aber meinen Neigungen.

Schließlich verspricht er seinem Briefpartner, aber auch allen übrigen Mathematikern Europas, dass die Veröffentlichung von Torricellis Werken in Kürze zu erwarten sei; allerdings habe man noch mit einer geringen Verzögerung zu rechnen. Noch am 9. Januar 1655 hatte Carlo Dati[69] an Cassiano dal Pozzo, den Sekretär der Accademia della Crusca, geschrieben, dass in Bälde mit dem Druck der restlichen Werke Torricellis begonnen werde.[70] Aber selbst mehr als zwanzig Jahre später vermochte Viviani in einem Brief an Antonio Baldigiani[71] erst den Titel zu nennen, unter dem die geplante Werkausgabe erscheinen sollte:

---

[68] Brief von Viviani an Bartholin vom 4. September 1655 (GALLUZZI & TORRINI [1984, Nr. 632]).

[69] Carlo Dati (1619–1676). Näheres zu ihm im Kap. 5.

[70] Siehe Lettera LI in *Lettere inedite di alcuni illustri Accademici della Crusca che fanno testo di lingua.* 2ª edizione, Firenze 1837.

[71] Brief vom 7. Juni 1678. Siehe FAVARO [1887, Dokument V, S. 824–825]. – Antonio Baldigiani S.J. (1647–1711), Professor der Mathematik am Collegium Romanum, war von dem altersschwachen Athanasius Kircher gebeten worden, einige Teile seines Werks *Etruria illustrata [Iter Hetruscum]* durchzusehen, u. a. die Biographien von Galilei, Torricelli und Viviani. In einem Brief vom 26. Mai 1678 (FAVARO [1887, Dokument IV, S. 822–823]) hatte Baldigiani um eine Aufstellung sämtlicher Werke Torricellis gebeten, sowohl der veröffentlichten als auch der unveröffentlichten, der vollendeten wie auch der unvollkommenen oder erst geplanten. – Kirchers Werk ist nie gedruckt worden, weil es offenbar von der jesuitischen Zensur abgelehnt wurde, obschon Kircher bereits einen Vertrag mit dem Drucker van Waesberge in Amsterdam abgeschlossen hatte; auch über das Verbleiben des Manuskripts ist nichts bekannt.

Evangelistae Torricelli Faventini, mathematici, olim Serenissimi Ferd. II. Magni Etruriae
Ducis, opera posthuma mathematica, quae extant omnia in tres partes tributa, quarum Miscellanea circa magnitudine planas curvas ac solidas, mechanica quaedam. De tactionibus et de
Proportionibus libri cum enarratione quorundam problematum geometricorum. – Stereome-
trica et centrobaryca. – Tractatus de lineis novis.

Ein vierter Teil sollte schließlich noch einige der *Lezioni accademiche* und den privaten
Briefwechsel enthalten. Im selben Brief betont Viviani, mit wie viel Aufwand das Ordnen
und Bearbeiten von Torricellis Manuskripten verbunden war:

> Mit wie viel Mühe ich an diesen Werken gearbeitet und zu ihnen beigetragen habe, wird
> man deutlich erkennen, aber niemals in gleichem Maße wie jemand, der sie ungeordnet und
> unvollkommen gesehen hat.

Seiner Antwort hat Baldigiani offenbar die Entwürfe der Biographien Galileis, Torricellis
u. a. beigefügt, zu denen sich Viviani lobend äußert; allerdings zählt er einige Ungenauig-
keiten in der Biographie Galileis auf. Zu Torricellis Biographie, die leider nicht überliefert
ist, meint er:

> Was jene andere [Biographie] Torricellis betrifft, die ebenfalls sehr schön ist, scheint es sehr
> wichtig zu sein, wenn man vom hyperbolischen Körper spricht[72], dass man jene bewunderns-
> werte Entdeckung hervorheben soll, zu der die Alten nie vorgedrungen sind, das Unendliche
> zu messen, indem man einen Körper, der kein Ende hat, auf ein endliches Maß reduziert.[73]

Es fehlte nicht an Stimmen, die Viviani für die andauernden Verzögerungen tadelten.[74]
Es kann jedoch nicht erstaunen, dass Viviani bei seiner Arbeit nicht vorangekommen ist,
musste er doch infolge seiner umfangreichen anderweitigen Verpflichtungen selbst viele
seiner eigenen Werke unveröffentlicht lassen, und auch sein Vorhaben einer Gesamtausgabe
der Werke Galileis konnte zu seinen Lebzeiten nicht zu einem Abschluss gebracht werden.
Nach jahrelanger Beschäftigung mit den Manuskripten Torricellis musste Viviani erkennen,
dass er mit diesem Auftrag überfordert war, und so gab er schließlich auf.

Es ergibt sich hier die Gelegenheit, nochmals auf die Frage nach Torricellis Geburtsort
zurückzukommen. Im Rahmen seiner Arbeiten hatte Viviani offenbar geplant, auch eine
Biographie seines Freundes zu verfassen. So hatte er den aus Faenza stammenden, in Florenz
am Hofe der Medici lebenden Grafen Fabrizio Laderchi gebeten, in Faenza Informationen
bezüglich Torricellis Taufurkunde einzuholen, worauf er zur Antwort erhielt:

---

[72] Gemeint ist der durch Rotation der Hyperbel $y = 1/x$ ($x \geq a > 0$) um die x-Achse entstehende
Körper von unendlicher Höhe und endlichem Volumen. – Näheres dazu im Abschn. 3.5.

[73] Brief vom 14. Juni 1678. Siehe FAVARO [1887, S. 135–137 (Dokument VI)].

[74] So z. B. G.B. Clemente Nelli, der Viviani sogar des Neids gegenüber Torricelli bezichtigte. – Siehe
FAVARO [1886, S. 202 (Dokument LXXV)].

Mit Bezug auf die von Ihnen gewünschten Informationen über Evangelista Torricelli teilt man mir aus Faenza mit, dass er zwar aus Faenza stammt, aber in Rom geboren wurde[75], wie die Personen bezeugen, die ihn gekannt haben. [...] Es wurden auch Nachforschungen in den Taufbüchern angestellt, wobei nichts diese Person Betreffendes gefunden wurde.[76]

Serenais Korrespondenz im Zusammenhang mit der Herausgabe von Torricellis Werken zeigt eindrücklich, wie sehr er bei seiner Arbeit mit Schwierigkeiten zu kämpfen hatte. Wie wir gesehen haben, war schon die Suche nach einem geeigneten Bearbeiter sehr aufwendig gewesen, ebenso auch die Bemühungen um die Zusammenführung der Briefe Torricellis. Außerdem mussten zahlreiche Anfragen etlicher Personen beantwortet werden, die sich nach dem Stand der Dinge erkundigten, und es fehlte auch nicht an mahnenden Stimmen, die zur Eile aufriefen, damit nicht Andere die Torricelli zustehenden Früchte ernten sollten.

Mit der Familie Torricelli – mit den Brüdern Carlo und Francesco in Rom und dem Onkel Don Jacopo in Faenza – mussten anfänglich praktische Fragen der Erbschaftsverteilung geklärt werden, doch bald stand die Veröffentlichung der nachgelassenen Werke Evangelistas im Vordergrund. Immer wieder erkundigten sich die Angehörigen nach dem Stand der Dinge, und jedesmal musste Serenai sie vertrösten. So schrieb er am 29. Mai 1648 an Francesco:

... Sie mögen bedenken, dass selbst die lebenden Autoren viel Zeit aufwenden, bevor sie ihre fertigen Werke drucken können; Sie können glauben, dass man für jene [Manuskripte] des Herrn Evangelista umso mehr aufwenden muss, da er bereits gestorben ist und die Werke von ihm nicht geordnet hinterlassen worden sind. Ich bin mir meiner Verpflichtung in dieser Sache bewusst und tue mein Möglichstes dazu, was mir zweckmäßig scheint. Aber es gibt viel mehr Hindernisse als Sie sich vorstellen, und sie sind nicht alle auf meine Beschäftigungen oder auf mich zurückzuführen.[77]

Damit scheint er Francesco aber nicht überzeugt zu haben, der nun die Sache offenbar selber in die Hand nehmen will. Er schrieb am 27. Juni an seinen Onkel Jacopo Torricelli in Faenza:

Jener Herr[78], der von Evangelista testamentarisch eingesetzt worden ist, um seine Werke durchzusehen, war zwar unpässlich gewesen, aber jetzt geht es ihm gut; er ist ein sehr guter Freund von mir und hat sich zusammen mit einem anderen, mit mir und Evangelista befreundeten Herrn[79] anerboten, und ich weiß sehr wohl, dass alle beide mehrere Male nach Florenz geschrieben haben, dass man diese [Werke] schicken solle, da sie jetzt dazu bereit wären. Diesbezüglich mögen Sie es nicht unterlassen, per Brief daran zu erinnern, dass man diese schicken möge.

---

[75] Siehe Anm. 6.

[76] Brief Laderchis an Viviani vom 25. November 1677. *Discepoli di Galileo*, t. LV (Ms. Gal. 165, c. 200*r*).

[77] GALLUZZI & TORRINI [1975, Nr. 386].

[78] Michelangelo Ricci.

[79] Raffaello Magiotti.

Ich habe dieses auch ihm [d. i. Serenai] geschrieben, und er hat mir geantwortet, dass es Dinge sind, die viel Zeit erfordern. Ich glaube, dass das stimmt, aber wenn man sich nicht befleißigt, wird man nie zu einem Ende kommen.[80]

Francescos Behauptung, dass Ricci nun plötzlich gewillt sein soll, die Herausgabe der Werke Torricellis zu übernehmen, ist allerdings unglaubwürdig. Es stimmt zwar, dass sich Ricci bereit erklärt hatte, zusammen mit Magiotti Torricellis Abhandlung *De proportionibus* durchzusehen und seine Meinung dazu zu äußern, doch hatte er gleichzeitig klargemacht, dass er nicht in der Lage sei, weitere Aufgaben zu übernehmen.[81] Dass Francesco so sehr zur Eile mahnt, liegt in der Befürchtung begründet, dass die Veröffentlichung möglicherweise zu spät erfolgen könnte:

> Mir wurde gesagt, dass der Mathematiker in Frankreich [d. i. Roberval] sich anschickt, die- selben Werke zu veröffentlichen; wenn dies wahr sein sollte, so würde ich es bedauern, und ich würde beinahe vermuten, dass es irgendeine Absprache gibt, um unsere Bemühungen im Keime zu ersticken.[82]

Jacopo leitete diesen Brief an Serenai weiter[83], der am 18. Juli antwortete und dabei in Erin- nerung rief, dass nach dem Tod Cavalieris der von Torricelli an zweiter Stelle als Herausgeber genannte Ricci diese Aufgabe mit Nachdruck *(espressissimamente)* abgelehnt hatte. Zu dem von Jacopos Neffen geäußerten Verdacht schrieb Serenai:

> Ich kann nicht umhin zu vermuten, dass Ihre Neffen von irgendeiner Person aufgestachelt worden sind, welche diese Schriften aus Neugierde oder aus einem anderen Interesse zu sehen wünscht [. . .]. Sie werden sie aber überreden können, Geduld zu üben, denn nachdem von den durch Herrn Vangelista Genannten der erste [d. i. Cavalieri] gestorben ist und der andere [d. i. Ricci] verhindert ist, bin ich es ihm und mir und der ganzen Welt schuldig, mich so sehr dafür einzusetzen, wie ich es für meine eigenen Angelegenheiten tun würde.[84]

Am gleichen Tag schrieb Serenai auch an Magiotti, dass er ihn gerne in Rom aufsuchen und dabei die Arbeiten Torricellis mitbringen würde, was ihm aber nicht erlaubt sei. Daher forderte er Magiotti zu einem Besuch in Florenz auf:

---

[80] GALLUZZI & TORRINI [1975, Nr. 391].

[81] Brief vom 11. April 1648. GALLUZZI & TORRINI [1975, Nr. 381].

[82] GALLUZZI & TORRINI [1975, Nr. 391]. – Einen ähnlichen Verdacht hatte bereits Ottavio Ferrari (1607–1682), Professor an der Universität Padua, in seinem Brief an Serenai vom 20. März 1648 (*ibid.*, Nr. 375, S. 498–499) geäußert und deshalb zur Eile bei der Veröffentlichung von Torricellis Werken gemahnt.

[83] *Ibid.*, Nr. 392.

[84] *Ibid.*, Nr. 396.

Hier könnten Sie bei mir bequem die Schriften des guten Torricelli einsehen, da es mir nicht erlaubt ist, sie Ihnen auf andere Weise zu zeigen. Hier würden Sie deren Veröffentlichung vorantreiben [...]. Hier werden Sie, so hoffe ich, meiner Unwissenheit tatkräftig nachhelfen...[85]

Der Briefwechsel zwischen Serenai und den Gebrüdern Torricelli in Rom scheint um die Mitte des Jahres 1648 eingestellt worden zu sein, jener mit Jacopo lief zwar weiter, aber es sind offenbar einige Briefe nicht überliefert, wie aus dem Inhalt der uns erhaltenen Briefe hervorgeht. Am 19. März 1650 berichtete Serenai an Don Jacopo, dass er von Stefano degli Angeli die Briefe Torricellis an Cavalieri erhalten habe, dass er aber untröstlich sei,

... denn es sind sehr wenige, nämlich etwa ein Dutzend (während ich etwa fünfzig erwartet hätte) und unseren Bedürfnissen wenig entsprechende. Ich hoffe dennoch, daraus einigen Nutzen zu ziehen, aber eine lange Abwesenheit und dann eine lange Unpässlichkeit des Herrn Vincenzo Viviani [...] beeinträchtigen das Anlegen der letzten Hand erheblich.[86]

In kurzen Abständen meldete sich Jacopo, um sich nach dem Stand der Arbeiten, aber auch nach der Gesundheit von Serenai und Viviani zu erkundigen. Um ihn zu beruhigen antwortete Serenai am 3. September:

Es gibt keinen Zweifel daran, dass man vorankommt, aber es geht unmöglich schneller, und außer Herrn Viviani darf ich niemand anderen dafür einsetzen, aus vielerlei Gründen, ohne die offensichtliche Gefahr und beinahe Gewissheit der Unterdrückung und des Verlustes der Arbeiten und Schriften des Herrn Evangelista, der viele Nacheiferer und Neider hatte...[87]

Am 26. November schrieb er:

... Sie können beruhigt sein über die ständigen Fortschritte bei der Veröffentlichung der Werke des Herrn Evangelista; Sie können auch über mich beruhigt sein, denn wir kommen wirklich stets voran, nicht gerade mit jener Geschwindigkeit, die ich mir sehnlichst wünschte [...]. Ich schlage mich derzeit mit dem Graveur der Figuren herum, der unerbittlich bezahlt sein will und sich teuer verkauft, denn zu unserem Leid ist er der einzig Verbliebene, sind doch zwei von diesen gestorben und andere von hier weggezogen.[88]

und am 26. Dezember schließlich:

Ich bestätige Ihnen, ehrwürdiger Pater, die Fortschritte des Unternehmens und dass das zu druckende Buch ständig größer wird, während die Menge der Schriften abnimmt, die noch nicht darauf hoffen können, ans Licht gebracht zu werden.[89]

---

[85] *Ibid.*, Nr. 395.
[86] *Ibid.*, Nr. 433.
[87] *Ibid.*, Nr. 441.
[88] *Ibid.*, Nr. 443.
[89] *Ibid.*, Nr. 445.

Am 1. April 1651 musste er dann aber mitteilen, dass Viviani erneut gezwungen sei, seine Arbeiten infolge seiner üblichen und einiger neu hinzugekommenen familiären Verpflichtungen zu unterbrechen.[90]

Der nun fast 90-jährige und sein baldiges Ende nahen sehende Don Jacopo schrieb ein letztes Mal am 13. Januar 1652:

> Mich tröstet ein wenig, dass Sie nicht wollen, dass Ihre Bemühungen und die Arbeit jenes anderen hochverehrten Herrn [d. i. Viviani] vergeblich sein sollen. Ich werde Sie in dieser Angelegenheit nicht mehr belästigen, denn ich befürchte, Ihnen zum Überdruss geworden zu sein. Wenn der Herrgott mir noch Wartezeit geben wird, werde ich darauf warten, dass mir von Ihnen dereinst eine tröstende Nachricht gegeben wird.[91]

In seinem am 26. September 1674 aufgesetzten Testament[92] hatte Serenai verfügt, Torricellis Manuskripte seien an Agostino Nelli[93] zu übergeben, falls dieser bereits verstorben sein sollte, an den Testamentsvollstrecker Ridolfo Paganelli[94] und schließlich, sollte auch dieser nicht mehr am Leben sein, an Carlo Dati; in jedem Fall seien sie jedoch stets Viviani für die Arbeit an der Gesamtausgabe zur Verfügung zu halten. Nach Beendigung dieser Arbeit sollten die Papiere schließlich in den Besitz der Mediceischen Bibliothek übergehen.

Serenai starb am 28. Februar 1685, ohne dass Viviani mit seiner Arbeit zu einem Abschluss gekommen wäre, wobei anzunehmen ist, dass nicht nur die von dem Letzteren genannten familiären Verpflichtungen ausschlaggebend dafür gewesen waren. Vivianis Scheitern muss nämlich nicht erstaunen, denn:

> Als profunder Kenner der klassischen antiken Geometrie betrachtete Viviani diese als Endpunkt, hier ist er stehen geblieben; Torricelli kannte diese Geometrie ebenfalls gut, doch er betrachtete sie als Ausgangspunkt für neue Forschungen, für neue Ziele, für eine neue Wissenschaft.[95]

So gingen die Manuskripte nach dem Tod Serenais testamentsgemäß an Agostino Nelli über, der aber noch im gleichen Jahr starb.[96] Sein Sohn Giovanni Battista Nelli (1661–1725) konnte dann seinen Lehrer und Freund Viviani dazu bewegen, die Dokumente in Verwahrung zu nehmen.

Aus Angst vor einer Hausdurchsuchung – er hatte im privaten Rahmen das heliozentrische System vertreten und sich auch in anderen Dingen gegen die kirchliche Lehrmeinung

---

[90] *Ibid.*, Nr. 448.

[91] *Ibid.*, Nr. 463.

[92] Der wesentliche Inhalt des Testaments ist abgedruckt in GALLUZZI & TORRINI [1975, S. xxiv–xxv].

[93] Agostino Nelli (?–1685), Mitglied der Accademia della Crusca.

[94] Ridolfo Paganelli (1618–1693) war wie Nelli ein Schüler und Vertrauter Torricelli.

[95] TENCA [1958, S. 249].

[96] Einige Manuskripte blieben allerdings im Besitze von Ridolfo Paganelli, der sie dann 1714 an Tommaso Buonaventuri verkaufte.

Abb. 1.13 Giovanni Battista Nelli. (Quelle: Kunsthistorisches Institut in Florenz – Max-Planck-Institut)

geäußert – bewahrte Viviani die Papiere versteckt im Kornspeicher seines Hauses auf.[97] Leider unterließ er es, Anordnungen zu treffen, was nach seinem Ableben mit dem ihm anvertrauten Material zu geschehen habe. So gelangte dieses nach seinem Tode zusammen mit Manuskripten von ihm selbst, von Galilei, Castelli und anderen, auch außeritalienischen Mathematikern, schließlich im Jahre 1703 an seinen Neffen, den Abt und Lektor der Mathematik in Florenz Jacopo Panzanini[98], nach dessen Tod im Jahre 1733 wiederum an die Neffen Carlo und Angelo Panzanini, die zu jener Zeit das Haus von Viviani bewohnten, wobei die Dokumente aber stets in dem besagten Kornspeicher verblieben. Nach dem Tod des Abtes

---

[97] Siehe z. B. G. Venturi, *Memorie e lettere inedite finora o disperse di Galileo Galilei,* Parte seconda, Prefazione. Modena 1821.

[98] Viviani hatte keine direkten Nachkommen; Jacopo Panzanini war der Sohn von Vivianis Schwester und 1794 Vivianis Nachfolger auf dem Lehrstuhl am Florentiner Studio.

muss jemand – vielleicht ein Diener des Hauses – auf die Papiere gestoßen sein und von Zeit zu Zeit ein Bündel davon an einen Wursthändler verhökert haben, der dann damit die in seinem Laden verkauften Waren einzupacken pflegte. Als Giovanni Battista Clemente Nelli (1725–1793), der Sohn von Giovanni Battista, im Jahre 1749 bei diesem Händler zwei Pfund Mortadella eingekauft hatte, erkannte er beim Auspacken, dass das Einwickelpapier Teil eines Briefes von Galilei war. So rasch wie möglich kehrte er in den Laden zurück und kaufte dem Händler die noch übrig gebliebenen Papiere ab. 1750 konnte er schließlich aus dem Nachlass der Erben von Panzanini auch noch das bei ihnen verbliebene Material erwerben.[99] Auch später noch gelang es ihm, an verschiedenen Orten noch weitere Teile des ursprünglichen Bestandes ausfindig zu machen und zu erstehen bzw. zu kopieren.[100] Ein Vergleich des von Nelli erstellten Verzeichnisses der von ihm erworbenen Manuskripte mit Serenais Inventar von Torricellis Schriften zeigt, dass bei dem mehrmaligen Besitzerwechsel erstaunlicherweise nur geringfügige Verluste entstanden sind.

Clemente Nelli hatte zwar damit begonnen, eine Herausgabe der Werke Torricellis vorzubereiten, doch war seiner Arbeit ebenfalls kein Erfolg beschieden, und so verfügte er kurz vor seinem Tode testamentarisch für den Fall, dass seine Nachkommen kein Interesse an den Manuskripten zeigen sollten und sie zu verkaufen wünschten, diese zuerst dem Großherzog der Toskana anzubieten seien. Als aber die Erben 1805 in finanzielle Schwierigkeiten geraten waren, versuchten sie, die Sammlung unter der Hand an einen Antiquar zu veräußern. Der Versuch wurde aber publik, das Archiv wurde beschlagnahmt und inventarisiert, wobei sich zeigte, dass sich der Bestand inzwischen entgegen dem letzten Willen Nellis bereits verringert hatte. Schließlich wurde das Ganze von Großherzog Ferdinand III. erworben[101] und in seine private Biblioteca Palatina übernommen. 1861 gelangten die Manuskripte an die Biblioteca Nazionale in Florenz, wo sie nun einen wichtigen Teil der Sammlung «Fondo Galileiano» bilden. Diese Sammlung ist in fünf Abteilungen gegliedert:

1. Anteriori a Galileo (10 Bände)
2. Manoscritti di Galileo in 6 Teilen (insgesamt 86 Bände)
3. Contemporanei di Galileo (11 Bände)

---

[99] Nelli gibt eine Zusammenstellung der von ihm erworbenen torricellischen Manuskripte in den *Novelle Letterarie pubblicate in Firenze,* tomo XI (1750), col. 593–598. Näheres dazu im Anhang A zu diesem Kapitel. – Über den Kauf wurde auch in den Regensburger *Wöchentlichen Nachrichten von gelehrten Sachen auf das Jahr 1750,* XLIII. Stück, S. 316, berichtet. – Die Liste der erworbenen Manuskripte ist auch zu finden in FARINI [1826, S. 89–91, Anm. 27].

[100] Die Geschichte der wunderbaren Rettung der Manuskripte ist nachzulesen bei Gio. Targioni-Tozzetti, *Notizie degli aggrandimenti delle scienze fisiche accaduti in Toskana,* t. I, Firenze MDC-CLXXX, S. 124–125 (siehe Anhang B zu diesem Kapitel).

[101] Der Gesamtpreis für die Sammlung betrug 1046 Zechinen; der Wert der darin enthaltenen „Torricelliana" wurde auf 80 Zechinen geschätzt. – Die im Zusammenhang mit dieser Beschlagnahme stehenden Dokumente wurden veröffentlicht von A. Favaro, „Documenti inediti per la storia dei manoscritti Galileiani nella Biblioteca Nazionale di Firenze", *Bullettino* XVIII (1886), S. 206–223, Dokumente LXXVII–LXXXI.

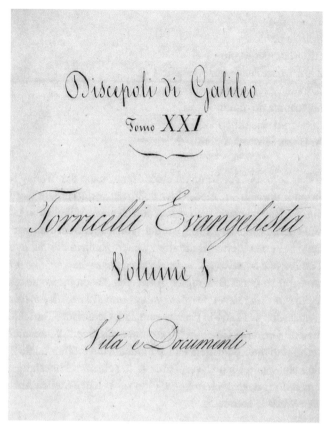

Abb. 1.14 Titelblatt des ersten Bandes der Torricellischen Manuskripte (Ms. Gal. 131)

4. Discepoli di Galileo (148 Bände)
5. Posteriori di Galileo (48 Bände)

Die Bände XXI–XLIV der *Discepoli di Galileo* enthalten die torricellischen Manuskripte. Sie sind, wie auch die übrigen Bände der Sammlung, inzwischen digitalisiert und im Internet zugänglich gemacht worden.[102] Wir geben hier eine Kurzübersicht über ihren Inhalt (die detaillierten Angaben findet man jeweils am Anfang der einzelnen Bände; Beschreibungen sind auch in GHINASSI [1864, S. xxxvii–xlvii] und in *OT,* IV, S. 167–180, enthalten):

- XXI. Vita e documenti.
- XXII. Carteggio familiare.

---

[102] http://www.internetculturale.it/opencms/opencms/it/ (Zu den Bänden mit den torricellischen Manuskripten gelangt man durch Eingabe von „Gal. 131" bis „Gal. 154").

- XXIII. Opere letterarie.
- XXIV. Prospettiva pratica.
- XXV–XXXIII. Matematica pura 1–9.
- XXXIV–XXXV. Miscellanee matematiche 1–2.
- XXXVI–XXXVII. Meccanica dei solidi 1–2.
- XXXVIII. Meccanica dei fluidi.
- XL–XLII. Carteggio scientifico 1–3.
- XLIII–XLIV. Documenti alle opere 1–2.

Nach mehreren gescheiterten Anläufen zu einer Herausgabe der Werke Torricellis waren in der Zwischenzeit immerhin einzelne seiner Schriften veröffentlicht worden. So hatte im Jahre 1715 Tommaso Buonaventuri die *Lezioni accademiche* mit einer vorangestellten Biographie Torricellis herausgegeben; 1768 wurden Torricellis Schriften zur Trockenlegung des Val di Chiana[103] in den vierten Band der zweiten Auflage der anonym veröffentlichten *Raccolta d'autori che trattano del moto delle acque* aufgenommen; 1778 gab Angelo Fabroni[104] im Anhang zu seiner Biographie Torricellis dessen *Racconto d'alcune proposizioni proposte e passate scambievolmente tra matematici di Francia e me dall'anno 1640 in qua*[105] heraus. Anlässlich des 1864 in Faenza zum 256. Geburtstag Torricellis eingeweihten Denkmals publizierte Giovanni Ghinassi[106], zusamen mit einem Verzeichnis der veröffentlichten und unveröffentlichten Schriften, einige bis dahin unveröffentlichte Briefe Torricellis und andere Dokumente, und auch Caverni zitierte in seinem sechsbändigen Monumentalwerk *Storia del metodo sperimentale in Italia*[107] an zahlreichen Stellen Abschnitte aus noch unveröffentlichten Werken Torricellis.

---

[103] Das sich zwischen Arezzo und Orvieto erstreckende Tal des Flusses Chiana litt schon in der Antike wegen seines geringen Gefälles unter jährlich wiederkehrenden Überschwemmungen, sodass das Gebiet mit der Zeit immer mehr versumpfte und von der Malaria heimgesucht wurde. Eine endgültige Trockenlegung des Gebietes gelang erst im 19. Jahrhundert.

[104] Angelo Fabroni (1732–1803), Verfasser einer 20 Bände umfassenden Biographie hervorragender italienischer Gelehrter des 17. und 18. Jahrhunderts (*Vitae Italorum doctrina excellentium qui in saeculis XVII. et XVIII. floruerunt*, Pisa 1778–1805).

[105] FABRONI [1778]. – Die Biographie Torricellis findet sich auf den Seiten 345–374, der *Racconto* auf S. 376–399. – Näheres zum *Racconto* im Kap. 10.

[106] GHINASSI [1864]. – Giovanni Ghinassi (1809–1870) war der erste Rektor des R. Liceo in Faenza, dem späteren «Liceo Torricelli».

[107] In seiner Einleitung zu den *Opere di Evangelista Torricelli* weist Gino Loria allerdings darauf hin, dass diesem Werk mit einigen Vorbehalten zu begegnen ist, «denn allzu oft trübt der Wunsch, Galilei anzuschwärzen, beim Autor die Klarheit des Urteils und die historische Redlichkeit». – Auch Antonio Favaro (FAVARO [1907/08, S. 17]) spricht von ihm als dem «gewohnten Anschwärzer des großen Philosophen»; an anderer Stelle (FAVARO [1914/15, S. 716]) nennt er ihn sogar den «grössten seiner Verleumder».

1.3   Endlich: Die Veröffentlichung der *Opere di Evangelista Torricelli*

Am Congresso Internazionale di Scienze Storiche, der im April 1903 in Rom stattfand, regte Gino Loria[108] an, als Fortsetzung der eben abgeschlossenen *Edizione Nazionale* der Werke Galileis eine ebensolche Ausgabe für Torricelli in Angriff zu nehmen. Der Vorschlag fand einhellige Zustimmung, und so wurde am 6. April 1903 der folgende Beschluss gefasst:

> Die Sektion VIII des Congresso Internazionale di Scienze Storiche Matematiche e Fisiche (Rom 1903) wünscht, dass die Regierung Seiner Majestät, des Königs von Italien, der R. Accademia dei Lincei die Aufgabe überträgt, die handschriftlichen Werke von Evangelista Torricelli dahingehend zu prüfen, welche von ihnen es verdienen, gedruckt zu werden und die Leitung der vollständigen Publikation aller seiner bereits veröffentlichten Werke sowie der für würdig befundenen unveröffentlichten zu übernehmen, ohne seinen wissenschaftlichen Briefwechsel auszuschließen, um auf diese Weise die begonnene Arbeit der *Edizione Nazionale* der Werke Galileis zu vervollständigen.[109]

Mit der Sichtung der in der Biblioteca Nazionale in Florenz aufbewahrten Manuskripte Torricellis beauftragte die Accademia dei Lincei Giovanni Vailati[110], der zu jener Zeit am Istituto Tecnico in Como tätig war. Zu diesem Zweck wurde Vailati auf den Beginn des Schuljahres 1904/05 an das Istituto Tecnico «Galileo Galilei» in Florenz versetzt. Schon im November musste er aber die inzwischen aufgenommenen Vorarbeiten wieder einstellen, da er in die Kommission für die Reform des Sekundarschulunterrichts berufen worden war.

Nachdem ein vom Kongress der italienischen Physikalischen Gesellschaft des Jahres 1906 in Rom erfolgter Aufruf an die Regierung, die Herausgabe der Werke finanziell und moralisch zu unterstützen, wirkungslos geblieben war, beauftragte die Stadt Faenza im Jahre 1908 Giuseppe Vassura, damals im Schuldienst in Faenza[111], mit der Weiterführung der begonnenen Arbeiten.

1919 – über ein Jahrzehnt nach Torricellis 300. Geburtstag – erschien dann in Faenza endlich die ersehnte Ausgabe der Werke Torricellis in drei Bänden (Band I in zwei Teilen), veröffentlicht von Gino Loria und Giuseppe Vassura.[112]

---

[108] Gino Loria (1862–1954) war 1886–1935 Professor für höhere Geometrie in Genua, wo er auch Mathematikgeschichte lehrte.

[109] *Bollettino di Bibliografia e Storia delle Scienze Matematiche* **6** (1903), S. 93. – Siehe auch Loria [1904, S. 27].

[110] Giovanni Vailati (1863–1909) hatte in Turin Ingenieurwissenschaften und Mathemtik studiert und war später im Schuldienst an verschiedenen höheren Schulen tätig.

[111] Vassura unterrichtete 1907–10 Physik und Chemie am Liceo Torricelli in Faenza.

[112] Einen ausführlichen Bericht über den Werdegang der *Opere di Evangelista Torricelli* findet man in der *Introduzione* zu *OT*, I$_1$, S. xxviii–xxxviii.

Abb. 1.15 Giovanni Vailati
(1863–1909). (Quelle:
wikipedia)

Für die Bände II und III zeichnete Vassura allein als Herausgeber; nach der Vollendung dieser beiden Bände legte er aus nicht geklärten Gründen die Arbeit nieder[113], sodass sich die Stadt Faenza um einen Nachfolger bemühen musste. Dieser wurde in der Person von Gino Loria gefunden, der sich nach langem Zögern schließlich zur Weiterführung der begonnenen Arbeit bereit erklärte und dann allein für die Herausgabe der beiden Teile des ersten Bandes besorgt war. Allerdings blieb gerade dieser erste Band nicht frei von Kritik: So erhob Bortolotti in seiner Rezension[114] den schweren Vorwurf, Loria habe die Gedanken Torricellis nicht richtig erfasst. In der Tat wurde Torricelli von Loria dargestellt als

… profunder Kenner und eifriger Förderer der geometrischen und mechanischen Methoden mit den Unterschriften von Euklid, von Archimedes und von Cavalieri, der sich uns darbietet als letzter Spross jener von Pythagoras begründeten, ruhmreichen Dynastie, die durch die Machtübernahme durch die analytische Geometrie und der infinitesimalen Analysis gestürzt worden ist.[115]

---

[113] Es wird vermutet, dass ihn Spielschulden dazu zwangen, Italien zu verlassen; in seiner Einleitung zum Band I,1 der *Opere* spricht Loria nur davon, Vassura sei zu Beginn des Jahres 1912 aus seiner Heimatstadt weggezogen. Er arbeitete dann während einiger Jahre in Argentinien als Elektroingenieur, kehrte 1917 nach Italien zurück, um sich 1919 nach dem Erscheinen der drei Bände der *Opere* nach Tripolitanien zu begeben, wo er als Direktor der Societá Elettrica Coloniale Italiana tätig war. 1942 kehrte er wiederum in seine Heimat zurück, wo er 1944 schließlich noch einen vierten, ergänzenden Band mit Dokumenten zu Leben und Werk Torricellis herausgab.

[114] *Per. Mat.* (4) **2** (1922), 274–279.

[115] LORIA [1922, S. i–vii].

Abb. 1.16 Links: Giuseppe Vassura (1866–1949). Abb. aus *Convegno di studi torricelliani.* Faenza 1958, S. 158. – Rechts: Gino Loria (1862–1954). Abb. aus *Osiris* **7** (1939), S. 4

Bortolotti widerspricht dieser Ansicht vehement, und er führt auch mehrere namhafte Zeugen – u. a. Leibniz, Wallis, Montucla, Chasles – an, welche Torricelli mit seiner Weiterentwicklung der Indivisiblenmethode Cavalieris im Gegenteil als Pionier der modernen Infinitesimalmathematik betrachten. Lorias Sichtweise liegt wohl vor allem darin begründet, dass er ohne große Begeisterung die undankbare Aufgabe übernommen hatte, die von Viviani nach logischen und nicht nach chronologischen Gesichtspunkten geordneten, außerdem nicht fertig ausgearbeiteten Manuskripte Torricellis durchzusehen und sich bei seiner Arbeit darauf beschränkte, diese getreu zu transkribieren, sie somit in einer Form veröffentlichte, in der sie Torricelli selber niemals zum Druck freigegeben hätte. Ein Vergleich mit den Originalmanuskripten zeigt, dass Loria – offenbar unter Zeitdruck stehend – sich kaum mit dem Inhalt der Texte auseinandergesetzt hat und dass er beim Transkribieren manchmal unsorgfältig vorgegangen ist; bisweilen treten auch störende Verwechslungen von Buchstaben bei der Bezeichnung von Punkten auf, und gewisse Figuren sind falsch oder mangelhaft wiedergegeben.[116] So gesehen muss Lorias Arbeit als ungenügend betrachtet werden. Er hat denn auch seine Fehler eingesehen, wie er später schrieb:

---

[116] Obwohl Loria in der *Introduzione* zum ersten Band der *Opere di Evangelista Torricelli* schreibt: «... wir haben uns darauf beschränkt, die vom Autor [Torricelli] flüchtig hingeworfenen Skizzen durch Figuren zu ersetzen, die es tatsächlich ermöglichen, die dargelegten Überlegungen verständlich zu machen», ist uns dieser Mangel v. a. in den beiden Abhandlungen *De centro gravitatis sectoris circuli* aufgefallen.

Ich erkenne heute, dass ich nicht erfolgreich gewesen bin, denn die Edition geriet nicht so, wie ich sie mir erwünscht hatte und wie es der erhabene Faentiner verdient hätte; alle Kritiken, die mir gegenüber geäußert wurden bezüglich der Art und Weise, in der die Texte veröffentlicht worden sind, sind so gerechtfertigt, dass ich sie schon vorher gegen mich selbst erhoben hatte...[117]

Sein Scheitern kann durchaus mit jenem von Viviani verglichen werden, wie Luigi Tenca[118] meint:

Zwischen Viviani, der erkannt hatte, nicht die nötige Bildung und die geistigen Vorausset-zungen zu besitzen, um diese Arbeit zu bewältigen und nicht zur Veröffentlichung schritt, um uns nicht etwas zu übergeben, das Torricellis nicht würdig war, und Loria, der ohne die erforderlichen Vorbereitungen, ohne den Faentiner richtig verstanden zu haben, uns ein Werk mit schwerwiegenden Mängeln übergab, wer von den beiden verdient Tadel?[119]

Aber auch der dritte Band mit der wissenschaftlichen Korrespondenz Torricellis weist viele, hauptsächlich die Datierung der Briefe betreffende Mängel auf.[120] Henri Bosmans erhebt in seiner Rezension[121] den Vorwurf, Vassura habe offenbar unter Zeitdruck bei Briefen, von denen zwar kein Original, wohl aber mehrere Kopien existierten, jeweils nur gerade das erstbeste Exemplar verwendet, das ihm begegnet sei.[122] Er stellt zudem die Frage, ob bei der Transkription der Dokumente mit genügender Sorgfalt vorgegangen worden sei. Als gravierendstes Beispiel führt er Robervals letzten Brief an Torricelli an:

---

[117] *Boll. UMI,* Dez. 1926 (hier zitiert nach TENCA [1958, S. 252]).

[118] Luigi Tenca (1877–1960) war Herausgeber des *Bollettino di Matematiche e Scienze fisiche e naturali* und Verfasser zahlreicher mathematikhistorischer Arbeiten, u. a. über Torricelli, Viviani, Castelli, Guido Grandi.

[119] TENCA [1958, S. 251].

[120] In den meisten Fällen handelt es sich um falsche Jahresangaben, was darauf zurückzuführen ist, dass Vassura nicht beachtet hat, dass in Florenz damals das neue Jahr jeweils am 25. März *(ab incarnatione)* begann.

[121] BOSMANS [1920].

[122] Als Beispiel nennt Bosmans die Nr. 152 (Brief von Torricelli an Mersenne) im Band III der *Opere.* – Unter Verwendung einer von Serenai angefertigten unvollständigen Kopie gibt Vassura als Datum des Briefes „Juni 1645" an, während dieser in der Ausgabe der *Correspondance de Mersenne,* gestützt auf das in der Nationalbibliothek Wien befindliche Original, mit „vers le 21 mars 1645" datiert wird. Es handelt sich dabei offensichtlich um die Antwort auf Mersennes Brief vom 15. März 1645 (*OT,* III, Nr. 149). In seinem Brief vom 26. März an Torricelli (*OT,* III, Nr. 142) zitiert Michelangelo Ricci aber aus dieser Nr. 152, was bedeutet, dass deren Datum vor Ende März 1645 angesetzt werden muss. Im vierten Band der *Opere di Evangelista Torricelli* (*OT,* IV, S. 206–210) veröffentlichte Vassura dann den vollständigen Text des Originals, allerdings immer noch mit der Überschrift «Torricelli a Marino Mersenne, a Parigi [... giugno 1645]». Der ganze Text wurde auch von C. de Waard im *Bulletin des Sciences Mathématiques* (3) **44** (1920), S. 243–248 abgedruckt (aber datiert mit „fin de mars 1645"). De Waard, *ibid.* S. 239 ff., macht dort auch detaillierte Angaben zur richtigen Datierung der Korrespondenz.

Das letzte Stück des III. Bandes ist die Neuausgabe eines langen Briefes von Roberval an Torricelli, wiedergegeben gemäß dem in den *Ouvrages de Mathématiques de M. de Roberval. A Amsterdam, chez Pierre Mortier.* MDCCXXXVI gedruckten Text. Nun begegnet man in der Ausgabe von Herrn Vassura [...] dem unverständlichen Wort «sufficuborum». [...] Konsultiert man die Ausgabe von Amsterdam, so bemerkt man, dass der Kopist, indem er zwei Seiten aufs Mal umwendete, vergessen hat, die Seiten 370 und 371 zu kopieren. Man muss lesen: «sufficere», sodann den ganzen Text der beiden weggelassenen Seiten, die im Übrigen wichtig sind für die Geschichte der Zykloide, dann schließlich «cubocuborum».

Band I,1:

Band I,2:

Band II:

Der Band III enthält den bereits erwähnten *Racconto d'alcuni problemi...* (S. 7–32) sowie den 215 Nummern umfassenden wissenschaftlichen Briefwechsel Torricellis (S. 33–510).

Aus Anlass des 300. Jahrestages der Erfindung des Barometers und 25 Jahre nach der Publikation der Bände I–III veröffentlichte Vassura 1944 noch einen vierten, ergänzenden Band mit Dokumenten zu Leben und Werk Torricellis sowie einem Anhang mit Nachträgen zum Briefwechsel und drei Arbeiten von Autoren des 20. Jahrhunderts zum Werk von Torricelli.

Band IV:

Als Ergänzung zu diesem vierten Band gab der Faentiner Lokalhistoriker Giuseppe Rossini (1877–1963) schließlich noch weitere, bis dahin größtenteils unveröffentlichte, im Zusammenhang mit Torricelli und dessen Familie stehende Briefe und Dokumente heraus.[123]

Nachdem die Erstausgabe der Werke Torricellis vergriffen war, schlug Luigi Tenca am Schluss des anlässlich des 350. Geburtstages von Torricelli am 19.–20. Oktober 1958 in Faenza stattgefundenen «Convegno Torricelliano» die Besorgung einer neuen kritischen Ausgabe vor:

Bei der Redaktion der neuen Ausgabe sind alle berechtigten Kritiken, die gegen die Erstausgabe erhoben worden sind, zu berücksichtigen. Und mit Dankbarkeit gelten unsere Gedanken dem Andenken an Prof. Ettore Bortolotti, für alle von ihm veröffentlichten Studien zu den Manuskripten von Evangelista Torricelli und für seine Bemerkungen zur Erstausgabe. [...] Gewiss, wer sich an diese neue schwere Arbeit machen wird, der wird beachten müssen, was er geleistet hat; seine Bemerkungen werden auch ein sicherer Führer für neue Studien sein. Vor allem aber ist es notwendig, damit sich die Fehler der Vergangenheit nicht wiederholen, dass zuerst lange, ernsthafte Forschungen anhand der Torricellischen Manuskripte durchgeführt werden, nicht anhand von unvollkommenen handschriftlichen Kopien, [...]. Und es ist danach zu trachten, ihn richtig zu verstehen, in den Geist seiner Auffassungen, seiner Beweise einzudringen, es gilt gut nachzudenken, um seine Gedanken zu verstehen, wo er sich nicht deutlich

_____

[123] Rossini [1956]

ausdrückt. Eine schwierige und äußerst mühsame Aufgabe: es wäre ein schwerer Fehler, mit Phantasie zu arbeiten.[124]

Als erste Anwärter für diese Aufgabe nannte Tenca neben manchen weiteren Namen die Mathematikhistoriker Ettore Carruccio[125] und Angiolo Procissi[126], während er sich selber dazu außerstande erklärte:

> Denkt nicht an mich, ich bin sehr alt, ich habe schwerwiegende familiäre Sorgen, die mir die geistige Ruhe rauben; wenn man mich darum bitten wird, werde ich Ratschläge erteilen können, denn ich kenne Torricelli und alle seine Freunde durch ihre Manuskripte, wie sie nur wenige kennen; ich werde ein sehr strenger Ratgeber sein, ich werde jenen gewiss keine Beachtung schenken, die leichtfertig ihre Beiträge anbieten sollten, ohne die nötige besondere Vorbereitung dafür vorzuweisen.

Dieser Aufruf brachte aber bis heute nicht den gewünschten Erfolg. Immerhin hat Lanfranco Belloni dem Anliegen Tencas entsprochen, als er im Jahre 1975 ausgewählte Werke Torricellis in italienischer Sprache herausgab.[127] In einem ersten Teil sind darin die *Opera geometrica* aus dem Jahre 1644 und die Schrift *Delle spirali infinite*[128] enthalten, daneben verschiedene Anwendungen der Indivisiblenmethode; im zweiten Teil findet man die *Lezioni accademiche,* den Briefwechsel zwischen Torricelli und Michelangelo Ricci im Zusammenhang mit dem Vakuumexperiment sowie die Schriften zur Trockenlegung des Val di Chiana.

1.4 Ehrungen

Im Hinblick auf den 250. Geburtstag Torricellis im Jahre 1858 wurde der Faentiner Bildhauer Alessandro Tomba mit dem Entwurf eines Denkmals für den berühmten Sohn der Stadt beauftragt. Nachdem der inzwischen in Florenz lebende Künstler ein Gipsmodell der Statue vorgestellt hatte, wurde ihm der Auftrag zur Realisierung erteilt. 1861 wurde das vollendete Werk anläßlich einer Ausstellung in Florenz vorgestellt und mit einer Silbermedaille ausgezeichnet. Nach einem schwierigen Transport über den Passo della Colla, einem 913 m hohen Apenninübergang, gelangte die Statue am 21. April 1862 schließlich nach Faenza, wo sie auf der Piazza San Francesco vor der gleichnamigen Kirche ihren endgültigen Platz

---

[124] *Boll. UMI* (3) **13** (1958), 611–612.

[125] Ettore Carruccio (1908–1980), Prof. für Mathematikgeschichte an der Universität Bologna. Er hatte sich bereits mit seiner zweisprachigen Veröffentlichung von Torricellis *De infinitis spiralibus* (CARRUCCIO [1955]) einen Namen gemacht.

[126] Angiolo Procissi (1908–1987) war 1954–1979 Privatdozent für Mathematikgeschichte an der Univ. Florenz.

[127] *Opere scelte di Evangelista Torricelli,* a cura di Lanfranco Belloni. Torino: UTET.

[128] Wiedergabe von Carruccios Übersetzung der Abhandlung *De infinitis spiralibus.*

Abb. 1.17 Denkmal für Torricelli vor der Kirche San Francesco in Faenza. – Bilder: René & Peter van der Krogt, https://statues.vanderkrogt.net

finden sollte. Am 16. Oktober 1864, 256 Jahre nach Torricellis Geburt, fand schließlich die Einweihung des Monuments statt. Tomba, der ein halbes Jahr zuvor in Florenz gestorben war, konnte dieses Ereignis leider nicht mehr miterleben.[129]

Zur 300. Wiederkehr des Geburtstages von Torricelli im Jahre 1908 veranstaltete die Stadt Faenza zu Ehren ihres großen Sohnes eine Ausstellung, die hauptsächlich dazu dienen sollte, dem kulturellen und wirtschaftlichen Leben der Stadt und der dort angesiedelten Keramikindustrie Aufschwung zu verleihen. Im Hinblick auf diesen Geburtstag hatte man auch mit der Sammlung von Materialien begonnen, welche dann im Rahmen der Ausstellung in der «Tribuna Torricelliana» gezeigt wurden. Sie bestand größtenteils aus Repliken von in Florenz aufbewahrten Instrumenten; sie umfasste aber auch vier Originalmanuskripte[130], die eigens zu diesem Zweck von der Stadt Faenza beim Berliner Antiquariat Stargardt angekauft worden waren.[131]

Den Höhepunkt des nur kleinen, Torricelli gewidmeten Teils der Ausstellung bildete ein monumentaler Barometer (Abb. 1.18). Ursprünglich war geplant, dass dieses Instrument mit einen mit Wasser gefüllten Rohr versehen sein sollte.[132] Verschiedene technische Schwie-

---

[129] http://www.historiafaentina.it/Monumenti/statua_evangelista_torricelli.html

[130] Briefe an Mersenne (*OT*, III, Nr. 54, 117 und 120) und an Roberval (*OT*, III, 177).

[131] Eine Liste der Sammlungsgegenstände findet man in *OT*, IV, S. 190–194.

[132] Zu Beginn der 1640er Jahre hatte Gasparo Berti in Rom verschiedene Experimente zur Bestimmung der Steighöhe von Wasser (die bei Normaldruck rund 10 m beträgt) in einer Saugpumpe durchgeführt. Torricelli verfiel dann auf die Idee, Quecksilber anstelle von Wasser zu verwenden,

Abb. 1.18 Der monumentale Barometer in der Ausstellung von 1908. – Aus Comune di Faenza: *L'Esposizione di Faenza del 1908.* Faenza 2008

rigkeiten zwangen aber den mit der Ausführung beauftragten Pater Guido Alfani[133] dazu, nach einer anderen, geeigneteren Flüssigkeit zu suchen, wobei er sich schließlich für die Verwendung von Olivenöl entschied. Damit entspricht einem Luftdruck von 76 cm Quecksilbersäule eine Säulenhöhe von rund 11 m, und eine Veränderung von 1 mm Quecksilbersäule bewirkt beim Olivenöl eine Höhenänderung von 14,35 mm, was für den Betrachter vom Boden aus gut wahrnehmbar ist.[134]

Anlässlich der Ausstellung von 1908 wurde auch eine Reihe von Postkarten herausgegeben, die, von namhaften Graphikern entworfen, an Torricellis 300. Geburtstag erinnerten:

---

sodass ein entsprechendes Experiment bequem im Labor ausgeführt werden konnte. – Näheres dazu im Kap. 7.

[133] Der Piarist Guido Alfani (1876–1940) war von 1905 bis zu seinem Tode Direktor des Osservatorio Ximeniano in Florenz.

[134] Für eine ausführliche Beschreibung des Baus des Barometers siehe ALFANI [1908].

Abb. 1.19 Links: Roberto Franzoni (1882–1960). – Rechts: Achille Calzi (1873–1919)

Nachdem die Ausstellung ihre Tore geschlossen hatte, wurden die Objekte der «Tribuna Torricelliana» der Stadt Faenza übergeben, wo sie den Grundstock eines noch zu gründenden «Museo Torricelliano» bilden sollten. Die Exponate wurden zunächst in der städtischen Pinakothek untergebracht, 1920 gelangten sie dann in die Biblioteca Comunale wo sie ab 1923 der Öffentlichkeit zugänglich gemacht werden konnten. Während des Zweiten Weltkriegs verbrachte man die Sammlung in die Lagerräume der Bibliothek, und erst 1951 konnte das Museum in einem kleinen, der Bibliothek angegliederten Raum wieder geöffnet werden.[135]

1947 wurde auf Anregung des Komitees zur Feier des 300. Todestages von Evangelista Torricelli in Faenza die «Societá Torricelliana di Scienze e Lettere» gegründet, zur Pflege von Studien wissenschaftlicher und literarischer Themen, insbesondere solcher, die Gegenstand der Forschungen Torricellis waren. Sie hat ihren Sitz in dem aus dem Ende des 18. Jahrhundert stammenden Palazzo Laderchi. Hier konnte schließlich im Jahre 1974 auch das von der Societá Torricelliana geführte Museum untergebracht werden; es beherbergt neben den bereits erwähnten Objekten auch eine mehr als 2000 Bücher und Zeitschriften umfassende Bibliothek. Seit dem Jahre 1949 gibt die Gesellschaft ein jährliches Bulletin

---

[135] Über die Odyssee der Sammlung berichtet Piero Zama, der Direktor der Biblioteca Comunale di Faenza, in *OT,* IV, S. 186–190.

Abb. 1.20 Links und Mitte: Briefmarken zum 350. Geburtstag Torricellis im Jahre 1958

«Torricelliana» heraus, das außerhalb Italiens leider nur schwer zugänglich ist[136]; in den Jahren 1948 und 1958 organisierte sie anlässlich des 300. Todesjahres bzw. des 350. Geburtstages von Torricelli je einen Kongress.

Torricelli wurde auch auf Briefmarken geehrt (Abb. 1.20): Zum 350. Geburtstag gaben die italienische und die sowjetische Post je eine Gedenkmarke heraus:

Ohne besonderen Anlass wurde Torricelli im Jahre 1983 neben Archimedes, Pythagoras, Kopernikus, Galilei, Newton u. a. in die Serie „Pionieri della Scienza" der Post von San Marino aufgenommen (Abb. 1.20 rechts).

Von 1975 bis 1993 waren in Italien 2000-Lire-Noten mit dem Porträt von Galileo Galilei im Umlauf (Abb. 1.21):

Zahlreiche höhere Schulen und Institute Italiens sind nach Torricelli benannt, allen voran natürlich das Liceo in Faenza. Aus einem 1623 eröffneten Jesuitenkollegium, welches auch von Evangelista Torricelli besucht worden war, ging 1860 ein Lyzeum für die Provinz Ravenna hervor, das 1865 zum «Regio Liceo Torricelli» umbenannt wurde. 1887 wurde die Schule mit dem städtischen Gymnasium, 1996 mit dem Liceo scientifico «Francesco Severi»[137] und 2014 mit dem Liceo artistico «Gaetano Ballardini»[138] vereinigt und heißt heute «Liceo Torricelli-Ballardini».

---

[136] Die Inhaltsverzeichnisse der Bulletins der Jahrgänge von 1949 bis 2016 sind im Internet einsehbar unter https://www.torricellianafaenza.it/w/bollettini/. Seit Neuestem sind dort die Jahrgänge 2017–21 vollständig zugänglich.

[137] Francesco Severi (1879–1961) war Professor der Mathematik, zuerst in Padua, seit 1922 an der Universität Rom.

[138] Der Kunsthistoriker Gaetano Ballardini (1878–1953) gründete 1908 (im Jahr der Ausstellung zur Feier des 300. Geburtstages von Torricelli) das Museo Internazionale delle Ceramiche in Faenza.

Abb. 1.21 Hält man die Note gegen das Licht, so ist im freien Feld links neben Galileis Kopf als Wasserzeichen das Porträt Torricellis zu erkennen (Abb. rechts)

1.5   Anhänge

Anhang A

Novelle Letterarie, Tomo XI (1750), No. 38 (18 settembre 1750), Sp. 593–598.
Lettera scrittami dal Signor Abate Gio. Batista Nelli Gentiluomo Fiorentino.

Ich würde gewiss gegen die Regeln der zwischen uns beiden bestehenden engsten Freundschaft verstoßen, wenn ich Ihnen nicht von einem von mir in den vergangenen Tagen getätigten Kauf einer ziemlich großen Anzahl von Originalmanuskripten von Galileo Galilei, Evangelista Torricelli und Vincenzio Viviani Mitteilung machen und einen Einblick dazu verschaffen würde. Weil aber eine derart knappe und allgemeine Nachricht Ihren schon seit langer Zeit geübten Geist, diese der Gelehrtenrepublik und der Gesellschaft auf irgendeine Weise Nutzen und Wohl bringenden Dinge aufs Genaueste zu verstehen, nicht vollständig befriedigen würde, übernehme ich die Verpflichtung, Ihnen ausführlich über einen Teil dieser Manuskripte zu berichten, die ich zurzeit aufgefunden und als unveröffentlicht erkannt habe. Ich beginne daher mit jenen von Torricelli, und ich behalte mir vor, Sie später in weiteren Briefen darüber zu informieren, was ich an Unveröffentlichtem von Galilei und Viviani vorfinden werde. Es wäre nötig, Sie darüber zu informieren, auf welche Weise diese Werke Torricellis bis dahin vergraben und an einem für alle unbekannten Ort aufbewahrt geblieben sind, doch die Erzählung würde dem berühmten Florentiner Geometer [gemeint ist Viviani] wenig zum Ruhm gereichen, der es versäumt hat, Torricellis Abhandlungen im Druck zu veröffentlichen, obwohl diese der Gelehrtenwelt einen großen Vorteil und Gewinn gebracht hätten. Es geziemt mir daher, entgegen meiner Natur hier den Namen zu verschweigen und nicht auf die genaueren Einzelheiten der Geschichte einzugehen, aus den großen Verpflichtungen gegenüber dem berühmten Mathematiker, zu denen sich meine Familie stets bekannt hat und sich immer noch bekennt. Um schließlich auf den Katalog der unveröffentlichten Werke Torricellis zu sprechen zu kommen, werde ich Ihnen sagen, was ich gefunden habe:

I. *Trattato delle Proporzioni, composto dall'Autore per render piú facile l'intendere il sesto libro d'Euclide.* Von diesen Propositionen veröffentlichte Vincenzio Viviani einige wenige in seinem Buch mit dem Titel *Scienza universale delle Proporzioni.*

II. *De Planis Tyronibus Geometris proponenda.*

III. *De Solidis varia.*

IV. *De Conicis Sectionibus, & de Conicarum Sectionum descriptione per puncta.*

V. *De Motu, ac Momentis, varia.*

VI. *De Circulo & adscriptis varia.*

VII. *De Isoperimetris Polygonis.*

VIII. *De Comparatione Perimetrorum Cylindri Coni & Sphaerae.*

IX. *De aequalitate Perimetrorum Cylindri Coni & Sphaerae.*

X. *De Maximis & Minimis.*

XI. Einen *Trattato De Tactionibus,* worin er dieselben Propositionen bearbeitet, die Apollonius unter demselben Titel behandelt hat.

XII. Eine weitere Abhandlung *De Centro gravitatis Sectoris circuli.*

Alle die obgenannten Abhandlungen sind nach Art der Alten gehalten; es gibt aber andere Werke, bei denen er mit der Indivisiblenmethode vorgeht; es sind dies die folgenden:

I. *De' Solidi vasiformi, ovvero De Bicchieri Geometrici.*

II. *De Resolutione solidorum in solida.*

III. *De Conoidalium mensura.*

IV. *De Annularibus ac de obliquis Conoidalibus appendix.*

V. *De Centro gravitatis Sectoris circuli.*

VI. Ein Buch über die „neuen Linien", bewiesen mittels der Indivisiblen, in dem der Autor unendlich viele Arten von Linien behandelt, Parabeln, Hyperbeln, geometrische und logarithmische Spiralen. Es finden sich hier Tangenten an Kurven, Schwerpunkte und Volumen einiger besonderer Körper, die von den antiken und früheren Geometern weder behandelt noch gekannt worden sind; und damit Sie eine Ahnung davon erhalten können, was diese kleinen Abhandlungen enthalten, gebe ich Ihnen die folgende Aufstellung. Zuerst gibt es da:

I. *Trattato dell'Emiperbola o logaritmica.*

II. *Alcune cose intorno alla Cicloide.*

III. *Della Spirale Geometrica.*

IV. *De infinitis Spiralibus.*

V. *De infinitis parabolis.*

VI. *De infinitis Hyperbolis.*

VII. *De centro gravitatis Sectoris circuli planorum ac solidorum.*

VIII. Ein Zusatz zu dem bezüglich der Zykloide Gesagten.

Diese und einige andere seltene Beweise hatte er verschiedenen französischen Mathematikern, darunter Niceron, Mersenne, Carcavi, Du Verdus, Fermat und Roberval mitgeteilt. Da ihm aber zu Ohren kam, dass es in Frankreich jemanden gab, der (wie es für einige Vertreter dieser dem Ruhm und der Ehre Italiens wenig geneigten Nation üblich ist) sich seine Erfindungen aneignen und sie als eigene zu veröffentlichen gedachte, beabsichtigte der Autor, zusammen mit den besagten Beweisen, alles durch die zwischen den französischen Gelehrten und ihm selbst geschriebenen Briefen im Druck offenzulegen. Da ihm aber der Tod zuvorkam und er sein Vorhaben nicht verwirklichen konnte, übernahm, wie Ihnen wohlbekannt ist, der sehr gelehrte und angesehene Bürger, Herr Carlo Dati, die Verteidigung seines verstorbenen Freundes und Lehrers in seinem berühmten Brief, den er unter dem Namen Timauro Antiate drucken ließ.

IX. Eine Aufstellung verschiedener zwischen Evangelista Torricelli und einigen französischen Mathematikern ausgetauschter Probleme, aus der ersichtlich ist, dass der Autor die Absicht hatte, sie zusammen mit den Briefen und der Geschichte der Zykloide drucken zu lassen. Unter diesen Problemen befinden sich einige, darunter zwei ganz hervorragende, die von Herrn Fermat vorgelegt und mit großer Leichtigkeit und Klarheit von Torricelli gelöst worden sind.

X. Die Entgegnung auf einen Einwand von Thomas[139], der, wie mir scheint, gegen das Lemma XX des Büchleins, in dem Torricelli von der Parabel spricht, gerichtet ist.

XI. Eine große Anzahl Theoreme und Probleme, ungeordnet auf verschiedene Blätter verteilt, einige nur angedeutet und nicht gelöst oder unbewiesen.

Es sind dies jene Werke Torricellis, die ich bisher unter einer großen Anzahl von mir erworbener Schriften in der kurzen Zeit eines Monats ausfindig machen konnte. Sollten mir weitere in die Hände fallen, so werde ich Ihnen darüber Bericht geben, so wie ich Sie auch darüber informieren werde, was ich täglich oder von Zeit zu Zeit unter diesen meinen Manuskripten von unveröffentlichten Werken von Galileo Galilei, Vincenzio Viviani und anderen Autoren vorfinden werde, über die genauer zu berichten mir die Kürze der Zeit nicht erlaubt. Wenn es mir dann meine privaten Beschäftigungen erlauben, etwas Zeit zu erübrigen, so hoffe ich, die ehrenvollen und bisher verborgenen Arbeiten dieser bedeutenden italienischen Geometer gedruckt ans Licht zu bringen und der Öffentlichkeit bekanntzumachen. Ich glaube, dass es Ihnen als Kenner und in den geometrischen Beweisen Erfahrener gefallen wird, diese Nachricht zu empfangen, die Ihnen noch willkommener sein wird als eine ägyptische Hieroglyphe oder eine etruskische Antiquität, ist Ihnen doch sehr wohl die Ungewissheit und die Unmöglichkeit bekannt, zuweilen ähnliche historische Quellen zu interpretieren, deren Studium der Gesellschaft zumeist nichts anderes gebracht hat als Nutzlosigkeit, Zeitverlust, Unklarheit und ständige Streitigkeiten und den Menschen eine unbegründete und kabalistische Art des Argumentierens gelehrt hat. Da ich Ihnen nichts anderes nahelegen kann, als sich Ihren stürmischen Feinden zum Trotz, sie verspottend und sich nicht um sie kümmernd zu verhalten, gebe ich mir die Ehre, mich als Ihren wahren und unerschütterlichen Diener und Freund zu erklären.

Gio. Batista Nelli.

Anhang B

Giovanni Targioni Tozzetti[140] berichtet in seinen *Notizie degli aggrandimenti delle scienze fisiche...* (TARGIONI- TOZZETTI [1780, S. 123–125]) über die Geschichte der glücklichen Rettung der Manuskripte von Galilei und seinen Schülern:

> ... Auch dieser Viviani stand als Schüler Galileis unter Beobachtung und war gezwungen, unter großer Vorsicht zu leben; umso mehr als, soweit ich habe sagen hören, ein sehr gelehrter Reisender, der auf der Durchreise in Florenz mit ihm lange gelehrte Gespräche geführt hatte, es gewagt hat, mit unentschuldbarer Verwegenheit und Unverschämtheit im Druck zu verbreiten, dass Viviani ein äußerst gelehrter Mann sei, der aber nicht an die Unsterblichkeit der Seele

---

[139] Thomas White (1593–1676), katholischer Theologe. Vertreter der Idee der bewegten Erde. Verfasser einer Abhandlung über das torricellianische Vakuumexperiment.

[140] In seinen *Notizie...* (TARGIONI- TOZZETTI [1780]) dokumentiert der Arzt, Botaniker und Naturwissenschaftler Giovanni Targioni Tozzetti (1712–1783) das wissenschaftliche Geschehen in der Toskana im 17. Jahrhundert.

glaube, ohne zu bedenken, dass eine derartige Verleumdung zum Ruin dieses tüchtigen Mannes führen konnte. Auch Balthasar Monconys[141] erzählt uns, dass er am 6. November 1646 «mit Herrn Viviani spazieren ging, der während drei Jahren mit Herrn Galilei zusammengelebt hatte. Er sagte mir seine Ansichten über die Sonne, von der er glaubte, dass sie ein Fixstern sei, über die absolute Notwendigkeit aller Dinge, die Nichtexistenz des Bösen, die Mitwirkung der Weltseele bei der Schöpfung, die Beständigkeit aller Dinge».

Also war Viviani gezwungen, in aller Stille zu arbeiten. Wegen der begründeten Angst vor einer Hausdurchsuchung bewahrte er in seinem Haus alle Schriften von Galilei und seinen Schülern und Korrespondenten versteckt in einem Kornspeicher auf, und dort verblieben sie bis in unsere Tage, auch nachdem das Haus als Erbe an den Abt Jacopo Panzanini – sein Neffe seitens seiner Schwester und sein Nachfolger auf dem mathematischen Lehrstuhl an der Florentiner Universität (bei dem ich die Elemente des Euklid gelernt habe) – übergegangen war und von diesem an dessen zwei Neffen.

Nach dem im Jahre 1737 erfolgten Tode dieses Abtes Jacopo, öffnete jemand, ich weiß nicht genau, wer es war, von Zeit zu Zeit jenen Kornspeicher, holte ein Bündel der Schriften Galileis hervor und verkaufte es nach Gewicht dem Wurstwarenhändler Cioci am Marktplatz. So geschah es, dass im Frühjahr des Jahres 1739 der berühmte Doktor Gio. Lami[142], seiner Gewohnheit folgend, sich mit verschiedenen Freunden zum Essen in ein Landhaus, nämlich in die Osteria del Ponte alle Mosse, begab. Als sie beim Marktplatz vorbeikamen, machte er Herrn Gio. Batista Nelli, dem späteren Edelmann und Senator, den Vorschlag, beim Wursthändler Cioci Mortadella einzukaufen, da diese den Ruf genoss, besser als jede andere zu sein. Tatsächlich betraten sie den Laden, und der Senator ließ sich zwei Pfund Mortadella in Scheiben schneiden und legte das Paket in seinen Hut. Im Gasthof angekommen, verlangten sie einen Teller, um sie [die Mortadella] darauf zu verteilen, und bei dieser Gelegenheit bemerkte der Herr Senator, dass das Papier, in das sie von Cioci eingewickelt worden war, ein Brief Galileis war. So gut es ging, befreite er das Papier mit einer Serviette von dem Fett, faltete es zusammen und steckte es in die Tasche, ohne dem Lami etwas zu sagen. Als sie am Abend in die Stadt zurückgekehrt waren und er [Lami] sich von ihm verabschiedet hatte, begab er sich flugs in den Laden des Cioci, von dem er erfuhr, dass ein ihm unbekannter Bediensteter ab und zu ein Bündel ähnlicher Schriften zum Verkauf gebracht habe. Also kaufte er jene zurück, die in den Händen Ciocis verblieben waren, wobei dieser versprach, falls ihm weitere Papiere in die Hände geraten sollten, diese aufzubewahren und zu verraten, woher sie stammten. In der Tat tauchte wenige Tage danach ein größeres Bündel auf, und der Herr Senator erfuhr, dass es aus dem oben erwähnten Kornspeicher stammte; daher packte er die Gelegenheit beim Schopf, sodass er sich 1750 für wenig Geld im Besitze des ganzen Restes jener wertvollen Schätze befand, die dort während so vielen Jahren verborgen gewesen waren. Allerdings waren zuvor viele Bündel verloren gegangen, verwendet als Einwickelpapier, *quidquid chartis amicitur ineptis*[143], und andere, ich weiß nicht, auf welche Weise, waren bereits in andere Hände gelangt, darunter die [. . .] Briefe, die zuerst von dem gelehrten Florentiner Arzt Graf Gio. Batista Felici erworben und mir danach von seinem Sohn, dem Herrn Advokat Angelo, geschenkt worden sind. Nachdem der Herr Senator Nelli also den Kauf getätigt hatte, ordnete er die Manuskripte, stellte darüber ausgedehnte Studien an, und er hat, wie er einmal mir

---

[141] Monconys [1665, S. 130].

[142] Giovanni Lami (1697–1770), Rechtsgelehrter und 1736 Bibliothekar der Familie Riccardi in Florenz.

[143] Wörtlich: «Wie auch immer mit Makulatur umhüllt.» – Zitat aus Horaz, *Epistularum,* Lib. II, Epistula I.

mitzuteilen die Gnade hatte, eine umfangreiche und mit Beispielen belegte Biographie Galileis und seiner berühmtesten Schüler verfasst, die zusammen mit vielen ihrer posthumen Werke und dem Briefwechsel gedruckt werden soll. Doch wer weiß, wann seine vielen politischen Beschäftigungen ihm gestatten werden, es zu tun?

Anhang C

Auszug aus dem Brief von Lodovico Serenai an Vincenzo Viviani vom 27. Dezember 1673. Viviani hatte Serenai, den testamentarisch bestimmten Verwalter der nachgelassenen Schriften Torricellis, um die Erlaubnis ersucht, in sein im Entstehen begriffenes Werk über die Proportionen[144] u. a. eine noch unveröffentlichte Proposition Torricellis, aufzunehmen:

Mein Herr und einzigartiger Gebieter

Es ist Ihrer Bescheidenheit zuzuschreiben, dass Sie nicht ohne meine Einwilligung in die Abhandlung über die Proportionen, die zu veröffentlichen Sie im Begriffe sind, die IX. Proposition jenes Büchleins aufnehmen, das Herr Evangelista Torricelli unter demselben Titel verfasst hat und das mit anderen seiner posthumen Werke gedruckt werden wird, und weiter seine Konstruktion und Beweisführung, deren er sich mit seiner gewohnten Meisterschaft bedient, um gemeinsam die 8. und 9. Aufgabe des VI. Buches von Euklid zu erläutern. [...] Ich bestätige, [dass Sie] mich um diese Erlaubnis ersucht haben, als ob Sie von mir, dem von ihm auserwählten Organisator der Veröffentlichung seiner Werke, auf diesem Wege die Erlaubnis für eine noch nicht erfolgte Publikation einholen müssten. Angesichts dessen, dass Sie sich mehr als jeder andere sowohl in der besagten Abhandlung als auch in irgendeinem anderen Ihrer Werke nicht nur jene beiden, sondern alle seine derartigen Dinge verwenden dürfen, vor allem da Sie den Autor nennen und nicht verschweigen wollen, wie es sehr oft viele, im Übrigen lobenswerte Schriftsteller tun, ohne sich zu schämen, den Ruhm von Anderen an sich zu reißen. Und was noch wichtiger ist, dass Sie für die posthumen geometrischen Werke Torricellis eine Rolle spielen, deren sich kein anderer rühmen kann. Es ist daher völlig überflüßig, dass Sie, um jene zwei und andere seiner Beweise zu verwenden, die Erlaubnis von mir als Vollstrecker, zu dem er mich durch seinen Willen und Testament ernannt hat, benötigen. Vielmehr muss ich als solcher der Welt bestätigen, dass Ihnen allein das Verdienst der Veröffentlichung von allem zustehen wird. [...]

Serenai wünscht allerdings, dass Viviani den Lesern seiner Abhandlung diesen Brief zur Kenntnis bringt, auch deshalb, um sich damit von dem Vorwurf zu befreien, durch die verzögerte Veröffentlichung von Torricellis nachgelassenen Werken freies Feld ermöglicht zu haben für jeden, der sich als Autor der Erfindungen Torricellis ausgeben könnte. Er berichtet im Folgenden über den Gang seiner Bemühungen um die Veröffentlichung der posthumen Werke Torricellis, wobei er befürchtet, dass er deren Erscheinen nicht mehr erleben wird:

---

[144] *Quinto libro degli Elementi d'Euclide, ovvero Scienza universale delle proporzioni. Spiegata colla dottrina del Galileo. Con nuov'ordine distesa, e per la prima volta pubblicata da Vincenzio Viviani ultimo suo Discepolo. Aggiuntevi cose varie, e del Galileo, e del Torricelli. In Firenze, Alla Condotta. MDCLXXIV.* – Auf Wunsch Serenais wurde darin dieser Brief als *Lettera del Sig. Dottor Lodovico Serenai contenente il ragguaglio dell'ultime Opere Matematiche d'Evangelista Torricelli non ancora pubblicate* auf S. 117–121 vollständig abgedruckt.

Es waren zwei Mathematiker, deren Dienste ich in seinem Auftrag für die besagte Publikation beanspruchen sollte: Pater Buonaventura Cavalieri und der Herr Michelangelo Ricci, als die Fähigsten, in den von ihm hinterlassenen Schriften die zu druckenden Dinge zu erkennen und sie zu ordnen, denn mit ihnen hatte er hier in Italien über viele seiner Gedanken gesprochen. Und zuerst nannte er Cavalieri, der gerade zu dieser Zeit mit dem Druck seines letzten Buches mit dem Titel *Exercitationes geometricae* beschäftigt war, sodass er damit zusammen auch jene Dinge [Torricellis] hätte drucken können, die er am ehesten als fertig geordnet vorfinden würde. Als den anderen wählte er Herrn Ricci, den er als den größten ihm bekannten Geist auf dem Gebiet der Mathematik einschätzte und der von ihm in dieses eingeführt worden war, sowie als den größten Freund, den er hatte. Doch Ersterer wurde mir wenige Wochen nach Torricelli durch den Tod geraubt, und der zweite, der, Gott sei gelobt, noch lebt, mein hochverehrter Herr, wurde mir durch seine vorgängige Untätigkeit auf diesem Gebiete infolge häuslicher Verpflichtungen, durch gewichtigere Studien und wichtigere Geschäfte in der römischen Kurie genommen. Und ich konnte keine würdigere und sicherere Zuflucht finden als bei Ihnen, der Sie – obschon Sie anfänglich während vier Jahren große Abneigung zeigten, gehindert durch den ständigen Dienst für den Durchlauchtigsten Ferdinand II. [. . .], als Herr über einen Haushalt mit vielen Sorgen mit Streitigkeiten und häufigen Unpässlichkeiten, durch Ihre eigenen, bereits entworfenen, aber nicht ausgeführten geometrischen Werke, durch Ihre äußerst schwache körperliche Verfassung – dennoch zusagten, das Mögliche zu tun, als Sie hörten, dass derselbe Durchlauchtigste [. . .] sich der Sache angenommen habe, diese anderen Werke seines geliebten Torricelli hier drucken zu lassen, wie er es schon im Jahre 1644 mit den ersten von diesem Autor veröffentlichten auf eigene Kosten getan hatte. Sie stimmten zu, sagte ich, doch unter der unumstößlichen Abmachung und Bedingung, dass ich stets und beharrlich die Schriften Torricellis unzertrennlich bei mir aufbewahren müsse und Ihnen nur Kopien davon übergeben solle. Dies für alle Originale zu erledigen war mir bei den notwendigen und ständigen Tätigkeiten für meine Familie und meinen Amtsgeschäften erst innerhalb von weiteren vier Jahren möglich, also acht Jahre nach seinem Tod. Bei diesen Kopien wendete ich so gut ich konnte die gewissenhafteste Sorgfalt auf, indem ich zusammen mit dem Text nicht nur die Figuren übertrug, auch die durchgestrichenen, sondern auch jede Linie, jeden Punkt und fast jeden Tintenklecks, damit in meinen Kopien nichts von dem fehle, was der Autor in seinen eigenen Notizen angedeutet haben könnte. Und so waren sie für die vorgesehenen Verwendung gleichwertig mit den Originalen selbst, denn sie erfüllten ihren Zweck, hauptsächlich dank Ihrer großen Intelligenz und Ihrem Denken, da Sie mir nun sagen, die Arbeit ausgeführt zu haben, und ich mich nicht erinnern kann, dass Sie von mir mehr als einmal verlangt hätten, irgendeine Kopie mit dem Original zu vergleichen. Der Wunsch der Mathematiker, welche die posthumen Werke lesen werden, sie mit Torricellis eigenen Schriften zu vergleichen, kann ohne weiteres befriedigt werden; nachdem ich sie in meinem Haus vor Ihnen ungeordnet ausgelegt habe, so wie ich sie im Regal des verstorbenen Autors vorgefunden hatte, wurden sie von Ihnen, stets in meiner Anwesenheit (so wie es sich gehörte, um Ihrem Willen und Ihrem rücksichtsvollen Wesen zu entsprechen) mit aufmerksamer Vorsicht in verschiedene Gruppen aufgeteilt und dann von mir auf ihrer Vorderseite bis zur Nummer 253 mit roten Ziffern nummeriert. Es wurde davon ein genauestes Verzeichnis angelegt, worin Nummer für Nummer beschrieben ist, ob es mehrere Blätter sind oder ein einziges, ob es ein Halb- oder ein Viertelbogen ist und wie viel davon beschrieben ist. Dieses Inventar soll nach der Veröffentlichung der posthumen Werke Torricellis zusammen mit den Originalen in der Mediceischen Bibliothek in San Lorenzo aufbewahrt werden:

Die besagten Originale – die bei mir nie eingesehen worden sind, außer von Ihnen auf die bereits beschriebene Weise und danach ein einziges Mal, auf der Durchreise und auf die Schnelle, vor vielen Jahren von dem Pater Fra Stefano Angeli, der heute Lektor der Mathematik in Padua ist, der mich darum bat; und ich war bewogen, ihm zu Gefallen zu sein, da ich seine Arglosigkeit erkannte und als Dank für die von ihm übernommenen Verpflichtungen, als er mir freundlichst mehrere von ihm unter den Papieren des verstorbenen Cavalieri aufgefundene Briefe Torricellis sandte –, werden an diesem Ort meine Treue bezeugen; verglichen mit den posthumen Werken werden sie Ihre noblen Anstrengungen offenbaren, und in der eigenen Feder des Autors lebend, wird diese (als eines Adlers) die elenden Federn von einem jedem vernichten, der versuchen wollte oder versucht haben sollte, sich mit irgendeiner der Erfindungen unseres Torricelli zu schmücken.

Mersenne und Torricelli

2

> *Von den Minimiten war da Mersenne, ein treuer Freund,*
> *ein gelehrter Mann, ein Weiser und außerordentlich gut.*
> *Dessen [Mönchs-]Zelle war allen Schulen vorzuziehen.*
> *…*
> *Um Mersenne drehte sich wie um eine Achse*
> *jeder einzelne Stern der Wissenschaft auf seiner Bahn.* (*)

Den Mathematikern – und unter diesen vor allem den Zahlentheoretikern – ist Marin Mersenne noch heute durch die nach ihm benannten Mersenneschen Primzahlen ein bekannter Name. Auf dem Gebiet der Mechanik setzte er sich mit den Werken Galileis auseinander und trug auch zur Verbreitung von dessen Lehre in Frankreich bei. In der Musikgeschichte stellt seine *Harmonie universelle* (1636) mit Beiträgen zur Akustik und Musiktheorie ein wichtiges Dokument für die Instrumentenkunde und Aufführungspraxis seiner Zeit dar.

In der Mathematik und der Mechanik hat er sich weniger als Forscher, denn als Vermittler von Informationen und Kontakten hervorgetan, indem er mit den führenden Gelehrten seiner Zeit in reger Korrespondenz stand, so auch mit Evangelista Torricelli, den er bei den französischen Mathematikern bekannt gemacht und ihn sogar persönlich in Florenz besucht hat. Aus diesem Grunde ist es gerechtfertigt, ihm hier ein eigenes Kapitel zu widmen.

Marin Mersenne wurde am 9. September 1588 in La Soultière bei Bourg d'Oizé (Dep. Sarthe) geboren. Nachdem er zunächst das Collège in Le Mans besucht hatte, wechselte er im Januar 1604 an das neugegründete Jesuiten-Kolleg in La Flèche. Einige Monate später trat dort auch der acht Jahre jüngere Descartes ein; die beiden dürften sich damals aber wohl kaum beachtet haben, dazu war ihr Altersunterschied zu groß. 1609 begann Mersenne am Collège de France in Paris ein Philosophiestudium, dazu studierte er auch Theologie an der Sorbonne und wurde 1611 zum Magister artium promoviert. Am 16. Juli 1611 trat er in den

---

(*) «Adfuit e Minimis Mersennus, fidus amicus. Vir doctus, Sapiens, eximieque bonus. Cuius Cella Scholis erat omnibus anteferenda. …Circa Mersennum convertebatur ut Axem Unumquodque Artis sidus in orbe suo.» *Thomae Hobbes vita carmine expressa. Opera philosophica quae latine scripsit,* vol. I, S. xci, ed. G. Molesworth, London 1839.

© Der/die Autor(en), exklusiv lizenziert an Springer-Verlag GmbH, DE,
ein Teil von Springer Nature 2023
R. Acampora, *Evangelista Torricelli*, Mathematik im Kontext,
https://doi.org/10.1007/978-3-662-66407-0_2

Abb. 2.1 Kupferstich von Claude Duflos (1665–1727) für Charles Perraults *Les hommes illustres qui ont paru en France pendant ce siècle. Avec leurs portraits au naturel*, tome II (Porträt vor S. 21). Paris 1700. – https://gallica.bnf.fr/ark:/12148/bpt6k1516455v/f266.item

von Francesco di Paola[1] gegründeten Orden der Minimiten (in Frankreich auch „Les Bons Hommes", in Deutschland „Paulaner" genannt) ein und empfing 1612 die Priesterweihe. 1614 wurde er in das Kloster von Nevers entsandt, wo er Philosophie, später auch Theologie

---

[1] Francesco di Paola (1416–1507) aus Paola (Provinz Cosenza, Kalabrien). Nach dem Noviziat bei den Franziskanern unternahm er eine längere Pilgerreise, die ihn u. a. nach Rom, Assisi und Loreto führte. Danach ließ er sich als Eremit in der Nähe seines Geburtsortes nieder, wo er ab 1435 eine geistliche Gemeinschaft um sich versammelte, die 1474 von Papst Sixtus IV. die Anerkennung als Bettelorden *(Ordo Minimorum)* erhielt. 1483 ließ ihn der todkranke König Ludwig XI. zu sich rufen. Obwohl er den König nicht heilen konnte, ließ ihm dessen Sohn Karl VIII. aus Dankbarkeit in Plessis-lès-Tours ein Kloster erbauen. In der Folge standen die Minimiten in Frankreich unter dem besonderen Schutz des Königshauses, dessen Mitglieder zahlreiche Klöster in ganz Frankreich stifteten. Francesco starb 1507 und wurde bereits 1519 von Papst Leo X. heiliggesprochen. – Mehr zum Orden der Minimiten bei WHITMORE [1967].

Abb. 2.2 Das Minimitenkloster an der Place Royale in Paris. Aus Martin Zeiller: *Topographia Galliae*. Frankfurt a. M. 1655. – ETH-Bibliothek Zürich, Rar 9322:3, https://doi.org/10.3931/e-rara-49184.

lehrte. 1619 ließ er sich endgültig im Kloster der Minimiten bei der Place Royale (heute Place des Vosges) in Paris nieder.

Hier begann die Freundschaft mit Descartes, die er zeitlebens weiterpflegte, auch als dieser sich später in Holland niedergelassen hatte. Ursprünglich ein Anhänger der Scholastik, wurde Mersenne später zum Gegner des Aristotelismus und begann sich immer mehr für die modernen Naturwissenschaften zu interessieren, wobei er sich auch mit den Werken Galileis auseinandersetzte. 1634 veröffentlichte er eine französische Übersetzung eines Manuskripts von Galileis Mechanikvorlesung aus dessen Paduaner Zeit.[2] Mersenne, bekannt für sein uneigennütziges Bestreben, von allen möglichen Seiten her das vorhandene Wissen zu sammeln und es in seinen Veröffentlichungen der Allgemeinheit zur Verfügung zu stellen, schreibt hier im „Vorwort an den Leser":

---

[2] *Les méchaniques de Galilée, mathématicien et ingénieur du Duc de Florence, avec plusieurs additions rares & nouvelles, utiles aux Architectes, Ingénieurs, Fonteniers, Philosophes, & Artisans.* Paris 1634. Neu herausgegeben von Bernard Rochot, Paris 1966. – Von dem für die Studenten Galileis erstellten Manuskript existieren mehrere Exemplare – keines von der Hand Galileis; zwei von ihnen befinden sich im Besitz der Bibliothèque nationale in Paris. – Im Übrigen veröffentlichte Mersenne 1639 auch eine freie Übersetzung von Galileis *Discorsi* unter dem Titel *Les nouvelles pensées de Galilée …traduit d'Italien en François*, Paris 1639. – Neu herausgegeben und kommentiert von Pierre Costabel und Michel-Pierre Lerner, Paris 1973.

Ich wäre zufrieden, wenn ich der Anlass dafür bin, dass Herr Galilei uns alle seine Überlegungen zur Theorie der Bewegungen und zu allem, was zur Mechanik gehört, anvertraut,
denn was von seiner Seite kommen wird, wird hervorragend sein. Daher bitte ich jene, die mit
Florenz in Korrespondenz stehen, ihn schriftlich zu ermahnen, alle seine Betrachtungen der
Öffentlichkeit zugänglich zu machen…

Er fährt dann fort, auf Galileis Verurteilung durch die Glaubenskongregation des Jahres
1633 anspielend (die er übrigens für gerechtfertigt hielt)[3]:

…was er tun wird, so hoffe ich, denn er hat nun die Zeit und die ungehinderte Annehmlichkeit
in seinem Landhaus, und er hat, obschon mehr als siebzigjährig, noch genügend Kraft, um alle
seine Werke zu vollenden…

Es sind drei Briefe Mersennes an Galilei überliefert[4], die jedoch offenbar alle unbeant-
wortet blieben, vermutlich weil sie wegen der bekanntlich nur schwer lesbaren Handschrift
Mersennes kaum zu entziffern waren.[5]

Mit den gleichen Schwierigkeiten hatten auch Cavalieri[6] und Torricelli zu kämpfen.
Nachdem Torricelli von Mersenne ein Manuskript der ersten vier Seiten von dessen *Cogitata
physico-mathematica* erhalten hatte, schrieb er an Magiotti:

Ich habe hier einen vierseitigen Entwurf, geschrieben in einer Art und Weise, die Plautus wohl
nicht als von Hühnern, sondern als von Schweinen geschrieben bezeichnet hätte.[7]

---

[3] In seinem Brief vom 8. Februar 1634 an André Rivet schreibt er: «Was Galilei betrifft, so stützt sich
seine Verurteilung insbesondere auf sein Gelöbnis […], diese Theorie keinesfalls zu lehren, gegen
die sich die Bibel deutlich wendet: *Terra in aeternum stat etenim firmavit orbem Terrae qui non
commovebitur,* etc. [Psalm 93: Der Erdkreis ist fest gegründet, nie wird er wanken]. Und es ist Sache
der Kirche, darauf Acht zu geben, dass niemand die Bibel nach seiner Lust und Laune auslegt. Ich
weiß, dass man entgegnen kann, es gebe andere Stellen, laut derer sie sich bewegt, wie: *Mota est Terra
e facie Domini* [Psalm 113: Vor dem Angesicht des Herrn bewegt sich die Erde], und dass sie sich
unseren Sinnen anpasst, wenn sie zu uns spricht; da man sie aber oft im strengen Sinne interpretieren
muss: Wer kann uns versichern, dass man sie so oder so auszulegen hat, wenn nicht die Versammlung
der Gäubigen?» (*CM*, IV, Nr. 311, S. 37–38).

[4] Briefe vom 1. Februar 1629 (*OG*, Suppl., Nr. 1931bis), 27. November 1637 (*OG*, XVII, Nr. 3608)
und 1. Mai 1640 (*OG*, XVIII, Nr. 4002). – Aus dem ersten dieser Briefe geht hervor, dass Mersenne
sich schon früher an Galilei gewandt hat; unter anderem anerbietet er sich hier, Galileis Schriften über
die Bewegung der Erde, die von der Inquisition verboten worden waren, in Paris zu veröffentlichen.

[5] Im August 1638 schrieb Galilei an Elia Diodati in Paris: «Mit dem Brief von Pater Mersenne ist
das eingetreten, was Sie mir angedeutet haben, da es, nachdem ich ihn in die Hände von Freunden
und schließlich der ganzen Akademie gegeben hatte, nicht möglich war, diesem Schreiben einen
wenigstens verschwommenen Sinn zu entnehmen.» (*OG*, XVII, Nr. 3780). In ähnlichem Sinne äußerte
er sich in einem Brief vom 24. Februar 1640 an Cavalieri (*OG*, XVIII, Nr. 3972).

[6] Brief an Galilei vom 20. August 1641 (*OG*, XVIII, Nr. 4159).

[7] *OT*, III, Nr. 87. – Eine Anspielung auf eine Stelle in der Plautus-Komödie *Pseudolus*, wo die
Titelfigur von einem in unleserlicher Schrift geschriebenen Brief sagt: «Das hat ganz gewiss ein
Huhn geschrieben».

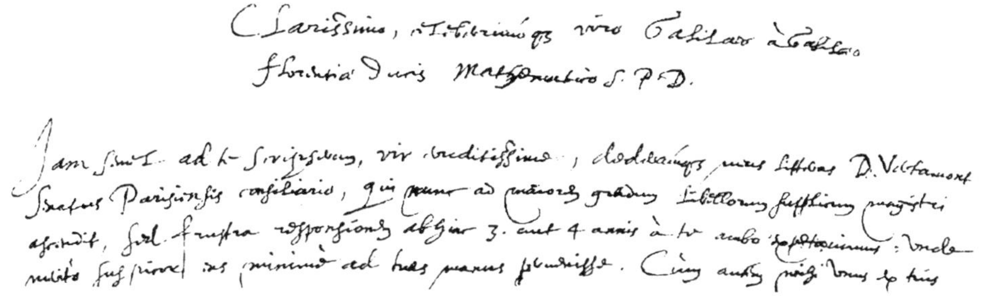
Clarissimo, et Celeberrimo viro Galilaeo Galilaeo Florentiae Ducis Mathematico S.P.D.

Iam semel ad te scripseram, vir eruditissime, dederamque meas litteras D. Vertamont Senatus Parisiensis consiliario, qui nunc ad maiorem gradum libellorum supplicum magistri ascendit, sed frustra responsionem ab hinc 3. aut 4. annis a te ambo expectavimus: unde merito suspicor eas minime ad tuas manus pervenisse.

Abb. 2.3 Mersenne an Galilei (1. Februar 1629): «Iam semel ad te scripseram, vir eruditissime, dederamque meas litteras D. Vertamont, Senatus Parisiensis Consiliario, qui nunc ad maiorem gradum libellorum supplicum Magistri ascendit; sed frustra responsionem ab hinc 3 aut 4 annis a te ambo expectavimus: unde merito suspicor, eas minime ad tuas manus pervenisse…» (Ms. Gal. 92, c. 101*r*)

Ab dem Jahr 1623 scharte Mersenne in Paris eine Reihe namhafter Gelehrter[8] um sich, welche die sogenannte *Academia Parisiensis* oder *Académie Mersenne* bildeten und deren Zusammenkünfte jeweils im Kloster an der Place Royale stattfanden; er korrespondierte mit namhaften Wissenschaftlern in ganz Europa und sorgte dafür, dass diese sich auch untereinander austauschten.[9] Als Forscher war er selber nicht ausgesprochen kreativ; er ist hauptsächlich bekannt durch seine bedeutenden Beiträge zur Akustik und Musiktheorie[10] sowie durch seine Liste der vollkommenen Zahlen, die mit den später nach ihm benannten Primzahlen der Form $2^p - 1$ in Verbindung stehen.[11] Wie wir schon im Zusammenhang mit seiner Veröffentlichung von Galileis Mechanikvorlesung gesehen haben, liegt seine eigentliche Bedeutung vielmehr darin, dass er mit seinen Ideen und Vorschlägen andere zu Höchstleistungen anspornte, wodurch er allerdings gelegentlich auch – bewusst oder unbewusst – Polemiken unter seinen Kollegen auslöste:

---

[8] Descartes, Desargues, Roberval, Etienne Pascal, Gassendi, Hobbes u. a.

[9] Die Herausgabe der Korrespondenz Mersennes wurde 1933 von Marie Tannery, der Witwe des Mathematikhistorikers Paul Tannery, begonnen und später von Cornelis de Waard und Armand Beaulieu weitergeführt.

[10] *Traité de l'harmonie universelle*, Paris 1627; *Questions harmoniques,* Paris 1634; *Harmonie universelle, contenant la théorie et la pratique de la musique*, Paris 1636; *Harmonicorum libri XII in quibus agitur de sonorum natura, causis, et affectibus, de consonantiis, dissonantiis, rationibus, generibus, modis, cantibus, compositione, orbisque totius harmonicis instrumentis,* Paris 1648.

[11] *Cogitata physico-mathematica,* Paris 1644. Aus der in der *Praefatio Generalis XIX* angegebenen Liste vollkommener Zahlen geht hervor, dass Mersenne angenommen hat, $2^p - 1$ sei prim für $p = 2$, 3, 5, 7, 13, 17, 19, 31, 67, 127 und 257 (eine Zahl von der Form $2^{p-1}(2^p - 1)$ ist vollkommen, wenn $2^p - 1$ eine Primzahl ist, wie schon Euklid bewiesen hat). Es zeigte sich aber später, dass einerseits $p = 67$ und 257 keine Primzahlen ergeben und dass andererseits die Werte $p = 61$, 89 und 107 in der Liste fehlen.

Roberval, ein hervorragender Philosoph dieses Jahrhunderts, pflegte von Mersenne zu sagen, er mache sich ein besonderes Vergnügen daraus, die Gelehrten in einen Disput zu versetzen, um daraus einen Gewinn zu ziehen, den vorteilhaft auszunützen er nie verfehlte.[12]

Bei solchen Auseinandersetzungen, bei denen es meistens um Prioritätsansprüche oder um einen Methodenstreit ging, war er aber stets bemüht, neutral zu bleiben und der Wahrheit zu ihrem Recht zu verhelfen. Aber gerade bei einigen italienischen Gelehrten genoss Mersenne keinen guten Ruf; er stand sogar im Verdacht, sich die Gedanken anderer anzueignen und diese unter seinem eigenen Namen zu veröffentlichen. So war Galilei schon 1637 von Raffaello Magiotti in einem Brief vom 25. April 1637 gewarnt worden:

Dieser Pater [Mersenne] druckt große und viele Bücher, wobei er versucht sich Ehre zu ver-schaffen, indem er andere schlecht macht, was ihm vielleicht beim niederen Gesindel gelingen mag.[13]

Gleichentags schrieb Magiotti an Famiano Michelini[14] in Florenz:

Ich sage dies, weil das Werk *de motu* [...] schon in Holland und in Frankreich von den Nacheiferern eingesehen worden ist [...], zu welchen ich den Abt Mersenne, Minimit in Frankreich, zähle, denn da ich verschiedene Werke dieses Mönchs gesehen habe, finde ich, dass er kein anderes Ziel verfolgt, als die edlen Gedanken, die scharfsinnigen Erfindungen und Beweise eines so großen Meisters schlecht zu machen.[15]

In einem zweiten Brief an Galilei kommt Magiotti noch einmal darauf zurück und gibt außerdem den Namen seines Informanten preis:

Dass sich der Pater Mersenne rühmt, das Buch *de motu* gelesen zu haben, steht fest, hat er es doch dem Herrn Gio. Battista Doni[16] mitgeteilt, und ich habe den Brief gelesen. Ich weiß allerdings nicht, wie dieses Werk dorthin durchgesickert ist. Dass er auf allen Wegen versucht, sich mit den Dingen Anderer Ehre zu verschaffen, daran habe ich keinen Zweifel, da ich ihn sehr gut aus seinen Schriften kenne, mit denen ich leider zu viel Zeit verloren habe, da sie zum größten Teil französisch sind.[17]

---

[12] Germain Brice, *Description nouvelle de la ville de Paris*, t. I, Paris 1698, S. 337.

[13] *OG*, XVII, Nr. 3466.

[14] Famiano Michelini (1604–1665) vom Orden der Piaristen. 1629 Mathematiklehrer in Florenz, Anhänger der Lehren Galileis. 1645 war er in eine heftige Kontroverse mit Torricelli bezüglich der Trockenlegung des Val di Chiana verwickelt. 1648–55 Professor für Mathematik in Pisa, als Nachfolger von Vincenzo Renieri.

[15] *OG*, XVII, Nr. 3467.

[16] Giovanni Battista Doni (1505–1647), Musiktheoretiker, hatte ab 1613 während fünf Jahren in Paris Jurisprudenz studiert und dort u. a. mit Mersenne Bekanntschaft geschlossen.

[17] *OG*, XVII, Nr. 3484.

Anders und sachlicher hat dies Thomas Hobbes gesehen (siehe das einleitende Zitat zu diesem Kapitel). In einem Brief aus dem Jahre 1658, nicht ganz zehn Jahre nach Mersennes Tod, schrieb Samuel Sorbière an Hobbes:

> …wir können [an der Akademie] nicht mehr von dem Geschick und dem Eifer des rechtschaffenen Ordensbruders [Mersenne] profitieren, den Sie so liebenswürdig «den guten Dieb»[18] nannten, weil er stets damit beschäftigt war, die Gedanken anderer zu sammeln und alle daran teilhaben zu lassen, die sie vernehmen wollten.[19]

Mersennes Interesse für die wissenschaftlichen Fortschritte in Europa brachte ihn auf den Gedanken einer Italienreise[20]: es war ihm nicht entgangen, dass Italien neben Galilei eine ganze Reihe hervorragender Gelehrter hervorgebracht hatte, u. a. die Galilei-Schüler Castelli und Cavalieri. Als Descartes, der selber in den Jahren 1624–25 Italien bereist hatte, von diesem Plan erfuhr, mahnte er seinen Freund:

> Ihre Reise nach Italien beunruhigt mich, denn es ist für die Franzosen ein sehr ungesundes Land; vor allem soll man wenig essen, weil dort das Fleisch allzu nahrhaft ist. Es trifft zu, dass dies für die Angehörigen Ihres Ordens nicht so sehr von Bedeutung ist.[21] Ich bitte Gott darum, dass Sie von dort glücklich zurückkehren mögen.[22]

Diese Warnung wird Mersenne nicht sehr beeindruckt haben, hatte er doch bereits auf einer früheren Reise einige Abenteuer ohne größeren Schaden überstanden: Als er im Jahre 1629 an Wundrose (Erysipel) erkrankte, schickte man ihn zu einer Badekur nach Spa. Schon auf der Hinreise wurde er von Banditen ausgeraubt, und bei der Ankunft in Antwerpen hielt man ihn für einen Spion und warf ihn ins Gefängnis, aus dem ihn seine Mitbrüder herausholen mussten.[23]

---

[18] «Le bon larron», eine Anspielung auf die im Lukas-Evangelium geschilderte Szene, wo Jesus dem zu seiner Rechten mitgekreuzigten, Reue zeigenden „guten" Verbrecher Dismas das Paradies versprach.

[19] Sorbière aus Paris an Hobbes am 1. Februar 1658. *Lettres et discours de M. De Sorbière sur diverses matières curieuses.* Paris, 1660, S. 631–636, hier S. 636). – Der Arzt und Gelehrte Samuel Sorbière (1615–1670) korrespondierte u. a. mit Hobbes, Gassendi und Mersenne.

[20] In einem Brief aus dem Jahre 1635 (Philippe Tamizey de Larroque, *Les correspondants de Peiresc.* XIX: *Le Père Mersenne.* Paris 1894, S. 140), bedankt sich Mersenne bei Fabri de Peiresc für dessen Unterstützung bei seinem Urlaubsgesuch für eine beabsichtigte Italienreise. – Nicolas-Claude Fabri de Peiresc (1580–1637) hatte selber als junger Mann in den Jahren 1599 bis 1602 Italien bereist.

[21] Neben den üblichen drei Ordensgelübden (Armut, Keuschheit und Gehorsam) schrieben die Regeln des Minimitenordens ein viertes Gelübde vor: ewiges Fasten, d.h. kein Fleisch und keine Nahrung tierischen Ursprungs, nur Brot, Früchte und Wasser.

[22] *CM*, VIII, Nr. 780.

[23] Dies berichtet jedenfalls René Thuillier im *Diarium patrum, fratrum et sororum ordinis Minimorum* etc., Paris 1709, t. II, S. 101–102. – Näheres zu Mersennes Reise in die Niederlande bei BEAULIEU [1995, S. 95–106] und SASSEN [1964].

Mersennes Gesuch um Erlaubnis zu seiner Italienreise wurde dann aber von den Ordens-oberen nicht bewilligt, angeblich, weil im Minimitenkloster S. Trinità del Monte in Rom kein Platz war. In Wirklichkeit waren dabei aber wohl eher die Kontakte entscheidend, die Mersenne zu Galilei pflegte.

1643 bemühte sich Mersenne erneut um eine Reiseerlaubnis, die ihm diesmal offenbar ohne Schwierigkeiten – Galilei war schließlich bereits seit mehr als einem Jahr tot – erteilt wurde. Am 1. August 1643 wandte sich Mersenne ein erstes Mal an Torricelli. Dieser hatte durch Vermittlung von Niceron[24] eine Reihe von mathematischen Aufgaben und Sätzen an die Mathematiker in Frankreich gerichtet, zu denen sich Roberval in einem Brief an Mer-senne äußerte[25], den dieser dann als Beilage an Torricelli weiterleitete. Im Begleitschreiben wies er ganz nebenbei auf eine mögliche Begegnung in Florenz hin:

> Ich werde vielleicht in Kürze nach Etrurien reisen, um deine Traktate zu verschlingen und sie sofort nach Frankreich zu schicken.[26]

Torricelli antwortete im darauffolgenden September[27], allerdings ohne sich zu dem ange-kündigten Besuch Mersennes zu äußern. Der Brief scheint Mersenne mit großer Verspätung erreicht zu haben, denn am 25. Dezember beklagte er sich, seit Monaten keinen Brief von Torricelli empfangen zu haben[28]; erst seinem Schreiben vom 13. Januar 1644 ist zu entneh-men, dass Torricellis Antwort inzwischen eingetroffen war.[29]

Am 24. Juni 1644 kündigte Mersenne seine unmittelbar bevorstehende Reise an:

> In dem Brief zur Mechanik, den ich dir durch Du Verdus überbringen lasse, wirst du finden, dass ich vorhabe, in das italienische Livorno (*Liburnum*) zu reisen, worauf ich dich umarmen kann, und ich will gewisse geometrische Dinge mitbringen […]; ich werde nicht mehr schreiben, bis du mich benachrichtigt hast, ob ich dich in Florenz auffinden werde und für wenige Tage deine Freundschaftsdienste […] erfahren kann; vor allem möchte ich dort dein Buch[30] verschlingen, wenn es dann veröffentlicht sein wird.[31]

Dieses Mal war es Constantijn Huygens, ein Angehöriger der reformierten Kirche, der ihn vor einer Italienreise warnte. In seinem Empfehlungsschreiben an den in Genf ansässigen

---

[24] Jean-François Niceron (1613–1646), ebenfalls vom Orden der Minimiten. Bekannt durch sein Werk *La perspective curieuse*. Paris 1638.

[25] *OT*, III, Nr. 56; *CM*, XII, Nr. 1204. – Näheres zu diesen Aufgaben im Kap. 10.

[26] *OT*, III, Nr. 57; *CM*, XII, Nr. 1205.

[27] *OT*, III, Nr. 58; *CM*, XII, Nr. 1216.

[28] *OT*, III, Nr. 65; *CM*, XII, Nr. 1237.

[29] *OT*, III, Nr. 68; *CM*, XII, Nr. 1245.

[30] Mersenne hatte von Niceron erfahren, dass Torricelli im Begriff sei, ein Buch (das 1644 unter dem Titel *Opera geometrica* erschien) zu veröffentlichen (Brief vom 2. Februar 1642, *CM*, XI, Nr. 1065, S. 33).

[31] *OT*, III, Nr. 84; *CM*, XIII, Nr. 1280.

Jean-Louis Calandrini[32] äußerte er sich besorgt über die Gefahr, in die sich der mit berüch-
tigten „Häretikern" (u. a. auch mit Galilei) korrespondierende Mersenne damit begab:

> Seien Sie nicht erstaunt, wenn ich Ihnen in Genf einen Mönch empfehle: hier ist einer, den
> man bestimmt kennt und den man weniger zu verachten hat als alle anderen, wegen seiner
> Aufrichtigkeit und seines großen Wissens, das ihn zum Freund aller Liebhaber der Literatur
> macht. Es ist dies nämlich der Pater Mersenne, ein Minimit in Paris, mit dem ich, ohne ihn je
> gesehen zu haben, seit vielen Jahren in einem sehr angenehmen gelehrten Briefwechsel stehe.
> Er wird entgegen meinem Rat eine Reise nach Rom unternehmen, zum Scheiterhaufen, und
> ich habe ihm oft davon abgeraten…[33]

In der zweiten Hälfte des Monats September 1644 machte sich Mersenne auf den Weg zu
seiner Reise nach Rom. Zu seinem Reisegepäck gehörte auch ein Seesack mit verschiedenen
in Frankreich gedruckten Büchern, u. a. von Roberval, Descartes und Fermat, die er an
bestimmte Gelehrte in Italien zu übergeben gedachte. Nach Zwischenhalten in Lyon und
Orange bestieg er im November in Toulon das Schiff, um nach Genua weiterzureisen. Wegen
ungünstiger Windverhältnisse legte man aber in Ligure[34] an, sodass sich Mersenne von dort
auf dem Landweg nach Genua begeben musste. Bei dieser Gelegenheit kam offenbar der
erwähnte Sack mit den Büchern abhanden, tauchte einige Zeit später dann aber wieder auf
und wurde am 26. Dezember einem Mitbruder von Mersennes Orden übergeben, der ihn nach
Florenz bringen sollte. Aus unbekannten Gründen kam dieser Mönch aber nie in Florenz
an, und Mersenne gelangte erst in Rom wieder in den Besitz des sehnlichst erwarteten
Gepäckstücks.

Nach einem kurzen Aufenthalt in Genua zog Mersenne weiter nach Florenz, wo er um
die Mitte Dezember ankam. Hier kam es zu einem kurzen Zusammentreffen mit Torricelli,
wobei die Begegnung eher kühl ausgefallen sein dürfte. Mersenne hat sich denn auch später
über die verschlossene Haltung seiner italienischen Kollegen beklagt. Am 17. Dezember
schrieb Torricelli an seinen Freund Ricci in Rom:

---

[32] Die Familie Calandrini stammte ursprünglich aus Lucca, musste sich aber wegen ihres Bekennt-
nisses zur Reformation ins Exil begeben. Der 1585 in Frankfurt a. M. geborene Jean-Louis war im
Seidenhandel tätig und in diesem Zusammenhang mit der gehobenen Genfer Gesellschaft bekannt
geworden. 1617–27 war er dort als calvinistischer Diakon tätig.

[33] Brief vom 30. August 1644. *CM*, XIII, Nr. 1296.

[34] Mersenne berichtet über diesen Vorfall in seinem Brief aus Rom vom 16. Januar 1645 an Boulliaud
in Paris (*CM*, XIII, S. 321). Es ist nicht klar, welcher Ort mit *Ligure* gemeint sein könnte. Ein eigent-
licher Ort dieses Namens existierte nicht; es gibt aber westlich von Genua mehrere Küstenorte mit
dem Zusatz „Ligure": möglicherweise handelt es sich hier um Vado Ligure bei Savona, etwa 50 km
südwestlich von Genua liegend. BEAULIEU [1986, S. 69] nimmt hingegen an, Mersenne sei in dem
180 km südöstlich von Genua liegenden Livorno an Land gegangen. Mersenne hatte nämlich im oben
zitierten Brief vom 24. Juni 1644 an Torricelli (*OT*, III, Nr. 84) die Absicht geäußert, in das „Italicam
Lyburnam" zu reisen; tatsächlich ist *Liburna* neben *Liburnum*, *Ligurnum* eine ältere Bezeichnung für
das heutige Livorno.

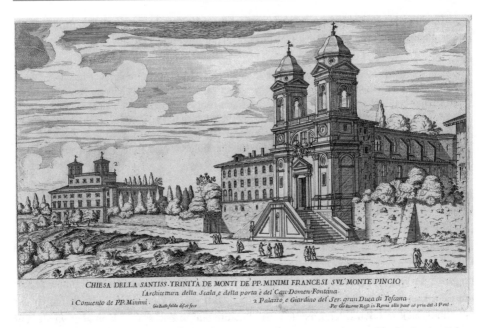

Abb. 2.4 Das seit 1494 bestehende Kloster der Minimiten auf dem Monte Pincio. In den Jahren 1503–87 wurde die Kirche SS. Trinità dei Monti daran angebaut. Links im Hintergrund die Villa Medici, wo Galilei während des Inquisitionsprozesses im Jahre 1633 zunächst wohnte, bevor er zum Verhör in den Räumen der Inquisition untergebracht wurde. Die Kirche wurde später durch die sog. „Spanische Treppe" mit der darunter liegenden Piazza di Spagna verbunden. (Abb. aus Giovanni Battista Falda, *Il terzo libro del novo teatro delle chiese di Roma.* Rom 1669). (Quelle: arachne.uni-koeln.de/item/marbilder/4213122)

> Der Pater Mersenne hat mir ein Blatt mit einem äußerst langen Beweis gezeigt, und daher schien mir, dass es [das Problem] schwierig sei. Später dachte ich darüber nach, und es erwies sich als eine Kleinigkeit, die mit den ersten sechs Büchern des Euklid zu lösen ist.[35]

Nachdem er sich von Torricelli noch die Apparatur für dessen Vakuumexperiment hatte zeigen lassen[36], reiste Mersenne weiter nach Rom, wo er sich im Kloster S. Trinità dei Monti einquartierte.

Hier war er aber nur selten anzutreffen, denn er war ständig unterwegs zu Besuchen bei in Rom ansässigen Gelehrten und von Bibliotheken. Schon bald traf er sich mit Torricellis Freund Michelangelo Ricci, wie dieser am 24. Dezember nach Florenz berichtete:

---

[35] *OT*, III, Nr. 111. – Näheres dazu im 10. Kapitel (*Racconto*, Nr. XXVI).

[36] [Torricellio] *qui tubum observatorium mihi anno 1644 ostendit in Magni Ducis Etruriae pergulis admirandis* (MERSENNE [1647, S. 216]). – Zum Vakuumexperiment siehe Kap. 7.

Der Pater Mersenne ist bis jetzt dreimal bei mir gewesen, das erste Mal zusammen mit Pater Emmanuel Maignan[37], mit dem ich sehr befreundet bin, dann mit einem Armenier[38], auch er ein Freund von mir, und zuletzt zusammen mit dem Cavaliere Dal Pozzo.[39] Aber so leicht es [für ihn] war, mich mit seinen Besuchen zu beehren, so schwierig erweist es sich, ihn im Kloster vorzufinden, um den Besuch zu erwidern, denn er geht ständig außer Haus, auf der Suche nach Manuskripten und anderen Sehenswürdigkeiten. Heute Abend habe ich mich in der Trinità bis nachts um halb eins und noch später aufgehalten, da ich ihm Ihren Brief übergeben wollte, doch weil es schon spät war und er nicht kam, habe ich mich entschlossen, ihn in die Hände des erwähnten Paters Emmanuel zu geben.[40]

Mersenne suchte auch die Händler in der Umgebung des Klosters auf, um bei ihnen Informationen über die in Rom üblichen Längen- und Gewichtsmaße einzuholen. Selbst ein Besuch im Petersdom diente ihm dazu, dessen Dimensionen zu vermessen, um sie später mit jenen der Pariser Notre Dame und anderer Kathedralen Frankreichs vergleichen zu können, außerdem führte er dort Pendelversuche und Experimente zum freien Fall durch.[41]

In Rom traf er auch mit namhaften in- und ausländischen Wissenschaftlern zusammen: Niceron, Maignan, Holstenius[42], Kircher, Santini[43], Nardi, Ricci, Magiotti, wobei die beiden letztgenannten von Torricelli davor gewarnt worden waren, allzu viel von ihrem Wissen preiszugeben. In einem Brief an Boulliaud beklagte sich Mersenne über die Zurückhaltung seiner italienischen Kollegen:

Diese italienischen Herren sind dermaßen zurückhaltend, dass man nichts von ihren Werken zu sehen bekommt.[44]

Diese Zurückhaltung ist verständlich, denn wie bereits erwähnt wurde, stand Mersenne bei den Italienern im Verdacht, sich fremde Dinge anzueignen und sie unter dem eigenen Namen zu veröffentlichen. Weiter findet der Pater, dass die Wissenschaft in Rom im Vergleich zu Paris nur ein Schattendasein führe:

---

[37] Emmanuel Maignan (1601–1676), wie Mersenne vom Orden der Minimiten. – Mehr zu ihm im Kap. 7.

[38] Vermutlich der aus dem Libanon stammenden Maronit Abraham Ecchellensis (1605–1664). Er hatte am maronitischen Kollegium in Rom studiert und lehrte anschließend Arabisch und Syrisch in Pisa, später in Rom. Zusammen mit G.A. Borelli übersetzte er ein in der Mediceischen Bibliothek in Florenz aufgefundenes arabisches Manuskript mit den als verloren geltenden Büchern V–VII der *Conica* von Apollonius (Florenz 1661).

[39] Cassiano Dal Pozzo (1588–1657). Gelehrter und Kunstmäzen. 1622 Mitglied der Accademia dei Lincei.

[40] *OT*, III, Nr. 110.

[41] MERSENNE [1647, S. 111–113].

[42] Der aus Hamburg stammende, seit 1627 in Rom lebende humanistische Gelehrte Lukas Holste (1596–1661) wurde 1653 von Papst Innozenz X. zum Leiter der vatikanischen Bibliothek ernannt.

[43] Der Mathematiker und Astronom Antonio Santini (1577–1662) bestätigte als Erster Galileis Beobachtung der Jupitermonde.

[44] Brief an Boulliaud vom 16. Januar 1645. *CM*, XIII, Nr. 1333.

Außer der Bibliothek des Kardinals Barberini, die er mir gestern gezeigt hat, jener des Vatikans und der Augustiner, das ist jene des Herrn Rocca[45], der sie ihnen geschenkt hat, befinde ich mich geradezu in der Barbarei. Zwar ist die innere Schönheit der Kirchen wunderbar, was die Anzahl Säulen, die Böden aus Marmor, Jaspis und Porphyr betrifft, doch die Pflege der Wissenschaften ist äußerst dürftig…

Schon kurz nach seiner Ankunft in Rom hatte er sich bei Holstenius über den kleinlichen Umgang mit Ausländern in der Bibliothek des Vatikans beklagt, «dass man für jede Bagatelle ein eigenhändiges Schreiben des Papstes benötigt»; diese Behandlung scheint sich während seines ganzen Aufenthaltes in Rom nicht gebessert zu haben, denn kurz vor der Abreise drückte er noch einmal seine Empörung über die Engstirnigkeit der Aufseher der Vatikanischen Bibliothek aus, wie Holstenius berichtet.[46] Überhaupt äußerte er sich nach seiner Rückkehr nach Paris ziemlich enttäuscht über seine Erfahrungen mit italienischen Bibliotheken:

Ich habe in Italien keine bedeutenden Bücher gesehen; wie mir scheint, produziert unser Frankreich solche von größerer Gelehrsamkeit.[47]

Während des Besuchs in Florenz hatte man offenbar vereinbart, dass Mersenne von Torricelli eine von dessen vorzüglichen Fernrohrlinsen erhalten sollte, wobei Mersenne den Kaufpreis bereits hinterlegt hatte. Aus diesem Handel entstand in der Folge ein schier endloses Hin und Her – Mersenne zeigte sich unschlüssig: einerseits war er nicht zufrieden mit der Güte der ihm angebotenen Linsen, andererseits wollte er, als ein der Armut verpflichteter Mönch, möglichst wenig Geld dafür ausgeben –, ein würdeloses Gezänk, das für Torricelli mit einer großen Enttäuschung endete. Nachdem Mersenne aus Florenz nach Rom abgereist war, schickte Torricelli eine Linse an Magiotti, der sie dann dem Pater zeigte. Dieser war aber von der Qualität der Linse enttäuscht:

Der vornehme Magiotti zeigte mir die Fernrohrlinse, die du ihm geschickt hast, die verglichen mit Fontanas[48] Linse, die er schon besitzt, weniger gut zu sein schien. Nachdem ich in deinem Buch gelesen hatte, dass die von dir hergestellten Linsen besser seien als die bisher erschienenen, nämlich sowohl die Linsen von Galilei als auch jene von Fontana, habe ich mich gewundert, dass sich dies bei deiner Linse nicht bestätigt hat. Obwohl ich an deiner Aussage kaum zweifle, dass du andere tatsächlich so fein poliert hast, dass sie, wie du sagst, die übrigen übertreffen. Wer aber wäre ich, von dir eine von den besten [Linsen] zu erhoffen? Obwohl, wenn es allein um das Geld ginge, hätte ich von dir eine von den besten erwartet; für diese, die

---

[45] Der Augustiner Angelo Rocca (1545–1620) leitete unter Papst Sixtus IV. die Druckerei des Vatikans. Als er im Jahre 1605 zum Titularbischof ernannt wurde, vermachte er seine Privatbibliothek dem Vatikan.

[46] Holstenius an Doni, 24. Dezember 1644 und 25. März 1645. *CM*, XIII, Nr. 1324 bzw. 1360).

[47] Brief an André Rivet vom 12. November 1645. *CM*, XIII, Nr. 1403.

[48] Mehr zu Fontana im Kap. 8.

von mir hier geprüft worden ist, fordere ich, dass mir das Geld von dir zurückerstattet wird. Wenn du willst, wird jener Magiotti als Augenzeuge der Probe dienen.[49]

Torricelli versprach darauf, drei weitere Linsen nach Rom zu senden, worauf Mersenne dann eine davon auswählen möge. Offenbar hatte er aber gerade keine Linsen vorrätig, denn am 17. Januar 1645 schrieb er an Ricci:

Ich hatte versprochen, am kommenden Sonntag gewisse Linsen mit dem Boten zu schicken; dies war dann nicht möglich, weil ich eine, die ich an einen gewissen Herrn ausgeliehen hatte, noch nicht wiedererlangen konnte. Nun habe ich sie erhalten, und ich werde sie zusammen mit zwei anderen schicken, die ich aus meinen Fernrohren herausgenommen habe, damit der Pater Mersenne eine davon auswählen kann.[50]

Doch wiederum scheint dabei etwas schiefgegangen zu sein, denn Ricci berichtet am 4. Februar:

Ich habe den Behälter mit den Linsen erhalten, finde dabei aber eine Abweichung gegenüber Ihrer Rechnung, indem eine kleine konkave Linse fehlt. […] Einige Tage danach habe ich sie […] Herrn Raffaello [Magiotti] übergeben, der mir mitteilte, es sei nur eine konkave dabei, was ich nicht beachtet hatte. Ich bitte Sie daher, sich genau zu erinnern, ob Sie eine oder zwei geschickt haben, damit ich überlegen kann, auf welchem Weg sie abhanden gekommen sein könnte.[51]

Nachdem Ricci den Behälter von Magiotti zurückerhalten hatte, ließ er ihn an Mersenne übergeben. Dieser zeigte sich nun aber nicht mehr an einem Kauf interessiert, wie Ricci am 25. Februar meldete:

…denn während er mir auf einem Zettel den Empfang bestätigt, bekennt er gleichzeitig, nicht über die finanziellen Möglichkeiten zu verfügen, um zehn Pistolen auszugeben, und er sie mir daher zurückgeben wolle, nachdem er sie mit den ersten Linsen verglichen habe. Vielleicht werde ich ihn morgen aufsuchen und dabei mehr über seine Absichten erfahren.[52]

Am 5. März, nachdem ihm Torricelli offenbar eine weitere Linse gesandt hatte, schrieb Ricci:

Die letzte Linse ließ ich dem Pater Mersenne übergeben, der sie ausgezeichnet findet; er sagt aber, dass er nicht so viel Geld aufwenden könne (angesichts der Reise, die er noch vor sich hatte) wie erforderlich wäre, um sie zu kaufen. Er bot fünf Dublonen, und als er vernahm, dass ihm eine jener minderwertigen, obwohl im Durchmesser größeren Linsen kostenlos angeboten würde, war er eher dazu geneigt, eine von diesen zu wählen. Es scheint mir, dass er bei

---

[49] *OT*, III, Nr. 113; *CM*, XIII, Nr. 1325.

[50] *OT*, III, Nr. 118; *CM*, XIII, Nr. 1335.

[51] *OT*, III, Nr. 121.

[52] *OT*, III, Nr. 130; *CM*, XIII, Nr. 1351.

der Bekanntgabe dieser Preise ziemlich erstarrte. Nicht dass er die Qualität der Linsen als nicht richtig bewertet erachtet hätte, sondern er sagt, dass ihm diese Ausgabe unangemessen erscheine angesichts der Bedürfnisse für die Reise und wegen der religiösen Armut, zu der er sich bekennt.[53]

Torricelli antwortete am 11. März:

> …ich erteile Ihnen die absolute Vollmacht, über jene Linsen zu verfügen, und wenn er [Mersenne] jene bessere haben will zu dem Angebot, das Sie mir mitgeteilt haben oder eine von jenen anderen, so kann er in jeder Hinsicht frei entscheiden.[54]

Am Tag darauf informierte Ricci, dass sich Mersenne nun mit dem Gedanken trage, eine der beiden schlechteren Linsen zu wählen.[55] Wenig später scheint der Pater sich aber wieder anders besonnen zu haben, denn am 19. März teilte Ricci mit, dass sich Mersennes Abreise wegen dessen Beinschmerzen um einige Tage verzögere, wobei er hinzufügte:

> Er sagt, er wolle die bessere Linse zum Preis von fünf Dublonen nehmen, dass man ihm aber Kredit gewähren solle bis zu seiner Ankunft in Paris, von wo aus er das Geld sofort überweisen werde.[56]

Offenbar änderte Mersenne danach aber seine Meinung erneut, denn eine Woche später schrieb Ricci:

> Der Pater hat [Ihnen] während einigen Wochen nicht mehr geschrieben, weil er sich meiner Ansicht nach darüber geschämt hat, sich auf ein Angebot eingelassen zu haben, von dem er sich nun so vorsichtig wie möglich zurückziehen wollte. In der Folge hat er nicht einmal mehr davon gesprochen, die als Preis für die beste Linse angebotenen Dublonen zu bezahlen, sondern davon, sich mit einer der minderwertigen zufrieden zu geben, für die er kein Geld zu geben braucht, und so glaubt er, sich aus der Affäre ziehen zu können.[57]

Am 28. März 1645 verließ Mersenne endlich Rom und machte sich auf die Heimreise. Immer noch scheint ihm aber die bessere Linse keine Ruhe gelassen zu haben, denn er ließ Ricci sich noch bei Torricelli erkundigen, was er mit dieser zu tun gedenke.[58] Als Entschädigung für die mitgenommene, weniger gute Linse versprach er, in Venedig Glas von bester Qualität kaufen und es nach Florenz senden lassen.

Die Reise führte ihn zunächst nach Perugia, von wo er große Bücherpakete nach Marseille vorausschickte. Nach einem Besuch der Pilgerstätte in Loreto begab er sich nach Bologna, wo

---

[53] *OT*, III, Nr. 136; *CM*, XIII, Nr. 1353.
[54] *OT*, III, Nr. 137; *CM*, XIII, Nr. 1354.
[55] *OT*, III, Nr. 138; *CM*, XIII, Nr. 1355.
[56] *OT*, III, Nr. 141; *CM*, XIII, Nr. 1358.
[57] *OT*, III, Nr. 142; *CM*, XIII, Nr. 1361.
[58] *OT*, III, Nr. 143 und 144; *CM*, XIII, Nr. 1364 und 1366.

er mit Cavalieri zusammentraf, dann über Ferrara, wo er das Museum von Antonio Goretti besichtigte[59], schließlich nach Venedig. Hier löste er sein Versprechen ein und kaufte in Murano die für Torricelli bestimmten Gläser. Ursprünglich hatte er beabsichtigt, sich noch einmal nach Florenz zu begeben[60]; bedingt durch seinen schlechten Gesundheitszustand musste er nun aber davon absehen. Nach einem Zwischenhalt in Mailand setzte er die Reise nach Genua fort und fuhr von dort aus mit dem Schiff weiter nach Marseille. Nach Zwischenhalten in Aix-en-Provence, Valence, Grenoble und Genf (wo er von Jean-Louis Calandrini empfangen wurde[61]) gelangte er nach Lyon, von wo aus er sich bei Ricci erkundigte, ob Torricelli die Gläser aus Venedig inzwischen erhalten habe.[62] Vermutlich anfangs September, nach fast einem Jahr Abwesenheit, war er schließlich wieder zurück in Paris. Sofort teilte er Ricci seine Ankunft mit, wie dieser an Torricelli bestätigte:

> Ich habe sodann Nachrichten von Pater Mersenne, dass er in Paris angekommen sei, von wo aus er mir einen äußerst langen, seiner Ansicht nach aber äußerst kurzen Brief schreibt.[63]

Ricci berichtete weiter, Mersenne habe in Lyon eine Fernrohrlinse eines gewissen Francini[64] gesehen, die im Vergleich mit Torricellis Linse von höherer Qualität sei. Auch sei in Paris eine Maschine erfunden worden, mit der man innerhalb von zwei Stunden eine Linse von höchster Vollkommenheit schleifen könne. Am 10. Oktober richtete sich Mersenne dann auf ähnliche Weise direkt an Torricelli.[65]

Am 13. Dezember erkundigte sich Mersenne bei Torricelli, ob er das Geld und die Gläser aus Venedig erhalten habe; andererseits beschwerte er sich aber ein weiteres Mal über die Qualität von Torricellis Linsen. In seiner gewohnten Art versuchte er, ihn zu noch besseren Leistungen anzuspornen, indem er ihn darauf aufmerksam machte, dass Rheita[66] in Augsburg hervorragende Binokulare herstelle:

> Was deine Linsen betrifft, die ich schon habe, so ist die erste, die du mir umsonst überlassen hast, ganz und gar unbrauchbar; die andere, von der ich annehme, dass es die [aus dem Teleskop] herausgelöste ist, wird von Gassendis Linse übertroffen, die freilich um 1/4 kürzer oder weniger ausgedehnt ist und dennoch mit derselben konkaven Linse das Objekt mindestens gleich deutlich und groß wiedergibt.

---

[59] Antonio Goretti (um 1570–1649), Humanist aus Ferrara, besaß eine wertvolle Sammlung von Musikinstrumenten und eine umfangreiche Musik-Bibliothek. Mersenne berichtet darüber in MERSENNE [1647, S. 165–166].

[60] *OT*, III, Nr. 146; *CM*, III, Nr. 1368.

[61] Calandrini bestätigte in einem Brief an Constantijn Huygens, dass ihm Mersenne am 8. Juli 1645 unter Überreichung von Huygens' früher erwähntem Empfehlungsschreiben einen Besuch abgestattet habe.

[62] *OT*, III, Nr. 157; *CM*, Nr. 1385.

[63] *OT*, III, Nr. 158; *CM*, XIII, Nr. 1390.

[64] Näheres zu Francini im Kap. 8.

[65] *OT*, III, Nr. 159; *CM*, XIII, Nr. 1393.

[66] Mehr zu Rheita im Kap. 8.

Sodann möchte ich, dass du gewarnt seist, dass in Augsburg weitaus bessere Teleskope gemacht werden als deine oder die irgendeines anderen, die zwei Augen dienen und die der Kapuziner Rheita (der neulich eine Abhandlung über dieses Fernrohr veröffentlicht hat, die er *Auge des Enoch und Elias*[67] nennt) deshalb „Binokulare" nennt.[68]

Danach gab er eine Beschreibung des Binokulars und forderte Torricelli auf, dieses nachzubauen, wobei er aufmunternd seiner Überzeugung Ausdruck gab, dass der Florentiner in der Lage sei, Rheitas Fernrohr zu übertreffen. Torricelli, unbeirrt in seiner Überzeugung, immer noch der Beste auf diesem Gebiet zu sein (er argwöhnte sogar, dass die Linse, die er Mersenne nach Rom geschickt hatte, durch fremde Personen ausgetauscht worden sein könnte), schrieb darauf am 7. Juli 1646:

> Dazu antworte ich […], dass in ganz Frankreich und in allen Gebieten jenseits der Alpen keine ebenso gute [Linse] gefunden werden kann, wenn sie nicht von meiner Hand oder wenigstens von Fontana stammt. Wir haben freilich nicht die Augen eines Enoch und Elias und nicht das Geschwätz eines Träumenden, aber freilich den sichersten Beweis, dass nirgendwo jemals vollkommenere Linsen gemacht werden können als die meinigen…
>
> Erstaunliches schreiben Sie über die Linse von Gassendi, die er selber von Galilei erhalten hat. Unsere Linsen, und vor allem jene, die Sie haben, sind ohne Zweifel besser als jene hervorragendste Linse, die Galilei hochschätzte und mehr als seine Augen liebte. Ich weiß nicht, ob man glauben soll, dass Galilei die bessere von zwei Linsen an Gassendi geschickt, die schlechtere aber für sich zurückbehalten hat. […] Sie haben auch geschrieben, dass Sie irgendeine Linse meines Freundes Ippolito Francini ausfindig gemacht haben, die besser war als unsere. Welches auch immer diese Linse gewesen sein mag, so weiß ich ganz genau, dass sie für 3 Dukaten, das sind 11 Pistolen, gekauft worden ist. Und es ist schon zur Genüge bekannt, dass unter den Linsen von Fontana bessere gefunden werden als jene von Francini, dass aber meine besser sind als alle übrigen. Die Länge des Rohres ist der Beweis dafür, dass ich das wahre Geheimnis der Form der Linsen gefunden habe.[69]

Gleichentags schickte Torricelli weitere Briefe nach Paris: je einen an Roberval und Carcavi sowie einen zweiten[70] an Mersenne, in dem er sich hauptsächlich mit der Auseinandersetzung mit Roberval im Zusammenhang mit der Zykloide[71] befasst und zum Schluss noch den Wunsch äußert, mit Descartes in einen Briefwechsel zu treten. Diese Briefe scheinen aber alle erst mit Verspätung angekommen zu sein, denn noch am 26. August beklagte sich Mersenne darüber, nur selten Post aus Florenz zu erhalten:

---

[67] Die Nennung der Propheten Enoch und Elias, die in der Ankunft Christi eine neue Welt erblickten, sollte darauf hinweisen, dass mit dem neuen Fernrohr ebenfalls neue Welten entdeckt werden können (Wikipedia).

[68] *OT*, III, Nr. 162; *CM*, XIII, Nr. 1412.

[69] *OT*, III, Nr. 179; *CM*, XIV, Nr. 1486.

[70] *OT*, III, Nr. 180; *CM*, XIV, Nr. 1487.

[71] Näheres dazu im Kap. 5.

Ich habe mich oft gewundert, berühmtester Herr, wie es möglich ist, dass wir kaum noch einen Brief aus eurem Florenz erhalten, obschon die Briefe der Freunde aus Rom so mühelos zu uns gelangen, dass ich öfter unseren Freund Angelo Ricci begrüße. Ich glaubte dennoch, als ich nach Florenz in Rom war, dass wir diese Freundschaft, die ich mit euch geschlossen habe, danach durch Austauschen von Briefen nicht nur pflegen, sondern auch vertiefen könnten.[72]

Schließlich bestätigte Mersenne dann doch noch den Empfang von Torricellis Post vom 7. Juli: diese war eingetroffen, als er gerade im Begriff war, seinen eigenen Brief abzuschicken. In seinem Brief vom 15. September nimmt er dann Stellung zu Torricellis Anspruch auf den ersten Platz unter den Herstellern von Linsen. Er erwähnt unter anderem, dass vor einiger Zeit in Rom ein Wettbewerb stattgefunden habe, bei dem Linsen von Torricelli, Fontana und Pater Maignan einander gegenübergestellt wurden, wobei Maignan mit seiner Linse obsiegt habe.[73] Zu Torricellis Wunsch nach einer Kontaktaufnahme mit Descartes schreibt er:

Ich schrieb an Descartes, dass er deine Briefe willkommen entgegennehmen möge, und dass er deinen Briefwechsel über die Themen, die du bestimmst, freundschaftlich gesinnt empfange, wobei du sicher sein kannst, dass er es gewiss ebenso halten wird. […] Sobald er aber erfährt, dass du hyperbolische, elliptische oder andere kegelschnittförmige Linsen herstellst, wird er von großer Freude erfüllt sein, denn bisher sind alle an dieser Sache verzweifelt, weil sie das Glas niemals gleichmäßig unter Beibehaltung der hyperbolischen Form schleifen konnten.[74]

Torricelli sollte damit ermutigt werden, sich mit dem Problem des Schleifens hyperbolischer Linsen befassen, die im Gegensatz zu den einfacher herzustellenden sphärischen Linsen keine sphärische Aberration aufweisen. Um seinem Anliegen Nachdruck zu verschaffen, erwähnte Mersenne noch, dass ein «gewisser Anwalt aus Nevers»[75] eine Maschine erfunden habe, mit welcher er «innerhalb von einer Stunde zwei Linsen herstellt (ich vermute hyperbolische)».

Auf einer letzten Reise, diesmal in den Westen und Südwesten Frankreichs in den Jahren 1646–47, traf Mersenne in Bordeaux mit Fermat zusammen, den er ursprünglich bereits anlässlich seiner Rückreise aus Italien besuchen wollte[76] und mit dem er bislang nur auf dem

---

[72] *OT*, III, Nr. 183; *CM*, XIV, Nr. 1500.

[73] *OT*, III, Nr. 184; *CM*, XIV, Nr. 1509.

[74] *Ibid.* – Tatsächlich schrieb Descartes am 5. Oktober an Mersenne: «Ich kann den Briefwechsel, den Herr Torricelli mit mir wünscht, nicht ausschlagen. Ich werde es stets als Ehre betrachten, Bekanntschaft mit Personen seines Ranges zu schließen, und ich werde danach trachten, mich ihrer Freundschaft würdig zu erweisen, soweit es mir möglich ist» (*CM*, XIV, Nr. 1523). – Der von Mersenne angeregte Briefwechsel zwischen Torricelli und Descartes scheint leider nicht zustande gekommen zu sein, ebenso wie jener zwischen Galilei und Descartes.

[75] Der Advokat Jean De Méru, der in Nevers Fernrohre herstellte.

[76] Mersenne hatte diese Absicht gegenüber Ricci geäußert (Ricci an Torricelli, 25. Februar 1645, *OT*, III, Nr. 130; CM, XIII, Nr. 1351).

Korrespondenzweg in Kontakt gestanden hatte. Nach Paris zurückgekehrt, veröffentlichte er noch ein letztes Buch, die *Novarum Observationum physico-mathematicorum tomus III*.[77]

Als er Ende Juli 1648 an einem sehr heißen Tag während eines Besuchs bei Descartes zu viel kaltes Wasser getrunken hatte, musste er sich nach seiner Heimkehr sofort krank zu Bett legen. Nachdem die Ärzte eine Brustfellentzündung diagnostiziert und daraufhin häufige Aderlasse angeordnet hatten, starb er nach 37 Tage andauernder Krankheit am 1. September 1648 im Beisein seines Freundes Gassendi.

Mersennes Biograph, sein Mitbruder Hilarion de Coste, erstellte sogleich eine Liste der in Mersennes Zelle vorgefundenen Briefe. Daraus wird ersichtlich, dass ein gewisser Teil davon heute als verloren gelten muss. Sozusagen als Testamentsvollstrecker hatte Roberval unter anderem einen großen Teil der Briefe von Descartes und Torricelli an sich genommen.[78] Nach Robervals Tod gelangten diese Briefe in die Hände von De la Hire, der sie dann an die Académie des Sciences weitergab. Guglielmo Libri[79], mit der Sichtung der Bibliotheksbestände in ganz Frankreich beauftragt, soll neben vielen anderen Autographen 72 von 75 in der Bibliothek des Institut de France aufbewahrten Briefe Descartes' an Mersenne aus den Jahren 1637–47 gestohlen haben; auch von den Briefen Torricellis blieb nach seinem Raubzug nur die Kopie eines einzigen zurück.[80] Erst kürzlich wurde einer der Descartes-Briefe in der Bibliothek der Universität Haverford bei Philadelphia wieder aufgefunden. Der Brief, er ist datiert vom 27. Mai 1641 und bezieht sich auf die Veröffentlichung von Mersennes *Meditationes de prima philosophia*, war an einen englischen Buchhändler verkauft worden und gelangte im Jahre 1902 nach Haverford. Er wurde im Jahre 2010 an das Institut de France zurückgegeben.[81]

Robert Lenoble hat sich die Frage gestellt, ob Mersenne ein Philosoph und ein wahrer Gelehrter gewesen sei:

---

[77] MERSENNE [1647].

[78] BAILLET [1691, t. II, S. 356].

[79] Der Florentiner Guglielmo Libri Carucci dalla Sommaja (1803–1869) musste aus politischen Gründen 1830 nach Frankreich fliehen, wo er 1833 eingebürgert wurde. Er ist der Autor der vierbändigen *Histoire des sciences mathématiques en Italie depuis la renaissance des lettres jusqu'à la fin du dix-septième siècle* (Paris 1838–41), wobei er sich bei der Abfassung dieses Werkes auf seine umfangreiche, angeblich rechtmäßig erworbene Sammlung von Autographen und Büchern stützen konnte. 1841 wurde er zum Sekretär der *Commission du catalogue général des manuscrits des bibliothèques publiques de France* ernannt. Dieses Amt missbrauchte er dann, um sich unbemerkt zahlreiche wertvolle Objekte anzueignen, wodurch seine Sammlung schließlich auf etwa 40'000 Stück anwuchs. 1846 erstmals in Verdacht geraten, musste er sich im Revolutionsjahr 1848 ins Exil begeben, wobei es ihm gelang, seine wertvollsten Stücke – einen Teil seiner Sammlung hatte er zuvor schon an den Earl of Ashburnham verkauft – nach England zu schaffen. 1850 wurde er im Abwesenheitsverfahren zu zehn Jahren Gefängnis verurteilt.

[80] Einen ausführlichen Bericht über das Schicksal dieser Briefe findet man in DE WAARD [1948].

[81] *New York Times* vom 24. Februar 2010. Dort wird auch berichtet, dass von den 72 gestohlenen Briefen deren 45 inzwischen wieder aufgetaucht sind.

Besaß dieser Freigeist, dieser unermüdliche Forscher, die Gaben, die den Philosophen und den wahren Gelehrten ausmachen? Wenn Intelligenz und Neugierde Synonyme wären, so wäre Mersenne vielleicht das größte Genie aller Zeiten. Mit seinem Drang, alles zu wissen, bleibt er ein Mensch der Renaissance. Gut unterstützt durch seine Kenntnis, nicht nur des Lateins, was selbstverständlich ist, aber auch des Italienischen[82], des Hebräischen und des Griechischen, hat er von den antiken und modernen Autoren alles gelesen, was man während eines menschlichen Lebens lesen kann. Er kann mit den Rabbinern und den Kabbalisten über Einzelheiten des Originaltextes der Bibel diskutieren. Die Theologie, die Philosophie, die Exegese, die Mathematik, die Physik und die Naturwissenschaften, alles interessiert ihn, er beschäftigt sich mit allem.[83]

---

[82] Mersenne hat Galileis *Meccaniche* aus dem Italienischen ins Französische übersetzt (MERSENNE [1634]). Seine Italienischkenntnisse waren aber wohl auf die geschriebene Sprache beschränkt, denn er hat sich anlässlich seiner Italienreise mit den dortigen Gelehrten ausschließlich auf Latein unterhalten. Michelangelo Ricci schrieb am 31. Dezember 1644 an Torricelli, er habe Mersenne eine in italienischer Sprache verfasste Schrift Torricellis auf lateinisch erklären müssen (*OT*, III, Nr. 114; *CM*, XIII, Nr. 1327). Im gleichen Brief macht er sich auch lustig über Mersennes – vermutlich sehr französisch gefärbtes – gesprochenes Latein.

[83] LENOBLE [1943], S. 65–66.

Die *Opera geometrica* 3

Die 1644 veröffentlichten *Opera geometrica*, das einzige zu seinen Lebzeiten gedruckte Werk Torricellis, enthalten vier voneinander unabhängige Teile, wobei die beiden ersten Teile aus je zwei Büchern oder Kapitel bestehen:[1]

1. *De sphaera et solidis sphaeralibus libri duo.* In quibus Archimedis doctrina de sphaera et cylindro denuo componitur, latius promovetur, et in omni specie solidorum, quae vel circa, vel intra sphaeram, ex conversione poligonorum regularium gigni possint, unversalius propagatur.[2]
   Liber primus. p. 1–46
   Liber secundus. p. 47–94

2. *De motu gravium naturaliter descendentium, et proiectorum libri duo.*
   Liber primus: De motu gravium naturaliter descendentium. p. 97–153
   Liber secundus: De motu proiectorum. p. 154–243

3. *De dimensione parabolae.* p. 3–84
   Appendix: De dimensione cycloidis. p. 85–92

4. *De solido acuto hyperbolico.* p. 93–135
   Appendix: De dimensione cochleae. p. 136–151

---

[1] Die Teile 3 und 4 sind mit einer eigenen Seitenzählung versehen. Ferner ist zu beachten, dass im 4. Teil die auf die Nr. 136 folgenden Seiten erneut mit 129–136 (statt 137–144) nummeriert sind. Die danach folgenden Seiten tragen dann wieder korrekt die Nrn. 145–150, die letzte Seite schließlich ist irrtümlich mit 115 (anstatt 151) nummeriert.

[2] *Zwei Bücher über die Kugel und die sphäralischen Körper.* Worin die Lehre des Archimedes «Über Kugel und Zylinder» von neuem zusammengestellt, erweitert und allgemeiner auf alle Arten von Körpern ausgedehnt wird, die der Kugel entweder um- oder einbeschrieben sind und aus der Rotation regelmäßiger Vielecke erzeugt werden können.

© Der/die Autor(en), exklusiv lizenziert an Springer-Verlag GmbH, DE,
ein Teil von Springer Nature 2023
R. Acampora, *Evangelista Torricelli*, Mathematik im Kontext,
https://doi.org/10.1007/978-3-662-66407-0_3

Das in der Gelehrtenrepublik, vor allem von den Mathematikern Frankreichs, mit großem Interesse erwartete Buch wurde auf Veranlassung des Großherzogs Ferdinand II. und auf dessen Kosten gedruckt. Allerdings kamen die im Sommer des Jahres 1643 begonnenen Vorarbeiten zunächst nicht recht voran, denn am 4. Dezember schrieb Torricelli an Magiotti:

> Mit dem Druck geht es nur langsam voran, doch da kann man nichts machen. Ich bin damit so sehr beschäftigt, dass ich keine Zeit zum Schreiben finde, und ich schreibe jedenfalls nur solch kurze Briefe. Haben Sie Geduld!³

Grund für diese Verzögerungen war einerseits die Unerfahrenheit des Graveurs, der die Druckvorlagen für zahlreichen Figuren herzustellen hatte.⁴ Andererseits wurde der Druck aber auch durch verschiedene Arbeiten behindert, die Torricelli im Auftrage des Großherzogs ausführen musste, wie er am 1. Mai 1644 an Mersenne schrieb:

> Von meinem Buch sind zwei kleine Schriften gedruckt, die beiden übrigen kommen weiterhin langsam voran, ich bin nämlich außerordentlich beschäftigt, bald mit der Herstellung von Gläsern für Teleskope, bald mit dem täglichen Bau von Geräten zur Durchführung verschiedener physikalischer Experimente, beides auf Anordnung des Durchlauchtigsten Großherzogs.⁵

So dauerte es noch bis zum September des Jahres 1644, bis das Werk endlich erscheinen konnte.⁶

3.1   *De sphaera et solidis sphaeralibus*

> Ich würde gewiss erröten, [...] dieses Büchlein
> Eurer Durchlauchtigsten Exzellenz zu übergeben,
> könnte ich nicht bei meiner Kühnheit die großen Namen
> des Archimedes und des Galilei geltend machen. (⁷)

---

³ *OT*, III, Nr. 63.

⁴ Torricelli an Mersenne im September 1643 (*OT*, III, Nr. 58; *CM*, XII, Nr. 1216). – Siehe Kap. 5, S. 231.

⁵ *OT*, III, Nr. 76; *CM*, XIII, Nr. 1269.

⁶ In seinem Brief vom 24. September 1644 (*OT*, III, Nr. 100) bedankt sich Michelangelo Ricci für die Zusendung eines Exemplars des Werkes.

⁷ Erubescerem profectò, Serenissime Magne Dux, oblaturus libellum hunc Serenissimae Celsitudini Tuae, nisi haberem maxima Archimedis, et Galilei nomina, quae praetendere possim audaciae meae (Torricelli im Widmungsschreiben zu *De sphaera et solidis sphaeralibus*).

Im ersten Kapitel wurde darüber berichtet, dass Torricelli als Beilage zu seinem Brief vom
17. August 1641 an Galilei eine Abhandlung mitgeschickt hatte, die eine Erweiterung des
archimedischen Werks *Über Kugel und Zylinder* darstellte. In dem besagten Brief hatte
Torricelli geschrieben:

> Bei den Qualen, die ich bei dem vor wenigen Tagen erfolgten Verlust meiner Mutter zu erleiden
> hatte, habe ich dennoch versucht, ein Buch ins Reine zu schreiben, das ich *Über die sphärali
> schen Körper* nenne, und gerade heute bin ich mit dem Abschreiben zu Ende gekommen.[8]

Nachdem er herausgefunden hatte, dass einerseits die Volumen, andererseits die Oberflächen
der Kugel und des ihr umbeschriebenen Zylinders je im gleichen Verhältnis stehen, nämlich:

$$V_{Kugel} \; : \; V_{Zylinder} \; = \; F_{Kugel} \; : \; F_{Zylinder} \; = \; 2 : 3,$$

hatte sich Archimedes angeblich gewünscht, dass dieses Ergebnis auf der Säule seines Grabes
darzustellen sei.[9] Nun gibt es aber neben dem Zylinder noch weitere, der Kugel umbeschriebene Körper, bei welchen diese Verhältnisse ebenfalls gleich sind. So gilt beispielsweise für
den der Kugel umbeschriebenen gleichseitigen Kegel:

$$V_{Kugel} \; : \; V_{Kegel} \; = \; F_{Kugel} \; : \; F_{Kegel} \; = \; 4 : 9,$$

In seinem Traktat erbrachte Torricelli den Nachweis, dass sogar eine unendliche Reihe von
weiteren Körpern diese bemerkenswerte Eigenschaft in Bezug auf die Kugel besitzen: Es
sind dies die von ihm untersuchten sogenannten „sphäralischen Körper". Unter dem Titel *De
sphaera et solidis sphaeralibus* bildet die Abhandlung den ersten Teil der *Opera geometrica*.
Sie wurde wieder abgedruckt in der Sammlung von physikalisch-mathematischen Texten,
die der Abt und Bibliothekar des Herzogs Ranuccio II. von Parma, Gaudenzio Roberti
(1655–1695), herausgegeben hat.[10] 1798 wurden einige wenige Auszüge daraus in deutscher
Sprache durch den Tübinger Magister Karl Friedrich Hauber (1775–1851) veröffentlicht.[11]

---

[8] *OT*, III, Nr. 13.

[9] Plutarch berichtet darüber in seinen *Lebensbeschreibungen* (Marcellus, XVII, 7). – Das nach dem
Tod des Archimedes im Jahre 212 v. Chr. nach seinen Wünschen errichtete Grabmal geriet bald in
Vergessenheit und wurde erst 75 v. Chr. von Cicero, damals römischer Quästor in Sizilien, wiederentdeckt (*Tusculanae disputationes,* V, 23).

[10] GAUDENZI [1692, S. 151–244].

[11] HAUBER [1798, S. 137–150] unter der Überschrift *Über die durch Umdrehung ebener regulärer
Figuren entstehenden Körper.*

Abb. 3.1 Titelblatt zum ersten
Buch der *Opera geometrica*
von Torricelli

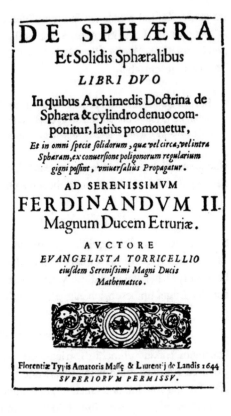

Im *Proemium* schreibt Torricelli:

Unter allen die Mathematik betreffenden Werken scheinen jene des Archimedes den ersten
Rang für sich zu beanspruchen; mit ihrer wunderbaren Scharfsinnigkeit lassen sie die Geister
erschrecken. Unter allen von diesem hervorragenden Autor geschriebenen Büchern ragt jenes
mit dem Titel *Über Kugel und Zylinder* bei weitem hervor. Den ersten Rang nimmt es indessen
nicht nur nach übereinstimmender Meinung der nachfolgenden Generationen ein, sondern auch
nach dem Urteil des Archimedes selbst. Und gewiss wählte er dieses für seine Grabinschrift,
da er es mehr als alle übrigen für würdig erachtete, den Grabhügel eines so großen Mannes
zu schmücken und sichtbar werden zu lassen. Dennoch: will man dieses Werk mit größerer
Aufmerksamkeit betrachten und es genau untersuchen, so muss man zugeben, dass es ein
großes Werk ist, aber vielleicht nicht in jeder Hinsicht. Ich spreche freilich nur vom ersten Buch,
in welchem Teil des Werks die Lehrsätze und die gesamte Lehre dargelegt werden. Nachdem
diese Grundlage gelegt ist, fügt er als Krönung im zweiten Teil Aufgaben an, sozusagen als
Folgerungen aus jenen Themen. Der Titel des Buches lautet *Über Kugel und Zylinder*. Diese
Worte tönen für uns, als wäre die Kugel und ein einziger sphäralischer Körper gemeint. Doch
es gibt unendlich viele sphäralische Körper, von denen einer der Zylinder ist, wie in Kürze klar
werden wird. Die Abhandlung könnte also vielleicht als vollständiger angesehen werden, wenn
der Autor nicht nur das Verhältnis zwischen der Kugel und einem einzigen sphäralischen Körper
untersucht hätte, sondern auch jedes andere zwischen der Kugel selbst und einem beliebigen

der unendlich vielen sphäralischen Körper. Dies wird daher mein Vorhaben und Thema in diesem Buch sein: wir werden nicht nur die Lehre von der Kugel und dem Zylinder behandeln, sondern jene von der Kugel und allen sphäralischen Körpern. Indem wir die archimedischen Fundamente größtenteils umwandeln, werden wir sodann versuchen, sie mit allgemeineren Beweisen zu erfassen, und wir werden sie auf alle Arten von Körpern ausdehnen, die der Kugel ein- oder umbeschrieben sind.

Aus dem Buch des Archimedes *Über Kugel und Zylinder* werden zwei Dinge in Bezug auf jene Körper gefolgert, die wir sphäralisch genannt haben. Erstens, dass die Kugel gleich dem Doppelten des ihr einbeschriebenen rhombischen Körpers ist, das ist einer der sphäralischen Körper, der aus der Rotation des einbeschriebenen Quadrates um eine Diagonale entsteht. Zweitens, dass der Zylinder gleich dem Anderthalbfachen der ihm einbeschriebenen Kugel ist, und auch er ist einer der sphäralischen Körper, erzeugt aus der Rotation des umbeschriebenen Quadrates um seine Kathete.[12] Bei diesem Stand der Dinge schien mir ein allgemeineres Problem der folgenden Art einer näheren Betrachtung würdig:

Ist ein beliebiges regelmäßiges Polygon gegeben, sei es einem Kreis einbeschrieben oder sei es ihm umbeschrieben, und wird es um eine Diagonale oder eine Kathete gedreht, so ist das Verhältnis anzugeben zwischen dem von dem Polygon und dem von dem Kreis erzeugten Körper.

Die diesbezüglich angestellten Betrachtungen sind nun aber wunschgemäß vollkommen gelungen. Ich habe nämlich die Verhältnisse so gefunden, wie sie in den sechs unten notierten Lehrsätzen angegeben werden.

Sphäralische Körper entstehen durch Rotation eines regelmäßigen Polygons um eine Symmetrieachse; sie besitzen somit stets eine ein- und eine umbeschriebene Kugel. Bei gerader Eckenzahl gibt es zwei Arten von Symmetrieachsen: die Verbindungsgeraden gegenüberliegender Ecken (*Diagonalen*[13]) bzw. Seitenmittelpunkte (von Torricelli *Katheten* genannt[14]). Bei ungerader Eckenzahl hingegen gibt es nur eine Art Symmetrieachse: die Verbindungsgeraden einer Ecke mit dem gegenüberliegenden Seitenmittelpunkt (ebenfalls Katheten genannt[15]). Es lassen sich somit je drei Arten von sphäralischen Körpern unterscheiden (Abb. 3.2).

Die erwähnten sechs Lehrsätze, die dann später im Buch II der Abhandlung bewiesen werden, lauten wie folgt:

1. Art: Ist im Kreis ein regelmäßiges Polygon mit gerader Seitenzahl einbeschrieben und wird die Figur um die Kathete B gedreht, so wird das Verhältnis der Kugel zum einbeschriebenen Körper gesucht. Man setze das Verhältnis von A zu B auf die vier Glieder A, B, C, D fort, und es wird sich die Kugel zu dem ihr einbeschriebenen Körper verhalten wie der Durchmesser der Kugel, das heißt wie 2A : (B + D). [Prop. II, 14]

---

[12] Mit „Kathete" ist hier die Verbindungsstrecke zweier gegenüberliegender Seitenmittelpunkte gemeint.

[13] Die Diagonale ist gleichzeitig der Durchmesser der dem sphäralischen Körper umbeschriebenen Kugel.

[14] Torricelli behält sich vor, gelegentlich auch die Hälfte dieser Verbindungsstrecke als Kathete zu bezeichnen. Die Kathete ist in diesem Fall gleich dem Radius, andernfalls gleich dem Durchmesser der einbeschriebenen Kugel.

[15] In diesem Fall ist die Kathete gleich der Summe der Radien der ein- und der umbeschriebenen Kugel.

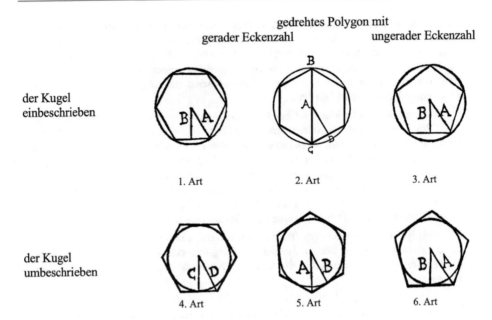

Abb. 3.2 Die sechs verschiedenen Arten sphäralischer Körper. *De Sphaera et solidis sphaeralibus,* S. 6–8

2. Art: Ist im Kreis ein regelmäßiges Polygon mit gerader Seitenzahl einbeschrieben und wird die Figur um die Diagonale BC gedreht, so wird sich die Kugel zum Körper verhalten wie $AB^2 : AC^2$. [Prop. II, 7]

3. Art: Ist im Kreis ein regelmäßiges Polygon mit ungerader Seitenzahl einbeschrieben und wird die Figur um die Kathete B gedreht, so wird das Verhältnis der Kugel zum Körper gesucht. Man setze das Verhältnis von A zu B auf die vier Glieder A, B, C, D fort, und es wird sich die Kugel zu ihrem Körper verhalten wie 4A : (B + 2C + D). [Prop. II, 19]

4. Art: Ist einem Kreis ein regelmäßiges Polygon mit gerader Seitenzahl umbeschrieben und wird die Figur um die Kathete C gedreht, so wird sich der Körper zur Kugel verhalten wie $(C^2 + D^2) : 2C^2$. [Prop. II, 13]

5. Art: Ist einem Kreis ein regelmäßiges Polygon mit gerader Seitenzahl umbeschrieben und wird die Figur um die Diagonale A gedreht, so wird sich der Körper zur Kugel verhalten wie A : B. [Prop. II, 6]

6. Art: Ist einem Kreis ein regelmäßiges Vieleck mit ungerader Seitenzahl umbeschrieben und wird die Figur um die Kathete B gedreht, so wird das Verhältnis des Körpers zur Kugel gesucht. Man setze das Verhältnis von A zu B zur dreigliedrigen Proportion A, B, C fort. Der Körper wird sich zur Kugel verhalten wie (A + 2B + C) : 4C. [Prop. II, 18]

Es treten also insgesamt sechs sphäralische Arten auf, und für jede einzelne Art ist das Verhältnis zu ihrer Kugel bekannt. Würde man nur die Körper an sich und ohne ihre Kugel betrachten, so könnte man vielleicht meinen, es gebe nur drei Arten von Körpern. Bezieht man sie aber auf die Kugeln, so ändert sich das Verhältnis sofort, und es ergibt sich eine andere Proportion, je nachdem, ob die Körper mit der ihnen ein- oder umbeschriebenen Kugel verbunden sind.

Torricelli schließt seine Vorrede mit den folgenden Worten:

Und bei tieferem Nachforschen offenbaren sich gewiss unzählige weitere derartige [Lehr-sätze]. Einstweilen wird es mir genügen, einige davon vorzulegen, die sich durch ihre Klarheit selbst demjenigen darbieten, der sie verschmäht. Die meisten von diesen könnten Korollare der vorangehenden sechs Lehrsätze sein; dennoch werden wir sie einzig mithilfe der Lehre des Euklid beweisen, ohne Anwendung jener [Sätze] über die sphärischen Körper, die wir vorausgeschickt haben, wie man bei der 30. Proposition sowie [den Propositionen] 9ff. des zweiten Buches sehen kann. Im Übrigen wurde mir die Gelegenheit zu diesen Betrachtungen und auch die Aufforderung, sie niederzuschreiben, von Antonio Nardi aus Arezzo geboten, jenem scharfsinnigsten Erforscher der Bücher des Archimedes; auf ihn und auch auf seine gelehrten Gespräche verweise ich, falls mir in dieser Schrift etwas wahrhaft Geometrisches entgangen sein sollte. Wenn hingegen der größte Teil der Arbeit und vielleicht sogar alles mittelmäßig sein wird, so wird man die Schuld dafür einem einzigen Mann zu geben haben, einer Person von Rang und Bildung und hervorragendstem Charakter, dem berühmten Andrea Arrighetti[16], der, nachdem er mich mit Wohltaten überhäuft hatte, die Veröffentlichung eines schlechten Buches nicht nur gefordert, sondern auch angeordnet hat.

Die einfachsten sphärischen Körper sind: der gleichseitige Kegel (erzeugt durch Rotation eines gleichseitigen Dreiecks um eine Symmetrieachse), der gleichseitige Zylinder (durch Rotation eines Quadrats um eine Mittellinie) und der rhombische Doppelkegel (der durch Rotation eines Quadrats um eine Diagonale erzeugte Körper). Für diese sowie für den durch Rotation eines regulären Sechsecks um eine Kathete erzeugten hexagonalen sphärischen Körper (der Fall des regelmäßigen Fünfecks wird von Torricelli nicht explizit behandelt) ergeben sich aus den sechs vorangestellten Lehrsätzen die folgenden Verhältnisse:

	Verhältnis zur	
	einbeschriebenen Kugel	umbeschriebenen Kugel
gleichseitiger Kegel	9 : 4 [Prop. II, 30]	9 : 32 [Prop. II, 32]
gleichseitiger Zylinder	3 : 2 [Prop. I, 30, Korollar]	$3 : 4 \cdot \sqrt{2}$ [Prop. II, 34]
rechtwinkliger Doppelkegel	$\sqrt{2}$: 1 [Prop. II, 33]	1 : 2 *
hexagonaler sphäral. Körper**	7 : 6 [Prop. II, 37]	3 : 4 [Prop. II, 38]

* Ergibt sich im Verlaufe des Beweises der Prop. II, 36. – ** Rotation um eine Kathete!

Mit einer Ausnahme werden diese Ergebnisse alle im II. Buch allein aufgrund der euklidischen Propositionen, ohne Zuhilfenahme der sechs oben angegebenen Lehrsätze bewiesen. Die Ausnahme betrifft das Verhältnis des gleichseitigen Zylinders zur einbeschriebenen Kugel, welches als Prop. 30 bereits im I. Buch bestimmt wird. Die Tatsache, dass Torricelli hier völlig auf die von Cavalieri entwickelte Indivisiblenmethode verzichtet hat, wurde von Letzterem mit Bedauern zur Kenntnis genommen:

Ich hatte mir jedoch nichts anderes gewünscht, als dass Sie, der Sie so viel Erfahrung in der Anwendung dieser neuen Methode haben, sich ihrer in einem so hervorragenden Maß bedient

---

[16] Siehe Kap. 1, Anm. 37.

und damit der Welt den daraus zu ziehenden Nutzen und ihre große Fruchtbarkeit bezeugt hätten. Ich gestehe: Als ich sah, dass Sie im Werk über die sphäralischen Körper von ihr [der Indivisiblenmethode] gänzlich Abstand genommen hatten, so ließ dies in mir eine gewisse Befürchtung aufkommen, ohne ein so glorreiches Zeugnis auskommen zu müssen, doch nun sehe ich, dass Sie viel mehr getan haben.[17]

Schon einen Monat zuvor hatte er sich sehr lobend über Torricellis Abhandlung geäußert:

Ich habe sodann viel Gefallen gefunden an Ihrem Werk über die Kugel und die sphäralischen Körper, und es scheint mir, dass Sie äußerst fundiert und auf sehr scharfsinnige Weise die Grenzen der Lehre des Archimedes beträchtlich erweitert haben.[18]

Auch von Roberval wurde sie mit Beifall aufgenommen:

Und so nehmen wir in den Büchern *de sphaeralibus*... nichts wahr, was wir nicht sehr loben würden...[19]

Von den übrigen Zeitgenossen ist Torricellis Abhandlung jedoch offenbar kaum beachtet worden. Zehn Jahre nach der Veröffentlichung der *Opera geometrica* findet man bei André Tacquet den Satz, dass das Verhältnis zwischen den Volumen und zwischen den Oberflächen bei der Kugel und dem ihr umbeschriebenen gleichseitigen Kegel je gleich 4 zu 9, bei der Kugel und dem ihr umbeschriebenen rechtwinkligen Doppelkegel (*rhombus quadratus*, entstanden durch Rotation eines Quadrats um eine Diagonale) je gleich 1 zu $\sqrt{2}$ ist, ohne dass Torricelli genannt wird.[20] Mehr als ein Jahrhundert nach Torricelli hat der Bologneser Francesco Maria Zanotti, ausgehend von Tacquet, das Thema wieder aufgenommen[21] und in verallgemeinerter Form behandelt, aber auch hier sucht man den Namen seines Landsmanns vergeblich. Wie bereits erwähnt, ist Torricellis Traktat weitere fünfzig Jahre später in überarbeiteter Form von Karl Friedrich Hauber auszugsweise in deutscher Sprache veröffentlicht worden, wobei hier Torricelli ausdrücklich als Autor genannt wird.

In den 30 Propositionen des I. Buches werden die für die Anwendung auf die Oberflächen der sphäralischen Körper benötigten Grundlagen bereitgestellt. Die Propositionen I bis XII liefern die Formeln zur Berechnung der Mantelflächen des geraden Kreiszylinders und des geraden Kreiskegels bzw. -kegelstumpfs.

---

[17] Cavalieri an Torricelli, 15. Juni 1644. *OT*, III, Nr. 82.

[18] Brief vom 7. Mai 1644. *OT*, III, Nr. 77.

[19] Brief an Torricelli vom 1. Januar 1646. *OT*, III, Nr. 165; *CM*, XIV, Nr. 1415.

[20] TACQUET [1654, S. 340–342, Prop. XXXVII und S. 348–349, Prop. XLIV].

[21] „Sur les figures et les solides circonscrits au cercle et à la sphère", S. 613-624 in *Histoire de l'Académie Royale des Sciences*, Année MDCCXLVIII. Avec les Mémoires de Mathématique & de Physique, pour la même Année. Tirés des Registres de cette Académie. Paris 1752. – Francesco Maria Zanotti (1692-1777) war seit 1718 Professor (ab 1734 für Philosophie und Physik) an der Universität Bologna.

Abb. 3.3 *De sphaera et solidis sphaeralibus*, S. 12

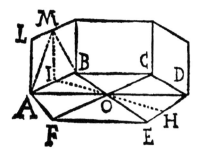

Prop. I, 2 *Es sei ein beliebiges gerades Prisma*[22] *mit einem regulären Polygon als Grund-fläche gegeben, dessen Höhe gleich dem vierten Teil der Kathete der Grundfläche ist. Dann ist die Mantelfläche des Prismas gleich dessen Grundfläche.*

Es sei die Höhe AL des Prismas gleich dem vierten Teil der Kathete IH. Nun ziehe man die Diagonalen AOD, BOE sowie die Senkrechte IM. Dann ist IO $=2\cdot$ IM. Folglich ist $\triangle$AOB $=2\cdot\triangle$AMB. Es ist aber auch $\square$LB $=2\cdot\triangle$AMB, also ist $\square$LB $=\triangle$AOB, usw.

Torricelli übersieht hier, dass diese Proposition nur für Prismen mit gerader Anzahl Seitenflächen gültig ist[23]; für die späteren Anwendungen bedeutet dies allerdings keine Einschränkung. Dasselbe Versehen liegt auch bei der Proposition I, 7 vor. Mittels Approximation eines Kreiszylinders durch ein- und umbeschriebene Prismen (mit einer geraden Anzahl von Seitenflächen) folgt daraus die

Prop. I, 3 *Ist die Höhe eines Kreiszylinders gleich dem vierten Teil des Grundkreisradius, so ist seine Mantelfläche gleich der Grundfläche.*

Für die späteren Anwendungen ist die folgende Proposition von Bedeutung:

Prop. I, 5 *Die Mantelfläche eines Zylinders verhält sich zu einer beliebigen Kreisfläche wie das Rechteck eines Axialschnitts des Zylinders zum Quadrat über dem Radius des Kreises.*

Es ist dies eine andere Formulierung der Prop. XIII des ersten Buches der archimedischen Abhandlung *Über Kugel und Zylinder*: Die Mantelfläche eines geraden Zylinders ist gleich der Fläche eines Kreises, dessen Radius die mittlere Proportionale zwischen der Mantellinie und dem Durchmesser des Zylinders ist.[24]

Analoge Betrachtungen bei Pyramiden führen zu den folgenden beiden Propositionen:

---

[22] Ist im Folgenden von einem Prisma oder einer Pyramide die Rede, so ist darunter stets ein gerades Prisma bzw. eine gerade Pyramide mit einem regulären Polygon als Grundfläche zu verstehen. Entsprechendes gilt auch für Zylinder bzw. Kegel.

[23] Roberval hat in seinem Brief an Torricelli vom 1. Januar 1646 (*OT,* III, Nr. 165; *CM,* XIV, Nr. 1415) darauf aufmerksam gemacht.

[24] Beide Formulierungen entsprechen der bekannten Formel für die Mantelfläche: $M=2\pi\cdot r\cdot h$.

Prop. I, 7 *Es sei eine beliebige Pyramide mit einem regulären Polygon* [mit einer geraden Anzahl Seiten] *als Grundfläche gegeben. Dann verhält sich die Grundfläche der Pyramide zu deren Mantelfläche wie die halbe Kathete der Grundfläche zur Kathete* [= Höhe] *eines Seitenflächendreiecks.*

Prop. I, 8 *Die Grundfläche eines Kreiskegels verhält sich zu dessen Mantelfläche wie der Grundkreisradius zur Mantellinie des Kegels.*

Korollar Die Mantelfläche M eines Kreiskegels ist gleich der Fläche eines Kreises, dessen Radius gleich der mittleren Proportionalen zwischen der Mantellinie s des Kegels und dessen Grundkreisradius r ist: $M = \pi \cdot r \cdot s$.

Die Propositionen 9 bis 12 ermöglichen die Bestimmung der Mantelfläche eines Kreiskegelstumpfs. Die letzte dieser Propositionen lautet:

Prop. I, 12 *Die Mantelfläche eines Kegelstumpfs verhält sich zur Mantelfläche eines Zylinders wie das charakteristische Rechteck*[25] *des Stumpfes zum Axialrechteck des Zylinders.*

Korollar Die Mantelfläche eines Kreiskegelstumpfs ist gleich einem Kreis, dessen Radius die mittlere Proportionale zwischen der Mantellinie und der Mittellinie ist.[26]

Die folgenden Propositionen 13 bis 17 dienen zur Bestimmung der Oberflächen der sphäralischen Körper:

Prop. I, 13 *Berührt ein Kreis irgendeine gerade Linie, welche* [vom Berührungspunkt I aus] *auf beide Seiten um eine gleiche Strecke verlängert ist* [IM $=$ IL], *und wird der Kreis um eine beliebige seiner Achsen* AB *gedreht, welche die Tangentenstrecke* ML *nicht schneidet, so ist die Mantelfläche des von der Tangentenstrecke erzeugten Kegelstumpfs* MFOL *gleich der Mantelfläche des der Kugel umbeschriebenen Zylinders* EFGH *mit der gleichen Höhe wie der Kegelstumpf* (Abb. 3.4).

Es sei DC $\perp$ AB, DG die Tangente in D, ferner seien GE, HF $\parallel$ CD. Wird die gesamte Figur um AB gedreht, so erzeugt GH die Mantelfläche eines Zylinders EFHG, ML hingegen die Mantelfläche eines Kegelstumpfs. IP ist die Mittellinie des Kegelstumpfs, und es ist IR $\perp$ ML. Es sei nun MT $\perp$ EG. Dann sind die Dreiecke SIQ und TML ähnlich. Folglich ist TM : ML $=$ SI : IQ $=$ IP : IR, d. h. TM $\cdot$ IR ($=$ GH $\cdot$ HF) $=$ ML $\cdot$ IP (das charakteristische Rechteck des Kegelstumpfs). Nach Prop. I, 12 ist daher die Mantelfläche des Kegelstumpfs gleich dem Kreis, dessen Radius gleich $\sqrt{\text{ML} \cdot \text{IP}}$ ist. Nach Archimedes, *Über Kugel und*

---

[25] Unter dem „charakteristischen Rechteck" *(rectangulum proprium)* eines Kegelstumpfs versteht Torricelli das Produkt Mantellinie $\times$ Mittellinie ($=$ Summe der Radien r_1, r_2 der Grund- bzw. Deckfläche) des Stumpfes.

[26] Das entspricht der Formel: Mantelfläche $M = \pi \cdot s \cdot (r_1 + r_2)$.

Abb. 3.4 *De sphaera et solidis sphaeralibus*, S. 23

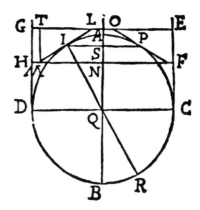

Zylinder, I, Prop. XIII ist aber die Mantelfläche des Zylinders gleich der Fläche eines Kreises, dessen Radius gleich GH · HF ist. Somit sind die Radien der beiden Kreise gleich, welche ihrerseits gleich der Mantelfläche des Kegelstumpfs bzw. des Zylinders EFHG sind. Folglich sind die entsprechenden Mantelflächen gleich, *w.z.b.w.*

Die anschließende **Prop. I, 14** behandelt den Fall, dass der Punkt L der verlängerten Tangente auf der Verlängerung der Achse AB liegt, sodass die Tangentenstrecke ML die Mantelfläche eines Kegels erzeugt (Abb. 3.5). Auch in diesem Fall kann gezeigt werden, dass die Mantelflächen des Kegels LOM und des gleich hohen Zylinders EFHG gleich sind.

Damit sind die zur Bestimmung der Oberflächen der einer Kugel umbeschriebenen sphäralischen Körper benötigten Hilfsmittel bereitgestellt. Für jeden der eingangs erwähnten drei Fälle wird in den folgenden Propositionen jeweils ein die Kugel umhüllender Zylinder bestimmt, dessen Mantelfläche gleich der Oberfläche des jeweiligen sphäralischen Körpers ist:

Abb. 3.5 *De sphaera et solidis sphaeralibus*, S. 24

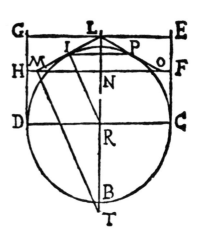

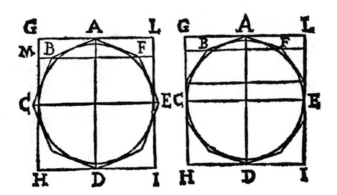

Abb. 3.6 *De sphaera et solidis sphaeralibus*, S. 25

Prop. I, 15 *Wird einem Kreis ein Polygon mit einer geraden Anzahl Seiten umbeschrieben, sei diese Anzahl ein Vielfaches von 4 (Abb. 3.6 links) oder nur ein Vielfaches von 2 (Abb. 3.6 rechts), und wird die Figur um eine Diagonale AD des Polygons gedreht, so ist die Oberfläche des erzeugten sphäralischen Körpers gleich der Mantelfläche des die Kugel umhüllenden Zylinders mit der Höhe AD.*

Aufgrund von Prop. I, 14 ist nämlich die Mantelfläche des Kegels BAF gleich der Mantelfläche des Zylinders ML. Die Mantelfläche des zwischen den Ebenen BF und CE liegenden Kegelstumpfs ist aufgrund von Prop. I, 13 gleich der Mantelfläche des zwischen denselben Ebenen liegenden Zylinders; dasselbe gilt auch für alle weiteren Teile der Oberfläche des sphäralischen Körpers. Somit sind alle Teile der Oberfläche des sphäralischen Körpers zusammen gleich der Mantelfläche des Zylinders GHIL, w.z.b.w.

Bei der Rotation eines Polygons mit einer geraden Anzahl von Ecken um eine Kathete ist zu beachten, dass zu den Mantelflächen der Kegelstümpfe noch zwei Kreisflächen hinzutreten. Die Mantelflächen der Kegelstümpfe sind zusammen gleich der Mantelfläche des der Kugel umbeschriebenen Zylinders (aufgrund von Prop. I, 13). Das folgende Lemma dient zur Bestimmung des Abschnitts des verlängerten Zylinders, dessen Mantelfläche gleich den beiden Kreisflächen zusammen ist:

Lemma AB, CD *seien zwei senkrecht aufeinander stehende Kreisdurchmesser; die gleich langen Strecken AF, BG sollen den Kreis in A bzw. B berühren. Wird die Figur um die Achse AB gedreht, so werden AF, BG zwei gleich große Kreise beschrieben. Gesucht ist ein Abschnitt des die Kugel umhüllenden Zylinders, dessen Mantelfläche gleich diesen beiden Kreisen zusammen ist.*

Man bestimme auf der Verlängerung der Achse AB den Punkt I so, dass IG ⊥ HG (Abb. 3.7). Dann wird BI gleich der Höhe des gesuchten Zylinders sein. Im rechtwinkligen Dreieck HGI ist nämlich $HB \cdot BI = BG^2$. Das Rechteck $LM = AB \cdot BI$ ist daher gleich

Abb. 3.7 *De sphaera et solidis sphaeralibus*, S. 25

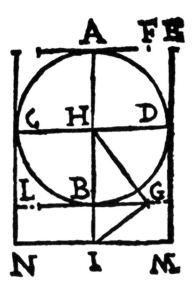

$2 \cdot BG^2$. Nach Prop. I, 5 ist daher die Matelfläche des Zylinders LM gleich der Fläche der beiden Kreise zusammen, *w.z.b.w.*

Damit ist nun der zweite Fall erledigt:

Prop. I, 16 *Wird einem Kreis ein Polygon mit einer geraden Anzahl Seiten umbeschrieben, sei diese Anzahl ein Vielfaches von 4 (Abb. 3.8 links) oder nur ein Vielfaches von 2 (Abb. 3.8 rechts), und wird die Figur um eine Kathete des Polygons gedreht, so ist die Oberfläche des erzeugten sphäralischen Körpers gleich der Mantelfläche des Zylinders, welcher die von dem Kreis erzeugte Kugel umhüllt und dessen Höhe zusammengesetzt ist aus dem Kreisdurchmesser und der dritten Proportionalen zum Kreisradius und der halben Polygonseite.*

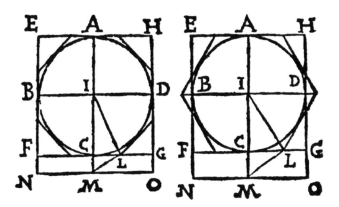

Abb. 3.8 *De sphaera et solidis sphaeralibus*, S. 26

Im Falle eines Polygons mit einer ungeraden Anzahl Seiten ist die Oberfläche des sphäralischen Körpers aus einzelnen Kegelstumpfmantelflächen, einer Kegelmantelfläche und einer Kreisfläche zusammengesetzt. Das folgende Lemma ermöglicht die Bestimmung eines Abschnitts des verlängerten Zylinders, dessen Mantelfläche gleich dieser einen Kreisfläche ist:

Lemma AC, BD *seien zwei senkrecht aufeinander stehende Kreisdurchmesser; die Strecke CE soll den Kreis in C berühren. Wird die Figur um die Achse AC gedreht, so wird CE einen Kreis beschreiben. Gesucht ist ein Abschnitt des die Kugel umhüllenden Zylinders, dessen Mantelfläche gleich der Fläche dieses Kreises ist.*

Man bestimme auf der Verlängerung der Achse AC den Punkt H so, dass AE ⊥ HE (Abb. 3.9 links). Legt man durch H eine Ebene senkrecht zur Achse, so ist die Mantelfläche des Zylinders MILN gleich der Fläche des Kreises mit dem Radius CE. Im rechtwinkligen Dreieck AEH ist nämlich AC · CH (das ist wegen AC = IL gleich dem Axialschnitt des Zylinders MILN) = CE². Nach Prop. I, 5 ist daher die Mantelfläche des Zylinders LM gleich der Fläche des Kreises mit dem Radius CE, *w.z.b.w.*

Für den dritten Fall erhält man damit die

Prop. I, 17 *Wird einem Kreis ein Polygon mit einer ungeraden Anzahl Seiten umbeschrieben und wird die Figur um eine Kathete des Polygons gedreht, so ist die Oberfläche des erzeugten sphäralischen Körpers gleich der Mantelfläche des Zylinders, welcher die von dem Kreis erzeugte Kugel umhüllt und dessen Höhe zusammengesetzt ist aus der Kathete des Polygons und der dritten Proportionalen zum Kreisradius und der halben Polygonseite.*

Dem Kreis ABCD sei das Polygon EFGHI mit einer ungeraden Anzahl Seiten umbeschrieben. Die Figur werde um die Kathete EC gedreht, wobei ein von Kegelmantelflächen und einer Kreisfläche gebildeter sphäralischer Körper entsteht (Abb. 3.9 rechts).

Die Oberfläche des sphäralischen Körpers ohne die Kreisfläche GH ist aufgrund von Prop. I, 13 gleich der Mantelfläche des Zylinders OQRP. Auf der Verlängerung der Kathete

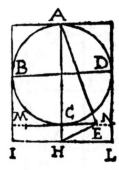
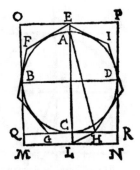

Abb. 3.9 Links: Zu obigem Lemma. – Rechts: Zu Prop. I, 17. *De sphaera et solidis sphaeralibus.* S. 27 bzw. 28

Abb. 3.10 *De sphaera et solidis sphaeralibus.* S. 29

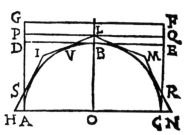

EC wird der Punkt L so bestimmt, dass LH ⊥ AH. Legt man durch L die Ebene MN senkrecht zur Achse, so ist aufgrund des vorhergehenden Lemmas die Mantelfläche des Zylinders QMNR gleich der Fläche des Kreises GH. Im rechtwinkligen Dreieck ALH ist aber AC · CL = CH², d. h. die Höhe CL des Zylinders QMNR ist gleich der dritten Proportionalen zum Kreisradius AC und zur halben Polygonseite CH, *w.z.b.w.*

Mit dem bisher Erreichten können nun in den Propositionen 18–21 die Oberflächen der Halbkugel, der ganzen Kugel und der Kugelhauben bestimmt werden (wir beschränken uns hier auf die Prop. I, 18). Der Beweis wird jeweils mit dem doppelten falschen Ansatz geführt:

Prop. I, 18 *Die Oberfläche einer Halbkugel ist gleich der Mantelfläche des Zylinders über derselben Grundfläche und mit derselben Höhe.*

Es sei zunächst die Halbkugeloberfläche größer als die Zylindermantelfläche. Dann bestimme man G so, dass AD : AG = Zylindermantelfläche : Halbkugeloberfläche, und erweitere den Zylinder bis GF (Abb. 3.10). Sodann halbiere man den Bogen AB, danach ebenso dessen Teile, usw., bis die halbe Seite VL des dem Halbkreis ABC umbeschriebenen regulären Polygons kleiner ist als die Strecke DG (dies ist möglich aufgrund von Euklid X,1[27]). Man gelangt so zum Polygon HILMN. Wird nun die ganze Figur um die Achse LO gedreht, so erzeugt das Polygon einen halben sphäralischen Körper. Wegen DG > VL ist erst recht DG > LB. Daher wird die durch L gelegte Ebene PQ zwischen D und G liegen. Da sich die Zylindermantelfläche AE zur Halbkugeloberfläche wie angenommen wie AD zu AG verhält, das heißt aufgrund von Prop. I, 6 wie die Zylindermantelfläche AE zur Zylindermantelfläche AF, wird die Mantelfläche AF gleich der Halbkugeloberfläche sein. Dann ist aber die Halbkugeloberfläche größer als die Zylindermantelfläche AQ, somit größer als die Oberfläche des Körpers HILMN und erst recht größer als jene des Körpers ASILMRC,

---

[27] «Nimmt man beim Vorliegen zweier ungleicher (gleichartiger) Größen von der größeren ein Stück größer als die Hälfte weg und vom Rest ein Stück größer als die Hälfte und wiederholt dies immer, dann muss einmal eine Größe übrigbleiben, die kleiner als die kleinere Ausgangsgröße ist». – Torricelli ergänzt: «Die halben Polygonseiten werden nämlich durch die stetige Halbierung der Bögen jeweils um mehr als die Hälfte verkleinert, wie von anderen gezeigt worden ist».

Abb. 3.11 *De sphaera et*
solidis sphaeralibus. S. 30

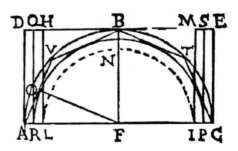

was unsinnig ist. Es steht nämlich im Widerspruch zu dem von Archimedes vorausgesetzten Prinzip.[28]

Es wurde angenommen, dass die von HS erzeugte Kegelstumpfmantelfläche größer sei als jene Oberfläche, welche die Strecke AS erzeugt, was aus der Prop. I, 12 hervorgeht.

Es sei nun die Halbkugeloberfläche ABC kleiner als die Zylindermantelfläche ADEC. In diesem Fall bestimmt man den Punkt L so, dass sich AF zu FL verhält wie die Zylindermantelfläche ADEC zur Halbkugeloberfläche ABC (Abb. 3.11).

Mit dem Radius FL legt man eine weitere Halbkugel LNI mit dem ihr umbeschriebenen Zylinder LHMI. Dem Halbkreis ABC wird nun eine aus gleich langen Seiten bestehende Figur so einbeschrieben, dass deren Seiten den Halbkreis LNI nicht treffen. Wird diese Figur zusammen mit dem ihr einbeschriebenen Halbkreis um die Achse FB gedreht, so entsteht der aus Kegelmantelflächen bestehende halbe sphäralische Körper AVBTC, während der Halbkreis mit dem Radius FO eine weitere Halbkugel erzeugt, welche von dem Zylinder RQSP umhüllt wird.

Da sich die Zylindermantelfläche ADEC zur Halbkugeloberfläche ABC verhält wie FA : FL, d. h. wie AC : LI und damit wie die Zylindermantelfläche ADEC zur Zylindermantelfläche LHMI, ist folglich die Halbkugeloberfläche ABC gleich der Zylindermantelfläche LHMI und daher kleiner als die Zylindermantelfläche RQSP. Letztere ist dann aber aufgrund von Prop. I, 15 gleich der Oberfläche des sphäralischen Körpers AVBTC, was absurd ist, denn die Halbkugeloberfläche ABC ist sicher größer als die Oberfläche des ihr einbeschriebenen sphäralischen Körpers AVBTC.

Die beiden Annahmen, dass nämlich die Halbkugeloberfläche größer bzw. kleiner sei als die Zylindermantelfläche, führen somit auf einen Widerspruch. Damit ist die Proposition bewiesen.

---

[28] Archimedes, *Kugel und Zylinder,* Postulat 4: «Die übrigen Flächen aber, die dieselbe ebene Grenzkurve haben, sind ungleich, wenn sie nach derselben Seite konkav sind und die eine Fläche von der anderen und der Ebene, in der die Grenzkurve liegt, ganz eingeschlossen wird oder teilweise eingeschlossen wird, teilweise mit einer dieser Flächen identisch ist. Und zwar ist die eingeschlossene Fläche die kleinere.»

Abb. 3.12 *De sphaera et solidis sphaeralibus.* S. 36

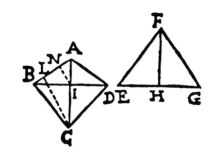

Abb. 3.13 *De sphaera et solidis sphaeralibus.* S. 36

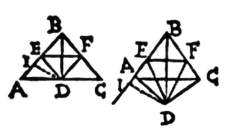

Von den restlichen Propositionen des ersten Buches geben wir hier nur die Formulierungen (ohne die Beweise) derjenigen wieder, auf die im Folgenden Bezug genommen wird:

Prop. I, 23 *Es sei* ABCD *der aus zwei geraden Kegeln zusammengesetzte kreiselförmige („rhombische") Körper*[29]*, und es sei* EFG *der Kegel, dessen Grundfläche* AG *gleich der Mantelfläche eines der Kegel des rhombischen Körpers, z. B.* BAD, *ist (Abb. 3.12). Die Höhe* FH *sei gleich der Strecke* CL, *die von der Spitze des restlichen Kegels* BCD *aus senkrecht auf die Mantellinie* AB *des anderen Kegels* BAD *gelegt ist. Dann ist der Körper* ABCD *gleich dem Kegel* EFG.[30]

Prop. I, 24 *Der Kegel* ABC *oder der rhombische Körper* ABCD *(Abb. 3.13 links bzw. rechts*[31]*) werde von der Ebene* EF *parallel zur Grundfläche geschnitten. Vom Körper* ABCD *werde der rhombische Körper* EBFD *entfernt. Dann ist der Restkörper* AEDFC *gleich einem Kegel* M, *dessen Grundfläche gleich der Mantelfläche des zwischen den Ebenen* EF *und* AC *liegenden Stumpfes* AEFC *und dessen Höhe gleich der Senkrechten* DI *ist, die von der Spitze* D *des entfernten rhombischen Körpers zur Mantellinie* BA *führt.*[32]

---

[29] r[h]ombus solidus.

[30] Archimedes, *Kugel und Zylinder,* I, 18.

[31] D liegt beim Kegel in, beim rhombischen Körper ausserhalb der Ebene AC.

[32] Archimedes, *Kugel und Zylinder,* I, 19–20. – In der Abb. 3.13 ist die Grundfläche des Kegels L mit der Höhe DI ist gleich der Mantelfläche des Kegels EBF, jene des gleich hohen Kegels N ist gleich der Summe der Grundflächen der Kegel L und M.

Abb. 3.14 *De sphaera et*
solidis sphaeralibus. S. 37

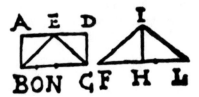

Prop. I, 25 *Nimmt man von einem Zylinder einen Kegel mit derselben Grundfläche und derselben Höhe weg, so wird der Restkörper gleich einem Kegel sein, dessen Basis gleich der Mantelfläche des Zylinders ist, während seine Höhe gleich dem Radius der Grundfläche des Zylinders ist* (Abb. 3.14).

Im II. Buch geht es zunächst darum, die Verhältnisse der Volumen der sphäralischen Körper und ihrer einbeschriebenen Kugel zu finden, wobei jeweils zu unterscheiden ist, ob das erzeugende Polygon eine gerade oder eine ungerade Anzahl Seiten aufweist und im ersten Fall, ob es um eine Diagonale oder um eine Kathete gedreht wird. Dabei erweist es sich, dass in allen drei Fällen der sphäralische Körper gleich einem Kegel ist, dessen Grundfläche gleich der Oberfläche des Körpers und dessen Höhe gleich dem Radius der einbeschriebenen Kugel ist (Prop. 4, 10 und 15). Daraus ergibt sich die Tatsache, dass das Verhältnis des Volumens eines sphäralischen Körpers zum Volumen der einbeschriebenen Kugel stets gleich dem Verhältnis der Oberflächen der beiden Körper ist (Prop. 5, 11 und 16). Wir zeigen dies am Beispiel eines um eine Diagonale gedrehten Polygons mit einer geraden Anzahl Seiten:

Prop. II, 4 *Wird einem Kreis ein Polygon mit einer geraden Anzahl Seiten umbeschrieben und wird die Figur um eine Diagonale gedreht, so wird der dabei entstehende sphäralische Körper gleich einem Kegel sein, dessen Grundfläche gleich der Oberfläche des sphäralischen Körpers und dessen Höhe gleich dem Kugelradius ist.*

Beim Beweis ist zu unterscheiden, ob die Anzahl der Seiten des Polygons ein Vielfaches von 4 oder nur ein Vielfaches von 2 ist. Im ersten Fall besteht die Oberfläche des sphäralischen Körpers ausschließlich aus Mantelflächen von Kegeln bzw. Kegelstümpfen, im zweiten Fall tritt zudem noch eine Zylindermantelfläche hinzu. Da der erste Fall bereits von Archimedes behandelt worden ist[33], beschränkt sich Torricelli auf den Beweis für Polygone, deren Anzahl Seiten nur ein Vielfaches von 2 ist:

Einem Kreis sei das Polygon ABCDEFG. . . umbeschrieben, dessen Hälfte ABCDEF aus einer ungeraden Anzahl Strecken besteht (Abb. 3.15, Figur oben links).[34] Dann wird eine dieser Strecken den Kreis im Punkt T berühren und daher bei der Drehung eine Zylindermantelfläche erzeugen. MNO sei ein Kegel, dessen Grundfläche MO gleich der gesamten Oberfläche des sphäralischen Körpers und dessen Höhe PN gleich dem Kugelradius ist.

---

[33] Archimedes, *Kugel und Zylinder,* Prop. I, 31, als Folgerung aus Prop. I, 26.

[34] Dann ist die Anzahl der Seiten des ganzen Polygons ein Vielfaches von 2, nicht aber von 4.

Abb. 3.15 *De sphaera et solidis sphaeralibus.* S. 51

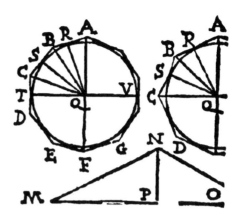

Der von dem Dreieck ABQ erzeugte rhombische Körper ist aufgrund von Prop. I, 23 gleich dem Kegel, dessen Grundfläche gleich der von der Strecke AB erzeugten Kegelmantelfläche und dessen Höhe gleich dem Kugelradius QR ist. Der von dem anschließenden Dreieck BCQ erzeugte konisch ausgehöhlte Körper hingegen ist aufgrund von Prop. I, 24 gleich dem Kegel, dessen Grundfläche gleich der von der Strecke BC erzeugten Kegelstumpfmantelfläche und dessen Höhe gleich dem Kugelradius QS ist. Der von dem Dreieck CTQ erzeugte konisch ausgehöhlte Zylinder schließlich ist aufgrund von Prop. I, 25 gleich dem Kegel, dessen Grundfläche gleich der von der Strecke CT erzeugten Zylindermantelfläche und dessen Höhe gleich dem Kugelradius QT ist.

Entsprechendes gilt für die in der unteren Halbkugel liegenden Teilkörper, sodass der gesamte sphäralische Körper gleich allen genannten Kegeln zusammen, d. h. gleich dem Kegel MNO ist, *w.z.b.w.*

Prop. II, 5 *Wird einem Kreis ein Polygon mit einer geraden Anzahl Seiten umbeschrieben und wird die Figur um eine Diagonale* AB *gedreht, so steht der dabei erzeugte sphärali- sche Körper zu seiner einbeschriebenen Kugel im gleichen Verhältnis wie seine gesamte Oberfläche zur Kugeloberfläche.*

Der Halbkugel werde der Kegel DEF einbeschrieben. Ferner sei GIH[35] der Kegel, dessen Grundfläche CH gleich der Oberfläche des sphärischen Körpers und dessen Höhe gleich dem Kugelradius ist (Abb. 3.16). Aufgrund von Prop. II, 4 sind dann der sphäralische Kör- per und der Kegel GIH volumengleich. Da sie dieselbe Höhe aufweisen, verhalten sich die Kegel GIH und DEF wie ihre Grundflächen GH bzw. DF. Der Kegel DEF schließlich verhält sich zur Kugel wie seine Grundfläche DF zur Kugeloberfläche (nämlich wie 1 : 4). Deshalb wird sich der sphäralische Körper zu seiner einbeschriebenen Kugel verhalten wie die seine gesamte Oberfläche zur Kugeloberfläche, *w.z.b.w.*

---

[35] Im Original ist die Figur mit „CIH" anstelle von „GIH" bezeichnet, im Text ist aber stets vom „Kegel GIH" die Rede. Wir haben die Originalfigur daher entsprechend angepasst.

Abb. 3.16 *De sphaera et solidis sphaeralibus.* S. 53

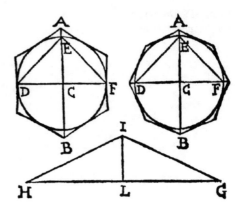

Prop. II, 6 *Wird einem Kreis ein Polygon mit einer geraden Anzahl Seiten umbeschrieben und wird die Figur um eine Diagonale AB gedreht, so verhält sich der dabei erzeugte sphäralische Körper zu seiner einbeschriebenen Kugel wie die Diagonale des Polygons zum Durchmesser der Kugel.*

Es sei AB die Diagonale des sphäralischen Körpers, C der Mittelpunkt, HI der Durchmesser der einbeschriebenen Kugel. Man beschreibe der Kugel den Zylinder NLMO um und lege durch A, B die Ebenen DG bzw. EF, durch H, I die Ebenen LM bzw. NO senkrecht zur Achse AB (Abb. 3.17).

Aufgrund von Prop. II,5 verhält sich der sphäralische Körper zur Kugel wie seine Oberfläche zur Kugeloberfläche, d. h. wie die Oberfläche des Zylinders DEFG zu jener des Zylinders LNMO bzw. wie AB zu HI, *w.z.b.w.*

Falls es nun einen einfachen Weg gäbe zur Bestimmung der Oberfläche eines sphäralischen Körpers, so wäre somit der eine Teil der gestellten Aufgabe erfüllt: die Berechnung des Verhältnisses seines Volumens zu jenem seiner einbeschriebenen Kugel. Dieser Weg wurde im I. Buch vorbereitet.

Abb. 3.17 *De sphaera et solidis sphaeralibus.* S. 54

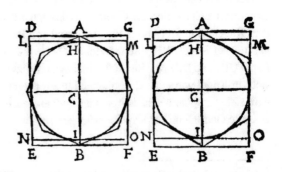

Lässt man ein regelmäßiges n-Eck um eine Symmetrieachse rotieren, so erzeugen die Seiten des Vielecks Mantelflächen von Kegelstümpfen bzw. Kegeln. Ihre Höhen summieren sich zu

$2R$ (bei geradem n und Drehung um eine Diagonale)

$2r$ (bei geradem n und Drehung um eine Kathete)

$R + r$ (bei ungeradem n),

wo r, R die Radien des ein- bzw. umbeschriebenen Kreises sind. Die Oberflächen der sphäralischen Körper sind dann aufgrund der Prop. I, 13 und I, 14 gleich $4\pi r R$, $4\pi r^2 + 2\pi s^2$ bzw. $2\pi r(r + R) + \pi s^2$ (man beachte, dass bei ungeradem n eine, bei geradem n und Drehung um eine Kathete zwei Kreisflächen mit der halben Polygonseite s als Radius zur Summe der Mantelflächen hinzukommen). Setzt man $4\pi r^2$ (die Oberfläche der einbeschriebenen Kugel) zu diesen Oberflächen ins Verhältnis und ersetzt s^2 durch $R^2 - r^2$, so gelangt man zu den von Torricelli eingangs angegebenen Verhältnissen:

Anzahl Seiten des Polygons	gedreht um	$V_{\text{einbeschr. Kugel}} : V_{\text{sphäral. Körper}}$
gerade	Diagonale	$r : R$
gerade	Kathete	$2r^2 : r^2 + R^2$
ungerade	Kathete	$4\dfrac{r^2}{R} : R + 2r + \dfrac{r^2}{R}$

Bei der Bestimmung des Verhältnisses eines sphäralischen Körpers zu seiner umbeschriebenen Kugel macht Torricelli nicht davon Gebrauch, dass sich die Volumen von ein- und umbeschriebener Kugel wie $r^3 : R^3$ verhalten, obwohl er diese euklidische Proposition (*Elemente* XII, 18) im I. Buch mehrmals verwendet hat. Die von ihm verwendeten Propositionen sind im II. Buch bereitgestellt worden:

Anzahl Seiten des Polygons	gedreht um	Prop.	$V_{\text{umbeschr. Kugel}} : V_{\text{sphäral. Körper}}$
gerade	Diagonale	II, 7	$R^2 : r^2$
gerade	Kathete	II, 14	$2R : (r + r^3/R^2)$
ungerade	Kathete	II, 19	$4R : (r + 2r^2/R + r^3/R^2)$

Damit ist das angestrebte Ziel dieser Untersuchungen erreicht. In den nachfolgenden Propositionen II, 20–29 lässt Torricelli weitere, seine Theorie betreffende Lehrsätze folgen. Hier finden sich u. a. Aussagen über die Differenz zwischen einem sphäralischen Körper und der ihm um- bzw. einbeschriebenen Kugel sowie über die Beziehungen zwischen sphäralischen Körpern, die derselben Kugel um- und/oder einbeschrieben sind. Von diesen Propositionen sollen hier nur die beiden letzten erwähnt werden. Sie zeigen, dass bei den Körpern mit einer geraden Anzahl Seiten unter Umständen unterschieden werden muss, ob diese Anzahl ein Vielfaches von 4 ist oder nicht:

Abb. 3.18 *De sphaera et solidis sphaeralibus.* S. 73

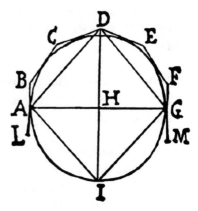

Prop. II, 28 *Ein beliebiger, durch Rotation um eine Diagonale entstandener sphäralischer Körper, dessen Anzahl Seiten*[36] *gerade, aber kein Vielfaches von 4 ist (wie z. B. 6, 10, 14, 18, 22, ... usw.), ist doppelt so groß wie der ihm einbeschriebene rhombische sphäralische Körper.*

Beim Beweis ist zu beachten, dass zwei Polygonseiten (hier BL und FM) den Kreis in den Endpunkten des senkrecht auf DI stehenden Durchmessers AG berühren werden, sofern die Anzahl der Seiten kein Vielfaches von 4 ist. Man beschreibe der oberen Hälfte des sphärischen Körpers ABCDEFG den Kegel ADG, der unteren Halbkugel den Kegel AIG (das ist die Hälfte des erwähnten rhombischen sphäralischen Körpers) ein (Abb. 3.18):

Der halbe sphärische Körper wird sich aufgrund von Prop. II, 6 zur einbeschriebenen Halbkugel verhalten wie DH zu HI, d. h. wie der Kegel ADG zum Kegel AIG (da beide dieselbe Grundfläche haben). Dies bedeutet aber, dass sich der halbe sphärische Körper zu seinem Kegel ADG verhält wie die Halbkugel zu ihrem einbeschriebenen Kegel AIG, nämlich wie 2 zu 1. Folglich ist der ganze sphärische Körper doppelt so groß wie der ihm einbeschriebene rhombische Körper, w.z.b.w.

Ist die Anzahl der Seiten aber ein Vielfaches von 4, so ist der Grundkreis des halben sphäralischen Körpers, über dem beiden einbeschriebenen Kegel zu errichten sind, gleich dem Grundkreis der umbeschriebenen Halbkugel (siehe Abb. 3.19), sodass eine völlig neue Situation entsteht:

Prop. II, 29 *Ein beliebiger, durch Rotation um eine Diagonale entstandener sphäralischer Körper, dessen Anzahl der Seiten ein Vielfaches von 4 ist, verhält sich zu dem einbeschriebenen rhombischen sphäralischen Körper wie die Oberfläche der einbeschriebenen Kugel zur halben Oberfläche der umbeschriebenen Kugel.*

---

[36] Gemeint ist die Anzahl der Seiten des um die Diagonale rotierten Polygons.

Abb. 3.19 *De sphaera et solidis sphaeralibus.* S. 74

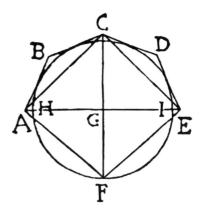

Man beschreibe dem oberen halben sphäralischen Körper ABCDE den Kegel ACE (das ist in diesem Falle ein halber rhombischer sphäralischer Körper) ein. Der Kegel AFE über der Grundfläche AE habe dieselbe Höhe wie die untere Halbkugel (Abb. 3.19). Wiederum aufgrund von Prop. II, 6 verhält sich die obere Hälfte des sphäralischen Körpers zur unteren einbeschriebenen Halbkugel wie seine Diagonale zum Durchmesser der Kugel bzw. wie CG zu GF, d. h. wie der Kegel ACE zum Kegel AFE (da beide dieselbe Grundfläche haben). Also verhält sich der halbe sphäralische Körper zum einbeschriebenen Kegel ACE wie die Halbkugel zum einbeschriebenen Kegel AFE, bzw. wie die doppelte Grundfläche der Halbkugel zur Grundfläche AE dieses Kegels[37] und daher wie zweimal der Kreis HI zum Kreis AE oder auch wie der vierfache Kreis HI zum doppelten Kreis AE, d. h. wie die Oberfläche der einbeschriebenen zur halben Oberfläche der umbeschriebenen Kugel. Also stehen auch der ganze sphäralische Körper und der einbeschriebene rhombische sphäralische Körper in diesem Verhältnis, *w. z. b. w.*

In den Propositionen 30–38 werden für die einfachsten sphäralischen Körper die Volumenverhältnisse bezüglich ihrer ein- und umbeschriebenen Kugeln hergeleitet, die wir weiter oben in einer Tabelle zusammengestellt haben.

Es folgen einige Sätze über spezielle, z. B. hexagonale sphäralische Körper:

Prop. II, 39 *Dasselbe regelmäßige Sechseck werde einmal um eine Kathete, ein anderes Mal eine Diagonale gedreht. Der um die Kathete gedrehte Körper verhält sich zu dem um die Diagonale gedrehten wie* $\sqrt{49}$ *zu* $\sqrt{48}$.

Prop. II, 43 *Einem regelmäßigen Sechseck wird ein ähnliches Sechseck einbeschrieben, dessen Ecken in den Mittelpunkten der Seiten des gegebenen Sechsecks liegen. Die Figur*

---

[37] Lemma: Haben eine Halbkugel und ein beliebiger gerader Kegel dieselbe Höhe, so verhält sich die Halbkugel zum Kegel wie die doppelte Grundfläche der Halbkugel zur Grundfläche des Kegels (*De sphaera et solidis sphaeralibus*, S. 73–74).

werde um eine Kathete des gegebenen Sechsecks gedreht. Der entstehende sphäralische Körper verhält sich zu dem ihm einbeschriebenen Körper wie 14 *zu* 9,

mit der Verallgemeinerung

Prop. II, 45 *Einem regelmäßigen Vieleck mit gerader Seitenanzahl wird ein ähnliches Vieleck einbeschrieben, dessen Ecken in den Mittelpunkten der Seiten des gegebenen Vielecks liegen. Die Figur werde um eine Kathete des größeren Vielecks gedreht. Der dabei erzeugte größere sphäralische Körper verhält sich zum kleineren wie die Summe der Quadrate der beiden Diagonalen zum doppelten Quadrat der kleineren Kathete.*

In den Propositionen II, 47–52 werden schließlich noch Vergleiche zwischen sphäralischen Körpern mit unterschiedlich vielen Seiten angestellt, auf die wir hier aber nicht näher eingehen.

3.2   *De motu gravium naturaliter descendentium, et proiectorum libri duo.*

Ob die Grundsätze der Lehre *de motu*
wahr oder falsch sind, bedeutet mir sehr wenig. [...]
Wenn dann die Kugeln aus Blei, aus Eisen, aus Stein
sich nicht an dieses unterstellte Verhältnis halten,
umso schlimmer für sie: wir werden dann sagen,
dass wir nicht von ihnen sprechen.([38])

Wir haben im ersten Kapitel darüber berichtet, dass Castelli im Jahre 1641 anlässlich eines kurzen Besuchs bei Galilei in Arcetri ein Manuskript *De motu* seines Schülers Torricelli mitgebracht hatte. Im Begleitbrief hatte Torricelli in aller Bescheidenheit gestanden, diese Blätter nur deshalb geschrieben zu haben, um Galileis Gedanken aus den *Discorsi* «für meine geringe Intelligenz umzuformen» und «um meinem fernen Lehrer zu beweisen, auch in seiner Abwesenheit mit einigem Fleiß sein Lehrgebiet weiter verfolgt zu haben.» Am Ende dieses Briefes schreibt Torricelli, sein Lehrer werde

... dafür sorgen, meine Gefühle der Ergebenheit Ihnen gegenüber auszudrücken, und er wird mich bei Ihnen entschuldigen, nicht nur für die Armseligkeit des Inhalts des Büchleins, sondern auch für die Undeutlichkeit, den Stil, die unzähligen Irrtümer, die besonders im zweiten Teil zu finden sein werden. Dieser zweite Teil ist nicht ins Reine geschrieben worden, sondern er

---

[38] «Che i principii della dottrina de motu siano veri o falsi a me importa pochissimo. [...] Se poi le palle di piombo, di ferro, di pietra non osservano quella supposta proporzione, suo danno, noi diremo che non parliamo di esse». Torricelli an Ricci am 10. Februar 1646 (*OT*, III, Nr. 166).

Abb. 3.20 Titelblatt zur
Abhandlung *De motu gravium*

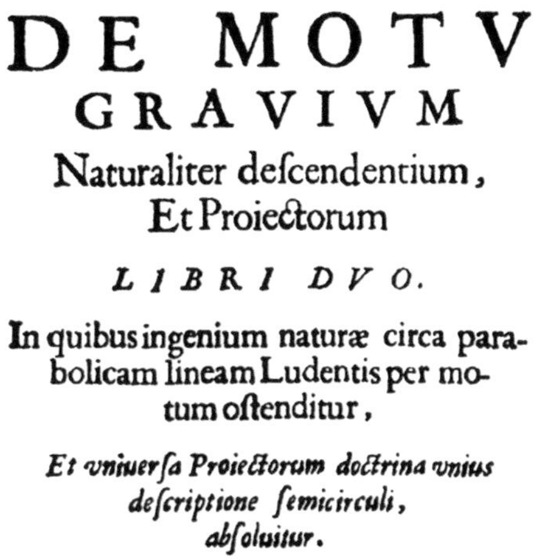

DE MOTV
GRAVIVM
Naturaliter defcendentium,
Et Proiectorum

L I B R I   D V O.

In quibus ingenium naturæ circa para-
bolicam lineam Ludentis per mo-
tum oftenditur,

Et vniuerfa Proiectorum doctrina vnius
defcriptione femicirculi,
abfoluitur.

ist ein erstes Mal in großer Eile verfasst worden, so wie er [Castelli] ihn überbringt, ohne dass
er überarbeitet worden wäre.[39]

Im Jahre 1644 entschloss sich Torricelli dann, seine Abhandlung *De motu* in die *Opera geo-metrica* aufzunehmen. Sie besteht aus zwei Büchern: *De motu gravium naturaliter descen-dentium* (S. 97–153) und *De motu proiectorum* (S. 154–243).[40]

In der Einleitung zum I. Buch sagt Torricelli:

> Die Wissenschaft von der Bewegung der schweren [fallenden] und der geworfenen Körper,
> von vielen behandelt, aber meines Wissens nur von Galilei geometrisch bewiesen, soll hier
> behandelt werden. Ich anerkenne, dass er alles, was hier vorgebracht wird, sozusagen mit der
> Sichel gemäht und geerntet hat, sodass uns nichts weiter übrigbleibt, als hinter den Spuren
> des fleißigen Schnitters herzugehen, um die Ähren aufzulesen, falls überhaupt einige von ihm
> zurückgelassen oder übersehen worden sind. Wir werden wenigstens die Liguster[41] und die
> bescheidenen Veilchen pflücken, vielleicht aber werden wir daraus einen nicht zu verachtenden
> Blumenkranz winden.

Er erklärt, für einen gebildeten Leser zu schreiben, bei dem er die gesamte Lehre Galileis
als bekannt voraussetzt; aus diesem Grunde verzichtet er auf die Definitionen und will sich
auch sonst um eine knappe und gedrängte Darstellung bemühen. Sodann weist darauf er
hin, dass Galilei bei der Behandlung der natürlich beschleunigten Bewegung ein Prinzip
voraussetzt,

---

[39] *OT*, III, Nr. 7.

[40] «Über die Bewegung der natürlich fallenden Körper» bzw. «Über die Bewegung der geworfenen
Körper».

[41] Wohl in Anspielung auf Vergil *Ecl.*, II, 18: «Alba ligustra cadunt, vaccinia nigra leguntur...»
(weiße Liguster fallen zu Boden, die dunkle Hyazinthe pflückt man...).

Abb. 3.21 *De motu gravium,*
S. 99

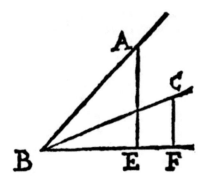

... das auch er für überhaupt nicht offensichtlich hält, denn er bemüht sich, es mit dem wenig
genauen Pendelexperiment zu bestätigen, dass nämlich die Grade der Geschwindigkeiten desselben Körpers auf verschieden geneigten Ebenen gleich sind, wenn die Höhen der besagten
Ebenen[42] gleich sind. Von dieser Forderung hängt beinahe seine gesamte Lehre, sowohl der
beschleunigten Bewegung als auch der geworfenen Körper, ab. Wenn jemand an diesem Prinzip zweifelt, so wird er keine Gewissheit haben von den Dingen, die daraus folgen. Ich weiß,
dass Galilei in den letzten Jahren seines Lebens versucht hat, diese Annahme zu beweisen. Da
aber seine Begründung im Buch über die Bewegung nicht veröffentlicht worden ist, hielten
wir es für richtig, unserem Büchlein diese wenigen Dinge über die Momente[43] der schweren
Körper voranzustellen, damit deutlich wird, dass Galileis Hypothese direkt aus jenem Theorem
bewiesen werden kann, das er selber im zweiten Teil der VI. Proposition über die beschleunigte Bewegung aus der Mechanik als bewiesen übernimmt, nämlich: Die Momente gleich
schwerer Körper auf verschieden geneigten Ebenen verhalten sich zu einander wie die Lote
gleich langer Teile der besagten Ebenen.[44]

Es seien zum Beispiel die Ebenen AB, CB unterschiedlich geneigt, und es seien AB, CB als
gleich lang angenommen (Abb. 3.21). Man lege die Lote AE, CF zur Horizontalen BF. Galilei
nimmt als bewiesen an, dass sich das Moment in der Ebene AB zum Moment in der Ebene CB
verhält wie AE zu CF.[45] Da wir freilich nirgends auf ein derartiges Theorem gestoßen sind,

---

[42] Salviati erklärt im „Dritten Tag" der *Discorsi*: «[Der Autor] nennt Höhe einer geneigten Ebene
die Senkrechte, die vom höchsten Punkt dieser Ebene auf die durch den tiefsten Punkt der Ebene
gezogene Horizontale fällt.»

[43] Zum Begriff des Moments siehe weiter unten, Anm. 45.

[44] Prop. VI: Werden vom höchsten oder vom tiefsten Punkte eines Kreises beliebige gegenüber dem
Horizonte geneigte Ebenen bis zur Kreisperipherie errichtet, so sind die Zeiten des Abstiegs längs
derselben einander gleich. – Im besagten zweiten Teil (bzw. im zweiten Beweis) schreibt Galilei: «. . .
so steht aus den Elementen der Mechanik fest, dass das Moment des Gewichts auf der aufsteigenden
Ebene ABC zu seinem totalen Moment sich verhält wie BE zu BA. . .».

[45] Daraus wird verständlich, was mit dem Begriff des „Moments" eines auf einer schiefen Ebene
ruhenden schweren Körpers gemeint ist: Es ist die Gewichtskraftkomponente ($m \cdot g \cdot \sin \alpha$, wobei
der Neigungswinkel der Ebene ist) in Richtung der Ebene. Unter dem später verwendeten Begriff
des „totalen Moments" ist dann die gegen den Erdmittelpunkt gerichtete Gewichtskraft ($m \cdot g$) zu
verstehen.

so werden wir es zuerst mit einem Beweis bestätigen. Wir machen uns unverzüglich daran, verständlich zu machen, was bei Galilei ein Grundsatz oder eine Voraussetzung ist.

Für den Beweis des Lehrsatzes setzt Torricelli das folgende Prinzip voraus:
Zwei miteinander verbundene schwere Körper können sich nicht von selbst in Bewegung setzen, wenn ihr gemeinsamer Schwerpunkt nicht absinken kann.

Er begründet dieses Prinzip wird wie folgt:

> Wenn nämlich zwei schwere Körper miteinander verbunden sind, sodass mit der Bewegung des einen auch die Bewegung des anderen erfolgt, so werden diese beiden Körper wie ein einziger, aus den beiden zusammengesetzter Körper sein, sei es eine Waage oder eine Rolle oder irgendein anderes mechanisches Gerät. Ein solcher Körper wird sich nie bewegen, solange sein Schwerpunkt nicht absinkt. Wenn er daher so hingesetzt wird, dass der gemeinsame Schwerpunkt auf keinerlei Weise absinken kann, so wird der Körper in absoluter Ruhe verharren, denn andernfalls würde er sich nutzlos bewegen, das heißt in einer horizontalen Bewegung, denn er strebt auf keinen Fall gegen oben.

Mithilfe dieses Prinzips beweist Torricelli seine erste Proposition:

Prop. I *Setzt man auf zwei unterschiedlich geneigte Ebenen mit derselben Höhe zwei Körper, welche zueinander im Verhältnis der Längen der Ebenen stehen, so werden die Körper dasselbe Moment haben.*

> Es seien AB die Horizontale und CA, CB die verschieden geneigten Ebenen. Weiter verhalte sich AC zu CB wie irgendein schwerer Körper A zum Körper B (Abb. 3.22). Diese Körper seien in den entsprechenden Ebenen in den Punkten A und B auf derselben Horizontalen aufgesetzt. Man verbinde sie ferner mit einem imaginären Faden, sodass aus der Bewegung des einen die Bewegung des anderen folgt.
>
> Ich behaupte, dass die so angeordneten Körper dasselbe Moment haben, das heißt, dass sie in der von ihnen eingenommenen Lage in Ruhe verbleiben und sich weder nach oben noch nach unten bewegen. Wir werden nämlich zeigen, dass ihr gemeinsamer Schwerpunkt nicht absinken kann, sondern sich stets auf derselben horizontalen Linie befindet, so sehr sich auch die Körper bewegen mögen.

Abb. 3.22 *De motu gravium,*
S. 99

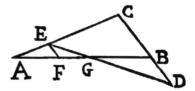

Angenommen, es sei möglich, dass sie nicht dasselbe Moment haben, sondern dass sie sich bewegen, da das eine Moment überwiegt, und es steige der Körper A gegen C auf und es steige der Körper B ab. Nimmt man nun einen beliebigen Punkt E, so werden, wenn sich der Körper A in E und B in D befindet, die Strecken AE und BD gleich lang sein, da der [imaginäre] Faden derselbe ist, sowohl in [der Position] ACB als auch in [der Position] ECD.

Entfernt man das gemeinsame Stück ECB, so bleiben die gleichen Strecken AE und BD. Man ziehe EF parallel zu CB und verbinde die Punkte E und D. Dann verhält sich der Körper A zum Körper B wie AC zu CB, das heißt, wie AE zu EF oder wie BD zu EF oder auch wie DG zu GE. Folglich ist der Punkt G der gemeinsame Schwerpunkt der verbundenen Körper, und er liegt auf derselben horizontalen Linie, auf der er sich befand, bevor sich die Körper bewegt haben.

Zwei miteinander verbundene Körper sind also bewegt worden, und ihr gemeinsamer Schwerpunkt hat sich nicht gesenkt. Dies widerspricht dem vorausgesetzten Gleichgewichtsgesetz.

Für zwei gleich schwere Körper gilt daher die

Prop. II *Die Momente zweier gleicher Körper auf verschiedenen Ebenen mit derselben Höhe stehen im umgekehrten Verhältnis der Längen der Ebenen.*

Mithilfe des folgenden Lemmas beweist Torricelli dies auch direkt aus den Grundsätzen der Mechanik, ohne Verwendung der Proposition I:

Lemma *Das totale Moment eines Körpers verhält sich zum Moment, das er auf einer geneigten Ebene hat, wie die Länge dieser geneigten Ebene zum Lot.*

Eine schwere Kugel mit dem Mittelpunkt A möge sich auf der geneigten Ebene BC befinden, und es sei CE das Lot dieser Ebene. Ich behaupte, dass sich das totale Moment des Körpers A zu seinem relativen Moment in der Ebene BC verhält wie BC zu CE (Abb. 3.23).

Abb. 3.23 *De motu gravium,* S. 101

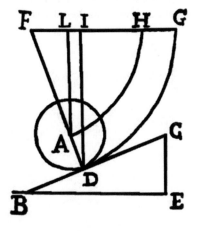

Abb. 3.24 *De motu gravium,*
S. 102

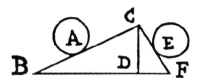

Man verlängere die Gerade DA durch den Berührungspunkt D und den Mittelpunkt A, die folglich senkrecht zur Ebene BC steht, und mit dem beliebigen Mittelpunkt F ziehe man die Kreisbögen DG und AH; man lege die Horizontale FG sowie DI und AL, beide senkrecht zur Horizontalen.

Es ist klar, dass dann die beiden rechtwinkligen Dreiecke FDI und BCE ähnlich sind. Torricelli fährt weiter:

Wenn aber der Körper mit dem Radius FH bzw. FA gedreht wird, wobei der Punkt F fest bleibt, dann verhält sich sein totales Moment, das heißt das Moment, das er an der Stelle H besitzt, zum Moment an der Stelle A wie HF zu FL oder wie AF zu FL, das heißt wie DF zu FI oder BC zu CE wegen der Ähnlichkeit der Dreiecke. *w.z.b.w.*

Dass sodann das Moment des Körpers sowohl im Punkt A des Bogens AH als auch im Punkt D des Bogens DG oder im Punkt D der Berührungsebene dasselbe ist, scheint außer Zweifel zu sein, da der Kontingenzwinkel[46] die Neigung weder vergrößert noch verkleinert. Daraus ergibt sich wiederum die Proposition II:

Aufgrund des vorangehenden Lemmas verhält sich das Moment in A zum totalen Moment wie CD zu CB. Das totale Moment wiederum verhält sich zum Moment in E wie FC zu CD (Abb. 3.24); durch überkreuzte Proportion verhält sich folglich das Moment A zum Moment E wie CF zu FB. *w.z.b.w.*

Korollar Das Moment einer schweren Kugel [. . .] ist stets gleich der horizontalen Sehne, die vom Berührungspunkt innerhalb der Kugel gezogen wird.

Es wird angenommen, der Durchmesser der Kugel stelle das totale Moment der Kugel dar. Von einem beliebigen Punkt C der Ebene wird das Lot CF auf die Horizontale DBF gefällt (Abb. 3.25). Im vorhergehenden Lemma wurde gezeigt, dass sich das totale Moment der Kugel zu ihrem Moment in der Ebene BC verhält wie BC zu CF, somit wie EB zu BD (wegen der Ähnlichkeit der Dreiecke EDB und BCF). Da EB wie angenommen das totale Moment darstellt, folgt daraus die Behauptung.

---

[46] Unter dem „Kontingenzwinkel" (auch „Hornwinkel" genannt) versteht man den „Winkel" zwischen einem Kreis und seiner Tangente (allgemein: zwischen zwei sich berührenden Kurven) im Berührungspunkt. Schon Euklid (*Elemente* III, 16) bewies, dass durch den Berührungspunkt keine vollständig im Raum zwischen der Tangente und dem Kreisbogen liegende Gerade gezogen werden kann. In der Folge entstand dann ein Streit, ob dem Kontingenzwinkel die Eigenschaft einer Größe zukommt oder nicht.

Abb. 3.25 *De motu gravium,*
S. 102

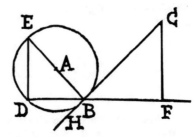

Abb. 3.26 *De motu gravium,*
S. 103

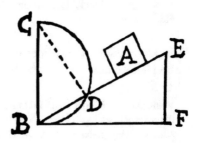

Aber auch wenn der betrachtete Körper keine Kugel ist, kann sein Moment in einer geneigten Ebene leicht graphisch bestimmt werden:

> Der Körper A liege in der Ebene EB, und man suche sein Moment an dieser Stelle oder die Kraft, mit er auf dieser Ebene EB gehalten wird. BC sei das totale Moment des Körpers [...], und über der Senkrechten BC zur Horizontalen sei der Halbkreis CDB errichtet, welcher AE in D schneiden wird (Abb. 3.26).
>
> Ich behaupte, das Moment des Körpers A oder die Kraft, die ihn auf der Ebene EB hält, sei gleich CD. Zieht man die Senkrechte EF von einem beliebigen Punkt E aus, so werden die Dreiecke CBD und BEF ähnlich sein, da sie beide rechtwinklig sind und die Winkel CBD und BEF Wechselwinkel sind.
>
> Da sich nun das totale Moment des Körpers zu seinem Moment in der Ebene EB verhält wie EB zu EF[47], so wird dieses Verhältnis wegen der Ähnlichkeit der Dreiecke auch wie CB zu BD sein. Und daher ist das Moment des Körpers in der Ebene AB gleich der abgeschnittenen Strecke BD (wobei stets der Durchmesser BC gleich dem totalen Moment gesetzt ist).

In einem Scholium kann nun Galileis Proposition VI bewiesen werden, welche besagt, dass die Fallzeiten längs den vom höchsten oder tiefsten Punkt eines Kreises gezogenen Sehnen gleich sind:

> Es sei nämlich der Winkel ABC ein Rechter, AC senkrecht zur Horizontalen CD, und es werde ABD verlängert (Abb. 3.27). Dann werden DA, AC, AB stetig proportional sein. Aber aufgrund von Prop. II verhält sich das Moment in AC zum Moment in AD wie AD zu AC, das heißt

---

Abb. 3.27 *De motu gravium,*
S. 103

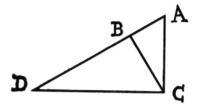

wie AC zu AB, weshalb AC und AB in gleichen Zeiten zurückgelegt werden (wir nehmen hier
mit Galilei an, dass sich die Geschwindigkeiten in verschieden geneigten Ebenen verhalten
wie die Momente, wenn die Massen dieselben sind[48]). Setzt man aber den Winkel ABC als
Rechten an, so werden BC und AB auf dem Kreis liegen, dessen höchster Punkt A und dessen
Durchmesser AC ist.

Es wurde aber vorhin gezeigt, dass diese Sehnen AC, AB in gleichen Zeiten zurückgelegt
werden, womit das besagte Korollar bewiesen ist.

Aus der Proposition II ergibt sich unmittelbar die

Prop. III *Die Momente gleicher Körper auf verschieden geneigten Ebenen stehen im gleichen Verhältnis wie die Höhenunterschiede gleich langer Abschnitte dieser Ebenen.*[49]

Es seien AC, AB zwei gleich lange Abschnitte zweier verschieden geneigten Ebenen, CE, BE
ihre Höhenunterschiede. Man ziehe BF parallel zu CA (Abb. 3.28).

Aufgrund von Prop. II verhält sich dann das Moment in der Ebene BA zum Moment in der
Ebene BF bzw. in der Parallelebene CA wie BF zu BA bzw. zu CA oder (wegen der Ähnlichkeit
der Dreiecke FBD, ACE) wie BD zu CE.

Mersenne äußerte sich zwar lobend über die ersten drei Propositionen Torricellis; er machte
aber gleichzeitig darauf aufmerksam, dass diese bereits früher von Roberval bewiesen worden sind:

---

[48] Gemeint ist, dass sich die synchron gemessenen Geschwindigkeiten zweier gleichzeitig losgelas-
sener, gleich schwerer Körper wie deren Momente in den verschiedenen Ebenen verhalten, was sich
aus dem allgemeinen Fallgesetz ableiten lässt. Da sich nun die Strecken AC, AB wie die Momente
in AC bzw. AB verhalten (das Moment AB ist offensichtlich gleich dem Moment in AD!), ebenso
wie die jeweiligen Geschwindigkeiten, werden daher AC, AB in derselben Zeit zurückgelegt. – In
einem Brief vom 10. Januar 1645 (*OT*, III, Nr. 116; *CM*, XIII, Nr. 1332) von Mersenne (der sich zu
jener Zeit in Rom aufhielt) aufgefordert, dieses Postulat zu begründen, antwortete Torricelli «Was ich
[…] gemeinsam mit Galilei annehme, scheint mir so klar zu sein, dass es man es ohne Zweifel als
Grundsatz annehmen kann. (*OT*, III, Nr. 117; *CM*, XIII, Nr. 1334). In einem späteren Brief versucht
er dann, die Proportionalität zwischen Moment und Geschwindigkeit anhand eines vorgeschlagenen
Experiments zu beweisen, allerdings ohne Mersenne damit zu überzeugen.

[49] In einer Marginalie weist Torricelli darauf hin, dass Galilei dies im §6 seiner Abhandlung über die
natürlich beschleunigte Bewegung voraussetzt.

Abb. 3.28 *De motu gravium,*
S. 104

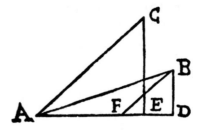

Ich schätze die großartigen und scharfsinnigen Propositionen 1, 2 und 3 aus *de motu gravium descendentium*, die du, längst von Roberval hervorragend bewiesen, in meinen französisch geschriebenen *Harmonicis* gesehen haben müsstest...[50]

Mersenne hatte nämlich im Anschluss an das III. Buch des ersten Bandes seiner *Harmonie universelle* (1636) eine 36-seitige Abhandlung Robervals zur Mechanik eingefügt.[51] Tatsächlich können die besagten Propositionen I-III als Folgerungen aus Robervals Proposition I betrachtet werden. Torricelli beteuert jedoch, seine Lehrsätze selbständig gefunden zu haben:

> Die französische Abhandlung, von der du behauptest, dass in dieser dasselbe enthalten sei, was ich am Anfang des Buches *de motu* bewiesen habe, habe ich niemals gelesen, und ich bin auch nicht auf ein solches Buch gestoßen; freilich, wenn ich darauf gestoßen wäre, so hätte ich es nicht gelesen, weil ich nicht französisch kann.[52]

Die folgende Proposition entspricht dem Korollar zu Galileis Proposition III (*Discorsi,* „Dritter Tag"):

Prop. IV *Die Zeiten für die Bewegungen aus der Ruhelage in Ebenen mit gleichem Höhenunterschied sind proportional zu den Längen dieser Ebenen.*

> Es seien die Ebenen AB, AC mit derselben Höhe AD gegeben, AE sei die dritte Proportionale zu AB, AC (Abb. 3.29). Aufgrund von Prop. II verhalten sich dann die Momente in den Ebenen AC bzw. AB wie $\overline{AB}$ zu $\overline{AC}$, das heißt wie $\overline{AC}$ zu $\overline{AE}$. Die Bewegungen AC, AE erfolgen daher in gleichen Zeiten. Es sei nun die Zeit für AE gleich der mittleren Proportionalen AC. Dann wird $\overline{AB}$ gleich der Zeit für AB sein, folglich ist die Zeit für AE und damit auch die Zeit für AC gleich $\overline{AC}$).

---

[50] Brief vom 10. Januar 1645 aus Rom. *OT*, III, Nr. 116; *CM*, XIII, Nr. 1332.

[51] *Traité de mechanique des poids sostenus par des puissances sur les plans inclinez á l'horizon.* Näheres zu dieser Abhandlung findet man in AUGER [1962], S. 78–87.

[52] Januar 1645. *OT*, III, Nr. 117; *CM*, XIII, Nr. 1334.

Abb. 3.29 *De motu gravium,*
S. 107

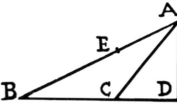

Abb. 3.30 *De motu gravium,*
S. 108

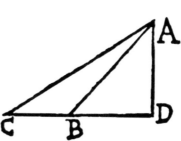

Es folgt der angekündigte Beweis des Prinzips, das Galilei aus der Mechanik übernommen und durch Pendelexperimente bestätigt hat:[53]

Prop. V *Die von demselben Körper auf verschieden geneigten Ebenen erreichten Geschwindigkeitsgrade sind gleich, wenn die Höhenunterschiede der Ebenen gleich sind.*

Es seien die beiden unterschiedlich geneigten Ebenen AB, AC gegeben, deren Höhenunterschiede gleich sind, nämlich gleich AD (Abb. 3.30). Ich behaupte, die in B beim Abstieg längs AB und in C beim Abstieg längs AC erreichten Geschwindigkeitsgrade seien gleich.

Welches auch immer der in B erreichte Geschwindigkeitsgrad [v_B] sein mag, so wird der Körper in gleichförmiger Bewegung mit der halben Geschwindigkeit in derselben Zeit [t_{BA}] die Strecke BA zurücklegen. Und nochmals: Welches auch immer der in C erreichte Geschwindigkeitsgrad [v_C] sein mag, so wird der Körper in gleichförmiger Bewegung mit der halben Geschwindigkeit in derselben Zeit [t_{CA}] die Strecke CA zurücklegen. Nun sind aber die Zeiten und Räume proportional: bei gleichförmiger Bewegung wird in der Zeit [t_{BA}] die Strecke BA, in der Zeit [t_{CA}] die Strecke CA durchlaufen. Folglich sind die [halbierten] Geschwindigkeitsgrade gleich, daher werden auch ihre verdoppelten gleich sein, *w.z.b.w.*

Zur Zeit der Veröffentlichung seiner *Opera geometrica* (1644) wusste Torricelli offenbar noch nicht, dass Galilei nach der Veröffentlichung der *Discorsi* (Leiden 1638) nachträglich selber einen Beweis gefunden hatte, wie aus einer Mitteilung Galileis an Castelli hervorgeht:

---

[53] Siehe dazu S. 91 Torricellis diesbezügliche Bemerkungen in seiner Einleitung zum I. Buch von *De motu gravium.*

Die Einwände, die mir schon vor vielen Monaten von diesem Jüngling[54], gegenwärtig mein Gast und Schüler, gegen jenes in meiner Abhandlung über die beschleunigte Bewegung von mir vorausgesetzte Prinzip gemacht worden sind, das er damals mit viel Fleiß studierte, zwangen mich, um ihn zu überzeugen, dass dieses Prinzip statthaft und wahr ist, auf eine Weise darüber nachzudenken, dass es mir schließlich zu seiner und meiner großen Freude gelang, wenn ich mich nicht täusche, den schlüssigen Beweis dafür zu finden...[55]

Auch Viviani schildert dieses Ereignis, und er bestätigt auch, dass Torricelli erst nach der Veröffentlichung der *Opera geometrica* von Galileis Beweis erfahren hat:

Galilei [...] wollte, dass ich eine schriftliche Ausarbeitung des Beweises dieses Theorems abfasse, [...], und von diesem Entwurf sandte er sofort eine Kopie an den Abt Don Benedetto Castelli [...], einen seiner ältesten und ergebenen Schüler [...]. Von diesem Theorem selbst sandte Galilei dann Kopien an verschiedene andere Freunde in Italien und auch außerhalb, und es ist dasselbe, das ich, zusammen mit anderen noch unveröffentlichten Dingen der neuesten Ausgabe seiner Werke, 1656 in Bologna erschienen, zur Verfügung gestellt habe, wie man dort auf S. 132 des „Dritten Dialogs" sieht.

Dieselbe Tatsache bewies danach auf verschiedene Arten der würdigste Nachfolger Galileis, Evangelista Torricelli, in seiner Abhandlung über die Bewegungen, als er noch keine Kenntnis hatte von jenem [Beweis] Galileis, wobei er sich jedoch bei jeder dieser Arten gewisser anderer, schon in dessen alter Abhandlung[56] über die Mechanik bewiesener Dinge bediente.[57]

Torricelli wendet sich nun der Untersuchung einiger Eigenschaften der Parabel zu:

Da im Folgenden von den „Parabeln" genannten Kurven die Rede sein wird, wird es nicht unpassend sein, bevor wir ihre Bedeutung in Bezug auf die Bewegung betrachten, einige wenige Dinge vorauszuschicken, die wir benötigen. So wird es uns nämlich möglich sein, besser vorbereitet an die Behandlung der Linie der Bewegungen nicht nur der geworfenen, sondern auch (was Galilei nicht tat) der natürlich fallenden Körper zu gehen, einer Linie, die von der Natur auf einzigartige Weise geschaffen worden ist.

Wir setzen Galileis gesamte Lehre von der Bewegung als gegeben voraus: wir folgen nämlich auf seinen Spuren und nehmen einige von ihm vernachlässigte Lehrsätze auf. Hier werden besonders zwei Propositionen über die Parabel unterstellt, die er selber in seinem

---

[54] Vincenzo Viviani

[55] Brief vom 3. Dezember 1639 (*OG*, XVIII, Nr. 3945).

[56] Es existieren zwei Versionen von Galileis Abhandlung *Le mecaniche*. Die spätere, ausführlichere, ist in *OG*, II, S. 149-190 zu finden.

[57] Vincenzo Viviani, *Quinto libro degli Elementi d'Euclide* etc., Firenze 1674, S. 99–100. – Siehe auch ders., *Racconto istorico della vita del Sig.ʳ Galileo Galilei*, *OG*, XIX, S. 599–632, insbes. S. 625 (erstmals veröffentlicht in Salvino Salvini, *Fasti Consolari dell'Accademia Fiorentina*, Florenz 1717, S. 397-431, insbes. S. 421–422). – Dem Willen Galileis entsprechend wurde der Beweis als Einschub nach dem Scholium zur Proposition II als „Aggiunta postuma dell'Autore" in den Text des „Dritten Tages" der *Discorsi* eingefügt (erstmals in den *Opere*, Bd. II, Bologna 1656, wobei zu beachten ist, dass die aus S. 132 folgenden vier Seiten alle mit 132 nummeriert sind; danach fährt die Zählung fort mit Nr. 133 ff.).

Abb. 3.31 *De motu gravium,*
S. 111.

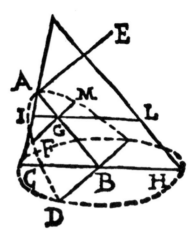

Werk über die Bewegung der geworfenen Körper vorausgesetzt hat: die eine von Apollonius, aber von Galilei selbst bewiesen, die andere hingegen vollständig aus Apollonius' Buch I, Proposition 33, entnommen und dort bewiesen.

Die zweite der genannten Propositionen lehrt, wie die Tangente in einem beliebigem Parabelpunkt zu finden sei. Die erste besagt, dass sich die Quadrate der Halbsehnen parallel zur Basis (die „Applikaten") einer Parabel wie die vom Scheitelpunkt aus gemessenen Abschnitte auf dem Durchmesser verhalten. Daher existiert zu jeder Parabel eine Strecke, für welche das aus dieser Strecke und dem Durchmesserabschnitt gebildete Rechteck gleich dem Quadrat der zugehörigen Halbsehne ist. Diese Strecke heißt *latus rectum* oder auch „Parameter" der Parabel.[58] In der Proposition VI zeigt Torricelli, wie man das *latus rectum* der Parabel finden kann:

> In Anlehnung an die Figur und die Konstruktion selbst, die Galilei in der ersten der schon erwähnten Propositionen zur Parabel gibt, mache man, dass AB zu BC sich verhält wie BH zu AE.[59] Ich behaupte, AE sei das *latus rectum* (Abb. 3.31).
>
> Man nehme nämlich einen beliebigen Punkt F auf der Parabel und ziehe FG parallel zu DB. Durch G lege man erneut die Parallele IGL zu CH, und es entsteht so das Parallelogramm BGLH.[60] Da AB : BC = BH : AE ist, wird AG : GI gleich AB : BC sein, das heißt gleich BH : AE oder gleich GL : AE. Das Produkt AG · AE wird folglich gleich dem Produkt GI · GL, das heißt gleich dem Quadrat von FG sein[61], daher ist EA das *latus rectum*.

---

[58] Für die Parabel $y = a \cdot x^2$ ist somit die Länge des *latus rectum* gleich $1/a$.

[59] Torricelli nimmt an, AE liege in der Parabelebene und stehe senkrecht auf dem Durchmesser AB.

[60] Beim Parabelschnitt des Kegels ist der Durchmesser AB der Parabel parallel zu einer Mantellinie des Kegels, somit ist AB ∥ LH.

[61] Man denke sich durch G die Parallelebene zur Grundkreisebene gelegt. Sie schneidet den Kegel in einem Kreis mit dem Durchmesser IL. Aus dem Höhensatz im rechtwinkligen Dreieck IFL folgt dann $GI \cdot GL = FG^2$.

Abb. 3.32 Zur Sublimität
einer Parabel

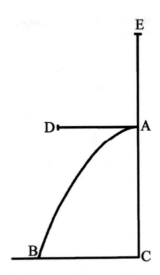

Zum Studium der Zusammensetzung einer gleichförmigen horizontalen und einer beschleunigten vertikalen Bewegung hatte Galilei den Begriff der Sublimität *(sublimitas)* einer Parabel eingeführt: Es ist dies die Fallstrecke EA, die ein Körper zurücklegen muss, «bis er
in A diejenige Geschwindigkeit erlangt hat, mit der er sich längs der Horizontalen AD
fortbewegen soll»[62] (Abb. 3.32).

Dahinter steht der Gedanke, dass ein horizontal geworfener Körper aus der Ruhe nicht
zu seiner Anfangsgeschwindigkeit gelangen kann, ohne zuvor alle geringeren Geschwindigkeitsgrade durchlaufen zu haben.[63] Es besteht dann allerdings die Schwierigkeit, dass im
Punkt A eine Ablenkung des vertikal fallenden Körpers in eine gleichförmige horizontale
Bewegung mit der erreichten Geschwindigkeit stattfinden muss.[64] Anstelle eines vertikal
fallenden Körpers kann aber auch ein ebensolcher betrachtet werden, der sich entlang einer

---

[62] *GU,* „Vierter Tag", S. 94.

[63] Galilei lässt Sagredo darauf hinweisen, «... wie schön der Gedanke des Autors übereinstimmt mit
der Methode des Plato, die gleichförmigen Bewegungen beim Umlauf der himmlischen Körper zu
bestimmen; er hatte [...] erkannt, dass ein Körper von der Ruhe bis zu einer gewissen Geschwindigkeit, in welcher er beharren solle, nicht gelangen könne, ohne alle die geringeren Geschwindigkeits-
werte vorher anzunehmen, er meinte, Gott habe nach der Schöpfung der himmlischen Körper, um
ihnen diejenigen Geschwindigkeiten zu erteilen, mit welchen sie gleichförmig in kreisförmigen Bah-
nen sich ewig fortbewegen sollten, von der Ruhe aus durch gewisse Strecken natürlich beschleunigt,
sie geradlinig fortschreiten lassen, ähnlich wie wir die Körper von der Ruhe aus sich beschleunigt
fortbewegen sehen.» (*GU,* „Vierter Tag", S. 94–95). Allerdings ist in keinem von Platons Dialogen
eine entsprechende Stelle zu finden. – Näheres dazu bei CARUGO [2017].

[64] Sagredo erläutert diese Umwandlung wie folgt: «Er [der Autor] fügt noch hinzu, dass, nachdem
der ihm wohlgefällige Geschwindigkeitswert erlangt war, er [der Schöpfer] die geradlinige in eine
kreisförmige Bewegung umwandelte; diese allein sei geeignet, gleichförmig fortzubestehen...» (*GU,*
„Vierter Tag", S. 95).

Abb. 3.33 *De motu gravium,*
S. 112

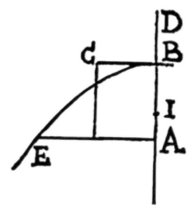

schiefen Ebene bewegt, da die dabei erreichten Endgeschwindigkeiten aufgrund von Prop.
V gleich sind, sofern die Höhenunterschiede gleich sind. Je geringer aber die Neigung der
schiefen Ebene ist, desto leichter lässt sich die Ablenkung in eine horizontale Bewegung
technisch realisieren.[65]

Im Korollar zur Proposition V des „Vierten Tages" der *Discorsi* hatte Galilei gezeigt, dass
die halbe Basis der Parabel gleich der mittleren Proportionalen zur Höhe und der Sublimität
der Parabel ist. Torricelli leitet daraus die folgende Proposition ab:

Prop. VII *Galileis Sublimität der Parabel ist gleich dem vierten Teil des* latus rectum *dieser
Parabel.*

Dort [bei Galilei] wurde BD so bestimmt, dass sich AB (die Höhe) zu BC (= halbe Basis)
verhält wie BC zu BD [Abb. 3.33][66], und dies war bei Galilei die Sublimität. Wir werden
beweisen, dass diese gleich dem vierten Teil des *latus rectum* ist.

Es ist $AE^2 = 4 \cdot BC^2$, das heißt $= 4 \cdot AB \cdot BD$ ([67]), somit ist auch das Rechteck aus AB
und dem *latus rectum* gleich $4 \cdot AB \cdot BD$.[68] Die beiden Rechtecke haben aber die gemeinsame
Höhe AB, folglich ist die Grundseite [des einen Rechtecks], das heißt das *latus rectum*, gleich
dem Vierfachen [der Grundseite des anderen Rechtecks] der Sublimität. *w.z.b.w.*

---

[65] In der Tat lässt sich Galileis Aufzeichnungen entnehmen, dass er bei seinen Versuchen zur Bewegung der Wurfgeschosse Fallrinnen mit verschiedenen Neigungswinkeln gegenüber der Horizontalen
verwendet hat. – Näheres dazu beispielsweise bei S. Drake, Galileo Gleanings XXII. *Isis* **64** (1973),
291–305.

[66] Das heisst, es ist $BC^2 = AB \cdot BD$.

[67] Aus $AB : BC = BC : BD$ folgt $BC^2 = AB \cdot BD$.

[68] Zur Erinnerung: Bei der Parabel $y = ax^2$ ist das Quadrat der Ordinate x gleich dem Produkt der
Abszisse y mit dem *latus rectum*.

Ist ferner BI = $\frac{1}{2}$BD, so bezeichnet Torricelli ohne nähere Begründung den Punkt I als Brennpunkt der Parabel.[69] Der Brennpunkt I und der Sublimitätspunkt D sind somit gleich weit vom Scheitelpunkt der Parabel entfernt. Damit ergibt sich unmittelbar die

Prop. VIII *Die im Brennpunkt der Parabel errichtete Ordinate (die Halbsehne senkrecht zum Durchmesser) ist doppelt so groß wie die Strecke bis zum Scheitel bzw. gleich der Hälfte des latus rectum.*

Bei den Propositionen X bis LVII geht es hauptsächlich um Sätze über die Zeiten für in verschiedenen Situationen erfolgende Bewegungen (senkrecht, auf schiefen Ebenen, auf Parabelsehnen, usw.), sowie um Aufgaben, beispielsweise eine geneigte Strecke zu finden, die aus der Ruhelage heraus in derselben Zeit durchlaufen wird wie eine gegebene vertikale Strecke. Sie sind aber für das interessantere Buch II ohne Bedeutung, sodass wir hier nicht näher auf sie einzugehen haben.

Während das I. Buch von *De motu* der Bewegung der schweren Körper aus der Ruhelage heraus gewidmet ist, wird in dem mit *De motu proiectorum* überschriebenen II. Buch in insgesamt 37 Propositionen die von Galilei begründete Theorie der mit einer Anfangsgeschwindigkeit versehenen Wurfbewegungen fortgeführt:

... dies ist nämlich der höchste Ertrag aus den Bemühungen Galileis und stellt auch seinen höchsten Ruhm dar. In seinem Buch *De motu proiectorum* beweist Galilei, dass ein Körper, der, nachdem er zuvor einen gewissen horizontalen Impetus empfangen hat, von einer horizontalen Ebene AB herunterfällt, im Verlaufe seines Fallens eine Parabel wie BC beschreibt (Abb. 3.34).

Es ist dies wahr, vorausgesetzt, die Wurfrichtung AB ist parallel zur Horizontalen und für den Fall, dass der Anfang der Parabel B mit dem Scheitel der Parabel oder (was dasselbe ist) mit dem letzten Punkt B der Parabelachse zusammenfällt. Sollte die Wurfrichtung nicht horizontal, sondern gegen oben oder unten geneigt sein, so wird die Wurflinie eine gewisse Kurve sein, und die Gerade, welche die Wurfrichtung bestimmt, und die Kurve, welche der geworfene Körper beschreibt, werden sich berühren. Der Berührungspunkt wird mit dem Punkt zusammenfallen, in dem der Wurfkörper die Wurfmaschine verlässt. Dass aber diese Wurflinie eine Parabel ist, und dass es überhaupt dieselbe Parabel ist, die von einem, ausgehend vom Scheitel der Parabel, horizontal angetriebenen Körper beschrieben wird, ist bis anhin mehr gewünscht als bewiesen worden. Es ist in der Tat dieselbe Parabel, wie Galilei selber im Korollar zur Proposition 7 des Buches *De motu proiectorum* behauptet; es ist wahrscheinlich, dass sein Geist dabei so sehr

Abb. 3.34 *De motu proiectorum*, S. 154

---

[69] Bekanntlich hat die Parabel $y = ax^2$ den Brennpunkt F($0 \mid \frac{1}{4a}$), und $\frac{1}{4a}$ ist tatsächlich $= \frac{1}{4} \cdot latus\ rectum$ (siehe Anm. 59.)

erleuchtet war, dass er dies nicht behauptet hat, ohne es zuvor genau zu erwägen.[70] Dennoch wird die Wahrheit jenes Korollars nicht völlig offensichtlich sein für jene, denen die schiefen Parabeln[71] unbekannt sind, und die, abgesehen von den beiden von Galilei vorangestellten Propositionen, nicht mit Apollonius vertraut sind.

Weil die Würfe sehr oft in einer Richtung erfolgen, die gegenüber der Horizontalen geneigt ist, wobei schiefe Parabeln entstehen, die nicht im Scheitelpunkt ihren Ursprung haben (wie es sehr oft bei allen Würfen aus Kriegsmaschinen der Fall ist) oder auch solche, die weder Scheitel noch Achse aufweisen (das sind die schräg nach unten gerichteten Würfe), so werden wir uns bemühen, sie im Lichte von Galileis Korollar zu verstehen, und die Art der Wurflinie so allgemein wie möglich zu bestimmen.[72]

Der Begriff des „Impetus", der durch einen Beweger dem Bewegten „eingeprägten Kraft", war von Philoponus im 6. Jahrhundert aus der aristotelischen Lehre übernommen und im Mittelalter von Buridan und dessen Schüler Oresme weiterentwickelt worden. Auch Galilei und Torricelli verwenden den Begriff, ohne ihn aber näher zu definieren. Je nach Situation wird darunter eine Größe verstanden, welche bei gegebener Masse proportional zur Geschwindigkeit (Impuls) oder zum Quadrat der Geschwindigkeit (kinetische Energie) eines bewegten Körper ist. Jedenfalls ist es aber eine Größe, welche abhängig ist von der Geschwindigkeit des bewegten Körpers. Immerhin gibt Torricelli im Anschluss an die Prop. VIII die folgende Erklärung:

> Wenn wir von jetzt an von einem gegebenen Impetus sprechen werden, so werden wir ihn durch eine Streckenlänge darstellen, wie es Galilei getan hat. Man kann ihn nämlich nicht auf eine andere Weise auf ein bestimmtes und allgemeines Maß zurückführen.
>
> Wenn wir beispielsweise sagen, es sei der Impetus AB gegeben, so verstehen wir darunter Folgendes: Es sei ein Impetus gegeben, der genügt, um den Körper von A bis zum Endpunkt B der senkrechten Linie zu werfen (Abb. 3.35). Oder, was dasselbe ist, so viel Impetus, wie derjenige, den ein Körper erlangt, wenn er in natürlicher Bewegung von B bis A fällt.

---

[70] Schon Descartes hatte in seinem Brief an Mersenne vom 11. Oktober 1638 darauf hingewiesen, dass Galilei die Behauptung, wonach ein schief abgeworfener Körper ebenfalls eine Parabelbahn beschreibt, ohne Beweis formuliert hat (*CM*, VIII, Nr. 700, S. 102–103).

[71] *Parabolae obliquae* (auch *parabolae inclinatae* genannt) sind Parabel(segmente), deren Achse nicht senkrecht zur Basis steht.

[72] Dass schon Cavalieri (Cavalieri [1632], Cap. XL, S. 163–170) bewiesen hatte, dass auch die schräg nach oben oder nach unten geworfenen Körper ebenfalls eine Parabel beschreiben, wird von Torricelli nicht erwähnt. – Cavalieri hatte zuvor (S. 162) zwar auf die im *Dialogo* von 1632 erwähnten, noch unveröffentlichten Schriften Galileis über die Bewegung (*OG*, VII, S. 248) hingewiesen; die Veröffentlichung seines Beweises führte dennoch zu einer beträchtlichen Verstimmung bei Galilei, der sich bitter darüber beklagte, sehen zu müssen, «wie mir von meinen Forschungen von mehr als 49 Jahren, über die ich zu einem guten Teil den besagten Pater ins Vertrauen gezogen habe, nun die Priorität genommen und jener Ruhm beeinträchtigt wird, den ich nach so langen Anstrengungen so begierig gewünscht und erhofft hatte». (Galilei an seinen Freund Cesare Marsili (1592–1633), *OG*, XIV, S. 386). Nachdem sich Cavalieri gebührend entschuldigt hatte, versöhnten sich die beiden dann wieder.

Abb. 3.35 *De motu proiectorum,* S. 165

Wenn daher im Folgenden von einem durch eine Strecke BA dargestellten Impetus die Rede sein wird, so hat man sich darunter die Strecke vorzustellen, die ein Körper im freien Fall von B nach A zurücklegen muss, um eine vorgegebene Geschwindigkeit oder eben einen vorgegebenen „Impetus" zu erreichen.

Die Propositionen IX bis XIV stellen den Zusammenhang her zwischen den Größen Höhe, Impuls, Wurfweite sowie Elevation (Wurfrichtung): Aus zwei gegebenen Größen (×) sind jeweils die beiden übrigen (?) zu bestimmen. Sie gelangen bei der Berechnung der am Schluss des Buches *De motu* angefügten Schusstafeln zur Anwendung:

Höhe	Impuls	Weite	Elevation	Proposition
?	×	?	×	IX
×	×	?	?	X
?	×	×	?	XI
?	?	×	×	XII
×	?	?	×	XIII
×	?	×	?	XIV

Prop. IX *Es seien der Impetus* BA *und die Wurfrichtung* AI *gegeben. Gesucht sind Weite, Höhe und Gesamtverlauf der sich ergebenden Wurfparabel.*

Man lege durch A und B die horizontalen Linien AD, BL und zeichne über dem Durchmesser AB den Halbkreis AFB. Dieser wird die Linie AI in einem Punkt F schneiden, durch welchen man die horizontale Linie FE legt. Nun verlängere man EF um eine Strecke der Länge FE bis G und lege schließlich durch G die Senkrechte LGD. Durch die Punkte G und A lege man die eindeutig bestimmte Parabel mit dem Durchmesser AG und dem Scheitel G.[73] Dies wird die gesuchte Parabel sein (Abb. 3.36).

Es ist nämlich EG $=$ AD $= 2 \cdot$ FG, somit DG $=$ GI. Folglich ist AI (die Wurfrichtung) die Parabeltangente im Punkt A. Die Parabel wird außerdem tatsächlich mit dem gegebenen

---

[73] Torricelli hat im vorangehenden Lemma bewiesen, dass es bei gegebenem Durchmesser GD und Scheitel G eine einzige Parabel gibt, die durch einen gegebenen Punkt A geht.

Abb. 3.36 *De motu proiectorum,* S. 165

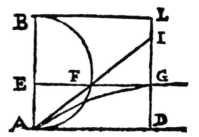

Impetus erzeugt. Die Strecken AE, EF, EB bzw. die ihnen gleichen Strecken DG (die Höhe), GF (die halbe Basis) und GL sind nämlich stetig proportional.[74] Aufgrund von Galileis Proposition V und deren Korollar ist daher GL die Sublimität der Parabel.[75]

Damit wird in der Tat die oben gemachte Annahme über die den Impetus darstellende Strecke BA bestätigt: Um nach dem freien Fall von B nach A die Geschwindigkeit v zu erreichen, muss die Strecke BA die Länge v^2/g haben.[76] Ist α der Elevationswinkel DAI, so ergibt sich für die Wurfparabel die Gleichung

$$\begin{cases} x = v \cdot \cos\alpha \cdot t \\ y = v \cdot \sin\alpha \cdot t - \frac{1}{2} g \cdot t^2 \end{cases}$$

Daraus lassen sich die Koordinaten des Scheitelpunktes G der Parabel sowie der Punkte F und E bestimmen:

$$\mathrm{G}\left(\frac{v^2}{g} \cdot \sin\alpha \cdot \cos\alpha \mid \frac{v^2}{2g} \cdot \sin^2\alpha \right),\ \mathrm{F}\left(\frac{v^2}{2g} \cdot \sin\alpha \cdot \cos\alpha \mid \frac{v^2}{2g} \cdot \sin^2\alpha \right),\ \mathrm{E}\left(0 \mid \frac{v^2}{2g} \cdot \sin^2\alpha \right),$$

woraus die Richtigkeit eben beschriebenen Konstruktion ersichtlich wird.

Aus der Proposition IX ergeben sich mehrere Schlussfolgerungen:

Aus dem oben Gesagten wird klar, dass bei gegebenem, von einer Maschine gelieferten Impetus, z.B. EA, Höhen und Weiten aller von dieser Maschine ausgeführten Würfe bestimmt werden können, indem man den Halbkreis ADE über dem Durchmesser EA zeichnet.

Bei konstantem Impetus EA werden beispielsweise Würfe mit den verschiedenen Elevationen AC, AD, AB ausgeführt (Abb. 3.37). Der Wurf mit der Elevation AC lässt den Körper

---

[74] Höhensatz im rechtwinkligen Dreieck AFB.
[75] Galilei, *Discorsi...* „Vierter Tag", Zusatz zu Prop. V: «Hieraus folgt, dass die halbe Basis ... der Halbparabel die mittlere Proportionale sei zur Höhe und zur Sublimität».
[76] Der Impetus ist also proportional zum Quadrat der Geschwindigkeit.

Abb. 3.37 *De motu*
proiectorum, S. 167

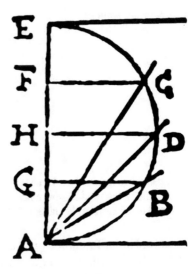

bis zur Linie FC aufsteigen, während der Wurf in Richtung AD seinen höchsten Punkt auf der
Linie HD erreicht. Der Wurf in Richtung AB erreicht die maximale Höhe auf der Linie GB.

In Galileis Buch über die natürlich beschleunigte Bewegung wird bewiesen, dass die von A
aus mit jeweils gleichem Impetus abgestoßenen, auf verschieden geneigten Ebenen sich bewegenden Körper, stets dieselbe horizontale Ebene [d.h. dieselbe Höhe] erreichen. Hier wird
hingegen klar, dass die Aufstiege der Würfe variieren, wenn sie mit verschiedenen Neigungswinkeln durch die Luft erfolgen, ohne von einer Ebene gestützt zu sein. Der Körper, der in
Richtung AB geworfen wird, steigt nämlich weniger hoch als jener, der in der stärker geneigten Richtung AD abgeht. Es ist auch klar, dass die Wurfweiten zunehmen, beginnend mit der
horizontalen Richtung (*tiro di punto in bianco*) bis zum Winkel von 45°. Vom 45°-Winkel bis
zum senkrechten Wurf nach oben nehmen die Wurfweiten wieder kontinuierlich ab.

Schließlich ist zu beachten, dass die Weiten der mit demselben Impetus beschriebenen
Parabeln, deren Elevationen gleich viel vom 45°-Winkel abweichen, einander gleich sind.
Weichen nämlich die Linien AB und AC gleich viel von der Halbierenden des rechten Winkels
ab, so sind die Bögen DB, DC gleich, da sie zu gleiche Winkeln gehören. Also werden die
Bögen BA, CE und damit auch ihre Sinus gleich sein. Folglich sind auch die Gesamtweiten
der Parabeln, das sind die Vierfachen der Sinus, gleich.

Ferner ist klar, dass die Höhen und Sublimitäten der Würfe unter Winkeln, die gleich weit
vom 45°-Winkel abweichen, zueinander reziprok gleich sind, das heißt, die Höhe des einen
Wurfes ist gleich der Sublimität des anderen und umgekehrt. Für uns ist also ein Korollar, was
für Galilei ein ziemlich schwierig zu beweisendes Theorem war, dass nämlich der 45°-Wurf
derjenige ist, der bei jeweils gleichem Impetus am weitesten führt. Setzt man nämlich den
Winkel CAD = 45°, so wird CD der Halbmesser sein, das heißt der größte aller Sinus, der
in einem Halbkreis möglich ist.

Es ist auch klar, dass die Gesamtweite der 45°-Parabel doppelt so groß wie der Impetus AB
ist, weil bewiesen worden ist, dass sie gleich dem Vierfachen der Strecke CD, somit doppelt
so groß wie AB ist (Abb. 3.38).

Abb. 3.38 *De motu proiectorum*, S. 168

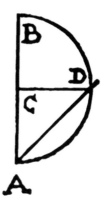

Prop. X *Es seien der Impetus und die Wurfhöhe gegeben. Gesucht ist die Richtung, in welcher der Wurf erfolgt ist; gesucht ist auch die Wurfweite.*

Es sei in der vorhergehenden Figur (Abb. 3.38) AB der gegebene Impetus, die gegebene Höhe sei AC. Man lege über AB den Halbkreis und ziehe CD horizontal, ebenso AD bis zum Punkt D. Aufgrund des Vorhergehenden ist offensichtlich AD die gesuchte Wurfrichtung, die gesamte Wurfweite aber ist die vierfach genommene Strecke AD. Keine Parabel außer dieser, mit der Richtung AD und dem Impetus AB beschriebenen, wird nämlich die Höhe AC erreichen.

Prop. XI *Es seien der Impetus und die Wurfweite gegeben. Gesucht sind die Wurfrichtung und die Wurfhöhe.*

Es sei AB der gegebene Impetus, AD der vierte Teil der Wurfweite (Abb. 3.39). Man zeichne über dem Durchmesser AB den Halbkreis ACB und errichte die vertikale Linie DCE, welche den Halbkreis in den Punkten C und E schneidet (sollte sie nicht schneiden, so ist die Aufgabe unlösbar). Dann werden die beiden Wurfrichtungen AC, AE aufgrund der vorhergehenden Propositionen mit dem gegebenen Impetus eine Parabel ergeben, deren Wurfweite gleich 4·AD ist. Die entsprechenden Wurfhöhen sind dann gleich AF bzw. AG.

Abb. 3.39 *De motu proiectorum*, S. 169

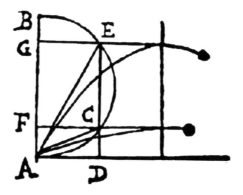

Abb. 3.40 *De motu
proiectorum,* S. 170

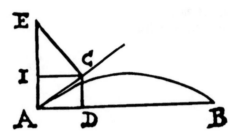

Prop. XII *Es seien die Wurfweite* AB *und die Wurfrichtung* AC *gegeben. Gesucht werden
der Impetus und die Höhe der Parabel.*

Man nehme AD gleich dem vierten Teil der Wurfweite AB und bestimme auf den Senkrechten
in D und A die Punkte C bzw. E, sodass der Winkel ACE gleich einem Rechten ist. AE ist
dann der gesuchte Impetus, DC die gesuchte Höhe (Abb. 3.40).

Torricelli bemerkt dazu:

Mithilfe dieser Proposition können wir die Strecke berechnen, um die eine eiserne Kugel
emporsteigen würde, wenn sie aus einem bronzenen Geschütz senkrecht nach oben geschleudert wird. Diese Strecke ist nämlich so groß, dass sie von keiner anderen Höhe aus, sei diese
künstlich errichtet oder natürlicher Art[77], bestimmt werden könnte.

Prop. XIII *Bei gegebener Höhe* AB *und Wurfrichtung* AC *sind alle übrigen Größen gesucht.*

Man lege durch B die Horizontale BC, welche AC im Punkt C schneiden möge (Abb. 3.41
links). Sodann ziehe man CD senkrecht zu AC und lege den Halbkreis um das rechtwinklige
Dreieck ACD. Aufgrund von Prop. IX wird dann die Wurfweite gleich dem Vierfachen von
BC, der Impetus gleich AD sein.

Abb. 3.41 *De motu
proiectorum,* S. 170

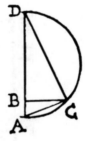

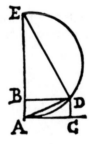

---

[77] Nämlich von einem Beobachtungsturm oder von einem Hügel aus.

Prop. XIV *Bei gegebener Höhe* AB *und der Wurfweite (deren vierter Teil* AC *sei), sind alle übrigen Größen gesucht.*

Man vervollständige das Rechteck BACD (Abb. 3.41 rechts). Die Diagonale AD wird dann die Wurfrichtung anzeigen. Errichtet man danach den rechten Winkel ADE, so wird AE der Impetus sein, wie sich leicht aus den vorhergehenden Propositionen herleiten lässt.

Wir übergehen die Propositionen XV bis XXVIII und wenden uns der Proposition XXIX zu, welche dem Hauptsatz des zweiten Buches vorangeht:

Prop. XXIX *Werden von demselben Punkt aus [auf alle Seiten] Würfe mit stets demselben Impetus ausgeführt, so liegen der Scheitelpunkte der Wurfparabeln auf der Oberfläche eines Ellipsoids, dessen große Hauptachse horizontal liegt und doppelt so groß ist wie die kleine Hauptachse.*

Es sei AB der Impetus. Über AB errichte man den Halbkreis ADB. Sodann werde in Richtung der Tangenten AD, AE geworfen (Abb. 3.42). Ich behaupte, dass die Scheitelpunkte der Parabeln auf der Oberfläche eines Ellipsoids mit der [kleinen] Achse AB und der horizontalen [großen] Achse gleich der doppelten Achse AB liegen. In der Prop. IX dieses Buches wurde nämlich bewiesen, wenn man durch die Punkte D, E die horizontalen Linien FG bzw. HI doppelt so lang wie FD bzw. HE legt, dass dann G bzw. I die Scheitelpunkte der [entsprechenden] Parabeln sind. Aber die Punkte G und I liegen auf der Oberfläche des besagten Ellipsoids (es ist nämlich GF : FD = IH : HE), w.z.b.w.

Zum Beweis des Hauptsatzes (Prop. XXX) werden zwei Hilfssätze benötigt:

Lemma I *Wenn eine Gerade* AB *zwei Parabeln im selben Punkt* B *berührt und die Durchmesser der Parabeln parallel sind, so berühren sich diese Parabeln im selben Punkte gegenseitig.*

Es möge die Gerade AB die beiden Parabeln CBD, FBH im Punkt B berühren, wobei die Parabeln parallele Durchmesser haben (Abb. 3.43 links). Ich behaupte, dass sich derartige Parabeln gegenseitig berühren. Falls sie sich nämlich nicht berühren, so würden sie sich schneiden. Man stelle sich vor, es sei CBH die eine der Parabeln, FBD jedoch die andere. Man lege BI parallel zu den Durchmessern und CD parallel zur Tangente. Folglich werden CI und HI gleich sein, ebenso FI und ID. Was unmöglich ist.

Abb. 3.42 *De motu proiectorum*, S. 182

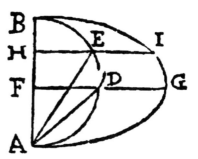

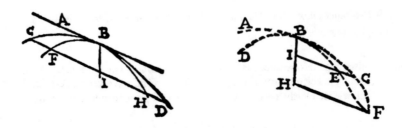

Abb. 3.43 *De motu proiectorum,* S. 182 (links) und S. 183 (rechts)

Lemma II *Die Parabeln* ABC *und* DBE *mögen sich gegenseitig im Punkt* B *berühren, und ihre Durchmesser seien parallel. Dann treffen diese Parabeln in keinem weiteren Punkt aufeinander.*

Wenn dem nämlich so wäre, so mögen sie in F [ein weiteres Mal] aufeinandertreffen (Abb. 3.43 rechts). Es werde BH parallel zu den Durchmessern und FH als zugehörige Ordinate gezogen. Sodann ziehe man eine beliebige weitere Ordinate CI. Dann wird FH^2 zu CI^2 und zu EI^2 dasselbe Verhältnis haben wie HB zu BI, was unmöglich ist.

Prop. XXX *Werden von demselben Punkt aus* [auf alle Seiten] *Würfe mit stets demselben Impetus ausgeführt, so berühren die Wurfparabeln die Oberfläche eines Paraboloids, dessen latus rectum gleich dem Vierfachen der beim vertikalen Wurf erreichten maximalen Höhe ist.*[78]

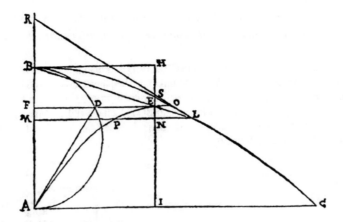

Abb. 3.44 *De motu proiectorum,* S. 183

---

[78] Damit ist der Abwurfpunkt identisch mit dem Brennpunkt der das Paraboloid erzeugenden Parabel (in der auf Prop. VII des ersten Buches folgenden Definition bezeichnet Torricelli jenen Punkt auf

Ist AB der Impetus, so zeichne man den Halbkreis ADB und die Parabel BLC mit der Achse AB und dem Brennpunkt A (Abb. 3.44).[79] Der Wurf erfolge gemäß einer beliebigen Neigung AD, und es sei DE = DF. Durch E lege man die Senkrechte HEI und zeichne zum Durchmesser EI die von A ausgehende Parabel [mit dem Scheitel E]. Diese Parabel wird von einem mit dem Impetus AB in der Richtung AD geworfenen Körper durchlaufen, und HE wird die Sublimität dieser Parabel sein.

Man ziehe die Gerade BE, welche auf die Parabel BLC trifft. Sie möge sie in L schneiden. Ich behaupte, dass die verlängerte Parabel APE die Parabel BLC in L schneidet. Man ziehe die Ordinaten LM sowie FE bis nach O.

Aufgrund des Lemmas zu Prop. XXIV des ersten Buches sind LM, OF und EF fortlaufend proportional. Das Quadrat von OF ist gleich dem Vierfachen des Rechtecks ABF wegen der Eigenschaft der Parabel[80], deren Brennpunkt A ist, und das Quadrat von EF wird, da es aufgrund der Konstruktion gleich dem Vierfachen des Quadrats DF ist, ebenfalls gleich dem Vierfachen des Rechtecks ABF sein. Nachdem dies gezeigt ist, fahren wir wie folgt weiter: Die Strecke MB verhält sich aufgrund von Euklid VI, 4 ([81]) zur Strecke BF wie ML zu FE, oder wie das FO^2 zu FE^2 und (nimmt man ihre vierten Teile) wie das Rechteck ABF zum Rechteck AFB, das heißt (wenn man die gemeinsame Höhe beiseitelässt), wie die Strecke BA zur Strecke AF. Durch Verhältnistrennung wird sich daher MF zu FB wie FB zu FA verhalten, und deshalb stehen MF, BF, FA oder NE, HE, EI in fortlaufender Proportion.

Die Parabel AE möge durch den auf ML liegenden Punkt P verlaufen. Dann wird sich AI^2 zu PN^2 verhalten wie IE zu EN, das heißt, wie EH^2 zu EN^2 ([82]), das heißt wie BH^2 zu NL^2([83]), also verhält sich AI^2 zu BH^2 wie PN^2 zu NL^2. Wegen AI = BH ist folglich PN = NL. Wenn also die Parabel APE durch P verläuft, so verläuft sie auch durch L.

Man nehme schließlich BR gleich BM und ziehe die Verbindung RL. Es ist klar, dass RL beide Parabeln berührt, da sowohl MB gleich BR als auch NE gleich ES ([84]) ist. Folglich berühren sich die Parabeln APE und BLC im Punkt L aufgrund von Lemma I, und aufgrund von Lemma II treffen sie in keinem weiteren Punkt aufeinander, *w.z.b.w.*

Der gesamte Wirkungsbereich der Würfe liegt innerhalb der Oberfläche eines Paraboloids, dessen Brennpunkt der Punkt ist, von welchem aus die Würfe erfolgen. Das *latus rectum* des Paraboloids ist gleich dem Vierfachen der beim vertikalen Wurf erreichten Höhe. Es wurde nämlich bewiesen, dass die Parabeln der einzelnen Würfe die Oberfläche dieses Paraboloids berühren und nie über sie hinausgehen. Die Wurfgeschosse befinden sich daher zur gleichen Zeit jeweils auf einer Kugeloberfläche, und am Ende ihres Aufstiegs befinden sie sich auf der Oberfläche eines Ellipsoids, während die Punkte ihrer größten Reichweite auf der Oberfläche des Paraboloids liegen.

---

der Parabelachse als Brennpunkt, dessen Entfernung vom Scheitel gleich dem vierten Teil des *latus rectum* ist).

[79] Somit ist AB gleich dem vierten Teil des *latus rectum* der Parabel.

[80] Zur Erinnerung: Aufgrund der Parabeleigenschaft ist $OF^2 = BF \cdot latus\ rectum = BF \cdot (4AB)$.

[81] Wegen der Ähnlichkeit der Dreiecke BML, BFE

[82] Da EH mittlere Proportionale zwischen IE und EN ist.

[83] Wegen der Ähnlichkeit der Dreiecke EHB und ENL.

[84] Mit dem von Torricelli nicht näher beschriebenen Punkt S ist offensichtlich der Schnittpunkt von RL mit IH gemeint. Da B der Mittelpunkt von RM ist, so ist daher auch E der Mittelpunkt von NS.

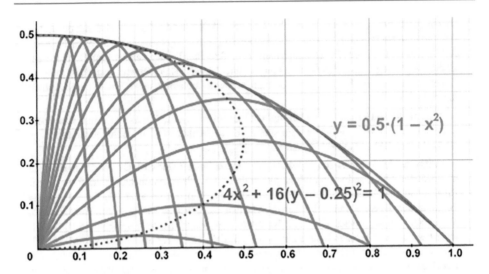

Abb. 3.45 Der Wirkungsbereich aller vom selben Abwurfpunkt aus mit gleichem Impetus ausgeführten Würfe. Ist a die Steigung der Wurfrichtung, ferner $v_0 = 1$, $g = 1$, so lautet die Parametergleichung der Wurfparabel: $x(t) = t/\sqrt{1 + a^2}$, $y(t) = at/\sqrt{1 + a^2} - \frac{1}{2}t^2$. Die Parabel $y = \frac{1}{2}(1 - x^2)$ ist die Hüllkurve der Schar der Wurfparabeln. Ihr Brennpunkt liegt im Ursprung des Koordinatensystems. – Die Scheitelpunkte der einzelnen Wurfparabeln liegen auf der blau eingezeichneten Ellipse (siehe dazu Torricellis Prop. XXIX)

Bortolotti[85] weist in diesem Zusammenhang auf einen Fehler in Cantors *Vorlesungen zur Geschichte der Mathematik* hin: Dort wird behauptet, Torricelli habe gewusst,

> dass, wenn man aus einem und demselben Punkte mit einer und derselben Anfangsgeschwindigkeit Körper in die Höhe werfe und nur den Winkel, unter welchem sie geworfen werden, jeden möglichen Wert annehmen lasse, die Scheitelpunkte aller dieser Wurfparabeln eine neue Parabel zum geometrischen Orte haben. Torricelli hat somit zuerst den Begriff der einhüllenden Linie geahnt, wenn auch keineswegs deutlich erkannt.[86]

Wie wir gesehen haben, hat Torricelli aber in der Proposition XXIX bewiesen, dass der geometrische Ort der Scheitelpunkte in Wahrheit eine Ellipse ist. Cantor bezieht sich bei seiner Behauptung auf August Heller, der in seiner *Geschichte der Physik* Torricellis Proposition XXX aber korrekt wiedergegeben hat.[87]

Die nächste Proposition zeigt einen interessanten Zusammenhang zwischen der Hüllkurve der Parabelschar und der zum horizontalen Wurf gehörigen Wurfparabel. Zum Beweis wird der folgende Hilfssatz benötigt:

---

[85] Bortolotti [1947], S. 110.

[86] Cantor [1913], S. 891.

[87] Heller [1884], S. 106.

Abb. 3.46 *De motu proiectorum*, S. 185

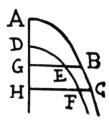 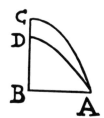

Lemma *Gleiche, um denselben Durchmesser* AH *beschriebene Parabeln* ABC, DEF *sind asymptotisch, das heißt, dass sie, obwohl sie sich einander immer mehr annähern, niemals zusammenkommen.*

Das Rechteck aus AD und dem latus rectum ist gleich der Differenz zwischen den Quadraten von BG und GE und auch zwischen den Quadraten von CH und HF (Abb. 3.46 links). Folglich sind auch die Rechtecke aus EB und BG + EG sowie FC und CH + HF einander gleich, denn sie sind gleich den Differenzen der Quadrate. Ihre Seiten sind also reziprok, das heißt, es wird EB zu FC sein wie BG + EG zu CH + HF. Es ist aber die Strecke CH + HF länger als BG + EG und deshalb wird EB größer sein als FC. Die Parabeln komen einander somit immer näher.

Es ist offensichtlich, dass sie niemals zusammenkommen. Falls es nämlich möglich wäre, so mögen sie in A zusammenkommen (Abb. 3.46 rechts). Man ziehe die Ordinate AB. Da die Parabeln gleich sind, werden sie dasselbe *latus rectum* haben, und es wird das Quadrat von AB gleich den beiden Rechtecken sein, die aus dem *latus rectum* und einer der beiden Strecken CB bzw. DB gebildet sind, was unmöglich ist.

Daraus ergibt sich die

Prop. XXXI *Die Parabel des horizontalen Wurfes erreicht die Oberfläche des Paraboloids aus der vorhergehenden Proposition nie, auch wenn sie sich ihr mehr und mehr annähert.*

Es sei AB der Impetus, BC die Erzeugende des Paraboloids wie in Prop. XXX, AD die Parabel des horizontalen Wurfs (Abb. 3.47). Die beiden Parabeln haben denselben Durchmesser und sind kongruent, denn AB ist aufgrund der Konstruktion gleich dem vierten Teil des latus

Abb. 3.47 *De motu proiectorum*, S. 185

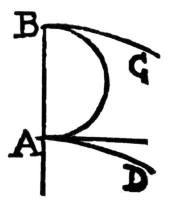

Abb. 3.48 *De motu*
proiectorum, S. 189

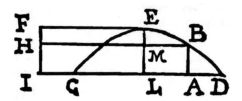

rectum der Parabel BC, aber auch der Parabel AD, denn AB ist deren Sublimität. Aufgrund des vorhergehenden Lemmas sind die beiden Parabeln daher asymptotisch, w.z.b.w.

Interessant ist ferner auch noch die abschließende Prop. XXXVII, der die folgenden Hilfssätze vorausgehen:

Lemma I *In der Parabel über der Basis* CD *sei* AB *parallel zum Durchmesser. Dann ist das Rechteck aus* AB *und dem* latus rectum *der Parabel* [das ist das Rechteck MI] *gleich dem Rechteck* CA × AD (Abb. 3.48).

Ist nämlich EF das *latus rectum,* so vervollständige man das Rechteck EI. Dann ist LD^2, d. h. das Rechteck EI, gleich dem Rechteck CA × AD zusammen dem Quadrat von LA:[88]

$$\text{Rechteck EI} = \text{Rechteck CA} \times \text{AD} + LD^2 - LA^2 (*)$$

Nun ist aber $LA^2 = MB^2 = EM \cdot latus\ rectum = $ Rechteck EH. Nimmt man auf beiden Seiten von (*) Gleiches weg, nämlich auf der linken Seite das Rechteck EH, auf der rechten Seite das Quadrat LA^2, so folgt die Behauptung.

Sind ferner AB, CD zwei Parallelen zum Durchmesser der Parabel EBDF (Abb. 3.49) so verhält sich das Rechteck EAF zum Rechteck ECF wie AB zu CD:

$$\frac{EA \cdot AF}{EC \cdot CF} = \frac{AB}{CD}$$

Die Rechtecke EAF, ECF sind nämlich gleich den Rechtecken AB·*latus rectum* bzw. CD·*latus rectum.*

Abb. 3.49 *De motu*
proiectorum, S. 189

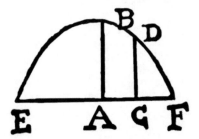

---

[88] Es ist CA = LD + LA, AD = LD − LA, somit ist das Rechteck CA × AD gleich $LD^2 - LA^2$.

Abb. 3.50 *De motu proiectorum, S.* 190

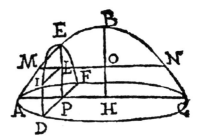

Lemma II *Wird das Paraboloid* ABC *von einer Ebene* DEF *parallel zur Achse geschnitten, so wird die Schnittkurve eine Parabel sein, die gleich der Erzeugenden des Paraboloids ist.*

Man lege durch den beliebigen Punkt I der Schnittkurve DIE die Parallele IL zu DP sowie die Parallele MLN zu AC (Abb. 3.50). Nun ist DP^2 gleich AP·PC (Höhensatz im rechtwinkligen Dreieck ADC), daher ist aufgrund von Lemma I, 2. Teil([89]):

$$DP^2 : AH^2 = PE : HB$$

Ferner ist $AH^2 : MO^2 = HB : BO$ (aufgrund der Parabeleigenschaft der Kurve ABC) und $MO^2 : IL^2 = BO : EL$ ([90]). Zusammengefasst ist somit

$$DP^2 : AH^2 : MO^2 : IL^2 = PE : HB : BO : EL, \text{ also } DP^2 : IL^2 = PE : EL,$$

das heißt, die Kurve DIE ist ebenfalls eine Parabel. Das Rechteck aus dem Durchmesser PE dieser Parabel und deren *latus rectum* ist gleich DP^2, somit gleich dem Rechteck AP·PC; dieses Rechteck wiederum ist aber gleich dem Rechteck aus PE und dem *latus rectum* der Parabel ABC. Die beiden Parabeln DIE und ABC haben also dasselbe *latus rectum* und sind daher kongruent.

Prop. XXXVII *Wird von demselben Punkt aus mit stets demselben Impetus horizontal in alle Richtungen geworfen und treffen die Wurfparabeln auf eine beliebige vertikale Ebene, so bilden die Treffpunkte eine gewisse parabolische Linie, die gleich jenen Wurfparabeln ist.*

---

[89] Aufgrund von Lemma I, zweiter Teil.

[90] Aufgrund von Lemma I, 2. Teil ist $MO^2 : ML \cdot LN = BO : EL$. Im rechtwinkligen Dreieck MIN ist $ML \cdot LN = IL^2$ (Höhensatz). Folglich ist $MO^2 : IL^2 = BO : EL$.

Dies geht nun aber klar aus dem vorangehenden Lemma hervor. Alle diese Würfe bilden nämlich die Oberfläche eines gewissen Paraboloids [Prop. XXX]. Die vertikale Ebene, in welcher die Würfe auftreffen, schneidet jene Oberfläche, folglich wird die Schnittkurve, auf welcher die Würfe auftreffen, eine Parabel sein, die gleich der Parabel ist, welche das Paraboloid erzeugt.

Falls aber alle Würfe in der horizontalen Ebene enden, so wird die Schnittkurve ein Kreis sein; bei einer schiefen Ebene hingegen werden Ellipsen entstehen, was leicht aus Beweisen der Alten folgt, die gezeigt haben, dass der schiefe Schnitt eines Paraboloids eine Ellipse ergibt.

3.3   *De motu aquarum*

Die in *De motu* entwickelte Theorie gelangt in einer am Schluss des zweiten Buches angefügten kleinen Abhandlung *De motu aquarum* zur Anwendung:

> Es wird nicht unangebracht sein, diesem Büchlein einige Betrachtungen über die Flüssigkeiten beizufügen. Allen anderen sublunaren Körpern voran scheint nämlich das Wasser ganz besonders der Bewegung zugehörig zu sein, kommt es doch sozusagen nie zur Ruhe. Ich werde nicht über die große Wellenbewegung des Meeres sprechen; ich übergehe auch das Messen des Laufes der Ströme und fließenden Gewässer und dessen Anwendung, welche Wissenschaft von meinem Lehrer, dem Abt Benedetto Castelli ausgedacht worden ist. Er schrieb über diese seine Wissenschaft und bestätigte seine Ergebnisse nicht nur mit mathematischen Beweisen, sondern auch mit Bauwerken, zum großen Nutzen der Fürsten und der Bevölkerung und unter großer Bewunderung der Philosophen. Sein wahrlich goldenes Buch[91] ist überragend. Wir werden mit gewissen, zumeist unnützen, jedoch nicht gänzlich gleichgültigen Kleinigkeiten zu diesem Thema weiterfahren.

Gleich zu Beginn formuliert Torricelli seine fundamentale Idee, nämlich das sog. *Ausflussgesetz von Torricelli*, welches besagt, dass bei einem am Boden mit einer Öffnung versehenen Gefäß die Geschwindigkeit der austretenden Flüssigkeit proportional zur Quadratwurzel aus der Füllhöhe ist. Ein mit einer Flüssigkeit gefülltes Rohr AB sei bei B mit einer Öffnung versehen (Abb. 3.51):

> Wir setzen voraus, dass die Flüssigkeit, welche heftig aus einer Öffnung heraustritt, an der Austrittsstelle denselben Impetus [Geschwindigkeit] besitzt, den ein Körper oder ein Tropfen derselben Flüssigkeit hätte, wenn er von der Oberfläche der Flüssigkeit bis zur Austrittsöffnung gefallen wäre.[92]

---

[91] *Della misura dell'acque correnti*, Roma 1628.

[92] „Impetus" kann hier auch als „Geschwindigkeit" aufgefasst werden. – Der hier geäußerte Gedanke erinnert an den von Galilei geprägten Begriff der Sublimität einer Parabel (siehe S. 96), das ist die Fallstrecke EA, die ein Körper, ausgehend vom Punkt E in natürlich beschleunigter Bewegung zurücklegen muss, bis er in A jene Geschwindigkeit erreicht hat, mit der er sich danach horizontal weiterbewegen soll. Während der Vorgang des Umlenkens der senkrechten Fallbewegung eines Körpers in eine horizontale Bewegung schwer vorstellbar ist, bereitet er bei einer Flüssigkeit überhaupt keine Mühe.

Diese Annahme wird bestätigt, wenn das Rohr AB bei B mit einem zweiten Rohr verbunden wird (Abb. 3.51 Mitte): die bei B austretende Flüssigkeit wird dann so viel Kraft aufweisen, dass sie in diesem zweiten Rohr bis zu der durch A verlaufenden Horizontalen AC aufzusteigen vermag. Noch deutlicher erscheint dies in der folgenden Versuchsanlage (Abb. 3.51 rechts): Richtet man die Ausflussöffnung bei B nach oben, so wird die auf der Linie BC frei herausspringende Flüssigkeit – vorausgesetzt, es wird durch ständigen Zufluss dafür gesorgt, dass der Flüssigkeitsspiegel im Gefäß AB konstant bei A stehen bleibt – beinahe bis zur Horizontalen AD aufsteigen. Dass die Flüssigkeit nicht ganz bis zur ursprünglichen Höhe aufsteigt, ist nach Torricelli einerseits dem Luftwiderstand zuzuschreiben,

> ... zum Teil aber auch der Flüssigkeit selbst, die, während sie im höchsten Punkt C nach unten zurückkehrt, ihren aufsteigenden Fluss behindert, verlangsamt und die emporsteigenden Tropfen daran hindert, auf jene Höhe zu steigen, die sie dank ihres Impetus erreichen könnten. Dies wird klar, wenn man die Öffnung B mit der Hand verschließt und sie dann, die Hand so rasch wie möglich wegziehend, plötzlich öffnet. Man wird dann nämlich sehen, dass die ersten, den anderen vorangehenden Tropfen höher hinaufgelangen als danach der höchste Punkt C der Flüssigkeit liegt, nachdem diese begonnen hat, nach unten zu strömen. Jene ersten Tropfen haben nämlich keine Flüssigkeit vor sich, die zurückfließend ihre Bewegung am Ende ihres Aufsteigens behindern würde; ich setze allerdings voraus, dass BC senkrecht zur Horizontalen steht.

Nach diesen ersten einleitenden Betrachtungen folgen nun die erwähnten Anwendungen der Propositionen aus *De motu:*

> In erster Linie ist es offensichtlich, dass jede aus den in einem Rohr angebrachten Löchern ausfließende Flüssigkeit Parabeln beschreibt. Die ersten aus dem Rohr hervorquellenden Tropfen sind nämlich eine Art geworfene Körper, da es eben zwar flüssige, aber dennoch schwere und zusammenhängende Kügelchen sind und deshalb gewiss Parabeln beschreiben werden. Alle die nachfolgenden Tropfen, welche mit demselben Impetus hinausgeschickt werden (wir nehmen nämlich an, das Rohr sei stets ganz mit Flüssigkeit gefüllt), durchlaufen denselben Weg wie die ihnen vorangehenden, weshalb der stetige Flüssigkeitsstrahl eine Parabel sein wird.

 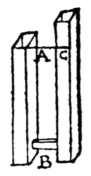 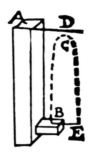

Abb. 3.51 *De motu aquarum,* S. 191–192

Abb. 3.52 *De motu aquarum,*
S. 194

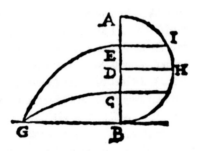

Nachdem dieser Zusammenhang mit der Lehre von den geworfenen Körpern geklärt ist, können nun einige Grundaufgaben gelöst werden, beispielsweise die Bestimmung der Reichweite eines horizontal gerichteten Flüssigkeitsstrahls. Es sei das stets vollständig gefüllte Rohr AB in C, D und E so durchbohrt, dass die austretenden Flüssigkeitsstrahlen jeweils horizontal gerichtet sind (Abb. 3.52):

Der Impetus der bei E austretenden Flüssigkeitstropfen ist aufgrund der einleitenden Betrachtungen gleich dem Impetus des Tropfens nach dem freien Fall von A nach E. Die Strecke AE ist daher gleich der Sublimität der Parabel EG; die halbe Reichweite ist nach Galilei (Prop. V) die mittlere Proportionale zwischen der Sublimität AE und der Höhe BE der Parabel, also gleich EI. Somit ist die gesuchte Reichweite BG $= 2 \cdot$ EI. Offensichtlich wird die größte Reichweite erreicht, wenn das Rohr auf der halben Höhe in D durchbohrt ist. Löcher wie C und E, die gleich weit vom Mittelpunkt D entfernt sind, erzeugen jeweils gleiche Weiten. Auch sind die weiter unten entspringenden Parabeln weiter geöffnet („größer") als die oberen, da sie die größere Sublimität und damit auch das größere *latus rectum* besitzen.

Wird das Rohr AB in irgendeinem Punkt C durchbohrt, so wird der Strahl der austretenden Flüssigkeit die Mantelfläche eines rechtwinkligen Kegels mit der Achse AB und der Spitze A berühren (Abb. 3.53):

Es sei der Winkel BAE $= 45°$, ferner CD $=$ CA, DE die Horizontale. Dann wird die Parabel durch E gehen.

Angenommen, sie ginge durch den Punkt H $\neq$ E. Da CA die Sublimität der Parabel ist, wird die Hälfte der Strecke HD die mittlere Proportionale zwischen den gleich langen Strecken DC und CA sein, folglich wird die ganze Strecke HD gleich DA $=$ DE sein, was nur möglich ist, wenn H $=$ E ist. Wenn also die Parabel durch den Punkt E verläuft, so wird EA dort ihre Tangente sein (da AC $=$ CD ist).

Abb. 3.53 *De motu aquarum,*
S. 194

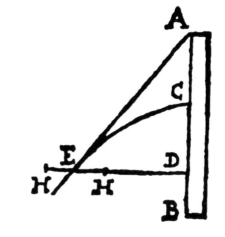

Abb. 3.54 *De motu aquarum,*
S. 194

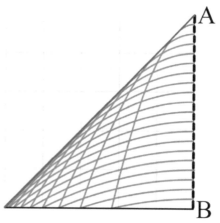

Dies ermöglicht die folgende hübsche Anwendung:

> Wenn das Rohr in allen seinen Punkten durchbohrt wäre, so würden alle Strahlen gewisser-
> maßen einen rechtwinkligen Kreiskegel[93] bilden (Abb. 3.54).

Ergänzend fügt Torricelli hinzu:

> Wenn aber nicht das Rohr selbst, sondern eine oben am Rohr befindliche kleine Kugel in all
> ihren Punkten durchbohrt wäre, so würden alle Strahlen ein Paraboloid bilden, aufgrund der
> Proposition 30 dieses Buches (Abb. 3.55).

Schließlich wendet er sich noch verschiedenen Einzelfragen zu, von denen wir im Folgenden
einige herausgreifen:

---

[93] Gemeint ist ein Kegel mit einem halben Öffnungswinkel von 45°.

Abb. 3.55 Torricellis Idee ist als sog. «Sonnen-Fontäne» im Park des Schlosses Peterhof bei St. Petersburg realisiert. (Quelle: https://www.russlandjournal.de/russland/sankt-petersburg/schloesser-und-museen-von-peterhof/attachment/voliere-sonnenfontaene/)

So untersucht Torricelli z. B. die Sinkgeschwindigkeit des Flüssigkeitsspiegels bei einer in B mit einer Öffnung versehenen zylindrischen oder prismatischen Röhre (Abb. 3.56), falls kein Wasser zufließt, wobei er zum Ergebnis gelangt, dass diese Geschwindigkeit im gleichen Verhältnis abnimmt, wie die Ordinaten CD, EF, usw. der Parabel mit der Achse AB und dem Scheitelpunkt B und dass das Verhältnis der Sinkgeschwindigkeit zur Austrittsgeschwindigkeit konstant ist.

Abb. 3.56 *De motu aquarum,* S. 197

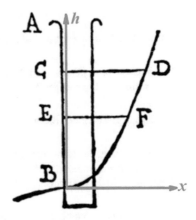

Abb. 3.57 *De motu aquarum,*
S. 197

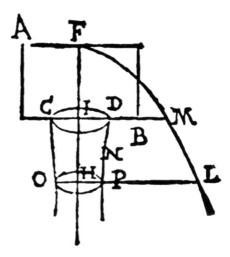

Dies ist klar, denn wenn der Wasserspiegel bei C sein wird, so wird die Austrittsgeschwindigkeit [proportional] zu CD sein.[94]

Anschließend behandelt er die Frage nach der Form eines senkrecht nach unten gerichteten Wasserstrahls:

Es ist zu untersuchen, von welcher Art der von dem fallenden Wasser geformte Körper ist.

Es sei AB ein sehr großes, stets mit Wasser gefülltes Gefäß, welches am Boden ein kreisförmiges Loch CD aufweist (Abb. 3.57). Der Körper des aus diesem Loch ausfließenden Wassers sei COPD, die Achse des Körpers sei FH. Ich behaupte, die Erzeugende DNP dieses Körpers sei so beschaffen, dass das Biquadrat[95] des Durchmessers CD zum Biquadrat es Durchmessers OP im umgekehrten Verhältnis der Höhen FH und FI steht.

Der Abt Castelli hat gezeigt, dass die Schnittfläche CD zur Schnittfläche OP im umgekehrten Verhältnis der Geschwindigkeiten in OP bzw. CD steht, also wie HL zu IM in der Parabel FML. Dies sei vorausgeschickt. Das Quadrat des Durchmessers CD zum Quadrat von OP verhält sich wie die Kreisfläche CD zur Kreisfläche OP, nämlich wie HL zu IM. Das Quadrat von HL aber verhält sich zum Quadrat von IM wie HF zu FI. Folglich verhält sich das Biquadrat des Durchmessers CD zum Biquadrat von OP umgekehrt wie die Höhe FH zur Höhe FI, w.z.b.w.

Es sei die Höhe FI $= 100$, FO $= 160$ und der Durchmesser der Öffnung CD $= 50$. Gesucht ist der Durchmesser OP des Körpers. Dann ist FH : FI $= 160 : 100$ gleich CD$^4 = 6250000$ zum

---

[94] Es sei h die von B aus gemessene Höhe des Wasserspiegels, $v(h)$ die durch die Strecken CD, EF, usw. dargestellte zugehörige Austrittsgeschwindigkeit. Die Punkte D, F, usw. liegen auf der Parabel $h = a \cdot x^2$ (d.h. $x \sim \sqrt{h}$) mit dem Scheitelpunkt B. Aufgrund des Torricellischen Ausflussgesetzes ist $v(h)$ proportional zu $\sqrt{h}$. Daher sind die Strecken CD, EF, usw. proportional zu den zugehörigen Ausflussgeschwindigkeiten.
[95] Die vierte Potenz.

Biquadrat einer anderen Zahl, nämlich 3906250 = OP^4. Zieht man daraus die vierte Wurzel, so kommt ungefähr $44\frac{5}{11}$ (^{96}) heraus, und dies ist der Wert des Durchmessers OP.

Weiter stellt er fest, dass die aus einer Öffnung im Boden eines zylindrischen oder prismatischen Gefäßes in gleichen Zeiten austretenden Wassermengen im gleichen Verhältnis zueinander stehen wie die Quadratwurzeln aus den Höhen. Offenbar hat sich Torricelli jeweils auch bemüht, seine Theorie durch entsprechende Experimente zu bestätigen, denn er betont an dieser Stelle:

> Diese Betrachtung stimmt sehr genau mit einem von uns ausgeführten Experiment überein, das wir mit größter Sorgfalt durchgeführt haben.

Schließlich wendet er sich auch noch der Frage zu, welche Form ein am Boden mit einer Öffnung versehenes Gefäß aufweisen muss, damit die Sinkgeschwindigkeit des Flüssigkeitsspiegels konstant ist:

> Ist ein Gefäß in Form eines Paraboloids mit der Achse AB gegeben, das bei B ein Loch aufweist (Abb. 3.58), so könnte man denken, der Ausfluss erfolge derart, dass das Absinken des Flüssigkeitsspiegels gleichförmig sei, das heißt, dass in gleichen Zeiten Raumteile gleicher Höhe austreten, was freilich falsch ist.^{97} Paraboloide verhalten sich nämlich zueinander wie die Quadrate der Achsen oder der Höhen.
>
> Unterteilen wir also die ganze [Höhe] AB in gleiche Teile, so wird das Paraboloid CB gleich eins [d.h. eine Volumeneinheit], DB gleich vier sein, EB gleich neun, und so weiter, stets wie die [Folge der] Quadratzahlen. Folglich wird das Paraboloid CB gleich eins sein, die Differenz CD aber gleich drei, DE gleich fünf, EF gleich sieben, usw. Die Differenzen werden sich also verhalten wie die Folge der ungeraden Zahlen, beginnend mit der Eins. Deshalb könnte man meinen, dass sich die einzelnen Differenzen dieser Art aufgrund des in den vorhergehenden Propositionen Bewiesenen in gleichen Zeiten entleeren müssten. Da es nun aber bei einer derartigen Entleerung vor allem darauf ankommt, welche Form das Gefäß aufweist, verkünden wir, dass dies absolut falsch ist. Den Beweis dafür kann jedermann dem Folgenden entnehmen:
>
> Es sei ein unregelmäßig geformtes, am Boden in C durchbohrtes Gefäß ABCDE gegeben, und es werden dessen beide Schnittflächen AE, BD betrachtet (Abb. 3.59). Ich behaupte, dass die Geschwindigkeit der absinkenden Oberfläche, wenn sie sich in AE befindet, zu ihrer Geschwindigkeit, wenn sie sich in BD befinden wird, in einem Verhältnis steht, das zusammengesetzt ist aus dem Verhältnis der Quadratwurzeln aus den Höhen FC und CG sowie aus dem umgekehrten Verhältnis der Schnittflächen, das heißt BD zu AE. Man denke sich nämlich das prismatische Gefäß AIME über der Schnittfläche AE als Basis, dessen Höhe FC sei. Nun wird sich die Geschwindigkeit der Prismenschnittfläche AE zu jener von NO verhalten wie die Strecke FC zum Mittelwert zwischen den beiden Höhen. Die Geschwindigkeit der Schnittfläche NO aber verhält sich zur Geschwindigkeit der Schnittfläche BD – da sie dieselbe Höhe aufweisen – umgekehrt wie die Schnittfläche BD zu NO. Also ist offensichtlich, dass das Verhältnis der Geschwindigkeit der Schnittfläche AE zur Geschwindigkeit der Schnittfläche

---

^{96} $44\frac{5}{11} \approx 44.4(\sqrt[4]{3906250} = 44.456985\ldots)$.

^{97} *De motu proiectorum*. Liber II, S. 202–203.

Abb. 3.58 *De motu aquarum,*
S. 202

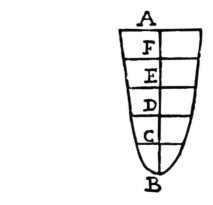

Abb. 3.59 *De motu aquarum,*
S. 203

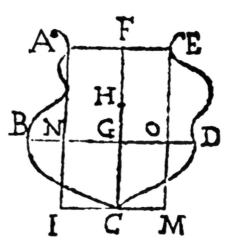

BD zusammengesetzt ist aus dem Verhältnis der Strecken FC zu CH und aus dem Verhältnis der Schnittflächen BD zu NO oder BD zu AE.

Daher wird offensichtlich, was wir vor kurzem über das Paraboloid gesagt haben, dass nämlich die Bewegung der absinkenden Oberfläche nicht gleichförmig, sondern allmählich beschleunigt erfolgt. Auf welche Weise sie aber beschleunigt ist und auf welche Weise sich die Geschwindigkeiten der absinkenden Wasseroberfläche bei einer durchbohrten Kugel, bei einem Sphäroid und anderen regelmäßig geformten Gefäßen verändern, wird leicht aus dem Vorhergehenden offenbar werden.

Die Frage nach der für das gleichmäßige Absinken der Oberfläche nötigen Form des Gefäßes wird in Torricellis Buch nicht beantwortet. Die Antwort ist aber in einem seiner Briefe an Mersenne zu finden. Anlässlich seines Aufenthalts in Rom im Winter 1644–45 hatte Mersenne nämlich Michelangelo Ricci ersucht, er möge doch Torricelli genau zu dieser Frage um Auskunft bitten. Ricci schrieb daher an seinen Florentiner Freund:

Abb. 3.60 Aus *OT*, III,
Nr. 120, S. 264

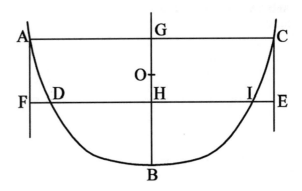

Wie muss ein Gefäß beschaffen sein, bei welchem, wenn es mit Wasser gefüllt und dann unten entleert wird, die Oberfläche des darin enthaltenen Wassers in gleichen Zeiten um gleiche Teile der Achse absinkt. Er ist darauf gekommen, diese Frage zu stellen, weil er in Ihrem Buch gelesen hat, dass auf den ersten Blick das parabolische Gefäß dies leiste, dass dem aber nicht so sei.[98]

Wenig später erkundigte sich Mersenne auch direkt bei Torricelli nach der Lösung des Problems[99]; dieser antwortete Ende Januar:

... Michelangelo Ricci hat mich in Kenntnis gesetzt über deinen Wunsch bezüglich des Gefäßes, welches in gleichmäßiger Bewegung entleert wird. Ich werde daher, wenn auch aus dem Gedächtnis, antworten [...].
    Es sei das Konoid[100] ABC einer biquadratischen Parabel am Boden bei B durchbohrt (Abb. 3.60). Ich behaupte, dass jenes der Vorschrift entsprechend so entleert werde, dass die Bewegung der obersten Oberfläche AC der enthaltenen Flüssigkeit gleichmäßig ist.[101]

Man betrachte die beiden Querschnitte AC und DI. Da es sich um eine biquadratische Parabel handelt, ist $AG^4 : DH^4 = BG : BH$. Nun sei BO die mittlere Proportionale zwischen den Höhen BG und BH, also $BO^2 = BG \cdot BH$ und damit $BG : BH = BO^2 : BH^2$. Somit ist $AG^2 : DH^2 = BO : BH$. Über der Querschnittsfläche AC denke man sich den Zylinder AE errichtet. In diesem Zylinder verhalten sich die Sinkgeschwindigkeiten der Oberflächen AC,

---

[98] 31. Dezember 1644 (*OT*, III, Nr. 114; *CM*, XIII, Nr. 1327).

[99] 10. Januar 1645 (*OT*, III, Nr. 116; *CM*, XIII, Nr. 1332).

[100] „Konoid" bezeichnet hier einen Rotationskörper, der durch Drehung einer ebenen Kurve um eine in der Kurvenebene liegende Symmetrieachse erzeugt wird. Bei Archimedes ist der Begriff noch auf Rotationskörper beschränkt, die durch Drehung von Kegelschnitten erzeugt werden: Paraboloide, Hyperboloide und Ellipsoide („Sphäroide").

[101] *OT*, III, Nr. 120; *CM*, XIII, Nr. 1331. – Siehe auch *OT*, I₂, S. 87–88 („vas quod aequabiliter exhauritur").

FE wie BG zu BO oder wie $AG^2 : DH^2$ ([102]). Die Sinkgeschwindigkeiten der Oberflächen DI, FE stehen aber im umgekehrten Verhältnis ihrer Flächeninhalte, sie verhalten sich daher wie $FH^2 : DH^2$, d.h. ebenfalls wie $AG^2 : DH^2$. Somit sinken die Querschnitte AC und DI gleich schnell.

TRAICTE' DE LA MESVRE DES EAVX COVRANTES DE BENOIST CASTELLI RELIGIEVX DV MONTCASSIN ET Mathematicien du Pape Vrbain VIII.

TRADVIT D'ITALIEN EN FRANCOIS.

Auec vn difcours de la ionction des Mers, adreffé a Mef. feigneurs les Commiffaires deputez par Sa Majeflé.

Enfemble vn Traitté du Mouuement des eaux d'Euangelifle Torricelli Mathematicien du Grand Duc de Tofcane.

Traduit de Latin en François.

A CASTRES,

Par BERNARD BARCOVDA, Imprimeur du Roy, de la Chambre de l'Edict, de ladite Ville & Diocefe. 1664.

Abb. 3.61 Saportas Übersetzung von Castellis Werk (S. 1–55), zusammen mit Torricellis *De motu aquarum* (S. 59–83), Castres 1664

---

[102] Dieses Verhältnis der Sinkgeschwindigkeiten ist zunächst gleich $\sqrt{BG} : \sqrt{BH}$. Nun ist BO die mittlere Proportionale zwischen BG und BH, daher $BO = \sqrt{BG} \cdot \sqrt{BH}$, und somit ist $\sqrt{BG} : \sqrt{BH} = BO : BH = BG : BO$; andererseits ist bei einer biquadratischen Parabel $\sqrt{BG} : \sqrt{BH} = AG^2 : DH^2$. – Da Torricelli nicht algebraisch, sondern geometrisch argumentiert, ist für ihn die Verwendung der mittleren Proportionalen BO notwendig, um auf $\sqrt{BG} : \sqrt{BH} = AG^2 : DH^2$ schließen zu können.

Anders formuliert: Es seien Q_{AC}, Q_{DI} die beiden Querschnittsflächen, v_{AC}, v_{DI} ihre Sink-geschwindigkeiten, ferner Q_B die Querschnittsfläche der Öffnung B, $v_B(AC)$, $v_B(DI)$ die jeweiligen Abflussgeschwindigkeiten. Dann gilt:

$$v_{AC} \cdot Q_{AC} = v_B(AC) \cdot Q_B = \sqrt{2g \cdot BG} \cdot Q_B,$$

$$v_{DI} \cdot Q_{DI} = v_B(DI) \cdot Q_B = \sqrt{2g \cdot BH} \cdot Q_B,$$

somit, (da bei einer biquadratischen Parabel $BG : BH = AG^4 : DH^4$ ist)

$$\frac{v_{AC}}{v_{DI}} = \sqrt{\frac{BG}{BH}} \cdot \frac{Q_{DI}}{Q_{AC}} = \sqrt{\frac{BG}{BH}} \cdot \frac{BH^2}{AG^2} = 1.$$

Umgekehrt folgt aus der Konstanz der Sinkgeschwindigkeit, dass das Gefäß die Form eines biquadratischen Paraboloids haben muss.

Zum Schluss sei noch erwähnt, dass Fermat an Torricellis Abhandlung *De motu aquarum* so sehr Gefallen gefunden hatte, dass er seinen Freund Pierre Saporta[103] aufforderte, sie zusammen mit dem ersten Buch von Castellis *Della misura dell'acque correnti* (1628) ins Französische zu übersetzen (Abb. 3.61). Diese Übersetzung erschien 1664 in Castres, wo Fermat kurz danach am 12. Januar des darauffolgenden Jahres starb.

3.4   Die Abhandlung *De dimensione parabolae*

> Auf dem gesamten Schauplatz der mathematischen
>
> Disziplinen gibt es vielleicht nichts Abgedrescheneres
>
> zu finden als die Quadratur der Parabel. ([104])

Im Titel kündigt Torricelli an, dass er sich im ersten Teil dieser Abhandlung mit einem aus der Antike stammenden Problem, nämlich der Quadratur der Parabel befassen wird, auf zwanzig verschiedene Arten, teils mit geometrischen und mechanischen Mitteln, teils mittels einer neuen, auf der Theorie der Indivisiblen beruhenden Methode.

Um allfälligen Einwänden zu begegnen, sich mit einem altbekannten, seit langem gelösten Problem abgemüht zu haben, weist er im Vorwort darauf hin, dass dieses auch für Cavalieri, Galilei, Luca Valerio und andere nicht neu gewesen sei und dass selbst Archimedes gesagt

---

[103] Siehe das Widmungsschreiben von Saporta an Fermat, S. 59–61 (auch in *OF*, II, Nr. CXVIII). – Der aus einer ursprünglich spanisch-jüdischen Medizinerfamilie stammende Hugenotte Pierre Saporta (1613–1685?) war wie Fermat Advokat, zuerst in Montpellier, ab 1657 in Castres. 1658 wurde er zum Mitglied des Académie in Castres ernannt.

[104] *Nullus in universo Mathematicarum disciplinarum Theatro fortasse tritior pulvis reperitur, quám parabolae quadratura* (Torricelli im Vorwort an den Leser).

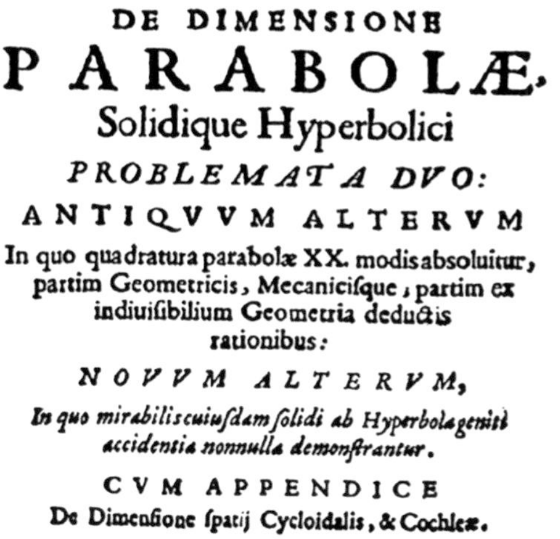

DE DIMENSIONE

PARABOLÆ.

Solidique Hyperbolici

PROBLEMATA DVO:

ANTIQVVM ALTERVM

In quo quadratura parabolæ XX. modis abſoluitur,
partim Geometricis, Mecaniciſque, partim ex
indiuiſibilium Geometria deductis
rationibus:

NOVVM ALTERVM,

*In quo mirabilis cuiuſdam ſolidi ab Hyperbola geniti
accidentia nonnulla demonſtrantur.*

CVM APPENDICE
De Dimenſione ſpatij Cycloidalis, & Cochleæ.

Abb. 3.62 Zwei Bücher über die Messung der Parabel und des hyperbolischen Körpers. Zwei Probleme, das eine antik, wobei die Quadratur der Parabel auf zwanzig Arten behandelt wird, teils geometrisch und mechanisch, teils auf der Geometrie der Indivisiblen beruhend, das andere neu, wobei einige Eigenschaften eines wunderbaren, von der Hyperbel erzeugten Körpers gezeigt werden. Mit einem Anhang über die Messung der Fläche der Zykloide und des Volumens des Schraubkörpers

habe, der Gegenstand seiner Bücher *Über die Kreismessung* und *Über die Quadratur der Parabel* stamme nicht von ihm und sei damit auch nicht neu.[105]

> Wenn es daher einem bewundernswerten und beinahe göttlichen Autor gestattet war, an Erfindungen anderer zu arbeiten, wer würde es einem armseligen Geist wie mir nicht verzeihen, entliehene Theoreme zu betrachten? Aber sei's drum – wie alt auch die Schlussfolgerung sein mag, so werden gewiss die Überlegungen, mit denen sie bestätigt wird, völlig neu und bis jetzt noch unbekannt sein.

Die im Titel erwähnten verschiedenen Methoden[106] werden in den Propositionen I bis XXI abgehandelt, deren Formulierungen stets gleich lauten.[107] Die Beweise der Propositionen I, III, IV und VII beruhen auf einer mechanischen Methode; bei den geometrisch bewiesenen Propositionen II, V, VI, VIII, IX und X gelangt hingegen die Exhaustionsmethode zur Anwendung. Die Propositionen XI bis XXI schließlich werden jeweils mithilfe der Indivisiblentheorie bewiesen; sie werden im folgenden Kapitel besprochen. Der Leser, der nicht gewillt ist, sämtliche Propositionen und Hilfssätze zu studieren, wird darauf hingewiesen,

---

[105] Allerdings schreibt Archimedes in der Einleitung („Archimedes grüßt den Dositheos") zur Quadratur der Parabel: «Dass aber je ein Mathematiker versucht hätte, die Fläche eines Parabelsegments zu quadrieren, wie es mir gelungen ist, ist mir nicht bekannt.»

[106] Es sind insgesamt deren 21 und nicht 20, wie im Titel angekündigt.

[107] «Parabola sesquitertia est triangula eandem ipsi basim, eandemque altitudinem habentis.» (Das Parabelsegment ist gleich vier Dritteln des Dreiecks mit derselben Grundseite und derselben Höhe.)

dass es ihm freistehe, sich auf zwei oder gar nur auf ein einziges Beispiel zu beschränken:

... tibi charta plicetur altera, divisum sic breve fiet opus.[108]

Aus der Gruppe der geometrischen und mechanischen Beweise sollen nun einige Propositionen zusammen mit ihren zugehörigen Lemmata näher betrachtet werden. Dieser Gruppe sind die folgenden Grundsätze („Voraussetzungen und Definitionen") vorangestellt:

I. Wir nehmen an, dass der Schwerpunkt so beschaffen ist, dass eine in einem beliebigen ihrer Punkte frei aufgehängte Größe sich niemals in Ruhe befindet, bevor nicht ihr Schwerpunkt im tiefsten Punkt seiner Sphäre angelangt ist.[109]

II. Man sagt, eine Figur befinde sich im Gleichgewicht, wenn sie, frei aufgehängt in einem ihrer Punkte, ruhig bleibt und sich auf keine ihrer Seiten hinwendet.

III. Eine Figur befindet sich im Gleichgewicht (sofern sie frei aufgehängt ist), wenn ihr Schwerpunkt sich auf der Vertikalen durch den Aufhängungspunkt befindet. Würde sie sich nämlich in dieser Lage bewegen, so müsste ihr Schwerpunkt aufsteigen. Und dies ist unmöglich.

IV. Der Schwerpunkt befindet sich auf der Vertikalen durch den Aufhängungspunkt, wenn sie frei aufgehängt im Gleichgewicht ist. Andernfalls wäre nämlich die Figur unbewegt und gleichzeitig könnte ihr Schwerpunkt weiter absinken.

V. Man sagt, eine Figur sei zentral aufgehängt, wenn sie in jenem Punkt der Balkenwaage aufgehängt ist, durch den die Vertikale durch den Schwerpunkt der Figur geht.[110]

VI. Gleiche schwere Körper, die sich in gleicher Entfernung [vom Drehpunkt einer Balkenwaage] befinden, sind im Gleichgewicht, ob nun der Waagebalken parallel zur Horizontalen oder aber geneigt ist. Und die Körper, die im umgekehrten Verhältnis ihrer Entfernungen stehen, befinden sich im Gleichgewicht, sei es, dass der Waagebalken parallel zur Horizontalen ist oder sei es, dass er geneigt sei.

Zu der angesprochenen Problematik, ob nämlich eine aus der horizontalen Gleichgewichtslage ausgelenkte Balkenwaage wieder in ihre Ausgangslage zurückkehrt, in der neuen Position verharrt oder sich gar in die senkrechte Lage dreht[111], bemerkt Torricelli:

---

[108] Martial, Epigramme IV, 82, 7–8. Frei übersetzt: «...Rolle das zweite Buch wieder auf, so wird das Werk kürzer.»

[109] In verallgemeinerter Form wird dies heute als „Prinzip von Torricelli" bezeichnet: Ein unter der Wirkung der Schwerkraft stehendes System von Körpern befindet sich dann im Gleichgewicht, wenn sein Schwerpunkt die tiefst mögliche Lage einnimmt.

[110] Torricelli verweist hier auf Prop. 6 in Archimedes' *Quadratur der Parabel*, wo gesagt wird, dass ein längs einer seiner Katheten fest mit einem Waagebalken verbundenes rechtwinkliges Dreieck seine bisherige Lage nicht verändern wird, wenn diese Verbindung gelöst und das Dreieck stattdessen in dem senkrecht über seinem Schwerpunkt liegenden Punkt des Waagebalkens an einem Faden aufgehängt wird.

[111] In der schon in der Antike debattierten „Gleichgewichtskontroverse" vertraten im 16. Jahrhundert insbesondere Giovanni Battista Benedetti und Guidobaldo del Monte gegensätzliche Positionen. – Eine eingehende Studie zu dieser Kontroverse findet man in Jürgen Renn & Peter Damerow, *The*

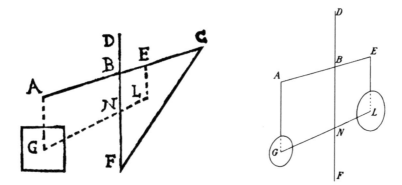

Abb. 3.63 Links: Originalabbildung aus *De dimensione parabolae* S. 15. – Rechts die besser verständliche (die Form der Größe BFC hat nämlich keinen Einfluss auf die Überlegungen) Fig. 94 aus DUHEM [1996, S. 4]

> Diese Dinge könnten ohne weitere Erklärungen vorausgesetzt werden, da in der Lehre vom Gleichgewicht nie angenommen wird, der Waagebalken sei parallel zur Horizontalen. Dennoch, da sie bewiesen werden können, denke ich, dass man den Beweis nicht weglassen sollte, vor allem, weil manche, von einer aus schlechtem Material gebauten Waage getäuscht, einem Irrtum erlegen sein und diesen als wahre Erkenntnis angenommen haben könnten.

Er versucht zu zeigen, dass, wenn unter den gegebenen Voraussetzungen ein geneigter Waagebalken sich bewegen würde, der gemeinsame Schwerpunkt der Körper aufsteigen müsste, was aber gemäß Grundsatz III unmöglich ist. Gegeben sei der geneigte Waagebalken AC, der im Punkt B an dem Faden BD aufgehängt ist (Abb. 3.63 links). Die Größen BFC und G seien zentral (d. h. in ihren Schwerpunkten L bzw. G) an den Punkten E und A aufgehängt, und es sei ihr Verhältnis umgekehrt wie jenes der Strecken AB zu BE.

Torricelli argumentiert nun wie folgt:

> Die Schwerpunkte werden (in derselben Figur) durch die Strecke GL verbunden. Da sich die Größe BFC zur Größe G wie AB zu BE oder auch (wegen der Parallelen) wie GN zu NL verhält, wird N der gemeinsame Schwerpunkt der aufgehängten Größen sein. Wenn sich also die Waage AC nicht in Ruhe befinden würde, so würde der Schwerpunkt N aufsteigen; da er nämlich auf der Vertikalen DF liegt, kann er sich nur aufsteigend bewegen.

Paul Duhem[112] hat aber darauf hingewiesen, dass Torricelli hier einem Irrtum unterliegt: In Wahrheit wird der Schwerpunkt N bei einer Drehung des Waagebalkens AC um den Drehpunkt B seine Lage nicht ändern. Es stimmt zwar, dass sich N, wenn überhaupt, nur

---

equilibrium controversy. Berlin: Edition Open Access 2012 (Max Planck Research Library for the History and Development of Knowledge, Sources 2).
[112] DUHEM [1906, S. 4–5].

auf der Vertikalen DF bewegen kann. Eine einfache Rechnung zeigt aber, dass bei einer Drehung der Strecke AE um den Drehpunkt B, wobei die Strecken AG, EL ihre Länge nicht ändern, BN stets gleich lang bleibt, sodass sich N überhaupt nicht bewegt: Es liegt ein sog. indifferentes Gleichgewicht vor.

Torricelli äußert sich noch ausführlicher zu der angesprochenen „Gleichgewichtskontroverse", welche die Wissenschaftler seit der Antike beschäftigt hatte:

> Mir bleibt aber nicht verborgen, dass in der Kontroverse der Autoren im Zusammenhang mit der geneigten Waage, ob sie nämlich zurückkehrt oder in ihrer Position verbleibt, angenommen wird, dass die Schwerpunkte der Größen auf der Waage selbst positioniert sind. Da wir in diesem Büchlein stets unter der Waage aufgehängte Größen betrachten, wollten wir uns lieber unseren Dingen widmen als die Beweise an die Kontroverse anderer anzupassen.

Duhem bemerkt dazu:

> Ob sich die Schwerpunkte der Gewichte unterhalb des Waagebalkens befinden oder nicht, ist von geringer Bedeutung für die Stabilität der Waage; die Stabilität hängt von der Anordnung des Waagebalkens in Bezug auf den Aufhängepunkt ab. Wenn der Waagebalken wie in Torricellis Beweis auf eine durch den Aufhängepunkt verlaufende Gerade reduziert wird, so ist das Gleichgewicht der Waage indifferent, selbst wenn die Gewichte unterhalb des Waagebalkens aufgehängt sind. Diese Überlegungen waren seit dem 13. Jahrhundert von dem Vorläufer Leonardo da Vincis deutlich dargelegt worden; Leonardo und Benedetti hatten sie von neuem ausgearbeitet. Man muss sich wundern über die Unkenntnis, die der berühmteste Schüler Galileis an dieser Stelle offenbart.[113]

Es folgt schließlich noch die Aufzählung einiger Eigenschaften der Parabel, die bei den folgenden Untersuchungen vorausgesetzt werden und die entweder bei Apollonius oder bei Archimedes zu finden oder aber leicht aus diesen abzuleiten sind:

> Wenn eine Parabel eine Tangente hat, von deren Punkten aus gerade Strecken bis zur Parabel parallel zum Durchmesser gezogen werden, so werden sich die Längen der Strecken verhalten wie die Quadrate der Teile der Tangente. Dies folgert man aus der Proposition 20 des ersten Buches der *Conica*. Diese Strecken entsprechen nämlich den Abschnitten des Durchmessers, während die Teile der Tangente gleich den Ordinaten sind.
>
> Ebenso, wenn in einer Parabel, ausgehend von den Punkten irgendeiner Ordinate, welche Basis der Parabel genannt wird, Parallelen zum Durchmesser gezogen werden, so werden sich diese Parallelen zueinander verhalten wie die Rechtecke, gebildet aus den von den Parallelen herausgeschnittenen Abschnitten der Basis. Dies wird sowohl von Cavalieri als auch von uns im zweiten Buch *De motu* bewiesen.

---

[113] *Ibid.*, S. 5–6. – Mit dem Vorläufer Leonardo da Vincis ist der unbekannte Verfasser eines Manuskripts *Liber Jordanis de ratione ponderis* (Bibl. Nat., fonds latin, N° 8680 A) gemeint. Siehe Duhem, op. cit., t. I, S. 134–147.

Abb. 3.64 .

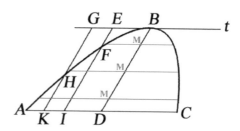

Abb. 3.65 *De dimensione parabolae*, S. 17 bzw. 53

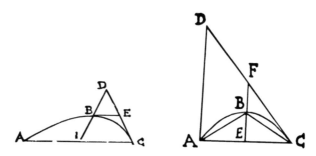

Als Durchmesser BD einer Parabel wird eine Gerade bezeichnet, welche irgendeine Schar paralleler Sehnen der Parabel halbiert (Abb. 3.64); der Schnittpunkt des Durchmessers mit der Parabel heißt *Scheitel* der Parabel. Die besagten Sehnen werden als „zum Durchmesser geordnet gezogen" bezeichnet (im Folgenden jeweils „Applikaten" genannt).
Es sei die Parabel ABC mit dem Durchmesser BD und der Tangente t gegeben. Legt man durch die Punkte E, G der Tangente die Parallelen EFI, GHK zum Durchmesser, so ist

$$EF : GH = PE^2 : GH^2 \text{ und } IF : KH = (IC \cdot IA) : (KC \cdot KA).$$

Dem zur Gruppe der „mechanischen Beweise" gehörenden Beweis der Proposition I gehen fünf Lemmata mit verschiedenen Korollaren voran. In Lemma I wird eine grundlegende Eigenschaft der Parabel festgehalten:

Lemma I *Es sei die Parabel* ABC *mit dem Durchmesser* BI, *der Basis* AC *und der Tangente* CD *im Endpunkt der Basis gegeben. Ist* BE *die Tangente im Scheitelpunkt* B *(und daher die Parallele zur Basis* AC*), so wird* CD *im Punkt* E *halbiert.*
Dies folgt aus Apollonius I, 35 und 32 sowie Euklid VI, 2. Daraus ergibt sich, dass das dem Parabelsegment einbeschriebene Dreieck ABC gleich dem Dreieck CDI (Abb. 3.65 links) ist. Eine weitere Konsequenz ist die später benötigte Eigenschaft[114], dass in der zweiten Figur (Abb. 3.65 rechts – sie gehört zur Prop. IX), in der CD wie vorhin die Tangente in einem Endpunkt der Basis, AD hingegen die Parallele zum Durchmesser durch den anderen

---

[114] Ein auf Lemma I beruhender Beweis wird im Zusammenhang mit Prop. IX gegeben; von dieser Eigenschaft wird später Gebrauch gemacht beim Beweis der Prop. XI.

Abb. 3.66 *De dimensione*
parabolae, S. 18

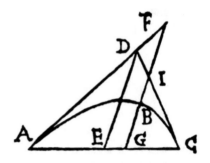

Endpunkt ist, das Dreieck ACD viermal so groß ist wie das Dreieck ABC.

Lemma II *Es sei die Parabel* ABC *gegeben. Durch den Schnittpunk* D *der Tangenten in den Endpunkten der Basis* AC *lege man die Parallele* DE *zum Durchmesser der Parabel. Dann ist* DE *der Durchmesser selbst.*

Angenommen, FG sei stattdessen der Durchmesser der Parabel (Abb. 3.66). Da AF Tangente an die Parabel ist, sind aufgrund von Lemma I die Strecken FB und BG gleich lang. Da CI Tangente ist, ist aus demselben Grunde auch IB = BG. Folglich ist IB = FB, d. h. das Ganze ist gleich seinem Teil, was nicht sein kann, *w.z.b.w.*

Lemma III *Es sei die Parabel* ABC *mit der Basis* AC, *dem Durchmesser* BD, *den Tangenten* AE, CE *in den Endpunkten der Basis sowie der Scheiteltangente* FBG *gegeben* (Abb. 3.67). *Dann ist das Tangentendreieck* FGE *achtmal so groß wie das Dreieck* LMF, *das entsteht, wenn man im Scheitel* I *der einen der beiden Halbparabeln eine vierte Tangente legt*[115]:
$$\triangle FGE = 8 \cdot \triangle LMF = 8 \cdot \triangle NPG = 4 \cdot (\triangle LMF + \triangle NPG).$$

Legt man durch F die Parallele FI zum Durchmesser ED, so ist FI der Durchmesser des Parabelbogens AIB mit der Basis AB (dies wurde in Lemma II gezeigt); daher ist I der Scheitel dieser Parabel. Das Dreieck FGE ist dann achtmal so groß wie das von der Scheiteltangente LM erzeugte Dreieck LMF, denn da AB und LM parallel sind, ist L aufgrund von Lemma I der Mittelpunkt der Strecke AF. Somit ist $\triangle AFB$ (=$\triangle FBE$) = $4 \cdot \triangle LMF$. Folglich ist das ganze Dreieck FEG gleich dem Achtfachen des Dreiecks LMF, *w.z.b.w.*

---

[115] Dieses Lemma folgt aus der Prop. 21 in Archimedes' *Quadratur der Parabel* («Wenn einem Parabelsegment das Dreieck mit gleicher Grundlinie und Höhe eingeschrieben wird und den Restsegmenten wiederum die Dreiecke, die mit ihnen gleiche Grundlinie und Höhe haben, so wird das dem ganzen Segment eingeschriebene Dreieck einen achtmal so großen Inhalt haben wie jedes der den Restsegmenten eingeschriebenen Dreiecke.»), denn Torricellis „Tangentendreiecke" sind offensichtlich halb so groß wie die entsprechenden bei Archimedes einbeschriebenen Dreiecke. Das später folgende Lemma VII hingegen ist mit der Prop. 21 identisch, worauf Torricelli auch hinweist und deshalb auf einen Beweis verzichtet.

Abb. 3.67 .

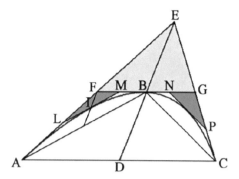

Korollar I Auf dieselbe Weise kann gezeigt werden, dass das Dreieck FEG auch achtmal so groß wie das Dreieck NGP ist.

Korollar II Es ist auch offensichtlich, dass das Dreieck FEG größer ist als die Hälfte des Trilineums ABCE. Wenn nämlich das Dreieck FEG gleich der Hälfte der beiden Dreiecke EBA und EBC zusammen ist, so wird es folglich größer sein als die Hälfte des Trilineums ABCE. Daraus folgt, dass es möglich ist, der gemischtlinigen Figur ABCGF durch fortgesetztes Einzeichnen von Tangenten eine geradlinige Figur einzubeschreiben, die sich um weniger als irgendeine beliebig vorgegebene Größe von der Figur ABCGF unterscheidet.[116]

In **Lemma IV** wird gezeigt, dass eine auf diese Weise einbeschriebene Figur (beispielsweise in Abb. 3.68 die aus den beiden je aus zwei roten und einem blauen Dreieck bestehenden Figuren PQRSFP und TUXZGT zusammengesetzte Figur) sich im Gleichgewicht befindet, wenn sie im Scheitelpunkt B der Parabel aufgehängt wird.

Bei lotrecht ausgerichtetem Durchmesser BD stelle man sich FG als Waagebalken mit dem Drehpunkt B vor. Da die Strecke AB durch die Parallele FH zum Durchmesser in Y halbiert wird, so wird auch die zu AB parallele Strecke LM in H halbiert; ebenso wird die Strecke NO in I halbiert werden. Daher liegen die Schwerpunkte der beiden Dreiecke LMF und NOG auf FH bzw. GI, und da FH, GI senkrecht zur Horizontalen ausgerichtet sind, werden die besagten Dreiecke zentral[117] in den Punkten F bzw. G am Waagebalken FG aufgehängt sein. Weil die beiden Dreiecke gleich groß, nämlich je gleich dem achten Teil des Dreiecks FGE sind (Lemma III) und da BF = BG ist, werden sie sich im Gleichgewicht befin-

---

[116] Aufgrund von Euklid X,1: «Nimmt man bei Vorliegen zweier ungleicher (gleichartiger) Größen von der größeren ein Stück größer als die Hälfte weg und vom Rest ein Stück größer als die Hälfte und wiederholt dies immer, dann muß einmal eine Größe übrigbleiben, die kleiner als die kleinere Ausgangsgröße ist.»

[117] Vgl. Nr. V der „Voraussetzungen und Definitionen".

Abb. 3.68

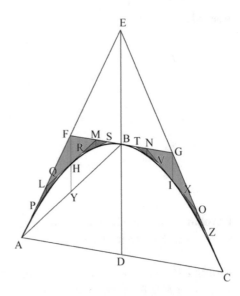

den. Aus demselben Grund werden sich die in den Punkten L und M am Waagebalken LM aufgehängten Dreiecke PQL und RSM bezüglich des Punktes H im Gleichgewicht befinden; weil FH vertikal ausgerichtet ist, können sie daher zentral im Punkt F aufgehängt gedacht werden. Gleiches gilt auch für die beiden Dreiecke TVN und XZO bezüglich des Punktes G. Somit werden sich die vier Dreiecke zusammen bezüglich B, dem Drehpunkt der Waage FG, im Gleichgewicht befinden. Da dieselben Überlegungen auch für alle weiteren, durch fortgesetztes Ziehen von Tangenten entstehenden Dreiecke zutreffen, wird die gesamte von den Tangenten eingeschlossene Figur bezüglich des Punktes B im Gleichgewicht stehen, *w.z.b.w.*

Korollar I Der Schwerpunkt dieser Figur muss auf dem Durchmesser BD der Parabel liegen, von dem ja vorausgesetzt wurde, dass er senkrecht zur Horizontalen ausgerichtet sei.

Korollar II Auch der Schwerpunkt aller von der Parabel ABC und den Tangenten eingeschlossenen Trilinea zusammen wird auf dem Durchmesser BD liegen, denn auf diesem liegen sowohl der Schwerpunkt des Trapezes ACGF[118] als auch jener der Parabel[119], folglich wird auch der Schwerpunkt der Restfigur darauf liegen.

In dem für den Beweis der Proposition I entscheidenden **Lemma V** wird gezeigt, dass sich die von der Basistangente CD, der Scheiteltangente FBG, der Parallelen AG zum Durchmesser durch den anderen Endpunkt der Basis sowie der Parabel eingeschlossene Figur im

---

[118] Archimedes, *Über das Gleichgewicht ebener Flächen*, II, 4.

[119] *Ibid.*, I, 15.

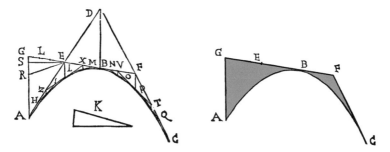

Abb. 3.69 *De dimensione parabolae*, S. 22

Gleichgewicht befindet bezüglich des Punktes E, der die Scheiteltangente FG im Verhältnis 2 zu 1 teilt (Abb. 3.69).

Es ist leicht einzusehen, dass die Basistangente AD durch den Punkt E verlaufen wird. Man stelle sich nun vor, der Durchmesser der Parabel sei senkrecht zur Horizontalen ausgerichtet und GF sei ein Waagebalken mit dem Drehpunkt E, wobei auf der einen Seite das Dreieck AEG, auf der anderen Seite die gemischtlinige Figur ABCFG aufgehängt ist. Sollten sich die beiden Figuren nicht die Waage halten, so sei beispielsweise die Figur ABCFG um die Fläche K schwerer als das Dreieck AEG. Der Figur ABCFG wird sodann eine weitere, von Tangenten gebildete Figur HILMNOPQFEH einbeschrieben, sodass die zwischen den Tangenten und der Parabel übrigbleibenden Teile zusammen kleiner sind als die Fläche K, was aufgrund von Lemma III möglich ist. Die einbeschriebene Figur wird dann immer noch schwerer sein als das Dreieck AEG, da der weggenommene Teil kleiner ist als K. Letzterer wiederum wird im Punkt B mit der ganzen Figur im Gleichgewicht sein, denn aufgrund des zweiten Korollars zu Lemma IV liegt der Schwerpunkt beider auf dem Durchmesser.

Es sei nun GR $= \frac{1}{4}$GA, ferner sei LE $= 2 \cdot$ LG.[120] Im Punkt L sei ein beliebiges Dreieck mit der Spitze E und der auf GA liegenden Grundseite aufgehängt. Die beiden Dreiecke ZEX und UFT verhalten sich zum Dreieck EDF wie 2 zu 8 (Lemma III), zum Dreieck EBD und zum gleich großen Dreieck AGE wie 2 zu 4, somit verhalten sie sich zum Dreieck ARE wie 2 zu 3, das heißt wie LE zu GE bzw. umgekehrt wie LE zu EB, weshalb sie sich auf der Waage LB bezüglich E mit dem Dreieck ARE im Gleichgewicht befinden werden. Dieser Vorgang wird mit GS $= \frac{1}{4}$GR wiederholt, und man findet mit denselben Überlegungen, dass sich das Dreieck SRE mit den vier Dreiecken HZI, LXM, NVO und PTQ bezüglich E im Gleichgewicht befindet, usw. Da sich die Dreiecke ZEX und UFT mit dem Dreieck ARE im Gleichgewicht befinden, werden sich die übrigen sechs Dreiecke HZI usw. mit dem Dreieck SRE die Waage halten, sodass die gesamte, aus den besagten Dreiecken bestehende Figur mit dem Dreieck AES bezüglich E im Gleichgewicht steht. Von derselben Figur wurde aber bewiesen, dass sie schwerer ist als das Dreieck AEG, welches daher notwendigerweise

---

[120] Zu beachten: Der auf der Scheiteltangente liegende Punkt L ist zu unterscheiden von dem Punkt L, der zur einbeschriebenen Figur HILMNOPQFEH gehört.

Abb. 3.70 *De dimensione*
parabolae, S. 24

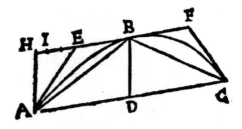

kleiner sein muss als das Dreieck AES. Das Ganze wäre also kleiner als sein Teil, was
unmöglich ist.

Auf ähnliche Weise kann auch der Fall, dass das Dreieck AEG schwerer ist als die Figur
ABCFG, auf einen Widerspruch zurückgeführt werden, womit Lemma V bewiesen ist.

Nach diesen Vorbereitungen beweist Torricelli nun ein erstes Mal, dass die Fläche des
Parabelsegments gleich vier Dritteln des einbeschriebenen Dreiecks ist **(Proposition I)**:

Es seien AE, CF die Tangenten an der Basis AC der Parabel, FH die Scheiteltangente in
B, HA parallel zum Durchmesser, und der Durchmesser BD stehe senkrecht zur Horizontalen (Abb. 3.70). Man teile HE im Punkt I so, dass EI doppelt so lang ist wie IH, worauf
das Dreieck HAE, dessen Schwerpunkt auf der Parallelen zu HA und damit auf der Vertikalen durch I liegt, im Punkt I zentral aufgehängt wird. Weiter wird die gemischtlinige
Figur ABCFE zentral im Punkt B aufgehängt (der Schwerpunkt dieser Figur liegt aufgrund
von Korollar II zum Lemma IV auf dem Durchmesser BD). Die gesamte, aus dem Dreieck
HAE und der gemischten Figur ABCFE zusammengesetzte Figur befindet sich bezüglich
des Punktes E im Gleichgewicht (aufgrund von Lemma V). Daher verhält sich das Dreieck
HAE zur gemischten Figur ABCFE umgekehrt wie BE zu EI, das heißt wie 3 zu 2. Das
Trapez ACFE ist aber gleich dem Sechsfachen des Dreiecks HAE[121], daher wird es sich zur
gemischten Figur wie 18 zu 2, zum Parabelsegment wie 18 zu 16 verhalten. Wenn also das
Trapez aus 18 Teilen besteht, so wird das Parabelsegment aus deren 16, das Dreieck ABC
aus deren 12 bestehen, das heißt, das Verhältnis des Parabelsegments zum einbeschriebenen
Dreieck ABC ist gleich 16 zu 12 oder vereinfacht gleich 4 zu 3, *w.z.b.w.*

Für die Proposition II wird das folgende Lemma benötigt:

---

[121] Aufgrund der Konstruktion ist AD = DC und HE = EB = BF. Somit ist das Parallelogramm
ADBH doppelt so groß wie das Dreieck HAB und daher viermal so groß wie das Dreieck HAE. Daher
werden die flächengleichen Trapeze ADBE und DCFB je dreimal so groß sein wie das Dreieck HAE.

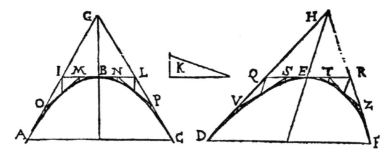

Abb. 3.71 *De dimensione parabolae*, S. 26

Lemma VI *Es seien zwei Parabeln gegeben. Das Verhältnis der von den Tangenten an der Basis und den Parabeln begrenzten Trilinea ist gleich dem Verhältnis der von den Tangenten und der Basis gebildeten Dreiecke.*

Angenommen, es habe beispielsweise das Trilineum ABCG zum Trilineum DEFH ein Verhältnis, das größer ist als jenes der Dreiecke ACG und DFH, und es sei das Trilineum ABCG um die Fläche *K* größer als es sein müsste, damit die besagten Verhältnisse gleich wären (Abb. 3.71).

Nun legt man im Trilineum ABCG die Scheiteltangente IL, zieht durch deren Endpunkte die Parallelen zum Durchmesser (das sind aufgrund von Lemma II die Durchmesser der Halbparabeln AB und BC) und legt in deren Schnittpunkten mit der Parabel die Tangenten OM bzw. NP. Aufgrund von Lemma III ist der Flächeninhalt der Dreiecke OMI und NPL zusammen gleich einem Viertel der Fläche des Dreiecks ILG. Dieses wiederum ist gleich der Hälfte der beiden Dreiecke GBA und GBC zusammen und deshalb größer als die Hälfte des Trilineums ABCG. Somit ist es möglich, durch fortgesetztes Ziehen von Tangenten dem Trilineum eine geradlinige Figur einzubeschreiben, die um weniger als *K* kleiner ist als das Trilineum selbst. Diese einbeschriebene Figur nun wird zum Trilineum DEFH immer noch ein Verhältnis haben, das größer ist als dasjenige der beiden Dreiecke ACG und DFH.

Danach wird dem Trilineum DEFH auf die gleiche Weise durch Anlegen von ebenso vielen Tangenten eine geradlinige Figur einbeschrieben. Aufgrund von Euklid V,15 ([122]) verhält sich das Dreieck ILG zum Dreieck QRH wie die beiden Dreiecke AMI und NPL zusammen zu den beiden Dreiecken VSQ und TZR zusammen, ebenso wie die vier Dreiecke unter den Punkten O, M, N, P zusammen zu den vier Dreiecken unter den Punkten V, S, T, Z zusammen, usw. Aufgrund von Euklid V,12 ([123]) verhält sich die Summe der Dreiecke der ersten Gruppe, das ist die dem ersten Trilineum einbeschriebene Figur, zur Summe der

---

[122] «Teile haben zueinander dasselbe Verhältnis wie Gleichvielfache von ihnen zueinander.» – Aufgrund von Lemma III sind die Dreiecke ILG und QRH je gleich dem Vierfachen der beiden Dreiecke OMI, NOG bzw. VSQ, TZR zusammen.

[123] «Stehen beliebig viele Größen in Proportion, dann müssen sich alle Vorderglieder zusammen zu allen Hintergliedern zusammen verhalten wie das einzelne Vorderglied zum (zugehörigen) einzelnen Hinterglied.»

Abb. 3.72 *De dimensione*
parabolae, S. 27

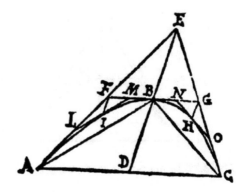

Dreiecke der zweiten Gruppe, also zu der dem zweiten Trilineum einbeschriebenen Figur,
wie das Dreieck ILG zum Dreieck QRH oder auch wie deren Vierfache, d. h. wie das Dreieck
ACG zum Dreieck DFH.

Es wurde aber angenommen, die dem ersten Trilineum einbeschriebene Figur habe zum
Trilineum DEFH ein Verhältnis, das größer ist als jenes der Dreiecke ACG und DFH. Somit
wäre das Trilineum DEFH kleiner als die ihm einbeschriebene Figur, das heißt das Ganze
wäre kleiner als sein Teil, was unmöglich sein kann. *w.z.b.w.*

Prop. II Es sei nun das Parabelsegment ABC mit dem Durchmesser BD und dem einbeschriebenen Dreieck ABC gegeben.

AE, CE seien die beiden Tangenten an der Basis, FG die Scheiteltangente (Abb. 3.72).
Nun werden wie in der Figur zu Lemma VI zunächst die Parallelen FI, GH zum Durchmes-
ser gezogen und danach in den Punkten I, H die Tangenten LM bzw. NO gelegt. Aufgrund
von Lemma VI, angewendet auf die Parabel ABC und deren Teilstück AIB, verhält sich das
Trilineum ABCE zum Trilineum AIBF wie das Dreieck ACE zum Dreieck ABF bzw. zum
gleich großen Dreieck FBE. Dasselbe Trilineum ABCE wird sich zum anderen Trilineum
BHCG wie das Dreieck AEC zum Dreieck BCG bzw. zum Dreieck BGE verhalten. Durch
Verhältnisverbindung (Euklid V, 24) wird sich das Trilineum ABCE zu den beiden Trilinea
AIBF und BHCG zusammen wie das Dreieck ACE zum Dreieck FGE, das heißt wie 4 zu
1 verhalten; aufgeteilt wird sich das Dreieck FEG zu den beiden Trilinea AIBF und BHCG
zusammen wie 3 zu 1 verhalten. Das Trapez ACGF sodann wird sich zu denselben beiden
Trilinea wie 9 zu 1, zum Parabelsegment somit wie 9 zu 8 und zum Dreieck ABC wie 9 zu
6 verhalten. Folglich verhält sich das Parabelsegment zum einbeschriebenen Dreieck wie 8
zu 6 oder wie 4 zu 3, *w.z.b.w.*

Die Lemmata VII bis X ermöglichen einen weiteren mechanischen Beweis (Proposition
III):

Abb. 3.73 *De dimensione parabolae*, S. 28

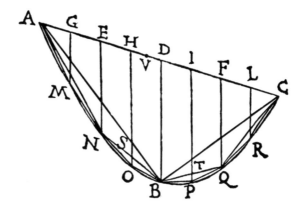

Lemma VII *Einem Parabelsegment werde ein Dreieck mit derselben Basis und Höhe ein-beschrieben. Auf dieselbe Weise werden in den Restsegmenten zwei weitere Dreiecke ein-beschrieben. Dann wird das zuerst einbeschriebene Dreieck achtmal so groß sein wie jedes der beiden danach einbeschriebenen.*

Dieses Lemma wird bewiesen in der Prop. XXI der archimedischen Abhandlung *Die Quadratur der Parabel.*

Lemma VIII *Es sei das Parabelsegment* ABC *mit dem senkrecht zur Horizontalen ste-henden Durchmesser* BD *gegeben. Halbiert man* AD, DC *in den Punkten* E *bzw.* F, *die Teilstrecken wiederum in den Punkten* G, H, I, L *und legt durch die Teilungspunkte die Par-allelen* GM, EN, *usw. zum Durchmesser, so entsteht die dem Parabelsegment* evidenter[124] *einbeschriebene Figur* AMNOBPQRC *(Abb. 3.73). Dann stehen je zwei entsprechende, diese einbeschriebene Figur bildende Dreiecke im Gleichgewicht bezüglich* D. *Überdies befindet sich die gesamte einbeschriebene Figur im Gleichgewicht, wenn sie im Punkt* D *aufgehängt ist.*

Man nehme nämlich zwei sich entsprechende Dreiecke, beispielsweise NOB und BPQ. Sie sind flächengleich, denn die Dreiecke ANB, BQC sind je gleich dem achten Teil des Dreiecks ABC, NOB, BPQ sind wiederum gleich dem achten Teil der Dreiecke ANB bzw. BQC (Lemma VII). Ihre Schwerpunkte liegen auf OS bzw. PT, und da die Geraden OSH, PTI senkrecht zur Horizontalen stehen, werden sich die Dreiecke NOB, BPQ im Gleichge-wicht befinden, wenn sie in den gleich weit von D entfernten Punkten H bzw. I aufgehängt sind. Da die gesamte *evidenter* einbeschriebene Figur aus Dreiecken zusammengesetzt ist,

---

[124] Evidenter («auf offensichtliche Weise») entspricht dem griechischen Begriff „gnorimos" (d. h. etwa «allgemein bekannt») den Archimedes im II. Buch seiner Abhandlung Über das Gleichgewicht ebener Flächen einführt, wo im §2 einem Parabelsegment ein Dreieck von gleicher Grundlinie und gleicher Höhe einbeschrieben wird, den Restsegmenten wiederum in entsprechender Weise Dreiecke einbeschrieben werden, usw. (in der deutschen Übersetzung gibt Arthur Czwalina diesen Begriff einfach mit *gnorim* wieder).

Abb. 3.74 *De dimensione*
parabolae, S. 30

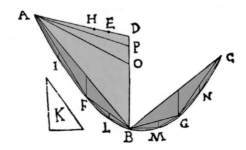

die sich paarweise bezüglich D im Gleichgewicht befinden, wird auch sie bezüglich D im Gleichgewicht sein, *w.z.b.w.*

Lemma IX *Nimmt man von dem Parabelsegment die* evidenter *einbeschriebene Figur weg, so werden sich alle restlichen Parabelsegmente bezüglich D im Gleichgewicht befinden.*

Es wurde gezeigt, dass sich die einbeschriebene Figur bezüglich D im Gleichgewicht befindet, folglich liegt ihr Schwerpunkt auf BD. Auf dem Durchmesser BD liegt aber auch der Schwerpunkt des Parabelsegments[125], somit auch jener der restlichen Parabelsegmente, die sich daher bezüglich D im Gleichgewicht befinden werden *w.z.b.w.*

Korollar Aus demselben Grunde wird auch die *evidenter* einbeschriebene Figur ohne das Dreieck ABC bezüglich D im Gleichgewicht sein.

Lemma X *Entfernt man von dem Parabelsegment ABC mit dem Durchmesser BD die Hälfte des einbeschriebenen Dreiecks, so wird sich die restliche, gemischtlinige Figur in Bezug auf jenen Punkt E im Gleichgewicht befinden, der die Basis AD des verbliebenen Dreiecks im Verhältnis* AE : ED = 4 : 1 *teilt.*

Es sei der Durchmesser BD senkrecht zur Horizontalen (Abb. 3.74). Angenommen, die Restfigur befinde sich nicht im Gleichgewicht bezüglich E. Es sei AD der Waagebalken mit dem Angelpunkt E. Die in D aufgehängte, aus den beiden Parabelsegmenten bestehende Figur AFBGC wird sich aufgrund des Korollars zum Lemma IX im Gleichgewicht befinden. Das Dreieck ABD als zweite Figur werde in H aufgehängt, wobei DH gleich einem Drittel der Strecke AD ist. Wenn sich nun wie angenommen die besagte Restfigur nicht im Gleichgewicht befindet, so muss eine dieser beiden Größen schwerer sein als die andere.

Angenommen, die beiden Segmente AFB, BGC überwiegen, und ihr Überschuss sei gleich der Größe *K*. Man beschreibe den beiden Segmenten eine Figur evidenter so ein, dass die übrigbleibenden Parabelsegmente zusammen kleiner sind als die Größe *K*. Die polygonale Figur AIFLBMGNCBA wird dann immer noch gegenüber dem Dreieck ABD überwiegen.

---

[125] Archimedes, *Über das Gleichgewicht ebener Flächen*, II, 4.

Nun sei DO gleich dem vierten Teil von DB. Nicht nur das Dreieck ABO, sondern auch jedes beliebige Dreieck mit Spitze in A und Basis auf DB wird sich bezüglich H im Gleichgewicht befinden.

Wird AD beispielsweise in 15 Teile unterteilt, so werden DH, DE aus 5 bzw. 3 Teilen bestehen, folglich verhält sich DE zu EH wie 3 : 2. Da sich die Dreiecke AFB, BGC bezüglich D im Gleichgewicht befinden (Lemma VIII), das Dreieck ABO hingegen bezüglich H, und da sich die Dreiecke AFB, BGC zum Dreieck ABD wie 2 : 4 verhalten (Lemma VII), werden sich dieselben zum Dreieck ABO wie 2 : 3, nämlich wie HE zu ED verhalten. Daher werden sie sich, aufgehängt im Punkt E, mit dem Dreieck ABO die Waage halten.

Es sei nun DP gleich dem vierten Teil von DO. Da die beiden Dreiecke FLB, BMG aufgehängt in D im Gleichgewicht sind (Lemma VIII), ebenso die Dreiecke AIF, GNC, werden alle zusammen bezüglich D im Gleichgewicht sein. Sie verhalten sich aber zusammen zum Dreieck AFB wie 2 : 4 (Lemma VII), folglich verhalten sie sich zum Dreieck ABO wie 2 : 3, das heißt wie HE zu ED, also halten sie sich mit dem Dreieck AOP bezüglich E die Waage. Somit steht die gesamte evidenter einbeschriebene Figur AIFLBMGNCBA mit dem Dreieck ABP im Gleichgewicht. Es wurde aber angenommen, sie sei schwerer als das Dreieck ABD, folglich ist das Dreieck ABD kleiner als das Dreieck ABP, was unmöglich ist.

Auf analoge Weise erweist sich auch der Fall, dass das Dreieck ABD überwiegt, als unmöglich.

Korollar Der Schwerpunkt der besagten gemischtlinigen Figur liegt auf der Parallelen zum Durchmesser durch den Punkt E. [Torricelli ergänzt: Man könnte sogar beweisen, dass der Schwerpunkt die Parallele so teilt, dass sich der Abschnitt bis zur Kurve zum restlichen Abschnitt wie 11 : 12 verhält[126]].
Damit ist nun ein weiterer Beweis zur Quadratur des Parabelsegments möglich (**Proposition III**):

---

[126] Stefano degli Angeli schrieb am 26. Dezember 1649 an Serenai: «Neulich studierte ich Torricellis Werk und stieß auf das zehnte Lemma in *De dimensione parabolae*. Ich dachte über jene Worte nach, die er am Ende des Korollars zu besagtem Lemma anführt: *Man könnte sogar beweisen, [...] dass sich der Abschnitt bis zur Kurve zum restlichen Abschnitt wie 11 zu 12 verhält*. Ich prüfte dies nach und fand, dass dem nicht so ist, sondern wie 13 zu 11. Ich glaube, mich geirrt zu haben, deshalb bitte ich Sie, sich ein wenig darum zu kümmern und zu hoffen, dass Herr Viviani mich von diesem Irrtum befreit, wenn ich überhaupt einem solchen unterlegen sein sollte...» (GALLUZZI/TORRINI [1975/84], vol. II, Nr. 417). Serenai antwortete am 15. Januar 1650: «[Viviani] stimmt Ihnen zu, dass der von Ihnen angedeutete Fehler, den er mit Sicherheit für einen Fehler des Druckers hält, [tatsächlich] vorliegt » (*Ibid.*, Nr. 429). – Näheres dazu bei TENCA [1956]. Tenca bedauert im Übrigen, dass der Fehler in der Faentiner Ausgabe nicht korrigiert worden ist.

Abb. 3.75 *De dimensione*
parabolae, S. 32

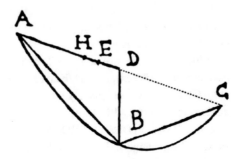

Von dem Parabelsegment ABC, dessen Durchmesser DB senkrecht zur Horizontalen
steht, wird die Hälfte DBC des einbeschriebenen Dreiecks entfernt (Abb. 3.75). DH sei
gleich einem Drittel, DE gleich dem fünften Teil von DA.

Aufgrund von Lemma X wird sich die Restfigur bezüglich des Punktes E in der Gleichgewichtslage befinden. Das Dreieck ABD wird aber seinem Schwerpunkt entsprechend in
H aufgehängt sein, die beiden restlichen Parabelsegmente im Punkt D. Folglich verhält sich
das Dreieck ABD zu den beiden Parabelsegmenten wie DE zu HE, also wie 3 : 2. Das ganze
einbeschriebene Dreieck ABC verhält sich daher zu den beiden Parabelsegmenten wie 6 :
2, zum ganzen Parabelsegment ABC daher wie 6 : 8, das heißt wie 3 : 4, *w.z.b.w.*

Lemma XI *Ein Halbparabelsegment befindet sich im Gleichgewicht, wenn es in einem Punkt*
der Basis aufgehängt ist, der diese so in zwei Abschnitte unterteilt, dass der auf der Kurve
endende Abschnitt sich zum anderen verhält wie 5 : 3.[127]

Es sei das Halbparabelsegment ABC gegeben, dessen Durchmesser AB senkrecht zur
Horizontalen steht. Der Punkt F möge AC so teilen, dass CF : FA gleich 5 : 3 ist, ferner sei
D der Mittelpunkt von AC (Abb. 3.76).

Die Parallele zu AB durch D ist dann der Durchmesser der Parabel BEC. Weiter bestimme
man den Punkt I so, dass AI gleich einem Drittel der ganzen Strecke AC ist. Teilt man daher
AC in 24 gleiche Teile, so werden AD, AF, AI aus 12, 9 bzw. 8 dieser Teile bestehen, DF
aus deren 3 und FI aus einem einzigen.

Angenommen, die Figur befinde sich bezüglich F nicht im Gleichgewicht, und es sei ID
ein Waagebalken mit dem Angelpunkt F, wobei im Punkt I das Dreieck ABC, im Punkt D
das Parabelsegment BEC aufgehängt ist.

---

[127] Torricelli schickt hier die folgende Bemerkung voraus: «Wir wollen hier das Lemma von Luca
Valerio beweisen, jedoch auf unsere Art, ganz auf mechanischen Prinzipien beruhend. Er verwendet
nämlich die Proposition, mit der er zuvor den Schwerpunkt der Halbkugel bestimmt hat. Wir hingegen
werden sowohl das Lemma als ebendiese Schlussfolgerung Valerios auf dieselbe Art beweisen wie
die vorhergehenden Propositionen.» – Siehe Luca Valerio, *Quadratura parabolae*, Romae 1606, Pars
altera, S. 10, Prop. VII (S. 249 in der Ausgabe Bologna 1660).

Abb. 3.76 *De dimensione parabolae*, S. 33

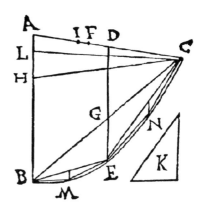

Es sei zunächst das Parabelsegment BEC schwerer, und sein Überschuss sei gleich der Fläche *K*. Man beschreibe dem Segment *evidenter* eine Figur so ein, dass die restlichen Teile, um welche die Parabel die einbeschriebene Figur übertrifft, zusammen kleiner sind als *K*. Dann wird die einbeschriebene Figur schwerer sein als das Dreieck ABC.

Nun sei das Dreieck AHC gleich dem vierten Teil des Dreiecks ABC (dann sind aufgrund von Lemma VII die Dreiecke AHC und BEC flächengleich). Da DE senkrecht zur Horizontalen steht und der Schwerpunkt des Dreiecks BEC auf GE liegt, wird das Dreieck in D aufgehängt, das Dreieck BHC hingegen in I (denn AI ist gleich einem Drittel von AC, sodass das Lot von I aus durch den Schwerpunkt des Dreiecks BHC geht). Da sich BEC zu ABC wie 1 : 4 verhält (Lemma VII), wird △BEC : △HBC gleich 1 : 3 sein, das heißt gleich IF : FD. Folglich sind die Dreiecke BEC und HBC bezüglich F im Gleichgewicht.

Es sei wiederum das Dreieck ALC gleich dem vierten Teil des Dreiecks AHC. Da die Dreiecke BME und ENC bezüglich G im Gleichgewicht sind (Lemma VIII), werden sie sich auch bezüglich D im Gleichgewicht befinden. Weil sich aber die Dreiecke BME und ENC zum Dreieck BEC bzw. zu dem ihm flächengleichen Dreieck AHC wie 1 : 4 verhalten (Lemma VIII), stehen sie zum Dreieck LHC im Verhältnis 1 : 3, das heißt wie IF : FD. Sie werden daher, aufgehängt im Punkt F, mit dem Dreieck LHC im Gleichgewicht stehen. Also wird die gesamte einbeschriebene Figur, aufgehängt im Punkt F, mit dem Dreieck LBC im Gleichgewicht stehen. Es wurde aber angenommen, sie sei schwerer als das Dreieck ABC, daher muss das Dreieck ABC kleiner sein als das Dreieck LBC, was nicht sein kann.

Ebenso führt die Annahme, das Dreieck ABC sei schwerer als das Parabelsegment BEC, auf einen Widerspruch.

Korollar Der Schwerpunkt des Halbparabelsegments liegt auf der Senkrechten zur Horizontalen[128] durch den Punkt F.

---

[128] Auf der Senkrechten zur Horizontalen.

Abb. 3.77 *De dimensione*
parabolae, S. 35

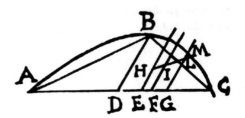

Lemma XI führt zu einem weiteren mechanischen Beweis **(Proposition IV)**:

Es sei das Parabelsegment ABC mit dem Durchmesser DB gegeben (Abb. 3.77). Angenommen, die Strecke DC bestehe aus 24 Teilen, so soll DE aus 8, DF aus 9 und DG aus 12 Teilen bestehen. Dann wird EF einen, FG drei dieser Teile ausmachen. Nun ziehe man EH, FI, GL parallel zum Durchmesser. Der Schwerpunkt des Dreiecks BDC wird dann auf EH liegen, der Schwerpunkt des Halbparabelsegments DBMC auf FI (Lemma XI) und der Schwerpunkt des Parabelsegments BMC auf GL.[129]

Nun sei H der Schwerpunkt des Dreiecks BDC, ebenso sei I der Schwerpunkt des Halbparabelsegments. Der Schwerpunkt des Parabelsegments BMC wird auf der Verlängerung von HI liegen, und da er auch auf GM liegt, muss er der Schnittpunkt L von HI mit GM sein. Folglich verhält sich das Parabelsegment BMC zum Dreieck BDC wie HI zu IL, das heißt wie EF : FG = 1 : 3. Durch Verdoppelung und Verhältnisverbindung ergibt sich somit ein Verhältnis des Parabelsegments ABC zum Dreieck ABC von 4 : 3, *w.z.b.w.*

Lemma XII *Sind von einem Parabelsegment die Tangenten* AE, CE *an der Basis und die Tangente* FG *im Scheitel gegeben, so ist das von den Tangenten eingeschlossene Dreieck* FEG *gleich dem Dreifachen der gemischtlinigen Figur* ABCGF *(Abb. 3.78 links).*

Angenommen, das Dreieck FEG sei kleiner als das Dreifache. Dann wird die gemischtlinige Figur ABCGF größer sein als ein Drittel des Dreiecks FEG, wobei der Überschuss gleich der Größe *K* sei.

Nun lege man in den Scheitelpunkten der Parabelbögen AB, BC die Tangenten HI bzw. LM; in den Scheitelpunkten der dadurch neu entstandenen Abschnitte lege man wiederum die Tangenten NO, PQ, RS und TU, usw., bis der Überschuss der Figur ABCGF über die von den Dreiecken gebildete Figur NOPQRSTVGF schließlich kleiner ist als die Fläche K

---

[129] Archimedes, *Über das Gleichgewicht ebener Flächen*, I, 8 («Wenn von einer Größe eine andere, die nicht den gleichen Schwerpunkt hat, fortgenommen wird, so wird der Schwerpunkt der Restgröße auf der Verbindungslinie jener beiden ersten Schwerpunkte über dem Schwerpunkt der ganzen Größe hinaus liegen, und zwar wird er in folgender Weise bestimmt sein: Sein Abstand vom Schwerpunkt der ganzen Größe verhält sich zum Abstand des Schwerpunkts der weggenommenen Größe vom Schwerpunkt der ganzen Größe wie die weggenommene Größe zur Restgröße.»)

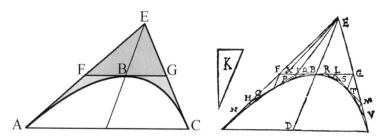

Abb. 3.78 *De dimensione parabolae, S. 39*

(Abb. 3.78 rechts). Dann wird nämlich die aus Dreiecken bestehende einbeschriebene Figur größer sein als ein Drittel des Dreiecks FEG.

Das Dreieck FEI ist gleich einem Viertel des Dreiecks FEG und somit gleich den beiden Dreiecken HFI und LGM zusammen (da aufgrund von Lemma III sowohl diese beiden zusammen als auch jenes allein gleich dem vierten Teil des Dreiecks FEG sind). Also ist $\triangle$IEG $= 3 \cdot (\triangle$HFI $+ \triangle$LGM).

Nun sei das Dreieck FEX gleich dem vierten Teil des Dreiecks FEI. Da aufgrund von Lemma III die beiden Dreiecke HFI, LGM zusammen gleich dem Vierfachen der Dreiecke NHO, PIQ, RLS, TMU zusammen sind, ist das Dreieck FEX damit gleich den Dreiecken NHO, PIQ, RLS, TMU zusammen. Deshalb ist $\triangle$XEI $= 3 \cdot (\triangle$NHO $+ \triangle$PIQ $+ \triangle$RLS $+ \triangle$TMU). Folglich ist das Dreieck XEG gleich dem Dreifachen der gesamten, der gemischtlinigen Figur ABCGF einbeschriebenen, aus Dreiecken zusammengesetzten geradlinigen Figur. Also ist notwendigerweise $\triangle$FEG $< \triangle$XEG, was unmöglich sein kann.

Ebenso führt die Annahme, das Dreieck FEG sei größer als das Dreifache der einbeschriebenen Figur, auf einen Widerspruch, *w.z.b.w.*

Lemma XII ermöglicht den folgenden Beweis **(Prop. VI)**:

Es sei das Parabelsegment ABC mit dem Durchmesser BD, den Basistangenten AE, CE und der Scheiteltangente FG gegeben (Abb. 3.79).

Dann ist das Dreieck FEG aufgrund von Lemma XII gleich dem Dreifachen der beiden Trilinea AFB, BGC zusammen. Folglich verhält sich das Trapez AFGC ($= 3 \cdot \triangle$FEG) zu den beiden Trilinea zusammen wie 9 : 1 und damit zum Parabelsegment wie 9 : 8, zum Dreieck ABC wie 9 : 6. Besteht also das Parabelsegment aus 8 Teilen, so besteht das Dreieck ABC

Abb. 3.79 *De dimensione parabolae, S. 40*

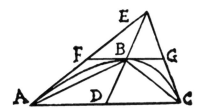

Abb. 3.80 *De dimensione parabolae*, S. 44

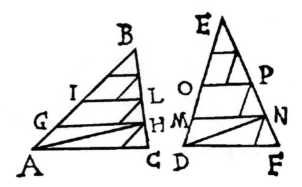

aus deren 6. Deshalb verhält sich das Parabelsegment zu dem ihm einbeschriebenen Dreieck wie 8 : 6 bzw. wie 4 : 3, *w.z.b.w.*

Wir überspringen Lemma XIII und die zugehörige Proposition VII und wenden uns den für die Proposition VIII benötigten Lemmata XIV-XVII zu:

Lemma XIV *Die Seiten* AB, DE *der Axialschnittdreiecke* ABC *bzw.* DEF *zweier Kegel seien in gleich viele, jeweils gleich lange Abschnitte unterteilt. Durch die Teilungspunkte werden Ebenen* GH, IL, ... *bzw.* MN, OP, ... *parallel zu den entsprechenden Grundflächen gelegt und über den Schnittkreisen jeweils gleich hohe Zylinder* AH, GL, ... (*im Kegel* ABC) *bzw.* DN, MP, ... (*im Kegel* DEF) *errichtet* (Abb. 3.80). *Dann wird sich der erste Kegel zum zweiten verhalten wie alle Zylinder des ersten Kegels zusammen zu allen Zylindern des zweiten Kegels zusammen.*

Der Zylinder AH verhält sich zum Kegel GAH mit der Spitze A und der Grundfläche GH gleich wie der Zylinder DN zum Kegel MDN mit der Spitze D und der Grundfläche MN, nämlich wie 3 : 1 ([130]). Der Kegel GAH verhält sich zum Kegel GBH wie AG zu GB (da sie dieselbe Grundfläche haben) oder auch wie DM zu ME, das heißt wie der Kegel MDN zum Kegel MEN. Der Kegel GBH schließlich verhält sich zum ähnlichen Kegel ABC wie BG^3 zu BA^3 oder wie EM^3 zu ED^3, das heißt wie der Kegel MEN zum ähnlichen Kegel DEF. Folglich wird sich der Zylinder AH zum Kegel ABC verhalten wie der Zylinder DN zum Kegel DEF. Also verhält sich der Zylinder AH zum Zylinder DN wie der Kegel ABC zum Kegel DEF.

Auf analoge Weise zeigt man, dass sich auch der Zylinder GL zum Zylinder MP verhält wie der Kegel GBH zum Kegel MEN oder wie der Kegel ABC zum Kegel DEF, usw. Ebenso verhält sich irgendeiner der weiteren einbeschriebenen Zylinder zum Kegel ABC zum entsprechenden Zylinder des Kegels DEF wie der Kegel ABC zum Kegel DEF. Aufgrund von

---

[130] Euklid XII, 10: «Jeder Kegel ist ein Drittel des Zylinders, der mit ihm dieselbe Grundfläche und gleiche Höhe hat.»

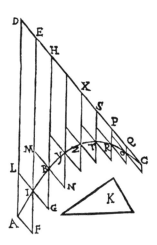
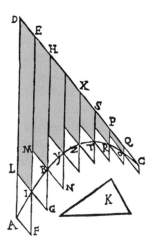

Abb. 3.81 *De dimensione parabolae*, S. 45

Euklid V, 12 ([131]) folgt dann die Behauptung.

Lemma XV *Einem von einer Parabel, einer ihrer Tangenten und einer Parallelen zum Durchmesser gebildeten Trilineum kann eine aus gleich hohen Parallelogrammen bestehende Figur einbeschrieben werden, die um weniger als eine gegebene Größe K kleiner ist als das Trilineum.*

Es sei die Parabel ABC mit ihrer Tangente CD sowie die Parallele AD zum Durchmesser gegeben. Man halbiere DC im Punkt X, ebenso halbiere man die entstehenden Abschnitte in den Punkten H und P und so fort, bis man zu einer Teilstrecke DE gelangt, für welche das Parallelogramm ADEF kleiner ist als die Größe K (Abb. 3.81). Durch die erhaltenen Teilungspunkte Q, P, S, ... lege man die Parallelen zum Durchmesser, welche die Parabel in den Punkten I, B, ... schneiden, durch welche man die Parallelen LG, MN, usw. zur gegebenen Tangente zieht.

Das Parallelogramm CO ist dann gleich dem Parallelogramm OP; CO und OR sind zusammen gleich dem Parallelogramm RS; CO, OR und RT sind zusammen gleich TP, also gleich TX, usw. Alle Parallelogramme zusammen werden also gleich dem Parallelogramm AE, das heißt kleiner als die Größe K sein. Somit ist der Unterschied zwischen der aus gleich hohen Parallelogrammen gebildeten einbeschriebenen Figur und dem Trilineum ABCD kleiner als die Größe K, w.z.b.w.

Korollar Auf analoge Weise kann dem gegebenen Trilineum auch eine aus gleich hohen Parallelogrammen bestehende Figur umbeschrieben werden.

---

[131] Ist $a : b = c : d = e : f = \ldots$, so ist $a : b = (a + c + e + \ldots) : (b + d + f + \ldots)$.

Lemma XVI *Es sei eine Parabel mit einer Tangente gegeben. Überdies seien zwei Parallelen zum Durchmesser gegeben, welche zwei zwischen der Tangente und der Parabel liegende Trilinea herausschneiden. Dann wird die aus Parallelogrammen gleicher Höhe bestehende, dem größeren Trilineum einbeschriebene Figur sich zu der dem kleineren Trilineum einbeschriebenen gleichartigen Figur verhalten wie der Kubus der längeren zum Kubus der kürzeren Tangentenstrecke.*

Es sei die Parabel ABC mit der Tangente CD gegeben; DA, EF seien zwei Parallelen zum Durchmesser, sodass zwei Trilinea entstehen: ein größeres ABCD und ein kleineres FBCE (Abb. 3.82 links). Den beiden Trilinea (das Trilineum MNLI in der Figur rechts entspricht dem Trilineum FBCE in der Figur links) wird wie im vorhergehenden Lemma je eine aus gleich vielen Parallelogrammen bestehende Figur einbeschrieben.

Man denke sich je einen Kegel mit der Spitze C bzw. L über den Grundflächen mit den Durchmessern AD bzw. HI, sowie in deren einzelnen Segmenten die einbeschriebenen, gleich hohen schiefen Zylinder OP, QR, usw. Nun verhält sich das Parallelogramm BP zum Parallelogramm SD wie BR : SP, das heißt wie $RC^2 : CP^2$ (wegen der Parabeleigenschaft) $= RT^2 : VP^2$ und daher auch wie der Zylinder QR zum Zylinder OP. Aus demselben Grund verhält sich das Parallelogramm XR zum Parallelogramm SD wie der Zylinder YR zum Zylinder VD. Somit verhalten sich die beiden Parallelogramme BP und XR zusammen zum Parallelogramm SD wie die beiden Zylinder TP und YR zusammen zum Zylinder VD. Fährt man auf diese Weise fort, so wird die gesamte, dem Trilineum ABCD einbeschriebene, aus Parallelogrammen bestehende Figur sich zum Parallelogramm SD verhalten wie alle Zylinder im Kegel ACD zusammen zum Zylinder VD. Ferner ist das Verhältnis des Parallelogramms SD zum Parallelogramm NI zusammengesetzt aus dem Verhältnis SP : NZ = $PC^2 : ZI^2$ (Parabeleigenschaft!) $= PV^2 : ZK^2$ und dem Verhältnis DP : IZ. Daher verhält sich das Parallelogramm SD zum Parallelogramm NI wie der Zylinder VD zum Zylinder KI.

Abb. 3.82 *De dimensione parabolae*, S. 47

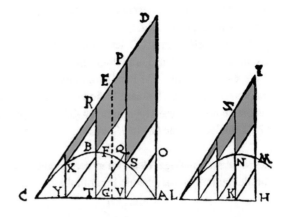

Schließlich verhält sich das Parallelogramm NI zur gesamten dem Trilineum MNLI einbeschriebenen Figur wie der Zylinder KI zu allen dem Kegel HLI einbeschriebenen Zylindern zusammen. Mit derselben Begründung verhält sich die dem Trilineum ABCD einbeschriebene Figur zu der dem Trilineum MNLI einbeschriebenen Figur wie alle Zylinder des Kegels ACD zusammen zu allen Zylindern des Kegels HLI zusammen, das heißt, aufgrund von Lemma XIV, wie $DC^3 : CE^3$, *w.z.b.w.*

Lemma XVII *Gegeben seien eine Parabel* ABC *mit der Tangente* CD *sowie die beiden Parallelen* DA, EB *zum Durchmesser, welche zwischen der Tangente und der Parabel die beiden Trilinea* ABCD *und* BCE *herausschneiden (Abb. 3.83). Dann verhält sich das Trilineum* ABCD *zum Trilineum* BCE *wie* $CD^3 : CE^3$.

Wenn dem nämlich nicht so wäre, so wäre eines der beiden Trilinea größer als es sein müsste, um im besagten Verhältnis zu stehen. Angenommen, es sei das Trilineum ABCD um die Größe K zu groß. Man beschreibe dem Trilineum ABCD eine aus Parallelogrammen von gleicher Höhe bestehende Figur ein, die sich von dem Trilineum um weniger als K unterscheidet (dass dies möglich ist, wurde im Lemma XV gezeigt). Die einbeschriebene Figur wird daher zum restlichen Trilineum BCE in einem Verhältnis stehen, das größer ist als das Verhältnis $CD^3 : CE^3$.

Nun beschreibe man dem anderen Trilineum BCE eine Figur derselben Art mit der gleichen Anzahl von Parallelogrammen wie im Trilineum ABCD ein. Aufgrund von Lemma XVI verhält sich folglich die dem Trilineum ABCD einbeschriebene Figur zu der dem Trilineum BCE einbeschriebenen Figur wie $CD^3 : CE^3$. Aber dieselbe dem Trilineum ABCD einbeschriebene Figur hat zum Trilineum BCE ein Verhältnis, das größer ist als $CD^3 : CE^3$. Folglich ist das Trilineum BCE kleiner als die ihr einbeschriebene Figur, was unmöglich sein kann. *w.z.b.w.*

Abb. 3.83 *De dimensione parabolae, S. 48*

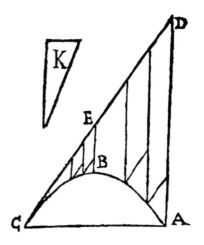

Abb. 3.84 *De dimensione*
parabolae, S. 49

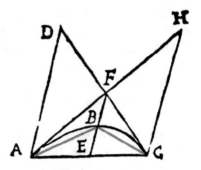

Die Lemmata XIV-XVII ermöglichen den nächsten Beweis der Quadratur des Parabelsegments **(Prop. VIII)**:

Es sei die Parabel ABC mit dem Durchmesser EF gegeben. Die Tangenten AH, CD mögen
sich in den Punkten H bzw. D mit den Parallelen CH, AD zum Durchmesser schneiden
(Abb. 3.84).

Aufgrund von Lemma XVII verhält sich das Trilineum ABCD zum Trilineum BFC wie
$DC^3 : CF^3$, nämlich wie 8 : 1. Ebenso verhält sich das Trilineum CBAH zum Trilineum BAF
wie 8 : 1. Also verhalten sich die beiden Trilinea ABCD, CBAH zusammen zum Trilineum
ABCF ebenfalls wie 8 : 1. Durch zweimalige Wegnahme des Trilineums ABCF ergibt sich,
dass sich die beiden (gleich großen) Dreiecke AFD und CFH zusammen zum Trilineum
ABCF verhalten wie 6 : 1. Somit verhalten sich die beiden gleich großen Dreiecke AFD,
AFC zum Trilineum ABCF je wie 3 : 1. Also verhält sich das Dreieck AFC zum Parabel-
segment ABC wie 3 : 2 und damit ist das Verhältnis des Parabelsegments ABC zum Dreieck
ABC gleich 4 : 3, *w.z.b.w.*

Lemma XVIII *Wenn sich eine erste Größe zu einer zweiten verhält wie eine dritte zu einer*
vierten, und die beliebig oft, und es seien alle ersten Größen unter sich gleich, ebenso seien
alle dritten Größen untereinander gleich. Dann werden sich alle ersten Größen zusammen zu
allen zweiten zusammen verhalten wie alle dritten zusammen zu allen vierten zusammen.[132]

Es sei A : B = C : D. Weiter sei E : F = G : H usw., und es seien alle ersten Größen A, E, I,
usw., ebenso alle dritten C, G, M, usw. unter sich gleich (Abb. 3.85).

---

[132] Es sei eine Anzahl von Proportionen mit konstanten Vordergliedern gegeben: $a : b_i = c :$
$d_i (i = 1, \ldots n)$. Dann sind auch die Summen aller Vorderglieder und aller Hinterglieder proportional:
$$(n \cdot a) : \sum_{i=1}^{n} b_i = (n \cdot c) : \sum_{n=1}^{n} d_i.$$

Abb. 3.85 *De dimensione parabolae*, S. 50

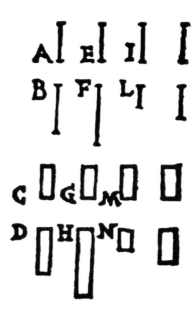

Torricelli argumentiert wie folgt: Es ist B : A = D : C, ebenso F : E = H : G. Weil aber E gleich A ist und G gleich C, also F : A = H : C, folgt daraus aufgrund von Euklid V, 24[133], dass (B + F) : A = (D + H) : C ist, usw. Auf diese Weise zeigt man, dass alle zweiten Größen zusammen sich zu A verhalten wie alle vierten Größen zusammen zu C. Aber A verhält sich zu allen ersten Größen zusammen wie C zu allen dritten Größen zusammen (es sind nämlich je gleiche Vielfache von A bzw. von C). Aufgrund von Euklid V, 15[134] verhalten sich daher alle zweiten Größen zusammen zu allen ersten Größen zusammen wie alle vierten Größen zusammen zu allen dritten. Größen zusammen. Durch Verhältnisumkehr folgt dann das zu Beweisende.

Ein entsprechendes Lemma findet sich bereits bei Cavalieri, *Geometria*, 1653, lib. II, S. 248, Lemma zu Th. XX).

Lemma XIX *Im Endpunkt* C *der Basis eines Parabelsegments* ABC *sei die Tangente* CD, *durch den anderen Endpunkt* A *die Parallele* AD *zum Durchmesser gelegt* (Abb. 3.86). *Dann ist das Dreieck* ACD *gleich dem Dreifachen des Parabelsegments* ABC.

Wäre das Dreieck ACD nicht gleich dem Dreifachen des Segments ABC, so wäre es auch nicht gleich dem Anderthalbfachen des Trilineums ABCD, und das Parallelogramm

---

[133] Hat eine erste Größe zur zweiten dasselbe Verhältnis wie die dritte zur vierten, und eine fünfte zur zweiten dasselbe Verhältnis wie die sechste zur vierten, dann müssen auch verbunden die erste und fünfte Größe zur zweiten dasselbe Verhältnis haben wie die dritte und sechste zur vierten.
[134] Teile haben zueinander dasselbe Verhältnis wie Gleichvielfache von ihnen zueinander.

Abb. 3.86 *De dimensione*
parabolae, S. 51

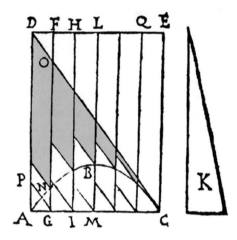

ACED wäre nicht gleich dem Dreifachen des Trilineums ABCD. Dann müsste das Trilineum
ABCD entweder größer oder kleiner als ein Drittel des Parallelogramms ACED sein.

Angenommen, es sei um die Fläche *K* größer. Dann beschreibe man dem Trilineum
ABCD eine aus gleich breiten Parallelogrammen gebildete Figur ein, deren Fläche sich
von dem Trilineum um weniger als *K* unterscheidet (dies ist möglich aufgrund von Lemma
XV), sodass die einbeschriebene Figur größer sein wird als ein Drittel des Parallelogramms
ACED.

Nun denke man sich über der Strecke AD als Durchmesser einen Kreis als Grundfläche
eines Kegels mit der Spitze C sowie eines Zylinders AE von gleicher Höhe wie der Kegel
gezogen. Durch die Strecken FG, HI, LM usw. werden Parallelebenen zur Grundfläche
gelegt. Im Innern des Kegels denke man sich die Zylinder PO, OI, usw. Dann ist das Verhältnis des Parallelogramms AF zum Parallelogramm ND gleich DA : ON, das heißt (wegen
der Parabeleigenschaft) gleich $DC^2 : CO^2 = DA^2 : OG^2$, somit gleich dem Verhältnis des
Zylinders AF zum Zylinder PO, usw. Alle ersten Größen sind gleich dem Parallelogramm
AF, also sind sie untereinander gleich, ebenso sind alle dritten Größen gleich dem Zylinder AF und daher untereinander gleich. Aufgrund von Lemma XVIII verhalten sich daher
alle ersten Größen zusammen (das ist das Parallelogramm AE) zu allen zweiten Größen
zusammen (das ist die dem Trilineum ABCD einbeschriebene Figur) wie alle dritten Größen zusammen (das ist der Zylinder AQ) zu allen vierten Größen zusammen (das ist der
Kegel ACD). Somit wird sich die dem Trilineum einbeschriebene Figur zum Parallelogramm
ACED verhalten wie alle dem Kegel einbeschriebenen Zylinder zusammen zum Zylinder
AE. Die einbeschriebene Figur ist aber größer als ein Drittel des Parallelogramms, also sind
auch alle einbeschriebenen Zylinder zusammen größer als ein Drittel des Zylinders AE und
somit auch größer als der Kegel, was nicht sein kann.

Auf ähnliche Weise kann auch gezeigt werden, dass die Annahme, das Trilineum sei um die Fläche K kleiner als ein Drittel des Parallelogramms ACED, auf einen Widerspruch führt.

Auf den Lemmata XVIII–XIX beruhen die nächsten beiden Beweise der Quadratur des Parabelsegments:

Prop. IX Es sei das Parabelsegment ABC mit dem Durchmesser EB und dem einbeschriebenen Dreieck ABC gegeben (Abb. 3.87).

Man ziehe die Tangente CD und die Parallele AD zum Durchmesser. Aufgrund von Lemma XIX ist dann das Dreieck ACD gleich dem Dreifachen des Parabelsegments. Das Dreieck ABC ist gleich groß wie das Dreieck EFC (denn beide sind doppelt so groß wie das Dreieck EBC). Also ist das Dreieck ABC gleich einem Viertel des ganzen Dreiecks ACD. Angenommen, das Dreieck ACD bestehe aus zwölf gleich großen Teilen, so besteht das Parabelsegment aus vier, das einbeschriebene Dreieck ABC aus drei dieser Teile. Also verhält sich das Parabelsegment zum einbeschriebenen Dreieck wie 4 : 3, *w.z.b.w.*

Prop. X Es sei das Parabelsegment ABC mit dem Durchmesser DB gegeben. Man vervollständige das Parallelogramm ADBE (Abb. 3.88).

Angenommen, das Halbparabelsegment ABD sei nicht gleich zwei Dritteln des Parallelogramms ED, es sei vielmehr zuächst um die Fläche K größer.

Man beschreibe dem Segment wie im Lemma XV eine aus gleich breiten Parallelogrammen bestehende Figur so ein, dass die Differenz zwischen der einbeschriebenen Figur und dem Halbparabelsegment kleiner ist als die Größe K. Die einbeschriebene Figur wird dann größer sein als zwei Drittel des Parallelogramms ADBE.

Nun zeichnet man über dem Durchmesser AC den Halbkreis AXC mit dem Quadrat AFXD und den Rechtecken DL, GM, HO und dreht die ganze Figur um die Achse AD, sodass der Viertelkreis ADX eine Halbkugel, das Quadrat AFXD einen Zylinder erzeugt;

Abb. 3.87 *De dimensione parabolae*, S. 53

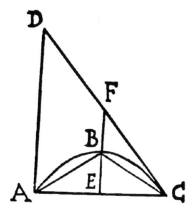

Abb. 3.88 *De dimensione parabolae,* S. 54

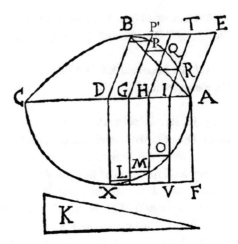

dabei werden die einbeschriebenen Rechtecke weitere Zylinder erzeugen, die ihrerseits der Halbkugel einbeschrieben sind.

BG verhält sich zu PD wie BD zu GP oder wie das Rechteck CD × DA zum Rechteck CG × GA[135] oder wie XD^2 zu LG^2 (Höhensatz im rechtwinkligen Dreieck CLA), oder auch wie der Zylinder XG zum Zylinder DL, usw.

Alle ersten Größen sind gleich dem Parallelogramm BG, alle dritten Glieder sind gleich dem Zylinder XG. Aufgrund von Lemma XVIII verhalten sich daher alle ersten Glieder zusammen (das ist das Parallelogramm TD) zu allen zweiten Gliedern zusammen (das ist die dem Halbparabelsegment einbeschriebene Figur) zu allen dritten Gliedern zusammen (das ist der Zylinder VD) zu allen vierten Gliedern zusammen (das sind alle der Halbkugel einbeschriebenen Zylinder).

Die Parallelogramme TD und ED verhalten sich wie die Zylinder VD und FD. Folglich wird sich das Parallelogramm ED zu der einbeschriebenen Figur verhalten wie der Zylinder FD zu allen der Halbkugel einbeschriebenen Zylinder. Das Parallelogramm ED ist aber kleiner als das Anderthalbfache der einbeschriebenen Figur, also wäre der Zylinder FD kleiner als das Anderthalbfache aller der Halbkugel einbeschriebenen Zylinder. Dies ist aber nicht möglich, denn wir wissen, dass der besagte Zylinder gleich dem Anderthalbfachen der Halbkugel ist.

Ebenso wird die Annahme, das Halbparabelsegment sei kleiner als zwei Drittel des Parallelogramms ED, auf einen Widerspruch führen.

---

[135] Torricelli setzt dies offenbar als bekannt voraus. – Eine Erklärung könnte wie folgt lauten: Aufgrund der Parabeleigenschaft ist BD (= EA) : P' P = AD^2 : GD^2. Durch Verhältnistrennung (Euklid V,1) ist dann (BD – P' P) : P' P , d. h. PG : P' P = (AD^2 – GD^2) : GD^2. Durch Verhältnisverbindung ergibt sich damit PG : (PG + P' P), d. h. PG : PD = (AD^2 – GD^2) : GD^2, d. h. GI : FG = (AD + GD) · (AD – GD) : AD^2 = CG · GA : CD · CA.

Wie eingangs des Abschnitts 3.4 angekündigt, erfolgt die Besprechung der auf der Indivisiblentheorie beruhenden Propositionen XI bis XXI am Schluss des vierten Kapitels. Der Abhandlung *De dimensione parabolae* ist ein Anhang *De dimensione cycloidis* angefügt, dem wegen seiner Bedeutung für den dadurch ausgelösten Prioritätsstreit mit Roberval ein eigenes Kapitel (Kap. 5) gewidmet sein wird.

3.5   *De solido acuto hyperbolico.*

Um den Sinn davon zu verstehen,

muss man weder Geometer noch Logiker sein,

sondern man muss verrückt sein. ([136])

Die Abhandlung *De solido acuto hyperbolico* („Über den [unendlichen] spitz auslaufenden hyperbolischen Körper") bildet den Schluss und – angesichts des Aufsehens, das sie erregt hat (dieser Körper weist trotz seiner unendlichen Länge ein endliches Volumen auf) – wohl

Abb. 3.89 Ausschnitt aus dem Deckengemälde im Palazzo Laderchi (Saal der Societá Torricelliana) in Faenza. Darstellung des Olymps „Musica e poesia" (?). Ein Zusammenhang des Gemäldes mit Torricellis *Solido acuto hyperbolico* besteht rein zufällig, denn die Societá Torricelliana erhielt erst im 20. Jahrhundert ihren Sitz im Palazzo Laderchi. – Foto: Raffaello Tassinari

---

[136] Thomas Hobbes, *The English works of Thomas Hobbes of Malmesbury*, vol. VII, London 1845, S. 445..

Abb. 3.90 Torricellis
„Trompete" – https://de.
wikipedia.org/wiki/Gabriels_
Horn

auch den Höhepunkt der *Opera geometrica*. Gegen Ende des Jahres 1641 machte Torricelli
eine außergewöhnlichee Entdeckung: lässt man einen Teil der gleichseitigen Hyperbel $y =$
$1/x$ ($x \geq a > 0$) um die x-Achse rotieren, so entsteht ein sich in Richtung der x-Achse
ins Unendliche erstreckender Körper von endlichem Volumen (Abb. 3.90), der gelegentlich
als „hyperbolischer Kegel" bezeichnet wird und in der Literatur auch unter den Namen
„Torricellis Trompete" oder „Gabriels Horn" anzutreffen ist).

Cavalieri war offenbar über diese Entdeckung im Bilde, denn er schrieb am 17. Dezember
1641 an Torricelli:

> Ihr Brief erreichte mich zu einer Zeit, als ich mit Fieber und Gicht zu Bette lag, die mir die
> Möglichkeit nahmen, mich an Ihren wunderschönen Betrachtungen zu erfreuen, und obwohl
> ich noch nicht ganz genesen bin, habe ich dem Leiden zum Trotz die äußerst schmackhaf-
> ten Früchte Ihres Geistes genossen, erschien mir doch dieser unendlich lange hyperbolische
> Körper, der einem in allen drei Dimensionen endlichen Körper gleich ist, als unendlich bewun-
> dernswert. [. . .] Schließlich sagte ich dem Pater Benedetto [Castelli], als er hier vorbeikam, er
> könne mich nunmehr außer Betracht lassen und die einzigartige Bedeutung des Herrn Torricelli
> rühmen. . .[137]

Die Abhandlung *De solido acuto hyperbolico* bildete ursprünglich den ersten Teil einer
umfangreicheren Schrift *De solidis vasiformibus*.[138], deren restlicher Teil zwar von Viviani
und Serenai für den Druck vorbereitet wurde, jedoch erst im Rahmen der Gesamtausgabe
von Torricellis Werken im Jahre 1919 veröffentlicht worden ist.[139]

Im „Vorwort an den Leser" schreibt Torricelli:

> Ich gehe nun an ein Problem heran, das von den angehenden Geometern nicht nur als schwierig,
> sondern sogar als unmöglich angesehen werden könnte. Bis jetzt findet man in den mathema-
> tischen Untersuchungen Messungen von Figuren, die nach allen Seiten hin begrenzt sind, und
> von allen räumlichen Körpern, deren Ausmaße die antiken und modernen Autoren in zahl-
> reichen Versuchen bestimmt haben, hat meines Wissens keiner eine unendliche Ausdehnung.
> Wenn nun vorgeschlagen wird, eine räumliche oder ebene Figur zu untersuchen, die sich ins
> Unendliche erstreckt, so wird jedermann sogleich denken, dass eine Figur dieser Art eine
> unendliche Größe haben müsse. Und dennoch gibt es in der Geometrie einen räumlichen Kör-
> per von unendlicher Länge, der aber mit einer solchen Besonderheit ausgestattet ist, dass er,

---

[137] *OT*, III, Nr. 20

[138] Über die gefäßförmigen Körper.

[139] Ms. Gal. 140, c. 72*r* und 134, c. 31*r*-32*r*. – *OT*, I$_2$, S. 103–123.

obwohl bis ins Unendliche verlängert, dennoch das Ausmaß eines kleinen Zylinders nicht um das Geringste übersteigt.

Es ist dies der von einer Hyperbel erzeugte Körper, dessen Betrachtung Gegenstand dieses Buches sein wird. Er ist bisher noch von niemandem untersucht worden, gibt aber Anlass zu einer großen Vielfalt von interessanten Lehrsätzen, in einem solchen Maße, dass ich, sollte mir die Leidenschaft nicht den Verstand täuschen, sagen würde, dass bis anhin in der ganzen Geschichte der Geometrie keine Figuren von größerem Interesse als diese untersucht worden sind.

Was die Beweismethode angeht, so werden wir einen einzigen, allerdings bedeutenden Lehrsatz auf zwei Arten beweisen, nämlich mit der Indivisiblenmethode und nach der Art der Alten, obschon er, um die Wahrheit zu sagen, mithilfe der Geometrie der Indivisiblen, einer gewiss wahrhaft wissenschaftlichen, direkten und sogar echt natürlichen Beweismethode gefunden worden ist. Mir tut die Geometrie der Alten leid, welche, die Lehre der Indivisiblen entweder nicht kennend oder nicht anerkennend, bei der Untersuchung der Messung der räumlichen Figuren so wenige Wahrheiten entdeckt hat, dass ein unseliger Mangel bis in unsere Zeit angedauert hat. Die Lehrsätze der Alten, welche die Theorie der Körper betreffen, bilden nämlich nur einen Teil der Betrachtungen, die in unserer Zeit der bewundernswerte Cavalieri (um nicht von den anderen zu sprechen) zu so vielen Klassen zahlreicher, im Überfluss vorhandener Körper von unterschiedlichster Gestalt angestellt hat.

Stellte dieser unendlich lange hyperbolische Körper mit seinem endlichen Volumen an sich schon eine Sensation dar, so bedeutete auch die mit Indivisiblen arbeitende Beweismethode einen wichtigen Fortschritt in der von Cavalieri begründeten neuen Geometrie, treten doch dabei erstmals bei Torricelli gekrümmte Indivisiblen auf.[140]

Torricelli definiert den von ihm untersuchten hyperbolischen Körper wie folgt:

Wenn eine Hyperbel um eine Asymptote gleichsam wie um eine Achse gedreht wird, so wird ein Körper von unendlicher Länge (in Richtung der Achse betrachtet) erzeugt, den wir „spitz auslaufenden hyperbolischen Körper" (*acutum solidum hyperbolicum*) nennen werden.

Bei der besagten Hyperbel handelt es sich stets um die sog. gleichseitige Hyperbel, deren Asymptoten senkrecht aufeinander stehen.[141]

An dieser Stelle gehen wir nur auf Torricellis Beweis nach klassischer Art ein; sein Indivisiblenbeweis, der in der Abhandlung vorausgeht, wird im Anhang B des 4. Kapitels zur Darstellung gelangen.

Bevor er auf den angekündigten Beweis des Hauptsatzes „nach der Methode der Alten" zu sprechen kommt, räumt Torricelli ein, dass man es für unmöglich halten könnte, einer Figur von unendlicher Länge eine andere Figur ein- und umzubeschreiben, doch

---

[140] Allerdings hatte schon Cavalieri im VI. Buch seiner *Geometria indivisibilibus* bei der Behandlung der archimedischen Spirale kreisbogenförmige Indivisiblen verwendet.

[141] In einem Scholium zum Hauptsatz teilt Torricelli aber die entsprechenden Ergebnisse – allerdings ohne die Beweise – auch für den Fall mit, dass die Asymptoten nicht senkrecht aufeinander stehen (siehe dazu Kap. 4, am Ende des Anhangs B).

... dies ist indessen nicht nur von uns geleistet worden, sondern auch von dem berühmtesten Geometer Roberval, der unseren hyperbolischen Körper mit kühnen, erhabenen, scharfsinnigen und, um es kurz zu sagen, eigenen Methoden gemessen hat [...]. Ungern sehe ich davon ab, seinen Beweis zu veröffentlichen. Sein Brief[142] kam nämlich gerade zu der Zeit an, als sich dieses Buch im Druck befand. Auch stand der Wille des Autors nicht fest, und es war nicht mehr möglich zuzuwarten, bis aus Paris seine Zustimmung zu erkennen gegeben worden wäre.

Wie wir im Kap. 2 berichtet haben, hatte Torricelli durch Vermittlung von Niceron eine Reihe von mathematischen Aufgaben und Sätzen an die Mathematiker in Frankreich gerichtet, wozu sich Roberval in dem im obigen Zitat erwähnten Brief an Mersenne geäußert hatte. Zwei dieser Sätze beziehen sich auf den unendlich langen hyperbolischen Rotationskörper: Nr. XIV betrifft den von Torricelli bewiesenen Hauptsatz, während die Nr. XV den Zusatz anbringt: „Jeder beliebige Stumpf dieses Körpers ist die mittlere Proportionale zwischen dem ein- und dem umbeschriebenen Zylinder." In dem erwähnten Brief schrieb Roberval:

> Die eleganteste von allen [Propositionen] ist die XIV., deren Beweis hier anzufügen erlaubt sei, und es wäre sehr erwünscht zu wissen, ob ich auf dasselbe Mittel verfallen bin, wie der berühmte Mann, oder auf ein verschiedenes.[143] |

Wir werden auf Robervals Beweis im Anhang zu diesem Kapitel näher eingehen.

Für seinen Beweis bereitet Torricelli sieben Hilfssätze vor: Die Lemmata I-III betreffen einfache Zusammenhänge zwischen den Flächeninhalten von Kreisringen und Kreisen bzw. zwischen den Volumen von Zylinderröhren und Zylindern.

Lemma I *Die Differenz zwischen zwei Kreisen* [d. h. eine Kreisringfläche] *verhält sich zu einem beliebigen dritten Kreis wie das Rechteck, gebildet aus der Summe und der Differenz der Radien der beiden ersten Kreise zum Quadrat des Radius des dritten Kreises.*

Lemma II *Nimmt man von einem Zylinder* AB *einen Zylinder* CD *mit derselben Achse* IE *weg, so ist die übrigbleibende Zylinderröhre gleich einem Zylinder* FG, *dessen Basis gleich dem Kreisring mit dem Mittelpunkt* E, *der Wanddicke* AC *und der Höhe* LM = EI *ist* (Abb. 3.91).

Da die drei Zylinder AB, CD, FG die gleiche Höhe aufweisen, verhalten sich die Zylinder AB, CD wie der Kreis AO zum Kreis CV. Durch Verhältnistrennung (Euklid V, 15) verhält sich daher die Zylinderröhre zum Zylinder CD wie der Kreisring AC zum Kreis CV. Aber die Zylinder CD, FG verhalten sich wie die Kreise CV bzw. FH. Folglich verhält sich die Zylinderröhre AB zum Zylinder FG wie der Kreisring AC zum Kreis FH. Es wurde aber

---

[142] Gemeint ist der Brief Robervals an Mersenne vom Juli 1643 (*OT,* III, Nr. 56; *CM,* Nr. 1204), den dieser am 1. August 1643 an Torricelli weitergeleitet hatte (*OT,* III, Nr. 57; *CM,* Nr. 1205).
[143] Auf der durch Mersenne übermittelten Kopie dieses Briefes hat Torricelli dazu die Randbemerkung angebracht: *diversissimum* („Sehr verschieden!").

Abb. 3.91 *De solido*
hyperbolico, S. 129 [137]

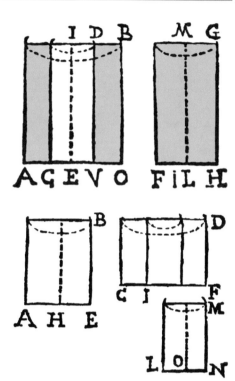

Abb. 3.92 *De solido*
hyperbolico, S. 130 [138]

angenommen, der Kreisring AC sei gleich dem Kreis FH. Daher ist auch die Zylinderröhre
AB gleich dem Zylinder FG, *w.z.b.w.*

Lemma III *Das Verhältnis zwischen dem Zylinder* AB *und der Zylinderröhre* CD *ist zusammengesetzt aus dem Verhältnis ihrer Höhen* EB, FD *und aus dem Verhältnis ihrer Grundflächen, das heißt dem Verhältnis von* AH^2 *zum Rechteck* CI × IF.

Aufgrund von Lemma I verhält sich der Kreis AE zum Kreisring CI wie AH^2 zum Rechteck CI × IF. Es sei die Höhe NM des Zylinders LM gleich der Höhe FD, seine Basis LN sei gleich dem Kreisring CI (Abb. 3.92). Aufgrund von Lemma II ist dann die Zylinderröhre CD gleich diesem Zylinder LM. Somit ist das Verhältnis des Zylinders AB zur Zylinderröhre CD gleich wie das Verhältnis der Zylinder AB und LM. Dieses Verhältnis ist aber zusammengesetzt aus dem Verhältnis der Höhen EB : NM = EB : FD und aus dem Verhältnis der Basen, nämlich des Kreises AE zum Kreis LN, d. h. gleich dem Verhältnis AH^2 : LO^2 = AH^2 : (CI·IF), *w.z.b.w.*

Abb. 3.93 *De solido*
hyperbolico, S. 130 [138]

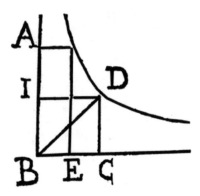

Lemma IV *Gegeben sei die Hyperbel mit den senkrecht aufeinander stehenden Asympto-*
ten AB, BC *und der Halbachse*[144] BD (Abb. 3.93)*. Dann ist* $BD^2 = 2 \cdot AB \cdot BE$.

Es ist nämlich BCDI ein Quadrat mit der Diagonalen BD, somit (aufgrund der Hyperbeleigenschaft) $BD^2 = 2 \cdot \square BCDI = 2 \cdot \square AE$, *w.z.b.w.*

Lemma V *Der Zylinder* IEPO (Basis IO, Radius IT = Halbachse der Hyperbel, Höhe IE)
ist größer als die Zylinderröhre, die von der Drehung des Rechtecks IB *um die Achse* CD
erzeugt wird, und kleiner als die von dem Rechteck IL *erzeugte Zylinderröhre* (Abb. 3.94).

Aufgrund von Lemma IV ist $IT^2 = 2 \cdot DE \cdot EB = VE \cdot EB$. Das Verhältnis des Zylinders
OE zu der von dem Rechteck IB erzeugten Zylinderröhre ist (aufgrund von Lemma III)
zusammengesetzt aus dem Verhältnis ihrer Grundflächen, nämlich des Quadrats IT^2 bzw.
des Rechtecks VE×EB zum Rechteck VI×IE, d. h. (wenn man die Rechtecke auflöst) aus
den Verhältnissen der Seiten VE : EI und EB : IV sowie aus dem Verhältnis der Höhen EI

Abb. 3.94 *De solido*
hyperbolico, S. 131 [139]

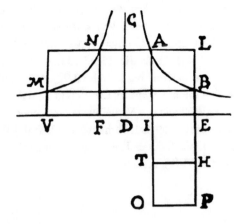

---

[144] Torricelli fügt in Klammern hinzu: «Ich nenne sie [die Strecke BD] *Halbachse,* weil der Schnittpunkt B der Asymptoten der Mittelpunkt der Hyperbel ist».

zu EB. Somit ist das Verhältnis zwischen dem Zylinder OE und der Zylinderröhre gleich VE : IV.

Dieses Verhältnis ist aber > 1, *w.z.b.w.*

Auf ähnliche Weise wird auch der zweite Teil von Lemma V bewiesen.

Lemma VI A, B *seien zwei beliebige Punkte auf der Hyperbel, deren Asymptoten* CD, DE *senkrecht aufeinander stehen. Man ziehe* AI, BE *parallel zur Asymptote* CD. *Dann ist der ringförmige Körper, der durch die Drehung des gemischten Vierseits* IABE *um die Achse* CD *erzeugt wird, gleich dem geraden Zylinder* IEPO, *dessen Basisradius gleich der Achse der Hyperbel und dessen Höhe gleich* IE *ist.*

Angenommen, der besagte ringförmige Körper sei um das Volumen *K* kleiner als der Zylinder IEPO (Abb. 3.95 links). Dann halbiere man die Strecke BL so lange, bis man schließlich zu einem Rechteck AHGL gelangt, das bei der Rotation um die Achse CD eine Zylinderröhre erzeugt, die kleiner ist als der Körper *K*. Darauf teile man die ganze Strecke BL in gleiche Abschnitte der Länge GL und lege durch die Teilungspunkte die Parallelen GH, FN, YR zur Asymptote DE; durch die Schnittpunkte M, N, R dieser Parallelen mit der Hyperbel lege man sodann MS, NT, RV senkrecht zur Asymptote DE. Die einzelnen gleich großen Rechtecke (eines davon ist AHGL) erzeugen bei der Rotation um CD ebenfalls gleich große Zylinderröhren. Die von den Rechtecken RB, NR, MN, AM bei der Rotation um die Achse CD erzeugten Zylinderröhren sind dann zusammen gerade gleich der vom Rechteck AHGL erzeugten Röhre, somit kleiner als K (Abb. 3.95 Mitte). Das bedeutet aber, dass sich der aus den von den Rechtecken RE, N&, MZ und AX erzeugten Zylinderröhren zusammengesetzte Körper (Abb. 3.95 rechts) um weniger als *K* von dem durch das gemischte Vierseit IABE erzeugten ringförmigen Körper unterscheidet. Aufgrund der Annahme folgt daraus, dass der aus den besagten Zylinderröhren zusammengesetzte Körper größer sein muss als der Zylinder IEPO. Dies ist jedoch nicht möglich, denn aufgrund von Lemma V sind die von den Rechtecken RE, N&, MZ und AX erzeugten Röhren kleiner als die Zylinder XO, ZS, &T bzw. EV; somit sind alle Röhren zusammen kleiner als der Zylinder IEPO.

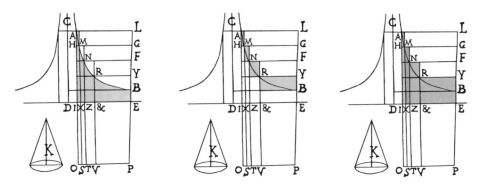

Abb. 3.95 *De solido hyperbolico,* S. 132 [140]

Auf ähnliche Weise wird gezeigt, dass der ringförmige Körper nicht größer als der Zylinder IEPO sein kann; die beiden müssen daher gleich sein.

Lemma VII *Der Zylinder* DFGE *über der Grundfläche* DE *des hyperbolischen Körpers* DAE *ist halb so groß wie der Zylinder* BGLI *mit der* Höhe BG, *dessen Grundkreisradius* OB *gleich der Halbachse der Hyperbel ist* (Abb. 3.96).

Das Verhältnis der Zylinder DFGH und BGLI ist zusammengesetzt aus den Verhältnissen ihrer Grundflächen und ihrer Höhen, somit gleich $BG^2 \cdot GE : OB^2 \cdot BG$, d. h. sie verhalten sich wie OB^2 zum Rechteck $BG \times GE$ bzw. (aufgrund von Lemma IV) wie $2:1$, *w.z.b.w.*

Nach diesen Vorbereitungen kann nun der **Hauptsatz** bewiesen werden:
Es sei D *ein beliebiger Punkt auf einer Hyperbel, deren Asymptoten* AB, AC *einen rechten Winkel bilden. Man lege* DC *parallel zu* AB *und drehe die Figur um die Achse* AB, *sodass ein sich gegen* B *hin ins Unendliche erstreckender Körper entsteht, der aus dem Zylinder* FEDC *und dem spitz auslaufenden hyperbolischen Körper* EBD *zusammengesetzt ist. Dann ist der gesamte Körper* FEBDC *gleich dem Zylinder* ACIH, *dessen Höhe gleich* AC *ist und dessen Grundkreisdurchmesser* AH *gleich der gesamten Achse der Hyperbel ist* (Abb. 3.97).

Angenommen, der Körper FEBDC sei kleiner als der Zylinder ACIH, nämlich gleich dem Teilzylinder NCIL. Die Verlängerung von NL möge die Hyperbel im Punkt M schneiden. Dann wird der Zylinder NCIL gleich dem von dem gemischten Vierseit NMDC bei der Rotation um die Achse AB beschriebenen ringförmigen Körper sein (Lemma VI); daher wird er entgegen der Annahme kleiner als der gesamte Körper FEBDC sein.

Ist andererseits der Körper FEBDC größer als der Zylinder ACIH, so wird dieser gleich einem Teilsegment FEOMDC von jenem sein. Das ist aber unmöglich, denn wie vorhin wird der von dem gemischten Vierseit NMDC erzeugte ringförmige Körper gleich dem Zylinder NCIL sein. Der Zylinder ON ist aber gleich der Hälfte des Zylinders ANLH (Lemma VII). Somit wäre das gesamte Segment FEOMDC kleiner als der Zylinder ACIH.

Abb. 3.96 *De solido hyperbolico*, S. 134 [142]

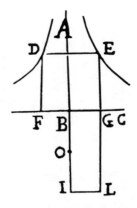

Abb. 3.97 *De solido hyperbolico,* S. 134 [142]

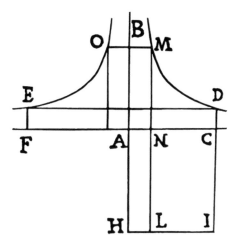

Der gesamte Körper FEBDC ist daher, obwohl unendlich lang, gleich dem Zylinder ACIH, denn er kann weder größer noch kleiner als dieser sein, *w.z.b.w.*

Bemerkung Aufgrund von Lemma VII ist somit der hyperbolische Körper EBD gleich dem Zylinder FEDC.

Den Abschluss der *Opera geometrica* bildet ein kurzer Anhang *De dimensione cochlea* („Über das Volumen der [archimedischen] Schraube"). Weil darin die von Torricelli auf gekrümmte Indivisiblen erweiterte cavalierische Methode zur Anwendung gelangt, werden wir im Anhang C des Kapitels 4 näher darauf eingehen.

Zum Schluss entschuldigt sich Torricelli noch für die Verzögerungen, die beim Druck der *Opera geometrica* eingetreten sind:

Bei alledem weiß ich, dass ich eine Begründung schulde für die sehr lange Untätigkeit während so vieler Monate, da ihr Druck während mehr als einem Jahr, seit diese kleinen Schriften den Geometern versprochen worden sind, sehr langsam vorangegangen ist. Es hat dies mehrere Gründe, und es ist nicht so sehr meiner Nachlässigkeit als dem Zufall und verschiedenen Notwendigkeiten anzukreiden.

Es geschah in der Tat, dass ich mitten in diesem Zeitraum nach mehrmonatigem mühsamem Studium auf ein seit langem untersuchtes optisches Problem gestoßen bin, das die Form betrifft, welche die Oberflächen der für die Fernrohre bearbeiteten Linsen aufweisen müssen. Die praktischen Proben haben die Beweise bestätigt. Obschon die Linsen verständlicherweise die gewünschte Form nicht in vollkommener Weise aufwiesen und – bei einem unerfahrenen und wenig geübten Anfänger wie mir – auch nicht vollkommen und gut bearbeitet zu sein schienen, so erwiesen sie sich dennoch dank der Stärke und der Kraft jener Figur, der sie ziemlich nahekamen, als von einem solchen Grad der Vollkommenheit, dass sie die Fernrohre eines jeden hervorragenden Handwerkers übertrafen, dessen Ruhm bis heute in dieser Stadt bekannt geworden ist. Dieses Urteil ist auch nicht von ungefähr ausgesprochen, sondern nach verschiedenen, oft wiederholten Experimenten, bei Tag und bei Nacht, und nachdem äußerst erfahrene Personen angefragt wurden, deren Urteil niemand mit gutem Recht missachten kann. Gewiss, von welcher Art auch immer die Erfindung gewesen ist, so weiß ich nicht, ob sie mir mehr Freude und Lob oder mehr Gewinn einbringen wird, hat mich doch die freigebige und wahrhaft königliche Großzügigkeit des Durchlauchtigsten Großherzogs nicht nur einmal mit einer großen Menge Gold belohnt. Es darf daher nicht befremden, dass ich mich, nachdem ich die Sorge um diese kleinen Bücher während eines halben Jahres vernachlässigt habe, mit aller Kraft um die neue Erfindung gekümmert habe, die mir in erster Linie sehr erwünscht und auch sehr von Nutzen war. Es geschah auch, dass diese Büchlein aus diesem Grunde nur in geringem Maße korrigiert herauskamen, weil der Autor seine Aufmerksamkeit auf andere, ganz verschiedene Themen gerichtet hatte. Deshalb muss ich dich vielmals bitten, geneigter Leser, dass du diese meine Dinge, so wie sie sind, gerecht und mit Güte beurteilen mögest, und dass du selber die Fehler duldest oder korrigierst, vor allem, weil sie zumeist so offensichtlich sind, dass sie niemandem entgehen können, sondern sich sozusagen von selbst erweisen, wie man sofort im ersten Widmungsschreiben und dann im Folgenden ziemlich häufig sieht. Wir haben nach Vollendung des Werks nicht, wie es die meisten zu tun pflegen, Corrigenda angefügt, da nicht genügend Zeit zur Verfügung stand, um alle Fehler anzumerken. Wir wollten auch nicht eine unvollständige und kurze Übersicht über einige Fehler geben und dann meiner Entschuldigung den ganzen Platz wegnehmen; während man mir die unausgesprochene Unterlassung der Dinge, die bei der Überprüfung entgangen sind, gewissermaßen als deren Gutheißung hätte unterstellen können.

Anhang: Robervals Beweis zum unendlich langen hyperbolischen Körper

Wie wir gesehen haben, hat Torricelli darauf hingewiesen, dass auch Roberval einen Beweis zum unendlich langen hyperbolischen Körper angegeben hat. Der Beweis ist in einem Brief Robervals aus dem Jahre 1643 an Mersenne enthalten, der ihn dann an Torricelli weitergeleitet hat. Der Abbé Galloys berichtet darüber:

> Torricelli war über diesen Beweis, der ihm vom Pater Mersenne geschickt worden war, dermaßen erstaunt, dass er direkt an Herrn Roberval schrieb[145] [. . .], da er, wie er sagt, nicht umhin konnte, ihm seine Hochachtung zu bekunden, die er vor ihm als dem größten Geometer, oder, um seine eigenen Worte zu verwenden, als dem Apoll der Geometer habe. Er fügt hinzu, dass er nicht glaube, dass es einen so scharfsinnigen und gelehrten Beweis wie diesen zu sehen gebe, und dass dieser von dem seinem sehr verschieden sei.

Wir geben hier Robervals diesbezügliche Betrachtungen wieder:[146]

> In der Figur, deren Konstruktion ich als aus der Proposition von Torricelli selbst bekannt voraussetze, sei B der Mittelpunkt der Hyperbel mit den senkrecht aufeinander stehenden Asymptoten BA, BC. DEFG sei wie vorgeschrieben ein beliebig begrenzter [Teil-]Körper (Abb. 3.98). Zuerst zeigen wir, dass dieser Körper die mittlere Proportionale ist zwischen zwei Zylindern mit gleicher Höhe wie der gegebene Körper (nämlich AH), wobei die Grundfläche

---

[145] Brief vom 1. Oktober 1643 (*OT*, III, Nr. 62; *CM*, Nr. 1219).

[146] Zu finden in einem Brief an Mersenne (*OT*, III, Nr. 56; *CM*, XII, Nr. 1204 und 1205). Auch veröffentlicht in *Divers ouvrages de mathématique et de physique par Messieurs de l'Académie Royale des Sciences*, Paris MDCXCIII, S. 278–282 und in *Mémoires de l'Académie Royale des Sciences depuis 1666 jusqu'à 1699*, t. VI, Paris MDCCXXX, S. 428–436.

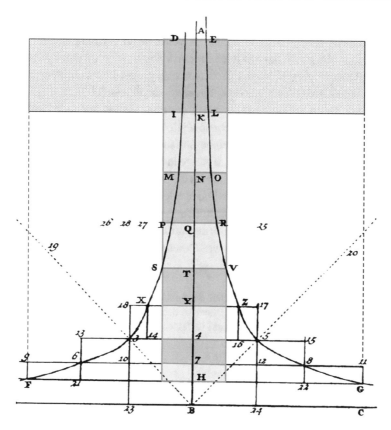

Abb. 3.98 Zu Robervals Beweis zum unendlich langen hyperbolischen Körper. *Divers ouvrages de mathématique et de physique*, Paris 1693, S. 280 (vom Autor bearbeitet)

des einen der Kreis DE, jene des anderen der Kreis FG ist. Es sei BT die mittlere Proportionale zwischen BA und BH, jene zwischen BA und BT sei BN, jene zwischen BT und BH sei B-4.[147] Ebenso sei BK die mittlere Proportionale zwischen BA und BN, BQ jene zwischen BN und BT, BY jene zwischen BT und B-4, B-7 jene zwischen B-4 und BH (Abb. 3.98).

Dann sind H-7, 7-4, 4-Y, YT, TQ, QN, NK, KA fortlaufend proportional. Es ist aber klar, dass das Verhältnis dieser Strecken so gemacht werden kann, dass der Zylinder mit der Basis FG und der Höhe KA kleiner wird als ein beliebig vorgegebenes Volumen.

Mit jedem dieser fortlaufend proportionalen Abschnitte als Höhe werden nun dem hyperbolischen Körper Zylinder {8-21},[148] {10-5}, {14-Z}, ... und {F-11}, {6-15}, {3-17}, ... ein- bzw. umbeschrieben. Zusammen übertreffen die umbeschriebenen Zylinder die einbe-

---

[147] Da Roberval Punkte u.a. auch mit ein- und zweistelligen Zahlen bezeichnet, haben wir zur Vermeidung von Missverständnissen die Schreibweise B-4, F-11, 7-4, usw. für die Verbindungsstrecken der Punkte B und 4, F und 11 bzw. 7 und 4, usw. gewählt.

[148] Mit {8-21} ist der Zylinder 8-6-21-22 gemeint.

schriebenen um weniger als den Zylinder mit der Höhe KA und der Grundfläche FG, d. h. um weniger als das vorgegebene Volumen.[149] Weiter ist der Zylinder mit der Grundfläche SV und der Höhe HA gleich der mittleren Proportionalen zwischen den Zylindern gleicher Höhe mit den Grundflächen DE bzw. FG.[150] Nun zerlegt man diesen „Mittelzylinder" in einzelne, eine abnehmende Folge bildende Zylinder mit den Höhen [H-7], [7-4], [4-Y], . . ., KA, wobei der letzte dieser Zylinder größer ist als der erste einbeschriebene Zylinder {8-21}, jedoch kleiner als der erste umbeschriebene Zylinder {F-11}.[151] Ebenso ist der Zylinder mit der Höhe NK größer als der zweite einbeschriebene Zylinder {6-15}, jedoch kleiner als der zweite umbeschriebene, usw. Alle „Mittelzylinder" sind also zusammen größer als die Summe aller einbeschriebenen, aber kleiner als die Summe aller umbeschriebenen Zylinder.

Damit ist aber klar, dass der „Mittelzylinder" gleich dem hyperbolischen Stumpf FDEG sein muss. Dieses Ergebnis stimmt überein mit Torricellis Proposition XV, dass nämlich jeder Stumpf des hyperbolischen Körpers gleich der mittleren Proportionalen zwischen dem ein- und dem umbeschriebenen Zylinder ist, was Descartes zu folgender Bemerkung veranlasst hat:

> Der Beweis des unendlichen hyperbolischen Körpers ist sehr schön, was Torricelli angeht, der ihn gefunden hat, er ist aber nichts, was Roberval betrifft, denn die Reihe von Propositionen, die Torricelli ihm gegeben hat, konnte nicht verfehlen, in darauf hinzuführen.[152]

Als Korollar zeigt Roberval dann, dass für A → ∞ der sich bis ins Unendliche erstreckende hyperbolische Körper z. B. über dem Grundkreis 3-5 gleich dem Zylinder 3-5-24-23 ist. Auf den vollständigen Beweis brauchen wir hier nicht einzugehen; immerhin sei erwähnt, dass er Torricelli zu der Randbemerkung veranlasst hat (Abb. 3.99):

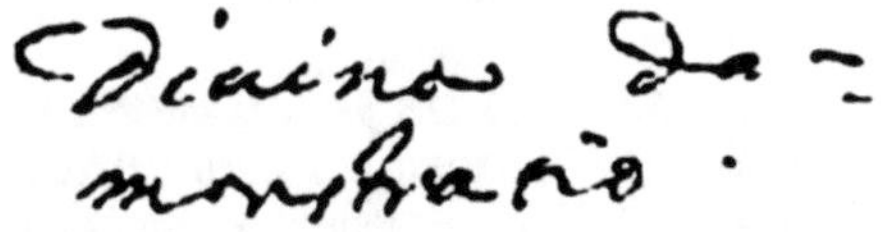

Abb. 3.99 *Divina demonstratio* – Ein göttlicher Beweis! (*OT,* III, Nr. 56)

---

[149] Die Höhen der Zylinderröhren [F-6], [6-3], [3-X], . . . sind alle kleiner als KA, und die Summe ihrer Grundflächen (das ist der Kreisring mit den Radien AD und HF) ist kleiner als die Grundfläche FG.

[150] Aufgrund der Hyperbeleigenschaft stehen die Strecken DA, ST, FH im umgekehrten Verhältnis wie die Strecken BA, BT, BH. Da BT gemäß der Konstruktion die mittlere Proportionale zwischen BA und BH ist, ist auch ST die mittlere Proportionale zwischen DA und FH.

[151] Dass der Zylinder mit der Höhe KA größer ist als der einbeschriebene Zylinder {8-21} kann wie folgt gezeigt werden: Aufgrund der vorhergehenden Anmerkung ist $ST^2 = DA \times FH$. Für das Verhältnis der Grundflächen dieser Zylinder gilt daher: $ST^2 : [6\text{-}7]^2 = DA \times FH : [6\text{-}7]^2 > DA \times [6\text{-}7]$ $: [6\text{-}7]^2 = DA : [6\text{-}7]$. Wie man durch Rechnung leicht bestätigt, ist aber $DA : [6\text{-}7] = [H\text{-}7] : AK$. Daher ist das Verhältnis der Grundflächen der beiden Zylinder größer als das reziproke Verhältnis ihrer Höhen, und das Verhältnis ihrer Volumen ist somit > 1. Auf ähnliche Weise zeigt man, dass der Zylinder mit der Höhe KA kleiner ist als der umbeschriebene Zylinder {F-11}.

[152] Brief vom 2. November 1646 an Mersenne (*OD,* IV, S. 553; *CM,* XIV, Nr. 1545).

Die Indivisiblen

4

> *Man muss aber wissen, dass eine Linie nicht aus Punkten zusammengesetzt ist, eine Fläche auch nicht aus Linien, ein Körper nicht aus Flächen, sondern eine Linie aus Linienteilchen, eine Fläche aus Flächenteilchen, ein Körper aus Körperchen, die unendlich klein sind. (*)*

4.1 Vorgeschichte

Die Eudoxos von Knidos zugeschriebene sogenannte Exhaustionsmethode (die Flächen- oder Volumenbestimmung mittels „Ausschöpfung" einer ebenen oder räumlichen Figur durch einfach zu berechnende Teilfiguren), die beispielsweise von Archimedes zur Bestimmung des Flächenhalts des Kreises und des Parabelsegments verwendet wurde, galt noch bis in das 17. Jahrhundert hinein als das einzige anerkannte Verfahren zur Bestimmung nicht elementarer geometrischer Figuren. Die Bezeichnung „Exhaustionsmethode" – sie geht wohl auf Grégoire de Saint-Vincent zurück[1] – ist für die Antike eigentlich nicht zutreffend: um die Flächengleichheit zweier Figuren A und B zu beweisen, wird mit einem doppelten Widerspruchsbeweis (*per duplicem positionem* – mit dem doppelten Ansatz[2]) die Unmöglichkeit der Annahmen A > B bzw. A < B gezeigt. Die zu messende Figur wird dabei nie vollständig „ausgeschöpft", es bleibt stets ein Rest übrig. Da sich Torricelli in seinen Werken oftmals dieser Methode bedient, wollen wir sie hier am Beispiel der Kreismessung des Archimedes erläutern[3]:

---

[1] CANTOR [1913, S. 895].

[2] Nicht zu verwechseln mit der sog. „Regula falsi" (mit dem doppelten falschen Ansatz – *per duplicem falsam positionem*) zur Lösung linearer Gleichungen.

[3] Wir folgen hier der Darstellung bei RUDIO [1892, S. 73–74].

(*) G.W. Leibniz, Mathematische Schriften, Bd. 7, S. 273. (Übers. nach T. Bedürftig & R. Murawski, *Philosophie der Mathematik,* Berlin 2010, S. 165).

© Der/die Autor(en), exklusiv lizenziert an Springer-Verlag GmbH, DE, ein Teil von Springer Nature 2023
R. Acampora, *Evangelista Torricelli*, Mathematik im Kontext,
https://doi.org/10.1007/978-3-662-66407-0_4

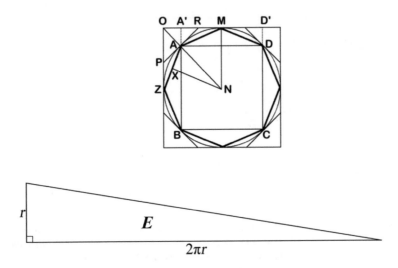

Abb. 4.1 .

Es soll gezeigt werden, dass jeder Kreis K flächengleich ist mit dem rechtwinkligen Dreieck E, dessen Katheten gleich dem Kreisradius bzw. dem Kreisumfang sind (Abb. 4.1).

Es sei zunächst $K > E$: Man beschreibe dem Kreis das Quadrat ABCD ein und halbiere die Kreisbögen so lange, bis die Summe der entsprechenden Segmente kleiner ist als der Überschuss des Kreises über das einbeschriebene regelmäßige Vieleck. Dies ist möglich aufgrund von Euklid X,1 ([4]), denn es wird bei jedem Schritt jeweils von einem Segment ein über dessen Sehne errichtetes gleichschenkliges Dreieck weggenommen (beispielsweise von dem Segment AMD das Dreieck AMD), sodass zwei kleinere Segmente übrigbleiben. Das weggenommene Dreieck ist aber jeweils größer als die Hälfte des Segmentes, denn es ist gleich der Hälfte des Rechtecks ADD'A', und dieses wiederum ist größer als des Segment AMD. Also ist das auf diese Weise einbeschriebene regelmäßige Vieleck größer als das Dreieck E. Das Lot NX vom Kreismittelpunkt N aus auf die Vieleckseite ZA ist aber kleiner als der Kreisradius, somit kleiner als die eine Kathete des Dreiecks E. Andererseits ist aber auch der Umfang des Vielecks ZAMDBC kleiner als der Kreisumfang, somit kleiner als die andere Kathete des Dreiecks E. Es wäre also das Vieleck kleiner als das Dreieck E, was einen Widerspruch bedeutet.

Auf ähnliche Weise kann die Annahme $K < E$ mithilfe umbeschriebener Vielecke auf einen Widerspruch zurückgeführt werden.

---

[4] Nimmt man beim Vorliegen zweier ungleicher (gleichartiger) Größen von der größeren ein Stück größer als die Hälfte weg und vom Rest ein Stück größer als die Hälfte und wiederholt dies immer, dann muss einmal eine Größe übrigbleiben, die kleiner als die kleinere Ausgangsgröße ist.

Anhand dieses Beispiels wird eine grundsätzliche Schwäche der Exhaustionsmethode ersichtlich: Das Verfahren kann nur zum Beweis der Flächengleichheit oder eines bestimmten Verhältnisses der Flächeninhalte zweier Figuren dienen, hier beispielsweise zum Beweis der Formel „Kreisfläche gleich halber Kreisumfang mal Kreisradius"; es kann jedoch keinerlei Hinweise zur Auffindung des zu beweisenden Zusammenhangs zwischen den beiden Figuren liefern. In der Vorrede („Archimedes grüßt den Eratosthenes") zu seiner erst im Jahre 1906 wieder aufgefundenen Schrift, im Folgenden „Methodenlehre" genannt, beschreibt Archimedes denn auch eine Methode

> … um einige mathematische Fragen durch die Mechanik zu untersuchen. Und dies ist nach meiner Überzeugung ebenso nützlich auch um die Lehrsätze selbst zu beweisen; denn manches, was mir vorher durch die Mechanik klar geworden, wurde nachher bewiesen durch die Geometrie […]; es ist nämlich leichter, wenn man durch diese Methode vorher eine Vorstellung von den Fragen gewonnen hat, den Beweis herzustellen als ihn ohne eine vorläufige Vorstellung zu erfinden.[5]

Mit den erwähnten mechanischen Untersuchungen sind Gedankenexperimente gemeint, ausgeführt mit an einer Waage befestigten geometrischen Figuren. In der „Methodenlehre" bestimmt Archimedes auf diese Weise zunächst den Flächeninhalt eines Parabelsegments:

> Zuerst legen wir nun das dar, was uns auch zuerst klar geworden ist durch die Mechanik, dass ein Parabelsegment vier Drittel ist des Dreiecks, das dieselbe Grundseite und gleiche Höhe hat…[6]

Und weiter:

> Dies ist nun zwar nicht bewiesen durch das hier Gesagte; es deutet aber darauf hin, dass das Ergebnis richtig ist. Da wir nun sahen, dass es nicht bewiesen ist […], so haben wir einen geometrischen Beweis ersonnen, den wir schon früher veröffentlicht haben…[7]

Die Schwierigkeit beim Exhaustionsbeweis besteht also darin, dass man bei der Festlegung des zu Beweisenden auf eine Vermutung angewiesen ist (eine ähnliche Situation, wie sie auch bei einem Induktionsbeweis vorliegt). Dazu bestehen verschiedene Möglichkeiten: die erwähnten mechanischen Gedankenexperimente, aber auch tatsächliche ausgeführte Experimente (wie sie beispielsweise Galilei beim Versuch der Bestimmung der Zykloidenfläche unternommen hat) und schließlich heuristische Indivisiblenbetrachtungen (wie wir sie bei Kepler, Cavalieri, Torricelli[8] und Roberval antreffen). Cavalieri und Roberval verzich-

---

[5] *AW*, S. 383.

[6] *AW*, S. 384.

[7] *AW*, S. 386.

[8] Im Vorwort an den Leser zu seiner Abhandlung *De solido acuto hyperbolico* (siehe Kap. 3, S. 135) betont Torricelli, dass er seinen berühmten Lehrsatz über den unendlich langen hyperbolischen Körper mithilfe einer Indivisiblenbetrachtung gefunden hat.

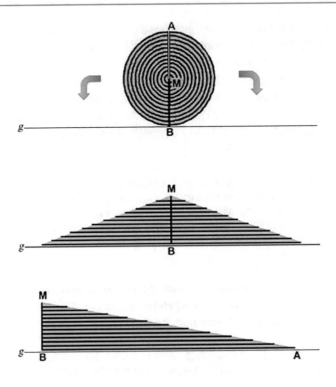

Abb. 4.2 .

ten aber auf einen anschließenden streng geometrischen Beweis, da sie der Ansicht sind, die Indivisiblentheorie auf mathematisch gesicherten Fundamenten aufgebaut zu haben. Obwohl auch er von der Zuverlässigkeit der Indivisiblenmethode überzeugt ist, hält sich Torricelli hingegen stets daran, seinen Indivisiblenbetrachtungen jeweils einen fundierten geometrischen Beweis zur Seite zu stellen.

Eine wohl schon vor Archimedes bekannte Möglichkeit, auf heuristischem Weg zu der von Archimedes bewiesenen Formel für die Kreisfläche zu gelangen, findet sich bei Rabbi Abraham Bar Hiya (12. Jh.).[9] Sie ist hier von besonderem Interesse, da in ihr bereits die grundlegende Idee der im 17. Jahrhundert entwickelten Indivisiblenmethode zu erkennen ist:

Man denke sich die Kreisfläche durch eine große Anzahl konzentrischer Kreise in Kreisringe gleicher „Dicke" zerlegt (Abb. 4.2):

---

[9] Siehe z. B. GARBER & TSABAN [2001].

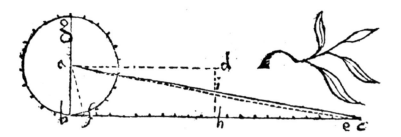

Abb. 4.3 J. Kepler, *Stereometria,* I pars: Curvorum regularium sterometria. (B2)

Schneidet man nun die Kreisfläche längs des Radius AM auf und biegt dann die einzelnen Kreislinien auf beide Seiten nach außen, bis daraus Strecken parallel zur Grundlinie g werden, so füllen diese ein Dreieck aus, dessen Basis gleich dem Kreisumfang und dessen Höhe gleich dem Kreisradius ist. Das ist aber genau das von Archimedes beschriebene rechtwinklige Dreieck *E*.

In seiner *Nova Stereometria doliorum vinariorum* (Linz 1615) versucht Johannes Kepler, den archimedischen Beweis zu veranschaulichen: Er geht von der Annahme aus, der Umfang des Kreises mit dem Durchmesser BG (Abb. 4.3) bestehe aus ebenso (unendlich) vielen Punkten wie (unendlich kleinen) Teilen:

> Der Umfang des Kreises BG hat so viele Teile als Punkte, nämlich unendlich viele; jedes Teilchen kann angesehen werden als Basis eines gleichschenkligen Dreiecks mit den Schenkeln AB, sodass in der Kreisfläche unendlich viele Dreiecke liegen,[10] die sämtlich mit ihren Scheiteln im Mittelpunkt A zusammenstoßen. Es werde nun der Kreisumfang zu einer Geraden BC ausgestreckt. So werden also die Grundlinien jener unendlich vielen Dreiecke oder Sektoren sämtlich auf der einen geraden BC abgebildet *(imaginatae)* und nebeneinander angeordnet.[11]

Kepler betrachtet also jeden unendlich schmalen Teil der Kreisfläche zugleich als gleichschenkliges Dreieck und als Kreissektor. Die Kreisfläche wird daher mit unendlich vielen (unendlich schmalen) gleichschenkligen Dreiecken ausgefüllt sein, die alle ihre Spitze im Kreismittelpunkt A haben. Nun rollt man die Kreislinie auf der Strecke BC ab und verbindet die dabei mitübertragenen Teilpunkte mit dem Kreismittelpunkt A. So entstehen über der Strecke BC ebenso viele Dreiecke (beispielsweise AEC), die alle flächengleich mit den den Kreis ausfüllenden gleichschenkligen Dreiecken sind. Daher ist die Kreisfläche gleich der Fläche des rechtwinkligen Dreiecks ABC, dessen eine Kathete gleich dem Kreisradius

---

[10] An anderer Stelle meint Kepler, dass man die Teilchen des Kreisumfangs (die unendlich kurzen Kreisbögen) als gerade Strecken annehmen dürfe («Licet autem argumentari de EB ut de recta, quia vis demonstrationis secat circulum in arcus minimos, qui aequiparantur rectis», op. cit., S. 14).

[11] Zitiert nach R. Klug: *Johannes Kepler. Neue Stereometrie der Fässer* … Mit einer Ergänzung zur Stereometrie des Archimedes. Leipzig 1908 (Ostwalds Klassiker, Nr. 165), S. 101.

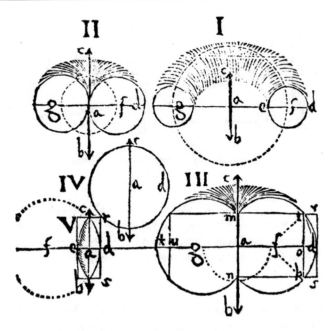

Abb. 4.4 *Stereometria*, Supplementum ad Archimedem De stereometria figurarum conoidibus et sphaeroidibus proxime succedentium. (E)

die andere gleich dem (aus unendlich vielen unendlich kleinen Kreisbögen bestehenden) Kreisumfang sind.

Auf ähnliche Weise bestimmt er auch das Kugelvolumen sowie das Volumen einzelner Rotationskörper. Den geschlossenen Ring (Torus), der entsteht, wenn ein Kreis um eine außerhalb des Kreises liegende Achse gedreht wird, zerlegt er beispielsweise durch Schnitte durch das Zentrum A in unendlich viele Scheiben. (Abb. 4.4, Figur I).

Die Tatsache, dass diese Scheiben bei endlich vielen Schnitten gegen das Zentrum hin schmäler sind als an den weiter außen liegenden Stellen, überträgt Kepler vorbehaltlos auf die unendlich vielen (unendlich) dünnen Scheiben, deren infinitesimale Dicke somit „im Durchschnitt" gleich der Dicke an der Stelle des Kreismittelpunkts F ist. So findet er, dass der Ring dasselbe Volumen hat wie der gerade Zylinder mit dem gegebenen Kreis als Grundfläche und einer Höhe, die gleich dem Umfang des vom Kreismittelpunkt bei der Rotation beschriebenen Kreises ist.

4.2   Bonaventura Cavalieri

Der 1598 in Mailand geborene Cavalieri war schon früh in den dortigen Jesuatenorden[12] eingetreten. 1616 wurde er in das Kloster San Girolamo in Pisa beordert, wo der Benediktiner Benedetto Castelli sein Mathematiklehrer war.[13] Über Castelli wurde Cavalieri auch mit Galilei bekannt, mit dem er in der Folgezeit in regem Briefwechsel stand, ebenso wie später auch mit Evangelista Torricelli.[14] 1619 bewarb er sich vergeblich um den seit Maginis[15] Tod unbesetzt gebliebenen zweiten mathematischen Lehrstuhl in Bologna; als aber nach dem Tode von Cataldi[16] auch noch der andere Lehrstuhl frei geworden war, wurde dieser schließlich 1629 Cavalieri zugesprochen, den dieser dann bis an sein Lebensende behielt. Sein Hauptwerk, die sieben Bücher umfassende *Geometria indivisibilibus continuorum nova quadam ratione promota* (1635, ²1653), im Folgenden kurz *Geometria* genannt, behandelt die von ihm zur Bestimmung von Flächen- und Rauminhalten ebener und räumlicher Figuren entwickelte Indivisiblenmethode, die ihn zu einem bedeutenden Vorläufer der Integralrechnung macht. Er ist außerdem Verfasser der folgenden Werke:

Directorium generale uranometricum. Bologna 1632.
Lo specchio ustorio, overo Trattato delle settioni coniche. Bologna 1632.
Compendio delle regole dei triangoli con le loro dimostrationi. Bologna 1638.
Centuria di varii problemi per dimostrare l'uso, e la facilità de' logaritmi. Bologna 1639.
Trigonometria plana et sphaerica, linearis et logarithmica. Bologna 1643.
Trattato della ruota planetaria perpetua. Bologna 1646.
Exercitationes geometricae sex. Bologna 1647.
Sfera astronomica. Rom 1690

Wie Kepler kam auch Cavalieri auf den Gedanken, Rotationskörper in unendlich viele Scheiben zu zerlegen. Im Vorwort zu seiner *Geometria* schreibt er:

---

[12] Der 1365 von Giovanni Colombini in Siena gegründete Orden (nicht zu verwechseln mit dem Jesuitenorden) wurde 1367 von Papst Urban V. bestätigt und 1668 von Clemens IX. wieder aufgehoben. – Mehr zum Jesuatenorden in DUFNER [1975]. Der Autor stellt dort die Frage – die er allerdings nicht zu beantworten vermag – ob Cavalieri je die Priesterweihe empfangen habe oder ob er Diakon geblieben sei.

[13] Da es in Pisa kein Kloster seines Ordens gab, lebte der Benediktiner Castelli als Gast im dortigen Kloster des Jesuatenordens.

[14] Die *Edizione Nazionale* der Werke Galileis verzeichnet insgesamt 112 Briefe Cavalieris an Galilei, während von Galileis Briefen an Cavalieri nur deren zwei überliefert sind. Der erste erhalten gebliebene Brief stammt vom 6. März 1619 [*OG*, XII, Nr. 1379]. Cavalieri bittet darin Galilei um Unterstützung bei seiner Bewerbung für den Lehrstuhl in Bologna. – Die *OT* enthalten 35 Briefe Cavalieris an Torricelli und 15 Briefe Torricellis an Cavalieri.

[15] Giovanni Antonio Magini (1555–1617). 1588 Professor für Mathematik in Bologna.

[16] Pietro Antonio Cataldi (1548–1626) lehrte zunächst Mathematik an der Kunstakademie in Florenz, 1572 in Perugia und kam 1584 als Nachfolger von Egnazio Danti an die Universität Bologna.

Abb. 4.5 Links: Porträt Cavalieris nach S. xxiv in *Sfera astronomica* del Padre Bonaventura Cavalieri, hg. von Urbano D'Aviso, Rom 1690. (Quelle: Bayerische Staatsbibliothek, Signatur Astr.u. 39. urn:nbn:de:bvb:12-bsb10060893-8. – Rechts: Titelblatt der Erstausgabe der *Geometria indivisibilibus* von 1635. https://archive.org/details/ita-bnc-mag-00001345-001/page/n8/mode/2up)

Ich habe mir [...] in diesen sieben Büchern vorgenommen, die Maße der größtmöglichen Anzahl von ebenen und räumlichen Figuren zu finden; von diesen waren einige auch von anderen studiert worden, hauptsächlich von Euklid und Archimedes, die übrigen hingegen waren meines Wissens bisher noch von niemandem in Angriff genommen worden, mit Ausnahme einzig von Kepler, der [...] in seiner *Stereometria Archimedea* [...] schließlich jenen Teil hinzufügte, [...] worin er, nachdem er die vielfache Drehung um verschiedene Achsen der Kegelschnitte, genauer des Kreises, der Parabel, der Hyperbel und der Ellipse sowie ihrer Teile, den Geometern in einem äußerst eleganten Bericht neben den fünf archimedischen (nämlich der Kugel, des Paraboloids, des Hyperboloids, des Ellipsoids) [das Volumen von] 87 Körpern bekanntgab.

Allerdings betont er, Keplers *Stereometria* erst kennengelernt zu haben, nachdem er seine eigene Methode bereits ausgearbeitet (aber noch nicht veröffentlicht) hatte:

Als ich die neue Methode bereits gefunden hatte [...] schätzte ich mich glücklich durch die Tatsache, dass mir diese Körper [...] so reichlich zur Verfügung standen, mit deren Hilfe es möglich war, die Stärke und die Wirksamkeit dieser Methode zu erproben. Es soll indessen niemand glauben, ich hätte das Maß aller besagten Körper erhalten, so wie es auch Kepler nicht gelungen ist, außer bei wenigen, und dies auch auf nicht sehr glückliche Art und Weise, wie demjenigen klar wird, der die zuvor erwähnte *Stereometria* liest.

Er schreibt dann weiter:

Als ich eines Tages über die Körper nachdachte, die durch Umdrehung um eine Achse entstehen, und das Verhältnis der ebenen erzeugenden Figuren mit jenem der erzeugten Körper verglich, war ich gewiss sehr erstaunt darüber, dass die erzeugten Figuren in dieser Hinsicht so sehr von den Gegebenheiten der sie erzeugenden [Figuren] abwichen, indem sie ein völlig verschiedenes Verhältnis aufwiesen als diese.

Als Beispiele nennt er den Zylinder, der das dreifache Volumen eines Kegels mit gleicher Grundfläche und gleicher Höhe besitzt, während das Verhältnis der Flächeninhalte der erzeugenden Figuren – Rechteck und gleichschenkliges Dreieck – gleich 2 : 1 ist; bei der Halbkugel und dem umbeschriebenen Zylinder ist das Volumen des letzteren gleich dem Anderthalbfachen des Halbkugelvolumens, das entsprechende Flächenverhältnis der erzeugenden Figuren aber ist ungefähr gleich 14 : 11. Ähnliches zeigte sich auch beim Vergleich der Schwerpunkte der erzeugenden und der erzeugten Figuren.

Das Erstaunen über diese Erkenntnis liegt darin begründet, dass er sich zuvor Zylinder und Kegel als Vereinigung unendlich vieler durch die Achse gelegter Rechtecke bzw. Dreiecke vorgestellt hatte und daher der Meinung gewesen war, dass sich aus der Bestimmung des Verhältnisses dieser ebenen Figuren sofort auch das Verhältnis der erzeugten Körper ergeben müsse, was sich dann aber als falsch erwies.

Nach einer vertieften Untersuchung kam er dann zur Einsicht, dass man für den beabsichtigten Zweck parallele Ebenen verwenden muss. Tatsächlich zeigte sich nun in allen von ihm untersuchten Fällen eine vollkommene Übereinstimmung zwischen den Verhältnissen der Körpervolumen und der Gesamtheiten ihrer ebenen Schnitte. So fand er beispielsweise, dass die „Summe" aller Flächen des Zylinders *(omnia plana cylindri)* – die Gesamtheit aller ebenen Schnitte des Zylinders parallel zur dessen Grundfläche – zur „Summe" aller Flächen des Kegels *(omnia plana coni)* im selben Verhältnis steht wie Zylinder und Kegel selbst (nämlich 3 : 1). Allerdings ist in diesem Fall das Verhältnis der Schnittflächen auf gleicher Höhe parallel zur Grundfläche nicht mehr konstant, sodass nun eine neue Interpretation des Verhältnisses der Gesamtheiten der ebenen Schnitte gefunden werden musste, was Cavalieri mit dem Begriff *omnia plana* schließlich gelungen ist.

Eine entsprechende Übereinstimmung der Verhältnisse zeigte sich auch eine Dimension tiefer bei den Flächeninhalten ebener Figuren bzw. den Längen ihrer Schnittlinien parallel zu einer gegebenen Richtung. Schon früher, im Jahre 1621, hatte Cavalieri aus Mailand an Galilei geschrieben, er sei daran, einige archimedische Propositionen, beispielsweise die Quadratur der Parabel, auf eine Weise zu beweisen, die sich von jener des Archimedes unterscheide, doch gebe es da noch gewisse Zweifel an seiner neuen Methode:

> Wenn man sich in einer ebenen Figur eine beliebige gerade Linie gezogen denkt und dann alle möglichen Parallelen dazu zieht, so nenne ich die so gezogenen Linien *omnes lineae* dieser Figur; und wenn man sich in einer räumlichen Figur alle möglichen [Schnitt-]Flächen parallel zu einer gewissen Ebene denkt, so nenne ich diese Flächen *omnia plana* dieses Körpers.[17]

Diese parallelen Linien bzw. Flächen bilden die sog. Indivisiblen der Figur (eine Definition des Begriffs „Indivisible", den Cavalieri nur im Titel und im Vorwort der *Geometria* verwendet, wird man bei ihm allerdings vergeblich suchen).

---

[17] Brief vom 15. Dezember 1621 (*OG*, XIII, Nr. 1515).

Cavalieri war sich nicht sicher, ob die auf Eudoxos zurückgehende, sich auf endlich viele Größen beziehende euklidische Definition eines Verhältnisses[18] auf *omnes lineae* von ebenen Figuren übertragbar sei, da diese doch aus unendlich vielen Elementen bestehen. Daher bat er Galilei, ihm dabei behilflich zu sein, diese Zweifel zu zerstreuen:

> Nun möchte ich wissen, ob *omnes lineae* einer ebenen [Figur] zu *omnes lineae* einer anderen ebenen [Figur] in einem Verhältnis stehen können, denn da man von ihnen immer mehr und noch mehr ziehen kann, ergibt sich, dass [...] es unendlich viele sind und sie daher außerhalb der Definition der Größen stehen, welche ein Verhältnis haben. Weil dann aber, wenn man die Figur vergrößert, auch die Linien vergrößert werden, da sie aus jenen der ersten [Figur] und zudem auch aus jenen des Überschusses der größer als die gegebene gemachten Figur bestehen, so macht es den Anschein, dass sie [doch] nicht außerhalb jener Definition stehen...[19]

Galilei wollte sich aber offenbar nicht dazu äußern[20], denn etwa drei Monate später erkundigte sich Cavalieri erneut nach seiner Meinung; er glaubte nun allerdings, die Schwierigkeit der Übertragung des Verhältnisbegriffs auf unendlich viele Größen inzwischen überwunden zu haben:

> ... dass alle Linien zweier Figuren und alle Flächen zweier Körper in einem Verhältnis stehen, was mir leicht zu beweisen scheint, denn wenn man die eine der besagten Figuren vervielfacht, so werden auch alle Linien der ebenen und alle Flächen der Körper vervielfacht, sodass alle Linien oder Flächen einer Figur vergrößert alle Linien oder Flächen der anderen Figur übertreffen können, und so gehören auch sie zu den Größen, welche in einem Verhältnis stehen. [...] Bitte erweisen Sie mir den Gefallen, mir Ihre Ansicht mitzuteilen, die ich, wie Sie sich wohl denken können, sehnlichst erwarte...[21]

1635 kam es schließlich zur Veröffentlichung der *Geometria* (eine verbesserte Auflage erschien posthum 1653). Aus einer Mitteilung Cavalieris an Galilei geht hervor, dass das Manuskript offenbar schon im Jahre 1629 zum Druck bereit war – zwei Jahre zuvor hatte er bereits eine Version davon an Ciampoli[22] geschickt – doch schon damals sah er voraus, dass das Werk wenig Beachtung finden werde:

> ... schließlich habe ich noch jenes Buch zur Geometrie, für welches ich, um es drucken zu lassen, noch werde drauflegen müssen, wegen des geringen Absatzes, den es haben wird. Ich glaube, ich werde es machen müssen wie in jener Gegend, in der es üblich ist, die schönen

---

[18] Euklid V, Def. 4: «Dass sie ein Verhältnis zueinander haben, sagt man von Größen, die vervielfältigt einander übertreffen können.»

[19] Cavalieri an Galilei, 15. Dezember 1621 (*OG*, XIII, Nr. 1515).

[20] Es scheint, dass Galilei sich nie zu Cavalieris Indivisiblenlehre geäußert hat (wie bereits erwähnt wurde, sind allerdings nur zwei Briefe Galileis an Cavalieri erhalten geblieben), obschon er sich durchaus mit Fragen des Kontinuums auseinandergesetzt hat (siehe z.B. seine Behandlung der *Rota Aristotelis* im „Ersten Tag" der *Discorsi*).

[21] Cavalieri an Galilei, 22. März 1622 (*OG*, XIII, Nr. 1521).

[22] Siehe Kap. 1, Anm. 17.

Töchter zu verheiraten unter Entgegennahme einer Mitgift, mit der dann auch die hässlichen verheiratet werden, […] auch wenn dieses [Werk] mit seinem inneren Wert meiner Ansicht nach schöner ist als die anderen schon [veröffentlichten].[23]

In seinem Widmungsschreiben an Ciampoli zitiert Cavalieri aus den Satiren des Persius:

Wer wird diese Dinge lesen? Sprichst du mit mir? Niemand, beim Herkules. *Niemand?* Vielleicht zwei, vielleicht auch niemand. *Wie schändlich und beklagenswert!*[24]

Auch Galilei scheint das Werk nicht gelesen zu haben. Von Cavalieri inständig um eine Stellungnahme gebeten, verwies er ihn an Fulgenzio Micanzio[25], welcher – nachdem er offenbar ein Exemplar von Cavalieris Werk erhalten hatte – am 25. Oktober 1636 an Galilei zurückschrieb:

Ich wollte einen Blick auf die Werke des Paters Mathematikus in Bologna werfen, aber seine Betrachtungen übersteigen meine Fähigkeiten. Ich weiß sehr wohl, dass der Mangel bei mir liegt, aber dennoch glaube ich, mich nicht zu täuschen: es gibt keinen zweiten Galilei, der die höchsten Gedankengänge zu einer solchen Verständlichkeit vereinfacht, dass auch die wenig Erfahrenen, wie ich es bin, daran einen unschätzbaren Genuss haben.[26]

Dass das Buch nur wenige Leser fand, liegt aber nicht nur an der Schwierigkeit des behandelten Stoffes; Cavalieris oft dunkler, schwer verständlicher Schreibstil hat sicher das Seinige dazu beigetragen. So schreibt der Mathematikhistoriker Maximilien Marie:

Ich denke, die Analyse seiner Werke wird zeigen, dass Cavalieri es verdient hätte, bekannt zu sein; wenn dies aber so wenig der Fall ist, so glaube ich sagen zu können, dass es sehr wohl sein Fehler ist. Würde man Preise für Unklarheit verteilen, so würde er meiner Ansicht nach zweifellos den ersten davontragen. Man kann ihn überhaupt nicht lesen, man ist ständig gezwungen, ihn zu erahnen.[27]

Als weiteren möglichen Grund kann man die schon in seinen frühen Jahren auftretenden ständigen Gichtanfälle Cavalieris ansehen, die ihn fortan bis ans Ende seines Lebens quälten, sodass ihm das Schreiben Mühe bereitete und, wie Henri Bosmans meint, «die Feder der Raschheit seines Denkens nicht folgen konnte»; außerdem gehörte er zu

---

[23] Cavalieri an Galilei, 15. Dezember 1629. (*OG*, XIV, Nr. 1970).

[24] Aulus Persius Flaccus, *Satiren*. Satira I («Quis leget haec? Min' tu istud ais? Nemo, Hercule! Nemo? Vel duo, vel nemo. Turpe et miserabile!»)

[25] Der in Venedig ansässige Servitenmönch Fulgenzio Micanzio (1570–1654) stand seit 1630 im regen Briefwechsel mit Galilei (*OG* verzeichnet 152 Briefe Micanzios an Galilei und deren 16 Galileis an Micanzio).

[26] *OG*, XVI, Nr. 3382.

[27] Marie [1884, S. 90].

Abb. 4.6 *Geometria indivisibilibus*, S. 108[29]

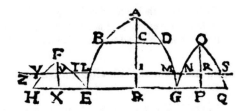

… denjenigen Gelehrten, von denen Pascal sagt, sie hätten den Geist der Feinheit, ohne den Geist der Geometrie zu besitzen, oder anders ausgedrückt, welche die Intuition der Wahrheit haben, ohne in gleichem Maße die Leidenschaft für die strengen Beweise zu besitzen.[28]

Im Buch II der *Geometria,* Theorem I, Proposition I, führt Cavalieri den im Brief vom 22. März an Galilei angedeuteten Beweis, dass alle Linien zweier ebener Figuren in einem Verhältnis stehen, genauer aus: Um zu zeigen, dass die „Summen" aller Linien *(omnes lineae)* zweier ebener Figuren EAG, GOQ (Abb. 4.6) die Voraussetzungen erfüllen (d. h. dass sie so vervielfacht werden können, dass sie sich gegenseitig übertreffen), nimmt er zunächst an, die Höhen AR bzw. OP der beiden Figuren seien gleich, und legt dann in gleicher Höhe über den Grundlinien EG bzw. GQ die Parallelen LM, NS. Nun kann im Falle von NS < LM die Strecke NS so mit einem Faktor k verlängert werden, dass $k \cdot$ NS > LM ist. Entsprechendes trifft auch auf alle übrigen parallel zu AG bzw. GQ gezogenen Indivisiblen zu. Die Gesamtheit der auf diese Weise verlängerten Indivisiblen bildet dann eine neue Figur, von welcher die Indivisiblen der Figur EAG einen Teil bilden. Damit sind für Cavalieri die Voraussetzungen dafür erfüllt, dass die Gesamtheit der Indivisiblen der Figuren EAG und GOQ ein Verhältnis bilden. Er lässt hier aber außer Acht, dass dazu ein gemeinsamer endlicher Verlängerungsfaktor für die Indivisiblen der Figur GOQ gefunden werden müsste, dessen Existenz aber bei unendlich vielen Indivisiblen nicht gewährleistet ist. Dies wird deutlich am Beispiel eines Rechtecks ABCD und eines Dreiecks EFG mit der gleichen Höhe gegeben (Abb. 4.7).

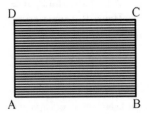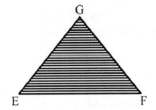

Abb. 4.7 .

---

[28] BOSMANS [1922, S. 82].

[29] Diese und die folgenden Abbildungen aus der *Geometria indivisibilibus* sind der Ausgabe von 1653 entnommen.

Hier ist klar, dass der beim Cavalierischen Verfahren benötigte Verlängerungsfaktor für die Indivisiblen des Dreiecks EFG gegen unendlich strebt, je mehr man sich der Spitze G nähert.

Im Falle ungleicher Höhen (wenn beispielsweise AR > OP ist) trennt Cavalieri von der Figur EAG das Stück BAD ab (Abb. 4.6) und setzt es als Figur HFE auf die Verlängerung der Basis EG. Im einfachsten Fall ist dann die Höhe FX kleiner als die Höhe OP der Figur GOQ (andernfalls müsste der Vorgang mit der Figur GOQ wiederholt werden, bis die Figur EAG in lauter Teilfiguren zerlegt ist, deren Höhen ≤ OP sind). Nun ist klar, dass die einzelnen Indivisiblen der Figur GOQ, beispielsweise NS, so vervielfacht werden können, dass sie die Summe der im gleichen Abstand zur Regula liegenden Indivisiblen der Figuren HFE und EAG übertreffen, dass also beispielsweise $k \cdot$ NS > LM + YT ist. Natürlich gilt auch hier derselbe Einwand wie im ersten Fall.

Offenbar war sich Cavalieri seiner Sache aber doch nicht ganz sicher, denn in einem Scholium fügt er an:

> Vielleicht könnte jemand Zweifel an diesem Beweis haben, indem er nicht richtig durchschaut, auf welche Weise unendlich viele Linien oder Flächen […] untereinander verglichen werden können. Daher scheint es mir nötig, darauf hinzuweisen, dass ich, wenn ich alle Linien oder alle Flächen einer beliebigen Figur betrachte, nicht ihre Anzahl vergleiche, sondern nur die Größe, die gleich dem von den Linien selbst eingenommenen Raum ist, der mit ihnen übereinstimmt, und da ja dieser Raum von Grenzen umfasst wird, so wird auch ihre Größe von denselben Grenzen umfasst, weshalb ihnen etwas hinzugefügt oder weggenommen werden kann, auch wenn wir ihre Anzahl nicht kennen. Ich behaupte, dass dies genügt, damit sie miteinander vergleichbar[30] sind, denn andernfalls wären auch die Räume der Figuren selbst nicht miteinander vergleichbar.

Zur Begründung dieser Behauptung argumentiert er wie folgt: Entweder besteht das Kontinuum aus nichts anderem als den Indivisiblen selbst, oder es besteht noch aus zusätzlichen, zwischen den Indivisiblen liegenden Teilen. Wenn aber im ersten Fall die Zusammenfassungen der Indivisiblen nicht vergleichbar wären, so wären es auch die Kontinua nicht. Im anderen Fall wäre die Anzahl der zusätzlichen Teile ebenfalls unendlich, sodass die aus den Indivisiblen und den zusätzlichen Teilen bestehenden Kontinua ebenfalls nicht vergleichbar wären.

Diese Argumentation überrascht: einerseits hat Cavalieri immer wieder betont, dass er das Kontinuum nicht einfach als aus Indivisiblen zusammengesetzt betrachtet. Es muss somit der zweite Fall vorliegen, worauf sich dann aber die Frage stellt, woraus denn diese zusätzlichen „zwischen den Indivisiblen" liegenden Teile bestehen sollen, verläuft doch durch jeden Punkt der Figur genau eine Indivisible, und es kann nichts geben, das „zwischen den Indivisiblen" liegt.

Im gleichen Scholium fügt Cavalieri außerdem die folgende Bemerkung hinzu:

---

[30] „vergleichbar" bedeutet hier: „in einem bestimmten Verhältnis stehend", d. h., die euklidische Definition V,4 ist erfüllt.

Es scheint mir aber nicht unnütz, zur Bestätigung von diesem als wahr Angenommenen zu bemerken, dass das meiste des von Euklid, Archimedes und Anderen Gezeigten von mir gleichermaßen gezeigt worden ist, und dass meine Schlussfolgerungen aufs Genaueste mit ihren Schlussfolgerungen übereinstimmen, was ein offensichtliches Zeichen dafür sein kann, dass ich in den Grundsätzen Wahres angenommen habe, wenn ich auch weiß, dass aus falschen Grundsätzen auf spitzfindige Weise manchmal Wahres abgeleitet werden kann. Dass mir dies allerdings bei so vielen mit geometrischer Methode bewiesenen Schlussfolgerungen zugestoßen wäre, halte ich für unmöglich. Dies füge ich freilich nicht als legitimes Fundament der vorgenannten Wahrheit hinzu, sondern als nicht zu vernachlässigendes, vielmehr als höchst prüfenswertes Argument für das, was denjenigen mehr und mehr erleuchten soll, der das Folgende alsbald überfliegt.

4.3   Cavalieris Indivisiblenmethode

Auch wenn es heute üblich ist, von Cavalieris „Indivisiblenmethode" zu sprechen, so ist doch zu beachten, dass in der *Geometria* keine Definition des Begriffs „Indivisible" zu finden ist, obschon er ihn beispielsweise in seinem Widmungsschreiben an Ciampoli verwendet:

Unter den geometrischen Dingen glaube ich, dass diese eher schwer zu verstehen sind, umso mehr, als der nun von mir gewählte Weg, um zu ihnen zu gelangen, meines Wissens noch von niemandes Spuren gezeichnet ist; hier wirst Du nämlich finden, dass es einer neuen Arachne mit einer meines Wissens bisher noch unbekannten Methode gelungen ist, mit den Indivisiblen gleichsam wie mit Fäden die kontinuierlichen Dinge webend die Geometrie aufzubauen.

In den Definitionen vermeidet er jedoch den Begriff „Indivisible" und spricht von *omnes lineae* und *omnia plana* (das sind die Zusammenfassungen der unendlich vielen Schnittlinien bzw. -flächen zu einer Gesamtheit). Diese Ausdrücke führten aber zu zahlreichen Missverständnissen; so wurde ihm unterstellt, er habe beispielsweise im Falle von *omnia plana* den Körper (das Kontinuum) und die Gesamtheit aller ebenen Schnitte (die aus Indivisiblen bestehende „Summe") miteinander identifiziert, ein Vorwurf, zu dem Cavalieri selbst mit einigen seiner Äußerungen Anlass gegeben hat.[31] Seine Gegner, allen voran der Jesuit Paul Guldin[32], lehnten aber die Existenz eines Verhältnisses zwischen zwei aus unendlich vielen Elementen bestehenden Gesamtheiten schlichtweg ab, denn ihrer Ansicht nach kann zwischen zwei Unendlichkeiten kein Verhältnis bestehen, da in diesem Fall die euklidische

---

[31] So hat Cavalieri beispielsweise *omnes lineae* einer ebenen Figur mit den Fäden eines gewobenen Tuches verglichen, *omnia plana* einer räumlichen Figur mit den Seiten eines Buches.

[32] Der aus St. Gallen stammende Habakuk Guldin (1577–1643) war ursprünglich protestantisch, konvertierte zum katholischen Glauben und trat 1597 in den Jesuitenorden ein, wobei er den Namen Paul annahm. 1609 wurde er nach Rom beordert, wo er bei Christoph Clavius Mathematik studierte. Er ist bekannt durch die sog. Guldinschen Regeln zur Bestimmung von Oberflächen und Volumen von Rotationskörpern mithilfe ihrer Schwerpunkte.

Definition nicht erfüllt ist.[33] Auch die Tatsache, dass Cavalieris Indivisiblen einer ebenen
oder räumlichen Figur eine um eine Einheit tiefere Dimension aufweisen als die Figur selbst,
bot Anlass zur Kritik: selbst unendlich viele dicht aneinander angeordnete eindimensionale
Strecken können niemals eine zweidimensionale Fläche bilden.[34]

Im Vorwort zur *Geometria* gibt Cavalieri einen Überblick über die einzelnen Bücher:
In den beiden ersten Büchern werden einige zum Aufbau der Lehre benötigte Definitionen
und Hilfssätze zusammengestellt. Von entscheidender Bedeutung sind die folgenden beiden
Definitionen im Buch II:

Definition I

Es sei irgendeine ebene Figur mit ihren beiden gegenüberliegenden Tangenten gegeben; man
lege durch diese Tangenten zwei Parallelebenen. Die Ebenen dürfen senkrecht oder schief zur
Figurenebene stehen, und sie werden auf beide Seiten als unbegrenzt ausgedehnt angenommen.
Eine dieser Ebenen bewegt sich auf die andere zu, stets zu sich selbst parallel bleibend, bis sie
mit der anderen Ebene zusammenfällt. [...] Betrachtet man jede der geraden Linien, die längs
der Bewegung als Schnitte der bewegten Ebene mit der gegebenen Figur entstehen, so nennen
wir diese Linien, alle zusammengefasst: „alle Linien *(omnes lineae)* der Figur, bezüglich einer
dieser Linien als *Regula*."

Dass die bewegte Ebene senkrecht oder schief zur Figurenebene stehen kann – im ersten
Fall spricht Cavalieri von einem „senkrechten Durchgang" *(transitus rectus)*, im zweiten
von einem „schiefen Durchgang" *(transitus obliquus)* –, scheint auf den ersten Blick uner-
heblich zu sein, werden doch in beiden Fällen dieselben Schnittlinien in der gegebenen Figur
erzeugt. Eine nähere Betrachtung zeigt aber, dass die Indivisiblen (bei gleicher senkrecht zur
bewegten Ebene gemessenen Geschwindigkeit) beim schiefen Durchgang gewissermaßen
weniger „dicht" liegen als beim senkrechten Durchgang, sodass man beim Vergleich zweier
Figuren darauf zu achten hat, dass entweder beide in einem senkrechten oder dann beide in
einem (gleich geneigten) schiefen Durchgang überquert werden. In den *Exercitationes geometricae sex* macht Cavalieri den Unterschied zwischen den beiden Arten von Durchgängen
deutlich (Abb. 4.8):

Die Ebene AB schneidet bei ihrer Bewegung gegen GH hin in jedem Moment im *transitus
rectus* aus KLMI die parallelen Indivisiblen PQ, RS, usw., im *transitus obliquus* aus KNOI
die parallelen Indivisiblen TV, XY, usw. heraus. Dabei entspricht jeder Indivisiblen des
Rechtecks KLMI genau eine gleich lange Indivisible des Rechtecks KNOI und umgekehrt.

---

[33] Euklid V, Def. 4: «Dass sie ein Verhältnis zueinander haben, sagt man von Größen, die vervielfältigt
einander übertreffen können.»

[34] Hingegen kann man sich z. B. ebene Figuren als durch stetige Bewegung einer (veränderlichen)
Linie (Strecke) erzeugt denken. Newton schreibt zu Beginn seiner Abhandlung über die Quadratur
der Kurven: «Ich betrachte hier die mathematischen Größen nicht als aus äußerst kleinen Teilen
bestehend, sondern als durch stetige Bewegung beschrieben. Linien werden [...] erzeugt nicht durch
Aneinandersetzen von Teilen, sondern durch stetige Bewegung von Punkten; Flächen durch Bewegung von Linien, Körper durch Bewegung von Flächen...» (KOWALEWSKI [1908, S. 1]). – Vgl. dazu
die Leibnizsche Auffassung im Eingangszitat zu diesem Kapitel.

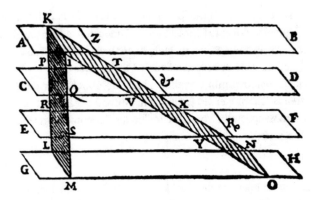

Abb. 4.8 Die beiden Parallelebenen AB und GH werden von zwei Ebenen, dargestellt durch die Rechtecke KLMI bzw. KNOI, senkrecht bzw. schief geschnitten. Bewegt sich nun die Ebene AB (stets parallel zu GH bleibend), bis sie mit GH zusammenfällt, so werden in den Ebenen KLMI (*transitus rectus*) und KNOI (*transitus obliquus*) die jeweils unter sich parallelen Schnittlinien („Indivisiblen") PQ, RS, … bzw. TV, XY, … erzeugt. – Abb. aus *Exercitationes geometricae sex*, Bologna 1647, S. 15

Folglich besteht KLMI gewissermaßen aus dichterem, KNOI aus weitmaschigerem Gewebe. Daher ist es nicht erstaunlich, dass jede Linie von KNOI […] gleich jeder Line von KLMI […] ist und dennoch die Figuren [die Rechtecke] selbst ungleich sind. Das Rechteck KNOI kann sogar endlos vergrößert werden, da wir es uns immer länger und länger vorstellen können. […] Deshalb wurde in der Definition I gesagt, dass alle Linien gegebener ebener Figuren unter demselben Durchgang zu verstehen sind…[35]

Die Definition I wird sogleich auch auf räumliche Figuren übertragen:

Definition II

Legt man an einen beliebig gegebenen Körper gegenüberliegende Tangentialebenen parallel zu einer beliebigen *Regula* […], von denen die eine gegen die andere hin bewegt wird, stets zu derselben parallel bleibend, bis sie mit jener zusammentrifft, so heißen die einzelnen Flächen, die während der gesamten Bewegung aus dem gegebenen Körper herausgeschnitten werden, zusammen genommen „alle Flächen (*omnia plana*) des gegebenen Körpers, wobei irgendeine derselben als *Regula* bestimmt wird."

Später führt Cavalieri noch weitere *omnia*-Begriffe ein, so beispielsweise den Begriff „alle Quadrate" (*omnia quadrata*) einer ebenen Figur, den er für die Quadratur der Parabel benötigt. Dabei wird über allen Indivisiblen einer Figur senkrecht zur Figurenebene ein Quadrat errichtet, wodurch eine räumliche Figur entsteht, deren Ebenenbüschel als *omnia quadrata* der gegebenen Figur bezeichnet wird; im Falle eines Dreiecks ABC ergibt sich auf diese Weise beispielsweise eine Pyramide mit quadratischer Grundfläche (Abb. 4.9):

---

[35] *Exercitationes…*, S. 15–16.

Abb. 4.9 „Alle Quadrate" über
dem Dreieck ABC ergeben eine
Pyramide mit der Grundfläche
BCDE und der Spitze A

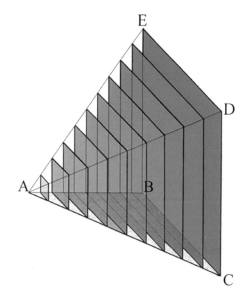

Wir übernehmen im Folgenden von ANDERSEN [1985] die Schreibweisen

$$\mathcal{O}_{\mathcal{F}}(\ell) = omnes\ lineae\ \text{einer ebenen Figur}\ \mathcal{F}$$

$$\mathcal{O}_{\mathcal{F}}(\square\ell) = omnes\ quadrata\ \text{einer ebenen Figur}\ \mathcal{F}$$

$$\mathcal{O}_{\mathcal{K}}(p) = omnia\ plana\ \text{einer ebenen Figur}\ \mathcal{K}$$

Da sich die Volumen von Pyramide und Prisma mit gleicher Grundfläche und gleicher Höhe
wie 1 : 3 verhalten, so bedeutet dies, dass

$$\mathcal{O}_{ABCD}(\square\ell) = 3 \cdot \mathcal{O}_{ABC}(\square\ell).$$

Weil Euklid XII, 4–5) für dieses Verhältnis von 1 : 3 einen indirekten Beweis führt, muss
Cavalieri dafür einen eigenen Indivisiblenbeweis angeben:

Prop. XXIV *Zieht man in einem beliebig gegebenen Parallelogramm eine Diagonale, so
sind „alle Quadrate" des Parallelogramms gleich dem Dreifachen „aller Quadrate" eines
der beiden durch die Diagonale gebildeten Dreiecke, mit einer der Parallelogrammseiten
als gemeinsame Regula.*

Er beweist diesen Satz wie folgt: Im Parallelogramm AG mit der Diagonalen EC und den
Mittelparallelen BF, DH sei RV eine beliebige Indivisible bezüglich der *Regula* EG, T ihr

Abb. 4.10 *Geometria indivisibilibus*, S. 159

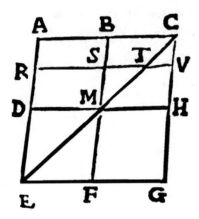

Schnittpunkt mit der Diagonalen EC (Abb. 4.10). Dann ist $RT^2 + TV^2 = 2 \cdot RS^2 + 2 \cdot ST^2$. (^{36})

Fasst man nun alle Quadrate der Indivisiblen zusammen, so ist

$$\mathcal{O}_{AEC}(\Box\ell) + \mathcal{O}_{CEG}(\Box\ell) = 2 \cdot [\mathcal{O}_{AF}(\Box\ell) + \mathcal{O}_{CBM}(\Box\ell) + \mathcal{O}_{MEF}(\Box\ell)],$$

d. h., wegen der Kongruenz der Dreiecke AEC, CEG:

$$\mathcal{O}_{CEG}(\Box\ell) = [\mathcal{O}_{AF}(\Box\ell) + \mathcal{O}_{CBM}(\Box\ell) + \mathcal{O}_{MEF}(\Box\ell)\ (^*)$$

Ferner ist

$$\mathcal{O}_{CBM}(\Box\ell) = \mathcal{O}_{CMH}(\Box\ell)\ \text{und}\ \mathcal{O}_{CEG}(\Box\ell) : \mathcal{O}_{CMH}(\Box\ell) = EG^3 : MH^3 = 8 : 1,$$

d. h.

$$\mathcal{O}_{CEG}(\Box\ell) = 8 \cdot \mathcal{O}_{CMH}(\Box\ell) = 4 \cdot [\mathcal{O}_{CMH}(\Box\ell) + \mathcal{O}_{MEF}(\Box\ell)].$$

Daraus folgt, wegen (*) und der Kongruenz der Dreiecke CBM, CMH, dass

$$\mathcal{O}_{AF}(\Box\ell) = 3 \cdot [\mathcal{O}_{CMH}(\Box\ell) + \mathcal{O}_{MEF}(\Box\ell)].\ (^{**})$$

Nun ist aber

$$\mathcal{O}_{AG}(\Box\ell) : \mathcal{O}_{AF}(\Box\ell) = GE^2 : EF^2 = 12 : 3,$$

daher, wegen (**)

---

^{36} Euklid II, 9: Mit $RT = a$, $TV = b$, $RS = \frac{a+b}{2}$, $ST = \frac{a-b}{2}$ entspricht dies der Identität $a^2 + b^2 = 2 \cdot (\frac{a+b}{2})^2 + 2 \cdot (\frac{a-b}{2})^2$.

Abb. 4.11 .

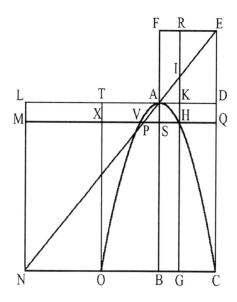

$$\mathcal{O}_{AG}(\Box\ell) = 12 \cdot [\mathcal{O}_{CMH}(\Box\ell) + \mathcal{O}_{MEF}(\Box\ell)],$$
$$\text{bzw. } \mathcal{O}_{AG}(\Box\ell) : (\mathcal{O}_{CMH}(\Box\ell) + \mathcal{O}_{MEF}(\Box\ell) = 12 : 1.$$

Zusammen mit $\mathcal{O}_{AG}(\Box\ell) : \mathcal{O}_{AF}(\Box\ell) = 12 : 3$ ergibt das

$$\mathcal{O}_{AG}(\Box\ell) : (\mathcal{O}_{AF}(\Box\ell) + \mathcal{O}_{CMH}(\Box\ell) + \mathcal{O}_{MEF}(\Box\ell) = 12 : 4.$$

Wegen $\mathcal{O}_{CMH}(\Box\ell) = \mathcal{O}_{CBM}(\Box\ell)$ und aufgrund von (*), ist aber

$$\mathcal{O}_{AF}(\Box\ell) + \mathcal{O}_{CMH}(\Box\ell) + \mathcal{O}_{MEF}(\Box\ell) = \mathcal{O}_{CEG}(\Box\ell) \text{ bzw. } = \mathcal{O}_{AEC}(\Box\ell),$$

somit

$$\mathcal{O}_{AG}(\Box\ell) : \mathcal{O}_{CEG}(\Box\ell) \text{ bzw. } \mathcal{O}_{AG}(\Box\ell) : \mathcal{O}_{AEC}(\Box\ell) = 12 : 4 = 3 : 1, \text{ w.z.b.w.}$$

Diese Proposition ermöglicht nun beispielsweise die Quadratur der Parabel (*Exercitationes*, Exercitatio prima, §XXXV, S. 81):

Es sei OAC eine beliebige Parabel (Abb. 4.11) mit dem Scheitel A (mit Tangente TD), der Basis OC und dem Durchmesser AB gegeben. Man vervollständige das Ganze zur obenstehenden Figur, wobei AF=AD sein soll, sodass ADEF zu einem Quadrat mit der Diagonalen AE wird. GR sei eine beliebige Parallele zur *Regula* CE, welche die Parabel in H, AD in K schneidet. SQ sei die Parallele zu BC durch den Punkt H. Dann ist wegen der Parabeleigenschaft $BC^2 : SH^2 = AB : AS$, und wegen BC=AD=AF=RK und SH=AK=KI ist $RK^2 : KI^2 = GK : KH$. Daher ist $\mathcal{O}_{FD}(\Box\ell) : \mathcal{O}_{ADE}(\Box\ell) = \mathcal{O}_{BD}(\ell) : \mathcal{O}_{ADC}(\ell)$.

In der Prop. XXIV wurde aber gezeigt, dass das Verhältnis $\mathcal{O}_{\text{FD}}(\Box \ell) : \mathcal{O}_{\text{ADE}}(\Box \ell)$ gleich 3 : 1 ist. Somit ist das Rechteck BD dreimal so groß wie das Trilineum[37] ADC; es steht also zum Halbparabelsegment ACB im Verhältnis 3 : 2.

In den Büchern III–V der *Geometria* werden die Kegelschnitte und die von ihnen erzeugten Körper untersucht.

Buch VI behandelt die Bestimmung des Flächeninhalts der archimedischen Spirale und des Volumens der von ihr erzeugten Körper. Hier kommen zum ersten und einzigen Mal bei Cavalieri auch gekrümmte, kreisbogenförmige Indivisiblen zur Anwendung.[38]

In dem später hinzugefügten Buch VII werden schließlich alle in den vorangehenden Büchern mit der sog. „kollektiven Indivisiblenmethode" bewiesenen Dinge mit der auf unabhängige Weise neu begründeten sog. „distributiven Indivisiblenmethode" noch einmal behandelt, wie Cavalieri im Vorwort zur *Geometria* schreibt:

> Im VII. Buch schließlich führen wir unser Schiff, das den Ozean der Unendlichkeit der Indivisiblen überquert hat, in den Hafen, wobei wir eine andere Methode einführen, damit schließlich jeder Verdacht beseitigt sein möge, sein Leben bei den Klippen dieser Unendlichkeit aufs Spiel zu setzen.

Mit dieser neuen Methode will Cavalieri seiner Lehre ein neues Fundament geben, das ohne den Begriff des Unendlichen auskommt. Während bei der ursprünglichen Methode zum Vergleich zweier Figuren die Indivisiblen der einen Figur als Gesamtheit (*omnes lineae* bei ebenen Figuren bzw. *omnia plana* bei räumlichen Figuren) mit der entsprechenden Gesamtheit der anderen Figur verglichen werden, betrachtet Cavalieri bei dieser neuen Methode das Verhältnis der einzelnen, einander entsprechenden Indivisiblen der beiden Figuren: Falls sich zeigt, dass dieses Verhältnis konstant ist, so stehen auch die beiden Figuren in diesem Verhältnis zueinander. Gleich zu Beginn formuliert er das noch heute in der Schule gelehrte, nach ihm benannte Prinzip, welches in seiner einfachsten Form lautet: Wenn zwei ebene Figuren zwischen zwei Parallelen angeordnet werden können und sämtliche parallelen Geraden zu den besagten Parallelen jeweils gleich lange Strecken aus den beiden Figuren herausschneiden, so sind die beiden Figuren flächengleich. Entsprechendes trifft auch auf räumliche Figuren zu, die zwischen zwei parallelen Tangentialebenen angeordnet werden können.

Im **Theorem I** betrachtet Cavalieri den etwas komplizierteren Fall, dass die eine der beiden Figuren „ausgehöhlt" ist : Es seien die beiden ebenen Figuren BZ& (der Punkt links neben dem Punkt R in der Abb. 4.12 wird im Originaltext mit „&" bezeichnet) und CBΛ zwischen den Parallelen AD, Y4 angeordnet, und es mögen die beliebigen Parallelen E6, LΣ jeweils aus den beiden Figuren zusammengefasst gleiche Stücke herausschneiden (so sei beispielsweise FG = HI auf der Parallelen E6, und auf der Parallelen LΣ seien die Abschnitte MN, OP zusammen gleich SV). Dann sind die beiden Figuren flächengleich.

---

[37] Trilineum (Dreiseit): Gemischtliniges Dreieck.

[38] Beispielsweise bei der Berechnung des Flächeninhalts der archimedischen Spirale.

Abb. 4.12 *Geometria indivisibilibus,* Buch VII, S. 485

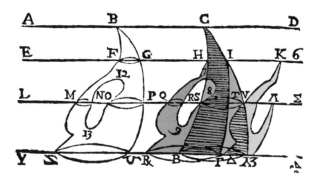

Cavalieri will dieses Theorem mit einem Superpositionsverfahren beweisen: Man schiebt die Figur BZ& innerhalb des Parallelenstreifens nach rechts, bis ihre Sehne FG auf die (gleich lange) Sehne HI der anderen Figur zu liegen kommt. Sollten sich die beiden Figuren vollständig überdecken, so wäre damit ihre Flächengleichheit gezeigt. Sollten sie sich nur teilweise überdecken (rot schraffiertes Gebiet), so bilden die unbedeckten Teile (rot bzw. grün eingefärbt) zwei Figuren mit den gleichen Eigenschaften wie die beiden ursprünglichen Figuren: die auf denselben Parallelen liegenden Sehnen (bzw. die Summe der einzelnen Abschnitte) der beiden Figuren sind jeweils gleich lang. Somit kann man mit diesen Restfiguren ebenso verfahren, sodass sie sich (zumindest teilweise) überdecken. Schließlich wird auf diese Weise die gesamte Figur CBΛ mit Teilstücken der Figur BZ& überdeckt sein, wobei diese Teilstücke die gesamte Figur CBΛ ausmachen. Zwar äußert sich Cavalieri nicht zu der Frage, ob dieser Prozess nach endlich vielen Schritten zu einem Ende kommen wird; zumindest aber scheint er sich vorgestellt zu haben, dass bei diesem Vorgang die jeweils übrigbleibende Restfigur beliebig klein gemacht werden kann. Er hat diese Problematik jedoch erkannt, denn gleich anschließend versucht er, sein Prinzip im archimedischen Stil mithilfe der Exhaustionsmethode zu beweisen[39], allerdings nur für den Fall ebener Figuren.

Unter Annahme der Gültigkeit des Prinzips von Cavalieri kann man bequem das Volumen des geraden oder schiefen Zylinders bzw. Kegels bestimmen (durch Vergleich mit einem Prisma bzw. einer Pyramide über der gleichen Grundfläche), beispielsweise aber auch das (Halb-)Kugelvolumen (Abb. 4.13).

Auf ähnliche Weise (mit einer abgewandelten Form des in der archimedischen „Methodenlehre" beschriebenen mechanischen Verfahrens zur Bestimmung des Kugelvolumens) bestimmt man auch leicht das Volumen des Kugelsegments; ferner können damit auch die entsprechenden Formeln für das Rotationsellipsoid hergeleitet werden. Eine solche Anwendung des Prinzips von Cavalieri wird man in seinen Werken allerdings vergeblich suchen[40];

---

[39] Genaueres zu Cavalieris Beweisen seines Prinzips findet man bei Cellini [1966] und bei Palmieri [2009].

[40] Er hat die entsprechenden Formeln im II. Buch mithilfe des *omnia quadrata*-Begriffs hergeleitet.

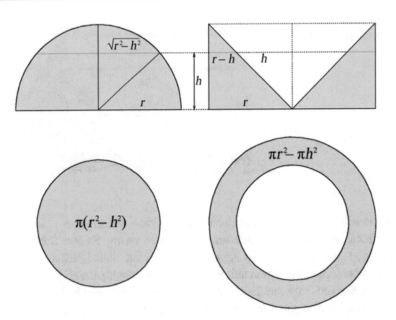

Abb. 4.13 Ebenen in gleicher Höhe h über der Grundfläche erzeugen in der Halbkugel und dem Vergleichskörper (Zylinder mit herausgeschnittenem Kegel) jeweils flächengleiche Schnitte. Das Halbkugelvolumen ist somit gleich $\pi r^2 \cdot r - \frac{\pi}{3} r^2 \cdot r = \frac{2\pi}{3} r^3$

sie scheint erstmals in Christian Wolffs *Elementa matheseos universae* (Halle 1717) nachweisbar zu sein.[41]

Allgemein gilt sogar: Stehen die einzelnen herausgeschnittenen Strecken alle im gleichen Verhältnis, so stehen auch die Flächen der beiden Figuren im selben Verhältnis. Diese allgemeinere Form des Prinzips ist allerdings erst in den *Exercitationes* zu finden, die 1647 als Entgegnung auf die von Guldin gegen die Indivisiblenmethode erhobenen Einwände veröffentlicht wurden.

4.4 Guldins Kritik an Cavalieris *Geometria indivisibilibus* und Cavalieris Entgegnung in den *Exercitationes geometricae sex*

Der erste kritische Leser der *Geometria indivisibilibus* scheint der bereits erwähnte Jesuit Paul Guldin gewesen zu sein, der in seinem vierbändigen Werk *De centro gravitatis* (Wien, 1635–41) – kurz *Centrobaryca* genannt – Cavalieris Indivisiblenmethode scharf angriff.[42]

---

[41] TROPFKE [1924, S. 37].

[42] Später gesellten sich zu den Kritikern Cavalieris zwei weitere Jesuiten hinzu: der am Kollegium in Parma lehrende Mario Bettini (1582–1657) und der an den Jesuitenkollegien in Löwen und Antwerpen wirkende André Tacquet (1612–1660), ein Schüler von Grégoire de Saint-Vincent. Beide traten

Abb. 4.14 Titelseiten der *Centrobaryca*. Links zu Band II (1640), rechts zu Band IV (1641). – ETH-Bibliothek, https://doi.org/10.3931/e-rara-30700 bzw. https://doi.org/10.3931/e-rara-30702

Im Vorwort zum zweiten Band wirft er Cavalieri vor, seine Methode von Kepler und Sovero[43] übernommen zu haben; außerdem bezweifelt er, dass sie auf gesicherten Grundlagen beruhe.

In dem 1641 veröffentlichten vierten Band präzisiert Guldin seine Vorwürfe:

> Es scheint, dass unser Autor, der seine neue Geometrie *Indivisiblenmethode* nennt, diese Methode nicht genügend systematisch dargelegt hat; dass er sich vielmehr bemüht hat, nicht nur Bartolomeo Sovero (dessen Namen ich zu meinem Erstaunen in der *Geometria promota* nicht finde) nachzuahmen, sondern auch dessen im V. Buch *De proportione curvi ad rectum promota* vorgetragene Lehre zu verallgemeinern, aber nichtsdestotrotz nicht dessen klare geometrische Methode angewendet hat, sondern die geometrischen Dinge in gewisse unklare Schwierigkeiten eingehüllt hat. Wir haben beschlossen, nur oberflächlich und mit wenigen Worten zu erwägen, ob dies wahr sei oder nicht.[44]

---

aber mit ihrer Kritik erst nach Cavalieris Tod an die Öffentlichkeit: Bettini im *Epilogus planimetricus* zum zweiten Band seines *Aerarium philosophiae mathematicae* (Bologna, 1648), Tacquet in *Cylindricorum et annularium libri IV* (Antwerpen, 1551).

[43] Der in Corbières, Kt. Fribourg (Schweiz), geborene Bartolomeo Sovero [Souvey, dt. Schouwey] (1576–1629), war 1594 in den Jesuitenorden eingetreten, den er aber 1604 wieder verließ. Nachdem er sich 1623 vergeblich um den seit dem Tode von Giovanni Antonio Magini (†1617) verwaisten zweiten mathematischen Lehrstuhl in Bologna bemüht hatte (der dann 1629 Cavalieri zugesprochen wurde), wurde er 1624 zum Nachfolger von Giovanni Camillo Gloriosi an der Universität Padua ernannt. Sein Werk *Curvi ac recti proportio,* aus dessen fünftem Buch Cavalieri geschöpft haben soll, ist erst posthum 1630 in Padua erschienen, während Cavalieri seine Methode aber bereits 1627 mehr oder weniger fertig ausgearbeitet hatte (mit Ausnahme des erst 1634 hinzugefügten VII. Buches).

[44] *De centro gravitatis liber quartus,* S. 340.

Schon Cavalieris erste Definition, gemäß der die Schnittlinien, die eine bewegte Ebene beim Überstreichen einer ebenen Figur erzeugt, zusammengefasst als *omnes lineae* der Figur bezeichnet werden, wird von Guldin in Frage gestellt. So bestreitet er, dass eine bewegte Ebene überhaupt einzelne Linien als Spuren hinterlassen könne,

> … außer vielleicht an den beiden äußersten Stellen. Weil nämlich die bewegte Ebene aufgrund der Annahme, bevor sie bewegt wird, entweder auf der Ebene steht oder diese nur längs einer [geraden] Linie schneidet, so wird diese Linie, wenn sie bewegt wird, nichts anderes als eine Fläche erzeugen.[45] Dass daher diese Fläche geometrisch gesprochen *omnes lineae talis figurae* genannt werden kann, wird meiner Ansicht nach kein Geometer behaupten. Niemals nämlich können Flächen als „viele Linien" oder „alle Linien" bezeichnet werden, weil Linien von beliebig großer Anzahl nicht imstande sind, auch nur die geringste Fläche bilden zu können.

Derselbe Einwand richtet sich auch gegen die zweite Definition («eiusdem farinae est Definitio 2») für den Fall der räumlichen Figuren.

Von Giannantonio Rocca[46] auf Guldins Kritik aufmerksam gemacht, antwortete Cavalieri, der die *Centrobaryca* bis dahin noch nicht gesehen hatte, am 28. Dezember 1642:

> Es ist mir aber nicht unwillkommen, dass dieser Pater sich vorgenommen hat, diese meine Indivisiblenmethode anzufechten, denn sollte ich mich im Irrtum befinden, so werde ich von meinen Illusionen befreit; wenn er aber derjenige ist, der sich täuscht, so hat er meiner *Geometria* wenigstens den Dienst erwiesen, dass einige, die sie sich sonst nie angesehen hätten, über sie nachdenken werden.[47]

Roccas Hinweis scheint aber bei Cavalieri Zweifel an der Festigkeit der Fundamente seiner Indivisiblengeometrie erweckt zu haben, denn tags darauf schrieb er an Torricelli, der ihm offenbar ein mithilfe der Indivisiblenmethode gefundenes Ergebnis mitgeteilt hatte:

> … wenn Sie und andere bisher irgendwie geglaubt haben, man könne daraus [gemeint ist die Indivisiblengeometrie] einigen Gewinn ziehen, so wird man von nun an sein Urteil revidieren müssen und die Indivisiblen beiseitelassen als etwas Unnützes und ohne Fundament, was, wie mir geschrieben worden ist, neuerdings der Pater Paul Guldin bewiesen hat, der vor einigen Jahren die *Centrobaryca* drucken ließ und der in einem weiteren Band erneut an mehreren

---

[45] Dahinter steht offenbar die Vorstellung, dass die sich bewegende Ebene bzw. die mit ihr bewegte Linie ihre Bewegung unterbrechen muss, um eine Indivisible als „Spur" hinterlassen zu können (der folgende Vergleich sei erlaubt: Ein sorgfältig bewegtes Rasiermesser wird die Haut verletzungsfrei überstreichen, erst das stillstehende Messer wird eine Schnittwunde verursachen). Eine sich kontinuierlich bewegende Linie kann daher nur eine Fläche erzeugen bzw. überstreichen, aber keine einzelnen Spuren hinterlassen.

[46] Der aus Reggio Emilia gebürtige Giannatonio Rocca (1608–1656) war einer der wenigen, die sich damals in Italien in die neue Algebra einarbeiteten. Er stand im Briefwechsel u. a. mit Torricelli; allerdings sind nur zwei Briefe aus dem Jahre 1644 überliefert; sein Name erscheint aber sehr häufig in der Korrespondenz Torricellis.

[47] Cavalieri an Rocca, 28. Dezember 1642. *OT*, III, Nr. 33.

Stellen meiner *Geometria* widerspricht. Allerdings wird dies Ihren scharfsinnigen Erfindungen keinen Abbruch tun, denn es wird Ihnen nicht an Mitteln fehlen, um sie von diesen trügerischen Fundamenten zu befreien.[48]

Als er dann aber zu Beginn des Jahres 1643 Einblick in den 1640 erschienenen zweiten Band der *Centrobaryca* nehmen konnte, worin Guldin im „Vorwort an den Leser" die eingangs erwähnten Vorwürfe gegenüber Cavalieri erhob, gewann er sein Selbstvertrauen zurück, denn er schrieb an Torricelli:

Ich habe gerade eben seinen zweiten Band der *Centrobaryca* gesehen, worin er, obschon dieser sehr umfangreich ist, nicht mehr als neun oder zehn Seiten dafür verwendet, meiner *Geometria* zu widersprechen [...]. Nun bin ich entschlossen, im Rahmen meines kleinen Buches zur Trigonometrie [...] einige Entgegnungen einzufügen, und weil er diese meine Methode als unfruchtbar einschätzt, wäre ich sehr dankbar, wenn ich jene wunderbaren Entdeckungen andeuten oder zeigen könnte, die Ihnen mit dem Scharfsinn Ihres Verstandes gelungen sind.[49]

In der Tat benützte er die Gelegenheit, in seiner gerade fertiggestellten *Trigonometria* (das Imprimatur datiert vom November 1642) nach der „Praefatio" eine „Admonitio circa auctorem Centrobarycae" einzufügen, um möglich rasch auf Guldins Einwände öffentlich entgegnen zu können:

Bevor ich aber weiterfahre, habe ich es anlässlich der Drucklegung dieses Werks für richtig gehalten, den Leser in geeigneter Weise vor etwas zu warnen, was nicht zur Trigonometrie gehört, das dennoch keinesfalls mit Schweigen übergangen werden darf, da es sich auf die Verteidigung meiner Geometrie bezieht, die ich vor acht Jahren zum öffentlichen Gebrauch herausgegeben habe. Als nun diese *Trigonometria* fast zu Ende gebracht worden ist, erschien hier die *Centrobaryca* des Paulus Guldinus von der Gesellschaft Jesu, aufgeteilt in vier Bücher, deren erstes im Jahre 1635, die drei folgenden im Jahr 1640 im österreichischen Wien gedruckt worden waren, enthaltend als Gegenstand den Schwerpunkt nicht nur der ebenen Flächen und der Körper, sondern auch der nicht ebenen, der Linien und sogar der Punkte, womit er diesbezüglich danach strebte, die Erfindungen der Alten glorreich zu vollenden, sodass er, ich gestehe es, unter den hervorragendsten Liebhabern der Geometrie keinesfalls zu negierende Verdienste erworben hat. Mit Sorgfalt aber habe ich die obgenannten Bücher in Zeitnot gierig durchgelesen; ich habe die Erfindung der Schwerpunkte und auch die Anwendung, den Nutzen und die Ruhmestaten derselben durchmustert, gleichzeitig findet man viele [Namen], die von diesem Autor mit der Zuchtrute gestraft werden. Unter diesen werden vor allem Albrecht Dürer, David Rivaltus[50], Lansberge, Longomontanus, Kepler, Vitellio und, was verwunderlich ist, selbst die größten Fürsten der Geometrie, Euklid und Archimedes aufgezählt. Daher habe

---

[48] Cavalieri an Torricelli, 29. Dezember 1642. *OT*, III, Nr. 34.

[49] Cavalieri an Torricelli, 13. Januar 1643. *OT*, III, Nr. 36.

[50] David Rivault de Fleurence (1571–1616) hatte in seiner Ausgabe der Werke des Archimedes (*Archimedis opera omnia graece & latine novis demonstrationibus, versione, commentariisque illustrata* Paris 1615) diesen gegen die von Joseph Scaliger in der *Cyclometria* (1594) erhobenen Einwände verteidigt, indem er die Gleichwertigkeit der direkten Beweise und der Beweise mit dem doppelten Ansatz betonte.

ich mich überhaupt nicht gewundert, als ich schließlich bemerkte, seinem sehr strengen Urteil auch nicht ungeschoren entgehen zu können.[51]

Außerdem hatte er sich vorgenommen, in einer eigenen Schrift direkt auf Guldin zu antworten. Diese Schrift sollte nach dem Vorbild von Galileis *Dialogo* in Dialogform verfasst werden, mit Pater D. Benedetto, Cesare Marsili und einem gewissen „Usulpa Ginuldus" als Gesprächspartner. Mit dem Pater D. Benedetto ist Benedetto Castelli gemeint, der die Rolle Cavalieris zu übernehmen hatte. Dem mit Cavalieri befreundeten Marsili[52] war die Rolle des Sagredo zugedacht, während Usulpa Ginuldus (ein Anagramm von «Paulus Guldinus») den Simplicio, einen gebildeten, aber in der Mathematik nicht besonders bewanderten Mann, spielen sollte. Es war vorgesehen, den Dialog aus drei Teilen bestehen zu lassen: In einem ersten Teil wollte Cavalieri den Einwänden Guldins entgegnen; danach beabsichtigte er, einige mithilfe der Indivisiblenmethode gefundene neue Ergebnisse mitzuteilen, während im dritten Teil verschiedene seiner im Laufe der Jahre gemachten Erfindungen veröffentlicht werden sollten. Nachdem er den „Ersten Tag" fertiggestellt hatte, sandte er den Text an Giannantonio Rocca sowie an Torricelli, um deren Meinungen dazu einzuholen. Die Antworten der beiden sind nicht überliefert; am 16. Februar bestätigt Cavalieri aber, von Torricelli eine Stellungnahme erhalten zu haben.[53] Am 1. Mai 1644 wandte sich Cavalieri erneut an Rocca und machte ihn auf den Tod Guldins[54] aufmerksam:

… weil aber sein Buch nicht gestorben ist, so empfiehlt es sich nicht, die Entgegnung zu vernachlässigen, die, wenn auch nur langsam, in Druck gehen wird…[55]

Am 7. Mai benachrichtigte Cavalieri auch Torricelli über Guldins Ableben:

Ich teile Ihnen sodann mit, dass Pater Guldin gestorben ist, und ich stehe, was den Druck angeht, am Ende des von Ihnen durchgesehenen ersten Dialogs, in dem Sie mir vielleicht zwei Fehler vorhalten werden: Den einen, bei der Erwähnung Ihres Namens jenen stolzen Titel[56] nicht angefügt zu haben, den Ihr veröffentlichtes Werk verdientermaßen trägt, den anderen, Sie vielleicht allzu verwegen als Beleg für einen Befürworter der Indivisiblen angeführt zu haben…[57]

---

[51] Cavalieri, *Trigonometria plana, et sphaerica, linearis, & logarithmica*. Bologna 1643.

[52] Der Bologneser Cesare Marsili (1592–1633) spielte eine wichtige Rolle bei der Ernennung Cavalieris auf den mathematischen Lehrstuhl in Bologna. Er war eng befreundet mit Galilei, der ihn im „Vierten Tag" des *Dialogo* sogar namentlich erwähnt.

[53] Cavalieri an Torricelli, 16. Februar 1644. *OT*, III, Nr. 72.

[54] Guldin war am 13. November 1643 in Wien gestorben.

[55] Cavalieri an Rocca, 4. Januar 1644. *CC*, Nr. 83.

[56] Der auf dem Titelblatt des Werks *De sphaera et solidis sphaeralibus libri duo* aufgeführte Ehrentitel «Serenissimi Magni Ducis Mathematicus.»

[57] Cavalieri an Torricelli, 7. Mai 1644. *OT*, III, Nr. 77.

Guldins Buch war in Italien nur sehr schwer erhältlich. Noch am 29. Dezember 1642 hatte Cavalieri an Torricelli geschrieben, er habe das Werk zwar noch nicht einsehen können, doch seines Wissens sei mindestens ein Exemplar davon nach Bologna gelangt. Torricelli bemühte sich seinerseits offenbar vergeblich, sich das Buch in Florenz zu beschaffen; inzwischen war Cavalieri aber in den Besitz eines Exemplars gelangt, das er dann etwa drei Jahre später an Torricelli weitergab, worauf dieser, nachdem er das Werk durchgeblättert hatte, zurückschrieb:

> Ich habe gesehen, dass er dieselben Mittel anwendet, die auch ich für diese Schwerpunkte verwende; doch Gott weiß, auf welch verworrene Weise und mit wie viel Mühe und Not. Kurz und gut, ich sage Ihnen, dass der Pater Guldin, soweit man aus diesem Buch schließen kann, ein Ochse gewesen ist.[58]

Dem Rat Roccas folgend sah Cavalieri nach der Fertigstellung des ersten Dialogs von einer Veröffentlichung ab[59]; an die Stelle der Dialoge sollte nun ein größeres Werk treten, nämlich die *Exercitationes geometricae sex*[60], erschienen 1647 in Bologna.[61]

Die Exercitationes I und II sind den beiden Indivisiblenmethoden, der kumulativen und der distributiven, gewidmet, während die Exercitatio III die Überschrift „In Paulum Guldinum è Societate Iesu dicta Indivisibilia oppugnantem" trägt.

In der Einleitung zu dieser Exercitatio III zeigt sich Cavalieri recht versöhnlich gegenüber dem inzwischen verstorbenen Guldin:

---

[58] Torricelli an Cavalieri, 21./28. April 1646. OT, III, Nr. 172.

[59] In der von ihm herausgegebenen *Sfera astronomica del Padre Bonaventura Cavalieri* (1690) vorangestellten „Vita del P. Bonaventura Cavalieri", berichtet Urbano D'Aviso, ein Schüler Cavalieris, dass Rocca geraten habe, von einer Veröffentlichung der Dialoge abzusehen, da sich Cavalieri damit in Schwierigkeiten bringen könnte. – Cavalieri hatte am 30. März 1645 an Rocca geschrieben: «... ich werde mich selber darum kümmern, jene Dinge zu streichen, die Sie als wegzulassend erachtet haben, um die Bissigkeit, die Sticheleien zu vermeiden, die ein Dialog von Natur aus mit sich bringt. Ich habe vor, diese meine Kleinigkeiten, die Sie kennen, unter dem Namen «Esercitazioni» zu veröffentlichen, und von diesen will ich als erste [Exercitatio] eine Zusammenfassung der Entgegnung auf Guldin geben.» (*CC*, Nr. 89).

[60] Am 20. September 1645 schrieb Cavalieri nochmals an Rocca: «Ich habe sodann beschlossen, meine Kleinigkeiten unter dem Namen *Esercitazioni matematiche* zu drucken, worin die Antwort an Guldin enthalten sein soll. Und weil die Exemplare meiner *Geometria* vergriffen sind, habe ich mich entschlossen, um sie nicht nachdrucken zu lassen und dennoch einige kurze Anleitungen zu meinen Indivisiblen zu geben, bei dieser Gelegenheit die erste Exercitatio davon handeln zu lassen [...]. Ich habe sodann die zweite Exercitatio angefügt, in welcher ich die zweite Art des Gebrauchs der Indivisiblen erkläre [...]. Darauf soll dann die dritte Exercitatio folgen, welche die Antwort an Guldin enthalten wird, die jedoch noch nicht ganz fertiggestellt ist.» (*CC*, Nr. 91).

[61] Die Druckerlaubnis für die *Exercitationes* wurde durch Gregorio Ferrari, Ordensgeneral des Jesuatenordens, am 15. August 1646 erteilt; das Widmungsschreiben an den Senat des Stadt Bologna datiert vom 7. November 1647; etwas mehr als drei Wochen später, Ende November oder anfangs Dezember, starb Cavalieri.

Abb. 4.15 Titelblatt der
Exercitationes geometricae mit
dem Inhaltsverzeichnis

EXERCITATIONES
GEOMETRICÆ
S E X·

I.   De priori methodo Indiuifibilium.
II. De pofteriori methodo Indiuifibilium.
III. In Paulum Guldinum è Societate Iefu dicta Indiuifibi-
     lia oppugnantem.
IV. De vfu eorumdem Ind. in Poteftatibus Cofsicis.
V.   De vfu dictorum Ind. in vnif. diffor. grauibus.
VI. De quibufdam Propofitionibus mifcellaneis, quarum
     fynopfim verfa pagina oftendit.

Auctore F. Bonauentura Caualerio Mediolanenfi Ordinis Iefuatorum
S. Hieronymi Priore, & in Almo Bononienfi Archigymnafio
primario Mathematicarum Profeffore.

AD ILLVSTRISSIMOS, ET SAPIENTISS.
SENATVS BONONIENSIS
QVINQVAGINTA VIROS.

BONONIÆ, Typis Iacobi Montij. 1647·   *Superiorum permiffu.*

Als ich in Gedanken alle Einwände durchging, die Guldin gegen die Indivisiblenlehre verbreitet hatte, und ich daran ging, die Dinge, die man zur Entgegnung anführen konnte, mit
reicheren Argumenten neu zu schreiben, ja als ich sogar bereits einige Seiten des Werkes in
Druck gegeben hatte, erreichte mich sowohl auf mündlichem als auch auf schriftlichem Wege
die Nachricht, dass der in der Geometrie verdiente Mann dem Tod anheimgefallen war. Ich
empfand heftigen Schmerz über den öffentlichen Verlust für die Gelehrtenrepublik, aber auch
über die entgangenen Früchte der gerade mühsam vollendeten Arbeit, die ich, als er noch lebte,
gesät hatte. Sein Tod, der mich zu undankbarem Schweigen verurteilte, verbot es mir, viele
Dinge zu veröffentlichen, die ein geeigneteres Diskussionsfeld eröffnet hätten, wenn er noch
leben würde.

In den Kapiteln I bis XIII zählt er insgesamt 42 Stellen auf, an denen Guldin Einwände
gegenüber der Indivisiblenlehre erhoben hatte, und legt dann zur Entgegnung jeweils seine
eigenen Argumente vor. Im Kapitel XIV («Worin ein beachtlicher Vorteil gezeigt wird,
der aus Guldins *Centrobaryca* hätte gezogen werden können, wenn er die Indivisiblen
nicht abgelehnt hätte») benützt Cavalieri die angebliche Tatsache, dass Guldin sich vergeblich bemüht habe, seine in der *Centrobaryca* ohne Beweis mitgeteilte „Guldinsche Regel"

Abb. 4.16 Torricelli, *De dimensione parabolae*, S. 77

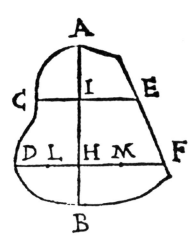

mithilfe der Indivisiblenlehre herzuleiten[62], um ein weiteres Mal auf die Nützlichkeit seiner Methode vorzuführen. Sein Freund Antonio Rocca hatte nämlich zwei Jahre vor dem Erscheinen der *Centrobaryca* das folgende Lemma bewiesen: «Wird eine ebene Figur von einer Geraden [AB] geschnitten, so verhalten sich die Momente [bezüglich der Achse AB] der beiden Segmente wie die von den Segmenten bei der Drehung um die Gerade erzeugten Rotationskörper.» Cavalieri gibt an dieser Stelle Roccas (bis dahin noch unveröffentlichten) Gedankengang wieder, macht aber darauf aufmerksam, dass Torricelli dieses Lemma in seinen *Opera geometrica* bewiesen hat.[63] Wir geben hier Torricellis Beweis kurz zusammengefasst wieder:

> Die ebene Figur ACDBFE (Abb. 4.16) werde von der Geraden AB geschnitten. Durch die beiden beliebigen Punkte H, I auf der Achse AB werden die Parallelen DF bzw. CE senkrecht zu AB gelegt. Ferner seien L, M die Mittelpunkte der Abschnitte DH bzw. HF.
>
> Dann verhält sich bekanntlich das Moment der Strecke DH bezüglich der Achse AB zum Moment der Strecke HF wie $DH^2 : HF^2$. Auch für jede beliebige Parallele CE zu DF verhalten sich die Momente der Abschnitte CI, IE wie $CI^2 : IE^2$. Alle Momente der ersten Abschnitte CI zusammen (d. h. das Moment des Segments ACDB) verhalten sich zu allen Momenten der Abschnitte IE zusammen (d. h. zum Moment des Segments ABFE) wie alle Quadrate des Segments ACDB zusammen zu allen Quadraten des Segments ABFE zusammen oder auch wie alle Kreise des Segments ACDB zusammen zu allen Kreisen des Segments ABFE zusammen, d. h. wie die von den Segmenten ACDB bzw. ABFE bei der Drehung um die Achse AB erzeugten Rotationskörper.

---

[62] Guldin hatte sich im II. Buch, Kap. VIII, seiner *Centrobaryca* darauf beschränkt, seine Regel anhand einiger Beispiele empirisch zu bestätigen.

[63] *De dimensione parabolae*, Lemma XXXI, S. 76–77. Torricelli betont aber ausdrücklich, dass Rocca der Autor dieses Lemmas ist.

Abb. 4.17 *Exercitationes geometricae,* S. 231

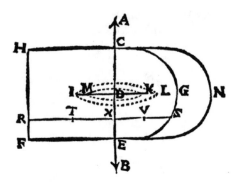

Cavalieri zeigt nun, wie aus diesem Lemma die „Guldinsche Regel" abgeleitet werden kann. Dazu nimmt er zunächst an, die Achse AB liege direkt auf der Seite CE der Figur CGE (Abb. 4.17). Sodann errichtet er über der Strecke CE ein beliebiges Rechteck HFEC. Sind I, K die Schwerpunkte des Rechtecks HFEC bzw. der Figur CEG, so sind die Momente der beiden Figuren bezüglich der Achse AB gleich den Produkten aus den Flächeninhalten F_{HFEC}, F_{CEG} und den Abständen ID bzw. KD ihrer Schwerpunkte zur Achse AB.

Aufgrund von Roccas Lemma verhalten sich diese Momente wie die Volumen V_{HFEC}, V_{CEG} der von den Figuren HFEC bzw. CEG bei der Drehung um die Achse AB erzeugten Rotationskörper:

$$(F_{HFEC} \cdot ID) : (F_{CEG} \cdot KD) = V_{HFEC} : V_{CEG}$$

oder, wenn man das erste Verhältnis mit 2π erweitert:

$$(F_{HFEC} \cdot 2\pi \cdot ID) : (F_{CEG} \cdot 2\pi \cdot KD) = V_{HFEC} : V_{CEG}.$$

Wegen EF $= 2 \cdot$ ID ist aber

$$F_{HFEC} \cdot 2\pi \cdot ID = EF \cdot EC \cdot 2\pi \cdot ID = \pi \cdot EF^2 \cdot EC,$$

somit gleich dem Volumen des Zylinders, dessen Grundfläche der Kreis mit dem Radius EF und dessen Höhe gleich CE ist, dass heißt gleich V_{HFEC}. Dann ist aber auch

$$V_{CEG} = F_{HFEC} \cdot 2\pi \cdot KD,$$

was, da $2\pi \cdot$ KD gleich dem von dem Schwerpunkt K der Figur CEG bei der Drehung um AB zurückgelegten Weg ist, genau der Guldinschen Regel entspricht.

Anhand der Figur CGENC zeigt Cavalieri sodann, dass dasselbe auch für eine Figur in beliebiger Lage bezüglich der Achse AB zutrifft. Triumphierend fügt er zum Schluss hinzu:

Ich weiß aber, dass alles zuvor Gesagte auf den archimedischen Stil zurückgeführt werden kann. Hätte Guldin dies zumindest gewusst, so hätte es ihm, ausgehend just von den Indivisiblen, auch wenn er sie ablehnt, zur Genüge dazu dienen können, einen Indivisiblenbeweis in einen archimedischen umzuformen, so wie alles, was mit der Indivisiblenmethode gezeigt wird.[64]

Guldins Hauptvorwurf galt aber Cavalieris Versuch, ein Verhältnis zwischen zwei Unendlichkeiten bestimmen zu wollen, selbst wenn diese im Cantorschen Sinne gleichmächtig sind. Tatsächlich war es leicht, Beispiele zu finden, bei denen die Indivisiblenmethode scheinbar zu widersprüchlichen Ergebnissen führt. Im Kap. XV der Exercitatio III werden zwei solche Gegenbeispiele diskutiert, wobei Cavalieri die Bemerkung voranstellt:

> Unter jenen [Beispielen], die von unserem Autor gegen die Indivisiblen angeführt worden sind, ist keines so stark, dass es in die Augen springt und mehr aus den Eigentümlichkeiten der Geometrie hervorgeht, als dieses, das nun vorgeführt wird...

Das erste Beispiel hatte sich Cavalieri selbst ausgedacht, nachdem ihm Torricelli ein von einem anonymen Autor stammendes Gegenbeispiel mitgeteilt hatte:[65]

Es seien HDG, HDA zwei Dreiecke mit der gleichen Höhe HD, aber mit den verschieden langen Grundseiten GD und DA (Abb. 4.18). Nun lege man durch die beliebig auf AH gewählten Punkte K, I,... die Parallelen BK, CI,... zu HD, sodann die Parallelen KM, IL,... zu AG und schließlich durch die Punkte L, M,... die Parallelen LE, MF,... zu HD. Es ist dann KB = MF, IC = LE, usw., sodass man annehmen könnte, es sei

$$\mathcal{O}_{\mathrm{HDA}}(\ell) = \mathcal{O}_{\mathrm{HDG}}(\ell)$$

bezüglich der Regula HD, was zur Folge hätte, dass die beiden Dreiecke flächengleich wären, trotz ihrer verschieden langen Grundseiten.

Cavalieri löst den Widerspruch folgendermaßen auf: Eine korrekte Anwendung seiner Methode setzt voraus, dass die Linien einer Figur jeweils denselben Abstand zueinander

Abb. 4.18 *Exercitationes geometricae*, S. 238

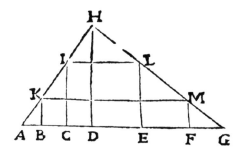

---

[64] Exercitatio III, S. 235. – Ebenso äußerte sich auch Blaise Pascal: «Ich wollte diesen Hinweis geben, um damit zu zeigen, dass alles, was mit den wahren Regeln der Indivisiblen bewiesen wird, auch mit Strenge und nach der Art der Alten bewiesen werden kann.» *Lettres de A. Dettonville*, in *OP*, S. 424.
[65] Brief Cavalieris an Torricelli vom 5. April 1644. *OT*, III, Nr. 74.

einhalten wie die entsprechenden Linien der Vergleichsfigur. Er stellt daher den folgenden Vergleich an:

> Diese Lösung wird sehr gut erläutert anhand eines aus Fäden gewobenen Tuches, aus dem die besagten Dreiecks ausgeschnitten sind. Wenn wir nämlich annehmen, im Dreieck HAD seien 100 Fäden parallel zu HD, so werden auf HA 100 Punkte markiert. Im Dreieck HAG seien weitere 100 Fäden parallel zu AG gespannt und demzufolge werden auf HG weitere 100 Punkte und im Dreieck HDG weitere 100 Fäden [parallel zu HD] sein. Nimmt man jedoch an, DG sei beispielsweise das Doppelte von DA, so müssten im Dreieck HDG, wenn es aus demselben Stoff geschnitten ist, 200 Fäden sein. Es werden also 100 Fäden ausgelassen, sodass die restlichen Fäden weniger dicht sind als die Fäden des Dreiecks HDA.

Dabei ist er sich allerdings bewusst, sich mit diesem Vergleich dem Vorwurf auszusetzen, sich das Kontinuum aus Indivisiblen aufgebaut vorzustellen:

> Ich weiß, dass es dazu nicht an neuen Einwänden und Spitzfindigkeiten fehlen wird; aber jemandem, der in dieser Methode erfahren ist wie Sie, wird dies, glaube ich, keine Mühe bereiten. Ich werde aber gerne Ihre diesbezügliche Meinung vernehmen, ob Sie damit zufrieden sind, und ob Ihnen etwas in den Sinn kommt, was die Behebung dieser Schwierigkeit verdeutlichen könnte...[66]

Das zweite Gegenbeispiel, auf das wir hier nicht eingehen, stammte von einem Anonymus aus Frankreich.

In Torricellis Manuskripten finden sich an verschiedenen Orten Zusammenstellungen von Beispielen, die bei unsachgemäßer Anwendung der Methode zu offensichtlich falschen Schlussfolgerungen führen.[67] Das einfachste Beispiel dieser Art ist das folgende (Abb. 4.19).

Im Rechteck ABC, dessen Seite AB länger ist als die Seite BC (Abb. 4.19), zieht man die Diagonale BD und legt durch einen beliebigen Punkt E dieser Diagonalen EF und EG

Abb. 4.19 .

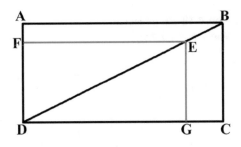

---

[66] *Ibid.*

[67] i) Sieben Beispiele im sog. *Campo di tartufi,* einer Sammlung von Propositionen aus verschiedenen Gebieten (*OT,* I$_2$, S. 20–23, Nr. 73–75 und 77–80); ii) weitere fünf Beispiele unter dem Titel *Contro gl'infiniti* (*OT,* I$_2$, S. 47–48); iii) weitere 14 Beispiele unter dem Titel *De indivisibilium doctrina perperam usurpata* (*OT,* I$_2$, S. 417–426); hierbei handelt es sich um eine im Auftrag von Viviani erstellte Beispielsammlung (Ms. Gal. 138, c. 1r–7r).

parallel zu AB und BC; dann ist EF größer als EG und dasselbe gilt auch für alle anderen Parallelen dieser Art. Daher sind alle Strecken EF im Dreieck ABD zusammen größer als alle Strecken EG im Dreieck CDB zusammen, und das Dreieck ABD ist größer als das Dreieck CDB, was falsch ist. Tatsächlich halbiert die Diagonale [die Fläche], folglich argumentiert man auf solche Weise falsch.[68]

Obschon also zwischen den Indivisiblen der beiden Dreiecke ABD, CDB eine eineindeutige Zuordnung besteht und jede einzelne Indivisible des Dreiecks ABD größer ist als die ihr entsprechende Indivisible des Dreiecks CDB, gilt diese Relation nicht für die Gesamtheiten der jeweiligen Indivisiblen, d. h. ABD ist nicht größer als CDB, die beiden Dreiecke sind vielmehr kongruent, also flächengleich.

Ein weiteres einfaches Beispiel (Exemplum III) wird im nächsten Abschn. 4.5 besprochen. Das folgende Exemplum VI ([69]) ist hingegen weniger leicht durchschaubar:

In der Halbkugel ABC sei der Kegel ABC einbeschrieben (Abb. 4.20). Man vervollständige das Rechteck BEFD. Sodann wird die Halbkugel mit der Ebene GM senkrecht zur Achse BE geschnitten. Der Kreis mit dem Radius LG verhält sich zum Kreis mit dem Radius LI (oder LB) wie LE zu LB (LE, LG, LB sind nämlich stetig proportional)[70], d. h. wie MO zu MN. Deshalb sind alle Kreise zusammen (d. i. die Halbkugel) zum Kegel wie das Trapez FCBE zum Dreieck CDB, d. h. wie 3 : 1, was falsch ist. Daher wurde falsch überlegt.[71]

In Wahrheit ist das Verhältnis zwischen Halbkugel und Kegel gleich 2 : 1. Für Torricelli, der von der Unfehlbarkeit der Indivisiblenmethode (bei „richtiger" Anwendung) überzeugt

Abb. 4.20

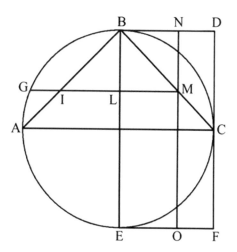

---

[68] Exemplum I (*OT*, I_2, S. 417).
[69] *OT*, I_2, S. 420.
[70] Höhensatz im rechtwinkligen Dreieck EGB: $LG^2 = LE \cdot LB$. Daher ist $LG^2 : LB^2 = LE : LB$.
[71] *OT*, I_2, S. 420.

Abb. 4.21

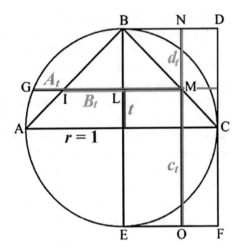

ist, ist damit klar, dass hier eine „falsche" Anwendung der Methode vorliegen muss; allerdings gibt er keinen Hinweis darauf, worin denn der Fehler in dieser Überlegung besteht.

Das Verhältnis der Flächeninhalte $A_t = \pi \cdot (1 - t^2)$, $B_t = \pi \cdot (1 - t)^2$ der Kreise mit den Radien LG bzw. LI (das sind die Indivisiblen der Halbkugel bzw. des Kegels, Abb. 4.21) ist zwar tatsächlich gleich dem Verhältnis der Strecken OM, MN ($c_t = 1 + t$ bzw. $d_t = 1 - t$).

Es liegt also eine (unendliche) Anzahl von Proportionen $A_t : B_t = c_t : d_t$ vor. Lemma XXIX aus der Abhandlung *De dimensione parabolae* (siehe Kap. 3) besagt: Es sei eine (endliche) Anzahl von Proportionen $a_i : b_i = c_i : d_i$ gegeben, wobei die Vorderglieder a_i, c_i in der entsprechenden Reihenfolge zueinander proportional sind (d. h. $a_1 : a_2 : a_3 : \ldots : a_n = c_1 : c_2 : c_3 : \ldots : c_n$). Dann sind auch die Summen aller Vorderglieder und aller Hinterglieder proportional: $\Sigma a_i : \Sigma b_i = \Sigma c_i : \Sigma d_i$.

Obwohl im vorliegenden Beispiel eine unendliche Anzahl von Proportionen vorliegt, bringt Torricelli hier Lemma XXIX zur Anwendung (was er auch in anderen Fällen getan hat und dabei jeweils zu richtigen Ergebnissen gelangt ist). Dass hier ein falsches Ergebnis resultiert, liegt daran, dass die die zweite Voraussetzung von Lemma XXIX nicht erfüllt ist, dass nämlich die Vorderglieder A_t, c_t proportional sein müssen, was aber nicht der Fall ist, denn während bei zunehmendem t die A_t eine abnehmende Folge bilden, ist die Folge der c_t zunehmend.

Mit dem nächsten Beispiel (Exemplum VII) will Torricelli zeigen, dass man aber auch mit einer „falschen" Indivisiblenbetrachtung zu einem richtigen Ergebnis gelangen kann: Das Rechteck AB mit der Diagonalen CD werde um die Achse CB gedreht. Es entsteht ein Zylinder mit dem ihm einbeschriebenen Kegel (Abb. 4.22).

Eine beliebige Strecke EF erzeugt dabei eine Zylindermantelfläche, die zugehörige Strecke FI eine Kreisfläche FG. Die Zylindermantelfläche EF ($= \frac{2\pi h}{2} \cdot x^2$) verhält sich zur Kreisfläche FG ($= \pi \cdot x^2$) wie die Strecke EF ($= \frac{h}{r} \cdot x$) zum vierten Teil der Strecke FG ($= \frac{1}{4}x$). Dann verhalten sich alle Zylindermantelflächen zusammen (das ist der Zylinder AH

Abb. 4.22 .

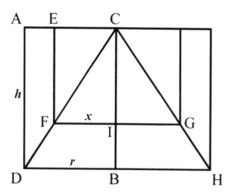

ohne den Kegel DCH) zu allen Kreisflächen zusammen (das ist der Kegel DCH) wie alle Strecken EF zusammen (das ist das Dreieck ACD) zu allen Strecken $\frac{1}{4}$FG zusammen (das ist $\frac{1}{4}\triangle$FCG), das heißt wie 2 : 1. Torricelli meint dazu:

> Dies ist freilich wahr, obschon die Beweismethode trügerisch ist, wie im vorhergehenden Beispiel.

Dass die Beweismethode trügerisch sei, hat er an anderer Stelle damit erklärt, dass die Zylindermantel- und die Kreisflächen von unterschiedlicher „Dicke" sind, falls ADBC kein Quadrat ist.[72]

Wie im vorhergehenden Beispiel liegt hier eine unendliche Folge von Proportionen $a_i : b_i = c_i : d_i$ vor mit $b_i = k \cdot a_i, d_i = k \cdot c_i$, d.h. es ist $a_i : b_i = c_i : d_i = 1 : k =$ konstant. Die Folgen a_i, c_i sind aber nicht proportional (die Folge a_i wächst quadratisch, die Folge c_i linear mit zunehmendem x) sodass Lemma XXIX nicht angewendet werden kann. Dennoch ist leicht zu zeigen, dass auch im vorliegenden Fall $\Sigma a_i : \Sigma b_i = \Sigma c_i : \Sigma d_i$ ist. Die Schlussfolgerung ist daher – die Zulässigkeit der Übertragung auf unendlich viele Summanden vorausgesetzt – korrekt.

Den zahlreichen Gegenbeispielen zum Trotz nahm Torricelli die Gedanken Cavalieris mit Begeisterung auf, verteidigte sie gegen Guldin und entwickelte sie, wie wir noch sehen werden, selbständig weiter, allerdings ohne sich dabei an die von Cavalieri geübte Strenge zu halten. In seinen Briefen berichtete er Cavalieri laufend über seine neuesten mithilfe der Indivisiblen gefundenen Resultate, worüber sich dieser sehr erfreut zeigte:

> … ich kann nicht umhin, die Indivisiblen als vom Glück begünstigt zu nennen, einen so großen Förderer gefunden haben. Ich glaube, diese Ihre wunderbaren Erfindungen werden auch jene beeindrucken, welche die besagten Indivisiblen verabscheuen, doch glaube ich noch nicht,

---

[72] Torricelli hat dieses Beispiel als Exemplum III auch in der Abhandlung *De solido acuto hyperbolico problema alterum* behandelt (*OT,* I$_1$, S. 176).

dass sie sich schließlich mit dieser Lehre einigermaßen zufriedengeben werden, solange die Schwierigkeiten des Unendlichen ihren Verstand benebeln und sie im Ungewissen lassen.[73]

Etwas mehr als ein Jahr später äußerte er sich noch enthusiastischer über Torricellis Aufnahme seiner Indivisiblen, die,

> … wenn sie auch von der Seite meines Gegners unterdrückt wurden, von Ihrer glücklichen Feder und Ihrem Verstand so sehr gepriesen und verbreitet worden sind, dass nichts zu wünschen übrig bleibt, indem sie von Ihnen jenen Glanz empfingen, den sie niemals von ihrem eigenen Autor erhalten konnten, nicht allein wegen des unzureichenden Geistes, sondern auch wegen seiner ständigen Krankheit, die ihm gegenwärtig gänzlich verbietet, irgendetwas zu tun, weder in dieser Angelegenheit noch in einer anderen.[74]

Torricelli hat sich nie zu den von verschiedener Seite erhobenen Einwänden gegen die unsicheren Grundlagen der Indivisiblentheorie geäußert. In den *Opera geometrica* von 1644 schreibt er im Zusammenhang mit der Quadratur der Parabel:

> Wir werden uns von dem immensen Ozean der *Geometria* Cavalieris fernhalten und weniger mutig in der Nähe des Ufers bleiben. Wer möchte, wird alle diese Dinge sehen können (sollte man sagen an der Quelle oder vielmehr auf hoher See?) in der Mitte des zweiten Buches der *Geometria indivisibilibus* von Cavalieri.

4.5 Torricellis Umgang mit Indivisiblen

Mit der Aussage, sich vom immensen Ozean der *Geometria* fernzuhalten und in der Nähe des Ufers zu bleiben, lässt Torricelli durchblicken, dass er sich nicht um eine sichere Grundlage der Indivisiblentheorie bemühen will und sich in dieser Hinsicht völlig auf Cavalieri verlässt. Um sich gegen die Einwände der Gegner Cavalieris abzusichern, ist er aber stets darauf bedacht, seine Beweise auch *more veterum,* d.h. ohne Verwendung von Indivisiblen zu führen.

In der erwähnten Zusammenstellung von Beispielen falscher Anwendungen der Indivisiblen gibt Torricelli keine Hinweise darauf, welches die Merkmale richtiger und falscher Anwendung der Indivisiblen sein könnten; er erweckt aber den Anschein, über entsprechende Kriterien verfügt zu haben. So schreibt er in einem Brief an Cavalieri, dass die (von den Gegnern als falsch bezeichnete) Indivisiblenmethode

> … ausschließlich zu wahren Schlussfolgerungen führt, wenn man nach den Regeln der Kunst und den in den Elementen bewiesenen Dingen vorgeht.[75]

---

[73] Cavalieri an Torricelli am 10. März 1643 (*OT*, III, Nr. 47).
[74] Cavalieri an Torricelli am 15. Juni 1643 (*OT*, III, Nr. 82).
[75] Torricelli an Cavalieri am 7. März 1643 (*OT*, III, Nr. 46).

Bei der Auflösung der bei unzulässiger Anwendung der Indivisiblen auftretenden Paradoxien entfernt sich Torricelli von Cavalieris Vorstellungen. Während bei diesem die Dimension der Indivisiblen jeweils um eins tiefer ist als jene der betrachteten ebenen oder räumlichen Figuren, ist sie bei Torricelli stets gleich der Dimension der zu messenden Figuren. Zu Beginn der Abhandlung *Delle tangenti delle parabole infinite per lineas supplementares* schreibt er:

> Dass die Indivisiblen unter sich alle gleich seien, das heißt die Punkte gleich den Punkten, die Linien in ihrer Breite gleich den Linien und die Oberflächen in ihrer Tiefe gleich wie die Oberflächen, ist eine Ansicht, die meiner Meinung nach nicht nur schwierig zu beweisen, sondern sogar falsch ist. Wenn zwei konzentrische Kreise gegeben sind und man sich vom Zentrum aus alle Linien zu allen Punkten der größeren Peripherie gezogen denkt, so gibt es keinen Zweifel, dass die Durchgänge der Linien auf der kleineren Peripherie ebenso viele Punkte erzeugen, und dass jeder von diesen um so viel kleiner ist als jeder von jenen, wie der Durchmesser kleiner ist als der [größere] Durchmesser.[76]

In einer Randnotiz fügt er hinzu:

> Weil die Linien zugespitzt sind; aber wenn man eine einzelne Linie zieht, so werden die Punkte gleich [groß] sein.

Die einzelnen, vom Zentrum aus zur größeren Peripherie gezogenen Radien hat man sich daher als keilförmige, gegen außen hin immer breiter werdende Indivisiblen vorzustellen, ähnlich wie die infinitesimalen Dreiecke, mit denen bei Kepler die Kreisfläche ausgefüllt wird. Torricellis punktartige Indivisiblen sind also nicht als geometrische, euklidische Punkte, sondern als eindimensionale infinitesimale Größen zu betrachten, die untereinander in einem bestimmten Verhältnis stehen. Diese Auffassung wird am Beispiel eines Dreiecks ACB verdeutlicht (Abb. 4.23):

Denkt man sich sämtliche Strecken parallel zur Grundseite AC gezogen,

Abb. 4.23 .

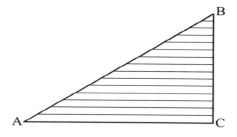

---

[76] *OT*, I$_2$, S. 320.

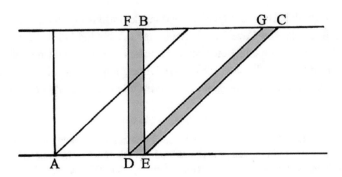

Abb. 4.24 .

... so werden ebenso viele Punkte auf der Seite AB wie auf BC erzeugt; folglich verhält sich ein Punkt auf dieser zu einem Punkt auf jener wie die ganze Strecke [BC] zur ganzen Strecke [BA].[77]

Die Punkte auf den Strecken BC und BA sind somit in Richtung dieser Strecken infinitesimal ausgedehnt, und zwar verhalten sich diese Ausdehnungen wie die Längen von BC und BA.

Das Exemplum III aus der Abhandlung *De indivisibilium doctrina perperam usurpata* verdeutlicht Torricellis Vorstellung von den linearen Indivisiblen mit infinitesimaler Breite (Abb. 4.24):

Alle über derselben Grundseite AE und zwischen den gleichen Parallelen liegenden Parallelogramme AB, AC sind einander gleich; nimmt man den Punkt G und legt DG parallel zu EC [und DF parallel zu EB], so werden die abgeschnittenen Parallelogramme AF und AG über derselben Grundseite AD wiederum gleich sein, und dies ist so, welches auch die Anzahl der auf diese Weise abgeschnittenen Parallelogramme sein mag; folglich werden die letzten Reste der gegebenen Parallelogramme ebenfalls einander gleich sein, was aber falsch ist. Tatsächlich enden die einen von diesen in der kürzeren Strecke EB, die anderen in der längeren Strecke EC. Daher wurde auch hier schlecht überlegt.[78]

Bei dem hier beschriebenen Grenzübergang, bei dem sich der Punkt G gegen C hin bewegt, ergeben sich in der Endlage die Strecken EB, EC als „letzte Reste" der flächengleichen Parallelogramme DEBF bzw. DECG, wobei diese Strecken aber unterschiedlich lang sind. Dieser scheinbare Widerspruch löst sich auf, wenn man die Strecken EB, EC als unendlich schmale Parallelogramme betrachtet, ihnen also eine infinitesimale Breite zuspricht, die umgekehrt proportional zu ihrer Länge ist. So gesehen sind sie dann zwar nicht gleich lang, aber gleich „groß", wie Torricelli in der Abhandlung *De infinitis parabolis* erklärt (Abb. 4.25):

---

[77] *OT*, I$_2$, S. 320–321.
[78] *OT*, I$_2$, S. 418.

Abb. 4.25 .

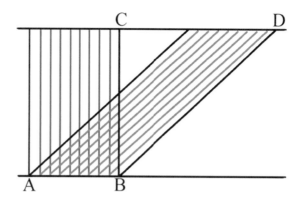

Sind zwei Parallelogramme über derselben Grundseite AB gegeben und werden von allen
Punkten von AB aus die unendlich vielen Parallelen zu den Seiten gezogen, sowohl im Parallelogramm AC als auch in AD, so werden alle [Parallelen in] AC zusammen genommen gleich
allen [Parallelen in] AD zusammen genommen sein. Aber sie sind auch gleich in ihrer Anzahl
(denn in beiden Fällen sind es gleich viele Linien wie es Punkte auf AB gibt); folglich ist
eine jede gleich einer jeder anderen. Sie sind aber von unterschiedlicher Länge, daher sind sie,
obwohl Indivisiblen, von unterschiedlicher Breite, umgekehrt proportional zu den Längen.[79]

In diesem Sinne kann nun auch das von Cavalieri vorgebrachte Gegenbeispiel entkräftet
werden (Abb. 4.26).

Die Strecken BC und EF verhalten sich wie AD : DG. Lässt man den Punkt C gegen
B streben (und damit E gegen F), so entstehen aus den Trapezen BCIK und EFML die
Indivisiblen BK bzw. FM. Diese Indivisiblen sind zwar gleich lang, ihre infinitesimalen
Breiten aber verhalten sich immer noch wie AD : DG. Nach Torricellis Auffassung ist die
Indivisible FM also etwas „breiter" als die Indivisible BK. Somit verhält sich die Fläche

Abb. 4.26 .

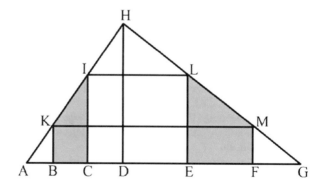

---

[79] *OT*, I_2, S. 321.

Abb. 4.27 .

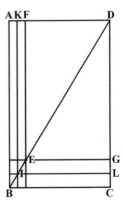

ADH (d. h. die Zusammenfassung aller Indivisiblen des Dreiecks ADH) zur Fläche DGH (d. h. zur Zusammenfassung aller Indivisiblen des Dreiecks DGH) ebenfalls wie AD : DG. Mit der folgenden Betrachtung führt Torricelli seine Gedanken weiter:

> Nehmen wir im [...] Parallelogramm ABCD auf der Diagonalen BD irgendeinen Punkt E, so wird der Halbgnomon[80] EBCF gleich dem Halbgnomon EBAF sein (Abb. 4.27).

Halbieren wir aber BE im Punkt I, so wird der geteilte oder verschmälerte Halbgnomon IBC gleich dem verschmälerten Halbgnomon IBA sein, und wenn wir diese Teilung unendlich oft ausführen [...], so werden wir anstelle der Halbgnomone eine Strecke BC erhalten, die gleich BA ist, wobei ich sage: gleich in Bezug auf ihre Größe, nicht auf ihre Länge. Denn, obschon beides Indivisiblen sind, wird BC um so viel breiter sein als BA, wie diese länger ist als jene; und wenn in Wahrheit beide den Punkt B der Diagonalen „angepasst"[81] bedecken müssen, so muss die eher senkrecht [zur Diagonalen] stehende [Strecke] CB breiter sein als die stärker [gegen die Diagonale hin] geneigte [Strecke] AB.

Man sieht dies deutlich in der nächsten Figur (Abb. 4.28), in welcher AB die Diagonale sei und auf ihr der Punkt (AC)[82] liegen möge, durch welchen die beiden Linien AD, AE „angepasst" verlaufen. Es ist dabei klar, dass es genügt, um ihn ganz „angepasst" zu bedecken, dass sie [die Linie AE] nur von geringer Breite ist, da sie stark geneigt (*inclinatissima*, d. h. mit der Diagonalen einen äußerst kleinen Winkel bildend), doch AD wird, da nahe bei der Senkrechten [zur Diagonalen] liegend, viel breiter sein müssen, und dies im umgekehrten Längenverhältnis.

---

[80] Euklid I, 43: Im Parallelogramm ABCD sind die an der Diagonalen BD liegenden Ergänzungsparallelogramme EC und AE gleich groß. Die von den sich überschneidenden Parallelogrammen BF und BG gebildete L-förmige Figur wird auch „Gnomon" genannt. Sie wird von der Diagonalen BD in die beiden gleich großen Trapeze BEFA und BCGE geteilt, welche von Torricelli als „Halbgnomone" bezeichnet werden.

[81] Einem einzelnen Punkt einer gegebenen Geraden wird eine infinitesimale Ausdehnung zugewiesen. Die durch diesen Punkt „angepasst" (*adeguatamente*) verlaufenden Geraden werden dann eine dem mit der gegebenen Geraden gebildeten Winkel entsprechende infinitesimale Breite aufweisen: je kleiner dieser Winkel ist, desto geringer wird diese infinitesimale Breite sein.

[82] Wobei C „unendlich" nahe bei A liegt, d. h. A und C werden als aufeinander liegend aufgefasst.

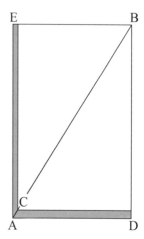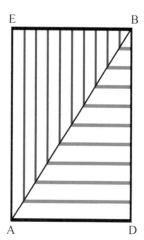

Abb. 4.28 Die beiden flächengleichen Halbgnomone EAC, DAC in der Abb. links sind verschieden lang und daher auch verschieden breit. Durch unbegrenzt fortgesetzte Halbierung ihrer Breiten entstehen daraus die Indivisiblen AE, AD, deren infinitesimale Breiten im umgekehrten Verhältnis ihrer Längen stehen. – In der Abb. rechts ist die Unterteilung der beiden Dreiecke ADB, BEA in gleich viele derartige „flächengleiche" Indivisiblen angedeutet, woraus sich die Flächengleichheit dieser Dreiecke ergibt

Die Indivisiblen des Dreiecks ADB (bezüglich der *Regula* AD) und des Dreiecks BEA (bezüglich der *Regula* BE) werden somit als unendlich dünne Streifen oder „Halbgnomone" aufgefasst, deren infinitesimale Breiten sich umgekehrt wie ihre Längen verhalten (Abb. 4.28 rechts), sodass einander entsprechende Indivisiblen zwar unterschiedlich lang, aber gleich „groß" sind (indem sie die gleiche „infinitesimale Fläche" aufweisen). Da die beiden Dreiecke genau gleich viele Indivisiblen enthalten (nämlich ebenso viele, wie es Punkte auf der Diagonalen hat), sind daher die beiden Dreiecke ADB, BEA flächengleich, und das Paradoxon ist damit aufgelöst. Mit dieser Auffassung der Indivisiblen als Strecken von infinitesimaler Breite (bzw. bei räumlichen Figuren als Flächen mit infinitesimaler Dicke) werden ihre Anwendungsmöglichkeiten entscheidend erweitert. Auch der Haupteinwand gegen Cavalieris Indivisiblen, dass nämlich ihre Dimension nicht mit jener der zugehörigen Figur übereinstimmt, ist damit gegenstandslos.

Torricelli verallgemeinert nun dieses „Gnomon-Prinzip", indem er anstelle der Rechtecksdiagonalen die Parabel $y^m = x^n$ ($m, n \in \mathbb{N}$) betrachtet. Hier findet er:

Es sei die Parabel ABC gegeben (Abb. 4.29). Nimmt man einen beliebigen Punkt B auf dieser, so wird sich die Figur BCE (aufgrund von an anderer Stelle bewiesenen Dingen) zur Figur BCF verhalten wie der Exponent der Applikate zu jenem der Diametralen [d. h. wie $m : n$].

Wenn wir nun aber F'E in I halbieren und die Applikate ID einzeichnen, so wird sich die Figur DCE zu DCF gleich verhalten wie der [eine] Exponent zum [anderen] Exponenten, und wenn wir diese Teilung unendlich oft ausführen [...], so werden anstelle der Figuren zwei

Abb. 4.29

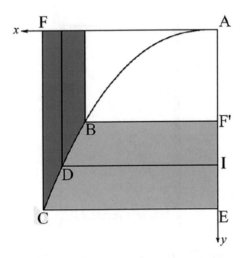

Strecken CE und CF übrigbleiben, die sich nicht längen-, jedoch größenmäßig gleich verhalten wie der [eine] Exponent zum [anderen] Exponenten [d. h. wiederum wie $m : n$].[83]

Die „Halbgnomone" BCE, BCF (Abb. 4.29) verhalten sich also wie $m : n$, und dieses Verhältnis bleibt auch bestehen, wenn daraus durch fortwährende Teilung die Indivisiblen CE bzw. CF entstanden sind. Die einander entsprechenden Indivisiblen der beiden gemischtlinigen Figuren AFC und CEA verhalten sich somit alle gleich wie die Figuren selbst, das heißt wie $m : n$. Torricelli nennt diese einander entsprechenden Indivisiblen „Ergänzungslinien" *(lineas complementares)*.

Was die Bemerkung „aufgrund von an anderer Stelle bewiesenen Dingen" betrifft, hat E. Bortolotti darauf hingewiesen, dass es sich bei Torricellis Abhandlung *De infinitis hyperbolis* um eine Reihe von Notizen und nicht um eine geordnete Darstellung des Themas handelt, und dass Serenai offensichtlich nicht imstande gewesen war, die einzelnen Manuskriptblätter sinnvoll zu ordnen, was schließlich in einer wirren Aufeinanderfolge der Themen resultierte.[84] Dieselbe Anordnung wurde auch in die Faentiner Ausgabe der Werke Torricellis übernommen, wobei das Ganze durch eine willkürliche Nummerierung der einzelnen Abschnitte und durch unsorgfältige Figuren noch verschlimmert wurde. Dank einer genauen Untersuchung der Originalmanuskripte, der Korrespondenz und anderer Schriften Torricellis ist es Bortolotti aber gelungen, Torricellis Gedanken zu rekonstruieren und deren

[83] *OT*, I², S. 322. Torricelli bezeichnet in seinem Originalmanuskript (Ms. Gal. 141, c. 296*r*) zwei verschiedene Punkte mit dem Buchstaben F. Serenai bemerkt in seiner Kopie (Ms Gal. 141, c. 353*v*) zu dem auf AE liegenden Punkt F: „Dieses F ist überflüssig". – Wir haben diesen Punkt daher in der Figur und im Text mit F' bezeichnet. In der Faentiner Ausgabe hingegen wird die obere linke Ecke der Figur mit dem Buchstaben G bezeichnet; Torricellis dazu gehöriger Text wird aber unverändert übernommen, wodurch dieser unverständlich wird.

[84] BORTOLOTTI [1925, S. 53–54].

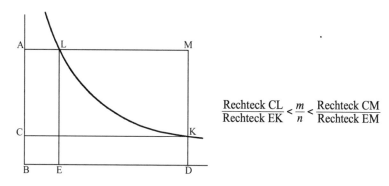

$$\frac{\text{Rechteck CL}}{\text{Rechteck EK}} < \frac{m}{n} < \frac{\text{Rechteck CM}}{\text{Rechteck EM}}$$

Abb. 4.30 .

wesentlichen Inhalt in moderner Schreibweise vorzulegen. An verschiedenen Stellen der Abhandlung sind Beweise bzw. Entwürfe zu Beweisen des folgenden fundamentalen Lemmas für einzelne Hyperbeln zu finden:

Fundamentallemma *Gegeben sei die Kurve* $y^n = k \cdot x^{\pm m}$ *($m, n \in \mathbb{N}$, $m < n$), und auf ihr die Punkte* L *und* K *(Abb. 4.30). Sind* ED, AC *die Projektionen des Bogens* LK *auf die Koordinatenachsen, so ist das Verhältnis der einbeschriebenen Rechtecke* CL : EK *kleiner, jenes der umbeschriebenen Rechtecke* CM : EM *größer als das Verhältnis* m : n *der Exponenten.*

Die in Torricellis „Abhandlung" zu findenden Beweise – oder besser: Beweisversuche – sind nicht leicht begreiflich; manche entscheidende Gedankengänge bleiben unerwähnt und erschweren so das Verständnis.

Bortolotti beweist dieses Lemma im Falle der Hyperbeln $y^n = k \cdot x^{-m}$ ($m, n \in \mathbb{N}$) zunächst analytisch.[85]

Für die Kurvenpunkte $L(x_1 | x_1^{-m/n})$, $K(x_2 | x_2^{-m/n})$ ist

$$\frac{\text{CL}}{\text{EK}} = \frac{x_1 \left(x_1^{-m/n} - x_2^{-m/n} \right)}{(x_2 - x_1) \cdot x_2^{-m/n}} = \frac{(x_1/x_2)^{-m/n} - 1}{x_2/x_1 - 1} = \frac{(x_2/x_1)^{m/n} - 1}{x_2/x_1 - 1}$$

Mit $(x_1/x_2)^{1/n} = q$ erhält man somit

$$\frac{\text{CL}}{\text{EK}} = \frac{q^m - 1}{q^n - 1} = \frac{(q^m - 1)/(q - 1)}{(q^n - 1)/(q - 1)} = \frac{q^{m-1} + q^{m-2} + \ldots + 1}{q^{n-1} + q^{n-2} + \ldots + 1},$$

und daraus (falls $m < n$)

$$1 - \frac{\text{CL}}{\text{EK}} = \frac{q^m - 1}{q^n - 1} = \frac{q^{n-1} + q^{n-2} + \ldots + q^m}{q^{n-1} + q^{n-2} + \ldots + 1} > \frac{(n - m) \cdot q^m}{n \cdot q^{n-1}} > \frac{n - m}{n},$$

---

[85] BORTOLOTTI [1925, S. 140–141]. – Wir geben hier Bortolottis Beweis in leicht veränderter Darstellung wieder.

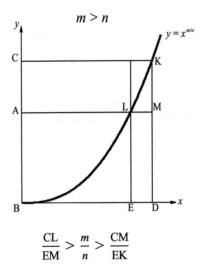

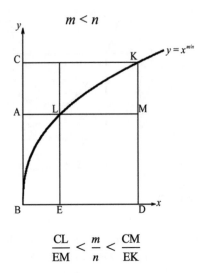

$$\frac{CL}{EM} > \frac{m}{n} > \frac{CM}{EK} \qquad\qquad \frac{CL}{EM} < \frac{m}{n} < \frac{CM}{EK}$$

Abb. 4.31

woraus folgt, dass $\frac{CL}{EK} < \frac{m}{n}$ ist. Analog wird auch die Ungleichung $\frac{CM}{EM} > \frac{m}{n}$ bewiesen.

Der Fall $m > n$ kann ebenso behandelt werden, wobei dann aber das Verhältnis der einbeschriebenen Rechtecke CL : EK größer, jenes der umbeschriebenen Rechtecke kleiner ist als m/n.

Entsprechend wird auch der Fall der Parabeln erledigt (Abb. 4.31).

Bortolotti gab später auch noch einen geometrischen Beweis, der sich an Torricellis eigenen Beweisversuchen orientiert.[86]

Zu Beginn der Abhandlung *De infinitis hyperbolis* studiert Torricelli den Fall der Hyperbel $x^2 y^3 = k$, der als exemplarisch für den allgemeinen Fall $x^m y^n = k (m, n \in \mathbb{N})$ gelten kann.

Er bestimmt zunächst den Punkt F so, dass BE mittlere Proportionale zwischen BF und BD ist, danach die Punkte G und H, sodass BG, BH zwei mittlere Proportionale zwischen BF und BD sind (Abb. 4.32).

Ausgehend von den Kurvenpunkten $P(x_1|y_1)$, $Q(x_2|y_2)$, $x_1 > x_2$ ist also

$$BF = x_1^{-1} \cdot x_2^2, \text{ sowie } BG = x_1^{-1/3} \cdot x_2^{4/3}, \quad BH = x_1^{1/3} \cdot x_2^{2/3}.$$

Nun ist $BA^3 : BC^3 = BD^2 : BE^2$, d. h. $\frac{y_2^3}{y_1^3} = \frac{x_1^2}{x_2^2}$ (Kurvengleichung!).

Aufgrund der Konstruktion ist aber auch $\frac{BD}{BF} = \frac{BD^3}{BH^3} = \frac{x_1^3}{x_1 \cdot x_2^2} = \frac{x_1^2}{x_2^2}$. Somit ist

$$BA^3 : BC^3 = BD^3 : BH^3, \text{ d. h. } BA : BC = BD : BH \Rightarrow \square \, BR = \square \, DC.$$

Schließlich bestimmt er noch den Punkt O so, dass BD : BH = BO : BE. Dann ist BA : BC = BO : BE, d. h. die Rechtecke EA und OC und damit auch die Rechtecke OV und VA sind flächengleich. Torricelli zieht daraus ohne nähere Begründung den Schluss, dass für die

---

[86] Bortolotti [1928b, S. 59].

Abb. 4.32 $\square$OV = $\square$VA,
$\square$OV < 2/3 $\square$DV $\Rightarrow$ VA :
DV < 2 : 3 (x-Achse nach
links, wie in Torricellis
Originalmanuskript und in der
Faentiner Ausgabe)

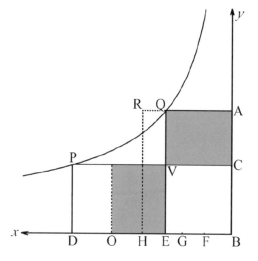

einbeschriebenen Rechtecke DV und VA gilt: $\square$VA : $\square$DV < 2 : 3. Die Schlussfolgerung ist jedoch korrekt, denn die Rechnung ergibt, dass BO = $x_1^{2/3} \cdot x_2^{1/3}$ ist, und daher sind BH, BO zwei mittlere Proportionale zwischen BE und BD. Dann bilden aber die Abschnitte EH, HO, OD eine (wachsende) geometrische Folge[87], wobei OD > $\frac{1}{3}$ED und daher EO < $\frac{2}{3}$ED ist. Folglich ist $\square$OV < $\frac{2}{3}$ $\square$DV, d. h. $\square$VA : $\square$DV < 2 : 3.

Analog kann auch bewiesen werden, dass für die umbeschriebenen Rechtecke $\square$PA, $\square$DQ gilt: $\square$PA : $\square$DQ > 2 : 3 (Abb. 4.33).

Abb. 4.33 .

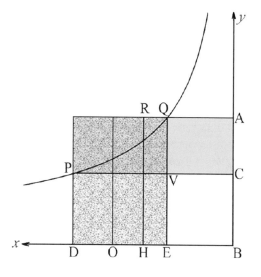

---

[87] Sind BE, BH, BO, BD stetig proportional, so sind auch die die Differenzen, d. h. EH, HO, OD stetig proportional.

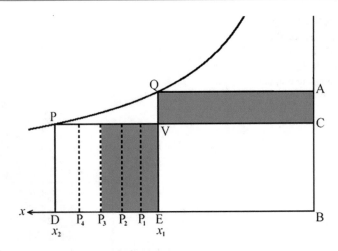

Abb. 4.34 .

Im allgemeinen Fall $x^m y^n = k(n > m)$ wird man ED durch die $n - 1$ Punkte P_1, P_2, ... P_{n-1} in n stetig proportionale Teilstrecken unterteilen. Man kann zeigen, dass die Rechtecke $P_m V$ und VA flächengleich sind, wobei $\Box P_m V < \frac{m}{n} \cdot \Box DV$ ist. Wir zeigen dies am Beispiel der Hyperbel $x^3 y^5 = 1$ ($m = 3$, $n = 5$, Abb. 4.34).

$BE = x_1$, $BP_1 = x_1^{4/5} x_2^{1/5}$, $BP_2 = x_1^{3/5} x_2^{2/5}$, $BP_3 = x_1^{2/5} x_2^{3/5}$, $BP_4 = x_1^{1/5} x_2^{4/5}$, $BD = x_2$. Damit ist $\Box VA = x_1 \cdot (x_1^{-3/5} - x_2^{-3/5})$ und $\Box P_3 V = (x_1^{2/5} x_2^{3/5} - x_1) \cdot x_2^{-3/5}$, somit

$$\Box\ VA = \Box\ P_3 V = x_1^{2/5} - x_1 x_2^{-3/5}.$$

Da die Abschnitte der Strecke ED eine zunehmende geometrische Folge bilden, ist sicher $EP_3 < 3/5$ und damit $\Box VA : \Box\ DV < 3 : 5$.

Damit kann nun das verallgemeinerte „Gnomon-Prinzip" für die Hyperbeln $x^m y^n = k$ bewiesen werden (Abb. 4.35).

Die gemischtlinigen Vierecke ACKL und EDKL verhalten sich wie m : n.

In moderner Schreibweise: $\dfrac{\displaystyle\int_{b^{m/n}}^{a^{m/n}} y^{n/m} dy}{\displaystyle\int_{a}^{b} x^{m/n} dx} = \dfrac{m}{n}$

Abb. 4.35 .

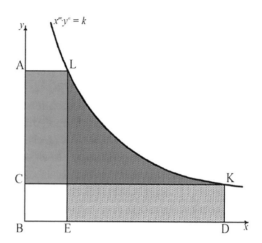

Torricelli stellt seinem Beweis[88], die folgende Bemerkung voran:

Man beachte, dass der Beweis [...] auch für die Parabeln und die Spiralen anwendbar ist und mit geringfügigen Änderungen auf jede einzelne der drei genannten Arten von Figuren angepasst werden kann. Und vielleicht könnte er auch alle in einer einzigen Proposition umfassen, doch wir sollten mehr vor der Unklarheit zurückschrecken als vor der Ausführlichkeit.

Für den Beweis greift er auf die klassische Methode des doppelten Ansatzes zurück: er zeigt, dass das Verhältnis der beiden Flächeninhalte weder größer noch kleiner als $m : n$ sein kann.

Gegeben sei die Hyperbel $x^m y^n = k$ mit den Asymptoten AE, AB, und es soll bewiesen werden, dass sich die Flächen DCBG und EDCF wie $m : n$ verhalten (Abb. 4.36).

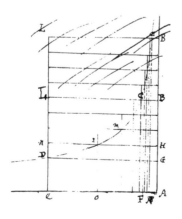
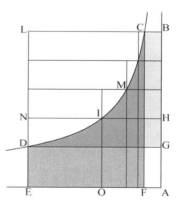

Abb. 4.36 Links: Ms. Gal. 141, c. 54*r*

---

[88] *OT*, I$_2$, S. 256–257

Es sei zunächst DCBG: EDCF $> m : n$. Man halbiere das Rechteck DLBG so oft, bis man zu einem Rechteck DH gelangt, das kleiner ist als der Überschuss, um welchen das Flächenstück DCBG zu groß ist, um in dem behaupteten Verhältnis zu stehen. Dann ist das Verhältnis ICBH : EDCF immer noch größer als $m : n$.

Nun wird dem Flächenstück DCBG eine aus Rechtecken von gleicher Höhe wie das Rechteck IG bestehende Figur einbeschrieben, worauf die einbeschriebene Figur zum Flächenstück EDFC immer noch in einem Verhältnis stehen wird, das größer ist als $m : n$, denn die Summe der einbeschriebenen Rechtecke ist offensichtlich größer als das Flächenstück ICBH (da jedes der einbeschriebenen Rechtecke, mit Ausnahme des letzten, einem dem Flächenstück ICBH umbeschriebenen Rechteck entspricht). Das ist aber nicht möglich, denn aufgrund des Fundamentallemmas ist IG : DO $< m : n$, also ist erst recht IG : EDIO $< m : n$. Ebenso ist das Verhältnis des Rechtecks MH zu dem an EDIO anschließenden Flächenstück OIM $< m : n$, usw. Somit steht die gesamte einbeschriebene Figur zum Flächenstück EDCF in einem Verhältnis, das kleiner ist als $m : n$.

Entsprechend kann gezeigt werden, dass auch der Fall DCBG : EDCF $< m : n$ unmöglich ist.

Das „Gnomon-Prinzip" ermöglicht nun die Quadratur der verallgemeinerten Parabeln und Hyperbeln.

Bei den Parabeln $y = x^{m/n} (m, n \in \mathbb{N}$, Abb. 4.37 links) ergibt sich unmittelbar, dass $F_1 : F_2 = m : n$ ist.

Der Flächeninhalt des Rechtecks OACB ist aber gleich $a^{m/(n+1)}$, also ist

$$F_1 = \frac{m}{m+n} a^{m/(n+1)}, F_2 = \frac{n}{m+n} a^{m/(n+1)} \left[= \int_0^a x^{m/n} dx \right]$$

Der Fall der Hyperbeln $y = x^{-m/n} (m, n \in \mathbb{N}$, Abb. 4.37 rechts) erfordert etwas mehr Aufwand:

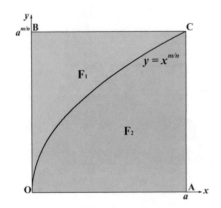 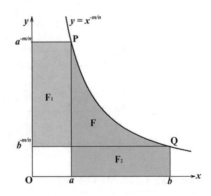

Abb. 4.37 .

Hier ist $F_1 = a \cdot (a^{-m/n} - b^{-m/n})$, $F_2 = (b-a) \cdot b^{-m/n}$. Die Anwendung des „Gnomon-Prinzips" ergibt dann für $m \neq n$:[89]

$$\frac{F + F_1}{F + F_2} = \frac{m}{n} \Rightarrow F = \frac{m \cdot F_2 - n \cdot F_1}{n - m},$$

und man erhält schließlich

$$F + F_2 = \frac{n}{n - m} \cdot (F_2 - F_1) \left[= \int_a^b x^{-m/n} dx \right].$$

Das „Gnomon-Prinzip" ermöglicht aber auch die Konstruktion der Tangenten an die verallgemeinerten Parabeln und Hyperbeln. Torricelli beschreibt sie in der Abhandlung *De infinitis hyperbolis* unter der Überschrift *Tangentes omnium*[90] allerdings nur knapp. Den Fall der Parabeln $y = x^{m/n} (m, n \in \mathbb{N})$ behandelt er in der Abhandlung *De infinitis parabolis* unter dem Titel *Delle tangenti delle parabole per lineas supplementares*:

> Es sei eine der unendlich vielen Parabeln gegeben, und man soll die Tangente im Punkt B legen. Es sei BE die Tangente, BD die Ordinate. Man vervollständige die Figur DF, und wir nehmen an, dass durch denselben Punkt B auch die Geraden BD und BF „angepasst"[91] verlaufen. Folglich werden [die Indivisiblen] BD und BF Ergänzungslinien sein, und die Länge DE wird sich zur Länge AD verhalten wie die Länge FB zur Länge BG oder auch wie die Größe FB zur Größe BG, und, weil FB und BD Ergänzungslinien sind, wie die Größe BD zur Größe BG, das heißt wie der Exponent zum Exponenten.[92]

Bei dieser Beschreibung lässt Torricelli manches im Unklaren. Eine mögliche Erklärung (in moderner Schreibweise) könnte aber wie folgt lauten: Als Indivisiblen aufgefasst, sind im Rechteck BDEF (Abb. 4.38) die Linien BF und BD [flächen-]gleiche Halbgnomone (Ergänzungslinien) mit den infinitesimalen Breiten dx bzw. dy.

Aufgrund des Fundamentallemmas gilt für die Indivisiblen der Parabel $BG \cdot dx : BD \cdot dy = m : n$, somit ist

---

[89] Der Sonderfall $m = n$ (die sog. apollonische Hyperbel) führt bekanntlich auf die Logarithmusfunktion und kann nicht mit den hier vorliegenden Mitteln behandelt werden. – Dieser Fall wurde von Grégoire de Saint-Vincent (1584–1667) gelöst. Sein in der ersten Hälfte der 20er Jahre des 17. Jahrhunderts entstandenes Manuskript wurde allerdings erst 1647 unter dem Titel *Problema austriacum plus ultra quadratura circuli* in Antwerpen gedruckt. Näheres zur Hyperbelquadratur des Grégoire de Saint-Vincent bei VOLKERT [1996].

[90] Der Text der Faentiner Ausgabe weist zudem gegenüber Torricellis Manuskript eine Lücke auf (die 1. Zeile auf S. 258 muss wie folgt vervollständigt werden: «... ductus diginitatis maioris HI in minorem HC non minor ductu dignitatis maioris AD in DC...» Diese Lücke findet sich auch in der (möglicherweise von Viviani?) für den Druck vorbereiteten Kopie des Manuskripts *De infinitis hyperbolis* (Ms. Gal. 141, c. 186*r*), nicht aber in der von Serenai angefertigten Kopie von Torricellis Manuskript.

[91] Zum Begriff „angepasst" *(adeguatamente):* Siehe Anm. 79.

[92] *OT*, I_2, S. 322–323.

Abb. 4.38

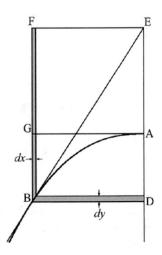

$$\frac{dy}{dx} = \frac{\mathrm{BG}}{\mathrm{BD}} \cdot \frac{n}{m}.$$

Die Gleichheit der Halbgnomone im Rechteck BDEF bedeutet, dass $\mathrm{BF} \cdot dx = \mathrm{BD} \cdot dy$, ist, folglich ist

$$\frac{dy}{dx} = \frac{\mathrm{BF}}{\mathrm{BD}} = \frac{\mathrm{BG}}{\mathrm{BD}} \cdot \frac{n}{m} \Rightarrow \frac{\mathrm{DE}}{\mathrm{DA}} = \frac{\mathrm{BF}}{\mathrm{BG}} = \frac{n}{m}.$$

Der Schnittpunkt E der Tangente in B mit dem Durchmesser der Parabel ist also so zu bestimmen, dass DE : DA $= m : n$ ist.

E. Bortolotti hat gezeigt[93], dass man auch im Falle der Hyperbel die Tangente mithilfe des „Gnomon-Prinzips" finden kann:

Um die Tangente im Hyperbelpunkt P_2 zu finden, wähle man einen weiteren Punkt P_1 auf der Hyperbel und verlängere die Sehne P_1P_2 bis sie die x-Achse im Punkt T schneidet und vervollständige das Rechteck P_1Q_1S (Abb. 4.39).

Aufgrund des Gnomonsatzes ergibt sich die Gleichheit der Rechtecke P_2Q_1 und CD und daher auch der Rechtecke P_1Q_2 und P_1D, woraus aufgrund des Fundamentallemmas folgt, dass

$$\frac{\text{Rechteck CD}}{\text{Rechteck } P_1R_2} > \frac{n}{n} > \frac{\text{Rechteck } P_1D}{\text{Rechteck } P_2R_1}.$$

Da die Rechtecke CD und P_1R_2 bzw. P_1D und P_2R_1 alle zwischen denselben Parallelen liegen, verhalten sie sich zueinander wie ihre Grundseiten, also ist

$$\frac{Q_2S}{OQ_1} > \frac{n}{m} > \frac{Q_1S}{OQ_2}.$$

---

[93] BORTOLOTTI [1925, S. 142–143].

Abb. 4.39 .

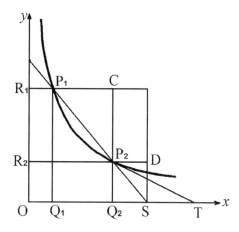

Wenn sich nun P_1 auf der Kurve gegen P_2 hinbewegt, so werden schließlich auch die Punkte Q_1, Q_2 zusammenfallen, und wenn T (die Endlage des Punktes S) der Schnittpunkt der gesuchten Tangente mit der x-Achse ist, so ist schließlich

$$\frac{Q_2 T}{OQ_2} = \frac{n}{m},$$

womit sich der Punkt T leicht bestimmen lässt.

Für den Fall der Hyperbeln $y = x^{-m/n}$ hat Torricelli auch einen direkten Beweis gegeben, der allein auf der Definition der Hyperbel beruht.[94] Dabei zeigt sich sein virtuoser Umgang mit dem Einschieben von mittleren Proportionalen (zum Ausziehen höherer Wurzeln) und mit der Konstruktion stetig proportionaler Strecken (für das Potenzieren).

Es soll beispielsweise im Punkt E der Hyperbel $x^2 y^3 = k$ die Tangente gefunden werden. Dazu bestimmt man den Punkt A so, dass DC : AC = 2 : 3 ist (Abb. 4.40). Dann ist AE die gesuchte Tangente.

Beweis Es sei F ein beliebiger, rechts von E liegender Hyperbelpunkt, G der Schnittpunkt der Geraden AE mit der Parallelen zur y-Achse durch den Punkt F. Es soll gezeigt werden, dass BF > BG ist (d. h. der Punkt G liegt unterhalb der Hyperbel).

Dazu bestimmt Torricelli (wie schon beim Beweis des Fundamentallemmas für die Hyperbel $x^2 y^3 = k$) DH als dritte Proportionale zu den Strecken DB, DC, sodann DL, DI als mittlere Proportionale zwischen DB und DH. Zusätzlich bestimmt er schließlich noch DM, DN als mittlere Proportionale zwischen DB und DL bzw. zwischen DI und DH. Auf diese Weise ergeben sich die fortlaufend proportionalen Strecken DH, DN = $q \cdot$ DH, DI = $q^2 \cdot$ DH, DC = $q^3 \cdot$ DH, DL = $q^4 \cdot$ DH, DM = $q^5 \cdot$ DH, DB = $q^6 \cdot$ DH, mit $q = \sqrt[3]{\text{DB/DC}}$.[95]

---

[94] OT, I_2, S. 308.

[95] Es sei DC = $r \cdot$ DH, DB = $r^2 \cdot$ DH (da DH = 3. Proportionale zu DB, DC ist), ferner DI = $s \cdot$ DH, DL = $s^2 \cdot$ DH, DB = $s^3 \cdot$ DH, d. h. $s^3 = r^2$, $s = r^{2/3}$ und damit DI = $r^{2/3} \cdot$ DH, DL = $r^{4/3} \cdot$ DH. Nun

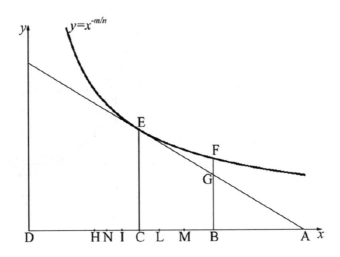

Abb. 4.40 .

Da L, M Teilungspunkte für die mittleren Proportionalen zwischen DC und DB sind, ist CB : CM > 3 : 2. Aufgrund der Konstruktion des Punktes A ist daher CB : CM > AC : DC oder (durch Verhältnisumkehr) CB : AC > CM : DC, also (da BA < AC ist) erst recht CB : BA > CM : DC. Dann ist auch (CB + BA) : BA > (CM + CD) : CD, das heißt CA : BA > DM : DC und damit auch CA3 : BA^3 > DM^3 : DC^3 = DB^3 : DL^3 = DB : DH = DB^2 : DC^2. Da F auf der Hyperbel liegt, ist schließlich DB^2 : DC^2 = CE^3 : BF^3. Zusammengefasst ist somit

$$CA^3 : BA^3 > CE^3 : BF^3.$$

Wegen der Ähnlichkeit der Dreiecke AEC, AGB ist aber CA:CB=CE:BG bzw. CA^3:CB^3=CE^3:BG^3, daher ist BG < BF was bedeutet, dass der Punkt G unterhalb der Hyperbel liegt.

Liegt der Hyperbelpunkt F links von E, so führt eine entsprechende Betrachtung zum selben Ergebnis. Mit Ausnahme des Punktes E liegen also sämtliche Punkte der Geraden AE unterhalb der Hyperbel, was bedeutet, dass AE die gesuchte Tangente im Punkt E ist. *w. z. b. w.*

Torricelli beschreibt anschließend auch den allgemeinen Fall *(tangentes omnium):* Es soll die Tangente im Punkt A der Hyperbel $x^m y^n = k$ bestimmt werden (Abb. 4.42).

Man lege AD, AB parallel zu den Asymptoten und bestimme den Punkt E so, dass ED:DC=CB : BF=m : n. Dann wird die Gerade EA die gesuchte Tangente sein.[96]

---

ist DM = $\sqrt{DB \cdot DL} = r^{5/3} \cdot DH$, DN = $\sqrt{DI \cdot DH} = r^{1/3} \cdot DH$. Es sind also die Strecken DN, DI, DC, DL, DM, DB stetig proportional mit dem Proportionalitätsfaktor $r^{1/3} = \sqrt[3]{DB/DC}$.

[96] *OT*, I$_2$, S. 257–258 (§46).

Abb. 4.41 .

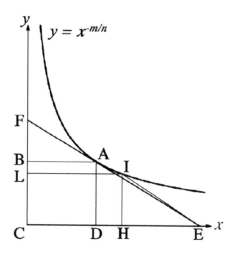

Beweis Angenommen, EA sei nicht Tangente und I sei ein beliebiger Punkt auf der Geraden EAF, der entweder innerhalb oder auf der Hyperbel liegt (Abb. 4.41). Dann ist ▭HILC ≥ ▭DABC. Dies ist aber unmöglich, denn da die Figur EIAFC ein Dreieck ist, dessen Seite EC im Punkt D im Verhältnis $m : n$ geteilt wird, ist DABC das einbeschriebene Rechteck mit dem größtmöglichen Produkt $x^m \cdot y^n$.

Torricelli hatte erfahren, dass Fermat schon vor ihm sämtliche Ergebnisse für die unendlich vielen Parabeln $y = x^m$ gefunden hatte.[97] Er schrieb dazu an Michelangelo Ricci

> … Im Übrigen muss dieser Herr ein sehr tüchtiger Mann sein; er ist der erste Erfinder sämtlicher Propositionen zu den unendlich vielen Parabeln. Dies würde bereits genügen, doch er verfügt noch über andere schöne Dinge, zusammen mit seinen neuen Prinzipien, was sehr viel heißen will. Seine Theoreme zu diesem Gegenstand sind sogar sehr viel allgemeiner als meine, denn seine Definition besagt, dass sich […] beispielsweise der Kubus von AB zum Kubus von CD verhält wie das Quadrat von BE zum Quadrat von ED […] aber meine Überlegungen, die so allgemein zu sein schienen, erfassen die besagte Parabel nicht. Sie sehen also, dass es unendlich viel mehr Parabeln von seiner Art gibt als von den meinigen, und dennoch ist er im Besitze sämtlicher Quadraturen, [Rotations-]Körper, Schwerpunkte der Flächen und der Körper, zusammen mit vielen anderen bewundernswerten Dingen, mit wunderschönen und

---

[97] Mersenne hatte Torricelli in seinem Brief vom 10. Januar 1645 aus Rom (*OT*, III, Nr. 116; *CM*, XIII, Nr. 1332) mitgeteilt, dass er ihm in der Beilage eine Abhandlung Fermats überreichen werde. In seiner Antwort weist Torricelli allerdings darauf hin, dass er in diesem Brief keine derartige Abhandlung vorgefunden habe; auch eine andere Abhandlung – *Synereseos et Anastrophes* –, von der Mersenne in seinem Brief spricht, hat er angeblich nie erhalten (*OT*, III, Nr. 117; *CM*, XIII, Nr. 1334). Am 4. Februar schrieb Mersenne: «Ich habe verschiedene Schriften in meinem Seesack [der Sack, der auf seiner Reise nach Italien verloren gegangen war] gefunden, sowohl von Roberval, als auch von Fermat, die du noch nicht gesehen hast und über die Ricci dir schreiben wird, dass sie dir, als Koryphäe dieser Kunst, unverzüglich geschickt werden, falls du irgendwelche zu lesen wünschest.» (*OT*, III, Nr. 122; *CM*, XIII, Nr. 1341).

sehr leicht zu formulierenden Propositionen. Mir fehlten einige andere Dinge, um auf diesem
Gebiet etwas herauszufinden, doch ich werde nicht mehr weiter danach suchen, da ich einsehe,
dass die Methode des Herrn Fermat an seine Freunde in Frankreich weitergegeben worden ist.
Welche Ehre würde ich daher erringen, wenn ich eine bereits bekannte Sache herausfände,
sodass man den Verdacht haben könnte, ich hätte sie auf irgendeine Weise erschlichen. Ich
gebe sehr wohl zu, dass ich, wenn Roberval mir von Anfang an die wahre Definition mitgeteilt
hätte, vielleicht [dennoch] nichts herausgefunden hätte.[98]

Er ist jetzt aber in der Lage, alle Parabeln und Hyperbeln $y^n = a \cdot x^{\pm m} (m, n \in \mathbb{N}, m \neq n)$
zu quadrieren.

Alle bisher vorgestellten Beispiele für Torricellis Umgang mit Indivisiblen sind erst in
der Faentiner Ausgabe von 1919 veröffentlicht worden. In den *Opera geometrica*, Torricellis
einzigem zum Druck gelangten Werk, wird hingegen im zweiten Teil (S. 55–84) des Buches
De dimensione parabolae die Quadratur der gewöhnlichen Parabel auf mehrere Arten (Propositionen XI–XXI) mit der Indivisiblenmethode behandelt, während das Thema in den
Prop. I–X des ersten Teils mit den klassischen Methoden angegangen wird. Näheres dazu
wurde im Kap. 3 mitgeteilt.

4.6   Torricellis Quadratur der Parabel mit der Indivisiblenmethode

Im ersten Teil der Abhandlung *De dimensione parabolae* (das „zweite Buch" der *Opera
geometrica*) behandelt Torricelli die Quadratur der Parabel nach klassischer Art *(more
antiquorum)*. Im zweiten Teil wird dasselbe Problem auf elf verschiedene Weisen mit der
neuartigen Indivisiblenmethode gelöst:

Torricelli schreibt eingangs:

Bis hierher wurde über die Ausmessung der Parabel nach der Methode der Alten gesprochen.
Es bleibt übrig, dasselbe Maß der Parabel mit einer gewissermaßen neuen, aber bewunderns-
werten Überlegung anzugehen, nämlich mit Hilfe der Geometrie der Indivisiblen, und dies auf
verschiedene Arten.

Setzt man nämlich die wichtigsten Theoreme der Alten voraus, sowohl von Euklid als auch
von Archimedes, so ist es, obschon sie von Dingen handeln, die voneinander sehr verschieden
sind, überraschenderweise möglich, ohne Schwierigkeiten aus jedem von ihnen die Quadratur

---

[98] 6. Februar 1645 (*OT*, III, Nr. 123.)

der Parabel zu erhalten und umgekehrt, als ob da sozusagen eine gemeinsame Verbindung zur Wahrheit bestünde. Denn nimmt man an, dass der Zylinder gleich dem Dreifachen des ihm einbeschriebenen Kegels sei, so folgt daraus, dass die Parabel gleich vier Dritteln des ihr einbeschriebenen Dreiecks ist. Wenn man hingegen lieber den Satz voraussetzt, dass der Zylinder gleich dem Anderthalbfachen der ihm einbeschriebenen Kugel ist, so kann man daraus unmittelbar die Quadratur der Parabel ableiten. Zur selben Schlussfolgerung gelangt man ausgehend vom Beweis, dass der Schwerpunkt eines Kegels so auf dessen Achse liegt, dass der Abschnitt bis zur Spitze gleich dem Dreifachen des Restes ist. Man kann die Parabel auch quadrieren, indem man annimmt, dass die Fläche zwischen der Spirale nach der ersten Umdrehung und der Geraden, welche den Beginn der Umdrehung bezeichnet, gleich einem Drittel des ersten Kreises ist. Umgekehrt können unter Voraussetzung der Quadratur der Parabel alle oben genannten Theoreme leicht bewiesen werden. Dass aber die Geometrie der Indivisiblen eine völlig neue Erfindung sei, wage ich allerdings nicht zu behaupten. Ich möchte vielmehr glauben, dass die alten Geometer sich dieser Methode bedient haben, um die allerschwierigsten Theoreme zu finden, und dass sie dann für den Beweis eine andere Methode vorgezogen haben, sei es, um das Geheimnis ihrer Kunst zu wahren, sei es, um den neidischen Gegnern keinen Anlass zur Kritik zu geben. Wie dem auch sei, es steht fest, dass diese Geometrie einen bewundernswert kürzeren Weg zur Entdeckung darstellt, und dass sie es ermöglicht, unzählige, beinahe unergründliche Theoreme mit kurzen, direkten, positiven Beweisen zu bestätigen, was mit der Methode der Alten überhaupt nicht möglich ist. Es ist wirklich der Königsweg durch die mathematische Dornenhecke, den als erster Cavalieri, der Urheber bewundernswerter Erfindungen, zum Gemeinwohl geöffnet und geebnet hat.

Seine Vermutung, dass bereits die antiken Geometer sich einer Art Indivisiblenmethode bedient haben könnten, fand bekanntlich durch die Wiederauffindung der bis dahin verloren geglaubten archimedischen „Methodenlehre von den mechanischen Lehrsätzen" durch Heiberg im Jahre 1906 ihre Bestätigung. In der Tat schreibt Archimedes in seiner Einleitung an Eratosthenes:

… so habe ich für gut befunden, dir auseinanderzusetzen […] eine eigentümliche Methode, wodurch dir die Möglichkeit geboten werden wird, eine Anleitung herzunehmen, um einige mathematische Fragen durch die Mechanik zu untersuchen. Und dies ist nach meiner Überzeugung ebenso nützlich, auch um die Lehrsätze selbst zu beweisen; denn manches, was mir vorher durch die Mechanik klar geworden, wurde nachher bewiesen durch die Geometrie, weil die Behandlung durch jene Methode noch nicht durch Beweis begründet war; es ist nämlich leichter, wenn man durch diese Methode vorher eine Vorstellung von den Fragen gewonnen hat, den Beweis herzustellen, als ihn ohne eine vorläufige Vorstellung zu erfinden.[99]

In den nun folgenden Propositionen XI-XXI, die – wie bereits die im 3. Kapitel behandelten *more veterum* bewiesenen Propositionen I–X – stets denselben Wortlaut aufweisen[100], wird die Quadratur der Parabel mithilfe der Indivisiblenmethode ausgeführt. Eine Auswahl

---

[99] *AW*, S. 383.

[100] «Die Parabel [gemeint ist das Parabelsegment] ist gleich vier Dritteln des Dreiecks mit derselben Basis und derselben Höhe.»

Abb. 4.42 *De dimensione parabolae*, S. 57

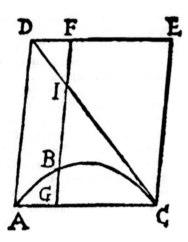

dieser Propositionen wird im Folgenden näher vorgestellt:

Prop. XI Es sei die Parabel ABC mit der Tangente CD und der Parallelen AD zum Durchmesser gegeben (Abb. 4.42). Man vervollständige das Parallelogramm AE und denke sich den (schiefen) Kegel über dem Kreis mit dem Durchmesser AD und der Spitze in C, ebenso den Zylinder ACED über derselben Grundfläche und mit derselben Höhe wie der Kegel.

Durch eine beliebige Parallele FG zu AD lege man die Ebene parallel zur Kreisebene AD. Aufgrund der Parabeleigenschaft ist dann $DA : IB = AC^2 : GC^2$, oder auch $= DA^2 : IG^2 = FG^2 : IG^2$. Die Strecken FG, IB verhalten sich daher wie die Kreisflächen mit den Durchmessern FG bzw. IG.

Nun kommt das bereits in dem der Quadratur der Parabel *more veterum* gewidmeten Teil der Abhandlung *De dimensione parabolae* bewiesene Lemma XVIII[101] zum Einsatz, das Torricelli – wie zuvor schon Cavalieri – ohne Bedenken auch im Falle unendlich vieler Proportionen anwendet: Fasst man die (beweglichen Strecken) IB, FG als Indivisiblen des Trilineums ABCD bzw. des Parallelogramms AE, die Kreisflächen mit den Durchmesser IG, FG als Indivisiblen des Kegels ACD bzw. des Zylinders AE auf, so verhalten sich somit alle Abschnitte FG zusammengefasst (d. h. das Parallelogramm AE) zu allen Abschnitten BI zusammengefasst (d. h. zum Trilineum ABCD) wie alle Kreise FG zusammengefasst (d. h. der Zylinder AE) zu allen Kreisen IG zusammengefasst (d. h. zum Kegel ACD). Folglich ist das Parallelogramm AE gleich dem Dreifachen, das Dreieck ACD somit gleich dem Anderthalbfachen des Trilineums ABCD. Also ist das Dreieck ADC gleich dem Dreifachen des Parabelsegments ABC. Daraus folgt schließlich, dass das Parabelsegment gleich vier Dritteln des einbeschriebenen Dreiecks mit gleicher Basis und gleicher Höhe ist, *w. z. b. w.*

Für weitere Indivisiblenbeweise benötigt Torricelli das wichtige Lemma XX, welches der oben erwähnten Proposition XXIV Cavalieris entspricht: *Die Gesamtheit der Quadrate*

---

[101] *Opera geometrica, De dimensione parabolae*, S. 50. – Siehe Kap. 3.

Abb. 4.43 *De dimensione parabolae*, S. 57

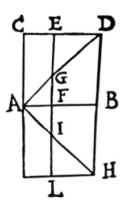

aller Teile einer beliebigen Strecke AB *ist gleich einem Drittel der Gesamtheit ebenso vieler Quadrate der ganzen Strecke* AB.

Es sei das Quadrat ABCD mit der Diagonalen AD gegeben (Abb. 4.43). Die Figur werde um die Achse AB gedreht, sodass ein Zylinder CH und ein Kegel DAH mit der Spitze in A entstehen. EF sei eine beliebige Parallele zu CA, während AF (= FG) ein beliebiger Teil der Strecke AB ist. Das Quadrat von AB verhält sich zum Quadrat des Teils AF wie das Quadrat von EF zum Quadrat von FG, d. h. wie der Kreis mit dem Durchmesser EL zum Kreis mit dem Durchmesser GI. Anwendung von Lemma XVIII ergibt dann, dass sich alle Quadrate der Teile der Strecke AB zusammengefasst zu ebenso vielen Quadraten der ganzen Strecke AB zusammengefasst verhalten wie alle Kreise mit dem Durchmesser GI zusammengefasst (das ist der Kegel DAH) zu allen Kreisen mit dem Durchmesser EL zusammengefasst (das ist der Zylinder CH), also wie 1 : 3.

Mithilfe dieses Lemmas beweist Torricelli anschließend das Lemma XXI: *Alle Rechtecke, gebildet aus einer gewissen Strecke [a] zusammen mit deren einzelnen Teilen [x] und aus den entsprechenden restlichen Teilen der Strecke [a − x], sind gleich zwei Dritteln aller Quadrate derselben Strecke.* Für eine gegebene Strecke der Länge a bedeutet dies in moderner Schreibweise:

$$\int_0^a (a + x)(a - x)\,dx = \frac{2}{3}a^3.$$

Prop. XII *Es sei die Parabel* ABC *mit dem Durchmesser* BE *und dem umbeschriebenen Parallelogramm* DC *gegeben.* FG *sei eine beliebige Parallele zum Durchmesser* (Abb. 4.44). *Dann ist*

$$FG : GI = BE : GI = (CE \times EA) : (CG \times GA) = CE^2 : (CG \times GA).[102]$$

---

[102] Aufgrund der Parabeleigenschaft ist DA [= BE] : FI = EA^2 [=EC^2] : EG^2 $\Rightarrow$ BE : (BE - FI) = EC^2 : (EC^2 - EG^2), d. h. BE : GI = EC^2 : (EC + EG) · (EC − EG) = CG·GA.

Abb. 4.44 *De dimensione parabolae*, S. 59

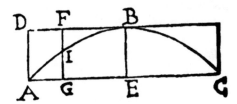

Alle FG zusammen, das heißt das Parallelogramm AB, verhalten sich zu allen GI zusammen, das heißt zum Halbparabelsegment AIBE, wie alle CE^2 zusammen zu allen Rechtecken CG $\times$ GA zusammen, das heißt, aufgrund von Lemma XXI wie 3 : 2. Somit verhält sich das Parabelsegment zum einbeschriebenen Dreieck wie 4 : 3, *w.z.b.w.*

Lemma XXII *Beliebig viele Größen seien in irgendwelchen Punkten eines Waagebalkens aufgehängt. In denselben Punkten sei eine zweite Reihe von ebenso vielen Größen aufgehängt, die proportional zu den ersten Gewichten sind. Dann ist ein und derselbe Punkt der gemeinsame Gleichgewichtspunkt für beide Reihen von Größen.*
An beliebigen Stellen des Waagebalkens AB seien die Größen C, D, E, F einer ersten Reihe aufgehängt. In denselben Punkten seien die zu den Größen der ersten Reihe proportionalen Größen G, H, I, L aufgehängt (Abb. 4.45).

Wegen C : D = G : H werden C, D und G, H bezüglich desselben Punktes im Gleichgewicht stehen. Weiter ist (C + D) : C = (G + H) : G und C : E = G : I. Folglich stehen C + D und E sowie G + H und I bezüglich desselben Punktes im Gleichgewicht. Ebenso werden C + D + E und F sowie G + H + I und L bezüglich desselben Punktes im Gleichgewicht stehen, usw.

Lemma XXIII *Gegeben sei eine Parabel mit Tangente in dem einen Endpunkt der Basis. Durch den anderen Endpunkt sei die Parallele zum Durchmesser gelegt. Dann wird sich das von der Parabel, der Tangente und der besagten Parallelen eingeschlossene Trilineum im Gleichgewicht befinden, wenn es in jenem Punkt der Tangente aufgehängt ist, der diese so teilt, dass der Abschnitt bis zum Berührungspunkt dreimal so groß ist wie der restliche Abschnitt.*

Abb. 4.45 *De dimensione parabolae*, S. 61

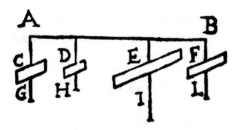

Abb. 4.46 *De dimensione*
parabolae, S. 62

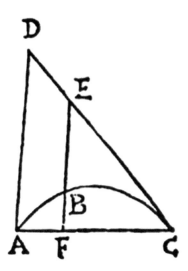

Es sei die Parabel ABC mit der Basistangente CD und der Parallelen DA zu ihrem Durchmesser gegeben, wobei DA senkrecht zur Horizontalen steht (Abb. 4.46).

Man denke sich einen Kreis mit dem Durchmesser DA als Basis eines Kegels mit der Spitze in C. Durch einen beliebigen Punkt E der Tangente DC lege man zu DA die Parallele EF und durch diese eine Parallelebene zur Basis des Kegels. Dann ist aufgrund der Parabeleigenschaft das Verhältnis $DA : EB = DC^2 : EC^2 = DA^2 : EF^2$, d. h. es ist gleich dem Verhältnis der Kreise mit den Durchmessern DA bzw. EF. Somit sind am Waagebalken DC in denselben Punkten zwei Reihen von Gewichten aufgehängt, die zueinander proportional sind, nämlich erstens „alle Linien" des Trilineums ABCD, d. h. das Trilineum selbst, zweitens „alle Kreise" des Kegels ACD, d. h. der Kegel selbst. Der Kegel befindet sich aber bezüglich jenes Punktes im Gleichgewicht, welcher CD im Verhältnis 3 : 1 teilt. Aufgrund von Lemma XXII wird sich daher auch das Trilineum ABCD im Gleichgewicht befinden, wenn es im selben Punkt aufgehängt ist. *w.z.b.w.*.

Prop. XIV *Gegeben sei die Parabel* ABC, *deren Durchmesser* DE *senkrecht zur Horizontalen steht.* CF, AD *seien die Basistangenten,* AF *die Parallele zum Durchmesser* (Abb. 4.47). FH *sei gleich dem vierten Teil,* FI *gleich dem dritten Teil von* FC. *Dann wird sich das Trilineum* ABCF *bezüglich* H (*aufgrund von Lemma XIII*), *das Dreieck* AFC *dagegen bezüglich* I *im Gleichgewicht befinden.*

Da der Schwerpunkt des Parabelsegments auf dem Durchmesser liegt, wird sich dieses bezüglich D im Gleichgewicht befinden. Somit verhält sich das Trilineum ABCF zum Parabelsegment wie DI : IH, d. h. wie 2 : 1, denn wird FC in 12 gleiche Teile unterteilt, so bestehen FD, FI, FH, DI aus 6, 4, 3, bzw. 2 Teilen, IH schließlich aus einem Teil. Durch Verhältnisverbindung ergibt sich daraus, dass das Dreieck gleich dem Dreifachen

Abb. 4.47 *De dimensione parabolae*, S. 62

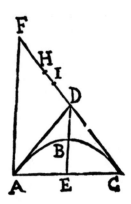

Abb. 4.48 *De dimensione parabolae*, S. 64

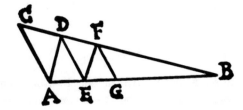

des Parabelsegments ist, woraus schließlich folgt[103], dass das Parabelsegment gleich vier Dritteln des einbeschriebenen Dreiecks ist. *w.z.b.w.*

Lemma XXIV *Wird zwischen zwei sich schneidenden Geraden ein aus abwechselnd parallelen Abschnitten bestehender Streckenzug[104] einbeschrieben, so sind die jeweils zueinander parallelen Strecken stetig proportional.*

Zwischen den sich in B schneidenden Geraden CB, AB sei das Flexilineum CADEFG… einbeschrieben (Abb. 4.48). Wegen der Parallelität der Strecken CA, DE, FG ist dann CA : DE = AB : EB = DB : FB = DE : FG, usw. Somit sind CA, DE, FG,… stetig proportional. *w.z.b.w.*

Lemma XXVI *Sind unendlich viele in stetiger Proportion stehende Strecken gegeben, so soll eine Strecke gefunden werden, die gleich allen gegebenen Strecken zusammen ist.*

A, B seien die ersten beiden der gegebenen Strecken, und es sei CD gleich der größeren Strecke A, EF (parallel zu CD) gleich der kleineren Strecke B (Abb. 4.49 links). Die Verbindungen DF, CE werden sich notwendigerweise in einem Punkt G schneiden. Man verbinde

---

[103] Mit derselben Begründung wie in Prop. IX (Kap. 3).

[104] Ein sog. *Flexilineum*.

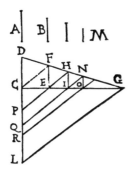 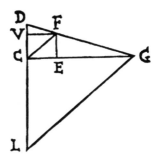

Abb. 4.49 *De dimensione parabolae*, S. 66

C mit F und lege dazu die Parallele GL. Dann ist die Strecke DL gleich allen unendlich vielen gegebenen Strecken.

Man setze den Streckenzug DCFE unbegrenzt fort bis zum Punkt G. Dann enthält das Flexilineum DCFEHINO… alle gegebenen Strecken.

Nun ziehe man die Verbindungen HE, NI sowie alle weiteren Parallelen dazu und verlängere sie bis zu den Punkten P, Q, R, … auf DL.

Dann ist EF = PC, IH = QP, ON = RQ, … usw. Jeder der gegebenen stetig proportionalen, im Flexilineum enthaltenen Strecken entspricht somit ein gleich langer Abschnitt auf DL. Alle gegebenen Strecken sind daher zusammen gleich allen Abschnitten auf DL zusammen, d. h. gleich der Strecke DL selbst. *w.z.b.w.*

Lemma XXVII *Sind unendlich viele in stetiger Proportion stehende, eine abnehmende Folge bildende Strecken gegeben, so ist die erste Größe die mittlere Proportionale zwischen der ersten Differenz und der Summe aller Strecken.*[105]
Man lege in der Konstruktion zum vorhergehenden Lemma die Parallele FV zu GC (Abb. 4.49 rechts). Dann ist DV gleich der ersten Differenz, DL gleich der Summe aller gegebenen Strecken. Nun ist aber aufgrund von Lemma XXVI

DV (erste Differenz) : DC (erste Größe) = FD : DG = DC : DL (Summe aller Größen), *w.z.b.w.*

In einem Scholium bemerkt Torricelli dazu:

Dass dies auch für Zahlen und für Größen irgendwelcher Art wahr ist, werden wir ohne zu zögern behaupten. Wir werden auch einen noch allgemeineren Beweis angeben, vor allem, weil er sehr kurz ist. Als wir dieses Ergebnis bei Gelegenheit dem berühmten Cavalieri mitgeteilt

---

[105] Ist S_∞ die Summe der unendlichen geometrischen Folge $a_1, a_1 q, a_1 q^2, \ldots$ ($q < 1$), so bedeutet dies: $a_1^2 = a_1 \cdot (1 - q) \cdot S_\infty$ was zur bekannten Summenformel $S_\infty = a_1/(1 - q)$ führt.

hatten, bestätigte er dasselbe Theorem mit dem folgenden Beweis, den wir bereits anlässlich der ersten Entdeckung angewendet hatten.

Es wird folgendes vorausgesetzt: Sind beliebig viele Größen gegeben, seien es endlich viele oder unendlich viele, von denen jede stets grösser ist als die jeweils nachfolgende, so wird die erste aller Größen gleich allen Differenzen, zusammen mit der kleinsten Größe sein. […]

Wird nun eine unendliche Anzahl von stetig proportionalen, eine abnehmende geometrische Folge bildenden Größen vorausgesetzt, so ist klar, dass es entweder keine kleinste Größe gibt bzw. dass diese aus einem Punkt besteht. Folglich wird in diesem Fall die erste Größe gerade gleich allen Differenzen zusammen sein. Da aber stetig proportionale, eine geometrische Folge bildende Größen vorausgesetzt sind, so werden auch die Differenzen in demselben Verhältnis proportional sein. Daher wird sich die erste Differenz zur ersten Größe gleich verhalten wie die zweite Differenz zur zweiten Größe, und so weiter. Deshalb werden sich, so wie sich die einen zu den anderen verhalten, auch die entsprechenden Gesamtheiten verhalten. Nämlich so wie sich die erste Differenz zur ersten Größe verhält, so werden sich auch alle Differenzen zusammen (das heißt die erste Größe) zu allen Größen zusammen verhalten. Folglich steht fest, dass die erste Größe die mittlere Proportionale zwischen der ersten Differenz und der Gesamtheit aller Größen ist.

Daraus ergibt sich eine weitere Möglichkeit zur Quadratur des Parabelsegments:

Prop. XV Es sei das Parabelsegment ABC mit dem einbeschriebenen Dreieck ABC gegeben (Abb. 4.50). Den Segmenten ADB, BEC werden die Dreiecke ADB, BEC einbeschrieben. Dann ist das Dreieck ABC gleich dem Vierfachen der beiden Dreiecke ADB, BEC zusammen.[106]

Den restlichen Segmenten AD, DB, BE, EC werden erneut vier Dreiecke einbeschrieben, wobei die beiden Dreiecke ADB, BEC zusammen gleich dem Vierfachen der vier zuletzt einbeschriebenen Dreiecke sind, und so weiter. Das Parabelsegment ist demnach nichts anderes als die Zusammensetzung von unendlich vielen stetig proportionalen Größen, von denen die erste aus dem Dreieck ABC, die zweite aus den beiden Dreiecken ADB, BEC besteht. Deshalb ist aufgrund von Lemma XXVII die erste Größe ABC die mittlere Proportionale zwischen der ersten Differenz und der Gesamtheit aller Größen (das ist das Parabelsegment).

Abb. 4.50 *De dimensione parabolae*, S. 68

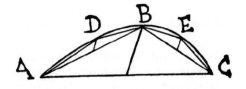

---

[106] Aufgrund von Lemma VII im Kap. 3. Torricellis Vorgehensweise entspricht daher jener des Archimedes in *AW*, *Die Quadratur der Parabel,* §21–24.

Nimmt man also an, das Dreieck ABC sei gleich vier Einheiten, die beiden Dreiecke ADB, BEC daher zusammen gleich einer Einheit, so wird die erste Differenz gleich drei Einheiten sein. Aufgrund von Lemma XXVII verhält sich folglich das Parabelsegment zum einbeschriebenen Dreieck wie dieses zur ersten Differenz, also wie 4 : 3, w.z.b.w.

Lemma XXIX *Es sei eine (endliche) Anzahl von Proportionen gegeben:*

$$a_i : b_i = c_i : d_i (i = 1, \ldots, n),$$

wobei die Vorderglieder in der entsprechenden Reihenfolge zueinander proportional sind (d.h. $a_1 : a_2 : a_3 : \ldots . : a_n = c_1 : c_2 : c_3 : \ldots . : c_n$). Dann sind auch die Summen aller Vorderglieder und aller Hinterglieder proportional:

$$\sum_{i=1}^{n} a_i : \sum_{i=1}^{n} b_i = \sum_{i=1}^{n} c_i : \sum_{i=1}^{n} d_i.$$

Der Beweis, den wir hier nicht wiedergeben, beruht im Wesentlichen auf dem Lemma XVIII in Kap. 3 (dort sind alle ersten Größen konstant, ebenso alle dritten Größen, während sie hier analoger Weise proportional sind). Wie die nachfolgende Prop. XVII zeigt, bringt Torricelli dieses Lemma auch zur Anwendung, wenn eine unendliche Anzahl von Proportionen vorliegt.

Die folgende Methode zur Quadratur des Parabelsegments beruht auf den Propositionen 14 und 24 der archimedischen Abhandlung *Über die Spiralen:*

Prop. XVII Es sei die Parabel ABC mit der Tangente AE gegeben, CE sei die Parallele zum Durchmesser.

Man ziehe eine beliebige Parallele FD zu CE, sodass wegen der Parabeleigenschaft $EC : FB = EA^2 : FA^2$, d.h. $= EC^2 : FD2$ sein wird. Daher sind EC, FD, FB stetig proportional. Der Radius AC möge den Anfang der nach einer Umdrehung in A endenden archimedischen Spirale AGC markieren (Abb. 4.51). Dann ist $DF : FB = CE : DF = CA : DA = CA : AG =$ Kreisumfang CLHC : Kreisbogen CLH = Kreisumfang DPGD : Kreisbogen DPG.

Für endlich viele, beliebig gewählte Punkte D erfüllen somit DF, DPGD als Vorderglieder und FB, DPG als Hinterglieder die Bedingungen von Lemma XXIX.[107] Falls nun dieses Lemma auch für unendlich viele Proportionen (und damit für alle Punkte D auf der Strecke AC) gilt – und Torricelli nimmt dies stillschweigend an –, so verhalten sich alle Strecken DF zusammen (d.h. das Dreieck AEC) zu allen Strecken FB zusammen (d.h. zum Trilineum ABCE) wie alle Kreisumfänge DPGD zusammen (d.h. wie der Kreis CLH) zu allen Kreisbogen DPG zusammen (d.h. zur Kreisfläche ohne die Fläche der Spirale CAGC). Der

---

[107] Auch die zweite Bedingung von Lemma XXIX (die Proportionalität entsprechender Vorderglieder) ist erfüllt, denn für die beliebig gewählten Punkte D, O ist $DF : OM = 2\pi \cdot AD : 2\pi \cdot AO$.

Abb. 4.51 *De dimensione parabolae, S.* 73

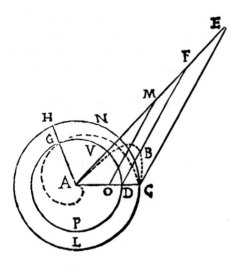

Kreis CLH ist aber aufgrund von Archimedes, *Über Spiralen,* Prop. 24 gleich dem Dreifachen der Fläche der Spirale und somit gleich dem Anderthalbfachen seiner Fläche ohne die Fläche der Spirale. Folglich ist auch das Dreieck AEC gleich dem Anderthalbfachen des Trilineums ABCE, d. h. gleich dem Dreifachen der Fläche des Parabelsegments ABC. Das Weitere ergibt sich dann wie in Prop. XI. *w.z.b.w.*

In der nächsten Proposition wählt Torricelli eine Methode, bei welcher zunächst der Schwerpunkt des Parabelsegments bestimmt wird:

> Wir werden die Parabel auch auf einem bisher noch nie begangenen Weg quadrieren [...]. Wir setzen nämlich das Lemma voraus, das Archimedes im zweiten Buch *De aequiponderantibus* zeigt, wo er beweist, dass die [Flächen-]Schwerpunkte der Parabelsegmente ihre Durchmesser stets im gleichen Verhältnis teilen.[108]

Lemma XXX *Der Schwerpunkt eines Parabelsegments teilt dessen Durchmesser so, dass der Teil bis zum Scheitel gleich dem Anderthalbfachen des anderen Teils ist.*[109]

> Es sei ein beliebiger Kegel ABC mit der Grundfläche AMC, der Achse BD und dem Achsendreieck ABC gegeben (Abb. 4.52). Der Kegel werde, wie in der Prop. XI des ersten Buches der *Conica* verlangt, von der Ebene EFG geschnitten. Die so erhaltene Schnittlinie wird Parabel genannt, und ihr Durchmesser wird FH sein. Man nehme nun an, I sei der Schwerpunkt des Parabelsegments EFG. Es ist zu zeigen, dass FI gleich dem Anderthalbfachen von IH ist.

---

[108] Archimedes, *Über das Gleichgewicht ebener Flächen,* II, §7: «Die Schwerpunkte zweier Parabelsegmente haben auf dem Durchmesser dieser Segmente ähnliche Lage.»
[109] Dasselbe beweist auch Archimedes im anschließenden §8.

Abb. 4.52 *De dimensione parabolae*, S. 75

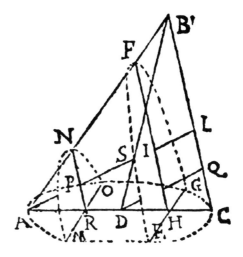

Man lege durch I die Gerade AIL und schneide den Kegel mit einer weiteren Ebene MNO parallel zu EFG. Der Schwerpunkt des Parabelsegments MNO wird P (der Schnittpunkt der Ebene MNO mit der Geraden AIL) sein (wegen der Parallelität ist nämlich FI : IH = NP : PR. Es wurde aber I als Schwerpunkt des Parabelsegments EFG vorausgesetzt, also wird P der Schwerpunkt des Parabelsegments MNO sein[110]). Daher befinden sich die Schwerpunkte aller im Kegel ABC durch Parallelebenen zur Ebene EFG erzeugten Parabelsegmente auf der Geraden AL. Aber „alle Parabeln" und der Kegel selbst bedeutet dasselbe. Also liegt der Schwerpunkt des Kegels auf der Geraden AL. Da er auch auf der Achse BD liegt, muss es der Schnittpunkt S sein, und daher wird BS = 3 · SD sein. Nun lege man durch den Mittelpunkt D der Grundfläche die Parallele DQ zu AL. Dann ist CQ = QL. Weil BS = 3 · SD ist, so wird auch BL = 3 · LQ sein, das heißt, es ist BL : LC = 3 : 2, und somit wird auch FI : IH = 3 : 2 sein. *w.z.b.w.*

Zum Schluss müssen wir hier unbedingt noch auf den Beweis der Proposition XX eingehen, denn er zeigt erstaunliche Gemeinsamkeiten mit der in der – für Torricelli damals nicht zugänglichen – „Methodenlehre" des Archimedes. Torricelli benötigt dafür zwei Hilfssätze:

Lemma XXXII *Es sei die Parabel* ABC *mit der Basis* AC, *der Tangente* CD *und der Parallelen* AD *zum Durchmesser gegeben* (Abb. 4.53). *Für jede Parallele* EF *zum Durchmesser ist dann* FE : EB = CA : AE.

Wegen der Parabeleigenschaft ist nämlich

$$DA : FB = DC^2 : FC^2 = DA^2 : FE^2.$$

---

[110] Aufgrund von Archimedes, *Über das Gleichgewicht ebener Flächen,* II, §7.

Abb. 4.53 *De dimensione parabolae,* S. 75

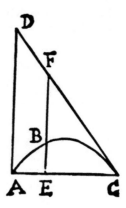

Somit ist $DA \cdot FB = FE^2$, d. h. DA : FE = FE : FB. Ferner ist AC : CE = AD : EF, also AC : CE = EF : FB. Durch Verhältnisumwendung[111] ergibt sich daraus, dass CA : AE = FE : EB ist, *w.z.b.w.*

Lemma XXXIII *Ein Parabelsegment ist gleich den beiden über derselben Basis und mit halb so langem, gleich geneigtem Durchmesser errichteten Parabelsegmenten zusammen.*

Für eine beliebige Parallele PN zum Durchmesser BH ist (Abb. 4.54)

$$BH : NM = (AH \times HC) : (AM \times MC) = HE : MO, \text{ d. h. } BH : HE = MN : MO.$$

Daher ist $MN = 2 \cdot MO$; ebenso zeigt man, dass $MN = 2 \cdot MP$ ist. Folglich ist $MN = OP$. Somit ist

$$\mathcal{O}_{ABC}(\ell) = \mathcal{O}_{AECGD}(\ell)$$

Abb. 4.54 *De dimensione parabolae,* S. 82

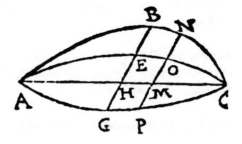

---

[111] Euklid V, Def. 16: «Verhältnisumwendung *(conversio rationis)* ist die Inbeziehungsetzung von Vorderglied zum Überschuss von Vorderglied über Hinterglied». – Hier also: AC : CE = FE : EB $\Rightarrow$ AC : (AC – CE) = FE : (FE – EB).

d.h. das Parabelsegment ABC ist gleich den beiden Parabelsegmenten AEC und AGC zusammen, *w.z.b.w.*

Prop. XX Es sei nun die nach oben geöffnete Parabel ABC gegeben (Abb. 4.55), deren Durchmesser BE senkrecht zur Horizontalen steht.

Man verlängere CA bis D, sodass CA = AD, und es sei DC ein Waagebalken mit dem Auflagepunkt A. CF sei die Tangente, AF die Parallele zum Durchmesser EB. Man setze GH = AC, halbiere GH im Punkt I, setze IL = IM = $\frac{1}{2}$EB, wobei LM parallel zu AC ist, und bestimme die beiden Parabelsegmente GLH und GMH.

Aufgrund von Lemma XXXIII sind diese beiden Parabelsegmente gleich dem Parabelsegment ABC. Die Figur GLHM werde nun im Punkt D aufgehängt. Durch die von I bzw. von E gleich weit entfernten Punkte O, N lege man ROS parallel zu LM bzw. NQ parallel zu EB. Gemäß Lemma XXXIII wird dann NP = RS sein, also ist QN : RS = QN : NP = DA : AN. Somit stehen die Strecken QN und RS stets im Gleichgewicht, wo auch immer die Punkte O, N gewählt werden. Folglich stehen alle Linien des Dreiecks AFC zusammen (d.h. das Dreieck AFC selbst) im Gleichgewicht mit allen Linien der Figur GLHM zusammen (d.h. mit der Figur GLHM selbst).

Nun nehme man AV = $\frac{1}{3}$AC. Es ist klar, dass der Schwerpunkt des Dreiecks AFC auf der Parallelen zu AF liegen wird, die außerdem senkrecht zur Horizontalen steht. Daher wird das Dreieck AFC zentral im Punkt V aufgehängt sein, und es verhält sich zur Figur GLHM umgekehrt wie DA : AV, das heißt, das Dreieck ist gleich dem Dreifachen der Figur GLHM. Weil nun aber die Figur GLHM gleich dem Parabelsegment ABC ist, ist daher das Dreieck AFC gleich dem Dreifachen des Parabelsegments ABC. Nun ist aber klar, dass

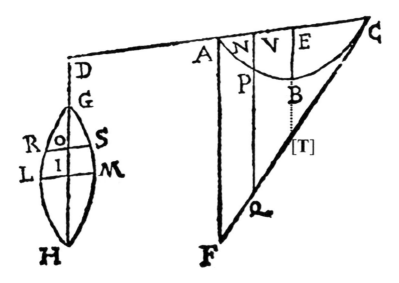

Abb. 4.55 *De dimensione parabolae*, S. 82

Abb. 4.56 *De dimensione parabolae,* S. 84

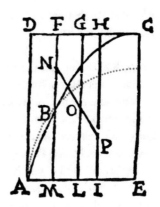

EB = $\frac{1}{4}$AF ist[112], also ist das Dreieck AFC gleich dem Vierfachen des dem Parabelsegment einbeschriebenen Dreiecks ABC, das Parabelsegment ABC daher gleich vier Dritteln des einbeschriebenen Dreiecks ABC, *w.z.b.w.*

Die den Abschluss bildende Proposition XXI hat möglicherweise Blaise Pascal zu einem Beispiel inspiriert, das er im Zusammenhang mit dem *Concours de la roulette* zur Erläuterung der genauen Anforderungen anführte, die er an eine Lösung des Problems der Zykloide stellte.[113]

Prop. XXI Gegeben sei die Halbparabel ABC mit dem Durchmesser CE, der Ordinate AE und der Tangente CD (Abb. 4.56).

Man vervollständige das Parallelogramm AECD. Dann ist klar, dass alle Linien des Trilineums DABC sich untereinander gleich verhalten wie alle Kreise des Kegels mit der Achse DC und der Spitze C. Aufgrund von Lemma XXII liegt der Schwerpunkt der Gesamtheit aller Linien des Trilineums DABC (d. h. der Schwerpunkt des Trilineums DABC selbst) auf

---

[112] Nach Archimedes, *Die Quadratur der Parabel,* §2 halbiert B die Strecke zwischen E und dem Schnittpunkt T des verlängerten Durchmessers EB mit der Tangente (Beweis bei Apollonius, *AC*, I, §35). Aber E ist der Mittelpunkt von AC, also ist ET = $\frac{1}{2}$AF und damit EB = $\frac{1}{4}$AF.

[113] Siehe dazu MARONNE [2019, S. 13–17]. – Pascal schrieb (*O P*, IV, S. 190–192): «Der Beweis […] könnte sich als so lang erweisen, dass es schwierig wäre, ihn angemessen zu Ende zu führen. Um den gelehrten Geometern entgegenzukommen, verlangen wir von ihnen nur, dass sie den Beweis entweder nach der Art der Alten oder mithilfe der Indivisiblenlehre (denn wir anerkennen diese Beweismethode) führen…». Als Beispiel führt er genau das Problem der Prop. XXI Torricellis an, wobei er argumentiert: «Ich meine, das Problem sei gelöst, wenn man zeigt, dass der Schwerpunkt des Parabelsegments EAC gegeben ist, ebenso der Schwerpunkt des Parallelogramms AECD sowie das Verhältnis dieses Rechtecks *(sic)* zum Parabelsegment EAC, und dass damit auch der Schwerpunkt des Trilineums AECD gegeben ist. Denn obschon dieser Punkt […] nicht genau bestimmt wird, hat man doch gezeigt, dass er existiert […], und das Problem ist so weit behandelt, dass nur noch die Rechnung übrigbleibt».

der Linie, welche DC im gleichen Verhältnis teilt wie der Schwerpunkt des Kegels, nämlich so, dass der Abschnitt gegen C gleich dem Dreifachen des restlichen Abschnitts ist.

Es sei daher CF = 3 · FD und der Schwerpunkt des Trilineums DABC sei ein Punkt auf der Parallelen FM zu CE, wo auch immer er liegen mag.

Ebenso verhalten sich alle Linien parallel zum Durchmesser der Halbparabel ABCE untereinander gleich wie alle Kreise der (in der Abbildung durch die punktierte Linie angedeutete) Halbkugel mit der Achse AE und dem höchsten Punkt *(vertex)* A. Wiederum aufgrund von Lemma XXII liegt der Schwerpunkt aller am Waagebalken AE aufgehängten Linien (d. h. der Schwerpunkt des Halbparabelsegments) auf der Linie, welche AE im selben Verhältnis teilt wie der Schwerpunkt der Halbkugel, nämlich so, dass der Abschnitt gegen A sich zum restlichen Abschnitt wie 5 : 3 verhält. Ist daher AI : IE = 5 : 3, so wird der Schwerpunkt der Halbparabelsegments auf der Parallelen HI zu CE liegen.

Der Schwerpunkt O des Parallelogramms liegt auf der Mittelparallelen GL zwischen AE und DC. Angenommen, P sei der Schwerpunkt des Halbparabelsegments, so verlängere man die Verbindung PO bis N. Dann wird N der Schwerpunkt des Trilineums DABC sein. Nun verhält sich das Halbparabelsegment zum Trilineum wie NO : OP, d. h. wie ML : LI = 2 : 1, denn teilt man AE in acht gleiche Teilstrecken, so bestehen AM und ML aus je zwei dieser Teilstrecken, LI aus einer und IE aus deren drei.

Das Halbparabelsegment verhält sich daher zum Parallelogramm wie 2 : 3 und zum einbeschriebenen Dreieck wie 4 : 3, *w.z.b.w.*

4.7 Anhänge

Anhang A. Torricellis gekrümmte Indivisiblen

In der den Schluss der *Opera geometrica* bildenden Abhandlung *De solido acuto hyperbolico* weist Torricelli darauf hin, dass er den Beweis des diesbezüglichen Lehrsatzes auf zwei Arten zu führen gedenkt: einerseits nach der Art der Alten (dieser Beweis wurde im Kap. 3 erörtert), andererseits unter Verwendung gekrümmter Indivisiblen. Da es sich dabei um eine neue Art von Indivisiblen handelt[114], stellt Torricelli insgesamt 14 Beispiele voran, um den Leser mit dieser ungewohnten Art vertraut zu machen, aber auch um auf die damit verbundenen Gefahren aufmerksam zu machen. Einige dieser Beispiele werden – z. T. etwas verkürzt – im Folgenden vorgestellt:

Exemplum I Die Tangente BC des Kreises mit Radius AB sei gleich dem Kreisumfang. Dann ist die Fläche des Kreises gleich der Fläche des Dreiecks ABC.[115]

---

[114] Wie im Abschn. 4.3 bereits erwähnt, hatte allerdings schon Cavalieri im VI. Buch seiner *Geometria indivisibilibus* bei der Behandlung der archimedischen Spirale kreisbogenförmige Indivisiblen verwendet.

[115] Dies ist die Prop. I aus der *Kreismessung* des Archimedes.

Abb. 4.57 *De solido acuto*
hyperbolico, S. 95

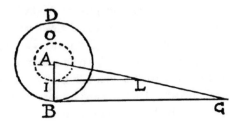

Legt man nämlich durch den beliebigen Punkt I auf dem Radius AB den konzentrischen
Kreis IO und die Parallele IL zur Tangente BC, so verhält sich der Kreisumfang BD zum
Umfang IO wie der Radius BA zum Radius AI oder wie BC zu IL (Abb. 4.57). Also verhält
sich der Kreisumfang BD zur Strecke BC wie der Umfang IO zur Strecke IL.[116] Daher
ist der Umfang des Kreises IO gleich der Strecke IL, und dies gilt für jeden Punkt I der
Strecke AB, Also sind auch alle Kreisumfänge zusammen genommen gleich allen Strecken
zusammen genommen, d. h. der Kreis BD wird gleich dem Dreieck ABC sein, w. z. b. w.[117]

Mit dem folgenden Beispiel will Torricelli auf die Gefahren aufmerksam machen, die
beim unvorsichtigen Gebrauch der Indivisiblen auftreten können:

Exemplum III Es sei das Quadrat ABCD mit der Diagonalen AC gegeben (Abb. 4.58).
Man drehe die Figur um die Achse CD, sodass der Zylinder BF und der Kegel ACF erzeugt
werden. Dann ist der Kegel gleich einem Drittel des Zylinders (in Übereinstimmung mit
Euklid XII, 10).

Man lege nämlich durch den beliebigen Punkt H auf der Diagonalen AC den im Kegel
liegenden Kreis HL und die Zylindermantelfläche HI. Die Zylindermantelfläche HI verhält

Abb. 4.58 *De solido acuto*
hyperbolico, S. 97

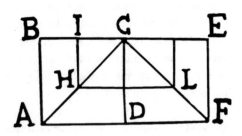

---

[116] Torricelli bemerkt dazu, dass man dies *a priori* beweisen kann, ohne die Kenntnis des Kreisumfangs vorauszusetzen.

[117] Die Gleichheit der Flächeninhalte des Kreises und des rechtwinkligen Dreiecks mit dem Kreisradius bzw. dem Kreisumfang als Katheten findet sich schon im 12. Jh. bei Rabbi Abraham Bar Hiya
(Savasorda). – Siehe dazu Abb. 4.2.

sich zur Kreisfläche HL wie die Strecke HI zum vierten Teil des Durchmessers HL (d. h. wie 2 : 1).[118]

Folglich verhalten sich alle Zylindermantelflächen zusammen (d. h. der Körper, der übrig bleibt, wenn man aus dem Zylinder BF den Kegel ACF entfernt hat) zu allen Kreisflächen zusammen (d. h. zum Kegel ACF) wie alle geraden Linien (parallel zu BA) des Dreiecks ABC zusammen zum vierten Teil aller geraden Linien (parallel zu AF) des Dreiecks ACF zusammen, also wie das Dreieck ABC zum vierten Teil des Dreiecks ACF, d. h. wie 2 zu 1. Also verhält sich das Zylindervolumen zum Kegelvolumen wie 3 zu 1.

Gleich zu Beginn hat Torricelli übrigens darauf hingewiesen, dass diese Überlegungen aber nur richtig sind, falls die Figur ABCD ein Quadrat ist:

> Wird nämlich kein Quadrat vorausgesetzt, so läge eine falsche Überlegung vor, wegen der unterschiedlichen Dicke der Oberflächen, oder anders gesagt wegen des unterschiedlichen Durchgangs *(ob diversitatem transitus)*.

Tatsächlich sind die Zylindermantelflächen HI und die Kreisflächen HL nicht gleich „dick", falls ABCD kein Quadrat ist. Dennoch ist auch in diesem Falle das Verhältnis des Volumens des Zylinders ohne den Kegel zum Kegel gleich 2 : 1. Der Fall, dass ABCD kein Quadrat ist, wird von Torricelli auch in der Sammlung *Campo di tartufi* (OT, I_2, S. 22) behandelt.

Exemplum IV Es sei der gerade Kreiskegel ABC mit der Achse BD gegeben (Abb. 4.59). Man verlängere BC bis E, sodass der Kreis mit dem Durchmesser CE gleich der Mantelfläche des Kegels ABC ist. Über dem Kreis CE denke man sich den Kegel CDE mit der Spitze D. Dann ist der Kegel ABC gleich dem Kegel CDE.[119]

Abb. 4.59 *De solido acuto hyperbolico,* S. 97

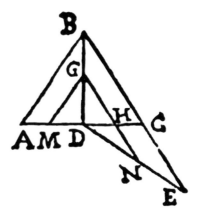

[118] Aufgrund von *De sphaera et solidis sphaeralibus,* Prop. I, 4 («Die Mantelfläche eines geraden Zylinders verhält sich zur Fläche des Grundkreises wie die Mantellinie des Zylinders zum vierten Teil des Durchmessers des Grundkreises»).

[119] Torricelli bemerkt dazu, dass dies der Prop. 17 in der archimedischen Abhandlung *Über Kugel und Zylinder* entspricht: «Wenn der Mantel eines geraden Kegels der Basis eines zweiten gleich ist,

Abb. 4.60 *De solido acuto hyperbolico,* S. 101

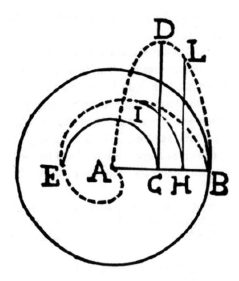

Durch den beliebigen Punkt H auf CD lege man GHN parallel zu BE. Durch GH denke man sich die Kegelmantelfläche MGH und mit dem Durchmesser HN den Kreis parallel zum Kreis CE gelegt. Dann verhält sich die Mantelfläche des Kegels MGH zum Kreis HN wie die Mantelfläche ABC zum Kreis CE, d. h. die Mantelfläche MGH ist gleich der Kreisfläche HN für alle Punkte H auf CD. Somit sind alle Mantelflächen zusammen, d. h. der Kegel ABC, gleich allen Kreisflächen zusammen, d. h. gleich dem Kegel CDE, *w.z.b.w.*

Exemplum VIII Es sei ein Kreis gegeben, dessen Radius AB den Anfang der archimedischen Spirale AEIB bildet (Abb. 4.60). Im Mittelpunkt C der Strecke AB errichte man die Senkrechte CD von beliebiger Länge und lege durch die Punkte A, D, B die Parabel mit dem Durchmesser CD. Ferner sei CE der Halbkreis mit dem Radius AC. Dann verhält sich die Fläche zwischen der Spirale und der Strecke AB zur Fläche des Parabelsegments ADB wie der Bogen CE zur Strecke CD.

Es sei nämlich H ein beliebiger, von C verschiedener Punkt auf AB, HI der innerhalb der Spiralfläche liegende Kreisbogen mit dem Mittelpunkt A, HL die innerhalb des Parabelsegments liegende Strecke parallel zur Durchmesser CD. Das Verhältnis des Bogens CE zum Bogen HI ist zusammengesetzt aus dem Verhältnis der Radien AC, AH und dem Verhältnis der zugehörigen Winkel bzw. (was aufgrund der Eigenschaften der Spirale dasselbe ist[120]) dem Verhältnis der Strecken CB und HB. Also ist CE : HI = AC · CB : AH · HB = CD : HL

---

und wenn das vom Mittelpunkt der Grundfläche des ersten Kegels auf die Seitenlinie gefällte Lot gleich der Höhe des zweiten ist, so sind die Inhalte der Kegel gleich.»

[120] Bei der archimedischen Spirale dreht sich ein Strahl um seinen Endpunkt mit gleichförmiger Geschwindigkeit, während sich gleichzeitig ein Punkt auf dem Strahl, beginnend in dessen Endpunkt, ebenfalls mit gleichförmiger Geschwindigkeit bewegt.

(wegen der Parabeleigenschaft). Somit verhält sich der Bogen CE zur Strecke CD wie der Bogen HI zur Strecke HL, und auch alle Bogen (als Indivisiblen) zusammen genommen (die Spiralfläche) verhalten sich zu allen Strecken zusammen genommen (zur Fläche des Parabelsegments) wie der Bogen CE zur Strecke CD, *w.z.b.w.*

Nimmt man nun an, die Strecke CD sei gleich lang wie der Halbkreisbogen CE, so ist die Spiralfläche gleich der Fläche des Parabelsegments ABD. Ist der Radius AB $= r$, so ist CD $= \frac{\pi}{2} \cdot r^2$. Die Fläche des Parabelsegments ist dann gleich vier Dritteln der Fläche des einbeschriebenen Dreiecks ADC, somit gleich $\frac{\pi}{3} \cdot r^2$. Dies entspricht der Prop. 24 in Archimedes' *Über Spiralen*.[121]

F. De Gandt hat darauf hingewiesen, dass Torricelli hier genau die von Cavalieri bewiesene „Affinität" zwischen der archimedischen Spirale und der Parabel als Beispiel verwendet. Ein Vergleich der beiden Darstellungen zeigt denn auch, dass sich Torricellis Beweisführung weitgehend mit jener von Cavalieri deckt.[122]

Anhang B. *De solido acuto hyperbolico*: Indivisiblenbeweis
Im Vorwort zur Abhandlung *De solido acuto hyperbolico* erwähnt Torricelli, dass er seinen Lehrsatz (betreffend das Volumen des unendlich langen hyperbolischen Körpers) mithilfe der von ihm entwickelten Methode der gekrümmten Indivisiblen gefunden habe:

> Unsere Methode, die wir auf den erwähnten Lehrsatz anwenden werden, geht mit gekrümmten Indivisiblen vor, nicht nach dem Beispiel Anderer und dennoch nicht ohne vorausgehenden geometrischen Beweis. Wir werden nämlich alle Zylinderflächen betrachten, die unserem Körper um eine gemeinsame Achse einbeschrieben werden können. Nachdem Cavalieri in seiner *Geometria* nichts über diese Dinge mitgeteilt hat, hielten wir es für richtig, unsere Beweismethode durch einige Beispiele zu bekräftigen.

Zu diesem Prioritätsanspruch bezüglich der gekrümmten Indivisiblen bemerkt De Gandt:

> … warum beansprucht Torricelli die Priorität bezüglich der gekrümmten Indivisiblen, wobei er betont, dass Cavalieri nichts zu diesem Thema beigetragen hat? Dies ist seltsam, scheint doch das Buch VI der *Geometria indivisibilibus* desselben Cavalieri vollständig den gekrümmten Indivisiblen gewidmet zu sein: dort werden „alle Kreislinien" einer Kreisfläche oder „alle Kreisbögen" eines Sektors […] betrachtet. Es ist nicht anzunehmen, dass Torricelli die letzten Bücher der *Geometria* kaum gekannt habe, da er genau die von Cavalieri an dieser Stelle bewiesene „Affinität" zwischen Spirale und Parabel verwendet und als erstes Beispiel für die gekrümmten Indivisiblen das Theorem II dieses Buches VI der *Geometria* wiedergibt.[123]

In seinem Brief vom 7. Mai 1644 an Torricelli schrieb Cavalieri denn auch:

---

[121] Die Fläche, die gebildet wird von der Spirale des ersten Umgangs und der ersten Strecke auf der Leitlinie, ist gleich dem dritten Teil des Inhalts des ersten Kreises.
[122] DE GANDT [1987].
[123] „Les indivisibles de Torricelli" in DE GANDT [1987, S. 151–206, hier 160–161].

Ich erinnere mich, dass auch ich, wie Sie im VI. Buch meiner *Geometria* sehen können, die große Affinität gezeigt habe, die zwischen der parabolischen Kurve und der Spirale des Archimedes besteht…[124]

Torricelli fährt dann in seinem Vorwort weiter:

Obschon dies für mich überflüssig ist, da ich nunmehr das ganze Vorgehen in diesem Buch für gültig halte, und zwar deshalb, weil der äußerst gelehrte und gebildete Raffaello Magiotti, dem niemand vorangestellt werden kann, es anerkannt und gebilligt hat. Wir stellen daher diesem Werk einige schon zuvor bekannte geometrische Propositionen als Beispiele voran, die wir aber mithilfe gekrümmter Indivisiblen beweisen werden, sodass deutlicher gemacht wird, dass diese Beweismethode nicht gering zu schätzen ist, vor allem, weil sie sich bei den schwierigsten Problemen als von größter Bedeutung herausstellt. Die für diese Beweise bei den ebenen Figuren geeigneten gekrümmten Indivisiblen sind die Kreislinien, bei den räumlichen Figuren dagegen sind es Oberflächen von Kugeln, Zylindern oder Kegeln, da sie den Vorzug haben, sich vollkommen den Figuren anzupassen und (um es so zu sagen) eine stets gleiche und gleichmäßige Dicke aufzuweisen. Daher stellen wir dem Werk wie versprochen einige Beispiele geometrischer Lehrsätze voran.[125]

Dem Indivisiblenbeweis des Satzes über den spitz auslaufenden hyperbolischen Körper sind insgesamt fünf Hilfssätze vorangestellt:

Lemma I *Es sei die Hyperbel*[126] *FH mit den senkrecht aufeinander stehenden Asymptote AB, AC gegeben (Abb. 4.61). Wird die Figur um die Achse AB gedreht, so entsteht ein hyperbolischer, gegen B hin unendlich langer Körper. Wird diesem Körper ein Rechteck DEFG einbeschrieben, so ist dieses Rechteck gleich dem Quadrat der Halbachse [AH] der Hyperbel.*

Abb. 4.61 *De solido acuto hyperbolico*, S. 113

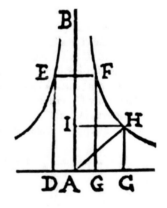

---

[124] *OT* III, Nr. 77.

[125] Von diesen Beispielen sind einige im Anhang A dieses Kapitels vorgestellt worden.

[126] Unter „Hyperbel" ist im Folgenden stets die gleichseitige Hyperbel $y = 1/x$ zu verstehen.

Abb. 4.62 *De solido acuto hyperbolico*, S. 113

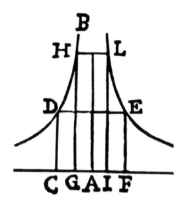

Die Halbachse AH der Hyperbel halbiert den Winkel BAC. Daher ist das Rechteck AIHC ein Quadrat, folglich ist das Quadrat von AH gleich dem Doppelten des Quadrats AIHC bzw. des Rechtecks AF und somit gleich dem Rechteck DEFG, *w.z.b.w.*

Lemma II *Die Mantelflächen aller um die gemeinsame Achse* AB *angeordneten, dem hyperbolischen Körper einbeschriebenen Zylinder sind gleich groß.*

Es seien CDEF, GHLI zwei beliebige um die Achse AB einbeschriebene Zylinder (Abb. 4.62) Die Rechtecke CE, GL sind dann gleich groß. Folglich sind auch die Mantelflächen der beiden Zylinder gleich groß.

Lemma III *Zylinder mit gleichen Mantelflächen* (so wie jene dem hyperbolischen Körper einbeschriebenen) *verhalten sich zueinander wie die Durchmesser ihrer Grundflächen.*

Da in der vorhergehenden Figur (Abb. 4.62) die Rechtecke AE und AL gleich groß sind, verhält sich FE zu IL wie AI zu AF. Das Verhältnis des Zylinders CE zum Zylinder GL ist zusammengesetzt aus den Verhältnissen $AF^2 : AI^2$ und $FE : IL = AI : AF = AI^2 : (AI \cdot AF)$. Der Zylinder CE verhält sich daher zum Zylinder GL wie $AF^2 : (AI \cdot AF) = AF : AI$, *w.z.b.w.*

Lemma IV *Es sei der hyperbolische Körper* ABC *mit der Achse* DB *gegeben* (Abb. 4.63). DF *sei die Halbachse der Hyperbel. Mit dem Mittelpunkt* D *und dem Radius* DF *denke man sich die Kugel* AEFC *als größte aller innerhalb des hyperbolischen Körpers liegenden Kugeln mit dem Mittelpunkt* D.[127] *Die Mantelfläche eines beliebigen, dem hyperbolischen Körper einbeschriebenen Zylinders* GIHL *ist dann gleich einem Viertel der Mantelfläche der Kugel* AEFC.

---

[127] D. h. DF ist die Halbachse der Hyperbel.

Abb. 4.63 *De solido acuto*
hyperbolico, S. 114

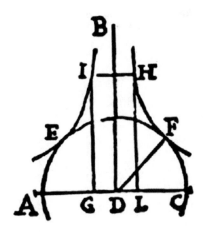

Das Rechteck GH ist nämlich gleich dem Quadrat über DF; daher ist die Zylindermantelfläche gleich der Fläche des Kreises mit dem Radius DF, das heißt gleich der Fläche des Kreises AEFC. Letztere ist aber gleich dem vierten Teil der Kugeloberfläche. *w.z.b.w.*

Daraus folgt unmittelbar das

Lemma V *Die Mantelfläche eines beliebigen, dem hyperbolischen Körper einbeschriebenen Zylinders GIHL (Abb. 4.63) ist gleich der Fläche des Kreises, dessen Radius gleich DF, das heißt gleich der Halbachse der Hyperbel ist.*

Hauptsatz *Der spitz auslaufende, unendlich lange und von einer Ebene senkrecht zur Achse geschnittene hyperbolische Körper ist zusammen mit dem Zylinder über seiner Basis gleich einem geraden Zylinder, dessen Basisdurchmesser gleich der Achse der Hyperbel und dessen Höhe gleich dem Radius seines Basiskreises ist.*

Es sei die Hyperbel mit den senkrecht aufeinander stehenden Asymptoten AB, AC gegeben, Durch den beliebigen Punkt D der Hyperbel lege man die Parallelen DC zu AB bzw. DP zu AC. Wird die gesamte Figur um die Achse AB gedreht, so entsteht der hyperbolische Körper EBD zusammen mit dem Zylinder FEDC über seiner Basis. Nun verlängere man BA bis H, sodass AH gleich der Hyperbelachse ist, und denke sich mit AH als Durchmesser einen Kreis, dessen Ebene senkrecht zur Asymptote AC steht. Über diesem Kreis errichte man den Zylinder ACGH mit der Höhe AC = PD (Abb. 4.64).

Mit dem beliebigen Punkt I auf AC bestimmt man den dem hyperbolischen Körper einbeschriebenen Zylinder ONLI sowie im Zylinder ACGH den Kreis IM parallel zu dessen Grundfläche AH.

Die Mantelfläche des Zylinders ONLI verhält sich zum Kreis IM wie das Rechteck OL zum Quadrat über dem Radius des Kreises IM, das heißt, wie das Rechteck OL zum Quadrat der Halbachse der Hyperbel. Aufgrund von Lemma V sind sie (die Mantelfläche

Abb. 4.64 *De solido acuto hyperbolico*, S. 115

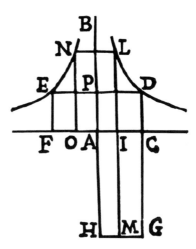

des Zylinders ONLI und die Fläche des Kreises IM) folglich gleich groß. Also sind alle Zylindermantelflächen zusammen, das heißt der hyperbolische Körper EBD zusammen mit dem Zylinder FEDC über seiner Basis, gleich allen Kreisen zusammen, das heißt gleich dem Zylinder ACGH. *w.z.b.w.*

Im nachfolgenden Scholium zeigt sich Torricelli ein weiteres Mal überzeugt von der Beweiskraft der Indivisiblenlehre und deren Vorteilen gegenüber der Methode der antiken Geometer:

> Es mag unglaublich erscheinen, dass, obschon dieser Körper unendlich lang ist, keine der von uns betrachteten Zylinderoberflächen eine unendliche Länge aufweist, sondern dass jede einzelne von ihnen endlich ist, was jedermann bekannt sein wird, der auch nur in bescheidenem Maße mit der Kegelschnittlehre vertraut ist.
>
> Ich denke, die Wahrheit des vorangehenden Lehrsatzes sei von selbst genügend klar und durch die am Anfang dieses Buches vorgestellten Beispiele mehr als genügend bestätigt. Dennoch, damit in dieser Hinsicht auch dem den Indivisiblen wenig geneigten Leser Genüge getan wird, werde ich am Ende dieses Werkes den vorliegenden Beweis noch einmal führen, mit der gewohnten Methode der antiken Geometer, die allerdings länger, meiner Meinung nach aber deswegen nicht glaubwürdiger ist.
>
> Da wir nur Beweise für den spitz auslaufenden Körper führen werden, dessen Asymptoten der erzeugenden Hyperbel einen rechten Winkel einschließen, sagen wir hier nebenbei ohne Beweis, welchen Figuren die spitz auslaufenden Körper gleich sind, wenn der Winkel zwischen den Asymptoten stumpf oder spitz ist.
>
> *Die Beweise, die wir zur Vermeidung eines zu großen Umfangs des Werkes übergehen, wird sich der fleißige Leser mühelos selber verschaffen.*
>
> Die Hyperbel, deren Asymptoten AB, AC einen stumpfen Winkel bilden, möge einen gegen B hin spitz auslaufenden, unendlich langen Körper erzeugen, wenn sie um die Achse AB gedreht wird. (Abb. 4.65) Sie werde (wie in der ersten Figur) mit der Ebene DE senkrecht zur Achse geschnitten. Der hyperbolische Körper DBE wird gleich dem Zylinder DILE, zusammen

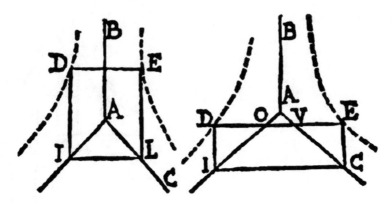

Abb. 4.65 *De solido acuto hyperbolico*, S. 117.

mit dem Kegel IAL sein. In der zweiten Figur mit der Schnittebene DE wird der gesamte, über dem Kreis DE liegende und auch den Kegel OAV umfassende hyperbolische Körper gleich dem Zylinder IE zusammen mit dem Kegel IAC sein.

Wenn aber der Winkel zwischen den Asymptoten als spitz vorausgesetzt wird, sei in der ersten Figur CD die Schnittebene (Abb. 4.66). Dann wird der hyperbolische Körper CHD zusammen mit dem Kegel EAI gleich dem Zylinder CEID sein. In der zweiten Figur hingegen wird der gesamte, durch Rotation des unendlich langen gemischten Vierseits ABCDA gleich dem Doppelten des Zylinders IEDC sein.

Anschließend an den Hauptsatz folgt eine Reihe von insgesamt 29 Korollaren, die schließlich zur Lösung der Aufgabe führen, einen gegebenen Stumpf des hyperbolischen Körpers durch einen Schnitt senkrecht zur Achse in einem vorgegebenen Verhältnis zu teilen. Diese

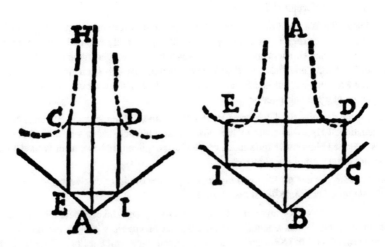

Abb. 4.66 *De solido acuto hyperbolico*, S. 117

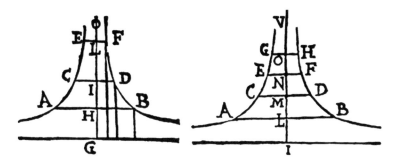

Abb. 4.67 Zu Korollar VII (links) bzw. VIII (rechts). – *De solido acuto hyperbolico*, S. 121/122

Aufgabe gehört zu den drei Problemen im Zusammenhang mit dem hyperbolischen Körper, die Torricelli den französischen Mathematikern gestellt hatte.[128]

In den Korollaren I-II wird gezeigt, dass sich die hyperbolischen Körper EBD und NBL (in der Abbildung 4.64) sowohl zusammen mit den Zylindern FEDC bzw. ANLI über ihren Basiskreisen als auch ohne diese Zylinder wie deren Durchmesser ED bzw. NL verhalten.

Wird ein Stumpf des hyperbolischen Körpers AEFB durch eine Ebene CD senkrecht zur Achse so geteilt, dass GI die mittlere Proportionale zwischen GH und GL ist, so verhalten sich die Stümpfe ACDB, CEFD umgekehrt wie ihre Höhen HI bzw. IL (Korollar VII mit Scholium, Abb. 4.67 links).

Wird der hyperbolische Körper von den Ebenen AB, CD, EF, GH, usw. so geschnitten, dass die Achsenabschnitte IL, LM, MN, NO, usw. gleich lang sind, so verhält sich der erste Stumpf ACDB zum zweiten CEFD wie 3 : 1, der zweite zum dritten wie 4 : 2, der dritte zum vierten wie 5 : 3, usw. Daraus folgt, dass der erste Stumpf ACDB gleich dem darüber liegenden hyperbolischen Körper CVD ist, der zweite Stumpf CEFD gleich dem Doppelten des darüber liegenden Körpers CVD, der dritte gleich dem Dreifachen ist, usw. (Korollar VIII mit Scholium, Abb. 4.67 rechts).

Der einem Stumpf ADCB umbeschriebene Zylinder AEFB verhält sich zum Stumpf wie der Durchmesser AB des größeren zum Durchmesser DC des kleineren Basiskreises. Der Stumpf ADCB verhält sich zum einbeschriebenen Zylinder EDCF ebenfalls wie der Durchmesser AB des größeren zum Durchmesser DC des kleineren Basiskreises. (Korollare XIV und XV, Abb. 4.68).

Daraus folgt, dass ein beliebiger Stumpf gleich der mittleren Proportionalen zwischen dem ein- und dem umbeschriebenen Zylinder ist (Korollar XVI).

Im Korollar XVII wird gezeigt, wie man den hyperbolischen Körper AEB in einem vorgegebenen Verhältnis F : G teilen kann:

Man bestimme den Punkt L so, dass HI : IL = G : F ist (Abb. 4.69). Die Ebene CD durch den Punkt L teilt dann den Körper AEB im Verhältnis F : G. Dann ist (F + G) :

---

[128] Probleme Nr. XIV, XV und XVI (Näheres dazu im Kap. 10).

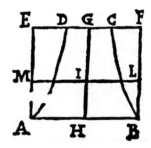

Abb. 4.68 Zu Korollar XIV (links) bzw. XV (rechts). – *De solido acuto hyperbolico,* S. 126

Abb. 4.69 Zu Korollar XVII. –
De solido acuto hyperbolico,
S. 127

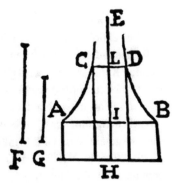

G = LH : HI = AB : CD (Hyperbeleigenschaft) = Körper AEB : Körper CED (Korollar II).
Durch Verhältnisaufteilung ergibt sich daraus F : G = (Körper AEB – Körper CED) : Körper
CED = Stumpf ACDB : Körper CED.

Im Korollar XXIX schließlich wird noch die Aufgabe gelöst, einen gegebenen Stumpf
ABCD des hyperbolischen Körpers in dem vorgegebenen Verhältnis E : F zu teilen
(Abb. 4.70):

Dazu bestimmt man die Größe G so, dass AD : BC = E : G ist. Dann teilt man die Höhe
HL des Stumpfes im Punkt I im Verhältnis HI : IL = G : F. Die Ebene MN durch I wird dann
den Stumpf im Verhältnis G : F teilen.

Abb. 4.70 Zu Korollar XXIX.
– De solido acuto hyperbolico,
S. 135

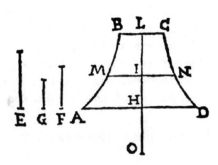

Abb. 4.71 Torricelli: Skizze
einer „Cochlea" (Ms. Gal. 143,
c. 20*r*)

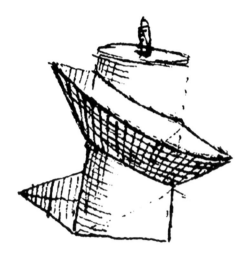

Anhang C. Die Abhandlung *De dimensione cochlea*

Wie im Kap. 3 angekündigt, geben wir hier einen Überblick über Torricellis Arbeiten zum Volumen der Schraubkörper. Die kurze Abhandlung *De dimensione cochlea* beginnt mit den Worten

> Meines Wissens ist ein seit uralten Zeiten bekannter und meiner Ansicht nach einer gewissen Beachtung nicht unwürdiger Körper bislang noch von niemandem in einer geometrischen Betrachtung untersucht worden. Daher hielt ich es für nicht unangebracht, mit einer kurzen Behandlung dieser Figur (ich spreche von der Schraube) fortzufahren.
>
> Die vorliegende Betrachtung wird nämlich dem vorangehenden Büchlein nicht fremd sein, da dabei mit gekrümmten Indivisiblen und Zylindermantelflächen vorgegangen wird. Außerdem denke ich, dass diese Arbeit den Geometern nicht unwillkommen sein wird, wenn ich von dieser Figur gezeigt haben werde, dass sie bei bekanntem Volumen weder gleich einem gewissen geraden oder runden, sondern gleich einem mit einer spiralförmigen Drehung gewundenen Körper sein wird, den die Geometrie bisher nicht zu den gemessenen Figuren zählt.

Definition Es sollen sich zwei ebene Figuren gleichzeitig bewegen, stets in derselben Ebene liegend, nämlich das Rechteck ABCD in gleichmäßiger Kreisbewegung um die Achse AB und die beliebige Figur DE in fortschreitender Bewegung entlang der Seite DC (Abb. 4.72). Der von der erzeugenden Figur DE beschriebene Körper heißt *Schraubkörper*.

Abb. 4.72 *De dimensione*
cochlea, S. 136 [144]

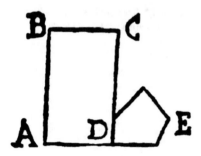

Lemma I *Es sei der Rotationskörper* ACBG *mit der Achse* AB *und der erzeugenden Figur* ABC *gegeben. Er werde von der Ebene* DFE *parallel zur Achse* AB *und senkrecht zur Figurenebene geschnitten, sodass die Oberfläche des Rotationskörpers längs der Linie* DFE *geschnitten wird* (Abb. 4.73). *Dann ist der von der Figur* DFE *um die Achse* DE *erzeugte Rotationskörper gleich dem von der um die Achse* AB *gedrehten Figur* DCE *erzeugten Körper.*

Man stelle sich nämlich vor, der Rotationskörper werde von einer Ebene CFG senkrecht zur Achse AB geschnitten, wobei die Punkte C, F, G auf der Peripherie des Halbkreises über dem Durchmesser CG liegen. Daher ist das Quadrat von IG gleich dem Rechteck CI × IG. Der Kreis mit dem Radius IF ist folglich gleich dem von der Strecke CI bei der Drehung um die Achse AB erzeugten Kreisring. Dies gilt in jedem Fall, wo auch immer die Schnittebene CFG gelegt wird. Alle Kreise zusammen (das heißt der von der Figur DCE bei Drehung um die Achse DE erzeugte Rotationskörper) sind somit gleich allen Kreisringen zusammen (das heißt gleich dem von der Figur DCE bei Drehung um die Achse AB erzeugten Rotationskörper), w.z.b.w.

Lemma II *Zwei gleiche Strecken bewegen sich ausgehend von* ED *auf der Zylinderoberfläche, wobei die eine Strecke eine Kreisbewegung um die Achse des Zylinders ausführt und*

Abb. 4.73 *De dimensione*
cochlea, S. 136 [144]

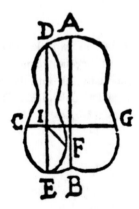

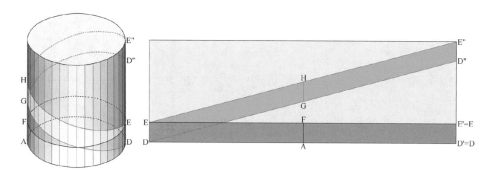

Abb. 4.74 .

dabei die „Zylinderzone" EFEDAD *erzeugt, während die andere Strecke sich zusätzlich* gleichförmig parallel zur Zylinderachse nach oben bewegt, sodass dabei die Zylinderzone DGD″E″GE *erzeugt wird. Dann sind die beiden Zylinderzonen flächengleich.*

Betrachtet man die Abwicklung der Zylindermantelfläche (Abb. 4.74), so wird deutlich, dass die beiden Zylinderzonen flächengleich sind.

Torricelli führt hier nicht – wie zu erwarten wäre – einen Beweis mithilfe von Indivisiblen, sondern er zeigt auf umständliche Weise, dass die „Zylinderdreiecke" GAD und HFE kongruent und damit flächengleich sind, woraus die Flächengleichheit der beiden Zylinderzonen folgt.

Lemma III *Das Rechteck* AB *und die beliebige erzeugende Figur* BCD *mögen sich so bewegen, wie in der Definition beschrieben, bis sie eine volle Umdrehung ausgeführt haben. Dann sind der bei der ersten Umdrehung erzeugte Schraubkörper* DGH *und der von der erzeugenden Figur um die Achse* AE *beschriebene ringförmige Körper volumengleich.*

Die Figur BCD möge einerseits bei einer vollen Umdrehung, endend in der Figur LFH, die Schraube DGH erzeugen, andererseits, auf sich selbst zurückkehrend, einen ringförmigen Körper (Abb. 4.75). Eine beliebige, zur Achse AE parallele Strecke IO der Figur BCD erzeugt dann eine in der Schraube enthaltene „Zylinderzone" bzw. eine in dem ringförmigen Körper enthaltene Zylindermantelfläche, wobei diese aufgrund von Lemma II flächengleich sind. Alle Zylinderzonen zusammen sind daher gleich allen Zylindermantelflächen zusammen, folglich sind die Schraube und der ringförmige Körper volumengleich.

Lemma IV (Vorausgesetzt wird Apollonius, *Conica* I, §11–13[129]) *Der Kegel mit dem Axialdreieck* ABC *und dem Grundkreis* ARC (Abb. 4.76) *werde von einer senkrecht auf*

---

[129] In den §§11–13 werden die charakteristischen Eigenschaften von Parabel, Hyperbel bzw. Ellipse beschrieben.

Abb. 4.75 .

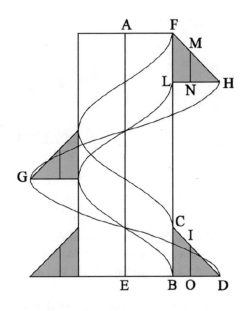

Abb. 4.76 *Opera* geometrica,
De cochlea, S. 147

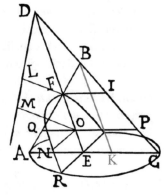

ABC *stehenden Ebene so geschnitten, dass die Hyperbel* FNR *mit dem Durchmesser* FE
entsteht [wobei sich die Verlängerungen von EF und CB in D schneiden]. *Legt man* FI *parallel zu* AC *und bestimmt* L FE : EA = IF : FL *ist, so ist* FL *das* latus rectum[130] *der Hyperbel.*

Ist N ein beliebiger Punkt auf dem Kegelschnitt, so lege man die Parallele NO zu RE und
durch O die Parallele QP zu AC. Ferner sei OM parallel zu FL. Dann ist

---

[130] Der die Hyperbel bestimmende Parameter. Bei Apollonius ist FL eine in der Schnittebene liegende
Senkrechte zum Durchmesser FE, deren Länge im Falle der Hyperbel so bestimmt wird, dass FL :
FD = AK · KC : BK^2 ist, mit BK ∥ FE. Torricelli wählt hier einen einfacheren Weg, indem er FL als
vierte Proportionale zu FE, EA und FI bestimmt, mit FI ∥ AC.

Abb. 4.77 *Opera* geometrica, De cochlea, S. 147

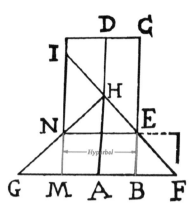

$$FO : OQ = FE : EA = IF : FL = PO : OM.$$

Folglich ist $FO \cdot OM = PO \cdot OQ$. Es ist aber $PO \cdot OQ = ON^2$ (denn die durch O gelegte Parallelebene zur Grundkreisebene schneidet aus dem Kegel den Kreis QNP mit dem Durchmesser QP heraus). FL ist somit das *latus rectum*.

Lemma V *Es seien das Rechteck* AC *und das in derselben Ebene liegende Dreieck* EBF *gegeben. Das Ganze werde um* AD *gedreht, bis eine ganze Umdrehung ausgeführt ist. Dann ist der von dem Dreieck* ABF *erzeugte ringförmige Körper gleich dem hyperbolischen Konoid* [Rotationskörper] *mit der Höhe* BE *und der vierten Proportionalen zu* EB, BF, $2 \cdot BA$ *als latus rectum und der vierten Proportionalen zu* FB, BE, $2 \cdot BA$ *als latus transversum*[131] (Abb. 4.77).

Bei der Drehung um AD erzeugt das Rechteck AC einen Zylinder mit dem Axialschnitt CM. Man verlängere FE bis zu den Schnittpunkten H, I mit der Achse bzw. mit der Verlängerung von MN. Das Dreieck HAF beschreibt dann den Kegel GHF mit der Achse AH. Dieser Kegel werde mit einer durch EB oder durch INM gelegten und damit senkrecht zur erzeugenden Figur GHF des Kegels stehenden Parallelebene zur Achse geschnitten, sodass eine Hyperbel als Schnittkurve entsteht.

Aufgrund von Lemma I wird der von dem Dreieck MNG bzw. EBF um die Achse AD erzeugte Rotationskörper gleich dem von der besagten Hyperbel erzeugten hyperbolischen Konoid sein. Das *latus rectum* dieser Hyperbel wird sich aufgrund von Lemma IV als vierte Proportionale zu MN, MG, EN ($= 2 \cdot BA$) ergeben, während sich das *latus transversum* als vierte Proportionale zu GM, MN, EN ($= 2 \cdot BA$), das ist NI, ergibt. *w.z.b.w.*

Daraus und aus Lemma I und IV ergibt sich der

---

[131] Durchmesser bzw. Hauptachse der Hyperbel.

Satz *Der von dem Dreieck* EBF (Abb. 4.77) *bei seiner ersten vollen Umdrehung erzeugte Schraubkörper ist gleich dem hyperbolischen Konoid mit der Höhe* BE *und der vierten Proportionalen zu* EB, BF, 2 · BA *als* latus rectum.

Aus dem Lemma III folgt schließlich noch das

Scholium *Der von einem Rechteck erzeugte Schraubkörper ist gleich dem Zylinder, dessen Höhe* EB *gleich der Höhe der erzeugenden Figur ist und dessen Grundkreisradius die mittlere Proportionale zwischen* FB *und der aus* FA *und* AB *zusammengesetzten Strecke ist.*

Ist die erzeugende Figur aber ein Kreis, so wird sich der bei einer vollen Umdrehung erzeugte Schraubkörper zu der Kugel über dem erzeugenden Kreis verhalten wie der Umfang des Kreises, dessen Radius gleich der Strecke AB *in der vorhergehenden Figur zusammen mit dem Radius des erzeugenden Kreises ist, zu zwei Dritteln des Durchmessers desselben erzeugenden Kreises.*

Bezeichnet man den Radius des erzeugenden Kreises mit r, die Länge der Strecke AB mit r', so ist also

$$V_{\text{Schraubkörper}} : \frac{4\pi}{3}r^3 = 2\pi(r' + r) : \left(\frac{2}{3} \cdot 2r\right), \text{ somit } V_{\text{Schraubkörper}} = 2\pi^2(r' + r) \cdot r^2.$$

In Übereinstimmung mit Lemma III ist dieses Volumen gleich dem Volumen des Torus, der entsteht, wenn ein Kreis mit dem Radius r um eine Achse gedreht wird, deren Abstand zum Kreismittelpunkt gleich $r' + r$ ist.

Damit schließt Torricelli den kurzen Anhang *De dimensione cochlea* ab. Eine weitergehende Untersuchung der Schraubkörper, insbesondere deren Schwerpunkte betreffend, will er sich für eine spätere Publikation vorbehalten:

> Es bliebe noch übrig, auch die mechanischen Lehrsätze zu diesen Körpern auszuführen, vor allem im Falle, dass der Schraubkörper von einem Dreieck erzeugt wird. Der Schwerpunkt liegt nämlich auf der Achse und teilt auf dieser Achse ein gewisses kleines Stück (das gleich der Strecke EB zu machen und um den Mittelpunkt der Achse anzuordnen ist) in gleicher Weise wie der Schwerpunkt irgendeines Hyperboloids dessen eigenen Durchmesser teilt, oder er teilt die Hälfte des besagten kleinen Stücks ebenso wie der Schwerpunkt eines Kugelsegments mit der doppelten Höhe, dessen Basis gleich einem gegebenen Kreis ist.
>
> Es ist aber nicht der Mühe wert, sich länger mit diesen Kleinigkeiten aufzuhalten und dich, geneigter Leser, weiter zu quälen. Sollte ich erfahren, dass dir alle die in diesen Büchlein enthaltenen Dinge nicht missfallen haben, so sollen auch die hier fehlenden, vor allem die Schwere und ihr Zentrum betreffenden Dinge in einem besonderen geometrischen Büchlein zusammengefasst werden.

Durch den vorzeitigen Tod Torricellis konnte dieses Vorhaben allerdings nicht in die Tat umgesetzt werden. Die Aufgabe wurde dann von Stefano degli Angeli, in seinem Werk *De infinitarum cochlearum mensuris ac centris gravitatis* (Venedig 1661) übernommen.

Degli Angeli schreibt im „Vorwort an den Leser":

Wie sehr die Geometrie mithilfe der von Bonaventura Cavalieri erdachten Indivisiblenmethode vorangeschritten ist – dies vorauszuschicken wird erlaubt sein –, wird dir (mein Leser) nicht verborgen bleiben, wenn du auch nur überfliegst, was der sehr berühmte Evangelista Torricelli, ein unanfechtbarer Zeuge, einst in wahrer Weise niedergelegt hat.

Sodann zitiert er Torricellis Worte aus dessen Vorrede zum Problem des unendlich langen hyperbolischen Körpers:

Mich erbarmt die Geometrie der Alten, die, sei es, dass sie die Indivisiblenlehre nicht kannte, oder sei es, dass sie diese nicht duldete, bezüglich den Rauminhalten der Körper so wenige Wahrheiten herausgefunden hat, dass dieser unglückselige Mangel bis in unsere Zeiten anhielt.

Er schreibt weiter:

Wenn die Methode nicht genügt, um diese Grenzen zu umgehen, so erfreut es umso mehr, diese geheimen und verborgenen Hilfsmittel der bekannteren Geometer aufzudecken und in sie einzudringen; bei Gott wirst du den Beweisen Torricellis in nicht geringem Maße beipflichten, die zu bewundern du gewiss nicht aufhören wirst…

Die Stärke von Torricellis erweiterter Methode der gekrümmten Indivisiblen erweist sich anhand eines alltäglichen Körpers. Gemeint ist der Schraubkörper, von dem bei Torricelli drei Arten behandelt werden, nämlich die von einem Dreieck, einem Rechteck und einem Kreis erzeugten Körper. Da Torricelli sein Versprechen, in einer eigenen Abhandlung auch auf die Schwerpunkte dieser Körper einzugehen, nicht einlösen konnte, nimmt sich Degli Angeli nun dieser Aufgabe an:

… wir haben gewisse wenige Propositionen und äußerst einfache allgemeine Regeln gefunden, aus denen sich sowohl die Größe als auch die Schwerpunkte nicht von drei, von dreihundert oder dreitausend, sondern von unendlich vielen Schrauben ergeben. Wir haben uns entschlossen, dass sie dir alle in diesem Büchlein mitgeteilt werden sollen.

Wir beschränken uns an dieser Stelle allerdings auf die Wiedergabe der letzten Proposition in De Angelis Büchlein:

Prop. XIX *Der Schwerpunkt einer beliebigen Schraube erster Umdrehung schneidet deren Achse im gleichen Verhältnis wie der Schwerpunkt des von der erzeugenden Figur der Schraube bei der Drehung um die Achse erzeugten ringförmigen Körpers.*

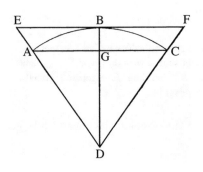 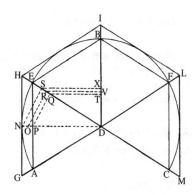

Abb. 4.78 .

Anhang D. Der Schwerpunkt des Kreisbogens und des Kreissektors

Unter den nachgelassenen Manuskripten Torricellis befindet sich eine zweiteilige Abhandlung *De centro gravitatis sectoris circuli*[132], in welcher der Schwerpunkt eines Kreissektors auf zwei Arten bestimmt wird: nach Art der Alten und mittels der Indivisiblenmethode. Die beiden erstmals von Caverni veröffentlichten Teile wurden auch in den Band I₂ der *Opere* aufgenommen.[133]

Im zweiten Teil der Abhandlung *(de centro gravitatis sectoris circuli per geometriam indivisibilium)* zeigt Torricelli zuerst, dass der Schwerpunkt eines Kreisbogens zwischen den Schwerpunkten G, B der Sehne AC bzw. der Tangente EF liegt (Abb. 4.78 links). Dies ist klar, denn würde der Kreisbogen in B oder in G) aufgehängt, so kann er sich unmöglich im Gleichgewicht befinden, weil der Bogen dann vollständig auf der einen Seite des betreffenden Aufhängepunktes läge. Aus demselben Grund kann der Schwerpunkt des Bogens auch nicht außerhalb der Strecke BG liegen.

Im Falle eines beliebig oft halbierten Bogens ABC mit den ein- und umbeschriebenen Polygonzügen AEBFC bzw. GHILM sei O der Schwerpunkt des Bogens ANE (Abb. 4.78 rechts). Legt man durch die Punkte N, O, P die Senkrechten NS, OR, PQ zu DH, so sind Q, R, S die Schwerpunkte des Polygonzugs AEB, des Bogens AEB bzw. des Polygonzugs GHI (im Lemma I wurde gezeigt, dass der Schwerpunkt einer symmetrischen Line auf deren Symmetrieachse liegt). Legt man durch diese Punkte wiederum die Senkrechten SX, RV, QT zu DI, so muss der Schwerpunkt V des ganzen Bogens ABC wegen der Parallelität der jeweiligen Senkrechten zwischen den Punkten X und T liegen (Lemma III).

Lemma IV *Dem Kreisbogen* ABC *sei durch fortgesetzte Halbierung des Zentriwinkels der Streckenzug* AEFGBHILC *einbeschrieben* (Abb. 4.79). *Auf der Achse* BD *sei* N *so bestimmt, dass sich die Länge des Streckenzugs zur Sehne* AC *verhält wie die Strecke* MD *(das ist die Höhe des gleichschenkligen Dreiecks* AED) *zur Strecke* ND. *Dann ist* N *der Schwerpunkt des Streckenzugs.*

---

[132] Ms. Gal. 147, c. 1r–11r (ein zweites Manuskript *ibid.*, c. 13r–23v).

[133] *OT* I₂, S. 59–69 und 71–77.

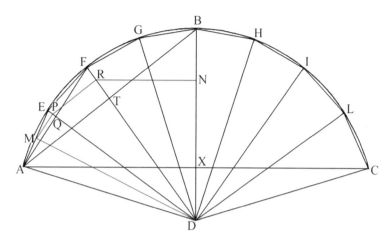

Abb. 4.79 .

Vom Mittelpunkt M der Sehne AE lege man die Senkrechte MP auf DE. Dann ist P der Schwerpunkt der von AE und EF gebildeten Figur. Von P wiederum lege man die Senkrechte PR auf DF. Dann ist R der Schwerpunkt der aus den Strecken AE, EF, FG, GB bestehenden Figur. Legt man schließlich von R aus die Senkrechte RN auf DB, so ist N der Schwerpunkt des gesamten Streckenzuges AEFGBHILC.

Nun sind die rechtwinkligen Dreiecke EMP und PMD ähnlich, ebenso FAT und PDR, sowie BAX und RDN. Daher ist MD : DP = EM : MP = EA : AQ = FEA : AF. Ferner ist PD : DR = FA : AT. Also ist MD : DR = FEA : AT = BGFEA : AB und schließlich DR : DN = BA : AX. Folglich ist BGFEA : AX = AEFGBHILC : AC = MD : DN, *w.z.b.w.*

Theorem I *Der Schwerpunkt eines Kreisbogens teilt dessen Achse so, dass sich die ganze Achse zum Abschnitt gegen den Kreismittelpunkt hin verhält wie der Bogen zur Sehne des Sektors.*

Es sei der Bogen ABC mit der Sehne AC und der Achse BD gegeben, und es sei der Punkt E so bestimmt, dass sich der Bogen ABC zur Sehne AC verhält wie die Achse BD zum Abschnitt DE (Abb. 4.80). Zu beweisen: Dann ist E der Schwerpunkt des Bogens ABC.

Angenommen, E sei nicht der Schwerpunkt. Dann liegt dieser entweder ober- oder unterhalb des Punktes E.

Der Schwerpunkt F des Bogens möge zunächst unterhalb von E liegen. In diesem Fall wird der Bogen so lange halbiert, bis schließlich das Verhältnis OR : CG kleiner ist als ED : DF.[134] Anschließend bestimme man die Strecke M so, dass sich die Länge des Streckenzugs ANBGC zur Sehne AC verhält wie DI zu M.

---

[134] Dies ist möglich aufgrund von Archimedes, *Kugel und Zylinder,* I, §4.

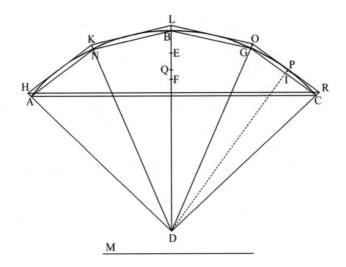

Abb. 4.80 .

Nun ist BD : DE = Bogen ABC : AC, also ist BD : DE > ANBGC : AC = DI : M. Es ist aber DE : DF > OR : GC = PD : DI. Daher ist BD : DF > PD : M.[135] Folglich ist M > DF.

Es sei DQ = M. Dann ist Q der Schwerpunkt des Streckenzugs ANBGC (aufgrund von Lemma IV). Aber der Schwerpunkt des Streckenzugs HKLOR wird noch näher bei L liegen, und zwischen diesen beiden muss sich der Schwerpunkt des Kreisbogens befinden. Somit kann F nicht der Schwerpunkt des Kreisbogens sein.

Ebenso kann gezeigt werden, dass der Schwerpunkt des Kreisbogens nicht oberhalb von E liegen kann. Folglich ist E der Schwerpunkt des Bogens ABC. *w.z.b.w.*

Zusammenfassung (Abb. 4.81): Es wurde gezeigt, dass der Schwerpunkt E eines Kreisbogens ABC dessen Symmetrieachse DB so teilt, dass sich die ganze Achse DB (= Kreisradius r) zum Abschnitt DE verhält wie der Bogen ABC (= $2r \cdot \alpha$) zur Sehne AC (= $2r \cdot \sin\alpha$).

Für den Schwerpunkt E des Halbkreisbogens ($\alpha = \pi/2$) ergibt sich damit DE = $2r/\pi$.

Mithilfe der Indivisiblenmethode kann nun der Schwerpunkt eines Kreissektors gefunden werden:

Theorem II *Der Schwerpunkt eines Kreissektors liegt auf dessen Achse und teilt diese so, dass sich die ganze Achse zum Abschnitt gegen den Mittelpunkt des Sektors hin verhält wie der Sektorbogen zu zwei Dritteln der Sehne des Sektors.*

Es sei E der Schwerpunkt des Bogens ABC, I der Schwerpunkt eines durch einen beliebigen Punkt F der Achse DB gelegten Bogens GFH (Abb. 4.82). Dann ist offensichtlich

---

[135] Lemma X (aus dem ersten Teil *more veterum*): Ist A : B > E : F, B : C > D : E, so ist A : C > D : F.

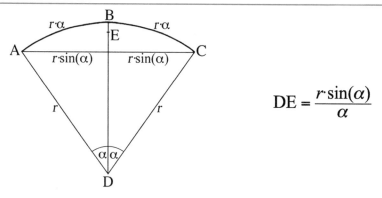

$$DE = \frac{r\sin(\alpha)}{\alpha}$$

Abb. 4.81 .

BogenABC : AC = BogenGFH : GH.

Da E und I die Schwerpunkte der Bögen ABC bzw. GFH sind, ist BD : DE = FD : DI. Die Strecke DE kann daher als Waagebalken aufgefasst werden, in dessen einzelnen Punkten bestimmte Größen (nämlich die Kreisbögen, als Indivisiblen des Kreissektors interpretiert) aufgehängt sind (im Punkt E der Kreisbogen ABC, im Punkt I der Bogen GFH, in den übrigen Punkten Kreisbögen, die zu den genannten konzentrisch sind). Wie gezeigt wurde, verhalten sich diese Größen aber gleich wie ihre Abstände DE, DI zum Endpunkt D des Waagebalkens, in gleicher Weise wie es bei den Abständen der Parallelen zur Grundseite eines gleichschenkligen Dreiecks (im vorliegenden Falle des Dreiecks DA'C'mit der Höhe DE) zur Spitze des Dreiecks der Fall ist. Wird daher der Waagebalken DE im Punkt O so

Abb. 4.82 .

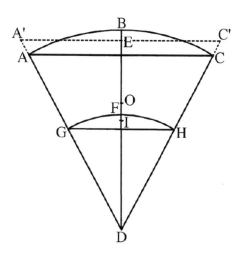

geteilt, dass DO = 2 · OE ist, so ist O der Schwerpunkt aller Kreisbögen zusammen[136], das heißt, O ist der Schwerpunkt des Kreissektors. Also ist DO gleich zwei Dritteln von DE:

$$DO = \frac{2}{3} \cdot DE = \frac{2}{3} \cdot \frac{r\sin\alpha}{\alpha}$$

Es war Torricelli bekannt, dass dieses Ergebnis bereits von De la Faille[137] gefunden worden war, allerdings auf sehr umständliche Weise, wie er an Cavalieri schrieb:

> … Dies wurde von Pater della Faille bewiesen, mithilfe eines ganzen Buches voller Dinge, und ich beweise es auf weniger als einer Seite, auf zwei verschiedene Arten, mit und ohne Indivisiblen.[138]

Er argwöhnte jedoch, ob nicht vielleicht Guldin dasselbe schon vor ihm gefunden haben könnte, weshalb er Cavalieri eine sieben Punkte umfassende Liste seiner eigenen Ergebnisse zukommen ließ (die ersten drei betrafen die Bestimmung der Schwerpunkte des Kugelsektors sowie der Oberfläche der Kalotte und der Kugelzone, die übrigen bezogen sich auf seine Untersuchungen im Zusammenhang mit dem Kreissektor) und sich erkundigte, ob etwas Entsprechendes in Guldins *Centrobarica* zu finden sei:

> … was mir missfallen würde, nicht so sehr, weil mir dieses nicht mehr gehören würde, als dass ein anderer in dessen Besitz käme, einer, der dessen nicht würdig ist. Ich bin der Ansicht, dies von jemandem sagen zu dürfen, der die Lehre der Indivisiblen tadelt, welche die Erzader und das nicht ausgeschöpfte Bergwerk für die schönen Gedankengänge und die Beweise a priori ist.

Der Antwort Cavalieris[139] musste er entnehmen, dass seine Propositionen zum Kreissektor tatsächlich bereits bei Guldin zu finden sind, sodass ihm daher „nur" noch die Priorität im Falle des Kugelsektors, der Kalotte und der Kugelzone zustand.

Drei Jahre später kam Torricelli nochmals auf das Thema zurück. Er wollte von Cavalieri wissen, ob Guldin den Satz über den Schwerpunkt des Kreisbogens möglicherweise nur vermutet, aber nicht bewiesen habe:

---

[136] Dieser Satz findet sich schon bei Galilei im Anhang zum Dritten und Vierten Tag der *Discorsi*: «[…] dass, wenn Größen, die um gleichviel voneinander verschieden sind und deren Unterschiede gleich sind der kleinsten unter ihnen, so auf einem Hebelarm der Reihe nach verteilt werden, dass ihre Aufhängepunkte gleich weit voneinander abstehen, der Schwerpunkt aller den Hebelarm so teilen wird, dass die den kleineren Gewichten zugekehrte Strecke das Doppelte der anderen beträgt» (*GU*, S. 279). Damit gelang Galilei die Bestimmung des Schwerpunkts eines Rotationsparaboloids.

[137] Der belgische Jesuit Jean De la Faille (1597–1652) befasste sich in seinem 1632 in Antwerpen veröffentlichten Werk *Theoremata de centro gravitatis partium circuli et ellipsis* mit Flächen- und Schwerpunktsbestimmungen. Eine Darstellung dieses Werks findet man in BOSMANS [1914]. Zur Bestimmung des Schwerpunkts des Kreissektors benötigt De la Faille 31 vorausgehende Propositionen.

[138] Torricelli an Cavalieri am 21. Februar 1643 (*OT*, III, Nr. 41).

[139] 3. März 1643 (*OT*, III, Nr. 45).

Abb. 4.83 .

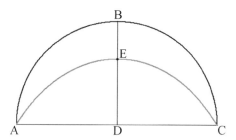

Mir scheint, dass Sie mir geschrieben hatten, dass er diesen Satz formuliert habe, aber ich erinnere mich nicht mehr, ob Sie mir gesagt hatten, ob er ihn bewiesen oder nur vermutet habe.[140]

Cavalieris Antwort ist nicht erhalten. Wie dem darauffolgendem Brief Torricellis zu entnehmen ist, hatte ihm der Jesuat aber bestätigt, dass Guldin in der Tat einen Beweis besaß:

Ich bedaure, dass Guldin es beweist, denn auch ich hatte schon vor vier Jahren diesen Beweis. […] Die Beweise, die ich bei dem Lemma anwende, sind so scharfsinnig, dass ich nicht gedacht hatte, dass Guldin dies gelungen sein könnte.[141]

Gemeint ist das Lemma IV über den Schwerpunkt des einem Kreisbogen einbeschriebenen Polygonzugs AEFGBHILC (Abb. 4.79).

Ganz am Schluss seines Briefes vom 1. Januar 1646 hatte Roberval darauf aufmerksam gemacht – als «Blüte aus seinem kleinen Garten der Schwerpunkte» –, dass der Schwerpunkt E des Halbkreisbogens ABC mit dem Schnittpunkt seiner Symmetrieachse mit der Quadratrix (rot eingezeichnet) zusammenfällt (Abb. 4.83).

Beim Durchblättern der *Centrobaryca* – das Werk war ihm in der Zwischenzeit von Cavalieri zugeschickt worden – stellte Torricelli allerdings fest, dass Guldin diese interessante Tatsache schon im Jahre 1635 bekannt gemacht hatte.[142] So schrieb er am 7. Juli 1646 an Roberval:.

Du magst selber sehen, wie leicht es ist, in diesem Zeitalter, das ganz wild ist auf Schriften, auf etwas von Anderen Gefundenes zu stoßen und Fremdes straflos als Eigenes herumzubieten. Gleichsam als etwas Neues legst du selber öffentlich vor, dass die Quadratrix durch den Schwerpunkt der Halbkreislinie geht, etc. Doch vor vielen Jahren ist gerade dieses von anderen bewiesen und veröffentlicht worden, auf viel allgemeinere Art.

Ich hatte dies selber gezeigt, in größter Kürze und Einfachheit, bevor ich erfuhr, dass ein gewisser Jesuit Guldin dies veröffentlicht hatte. Ich war nämlich erst vor kurzem durch

---

[140] 23. März 1646 (*OT*, III, Nr. 169).

[141] Torricelli an Cavalieri, 7. April 1646 (*OT*, III, Nr. 170).

[142] *De centro gravitatis*, Liber primus, Wien 1635, S. 67–68.

Cavalieri gewarnt worden, dass ich auf dieselbe Erfindung gestoßen sei und daher habe ich diese außer Betracht gezogen, insofern ich nichts Eleganteres und Vollkommeneres habe.[143]

Guldin war offenbar beim Studium der Euklid-Ausgabe von Clavius auf den Zusammenhang zwischen der Quadratrix und dem Schwerpunkt des Halbkreises gestoßen.[144] Auch Torricelli kannte dieses Werk[145], sodass es durchaus der Wahrheit entsprechen mag, wenn er behauptet, die von Roberval verkündete Eigenschaft eigenständig gefunden zu haben.

Anhang E. Bestimmung des Schwerpunktes der Kalotte und des Kugelsektors
Nach der erfolgreichen Bestimmung des Schwerpunkts des Kreisbogens und des Kreissektors wendet sich Torricelli in der Abhandlung *De centro gravitatis planorum ac solidorum*[146] dem bis dahin noch ungelösten Problem der Bestimmung des Schwerpunkts der Kalotte und des Kugelsektors zu.

Dazu bestimmt er zunächst den Schwerpunkt der Mantelfläche des geraden Kreiskegels:

Proposition 1 ([147]): *Der Schwerpunkt E der Kegelmantelfläche* ABC *teilt die Achse* BD *im Verhältnis* BE : ED = 2 : 1.[148]

Betrachtet man zwei beliebige ebene Schnitte FG, HI senkrecht zur Achse, so verhalten sich die entsprechenden Kreislinien durch F und H wie FN zu HM (Abb. 4.84). Am Waagebalken BD kann man sich daher gewisse Größen aufgehängt denken, nämlich Kreislinien (als Indivisiblen der Kegelmantelfläche), die proportional sind zu den entsprechenden Radien oder Strecken FN, HM (als Indivisiblen des Dreiecks ABC), usw. Der Schwerpunkt E der

---

[143] *OT*, III, Nr. 176; *CM*, XIV, Nr. 1485.

[144] Guldin verweist auf die kommentierte Euklid-Ausgabe von Clavius. Dieser formuliert am Ende des VI. Buches bei der Behandlung der Quadratrix den Satz (der schon bei Pappus, *Collectiones*, IV. Buch, Prop. 26 zu finden ist und der auf Nikomedes und Dinostratos zurückgeht), dass der Viertelskreisbogen, der Kreisradius und die Basis der Quadratrix stetig proportional sind (vgl. dazu den Anhang F). Aus dem von Torricelli (und, wie er später erfahren musste, vor ihm schon von Guldin) bewiesenen Satz über den Schwerpunkt eines Kreisbogens folgt aber für den Spezialfall des Halbkreises, dass sich der Halbkreisbogen zum Kreisdurchmesser bzw. der Viertelskreisbogen zum Kreisradius verhält wie der Kreisradius zum Abstand des Schwerpunktes zum Kreismittelpunkt, sodass auch der Viertelskreisbogen, der Kreisradius und der Schwerpunktsabstand stetig proportional sind.

[145] Aus dem nach Torricellis Tod erstellten Inventar seiner Privatbibliothek geht hervor, dass er die Euklid-Ausgabe von Clavius (Rom, 1603) besass.

[146] *OT*, I$_2$, S. 177–226. – Auszüge aus dieser Abhandlung finden sich auch bei CAVERNI [1891–1900, t. V, S. 307 ff.]

[147] Die folgenden Propositionen und Lemmata sind im Originalmanuskript unnummeriert. Bei Caverni entsprechen die Nummern 1–4 den Propositionen XX, XV, XVI und XVII. Dem Korollar zu Nr. 5 entspricht bei Caverni die Proposition XIX.

[148] *OT*, I$_2$, S. 192–193.

Abb. 4.84 .

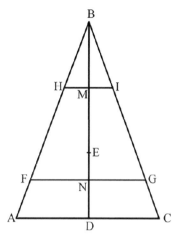

Kegelmantelfläche ist daher identisch mit dem Schwerpunkt des Dreiecks ABC; er teilt somit die Achse BD in dem behaupteten Verhältnis. *w.z.b.w.*

Torricelli gibt zu, dass man diesem Ergebnis entgegenhalten könnte, dass doch mit demselben Argument die Schwerpunkte des Halbkreises und der Halbkugel zusammenfallen müssten, was jedoch nicht der Fall ist:

> Man beachte, dass das Argument nicht gilt, das von jenen dagegen eingewendet werden könnte, welche die Indivisiblenmethode nicht völlig begreifen. Sie könnten nämlich das Beispiel der [Halb-]Kugeloberfläche und des Halbkreises entgegenhalten, welche keinen gemeinsamen Schwerpunkt haben, oder jenes der Oberfläche des Paraboloids und der Parabel. Der Grund für die Verschiedenheit liegt darin, dass die Kegelmantelfläche und alle Kreislinien beim selben Durchgang *[transitus]* stets (um es so zu sagen) dieselbe Dicke aufweisen wie die Applikaten zur Achse BD, was bei den genannten Flächen nicht wahr ist, deren Kreislinien gegen den höchsten Punkt hin stets eine größere Dichte oder Dicke aufweisen im Vergleich mit den Applikaten zur Achse.[149]

Zur Bestimmung des Schwerpunkts der Kalotte geht Torricelli von den folgenden Grundannahmen aus:

1. Liegen die Schwerpunkte verschiedener Größen zwischen den Endpunkten einer Strecke AB, so liegt auch ihr gemeinsamer Schwerpunkt zwischen den Punkten A und B.
2. Die Schwerpunkte sowohl der Kalotte als auch der Kugelzone liegen auf ihrer Achse.

Sodann beweist er zwei Hilfssätze:

---

[149] *Ibid.*

Lemma 1 *Wird die Strecke* AI *in eine gerade Anzahl gleicher Teilstrecken* AB, BC, ...,
HI *unterteilt und liegen in jeder von diesen jeweils die Schwerpunkte* L, M, ..., S *ebenso
vieler gleicher Größen, so wird der gemeinsame Schwerpunkt aller Größen zusammen auf
einer der mittleren Teilstrecken* DE, EF *liegen.*[150]

$$\underset{L\ \ \ M\ \ \ N\ \ \ O\ \ \ P\ \ \ Q\ \ \ R\ \ \ S}{\overset{A\ \ \ B\ \ \ C\ \ \ D\ \ \ E\ \ \ F\ \ \ G\ \ \ H\ \ \ I}{\rule{6cm}{0.4pt}}}$$

Lemma 2 *Sind* EH, AC *zwei beliebige ebene Schnitte senkrecht zur Achse* BD *der
Kugel* ABCD, *so verhalten sich die Kalotten* EBH *und* ABC *wie ihre Höhen* BF *zu* BG
(Abb. 4.85).[151]

Der einfach zu führende Beweis beruht auf der Tatsache, dass sich die Kalottenflächen
EBH, ABC wie die Quadrate der Sehnen EB, AB verhalten.[152]

Damit ist nun der Schwerpunkt der Kalotte leicht zu finden:

Proposition 2 *Der Schwerpunkt einer Kalotte liegt stets im Mittelpunkt der ihrer Höhe.*[153]

Abb. 4.85 .

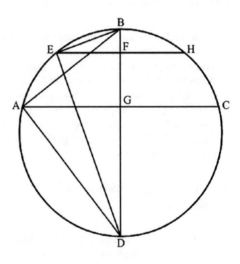

---

[150] *Ibid.,* S. 193–194.

[151] *Ibid.,* S. 194.

[152] Nach Archimedes, *Kugel und Zylinder,* I, 42, ist die Kalottenfläche gleich der Fläche eines Kreises,
dessen Radius gleich der Verbindungslinie des Scheitelpunktes mit einem Punkt des Grundkreises
ist. – Die Formel $A_{\text{Kalotte}} = 2\pi r h$ (r = Kugelradius, h = Kalottenhöhe), aus welcher Lemma 2
direkt hervorgeht, ist erst in neuerer Zeit gebräuchlich (nach TROPFKE [1924, S. 38] beispielsweise
bei Meier Hirsch, *Sammlung geometrischer Aufgaben,* 1807).

[153] *OT,* I₂, S. 194–195.

Abb. 4.86 .

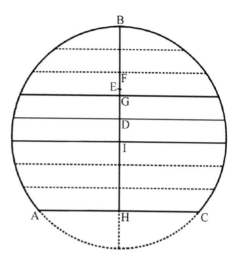

Torricelli führt den Beweis indirekt: Angenommen, der Mittelpunkt D der Kalottenhöhe HB der Kalotte ABC sei nicht der Schwerpunkt, sondern es sei dies ein anderer Punkt, beispielsweise E.

Man halbiere BD in F, weiter DF in G, usw., so lange, bis schließlich DG kleiner ist als DE (Abb. 4.86). Dann unterteile man die ganze Strecke BH in gleiche Teilstrecken der Länge DG und lege durch die Teilungspunkte die Normalebenen zur Kalottenhöhe. Aufgrund von Lemma 2 verhalten sich die so entstandenen Kalotten wie 1 : 2 : 3 : 4 : ... Somit sind die zwischen den einzelnen Normalebenen liegenden Kugelzonen alle gleich der obersten Kalotte. Und weil alle Schwerpunkte dieser Zonen bzw. der Kalotte auf der Achse liegen und sie alle gleich groß sind, muss aufgrund von Lemma 1 der Schwerpunkt aller zusammen in einem der beiden mittleren Abschnitte liegen, somit zwischen den Punkten I und G. Nun liegt E aber außerhalb der Strecke IG, also kann E nicht der Schwerpunkt sein.

In ähnlicher Weise wird bewiesen:

Proposition 3 *Der Schwerpunkt der Kugelzone liegt im Mittelpunkt der Achse dieser Zone.*[154]

Mithilfe einer Indivisiblenbetrachtung kann Torricelli nun den Schwerpunkt des Halbkugelkörpers bestimmen:

Proposition 4 *Der Schwerpunkt eines Halbkugelkörpers teilt dessen Achse so, dass sich der Abschnitt gegen den Scheitel hin zum restlichen Abschnitt verhält wie 5 : 3.*[155]

---

[154] *OT*, I_2, S. 195.
[155] *Ibid.,* S. 196.

Der Schwerpunkt der Halbkugelfläche ABC liegt aufgrund der Prop. 2 im Mittelpunkt E der Strecke BD (Abb. 4.87). Ist F ein beliebiger Punkt auf der Achse BD, so ist ebenso der Mittelpunkt I der Strecke DF der Schwerpunkt der Halbkugelfläche GFH. Auf dem Waagebalken ED liegen also die Schwerpunkte, in denen man sich unendlich viele Größen (nämlich die Halbkugeloberflächen, aufgefasst als Indivisiblen des Halbkugelkörpers) aufgehängt denkt, von denen die größte ihren Schwerpunkt in E, die kleinste in D hat. Die Größen selbst verhalten sich zueinander wie die Quadrate der Entfernungen ihrer Schwerpunkte vom Endpunkt D des Waagebalkens.

Nun wird man sich daran erinnern, dass dieselbe Situation auch beim Kegel vorliegt[156]: Die Inhalte der ebenen Schnitte parallel zur Grundfläche des Kegels sind ebenfalls proportional zum Quadrat ihrer Abstände zur Kegelspitze. Der Schwerpunkt des Kegels teilt aber die Höhe im Verhältnis 3 : 1. Also teilt auch der Schwerpunkt O des Halbkugelkörpers die Strecke ED im Verhältnis DO : OE = 3 : 1, das heißt, es ist DO : OB = 3 : 5. *w.z.b.w.*

Proposition 5 *Der Kugelsektor* ABCD *besteht aus dem Kegel* ADC *und dem Kugelsegment* ABC. *Man halbiere* BF *in* E *und teile* ED *in vier gleiche Teile, deren erster* EO *sei. Dann ist* O *der Schwerpunkt des Kugelsektors.*[157]

Man wähle auf BD einen beliebigen Punkt I und lege durch diesen die Kugelfläche HIL, halbiere IM in N, sodass N der Schwerpunkt der Kalotte HIL, ebenso wie E der Schwerpunkt der Kalotte ABC ist (Abb. 4.88).

Nun ist BD : ID = AD : HD = FD : MD. Daher ist BD : ID = BF : IM = BE : IN, oder auch BD : ED = ID : ND und schließlich BD : ID = ED : ND. Aber die Kalotte ABC verhält sich zur Kalotte HIL wie $BD^2 : ID^2$, also wie $ED^2 : ND^2$.

Am Waagebalken ED sind kann man sich somit Größen aufgehängt denken, von denen die größte ihren Schwerpunkt in E, die kleinste aber in D hat. Die Gewichte verhalten sich untereinander wie die Quadrate ihrer Abstände vom Endpunkt D des Waagebalkens. Also liegt wiederum dieselbe Situation vor wie beim Kegel. Folglich teilt der gemeinsame Schwerpunkt aller Gewichte zusammen den Balken DE im gleichen Verhältnis wie der Schwerpunkt des Kegels, nämlich so, dass der Teil gegen D gleich dem Dreifachen des restlichen Teils ist. Somit ist O der Schwerpunkt des Kugelsektors. *w.z.b.w.*

Korollar Der Schwerpunkt des Kugelsektors liegt auf der Achse; sein Abstand zum Kugelmittelpunkt setzt sich zusammen aus 3/4 der Kegelachse und 3/8 der Höhe des Segments.[158]

Torricelli geht an dieser Stelle nicht auf die Bestimmung des Schwerpunkts des Kugelsegments ein. In einem anderen Manuskript wird hingegen die korrekte Bestimmung des

---

[156] Torricelli beschränkt sich auf den Hinweis: *questo bisogna premettere e cavarlo dal cono* (Dies muss man voraussetzen und [der Situation] beim Kegel entnehmen).

[157] *OT*, I₂, S. 196–197.

[158] *OT*, I₂, S. 197.

Abb. 4.87 .

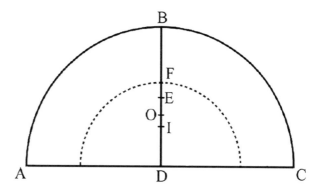

Abb. 4.88 .

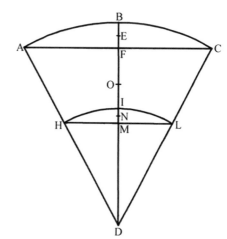

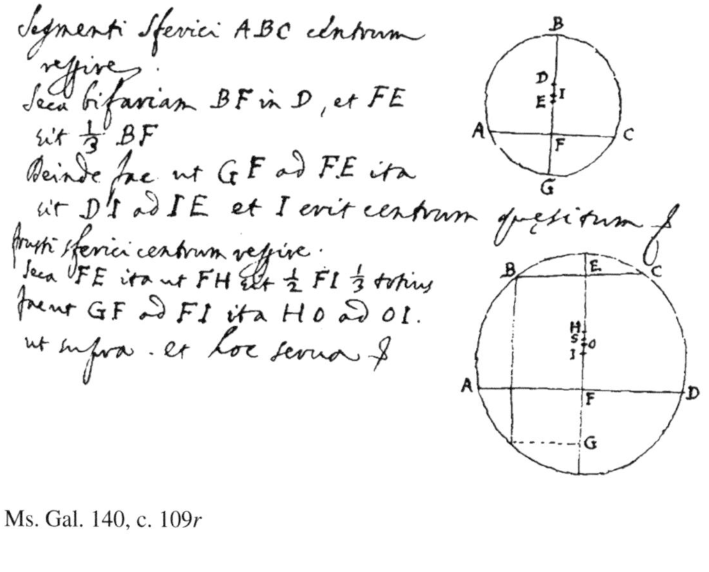

Abb. 4.89 Ms. Gal. 140, c. 109r

Schwerpunkts des Kugelsegments und der Kugelschicht *(frustum sphaericum)* beschrieben, allerdings ohne Beweis:[159]

Im Falle des Kugelsegments ABC halbiere man BF im Punkt D und bestimme den Punkt E so, dass FE = $\frac{1}{3}$BF. Der gesuchte Schwerpunkt I wird dann so bestimmt, dass GF : FE = DI : IE ist (Abb. 4.69).

Anhang F: Die Quadratrix des Hippias

Eine Quadratrix ist eine Kurve, die zur Quadratur einer gegebenen Kurve, insbesondere eines Kreises, dient. Die sog. *Quadratrix des Hippias* wurde von dem griechischen Philosophen Hippias von Elis (460–400 v. Chr.) gefunden, der sie zur Lösung des Problems der Teilung eines beliebig gegebenen Winkels in drei gleiche Teile (das sog. Trisektionsproblem) verwendete.[160] Später fand Dinostratus (ca. 390–320 v. Chr.), dass diese Kurve aber auch zur Quadratur des Kreises dienen kann.

Die zu den mechanisch erzeugten Kurven gehörende Quadratrix des Hippias wird wie folgt konstruiert:

In einem Quadrat ABCD mit einbeschriebenem Viertelskreis durchläuft der Punkt E mit konstanter Geschwindigkeit den Viertelskreisbogen BED. Gleichzeitig durchläuft der Punkt F mit konstanter Geschwindigkeit die Strecke AB, wobei E und F gleichzeitig in D bzw. A ankommen (Abb. 4.90). Der Schnittpunkt der Strecke AE mit der Parallelen zu AD durch F beschreibt dann die Quadratrix des Hippias.

Abb. 4.90 .

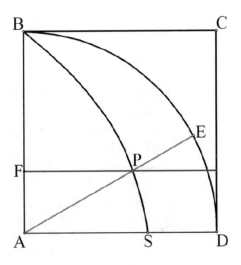

---

[159] Ms. Gal. 140, c. 109*r* (Abb. 4.89). Es handelt sich dabei um eine von Serenai angefertigte Kopie.
[160] Daher wird die Kurve auch als *Trisektrix des Hippias* bezeichnet.

Zur Bestimmung des Punktes S beweist Pappus[161], dass AB : AS = $\frac{\pi}{2}$: 1 ist, nämlich gleich dem Verhältnis des Viertelskreisbogens BED zur Quadratseite AB. Er nimmt zuerst an, das Verhältnis des Viertelskreisbogens zur Quadratseite sei gleich dem Verhältnis von AB zu einer Strecke AQ > AS.

In diesem Falle lege man durch R um den Mittelpunkt A den Viertelskreisbogen OPQ, welcher die Quadratrix in P schneidet. Sodann verlängere man die Verbindung AP bis E (Abb. 4.91).

Es sei also das Verhältnis des Bogens BED zur Strecke AB gleich dem Verhältnis von AB bzw. von AD zu AQ. Das Verhältnis von AD zu AQ aber ist gleich dem Verhältnis des Bogens BED zum Bogen OPQ. Folglich ist der Bogen OPQ gleich der Strecke AB.

Aufgrund der Definition der Quadratrix ist das Verhältnis des Bogens BED zum Bogen ED gleich AB : PR. Folglich ist auch das Verhältnis des Bogens OPQ zum Bogen PQ gleich AB : PR. Aber der Bogen OPQ ist gleich AB, somit ist der Bogen PQ gleich PR, was absurd ist.

Ebenso kann gezeigt werden, dass die Annahme, das Verhältnis des Bogens BED zur Quadratseite AB sei gleich dem Verhältnis von AB zu einer Strecke AQ < AS, zu einem Widerspruch führt.

Für AB = 1 ist somit AS = $\frac{2}{\pi}$, in Übereinstimmung mit Torricellis Ergebnis für $\alpha = \frac{\pi}{2}$.

Abb. 4.91 .

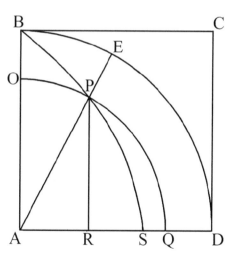

---

[161] Pappus, *Collectio,* IV, S. 343–347 in Ivor Thomas, *Selections illustrating the history of Greek mathematics,* vol. I, London 1957.

Die Zykloide (Die „Helena der Geometer") 5

> *... c'est ici le commencement des querelles nombreuses*
> *que cette Hélène des géomètres causa.(*)*

5.1 Vorgeschichte

Nach einer noch heute verbreiteten, auf den englischen Mathematiker John Wallis zurückgehenden Meinung soll sich der Brixener Kardinal Nicolaus Cusanus als Erster mit der
Kurve befasst haben, die von einem festen Punkt der Peripherie eines auf einer Geraden
rollenden Kreises beschrieben wird. Wallis hatte nämlich 1697 behauptet[1], aus einem von
Johannes Scoblant[2] stammenden Manuskript der Oxforder Savilian Library[3] aus dem Jahre
1454 gehe hervor, dass sich der Kusaner mit dieser Kurve beschäftigt habe. Es wurde aber
darauf hingewiesen[4], dass in dem fraglichen Manuskript keine Rede von einem rollenden

---

[1] In den *Philosophical Transactions,* Nr. 229, 1697, S. 561–566: „An Extract of a Letter from
Dr. Wallis, of May 4. 1697, concerning the Cycloid known to Cardinal Cusanus, about the Year
1450; and to Carolus Bovillus about the Year 1500."

[2] Der Aachener Arzt Johannes Scoblant war mit Cusanus befreundet.

[3] Das Manuskript gehörte ursprünglich John Dee und gelangte dann über verschiedene Stationen
in die Hände von Wallis, der es 1696 der Savilian Library übergab. Es blieb dann während
langer Zeit unauffindbar, bis es von Raymond Klibansky in der Bodleian Library (Ms. Savile 55)
wiederentdeckt wurde.

[4] KLIBANSKY [1980].

[5] Cusanus spricht zwar in einem anderen Werk, dem *Complementum theologicum,* von einem
auf einer Geraden rollenden Kreis, aber nur, um auf diese Weise den Umfang des Kreises zu
bestimmen.

(*) MONTUCLA [1799], S. 55. Eine Anspielung auf die schöne Helena, deren Anmut den Männern
die Sinne verwirrte, was schließlich zum trojanischen Krieg führte.

© Der/die Autor(en), exklusiv lizenziert an Springer-Verlag GmbH, DE,
ein Teil von Springer Nature 2023
R. Acampora, *Evangelista Torricelli*, Mathematik im Kontext,
https://doi.org/10.1007/978-3-662-66407-0_5

Kreis ist[5] und dass Wallis in dem von ihm untersuchten Manuskript wohl eine von dem Kopisten schlecht gezeichnete Figur falsch interpretiert hat.

An gleicher Stelle erwähnt Wallis auch den Franzosen Charles de Bovelles (1479–1567), der in einem in mehreren Auflagen erschienenen Werk angeblich ebendiese Kurve betrachtet haben soll. In seinem 1503 veröffentlichten Buch *Geometriae introductionis,* das 1542 unter dem Titel *Livre singulier et utile, touchant l'art et practique de geometrie* (spätere Ausgaben unter dem Titel *Geometrie practique*) auch in französischer Sprache erschien, behandelt Bovelles im Kap. IV („De la quadrature du cercle") auch die Rektifikation des Kreises. Er weist darauf hin, dass Cusanus nach den vergeblichen Lösungsversuchen der Mathematiker, angefangen mit Archimedes bis hin zu Thomas Bradwardine, eine Lösung des Problems der Kreisquadratur gefunden habe, allerdings unter Verwendung von Methoden, die von den Mathematikern nicht anerkannt seien. So machte sich Bovelles auf die Suche nach einem anderen Weg und sah sich dabei nicht enttäuscht:

> … wir befanden uns einst auf einer kleinen Brücke in Paris, und beim Betrachten der auf dem Pflaster rollenden Räder eines Karrens fiel mir eine offensichtliche und leichte Möglichkeit ein, zum Ziel meines Vorhabens zu gelangen. Es ist bekannt dass, wenn ein Rad eine ganze Umdrehung auf dem ebenen Pflaster ausgeführt hat, die Strecke, auf welcher es eine ganze Umdrehung ausgeführt hat, gleich dem Umfang des besagten Rades ist. Daher blieb nur noch übrig, die Spuren der Punkte des Viertelrades und der Hälfte und des ganzen Rades auf dem Pflaster zu finden, um auf diese Weise Strecken zu finden, die gleich den Teilen des Umfangs und auch gleich dem ganzen Umfang sind, denn ohne diese Strecken kann man die Quadratur des Kreises nicht finden. Zurückgekehrt in meine Wohnung bestimmte ich leicht mithilfe von Zirkel und Lineal auf einer Zeichentafel, was ich suchte…

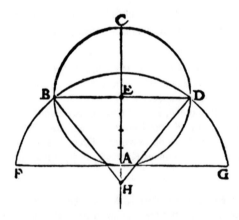

Abb. 5.1 Aus Charles de Bovelles, *Livre singulier & utile, touchant l'art et practique de Geometrie…* Paris 1542, S. 33v (auch S. 107 in ders., *Geometrie praticque composée par … Charles de Bovelles.* Paris 1605). – ETH-Bibliothek Zürich, Rar 5540, https://doi.org/10.3931/e-rara-9176

Diese Rektifikation des Viertelskreisbogens, zu der Bovelles keine Begründung angibt, stellt sich jedoch lediglich als eine Näherungskonstruktion heraus:

AC, BD seien zwei aufeinander senkrecht stehende Durchmesser des Kreises ABCD mit dem Mittelpunkt E, FG die Kreistangente in A (Abb. 5.1). Bovelles verlängert den Radius EA um dessen vierten Teil bis zum Punkt H. Mit dem Mittelpunkt H zieht er dann den Kreis mit dem Radius HD, welcher die Tangente in A in den Punkten F und G schneidet. Nun behauptet er:

> Ich sage daher, dass die Strecke AG gleich dem vierten Teil des Kreisumfangs sein wird, und auch die Strecke AF auf der anderen Seite, denn wenn der Kreis ABCD ein Rad wäre, welches auf der Ebene FG gegen den Punkt G hin rollt, so würde der besagte Punkt D auf G fallen…

Die Rechnung ergibt für diese Konstruktion $\sqrt{10}$ als Näherungswert für π.[6] Wie Moritz Cantor bemerkt, entspricht dies dem bekannten indischen Näherungswert, wobei er aber meint, es sei nicht klar, ob Bovelles dieser Wert «von außen zugetragen worden» sei oder «ob er von selbst auf ihn verfiel».[7] Cantor weist auch darauf hin, dass man keineswegs sagen kann, Bovelles habe die Kurve, auf der sich ein fester Punkt, z. B. D, der Kreislinie beim Abrollen bewegt, als eigentliche Zykloide erkannt; vielmehr habe er offenbar diese Kurve für den Kreisbogen DG gehalten.

Zweifellos sind Galilei und Mersenne die Ersten, die sich ernsthaft mit der Zykloide befasst haben. Während Galilei dazu in seinen Werken nichts hinterlassen hat und wir nur aus seiner Korrespondenz und indirekt aus den Zeugnissen anderer italienischer Mathematiker erfahren, dass er versucht hat, in die Geheimnisse dieser Kurve einzudringen, wissen wir von Mersenne Genaueres aus seinen Büchern und aus seiner Korrespondenz. Angeblich soll er die Kurve im Jahre 1615 beim Betrachten rollender Räder beobachtet haben.[8] Glaubwürdiger ist jedoch die Annahme, dass er bei der Beschäftigung mit dem Paradoxon

---

[6] Ließe man also den Kreis auf der Tangente FG nach rechts abrollen, so würde der Punkt D nicht genau auf G zu liegen kommen.

[7] CANTOR [1913, S. 383].

[8] Dies berichtet jedenfalls Blaise Pascal in seiner *Histoire de la Roulette,* auf die wir weiter unten näher eingehen werden. Seine Darstellung erinnert allerdings stark an Bovelles Schilderung; in den Werken Mersennes und in seiner Korrespondenz ist jedenfalls nichts zu finden, was Pascals Version bestätigen würde.

der sog. *Rota Aristotelis*[9] auf sie gestoßen ist. Es wurde nämlich darauf hingewiesen[10], dass im Jahre 1615 Giuseppe Biancanis Kommentar zu den pseudo-aristotelischen *Quaestiones mechanicae*[11] erschienen ist, den Mersenne in seiner ersten Veröffentlichung im Jahre 1623 zitiert.[12] Mersenne spricht an verschiedenen Stellen seiner Werke über die Zykloide (von ihm zunächst *Roulette* genannt); einmal erwähnt er in diesem Zusammenhang auch das Problem der *Rota Aristotelis*.[13]

Wir unterbrechen an dieser Stelle einstweilen die Schilderung des weiteren Gangs der Geschichte der Zykloide und wenden uns – nach einer kurzen Übersicht über die verschiedenen Arten von Zykloiden – Torricellis Beitrag zu. Es erscheint dies umso eher gerechtfertigt, als sich zeigen wird, dass Torricelli jedenfalls der Erste war, der seine Ergebnisse auf diesem Gebiet im Druck veröffentlicht hat.

5.2   Definition und einige Eigenschaften der Zykloide

Lässt man einen Kreis, ohne zu gleiten, auf einer Geraden abrollen, so beschreibt ein fester Punkt P der Kreislinie eine sog. Zykloide:

---

[9] Problem 24 (in gewissen Ausgaben auch Problem 25) der pseudo-aristotelischen *Quaestiones mechanicae:* Lässt man einen Kreis (Radius AB), der fest mit einen kleineren konzentrischen Kreis (Radius AC) verbunden ist, auf einer Geraden BF abrollen ohne zu gleiten, bis er eine vollständige Umdrehung ausgeführt hat, so verschieben sich diese Kreise um die Strecken BF bzw. CE, die beide gleich dem Umfang des größeren Kreises sind. Man glaubte, darin ein Paradoxon zu erkennen, denn der kleinere Kreis berührt bei seiner Bewegung mit den Punkten seiner Peripherie jeden einzelnen Punkt der Strecke CE genau einmal, sodass man erwarten würde, dass der Kreisumfang und die Strecke gleich lang sind, was aber offensichtlich nicht der Fall ist.

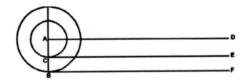

[10] DE WAARD [1921, S. 209].

[11] Josephus Blancanus, *Aristotelis loca mathematica ex universis ipsius operibus collecta et explicata,* Bononiae 1615. Auf S. 148–195 wird das Thema „In mechanicas quaestiones" behandelt.

[12] *Quaestiones celeberrimae in genesim, cum accurata textus applicatione.* Lutetiae Parisiorum 1623, col. 68–70.

[13] *Seconde partie de l'Harmonie universelle,* Paris 1637, S. 25 der (unabhängig paginierten) *Nouvelles observations.*

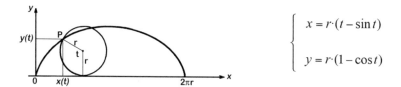

$$\begin{cases} x = r \cdot (t - \sin t) \\[2mm] y = r \cdot (1 - \cos t) \end{cases}$$

Liegt der Punkt P außerhalb oder innerhalb des rollenden Kreises, so erzeugt er eine verlängerte bzw. eine verkürzte Zykloide:

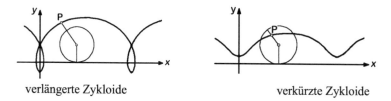

verlängerte Zykloide   verkürzte Zykloide

Ihre Gleichung lautet in diesem Fall:

$$\begin{cases} x = r \cdot t - a \cdot \sin t \\ y = r - a \cdot \cos t \end{cases}$$

wobei a der Abstand des Punktes P vom Mittelpunkt des rollenden Kreises ist.

- Volumen des Rotationskörpers der gewöhnlichen Zykloide ($r = 1$)

  a) bei Rotation um die x-Achse:

$$V = \pi \int_0^{} 2\pi y^2 dx = \pi \int_0^{} 2\pi (1 - \cos t)^3 dt$$

$$= \left[\pi \left(\frac{5}{2}t - 4\sin t + \frac{3}{4}\sin 2t + \frac{1}{3}\sin^2 t \right) \right]_0^{2\pi} = 5\pi^2$$

  b) bei Rotation um die Symmetrieachse ($x = \pi$):

$$V = \int_0^{2\pi} \left[\pi - (\cos^{-1}(1 - y) - \sqrt{2y - y^2} \right]^2 dy = \frac{\pi \cdot (9\pi^2 - 16)}{6}$$

- Schwerpunkte

  a) der gesamten Zykloidenfläche: $S\left(\pi \mid \frac{5}{6}\right)$

b) der halben Zykloidenfläche: $S\left(\frac{9\pi^2-16}{18\pi}\mid\frac{5}{6}\right)$

- Länge eines Zykloidenbogens:

$$ds = \sqrt{\left(\frac{dx}{dt}\right)^2 + \left(\frac{dy}{dt}\right)^2} = r\sqrt{(1-\cos t)^2 + \sin^2 t} = 2r\sin\frac{t}{2}, \text{ somit}$$

$$L = 2r \int\limits_0^{2\pi} \sin\frac{t}{2}dt = \left[-4\cos\frac{t}{2}\right]_0^{2\pi} = 8r$$

5.3   Torricellis Arbeiten im Zusammenhang mit der Zykloide

Etwa um das Jahr 1600 hatte sich Galilei mit der Bestimmung der Zykloidenfläche beschäftigt.[14] Als er einsehen musste, dass ihn seine Untersuchungen nicht weiterbrachten, forderte er seine Freunde und Schüler auf, sich mit diesem Problem auseinanderzusetzen. So dürfte wohl auch Torricelli während seines Aufenthalts in der Villa Gioiosa durch Galilei auf die Zykloide aufmerksam gemacht worden sein.

Allerdings wissen wir aus einem Brief Torricellis an Magiotti vom 5. Januar 1641, dass er schon damals – also noch vor seinem Aufenthalt in Arcetri – mit dem Problem konfrontiert worden war: Cavalieri waren aus Paris einige Aufgaben gestellt worden, die er dann an Torricelli weitergeleitet hatte. Unter diesen Aufgaben befand sich offenbar auch die Frage nach der Fläche der Zykloide, wozu Torricelli schrieb:

> Doch er [Cavalieri] täuscht sich, wenn er denkt, ich wolle mich darin verbeißen und mir den Kopf mit diesen Dingen zerbrechen, wäre ich doch auf diesem Gebiet nicht fähig, weder ihm noch jenem, der [...] die Zykloide misst, die Schuhe zu putzen. Es sind dies Dinge, die man meistens zufällig herausfindet, und ich glaube, dass der Bruder Bonaventura sie mit seinen nicht von allen gutgeheißenen Methoden lösen wird.[15]

Es kann nicht mit Gewissheit gesagt werden, wann es Torricelli gelungen ist, die Zykloidenfläche zu bestimmen. Wir vermuten, dass dies zu Beginn des Jahres 1643 geschehen sein könnte; aus dem Briefwechsel mit Cavalieri geht nämlich hervor, dass er im April seinen Bologneser Freund über seinen Erfolg informiert hat, denn dieser schrieb am 23. April 1643 als Antwort auf einen nicht überlieferten Brief Torricellis:

> Schließlich habe ich aus Ihrem letzten [Brief] das Maß der Zykloidenfläche vernommen, zu meiner großen Verwunderung, war doch dieses Problem stets als von großer Schwierigkeit eingeschätzt worden, das schon Galilei bis zur Erschöpfung brachte...[16]

---

[14] Näheres dazu im Abschn. 5.6.

[15] *OT*, III, Nr. 4. – Gemeint ist Cavalieris Indivisiblenmethode.

[16] *OT*, III, Nr. 52.

Es sollte sich aber bald zeigen, dass Torricelli damit nicht der Erste war. Etwa um dieselbe Zeit hatte er nämlich durch Niceron eine Liste seiner bis dahin gemachten mathematischen Erfindungen an die Mathematiker in Frankreich übermitteln lassen, allerdings ohne die dazu gehörigen Beweise.[17] Die Nr. 12 dieser Liste betrifft die von ihm gefundene Zykloidenfläche:

> Von jeder Zykloidenfläche, die nämlich zwischen der Kurve und der Geraden liegt, welche ihre Basis ist, wird bewiesen, dass sie gleich dem Dreifachen ihres erzeugenden Kreises oder gleich vier Dritteln des ihr einbeschriebenen Dreiecks ist, und dies auf fünf voneinander verschiedene Weisen.

Die Liste gelangte in der Folge auch zu Roberval, der in einem Brief an Mersenne[18] zu einzelnen darin enthaltenen Propositionen – es sind diejenigen, die seiner Ansicht nach von Torricelli selbst stammen – Stellung bezog; Mersenne reichte daraufhin eine Kopie dieses Briefes an Torricelli weiter. In seiner Stellungnahme macht Roberval seinen Anspruch auf Priorität bezüglich der Fläche der Zykloide (von ihm Trochoide[19] genannt) geltend:

> In der Zykloide des Torricelli erkenne ich unsere Trochoide, und ich verstehe nicht recht, wie diese ohne unser Wissen zu den Italienern gelangt ist, außer sie sei vielleicht durch Beaugrand[20] geschickt worden, der die Gewohnheit hatte, Erfindungen Anderer mit veränderten Worten und unter Unterdrückung der Namen der Autoren zu verbreiten.[21] Ich freue mich, wenn dies einem solchen Mann (ich meine Torricelli) gefallen hat. Ich hoffe aber, es werde in kurzer Zeit geschehen, dass diese [Zykloide] ans Licht gebracht wird, mit ihren Tangenten, mit dem Rotationskörper um die Basis, vielleicht auch um die Achse…[22]

Seiner Verärgerung über den angeblichen Verrat zum Trotz bringt Roberval am Schluss seiner Erklärungen seine hohe Wertschätzung für Torricelli zum Ausdruck:

> Im Übrigen, verehrter Pater, möchte ich, dass du weißt, dass ich einen so ausgezeichneten Mann hochschätze, mehr noch, als ich es mit Worten oder schriftlich ausdrücken könnte. Ich bitte dich auch zu veranlassen, dass er selber mit unseren Geometern, vor allem mit den Herren Fermat und Descartes, bekannt wird, welche beide meiner Ansicht nach gewiss niemand mit Recht einem Archimedes hintanstellen wird; dies nämlich verspreche ich, dass du [damit] sowohl für diese als auch für jenen etwas sehr Willkommenes tun würdest.

---

[17] *OT*, III, Nr. 54. – Näheres zu dieser Liste im Kap. 10.

[18] *CM*, XII, Nr. 1204. – Veröffentlicht 1693 in *Divers ouvrages de mathématique et de physique par Messieurs de l'Académie Royale des Sciences*, S. 349–355 und 1730 in *Mémoires de l'Académie Royale des Sciences depuis 1666 jusqu'à 1699*, t. VI.

[19] Von griech. τροχος = Rad.

[20] Jean de Beaugrand (1584?–1640), königlicher Sekretär, war Mitglied der Académie Mersenne in Paris und stand im Kontakt mit dem Kreis der Mathematiker um Fermat. 1635 bereiste er Italien, wo er u. a. mit Cavalieri, Castelli und Galilei zusammentraf.

[21] Wir werden später noch ausführlicher auf diese Verdächtigung eingehen.

[22] *OT*, III, Nr. 56.

Die erwähnte Kopie von Robervals Brief an Mersenne, die in Florenz aufbewahrt wird[23], weist Randbemerkungen von Torricellis Hand auf. Als Kommentar zu Robervals Verwunderung über die Tatsache, dass seine „Trochoide" auch in Italien bekannt ist, liest man beispielsweise:

> Ich frage mich nicht, wie sie von Gallien nach Italien gelangt ist, weil ich weiß, dass das Theorem von dieser Art schon vor 40 Jahren von Galilei verbreitet und unter Freunden bekannt gemacht worden war, wenn auch von ihm nicht bewiesen. Es leben noch jetzt Zeugen, und es sind einige Schriften von ihm erhalten.[24]

Torricelli, der im Begriff war, seine Entdeckung zusammen mit seinen anderen Arbeiten im Druck zu veröffentlichen, äußerte sich aber voller Bewunderung für Roberval:

> Im Übrigen finde ich keine Worte, mit denen ich den Grad meiner Bewunderung ausdrücken könnte, zu der mich die geometrischen Beweise des berühmten Roberval hingerissen haben, der so erhaben, mit bewundernswerter Eingebung meine Spielereien geadelt hat. Wahrlich, ich freue mich, ja vielmehr, ich beneide dieses mit der Fruchtbarkeit von Männern dieser Art gesegnete Klima. Wenn nun aber die [Beweise] der berühmtesten Herren Fermat und Descartes zu derselben [Sache] bekannt sind, so ist es schon eine offensichtliche Kühnheit, wenn ich meine mathematischen Betrachtungen weiterhin fortführe.[25]

Der letzte Satz bezieht sich offenbar auf die Beweise zur Zykloidenfläche, welche Fermat und Descartes geliefert hatten, nachdem sie von Mersenne über Robervals Ergebnis informiert worden waren (wir werden darauf im nächsten Abschnitt zurückkommen). Torricelli schließt seinen Brief an Mersenne mit den Worten:

> Meine Bücher kann ich nicht mehr zurückziehen, sie befinden sich nämlich bereits im Druck, obschon ihr Erscheinen vielleicht auf den kommenden Sommer hinausgezögert wird. Die Schuld trägt der Graveur, von dem die Figuren gestochen werden, oder vielmehr dessen Unerfahrenheit.

Es erstaunt allerdings, dass Torricelli es unterlassen hat, wenigstens nachträglich einen Hinweis auf die Priorität der französischen Mathematiker bezüglich der Quadratur der Zykloide in sein Buch einfügen zu lassen – es wäre dafür noch genügend Zeit vorhanden gewesen, denn die endgültige Druckerlaubnis für das Buch wurde erst am 13. April 1644 erteilt.

Am 1. Oktober 1643 wandte sich Torricelli erstmals direkt an Roberval und nahm Stellung zu dessen Verdacht, die Kenntnis der Zykloidenfläche sei durch Beaugrand nach Italien gelangt:

---

[23] Biblioteca Nazionale di Firenze, Ms. Galileiani, Discepoli, T. XLI, c. 2–6. Veröffentlicht in *OT*, III, Nr. 56.

[24] *OT*, III, Nr. 56, S. 134, Anm. 4. – Zu den Zeugen gehörten u. a. der Florentiner Senator Andrea Arrighetti und Vincenzo Viviani (siehe Abschn. 5.6). Es sind allerdings keine Schriften Galileis zur Zykloide erhalten geblieben.

[25] Torricelli an Mersenne, September 1643 (*OT*, III, Nr. 58).

Das Maß [der Fläche] der Zykloide (mit diesem Namen bezeichnete der allerberühmteste Galilei von 45 Jahren diese Figur, die für Dich jetzt wohl die Trochoide ist), zeigte sich mir überdies, obschon ich nicht darauf hoffte […]. Dieses Maß habe ich daraufhin fünf Mal bewiesen, immer wieder mit anderen Methoden.[26]

Weiter erwähnte Torricelli, dass ihm Viviani gezeigt habe, wie man die Tangenten an die Zykloide findet. Am 27. Februar 1644 (1643 nach Florentiner Stil) teilte er zudem seinem Freund Michelangelo Ricci in Rom mit, dass er eine eigene Methode zur Bestimmung der Tangente in einem beliebigen Punkt der Zykloide gefunden habe:

Wenn ein Rad auf einer Ebene abrollt, so wie jenes der Kutschen oder wie eine *Ruzzola*[27], so verhalten sich die Geschwindigkeiten der unendlich vielen Punkte des Rades wie die Sehnen, die von diesen Punkten zum Berührungspunkt führen. Die Geschwindigkeit von A verhält sich nämlich zu jener von B wie AC zu BC; die Richtung des Impetus ist aber für alle unendlich vielen Punkte des Rades dieselbe, da sie alle gegen den höchsten Punkt D gerichtet sind. Das Rad wird jedoch als eine gewöhnliche Kreislinie angesehen. Daraus ergibt sich, dass die Tangente EI der Zykloide stets durch den höchsten Punkt I des durch den Berührungspunkt E gehenden Kreises verläuft.[28]

Er argumentiert dabei wie folgt: Der Punkt E führt eine zweifache Bewegung aus, die eine geradlinig und parallel zur Grundlinie FL, die andere kreisförmig auf der Kreislinie, das heißt momentan in Richtung der Kreistangente EN. Beide Bewegungen erfolgen aber mit derselben Geschwindigkeit. somit ist EN = EM, sodass die Halbierende des Winkels NEM die Richtung der zusammengesetzten Bewegung und damit die Zykloidentangente im Punkt E bestimmt.

Abb. 5.2 Ms. Gal. 150, f. 88*r*
(Serenais Kopie des Briefes
vom 27. Februar 1644 an
Michelangelo Ricci). Die
angedeutete Zykloide ist
schlecht gezeichnet: Sie müsste
bis zur Höhe von I aufsteigen!

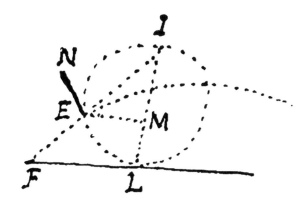

---

[26] *OT,* III, Nr. 62.

[27] Eine Art Wurfscheibe. – Beim *gioco della ruzzola* musste eine dünne Zylinderscheibe (ursprünglich ein kleiner Käselaib) nach dem Abwurf auf der Straße rollend eine möglichst große Strecke zurücklegen.

[28] *OT,* III, Nr. 42.

Schon im I. Buch der Abhandlung *De motu* hatte Torricelli die Tangente an die Parabel mithilfe der „Parallelogrammregel"[29] bestimmt und darauf hingewiesen, dass auf diese Weise auch die Tangenten an die archimedische Spirale und an andere Kurven gefunden werden können:

> Auf diese Weise werden sogar mit einem einzigen Lehrsatz die Tangenten an einige Kurven bestimmt, darunter jene an alle zykloidischen Kurven, was wir kurz am Ende des Buches über die Parabelquadratur behandeln werden, wobei die Beweise […] für die Tangenten […] weggelassen werden, um die Ausführungen nicht zu überladen.[30]

Freilich hatte Roberval dieselbe Regel schon einige Jahre früher angewendet und sie sowohl privat als auch öffentlich verbreitet. Seine Methode wurde zwar erst im Jahre 1693 im Druck veröffentlicht[31], doch für den Fall der Parabeltangente war sie bereits 1644 von Mersenne in den *Cogitata physico-mathematica* beschrieben worden.[32] Da dieses Werk im gleichen Jahr wie Torricellis *Opera geometrica* erschienen ist, wäre es denkbar, dass Torricelli seine Tangentenmethode aus Mersennes Veröffentlichung übernommen haben könnte. Ferdinando Jacoli hat dieser Frage eine ausführliche Untersuchung gewidmet[33], und er glaubt, Torricelli dabei von jeglichem Verdacht freisprechen zu können. Er weist darauf hin, dass Mersennes Buch am Schluss der einzeln aufgeführten Druckprivilegien den Vermerk «Peracta est haec Impressio die 15. Sept. 1644» aufweist. Torricellis *De motu gravium* gehört aber höchstwahrscheinlich zu den beiden in seinem Brief vom 1. Mai 1644 an Mersenne erwähnten bereits fertig gedruckten Teilen der *Opera geometrica*[34], was bedeuten würde, dass seine Abhandlung noch vor der Veröffentlichung der *Cogitata* entstanden ist. Es ist Jacoli aber entgangen, dass es offenbar verschiedene Fassungen der *Cogitata* gibt: Eine im Besitz der Bayerischen Staatsbibliothek befindliche Ausgabe[35] trägt nämlich den Vermerk «Peracta est haec Impressio die 1. April. 1644», womit Jacolis Argumentation an Beweiskraft verliert und Torricelli tatsächlich aus den *Cogitata* geschöpft haben könnte; allerdings wäre die dafür notwendige Zeit äußerst knapp bemessen gewesen. Doch wie dem auch sei: die Tangentenbestimmung mithilfe der Parallelogrammregel stand bei den Prioritätsstreitigkeiten zwischen Roberval und Torricelli nie im Vordergrund. Roberval hat

---

[29] Eine auf folgendem Prinzip beruhende Regel: Die aus zwei geradlinigen, gleichförmigen Bewegungen resultierende Bewegung ist wiederum geradlinig und gleichförmig; ihre Richtung ist bestimmt durch die Diagonalen eine Parallelogramms, dessen Seiten im gleichen Verhältnis stehen wie die Geschwindigkeiten der beiden gegebenen Bewegungen.

[30] *Opera geometrica. De motu gravium … Liber primus*, Prop. XVIII, S.121.

[31] Unter dem Titel *Observations sur la composition des mouvemens, et sur le moyen de trouver les touchantes des lignes courbes* in der Sammlung *Divers ouvrages de mathématique et de physique par Messieurs de l'Académie Royale des Sciences*, Paris, 1693, S.69–111.

[32] S.115–116 der Abhandlung *De ballistica et acontismologia*.

[33] JACOLI [1875].

[34] *OT*, III, Nr. 76; *CM*, XIII, Nr. 1269

[35] https://www.digitale-sammlungen.de/de/view/bsb10525688. – Die Bayerische Staatsbibliothek besitzt daneben auch die Ausgabe vom 15. Sept.: … bsb10525691.

zwar die Priorität für sich beansprucht, hat aber gegenüber Torricelli diesbezüglich nie den Vorwurf des Plagiats erhoben.

Später gelangen Torricelli dann auch die Quadratur, die Berechnung des Volumens einiger Rotationskörper sowie verschiedene Schwerpunktsbestimmungen im Zusammenhang mit der Zykloide. In dem eben erwähnten Brief vom 1. Mai 1644 an Mersenne gibt er einen Überblick über die bis dahin von ihm gefundenen Ergebnisse zur Zykloide:

- Die Tangente in einem beliebigen Punkt der Zykloide geht durch den höchsten Punkt des durch den gegebenen Punkt verlaufenden erzeugenden Kreises.
- Der durch Drehung der Zykloidenfläche um die Tangente parallel zur Achse erzeugte Rotationskörper verhält sich zum Zylinder von gleicher Höhe und gleichem Durchmesser wie 3 : 4 (dies wurde von Antonio Nardi gefunden und bewiesen).
- Der durch Drehung der Zykloidenfläche um die Tangente parallel zur Basis erzeugte Rotationskörper verhält sich zum Zylinder mit derselben Achse und der gleichen Höhe wie 7 : 8.
- Der durch Drehung der Zykloidenfläche um die Achse erzeugte Rotationskörper verhält sich zum Zylinder mit derselben Höhe und Grundfläche wie 11 : 18.[36]
- Der Rotationskörper um die Achse hat zum Rotationskörper um die Basis ein irrationales Verhältnis: Es ist nämlich zusammengesetzt aus dem Verhältnis 44 : 45 und aus dem Verhältnis des Kreises zum umbeschriebenen Quadrat.[37]
- Der Rotationskörper um die Basis verhält sich zum Zylinder mit derselben Achse und demselben Durchmesser wie 5 : 8.
- Der [Flächen-]Schwerpunkt der ganzen Zykloide teilt die Achse so, dass sich der Abschnitt gegen den Scheitel zum restlichen Abschnitt wie 7 : 5 verhält.
- Der [Flächen-]Schwerpunkt der halben Zykloide liegt auf der Parallelen zur Achse, welche die Basis der halben Zykloide im Verhältnis 16 : 11 teilt (mit dem kleineren Abschnitt gegen die Achse hin).[38]

Diese Liste wurde von Mersenne mit Begeisterung entgegengenommen, wie seinem Brief vom 24. Juni zu entnehmen ist.[39] Er anerkennt darin Torricellis Priorität bei der Bestimmung des Schwerpunktes der Zykloidenfläche sowie des Volumens des Rotationskörpers um die Basis; er hält aber fest, dass alles Übrige bereits von Roberval gefunden und bewiesen

---

[36] Dieses Verhältnis ist nicht exakt, wie Roberval bemerkt hat; er gibt das korrekte Verhältnis an (Näheres s. u.).

[37] Also wie $11\pi : 45$. Es wurde darauf hingewiesen (*CM*, XIII, Nr. 1269, S. 116, Anm. 1), dass dieses Verhältnis richtig ist unter der Annahme, dass das vorgenannte Verhältnis 11 : 18 stimmt. Letzteres ist aber ungenau, wie Roberval festgestellt hat.

[38] Der Abstand des Schwerpunkts zur Achse beträgt nach Torricelli somit $11\pi/27$. Wie Roberval gezeigt hat, ist er aber gleich $\frac{9\pi^2-16}{18\pi}$.

[39] Wir werden auf diesen Brief später zurückkommen.

worden sei. In den am Schluss seines Werks *Cogitata physico-mathematica* (Paris 1644) eingefügten „Monita"[40] nimmt er darauf Bezug:

> … wozu, weil ich mich an Torricelli erinnere, anzufügen ist, was er mir neulich über die Zykloi-denkörper geschrieben hat, dass sich nämlich das Volumen des um die Tangente parallel zur Achse gedrehten Zykloidenkörpers zum Zylinder gleicher Höhe und gleichen Durchmessers wie 3 : 4 verhalte, welche Erfindung er dem Antonio Nardi aus Arezzo zuschreibt […]; jener [Körper], der durch die um die Tangente parallel zur Basis gedrehte Zykloidenfläche ent-steht, verhalte sich zum Zylinder mit gleicher Achse und gleichem Durchmesser wie 7 : 8, der Rotationskörper um die [Symmetrie-]Achse aber verhalte sich zum Zylinder wie 11 : 18, und er habe zu dem um die Basis [gedrehten] Körper ein irrationales Verhältnis[41], da dieses zusammengesetzt sei aus dem Verhältnis 44 : 45 und dem Verhältnis eines Kreises zu dem ihm umbeschriebenen Quadrat.[42] Diesem fügt er bei, dass der Schwerpunkt der Zykloide die Achse so teilt, dass der Abschnitt gegen den Scheitel sich zum restlichen Abschnitt verhält wie 7 : 5.

Von Roberval darauf hingewiesen, musste er dann den Fehler Torricellis korrigieren[43]; Torricelli, der schon durch Ricci vorgewarnt war[44], wurde von Roberval selbst belehrt: Das Verhältnis 11 : 18 des durch Drehung um die Symmetrieachse erzeugten Zykloiden-Rotationskörpers zum umbeschriebenen Zylinder (mit dem Volumen $2\pi^3$, wenn der Radius des erzeugenden Kreises gleich 1 ist) ist falsch bzw. nur näherungsweise richtig.[45] Nach Roberval lautet das richtige Verhältnis:

> Wenn von drei Vierteln des Quadrats der halben Basis der dritte Teil des Quadrats der Höhe weggenommen wird, so verhält sich der Rest zum selben Quadrat der halben Basis wie der Trochoidenkörper um die Achse zum Zylinder mit derselben Basis und derselben Höhe.[46]

Dies ergibt tatsächlich den wahren Wert $V = \pi \cdot (9\pi^2 - 16)/6$ für das Volumen des Rotationskörpers. Nicht ohne Spott fügte Roberval hinzu:

> Daher also, wenn jenes Verhältnis 11 zu 18 wahr gewesen wäre, so wäre das Verhältnis des Kreisumfangs zu dessen Durchmesser wie jenes der Zahl 12 zur Quadratwurzel aus der Zahl 15 gefunden worden; wie sehr dies von der Wahrheit entfernt wäre, dies zu beurteilen wird dir leichtfallen.[47]

---

[40] Ad lectorem monita: *In Synopsi* (nur in der Ausgabe vom 15. September 1644).

[41] *rationem ineffabilem*: ein „unaussprechliches" Verhältnis.

[42] Siehe Anm. 38.

[43] Mersenne, *Novarum observationum physico-mathematicarum* … Tomus III. Paris 1647, S. 71

[44] Brief vom 24. September 1645, (*OT*, III, Nr. 158).

[45] Das wahre Verhältnis ist gleich 11 : 17.8889…

[46] Brief vom 1. Januar 1646 (*OT*, III, Nr. 165; *CM*, XIV, Nr. 1415).

[47] Setzt man den von Roberval gefundenen Wert gleich jenem von Torricelli, so ergibt sich in der Tat $5\pi2 = 48$, d. h. $\pi = 12/\sqrt{15} = 3.098\ldots$

In seinen Briefen vom 7. Juli 1646 an Roberval ging Torricelli nicht auf diese Kritik ein, schrieb aber gleichentags an Mersenne:

> Nachdem ich Robervals Brief nochmals gelesen und meinen Brief an ihn schon versiegelt hatte, bemerkte ich, dass ich nicht zum Körper der Zykloide um die Achse geantwortet habe. Ich glaube aber, dass es nicht nötig ist, irgendeine Antwort zu geben. Dann könnte mich nämlich jemand zu Recht anklagen, wenn er auf meine Fehlschlüsse stößt. Wir haben bei Archimedes, Prop. 2 über die Kreismessung, dass der Kreis zum Quadrat des Durchmessers [nahezu] wie 11 zu 14 ist.[48] Ich frage ihn, was er denn glaube, woher ich das Verhältnis habe, das ich auf die Zahlen 11 und 18 zurückgeführt habe? Wenn er aber meint, dass ich freiwillig ein zweites Mal Beweise schicke, so täuscht er sich.[49]

Leider äußert er sich nicht dazu, wie er, ausgehend von dem archimedischen Näherungswert $\frac{22}{7}$ für π, zu dem Verhältnis von 11 : 18 gelangt ist. In einem weiteren Brief an Mersenne erwähnt er aber, dass er das Volumen des Rotationskörpers um die Achse mithilfe des Schwerpunktes der halben Zykloide gefunden habe. Nun haben wir gesehen, dass er den Abstand des Schwerpunkts zur Achse mit $\frac{11}{27}\pi$ angibt. Die Fläche der halben Zykloide ist bekanntlich gleich $\frac{3}{2}\pi$, sodass man mit der Guldinschen Regel für das Volumen des Rotationskörpers $\frac{11}{9}\pi^3$ erhält. Das Volumen des umbeschriebenen Zylinders beträgt $2\pi^3$, womit sich tatsächlich ein Verhältnis von 11 : 18 der beiden Volumina ergibt, allerdings ohne dass dafür der archimedische Näherungswert verwendet werden müsste. Der Hinweis auf eine Verwendung des archimedischen Näherungswertes müsste sich daher auf Torricellis Berechnung des Abstandes des Schwerpunktes zur Achse beziehen. Aber man mag es drehen und wenden wie man will: mit dem Näherungswert $\frac{22}{7}$ für π wird man Torricellis Wert $\frac{11}{27}\pi$ für den Abstand des Schwerpunkts der Halbzykloide zur Achse niemals mit dem wahren Wert $\frac{\pi}{2} - \frac{8}{9\pi}$ in Übereinstimmung bringen. Offensichtlich war es Torricelli nicht gelungen, den Schwerpunkt der halben Zykloidenfläche exakt zu bestimmen.[50] Seine Aussage scheint daher eher eine Ausflucht zu sein, um seinen Fehler zu vertuschen, umso mehr, als er ja darauf hinweist, sich vor einer Aufdeckung eigener Fehlschlüsse zu fürchten.

Zu Torricellis Bestimmung des Rotationskörpers um die Achse meint der Mathematikhistoriker Étienne Montucla:

---

[48] Torricelli zitiert hier gemäss der in seinem Besitz befindlichen Ausgabe *Archimedis Syracusani ... Opera* (Basileae 1544), S. 56: Propositio II: Circulus igitur ad quadratum proportionem habet eam, quam undenus ad quatuordenum. Natürlich müsste ergänzt werden, dass dieses Verhältnis nur nahezu gleich 11 : 14 ist (wie Archimedes in der nachfolgenden Proposition zeigt).

[49] *OT*, III, Nr. 180; *CM*, XIV, Nr. 1487.

[50] In seinem Brief an Mersenne von Ende Juli 1644 (*OT*, III, Nr. 86; *CM*, XIII, Nr. 1287) hatte Torricelli behauptet, Beweise für die Bestimmung der Schwerpunkte der Zykloide und der Halbzykloide zu besitzen und dazu geschrieben: «... schicke ich den einen von ihnen, nämlich [jenen] für die Zykloide; den anderen verschweige ich, weil von diesem der Beweis für den Rotationskörper um die Achse abhängt.» Das Original des Briefes ist nicht erhalten; in der in Florenz befindlichen Kopie von Serenais Hand fehlt leider der angekündigte Beweis für den Schwerpunkt der Zykloide.

Torricelli hatte gemeldet, er verhalte sich zum umbeschriebenen Zylinder wie 11 : 18. Es stimmt, dass dieses Verhältnis dem wahren Wert sehr nahekommt. [...] Nimmt man nun für das Verhältnis des Durchmessers zum Umfang jenes des Archimedes von 7 : 22, so findet man, dass der von Roberval angegebene Wert gleich $11 : 17\frac{791}{893}$ ist, was tatsächlich nahe bei 11 : 18 liegt, aber eben nicht exakt ist und etwa um $\frac{1}{9}$ davon abweicht. Ich weiß nicht, ob man sagen kann, diese Genauigkeit habe genügt, dass Torricelli geglaubt habe, die richtige Lösung in Händen zu haben. Ich überlasse das Urteil den Geometern.[51]

Es wäre aber auch möglich, dass Torricelli – bei der Bestimmung des exakten Verhältnisses erfolglos geblieben – absichtlich einen falschen Wert nach Frankreich gemeldet hatte, um zu sondieren, ob man dort im Besitze des richtigen Wertes sei. Etwas Ähnliches hatte er nämlich im Falle der Schwerpunkte der verallgemeinerten Paraboloide getan, wie er in einem Brief an Carcavi gestanden hatte.[52]

Im Falle des Rotationskörpers um die Achse der Zykloide hatte sich Torricelli in eine schwierige Lage gebracht, aus der er sich nicht ohne Gesichtsverlust befreien konnte. Dennoch zeigte er sich, wie wir gesehen haben, uneinsichtig und hielt beharrlich an seinem Standpunkt fest, wie er an Cavalieri schrieb:

> ... ich habe meine Begründungen nach Frankreich geschrieben, zusammen mit einer Kopie ihres Briefes [...] und wenn es nötig sein wird, werde ich diesen von acht oder zehn Gelehrten beglaubigen und zusammen mit meinen Begründungen drucken lassen.[53]

Torricelli beabsichtigte offenbar, seine Beweise bei befreundeten Mathematikern zu hinterlegen, um sich gegen spätere Prioritätsansprüche anderer abzusichern, denn im Juli 1644 schrieb er an Magiotti:

> Beiliegend sende ich den Beweis für den Schwerpunkt der Zykloide und, da ich ihn gerade zur Hand hatte, auch [jenen] für den [Rotations-]Körper um die Basis, ich schicke ihn, weil Roberval im Zweifel ist, ob ich nicht vielleicht im Zusammenhang mit diesen Schwerpunkten

---

[51] Montucla [1799, S. 60].

[52] Brief vom Februar 1645 (*OT,* III, Nr. 126): «Ich gestehe, dass die Schwerpunkte der Körper dieser um ihre Achse gedrehten Parabeln nicht in jenen Proportionen stehen, wie ich sie angegeben hatte; es war aber notwendig, dass ich unter so vielen von mir bewiesenen wahren Theoremen eines einfügte, um so herauszufinden, ob jemand anderer einen Beweis dafür habe». Es handelt sich dabei um das Problem Nr. XXXII des *Racconto d'alcuni problemi* (eine Liste von Propositionen, die Torricelli (ohne die Beweise) nach Frankreich gesandt hatte. Näheres dazu im Kap. 10). In der in Florenz verbliebenen Kopie der Liste sind allerdings unter der Nr. XXXII die korrekten Proportionen angegeben. Das Original der nach Frankreich gesandte Liste ist offenbar nicht erhalten geblieben.

[53] Brief vom 14. Juli 1646 (*OT,* III, Nr. 182).

einen Santinischen Beweis[54] geführt habe … Ich hätte gerne, wenn eine Kopie davon in Rom bliebe und dass möglichst viele Zeugen diese sehen könnten, um nichts außer Acht zu lassen.[55]

Unter den nachgelassenen Manuskripten Torricellis hat man allerdings vergeblich nach einer Bestimmung des Schwerpunkts der Halbzykloide gesucht. So lesen wir bei Caverni:

> Den Beweis für den Schwerpunkt der Halbzykloide konnten wir an keiner Stelle der von uns konsultierten Manuskripte finden, so sehr wir sie durchsucht haben, und dennoch erzählt Torricelli, ihn unter seinen Papieren zu haben, obwohl es niemandem, sei es ein Vertrauter oder ein Fremder, je gelungen ist, diesen zu sehen, und wenn der Autor danach gefragt wurde, so wusste er stets, mit irgendeiner Ausrede auszuweichen.[56]

Und zu Torricellis Hinweis auf den archimedischen Näherungswert meint er:

> Doch mehr noch als eine Ausrede (der große Mann möge uns vergeben) schimmert die Kunst eines Schlaumeiers, um nicht zu sagen die Gereiztheit eines Angeklagten, aus dem folgenden Postskriptum durch…[57]

In einem Brief an Torricelli[58] fasste Roberval seine Sicht der Dinge wie folgt zusammen:

> Du hattest ihm [Mersenne] geschrieben, dass du beide Körper der Trochoide mithilfe der früher gefundenen Schwerpunkte ermittelt habest […], und du behauptetest, dass jener andere um die Achse sich wie 11 zu 18 verhalte. […] Ich […] las deinen Brief, und ich verweilte nur bei jenem letzten Körper um die Achse, da ich diesen nämlich noch nicht hatte, nur in ziemlich nahe beim wahren Wert liegenden Grenzen, außerhalb welcher das von euch angegebene Verhältnis von 11 zu 18 lag. Daher also, weil keine Zweifel an unseren Grenzen bestanden, haben wir sogleich erkannt, dass euer Verhältnis von 11 zu 18 in Wahrheit kleiner ist. Während ich danach über diese Sache in Gedanken versunken blieb, sagte der Pater zunächst zu mir: Was also wirst du über den berühmten Torricelli sagen? Wirst du nicht eingestehen, dass du ihm die Kenntnis der Theoreme verdankst? Ich würde es eingestehen, habe ich geantwortet, wenn es wahr wäre; ich bin aber sicher, dass dem nicht so ist. Ich wundere mich freilich, dass ein solcher Mann uns etwas Falsches als wahr aufdrängen will, und ich kann nichts anderes vermuten, als dass er mit irgendeiner mechanischen Überlegung näherungsweise ein Verhältnis gefunden hat, das

---

[54] Antonio Santini (1577–1662), Pater des 1532 im oberitalienischen Somasca gegründeten Somas-kenordens (Padri somaschi) und Schüler Galileis in Padua. 1644-62 war er Professor der Mathematik auf Castellis Lehrstuhl an der „Sapienza" in Rom. Er behauptete u. a. die Verdoppelung des Würfels, die Quadratur des Kreises, die Trisektion des Winkels und die Konstruktion von regulären Polygonen mit beliebiger Seitenzahl gelöst zu haben.

[55] *OT,* III, Nr. 87

[56] CAVERNI [1891–1900, t. V, S. 475].

[57] *Ibid.* – Caverni lässt dann die auf S. 274 zitierte Stelle aus dem Brief vom 7. Juli 1646 an Mersenne folgen.

[58] Der Brief (*OT,* III, Nr. 215; *CM,* XV, Nr. 1723), aus dem wir weiter unten noch ausführlich zitieren werden, wurde allem Anschein nach gar nie abgeschickt. Er wurde erst 1693 im Druck veröffentlicht (siehe Anm. 89 in diesem Kapitel).

von der Wahrheit nicht sehr weit abweicht, und dass er geglaubt hat, das wahre Verhältnis
könne nicht bestimmt werden und daher von niemandem bewiesen werden könne, dass sein
[Verhältnis] falsch ist.

Wir kommen nun zu Torricellis Quadratur der Zykloide, die er in einem Anhang *De dimensione cycloidis* (S. 85–92 des Buches *De dimensione parabolae* der *Opera geometrica*)
darlegt:

Es freut mich, als Anhang die Lösung eines interessanten Problems anzufügen, welches auf
den ersten Blick äußerst schwierig erscheint, wenn man seinen Gegenstand und seine Formulierung betrachtet. […] Wir treffen die folgenden Annahmen. Man stelle sich auf einer festen
Strecke AB den Kreis AC vor, welcher AB im Punkte A berührt, und man halte den Punkt
A auf der Kreislinie fest. Dann stelle man sich vor, der Kreis AC rolle auf der Strecke AB
mit einer gleichzeitig kreisförmigen und gegen B fortschreitenden Bewegung, sodass er die
Strecke AB stets mit einem seiner Punkte berührt, bis der feste Punkt A erneut mit der Strecke
in Berührung kommt, beispielsweise im Punkt B. Es ist gewiss, dass der auf der rollenden
Kreislinie AC liegende feste Punkt A irgendeine Linie beschreiben wird, welche zuerst von
der darunterliegenden Strecke AB aufsteigt, in D ihren Höhepunkt erreicht und schließlich
gegen den Punkt B absteigt (Abb. 5.3).

Diese Linie ADB ist von unseren Vorgängern, vor allem von Galilei schon vor nunmehr
45 Jahren, *Zykloide,* die Strecke AB aber *Basis* und der Kreis AC *Erzeuger* der Zykloide
genannt worden.

Aus der Natur der Zykloide ergibt sich, dass ihre Grundlinie AB gleich dem Umfang
des erzeugenden Kreises AC ist. Und dies ist nicht sehr schwer zu verstehen. Die ganze
Kreislinie gleicht sich nämlich während ihres Rollens der Strecke AB an. Es wird nun nach
dem Verhältnis der Zykloidenfläche ADB zu ihrem erzeugenden Kreis AC gefragt. Wir werden
mit Gottes Segen zeigen, dass es gleich dem Dreifachen ist. Es werden drei Beweise sein, alle
voneinander völlig verschieden. Der erste und der dritte werden nach der neuen Geometrie
der Indivisiblen vorgehen, die uns sehr gefällt. Der zweite wird gemäß der Methode der Alten
nach dem doppelten Ansatz vorgehen, um damit die Anhänger dieser beiden Methoden zu
befriedigen. Im Übrigen sage ich dies: Beinahe alle Grundsätze, mit denen in der Geometrie
der Indivisiblen Beweise geführt werden, können auf die übliche indirekte Beweismethode
der Alten zurückgeführt werden. Dies wurde von uns, wie auch in vielen anderen Fällen, auch
im ersten und dritten der folgenden Lehrsätze getan. Immerhin waren wir der Ansicht, um die
Geduld des Lesers nicht allzu sehr zu missbrauchen, manche Beweise wegzulassen und nur
deren drei anzugeben.

Abb. 5.3 *De dimensione
cycloidis,* S. 85

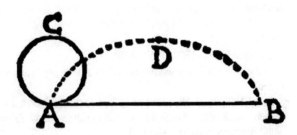

Abb. 5.4 *De dimensione cycloidis*, S. 86

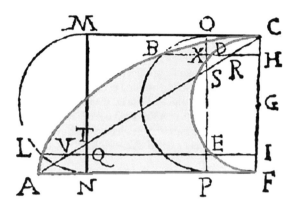

Theorem I *Die Fläche zwischen der Zykloide und ihrer Grundlinie beträgt das Dreifache ihres erzeugenden Kreises oder das Anderthalbfache des Dreiecks mit derselben Grundlinie und Höhe.*

Es sei die vom Punkt C des auf der festen Grundlinie AF rollenden Kreises CDEF beschriebene Zykloide ABC gegeben. Wir betrachten aber nur die halbe Zykloide und den Halbkreis, um in der Abbildung allzu viel Verwirrung zu vermeiden. Ich behaupte, die Fläche ABCDEF (in der Abb. 5.4 rot gefärbt) betrage das Dreifache des Halbkreises CDEF oder das Anderthalbfache des Dreiecks ACF.

Torricelli zeigt zunächst mithilfe der Indivisiblenmethode, dass der Flächeninhalt des Zykloidensegments ALBCA gleich dem Inhalt des Halbkreises CDEF ist:

Man nehme auf dem Durchmesser CF die beiden Punkte H und I gleich weit vom Mittelpunkt G entfernt an. HB, IL und CM werden parallel zu FA gezogen, und durch die Punkte B und L mögen die Halbkreise OBP und MLN gehen, welche beide gleich CDF sind und die Grundlinie in den Punkten P und N berühren. Es ist klar, dass die Strecken HD, IE, XB und QL aufgrund von [Euklid] III,14[59] gleich lang sind. Ebenso werden auch die Bogen OB und LN gleich lang sein. Da CH und IF gleich sind, werden aufgrund der Paralleleneigenschaft auch CR und VA gleich sein. Die Halbkreislinie MLN ist aufgrund der Definition der Zykloide gleich lang wie die Strecke AF. Aus demselben Grund ist der Bogen LN gleich lang wie die Strecke AN, da sich der Bogen LN auf AN ausstrecken wird. Der restliche Bogen LM wird daher gleich lang sein wie die Reststrecke NF. Mit derselben Begründung wird der Bogen BP gleich der Strecke AP, der Bogen BO gleich der Strecke PF sein. Nun ist die Strecke AN gleich dem Bogen LN oder gleich dem Bogen BO oder gleich der Strecke PF. Folglich werden aufgrund der Paralleleneigenschaft AT und SC gleich sein. Nun werden, da auch CR und AV gleich waren, die Reststrecken VT und SR gleich sein. Daher werden in den gleichwinkligen Dreiecken VTQ und RSX die entsprechenden Seiten VQ und XR gleich sein. Es ist deshalb klar, dass die beiden Strecken LV und BR zusammen gleich den beiden Strecken LQ und BX, das heißt

---

[59] «Gleiche Sehnen sind vom [Kreis-]Mittelpunkt gleich weit entfernt, und von Mittelpunkt gleich weit entfernte Sehnen sind gleich.»

gleich EI und DH sein werden. Dies wird immer so sein, wo auch immer die beiden Punkte H und I gewählt werden, wenn sie nur gleich weit vom Mittelpunkt entfernt sind. Alle Strecken der Figur ALBCA [zusammen] werden daher gleich allen Strecken des Halbkreises CDEF zusammen sein. Daher ist die Figur ALBCA gleich dem Halbkreis CDEF. Aber das Dreieck ACF ist gleich dem Doppelten des Halbkreises CDEF. Das Dreieck ACF entspricht nämlich dem Dreieck in der Proposition I in der Kreismessung des Archimedes, da die Seite AF gleich der Halbkreislinie und die Seite FC gleich dem Durchmesser ist. Daraus folgt, dass das Dreieck ACF gleich dem ganzen Kreis mit dem Durchmesser CF ist. Durch Zusammenfügen ist daher die ganze Zykloidenfläche gleich dem Anderthalbfachen des einbeschriebenen Dreiecks ACF und dem Dreifachen des Halbkreises CDEF, *w.z.b.w.*

Für den angekündigten zweiten Beweis, diesmal „nach der Methode der Alten", schickt Torricelli zwei Hilfssätze voraus:

Lemma I *Errichtet man auf den entgegengesetzten Seiten des Rechtecks* AF *die beiden Halbkreise* EIF *und* AGD *(Abb. 5.5), so ist die Figur zwischen ihren Peripherien[60] und den übrigen Seiten gleich dem besagten Rechteck.*

Da die beiden Halbkreise gleich sind, so ergibt sich das zu Beweisende klar, wenn man das gemeinsame Segment BGC wegnimmt und die gemeinsamen gemischtlinigen Dreiecke EBA und CFD hinzufügt.[61] Sollte es kein gemeinsames Segment geben, so ist der Beweis noch kürzer und einfacher. Man zeigt auch leicht, mithilfe derselben Prosthaphärese[62], dass die

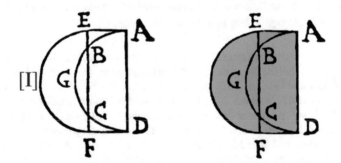

Abb. 5.5 *De dimensione cycloidis,* S. 86

---

[60] Torricelli nennt diese Figur „gebogen" *(arcuatum)*, ebenso ihre Teile, die entstehen, wenn sie von einer Parallelen zu FD geschnitten wird.

[61] Abb. 5.5 rechts: Nimmt man von den beiden Halbkreisen das gemeinsame Segment BGC weg, so sind die beiden grün gefärbten Flächen EFCGB und ABCD gleich groß. Daher sind die beiden gebogenen Dreiecke EBA und CFD zusammen gleich dem Segment BGC.

[62] Die Prosthaphärese („das Hinzufügen und Wegnehmen") ist auch bekannt als eine im 16. und frühen 17. Jahrhundert verwendete Methode zur vereinfachten Multiplikation mithilfe trigonometrischer Formeln, als Vorläufer des logarithmischen Rechnens.

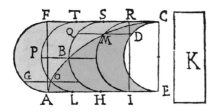 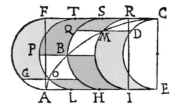

Abb. 5.6 *De dimensione cycloidis*, S. 88

von einer Parallelen zu FD herausgeschnittene gemischtlinige Figur gleich dem auf derselben Grundstrecke errichteten Rechteck gleicher Höhe ist.

Lemma II *Es sei* ABC *die von dem Punkt* C *des Kreises* CDEF *beim Abrollen auf der festen Grundlinie* AE *erzeugte Zykloide. Man vervollständige das Rechteck* AFCE *und zeichne über dem Durchmesser* AF *den Halbkreis* AGF *(Abb. 5.6). Ich behaupte, dass die Zykloide* ABC *die gemischtlinige Figur* AGFCDE *in zwei flächengleiche Teile zerlegt.*

Wenn dem nicht so wäre, so wäre eines der beiden Trilinea FGABC und ABCDE größer als die Hälfte der Figur AGFCDE. Angenommen, es sei ABCDE um die Fläche *K* größer als diese Hälfte.

Man halbiere AE im Punkt H, HE erneut im Punkt I, … usw., bis man zu einem Rechteck gelangt, z. B. zum Rechteck IECR, dessen Fläche kleiner ist als *K*. Nun zerlege man die ganze Strecke AE in Teilstrecken derselben Länge wie IE. Durch die Teilungspunkte L, H, I lege man die dem Halbkreis CDE gleichen Halbkreise, welche die Grundstrecke in den Punkten L, H, I berühren und die Zykloide in den Punkten O, B, M schneiden. Durch diese Punkte lege man die Strecken GO, PB und QD parallel zu AE. Das gemischtlinige Viereck OH wird daher gleich GL sein, während das Viereck BI gleich PH und das Viereck ME gleich QI sein werden. Somit wird die gesamte, dem Trilineum ABCDE einbeschriebene Figur gleich der demselben Trilineum umbeschriebenen Figur – mit Ausnahme jedoch der gemischtlinigen Figur IMRCDE – sein, sodass, fügt man der umbeschriebenen Figur die Figur IMRCDE hinzu, diese die einbeschriebene Figur um die besagte Figur IMRCDE oder [aufgrund von Lemma I] um das Rechteck RE, das heißt um weniger als um *K* übertrifft.

Damit ist aber die einbeschriebene Figur immer noch größer als die Hälfte von AGFCDE und somit auch größer als das Trilineum FGABC; sie ist aber auch gleich der dem Trilineum FGABC einbeschriebenen Figur (es sind nämlich die Vierecke OH = QR, BI = BT, ME = OF, siehe Abb. 5.6 rechts).

Der Teil wäre folglich größer als das Ganze, doch dies kann nicht sein. Nimmt man hingegen an, das Dreieck FGABC sei größer als die Hälfte von AGFCDE, so verläuft der Beweis analog. Wir folgern daher, dass die Zykloide ABC die Figur AGFCDE in zwei flächengleiche Teile zerlegt, *w. z. b. w.*

Abb. 5.7 *De dimensione*
cycloidis, S. 89

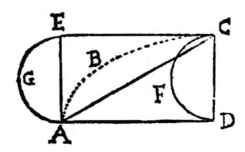

Mithilfe dieser beiden Hilfssätze kann Torricelli nun den Satz über die Zykloidenfläche nach der „Methode der Alten" beweisen:

Theorem II *Die Zykloidenfläche ist gleich dem Dreifachen ihres erzeugenden Kreises.*

Es sei die von dem Punkt C des Kreises CFD erzeugte Zykloide ABC gegeben (Abb. 5.7). Ich behaupte, die Fläche ABCD betrage das Dreifache des Halbkreises CFD.

Man vervollständige das Rechteck ADCE, errichte über AE den Halbkreis AGE und ziehe die Diagonale AC. Das Dreieck ADC ist doppelt so groß wie der Halbkreis CFD (die Grundseite AD ist nämlich gleich der Halbkreislinie CFD, während die Höhe gleich dem Durchmesser DC ist). Also wird das Rechteck viermal so groß sein wie der Halbkreis CFD. Die gemischtlinige Figur AGECFD wird folglich ebenfalls viermal so groß sein wie ebendieser Halbkreis. Demnach ist das Trilineum ABCFD aufgrund des vorhergehenden Lemmas doppelt so groß wie der Halbkreis, und zusammengefügt wird die Fläche ABCD das Dreifache des Halbkreises CFD betragen.

Der dritte Beweis **(Theorem III),** beruht wieder auf der Indivisiblengeometrie. Wie schon beim ersten Beweis wird zunächst die Flächengleichheit der beiden Trilinea FGABC und ABCED gezeigt:

Es sei die von dem Punkt C des Kreises CED erzeugte Zykloide ABC gegeben. Ich behaupte, die Fläche ABCD betrage das Dreifache des Halbkreises CED (Abb. 5.8).

Man vervollständige das Rechteck AFCD. Nachdem man den Halbkreis AGF gezeichnet hat, wähle man auf dem Durchmesser CD die vom Mittelpunkt gleich weit entfernten Punkte H und I und ziehe HL und IG parallel zu AD. Diese Parallelen mögen die Zykloide in den beiden Punkten B und O schneiden. Schließlich lege man durch B und O die beiden Halbkreise PBQ und MON. Nun ist die Strecke GO gleich lang wie die Strecke RV, da GR und OV gleich sind und das Stück RO gemeinsam ist. Oder sie [die Strecke GO] ist gleich der Strecke AN, das heißt gleich dem Bogen ON, wegen der Zykloideneigenschaft, oder gleich dem Bogen PB, oder gleich der Strecke PC oder TH oder BS.

Auf die gleiche Weise, wie wir bewiesen haben, dass die Strecke GO gleich der Strecke BS ist, beweist man, dass alle [zu AD parallelen] Strecken des Trilineums FGABC gleich den entsprechenden Strecken des Trilineums ABCED sind. Daher werden die besagten Trilinea

Abb. 5.8 *De dimensione cycloidis*, S. 90

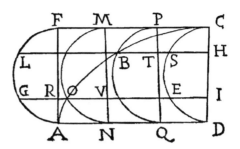

die gleiche Fläche haben. Folglich kann man wie im vorhergehenden Satz beweisen, dass die Zykloidenfläche das Dreifache des Halbkreises CED beträgt.

Ein „Scholium über die Zykloiden anderer Art" deutet an, dass es neben der „primären" Zykloide noch unendlich viele andere Arten von Zykloiden gibt:

> Nehmen wir nämlich […] an, dass nicht nur die Peripherie des Kreises AC (Abb. 5.3) gleichmäßig abrollt, sondern auch die gesamte Ebene, sowohl innerhalb als auch außerhalb des Kreises AC. Es ist klar, dass der Mittelpunkt des Kreises eine Gerade parallel zu AB beschreiben wird. Die Punkte im Innern des Kreises beschreiben dann gewundene Zykloiden, die niedriger sind als die primäre Zykloide AD und nicht immer auf dieselbe Seite gekrümmt sind. Die außerhalb des Kreises liegenden Punkte hingegen beschreiben Zykloiden, die höher sind als die primäre und bis ins Unendliche anwachsen.

Als erzeugenden Kreis dieser Zykloiden bezeichnet Torricelli den zu AC konzentrischen Kreis, der durch den betrachteten inner- oder außerhalb des Kreises AC liegenden Punkt geht. Alle Zykloiden stimmen dann darin überein, dass sie über derselben Grundlinie (nämlich einer Strecke gleich dem Umfang des rollenden Kreises AC) stehen; diese ist jedoch bei den niedrigeren (den verkürzten) Zykloiden länger, bei den höheren (den verlängerten) Zykloiden hingegen kürzer als der Umfang des erzeugenden Kreises.

Schließlich zeigt er noch, wie man die Tangenten an die verschiedenen Arten von Zykloiden findet:

> Die Tangente in einem beliebigen Punkt P der primären Zykloide wird vom höchsten Punkt H […] aus durch den Punkt P gezogen (Abb. 5.9).[63]
>
> Die Tangente in einem gegebenen Punkt einer beliebigen Zykloide wird wie folgt gezogen: Es möge durch den gegebenen Punkt der Zykloide ihr erzeugender Kreis hindurchgehen, der in demselben Punkt eine Gerade berührt, welche entweder die Grundlinie der Zykloide oder eine Parallele zu ihr schneidet. Nun mache man, dass sich der Radius des eigenen Kreises zum Radius des primären Kreises [des auf der Geraden rollenden Kreises] verhält wie die

---

[63] In seinem Brief vom 1. Oktober 1643 an Roberval (*OT*, III, Nr. 62) schrieb Torricelli: «die Tangenten der besagten Line [gemeint ist die Zykloide] hatte mir bereits der Florentiner Vincenzo Viviani gezeigt…».

Abb. 5.9 .

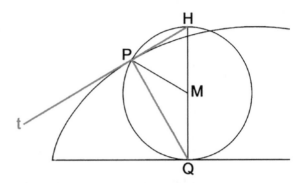

Strecke zwischen dem Punkt und der Grundlinie […] zu einer geeignet anzunehmenden, vom Endpunkt der Tangente auf der Grundlinie […] abzutragenden anderen Strecke. Vom Endpunkt dieser Strecke aus wird sodann die Tangente zum vorgegebenen Punkt der Zykloide gelegt.

Es soll also die Strecke SQ so bestimmt werden, dass $r : a = $ SP : SQ ist (Abb. 5.10). Torricelli hat diese Konstruktion ohne Begründung angegeben; man darf aber annehmen, dass er sie mithilfe der weiter oben beschriebenen „Parallelogrammregel" (siehe Anm. 30) gefunden hat. In der Tat ist nämlich die Bahn des Punktes P durch zwei Bewegungen bestimmt, deren Geschwindigkeiten sich wie $r : a$ verhalten: die eine Bewegung tangential zum Kreis um M durch den Punkt A, die andere tangential zu dem konzentrischen Kreis durch den Punkt P. Bei Torricellis Konstruktion sind die Dreiecke SPQ und MPA ähnlich, und da MP aufgrund der Konstruktion senkrecht auf PS steht, wird auch AP senkrecht auf PQ stehen.

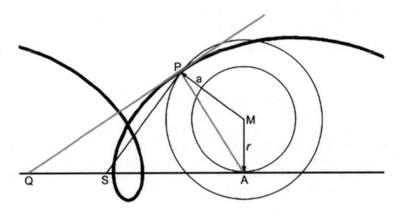

Abb. 5.10 .

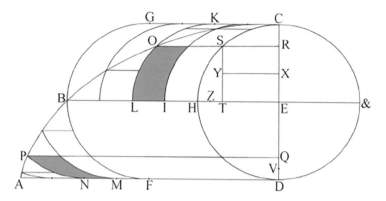

Abb. 5.11 .

Unter Torricellis nachgelassenen Papieren befindet sich auch ein Manuskript *De centro gravitatis cycloidis ac ejusdem solidi mensura*, das von Loria 1919 in den *Opere di Evangelista Torricelli* veröffentlicht wurde.[64] Wir finden hier die Herleitungen für die Bestimmung des Schwerpunktes der Zykloide sowie des Volumens des Rotationskörpers der um die Basis gedrehten Zykloide:

In der Halbzykloide ABC mit der Achse CD und der Basis AD (Abb. 5.11) sei EB die Parallele zur Basis durch den Mittelpunkt E der Achse, FBG der durch den Zykloidenpunkt B gehende erzeugende Kreis, der die Basis in F, die Scheiteltangente in G berührt. Offensichtlich ist AF = FD, denn AF, GC sind gleich den Viertelskreisbögen BF bzw. GB. Weil aber die gegenüberliegenden Seiten BH, FD des Quadrilineums FBHD gleich lang sind, ist auch AF = BH. Nun unterteilt man jede der beiden Strecken AF, BH in gleich viele gleich lange Abschnitte, lege durch jeden der Teilungspunkte den erzeugenden Kreis und errichte über den Grundseiten HI, IL usw. bzw. FM, MN usw. ein Quadrilineum, von dem jeweils eine Ecke auf der Zykloide liegt. Den Trilinea ABF und BCH werden auf diese Weise gleich viele Quadrilinea einbeschrieben.

Torricelli zeigt nun, dass der gemeinsame Schwerpunkt all dieser Quadrilinea auf der Geraden BE liegen muss: Man nehme beispielsweise die Quadrilinea MP und IO, deren Grundlinien NM, LI von den Punkten A bzw. B gleich weit entfernt sind, und lege die Parallelen PQ, OR zur Basis sowie die Parallele ST zur Achse der Zykloide. Sodann halbiere man die Strecken QD, RE, ST und HT in den Punkten V, X, Y bzw. Z. Nun ist der Bogen OK gleich der Strecke KC, der Viertelskreisbogen LK gleich GC, folglich ist Bogen LO = GK = BL = AN = Bogen PN. Weil die Bogen OL, PN gleich sind, sind auch ihre Pfeilhöhen (die *sinus versi*) gleich: HT = QD.

Weiter ist T& = 2·ZE. Die Quadrilinea MP und IO verhalten sich wie ihre Höhen QD zu ST bzw. (da QD = HT ist) wie HT zu TS oder (da aufgrund des Sehnensatzes TS² =

[64] Ms. Gal. 146, c. 117*r*–120*v* (Kopie von der Hand Serenais) und 244*r*–254*v* (für den Druck angefertigte Kopie, ohne Figuren); *OT,* I$_2$, 218–226.

HT · T& ist) wie TS zu T& bzw. (durch Halbieren) wie TY zu ZE oder wie XE zu EV. Der Schwerpunkt des Quadrilineums MP liegt aber auf der Parallelen zur Basis durch V, jener des Quadrilineums OI auf der entsprechenden Parallelen durch X. Da gezeigt wurde, dass sich MP zu OI umgekehrt verhält wie XE zu EV, liegt daher ihr gemeinsamer Schwerpunkt auf der Geraden BE. Dasselbe gilt auch für jedes Paar von Quadrilinea, deren Grundseiten gleich weit von A bzw. B entfernt sind. Daher liegt auch der Schwerpunkt aller Quadrilinea zusammen genommen auf der Geraden BE. Aber auch der Schwerpunkt der beiden Trilinea ABF, BCH liegt auf der Geraden BE, was Torricelli mit einem indirekten Beweis zeigt, den wir hier aber übergehen.

Nun kann bewiesen werden, dass der Schwerpunkt der (ganzen) Zykloide ihre Achse im Verhältnis 7 : 5 teilt: Das Quadrilineum FBHD ist nämlich gleich dem Rechteck FLED und damit gleich dem Halbkreis CHD (Abb. 5.12). Somit sind auch die beiden Trilinea ABF und BCH zusammen genommen gleich dem Quadrilineum FBHD bzw. dem Halbkreis CHD, denn die Fläche der Halbzykloide ist bekanntlich gleich dem Dreifachen des Halbkreises CHD. Nun halbiere man ED im Punkt I und unterteile die Strecke EI in den Punkten O, P in drei gleiche Abschnitte. Dann ist klar, dass der Schwerpunkt des Quadrilineums FBHD auf der Parallelen zur Basis durch den Punkt I liegt, während der Schwerpunkt des Halbkreises ebenso wie jener der beiden Trilinea zusammen genommen auf BE liegt. Nun verhält sich FBHD zu den übrigen Figuren wie 1 : 2, d. h. umgekehrt wie EO zu OI, folglich liegt der Schwerpunkt der Gesamtfigur (d. h. der halben Zykloide) auf der Parallelen zur Basis durch O, jener der ganzen Zykloide daher im Punkt O selbst. Aufgrund der Konstruktion ist aber CO : OD = 5 : 7, w.z.b.w.

Durch Anwendung der Guldinschen Regel (auf die sich Torricelli allerdings nicht abstützt, sondern an dieser Stelle eigens zu diesem Zweck herleitet) ergibt sich daraus das Verhältnis von 5 : 8 zwischen dem Rotationskörper um die Basis und dem umbeschriebenen Zylinder.

Abb. 5.12

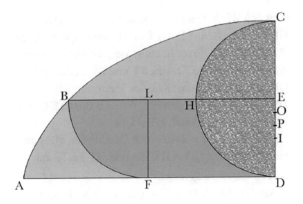

5.4   Robervals Prioritätsansprüche

In seinem mit November 1645 datierten, aber erst am 1. Januar 1646 abgeschickten Brief an Torricelli macht Roberval darauf aufmerksam, dass ihm die Quadratur der Zykloide schon vor Jahren gelungen sei:

> … ich möchte daran erinnern, dass eine derartige Aufgabe schon vor vielen Jahren in Frankreich verbreitet worden ist, es ist aber auch ungewiss, von wem sie zuerst vorgeschlagen wurde. Dann endlich, nachdem schon zwölf Jahre vergangen waren, nach ziemlich dringender Aufforderung durch unseren verehrten Mersenne, stieß ich auf den Beweis, den ich jedoch während eines ganzen Jahres keinem unserer Geometer mitgeteilt habe; ich sorgte auch dafür, dass sie nicht erfuhren, dass ich ihn gefunden hatte und dass ihnen auch dieses Verhältnis von 3 : 4, das jene [Zykloide] zu ihrem Rechteck annimmt, noch nicht bekannt gegeben wurde.[65]

Als Grund für diese Geheimhaltung während eines ganzen Jahres gibt Roberval an, dass er sich die Ergebnisse seiner Untersuchungen zur Zykloide – neben der Quadratur gelang ihm angeblich auch die Bestimmung der Zykloidentangente und des Volumens verschiedener Zykloiden-Rotationskörper – zur Bestreitung des öffentlichen Wettbewerbs um den von ihm besetzten Ramus-Lehrstuhl vorbehalten wollte.[66] Robervals Formulierung: «… nachdem schon zwölf Jahre vergangen waren» in dem oben zitierten Brief würde bedeuten, dass er seine Entdeckung im Jahr 1633 oder 1634 gemacht hat.[67] Nun war Roberval dieser Lehrstuhl 1634 zugesprochen worden[68], sodass einige Historiker, unter ihnen Moritz Cantor und Hieronymus Zeuthen – aber auch Blaise Pascal –, angenommen haben, dass ihm die Quadratur der Zykloide im Jahre 1634 gelungen sei. De Waard hat jedoch überzeugend nachgewiesen, dass es sich bei der von Roberval erwähnten Ausschreibung des Lehrstuhls um diejenige des Jahres 1637 handeln muss.[69]

---

[65] *OT,* III, Nr. 165; *CM,* XIII, Nr. 1415

[66] Petrus Ramus (1515–1572), der von 1551 bis 1568 den Lehrstuhl für Philosophie und Rhetorik am Collège de France besetzte, hatte testamentarisch einen Teil seines Vermögens zur Verfügung gestellt, um damit den mathematischen Lehrstuhl am Collège, der infolge einiger Fehlbesetzungen ziemlich an Ansehen verloren hatte, weiterzuführen, wobei er alle drei Jahre durch Ausschreibung eines öffentlichen Wettbewerbs wieder neu besetzt we¬den sollte.

[67] Roberval wiederholte diese Aussage in seinem erst 1693 veröffentlichten Brief an Torricelli (*OT,* III, Nr. 215; *CM,* XV, Nr. 1723): «… weil ich euch schon geschrieben habe, dass ich sie [die Proposition über die Zykloidenfläche] vor zwölf Jahren gefunden habe.»

[68] Über die Vergabe des Lehrstuhls im Jahre 1634 an Roberval hatte sich Descartes kritisch geäußert: «Was den Kandidaten für den Ramus-Lehrstuhl angeht, so hätte ich gewünscht, man hätte ihm eine etwas schwierigere Aufgabe gestellt, um zu sehen, ob er damit zurecht gekommen wäre, beispielsweise jene von Pappus, die mir vor etwa drei Jahren von Herrn Golius oder jemand ähnlichem gestellt worden war.» (Descartes an Mersenne, April 1634, *OD,* I, Nr. LIII, S. 288–289). – Roberval behielt übrigens den Lehrstuhl bis zu seinem Tode im Jahre 1675.

[69] De Waard [1921].

Da sich in diesem Jahr aber offenbar kein anderer Mathematiker beworben hatte, konnte Roberval sein Geheimnis schließlich preisgeben:

> Als dieses Jahr vorüber war, habe ich jenes Verhältnis von 3 : 4 [...] bekanntgegeben, ohne Beweis; darauf fanden zwei unserer Geometer, nämlich Fermat und Descartes, Beweise, die voneinander und von dem unseren weitgehend verschieden sind. In der Folge ist der Lehrsatz bekannt geworden, sodass er, durch so viele Jahre hindurch schon alt geworden, bei uns in keiner Art und Weise für neu gehalten werden kann.

Diese Bekanntgabe muss also zu Beginn des Jahres 1638 stattgefunden haben; Fermat war bereits im Januar 1638 darüber informiert , die Mitteilung an Descartes erfolgte in einem Brief Mersennes vom 28. April 1638. Schon einen Monat später lieferte Descartes einen Beweis. Fermat glaubte zunächst, dass Robervals Resultat falsch sei, überzeugte sich dann aber rasch von dessen Richtigkeit.[70]

Roberval fährt dann fort:

> Jenen Beweis aber, der von Descartes gesandt worden war, von dem Mersenne selbst und ich mit vielen anderen eine Kopie gelesen haben, nahm Beaugrand auf und schickte ihn eigenhändig geschrieben an Galilei; es ist weitgehend derselbe, wie einer von dreien, die ich neulich von Du Verdus, der sich gerade in Rom aufhielt, erhalten habe, gleichsam als ob sie in Italien gefunden worden wären. Und da man etwa um jene Zeit, zu der Beaugrand an Galilei geschrieben hat, erfuhr, dass dieser [Beaugrand] die Gewohnheit hatte, wiederholt nicht allein jenen Lehrsatz, sondern viele weitere von anderen Autoren als seine eigenen auszugeben und unter Verschweigung der Namen der Autoren wohin auch immer zu schicken, so geschah es, dass Desargues, weil er einen solchen Plagiator nicht ertragen konnte, zu dieser Sache in einem seiner Werke, das er schon vor sechs Jahren herausgegeben hat, mit deutlichen Worten schrieb, um allen bekannt zu machen, was wessen Eigentum ist.[71]

---

[70] Fermat, der glaubte, dem Beweisgang Robervals auf die Spur gekommen zu sein, schrieb am Schluss seines undatierten Briefes (dessen Datum wohl um den 20. Juli 1638 anzusetzen ist) an Mersenne: «... doch ich glaube, dass die Proposition falsch ist» (*OF,* Supplément aux tomes I–IV, Paris 1922, S. 87–91 und *CM,* VII, Nr. 687). – Mit der nächsten Post (27. Juli) korrigierte er sich aber und gab Roberval Recht (*ibid.,* p. 92). – Descartes, der Fermats nicht überlieferten Beweis einsehen konnte, äußerte sich in seinem Brief vom 23. August 1638 an Mersenne wie folgt dazu: «Ich habe den von Herrn Fermat eingesandten angeblichen Beweis zur Roulette genau untersucht [...]. Es ist dies aber der lächerlichste Unsinn, den ich je gesehen habe. In der Tat zeigt er damit, nichts über diese Roulette herausgefunden zu haben, und da er nicht ohne eine Antwort verbleiben wollte, hat er hier eine wirre Abhandlung gegeben, die überhaupt nicht schlüssig ist, in der Hoffnung, dass selbst die Fähigsten sie nicht verstehen und dass die Anderen glaubten, er habe ihn [den Beweis] gefunden. Wenn Herr Roberval sich damit zufrieden gegeben hat, so kann man in gutem Latein wohl sagen: *mulus mulum fricat* [frei übersetzt: Ein Dummkopf lobt den anderen].» (*C D,* II, Lettre CXXXVIII, S. 333).

[71] Desargues hatte Beaugrands *Géostatique* (1636) heftig kritisiert, worauf dieser seinerseits an Desargues' *Brouillon project*(1639) bemängelte, dass gewisse seiner Beweise viel direkter mithilfe von Prop. 17 aus Apollonius' *Conica,* III, geführt werden könnten. In der 1640 erschienenen Abhand-

Was er in seiner Stellungnahme zu Torricellis Liste noch vorsichtig als Möglichkeit formuliert hatte, stellte Roberval nun als eine vollendete Tatsache dar. Seine Anschuldigungen gegenüber Beaugrand sind aber unberechtigt, denn am 24. Februar 1640 ließ der damals bereits erblindete Galilei an Cavalieri schreiben:

> Von den Ihnen aus Frankreich zugesandten Problemen weiß ich nicht, ob irgendeines davon bereits gelöst worden ist. Ich halte sie mit Ihnen für sehr schwer lösbar. Jene gebogene Linie fiel mir bereits vor mehr als fünfzig Jahren ein, und ich bewunderte ihre äußerst elegante Krümmung, womit sie sich zur Verwendung als Brückenbogen eignet.[72] Zu ihr und zu der von ihr und ihrer Sehne eingeschlossenen Fläche nahm ich verschiedene Untersuchungen vor. Am Anfang schien es mir, dass diese Fläche das Dreifache des Kreises sei, der sie beschreibt, doch dem war nicht so, obwohl der Unterschied nicht sehr groß ist.[73]

Wenn Galilei also nicht wusste, ob das Problem der Zykloidenfläche bereits gelöst worden ist, so konnte er unmöglich durch Beaugrand über Descartes' Beweis informiert worden sein. Caverni zeigt sich indessen erstaunt darüber, dass ein Mann wie Cavalieri nicht in der Lage gewesen sein sollte, das Zykloidenproblem mit seiner „neuen Geometrie" zu lösen, was doch einem Descartes – wohlgemerkt ebenfalls mit einer Indivisiblenmethode und angeblich ohne Kenntnis von Cavalieris *Geometria indivisibilibus* – so leicht gelungen sei.[74] Er gibt aber zu bedenken, dass Cavalieri im Wissen darum, dass Galilei sich während fünfzig Jahren vergeblich damit abgemüht hatte, und im Glauben, das aus Paris vorgelegte Problem sei noch ungelöst, dazu bewogen worden sein könnte, sich nicht weiter damit zu befassen.

Am 7. Juli 1646 – er hatte Robervals Brief vom 1. Januar erst gegen Ende März erhalten – entgegnete Torricelli auf die darin erhobenen Vorwürfe:

> Ob es sich bei der Trochoide […] um ein italienisches oder ein französisches Problem handelt, macht nach meiner Meinung keinen Unterschied. Meines ist es sicher nicht, was die Erfindung betrifft. Was ich betreffend seines Autors von Freunden gehört hatte, habe ich geglaubt und geschrieben. Verlangt Ihr etwas anderes? Meinetwegen. Folgendes ist ganz sicher (schließlich wird es von anderen berichtet), dass Galilei bis zum letzten Tag seines Lebens das Maß dieser Figur – die er nicht aus Frankreich erhalten hat, wo sie vielleicht gar nicht erfunden worden ist – nicht gekannt hat. Dies erklärte er öffentlich, und ich sehe nicht, warum er den Beweis dafür, wenn er ihn von irgend jemandem erhalten haben sollte, obschon einem anderen gehörig, nicht an die Öffentlichkeit gebracht haben sollte. Ich aber bekenne, dass ich vor wenigen Jahren jene Beweise gefunden habe, jedoch aus eigener Kraft, ebenso wie irgendein anderer, sei es vor mir, sei es nach mir. Sollte aber irgendeiner von meinen Beweisen mit den französischen

---

lung *Coupe des pierres, perspective, gnomonique* schreibt Desargues: «… und die erste Entdeckung der Linie, welche von einem Punkt auf dem Durchmesser eines auf einer Geraden rollenden Kreises erzeugt wird, stammt von Herrn Roberval» (*Œuvres de Desargues,* éd. M. Poudra, t. I, Paris 1864, S. 355).

[72] Siehe dazu den Anhang E zu diesem Kapitel.

[73] *OG,* XVIII, Nr. 3972. – Cavalieri hatte am 14. Februar berichtet, ihm seien aus Paris zwei Probleme vorgelegt worden. Das eine betraf die Bestimmung der Zykloidenfläche (*OG,* XVIII, Nr. 3967).

[74] CAVERNI [1891–1900, S. 453].

übereinstimmen, so bin ich mir erstens bewusst – weil es meine innere Ruhe angeht, die ich am höchsten schätze –, dass all jene Beweise von mir gefunden worden sind, und wer auch immer mich kennt, wird dasselbe glauben; ferner berührt mich nicht, was immer auch andere glauben. Jenen außerordentlichen Lustgewinn, den jeder von uns beim Finden der Wahrheit empfindet, und wonach ich nur trachte, wird mir niemand wegnehmen.[75]

Gleichentags schickte er auch zwei Briefe an Mersenne[76]; im zweiten von diesen forderte er Mersenne auf, er möge sich doch daran erinnern, ihm am 24. Juni 1644 (in Beantwortung von Torricellis Brief vom 1. Mai desselben Jahres) Folgendes bestätigt zu haben:

Du möchtest kaum glauben, wie sehr deine letzten Briefe dein Ansehen und die Wertschätzung bei mir vermehrt haben: was nämlich kann ich für jemanden für unmöglich halten, der sogar unseren Geometer Roberval übertroffen hat durch die Erfindung des Schwerpunkts der Zykloide und des [Volumens] ihres Rotationskörpers um die Achse. Das Übrige freilich hat er [Roberval] gefunden und bewiesen. Aber auch wenn jener sagt, er halte zur Veröffentlichung bereit, was die Trochoide betrifft, so müsstest du dennoch deine Beweise zu derselben Sache nicht begraben; es erfreut nämlich, dasselbe auf verschiedene Arten bewiesen zu sehen. Er hat alles vorher Gesagte bewiesen, nicht nur mit Indivisiblen, sondern mit anderen Beweismethoden, die ich dir geschickt habe, da er zugegeben hatte, als er deine letzten [Beweise] gelesen hatte, dass der oben genannte Körper und der Schwerpunkt dir zuzusprechen sei, weil von dir als Erstem gefunden.[77]

Mersenne antwortete am 26. August, wobei er versprach, dass er Torricelli volle Zufriedenheit verschaffen werde:

… und es wird dir auch nicht eine einzige von deinen ausgezeichneten Erfindungen geraubt werden, sei es von den vergangenen, den gegenwärtigen oder den zukünftigen, sondern es werden alle dir zugeschrieben, und du hast dich selber, wie ich sehe, gewiss weitaus übertroffen.[78]

Mehrmals schon hatte Mersenne einen umfangreichen Brief angekündigt, den Roberval an Torricelli zu schreiben gedenke und wovon Kopien an die Freunde Torricellis in Bologna und Rom gehen sollten. Noch am 1. März 1647 – der Brief war offenbar noch immer nicht abgeschickt worden – warnte Mersenne Torricelli vor Robervals unfreundlichem Stil, den er keineswegs gutheißt:

… ich möchte auch dein Urteil über den allzu prahlerischen Brief Robervals nicht zurückweisen; du wirst schließlich sehen, welch große Dreistigkeit er an den Tag legt, wie du es nennst, sodass ich befürchte, dass er dir künftig wenig willkommen sein wird, da ja jener Brief nicht diese guten Umgangsformen oder Freundlichkeit einhält, die wir alle von ihm wünschen.[79]

---

[75] Torricelli an Roberval, 7. Juli 1646 (*OT*, III, Nr. 176; *CM*, XIV, Nr. 1485).

[76] *OT*, III, Nr. 179 und 180; *CM*, XIV, Nr. 1486 und 1487.

[77] Mersenne an Torricelli, 24. Juni 1644 (*OT*, III, Nr. 84; *CM*, XIII, Nr. 1280).

[78] Mersenne an Torricelli, 26. August 1646 (*OT*, III, Nr. 183; *CM*, XIV, Nr. 1509).

[79] Mersenne an Torricelli, 1. März 1647 (*OT*, III, Nr. 194; *CM*, XV, Nr. 1683).

Die Fertigstellung des besagten Briefes von Roberval, eine Antwort auf Torricellis Schreiben vom 7. Juli 1646, zögerte sich aber immer weiter hinaus. So beklagte sich Torricelli am 24. August 1647 bei Michelangelo Ricci:

> Ich habe von diesen unseren Herren Franzosen nichts Neues gehört, auch nicht von jener Antwort – Verteidigungs- oder Schmähschrift – von Herrn Roberval, auf die ich von Pater Mersenne mehrere Male hingewiesen worden bin.[80]

Ricci bestätigte, auch er habe noch nichts von einem solchen Brief gesehen, von dem auch er eine Kopie hätte erhalten sollen; gleichzeitig erwähnte er, Mersenne habe ihm mitgeteilt, dass er infolge dieser Verzögerung gar nicht mehr den Mut habe, sich direkt an Torricelli zu wenden.[81]

Allem Anschein nach ist Robervals Brief nicht mehr zu Lebzeiten Torricellis in Florenz angekommen; vermutlich ist er aber auch gar nie abgeschickt worden, wie Carlo Dati schreibt:

> Ich glaube unbedingt, dass er [Torricelli] kurz danach starb, ohne ihn erhalten zu haben, und dass er keinesfalls abgeschickt worden ist, denn unter den Papieren Torricellis ist er nicht aufzufinden, und auch durch sorgfältige Nachfrage an verschiedenen Orten ist es mir nicht gelungen, jemanden zu finden, der davon Kenntnis gehabt hätte.[82]

Der ominöse Brief wurde erstmals 1693 veröffentlicht.[83] Gleich zu Beginn macht Roberval darin deutlich, dass er an seinen Prioritätsansprüchen festhält:

> Dass ihr [gemeint sind Torricelli und seine Freunde] den Schutz der Götter und der Menschen anruft, dass ihr versucht, das Zeugnis der berühmtesten Männer gegen mich anzuführen, kurzum, dass ihr jeden Stein bewegt, mit dem Zweck, dass ich als Plagiator meiner eigenen Werke gelte, würde mich gewiss nicht erschüttern, da ich mir ja völlig bewusst bin, dass von dem, was ich über euch geschrieben habe, nichts unwahr ist. […] Die Wahrheit selbst, der ich mich ganz hingegeben habe, zwingt mich, eure so schwere Anschuldigung nicht völlig unbeachtet zu lassen, vor allem, weil keiner die Aufgabe übernahm, diese zurückzuweisen, da ja außer meinen Überlegungen, die für sich selber genügen, wir uns beide derselben Zeugen bedienen. Darüber könnte ich mich beklagen, ich hoffe nicht zu Unrecht: dass ihr den Splitter in unseren Augen sucht, den Balken in euren [Augen] aber nicht wahrnehmt.[84]

---

[80] Torricelli an Michelangelo Ricci, 24. August 1647 (*OT,* III, Nr. 209).

[81] Ricci an Torricelli, 7. September 1647 (*OT,* III, Nr. 212).

[82] DATI [1663, S. 19]. – Näheres zu Carlo Dati im Abschn. 5.6.

[83] *Divers ouvrages de mathématique et de physique par messieurs de l'Académie Royale des Sciences,* Paris 1693, S. 284–302. – Wieder abgedruckt in *Mémoires de l'Académie Royale des Sciences depuis 1666 jusqu'à 1699,* tome VI. Paris 1730, S. 363–399; ebenfalls in *OT,* III, Nr. 215 (mit der Textlücke, auf die wir im ersten Kapitel hingewiesen haben), und in *CM,* XV, Nr. 1723 (mit demselben Mangel!).

[84] *Divers ouvrages…* (siehe Anm. 83), S. 284–285.

Um sein Ansehen zu wahren, aber auch auf Verlangen seiner französischen Freunde und Kollegen, könne er Torricellis Anschuldigungen nicht unbeachtet lassen; er beteuert aber, dass er den Briefwechsel mit seinem Florentiner Kollegen auf keinen Fall beenden möchte. Eingehend schildert er, wie ihn die Beschäftigung mit dem Problem der Zykloide zu seiner „Lehre des Unendlichen" geführt habe, und zwar unabhängig von Cavalieris Indivisiblenlehre:

> Von der Frage des Rades und seiner Trochoide habe ich zum ersten Mal in Paris im Jahre 1628 gehört [...], und es behauptete der berühmteste Pater Mersenne, der sie vorgelegt hatte, es hätten sich im Verlauf vieler Jahre schon mehrere an einer solchen Frage versucht, die bis jetzt ungelöst geblieben sei. [...] Weil ich sie als äußerst schwierig und gewiss über meinen Kräften stehend einschätzte, habe ich sie unangetastet weggelegt, sodass ich während sechs Jahren nicht einmal davon träumte. [...] Als ich in der Zwischenzeit öfters für mich selbst überlegte, auf welche Weise ich am besten in die süßesten Geheimnisse der Mathematik eindringen könnte, hatte ich beschlossen, mir den göttlichen Archimedes, den ich als beinahe einzigen unter den griechischen Geometern bewundere, aufmerksamer anzusehen; aus dieser Betrachtung habe ich jene erhabene und nie genug gelobte Lehre des Unendlichen erworben. So nämlich nannte ich diese, die von dem berühmten Cavalieri „Indivisiblenlehre" genannt wird. Du magst vielleicht lachen und sagen: Dieser Franzose hat also nicht nur vor uns die Größe der Trochoide gefunden, wenn es den Göttern gefällt, nicht nur aller Parabeln, aller zu diesen und jenen gehörenden Körper, nicht nur die von Spiralen beliebigen Grades eingeschlossenen Flächen, nicht nur den Vergleich der Längen derselben Spiralen mit den besagten Parabeln, nicht nur die Tangenten aller Kurven mithilfe der Zusammensetzung von Bewegungen, nicht nur die Lehre von den Schwerpunkten, sondern auch die Indivisiblen unseres hervorragenden Cavalieri und alle unsere [Dinge]? Sollte jener Plagiator ihm diese ungestraft entrissen haben? Wahrlich, Sie mögen sich lustig machen und solches und oder Schlimmeres von uns glauben oder lauthals verkünden. Ich aber habe die Trochoide, Parabeln, Spiralen, Tangenten, Schwerpunkte und viel mehr wahrlich nicht nur vor Ihnen gefunden, sondern auch bekannt gemacht.[85]

Mit Bezug auf Torricellis Veröffentlichung des Maßes der Zykloidenfläche in den *Opera geometrica* schreibt Roberval:

> Wir werden nun sehen, sage ich, ob es etwas gebe, worüber ich mich mit viel größerem Recht über Sie beklagen könnte. Zuerst: Ist es nicht so, dass Sie unsere Trochoide, nachdem Sie von Mersenne und von uns daran erinnert worden sind, dass sie schon seit vielen Jahren uns gehört und in Kürze von uns veröffentlicht werden soll, und – nachdem Sie es in Ihrem an den Pater und mich gerichteten Brief angeboten haben, diese noch zu erntenden Früchte uns unangetastet zu überlassen – dennoch unter Verletzung des Rechts und auch Ihres Versprechens, gleichsam als die Ihre veröffentlicht haben, nicht nur handschriftlich (obschon auch dies nicht zu dulden ist), sondern in einer gedruckten Schrift zu diesem Gegenstand? Und dies genau zur selben Zeit, als Sie in Ihrem darauffolgenden Brief das Gegenteil versprochen haben? Ist dies Ihre Gewissenhaftigkeit, Ihre Gewohnheit?[86]

---

[85] *Ibid.*, S. 285.
[86] *Ibid.*, S. 292.

In der Tat hatte Torricelli am 1. Mai 1644 an Mersenne geschrieben, er sei bereit, den Ruhm
der Erfindung der Zykloidenfläche Roberval zu überlassen:

> Über die Zykloide oder Trochoide haben auch wir vor wenigen Monaten Erfindungen gemacht
> und den italienischen Geometern mitgeteilt. Dennoch, wenn der scharfsinnige Roberval so tief
> in das Wesen dieser Figur eingedrungen ist, wie du selber berichtest, so überlasse ich den Ruhm
> für alle diese Erfindungen freiwillig diesem hervorragenden und wahrhaftig bewundernswerten
> Geometer.[87]

Zu diesem Zeitpunkt waren aber die *Opera geometrica* wohl schon dem Drucker übergeben
worden – die Druckerlaubnis datiert vom 13. April 1644. Die weiter oben zitierte Aussage
Torricellis vom September 1643, dass sich seine Bücher damals angeblich bereits im Druck
befanden, schließt aber nicht aus, dass das Werk dannzumal noch nicht vollständig vorlag. Bis zur Erteilung des Imprimatur im Frühjahr 1644 hätte Torricelli also durchaus noch
Ergänzungen vornehmen können. Da er durch Mersenne über Robervals Arbeiten informiert worden war, wäre es eigentlich zu erwarten gewesen, dass er den Abschnitt über die
Zykloide mit einem entsprechenden Hinweis versehen hätte. Zumindest in diesem Punkt
muss man Roberval daher Recht geben: ohne einen solchen Hinweis musste der Eindruck
entstehen, dass Torricelli wider besseres Wissen die Erfindung der Zykloidenfläche als sein
Eigentum betrachtete. Roberval fährt dann fort:

> Auch wenn ich mich bis jetzt angesichts der Kränkung in dieser Sache über ein solches Unrecht
> nicht beklagt habe, so gestehe ich, dass allein die gemeinsamen Freunde mich überzeugt
> haben, es nicht zu tun. Was hat es mir genützt, ihnen zu gehorchen? Euch wuchs nämlich das
> Selbstvertrauen, da ihr mich, der ich nichts von dem zugefügten Unrecht merkte, als einfältig
> eingeschätzt habt.[88]

Ein weiteres Mal zählt er seine bis dahin erzielten Errungenschaften auf, die ihm nun angeblich von Torricelli streitig gemacht werden, als da sind: der Vergleich der Länge der Parabel mit jener der archimedischen Spirale; die Quadratur der allgemeinen Parabeln und der
Spiralen, u. a. m. Auch wenn Torricelli dies alles eigenhändig bewiesen haben sollte, so
beansprucht Roberval auf jeden Fall die Priorität bei all diesen Dingen:

> Fürwahr, wenn ich die Aufgabe nur gestellt und sie nicht auch gelöst hätte, so wäre jene dein
> gewesen, weil du sie als Erster gelöst hättest. Nun, da ich sie als Erster gelöst und die Lösung
> bekanntgemacht habe, ist sie mein, und sie kann mir nicht entrissen werden, auch wenn dies
> alle versuchen wollten.[89]

Immerhin ist er aber bereit, Torricelli mit sich auf die gleiche Stufe zu stellen:

---

[87] Torricelli an Mersenne, 1. Mai 1644 (*OT*, III, Nr. 76; *CM*, XIII, Nr. 1269).
[88] *Divers ouvrages…* (siehe Anm. 83), S. 292.
[89] *Ibid.*, S. 293.

Glaube mir, berühmtester Torricelli, es mag sein, dass wir (was freilich nicht ohne Überheblichkeit gesagt werden kann) in mathematischen Dingen beide so hervorragend sind wie wenige, sodass wir niemanden als überlegen anzuerkennen haben. Dennoch wird es keineswegs so sein, dass ganz Europa auf uns blickt; ich weiß allerdings nicht, worüber die elenden Geometer debattieren. Vielmehr sind wir beide Feldherren, ich von 30.000 unserer altgedienten Infanteristen, du von ebensovielen von den euren. Jedem mögen die Reiterei in gebotener Zahl beiseite stehen, und es soll nicht an Waffen, an Vorräten oder an Vertrauen der Soldaten gegenüber dem Führer fehlen. Dann aber wird uns freilich ganz Europa respektieren.[90] [...]

Allerdings möge es fern liegen, den berühmtesten Torricelli zum Gegner zu haben, wie ich es einmal gewünscht habe; ich werde freilich für ihn niemals ein Gegner sein, außer wenn er selbst mich zuerst zu einem solchen gemacht haben sollte. Dass ich ihn aber zum Freund gewünscht habe und weiterhin wünsche, dafür ist der sicherste Beweis, dass ich ihn zuerst geliebt habe und seinen berühmten Namen, soweit es möglich war, in ganz Frankreich verbreitet habe.[91]

Mit einem solchen Freund möchte er viel lieber über wissenschaftliche Themen disputieren. Er macht auch Vorschläge dazu: so will er über das Umformen und Lösen von Gleichungen mit einer völlig neuen Methode sprechen, über die ebenen und räumlichen Örter, über die einer Kugel unter gewissen Nebenbedingungen ein- und umbeschriebenen Kegel und Zylinder, usw. Und sogleich gerät er wieder ins Schwärmen über die von ihm vollbrachten Leistungen:

Die Arithmetik, Musik, Optik, Astronomie, Gnomonik und Geographie betreffend *habe ich mehr vollbracht als ich jetzt leicht in Worte fassen könnte*[92], aber ich schätze, dass dies alles bekannt ist.[93]

Weiter kündigt er an, dass er die Lehre der Mechanik auf allgemein anerkannten Postulaten neu aufgebaut habe, die in acht Büchern abgehandelt werden soll, deren Inhalt ausführlich geschildert wird:[94]

Darüber und über andere Dinge werden wir in Zukunft abhandeln, wenn es dir gefallen sollte, berühmtester Herr; nach erklärter Beendigung des Streites werden wir eine feste Freundschaft eingehen, die du, wie ich hoffe, nicht ablehnen wirst. Ihre Regeln aber, da dies zu einem

---

[90] *Ibid.*, S. 299.

[91] *Ibid.*, S. 300.

[92] Ovid, *Metamorphosen* XIII, 160–161 («Plura quidem feci, quam quæ comprehendere dictis in promptu mihi sit»).

[93] *Divers ouvrages...* (siehe Anm. 83), S. 301.

[94] Das Werk ist nicht erschienen oder zumindest nicht erhalten geblieben. Man kennt seinen Inhalt nur aus seiner Beschreibung in den Briefen an Torricelli und an Hevelius. Zum 7. Buch ist immerhin ein Fragment *Projet d'un livre de Mécanique traitant des mouvemens composés* erhalten, das im Anhang zu Robervals Abhandlung *Observations sur la composition des mouvemens* veröffentlicht worden ist. Weitere Fragmente sind in einem in der Bibliothèque Nationale in Paris aufbewahrten Manuskript (Fonds latin, Ms. n° 7226) zu finden. – Siehe dazu DUHEM [1906, S. 68 ff.].

Briefwechsel gehört, sollen sein: Ich schreibe keineswegs, um auf die Probe zu stellen. Was immer ich schreiben werde, so halte ich dafür, dass es als wahr anzusehen sei, außer ich habe geschrieben, dass ich darüber im Zweifel bin oder danach frage. […] Wenn wir dies befolgt haben werden, so wird zweifellos die Freundschaft andauern, während wir beide gegenseitig abwechselnd lehren und belehrt werden, und jeder von uns beiden wird dennoch das Wissen mit dem Lob des Erfinders besitzen.[95]

5.5 Pascals *Histoire de la roulette*

Im Jahre 1658 soll der von heftigen Zahnschmerzen geplagte Blaise Pascal angeblich versucht haben, sich durch die Beschäftigung mit einem mathematischen Problem Linderung zu verschaffen.[96] Gegenstand seiner Betrachtungen war die Anwendung einer von ihm erdachten Methode zur Volumen- und Schwerpunktsbestimmung von Körpern sowie zur Berechnung der Inhalte von ebenen und gekrümmten Flächen.

Zur Erprobung [dieser Methode] am Beispiel eines der schwierigsten Gegenstände nahm ich mir vor, was von den Eigenschaften dieser Linie [der Zykloide, in Frankreich auch *Roulette*, Rollkurve genannt] noch herauszufinden übrig geblieben war, nämlich die Schwerpunkte ihrer [Rotations-]körper und der Körper ihrer Teile, das Maß und die Schwerpunkte der Oberflächen all dieser Körper, die Fläche und die Schwerpunkte der Linie der Rollkurve selbst und ihrer Teile.[97]

Um sich der Richtigkeit der dabei erhaltenen Ergebnisse zu vergewissern, entschloss Pascal sich, einen Preis für die Lösung der von ihm behandelten Probleme auszusetzen. So richtete er im Juni 1658 anonym einen Rundbrief an die namhaftesten Geometer Europas, denen er die folgenden sechs Probleme vorlegte:

1. Die Quadratur eines Zykloidensegments zwischen der Kurve, ihrer Symmetrieachse und einer Sehne parallel zur Basis.
2. Die Bestimmung des Schwerpunktes dieses Segments.
3. Die Bestimmung des Volumens des Rotationskörpers bei Rotation dieses Segments um die besagte Sehne.
4. Die Bestimmung des Volumens des Rotationskörpers bei Rotation dieses Segments um die Symmetrieachse.
5. Die Bestimmung der Schwerpunkte dieser Rotationskörper.
6. Die Bestimmung der Schwerpunkte der durch eine durch die Drehachse gelegte Ebene halbierten Rotationskörper.

---

[95] *Divers ouvrages…* (siehe Anm. 83), S. 302.

[96] Pascal spricht zwar nur davon, ein «unvorhergesehener Umstand» habe ihn veranlasst, sich nach längerer Zeit wieder mit der Geometrie zu beschäftigen. Seine Schwester Gilberte und auch deren Tochter Marguerite berichten aber Genaueres: Gemäss Gilberte soll Pascal an Schlaflosigkeit gelitten haben, während er sich nach Marguerites Darstellung Ablenkung von seinen Zahnschmerzen verschaffen wollte.

[97] Histoire de la roulette (*OP*, IV, S. 219).

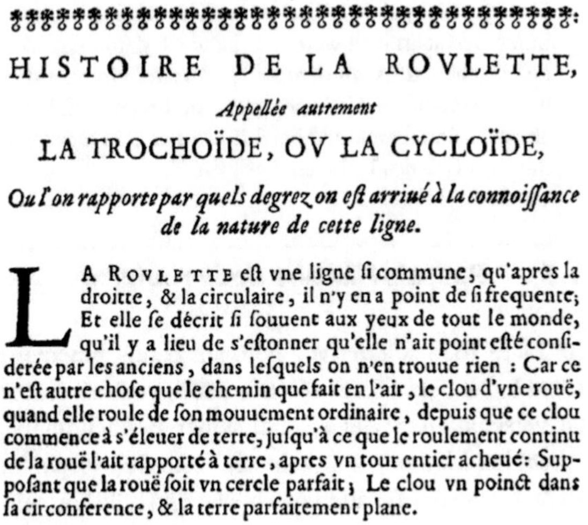

Abb. 5.13 Pascals *Histoire de la roulette* vom 10. Oktober 1658. https://gallica.bnf.fr/ ark:/12148/btv1b8626197m

‡‡:

HISTOIRE DE LA ROVLETTE,

Appellée autrement

LA TROCHOÏDE, OV LA CYCLOÏDE,

Ou l'on rapporte par quels degrez on eſt arriué à la connoiſſance
de la nature de cette ligne.

LA ROVLETTE eſt vne ligne ſi commune, qu'apres la
droitte, & la circulaire, il n'y en a point de ſi frequente;
Et elle ſe décrit ſi ſouuent aux yeux de tout le monde,
qu'il y a lieu de s'eſtonner qu'elle n'ait point eſté conſi-
derée par les anciens, dans leſquels on n'en trouue rien : Car ce
n'eſt autre choſe que le chemin que fait en l'air, le clou d'vne rouë,
quand elle roule de ſon mouuement ordinaire, depuis que ce clou
commence à s'éleuer de terre, juſqu'à ce que le roulement continu
de la rouë l'ait rapporté à terre, apres vn tour entier acheué: Sup-
poſant que la rouë ſoit vn cercle parfait ; Le clou vn poinct dans
ſa circonference, & la terre parfaitement plane.

Zur Einreichung der Lösungen – sie waren an den mit Pascal befreundeten Carcavi[98] zu richten – wurde den Bewerbern eine Frist von drei Monaten eingeräumt. Als Preis waren insgesamt 60 Pistolen (Golddublonen) ausgesetzt. Später bemerkte Pascal, dass die ersten vier dieser Probleme mit einer von Roberval gefundenen Methode lösbar waren, sodass er beschloss, die versprochene Prämie nur für die Lösung der beiden letzten Probleme auszubezahlen.

Unter anderem trafen Einsendungen von Lalouvère[99], Sluse, Michelangelo Ricci, Huygens und Wren ein. Als am 1. Oktober die Frist abgelaufen war, war Carcavi gerade abwesend, sodass man gezwungen war, mit der Auswertung der Einsendungen bis zu seiner Rückkehr zu warten. Aus diesem Grund verschickte Pascal ein drittes Rundschreiben (am 7. Oktober in französischer, am 9. Oktober in lateinischer Sprache), in dem er vor allem auf die Einwände einging, die von gewissen Teilnehmern gegen die Wettbewerbsbedingungen oder auch gegen die Formulierung der Probleme erhoben worden waren. Am 10. Oktober veröffentlichte er dann – ebenfalls anonym – die acht Seiten umfassende *Histoire de la Roulette* in französischer, gleichzeitig auch die *Historia Trochoidis* in lateinischer Sprache. Er schildert darin zunächst aus französischer Sicht die Entwicklung des Problems der Zykloide seit seiner erstmaligen Formulierung durch Mersenne bis zur Auseinandersetzung zwischen Roberval und Torricelli:

---

[98] Pierre de Carcavi (um 1600–1684) gehörte zum Kreis um Mersenne. Er korrespondierte u. a. mit Torricelli (in *OT,* III sind zwei Briefe T. an C. vom Februar 1645 [Nr. 126], vom 8. Juli 1646 [Nr. 181] zu finden)

[99] Der mit Fermat befreundete Jesuit Antoine de Lalouvère (1600–1664), lat. Lalovera, lehrte u. a. Mathematik am Collège in Toulouse.

Die Rollkurve ist eine so gewöhnliche Kurve, dass es nach der Geraden und der Kreislinie keine ebenso häufig auftretende gibt: sie wird so oft vor aller Augen beschrieben, dass es erstaunt, dass sie von den Alten nicht betrachtet worden ist, bei denen man nichts darüber findet. Denn es handelt sich um nichts anderes als um den Weg, den ein Nagel eines Rades in der Luft zurücklegt, wenn es in seiner gewöhnlichen Bewegung rollt, vom Augenblick an, in dem der Nagel sich vom Boden zu erheben beginnt, bis die kontinuierliche Rollbewegung des Rades nach der Ausführung einer vollständigen Umdrehung ihn wieder auf den Boden zurückgeführt hat, vorausgesetzt, das Rad sei ein vollkommener Kreis, der Nagel sei ein Punkt auf dessen Umfang, und der Boden sei vollkommen eben.

Der Pater Mersenne selig war der Erste, der sie um das Jahr 1615 beim Betrachten rollender Räder beobachtete; dies war der Grund, warum er sie Roulette nannte. In der Folge wollte er ihre Natur und Eigenschaften erkennen, doch es gelang ihm nicht, in ihre Geheimnisse eindringen.

Er besaß eine ganz besondere Begabung, schöne Probleme zu formulieren, worin er vielleicht niemanden seinesgleichen hatte, aber obwohl er nicht ebenso glücklich bei deren Lösung war und doch gerade darin die ganze Ehre besteht, so ist es trotzdem wahr, dass man ihm zu Dank verpflichtet ist, und dass er die Gelegenheit zu mehreren schönen Entdeckungen gegeben hat, die vielleicht niemals gemacht worden wären, wenn er nicht die Gelehrten dazu angespornt hätte.

Er schlug also die Erforschung der Natur dieser Linien all jenen in Europa vor[100], die er dafür als geeignet erachtete, unter anderen auch Galilei. Doch niemand war dabei erfolgreich und alle gaben sie die Hoffnung auf.

Mehrere Jahre vergingen auf diese Weise, bis der Pater im Jahre 1634, als er sah, dass Herr Roberval, königlicher Professor der Mathematik, verschiedene große Probleme gelöst hatte, sich von ihm die Lösung des Problems der Rollkurve erhoffte.

In der Tat war Herr Roberval dabei erfolgreich. Er bewies, dass die Fläche der Rollkurve dreimal so groß ist wie das Rad, das sie erzeugt. Damals begann er, sie mit dem aus dem Griechischen entnommenen, dem französischen *Roulette* entsprechenden Namen *Trochoide* zu bezeichnen. Es sagte dem Pater, seine Frage sei gelöst, und er teilte ihm auch dieses Verhältnis des Dreifachen mit, wobei er jedoch verlangte, es ein Jahr lang geheim zu halten und in dieser Zeit das Problem erneut allen Geometern vorzulegen.

Der über diesen Erfolg erfreute Pater schrieb an alle und drängte sie, nochmals darüber nachzudenken, wobei er beifügte, dass es von Herrn Roberval gelöst worden sei, ohne aber zu sagen, auf welche Weise.

Als ein ganzes Jahr und noch etwas mehr vergangen war, ohne dass jemand die Lösung gefunden hatte, schrieb der Pater ein drittes Mal und gab diesmal das Verhältnis 3 : 1 zwischen der Rollkurve und dem Rad bekannt. Mit dieser neuen Hilfestellung fanden sich im Jahre 1635 ([101]) zwei, die den Beweis dafür lieferten: man erhielt ihre Lösungen beinahe gleichzeitig, die eine von Herrn Fermat, Ratsherr im Parlament von Toulouse, die andere von Herrn Descartes selig; beide [Lösungen] waren voneinander und auch von jener des Herrn Roberval völlig verschieden, jedoch so, dass es, wenn man sie alle vor sich hat, nicht schwer fällt zu erkennen, welche vom Autor [d. h. von Roberval] stammt, denn sie hat einen ganz besonderen Charakter

---

[100] André Baillet, der Biograph Descartes', bezweifelt allerdings, dass sich Mersenne an «alle Geometer Europas» gerichtet haben soll, denn dann hätte 1634 sicherlich auch Descartes zu den Adressaten gehört; dies war aber erst bei den beiden späteren Rundschreiben der Fall (BAILLET [1691, S. 370]).

[101] Diese Angabe ist falsch: Mersenne hatte dieses Ergebnis erst in einem Brief vom 28. April 1638 an Descartes mitgeteilt. [*CM*, VII, Nr. 666; *OD*, II, Nr. CXXI].

und wird auf einem so schönen und einfachen Weg erhalten, dass man wohl sieht, dass es der natürliche ist. Und in der Tat ist er auf diesem Wege zu noch viel schwierigeren Dimensionen auf diesem Gebiet vorgestoßen, wozu die anderen Methoden nicht dienen konnten.

So wurde die Sache öffentlich, und es gab unter jenen, die an der Geometrie Gefallen finden, niemanden in Frankreich, der nicht wusste, dass Herr Roberval der Autor dieser Lösung war, zu der er eben zu dieser Zeit zwei weitere hinzufügte: die eine war das Volumen des Rotationskörpers um die Basis, die andere die Bestimmung der Tangenten dieser Kurve mithilfe einer Methode, die er damals erfand und sogleich veröffentlichte, die so allgemein ist, dass sie sich auf die Tangenten aller Kurven erstreckt: sie beruht auf der Zusammensetzung der Bewegungen.

Als Herr Beaugrand selig die Lösungen zur Zykloidenfläche, von denen er mehrere Abschriften besaß, samt einer ausgezeichneten Methode *De maximis et minimis* des Herrn Fermat zusammengefasst hatte, schickte er beides an Galilei, ohne die Autoren zu nennen. Zwar sagte er nicht ausdrücklich, das Ganze sei von ihm; er schrieb aber in einer Art und Weise, dass es schien, wenn man nicht genau darauf achtete, als hätte er nur aus Bescheidenheit seinen Namen nicht daruntergesetzt. Um die Dinge etwas zu verschleiern, ersetzte er die ursprünglichen Namen *Roulette* und *Trochoide* durch den Namen *Zykloide*.

Galilei starb bald darauf, Herr Beaugrand ebenfalls. Torricelli trat die Nachfolge Galileis an, und da er alle seine Papiere zur Hand hatte, fand er unter anderem diese Lösungen der Rollkurve unter der Bezeichnung *Zykloide*, geschrieben von der Hand des Herrn Beaugrand, welcher der Autor zu sein schien. Da dieser gestorben war, glaubte er, es sei genügend Zeit verstrichen, sodass die Erinnerung daran verblasst sei, und so gedachte er, Nutzen daraus zu ziehen.

Er ließ daher im Jahre 1644 sein Buch drucken, in dem er Galilei zuschreibt, was dem Pater Mersenne gehört, nämlich das Problem der Rollkurve gestellt zu haben, und sich selber, was Herrn Roberval gehört, nämlich als Erster die Lösung angegeben zu haben. Dafür ist er nicht nur unentschuldbar, sondern auch ungeschickt, denn es löste in Frankreich Gelächter aus, als man sah, dass Torricelli sich im Jahre 1644 eine Erfindung zuschrieb, die seit acht Jahren öffentlich und ohne Widerspruch als von Herrn Roberval stammend anerkannt war, wozu es neben unzähligen lebenden Zeugen auch gedruckte Zeugnisse gab, unter anderem eine in Paris im Jahre 1640 gedruckte Schrift von Herrn Desargues, worin gesagt wird, dass die Rollkurve von Herrn Roberval sei und die Methode *De maximis et minimis* von Herrn Fermat.[102]

Herr Roberval beklagte sich also bei Torricelli in einem im gleichen Jahr geschriebenen Brief, gleichzeitig auch, jedoch noch etwas strenger, der Pater Mersenne. Er legte ihm so viele Beweise vor, sowohl gedruckte Schriften als auch solche anderer Art, dass er ihn damit zwang, die Hand zu reichen und diese Erfindung an Herrn Roberval abzutreten, was er in seinen Briefen tat, die, von seiner Hand in dieser Zeit geschrieben, aufbewahrt werden.

Sein Buch ist indessen öffentlich, und sein Widerruf ist es nicht. Da Herr Roberval sich so wenig darum kümmert, in Erscheinung zu treten, dass er nie etwas drucken lässt, waren viele davon überrascht worden, und auch ich selbst war es. Dies war der Grund dafür, dass ich in meinen ersten Schriften von jener Linie als von Torricelli stammend spreche und deshalb fühle ich mich verpflichtet, mit dieser Schrift Herrn Roberval zurückzugeben, was ihm in Wahrheit gehört.

Nachdem Torricelli dieser kleine Makel widerfahren war und er bei jenen, welche die Wahrheit kannten, nicht mehr als Autor der Fläche der Rollkurve gelten konnte, auch nicht des

---

[102] Siehe Anm. 72.

Volumens des Rotationskörpers um die Basis, das ihm Herr Roberval bereits geschickt hatte, versuchte er das Problem des Rotationskörpers um die Achse zu lösen. Dabei fand er aber große Schwierigkeiten vor, denn es handelt sich um ein Problem mit hochstehender, langer und anstrengender Forschungsarbeit. Da er folglich nicht zum Ziel gelangen konnte, schickte er anstelle der richtigen Lösung eine recht gute Näherungslösung und teilte mit, dieser Körper verhalte sich zu seinem umbeschriebenen Zylinder wie 11 zu 18, wobei er nicht daran dachte, dass man ihn des Irrtums überführen könne. Doch bei dieser Auseinandersetzung war er nicht glücklicher als bei der anderen, denn Herr Roberval, der das wahre und geometrisch bestimmte Volumen kannte, teilte ihm nicht nur seinen Irrtum, sondern auch die Wahrheit mit. Torricelli starb kurze Zeit danach…

Wir haben den Inhalt der *Histoire de la Roulette* so weit wiedergegeben, als sie Torricelli betrifft. Sie bietet aber zusammen mit der *Suite de l'histoire de la roulette*[103] und ihrem Anhang auch einen interessanten Überblick über den weiteren Gang der Forschungen zur Zykloide, auf den wir noch etwas näher eingehen wollen.

Roberval hatte seine Untersuchungen auch auf die verallgemeinerten – die sog. verlängerten und die verkürzten – Zykloiden ausgedehnt, auf welche die von ihm gefundene Methode ebenfalls anwendbar ist. Während der folgenden 14 Jahre waren dann auf diesem Gebiet keine weiteren Fortschritte zu verzeichnen, bis Pascal, nachdem er sich seit längerer Zeit von der Geometrie abgewandt hatte, sich aus dem erwähnten Anlass wieder damit zu beschäftigen begann, was dann schließlich zu dem erwähnten Preisausschreiben führte.

Als Carcavi endlich nach Paris zurückgekehrt war, wurden am 24. November einige namhafte Gelehrte[104] beigezogen, um die eingegangenen Zuschriften zu prüfen, und bereits am darauffolgenden Tag konnte Pascal in seinem *Récit* (siehe Anm. 104) über den Ausgang des Wettbewerbs berichten. Von den Einsendungen waren die meisten von ihren Autoren bereits wieder zurückgezogen worden, sodass nur noch die Lösungen von Lalouvère und von Wallis zur Beurteilung übrigblieben. Ersterer hatte am 15. September eine Lösung eingesandt, die allerdings nur die Rechnung für eine der gestellten Aufgaben enthielt. Danach wies er in mehreren weiteren Zuschriften[105] von sich aus darauf hin, dass seine Rechnung fehlerhaft sei, ohne aber seinen Fehler zu korrigieren. Außerdem erklärte er, keinen Anspruch auf einen der ausgesetzten Preise erheben zu wollen, da es ihm seine Lebensregel gebiete, nichts zu unternehmen, um damit Geld zu verdienen. Mit der Begründung, dass ein Autor der beste Richter über die Mängel in seinem eigenen Werk sei, erachtete Carcavi es danach

---

[103] *OP*, IV, S. 238–245, Appendice S. 253 (französisch) und 246–252 (lateinisch).

[104] «Des personnes très-savantes en Géométrie» schreibt Pascal in seinem ebenfalls anonym veröffentlichten *Récit de l'examen & du jugement des Escrits envoyez pour les prix proposez publiquement sur le sujet de la Roulette, où l'on voit que ces Prix n'ont point esté gagnez, parce que personne n'a donné la veritable solution des problesmes*. A Paris, le 25 novembre 1658. – Jean Mesnard (*OP*, IV, S. 183) meint allerdings: «Wenn diese Personen sich nicht einfach auf Pascal und Carcavi beschränkten, so kann man ihnen nur Roberval und vielleicht Mylon zugesellen, vielleicht noch ein paar weniger kompetente Laien, die vor allem als Zeugen dienten».

[105] Die entsprechenden Briefe sind nicht überliefert; wir beziehen uns hier auf die Aussagen Pascals in seinem *Récit* (siehe Anm. 104).

nicht mehr für nötig, Lalouvères Beitrag einer näheren Prüfung zu unterziehen, zumal dieser
Beitrag nur die reinen Berechnungen enthielt, ohne Angabe der verwendeten Methode,
sodass nicht zu erkennen war, ob bei den fehlerhaften Ergebnissen (von denen jedes um
beinahe die Hälfte vom wahren Wert abwich) ein einfacher Rechenfehler vorlag. Wallis
hingegen hatte am 19. August eine umfangreiche, 54 Paragraphen umfassende Abhandlung
eingereicht, an der er in zwei weiteren Zuschriften noch Korrekturen vornahm. Schon am
3. September berichtigte er einige von ihm selbst bemerkte Fehler und wies darauf hin,
dass möglicherweise weitere Korrekturen nötig sein könnten. Die Überprüfung ergab dann
aber, dass er keinen der für die Vergabe des Preisgeldes verlangten Schwerpunkte korrekt
bestimmt hatte, wobei man außerdem feststellte, dass seine Fehler methodischer Art waren
und nicht einfach als gewöhnliche Rechenfehler angesehen werden konnten.

In der *Histoire de la roulette* wird im Übrigen lobend erwähnt, dass Christopher Wren
die Rektifikation der Zykloide gelungen sei. Dieser konnte nämlich zeigen, dass die Länge
des Zykloidenbogens gleich dem Vierfachen des Durchmessers des erzeugenden Kreises
ist:

> Aber unter allen Zuschriften dieser Art, die wir erhalten haben, gibt es nichts Schöneres als
> was von Herrn Wren eingesandt worden ist; denn außer der schönen Art und Weise, wie er
> das Maß der Zykloidenfläche angibt, hat er den Vergleich der Kurve selbst und ihrer Teile
> mit der geraden Linie angegeben. Sein Lehrsatz besagt, dass der Zykloidenbogen gleich dem
> Vierfachen seiner Achse ist[106], wozu er den Wortlaut ohne Beweis geschickt hat, und da er
> der Erste ist, der sie vorgelegt hat, so steht zweifellos ihm die Ehre der ersten Erfindung zu.[107]

Da dies aber nicht Bestandteil des Wettbewerbs war, entschied die Jury, dass niemand die
Voraussetzungen zur Verleihung eines Preises erfüllt hatte.[108] Für Pascal war damit der
Weg frei, seine eigenen Lösungen zu veröffentlichen, was er denn auch, von Carcavi dazu
aufgefordert, in der 1658 gedruckten *Lettre de A. Dettonville à Monsieur de Carcavy*[109] tat.

In den einzelnen Abhandlungen werden die Methoden bereitgestellt, die dann schließlich
im *Traité général de la Roulette* auf die vorgelegten Probleme rund um die Zykloide angewendet werden. Pascal verzichtet dabei allerdings darauf, die damit verbundenen Berechnungen auszuführen.

---

[106] D.h. gleich dem Vierfachen des Durchmessers des erzeugenden Kreises.

[107] *OP*, IV, S. 221. – Pascal fügt allerdings hinzu: «Ich glaube indessen, seine Ehre nicht zu schmälern,
wenn ich sage, dass es ebenso wahr ist, dass einige französische Geometer, darunter Herr Fermat,
denen dieser Text mitgeteilt worden ist, auf der Stelle den Beweis dafür gefunden haben. Und ich
sage zudem, dass Herr Roberval bezeugt hat, dass ihm diese Erkenntnis nicht neu sei, denn gleich
nachdem man mit ihm darüber gesprochen hatte, gab er den vollständigen Beweis dafür an…»

[108] Pascal berichtet über das Vorgehen der Jury ausführlich in seinem Récit (vgl. Anm. 104).

[109] „Amos Dettonville" ist ein Anagramm des Pseudonyms „Louis de Montalte", unter dem Pascal
1657 die *Lettres Provinciales,* eine Sammlung von 18 gegen die damalige jesuitische Theologie
gerichteten Briefen veröffentlicht hatte. Die „Briefe" wurden noch im gleichen Jahr auf den Index
gesetzt. 1660 wurden sie auf Befehl Ludwigs XIV. verboten und auf dem Scheiterhaufen verbrannt.

LETTRE
DE
A·DETTONVILLE
A MONSIEVR
DE CARCAVY,
EN LVY ENVOYANT
Vne Methode generale pour trouuer les Centres de
grauité de toutes fortes de grandeurs.
Vn Traitté des Trilignes & de leurs Onglets.
Vn Traitté des Sinus du quart de Cercle.
Vn Traitté des Arcs de Cercle.
Vn Traitté des Solides circulaires.
Et enfin vn Traitté general de la Roulette,

Contenant

La folution de tous les Problemes touchant
LA ROVLETTE qu'il auoit propofez publiquement au mois de Iuin 1658.

A PARIS,

M. DC. LVIII

Abb. 5.14 Pascals *Lettre de A. Dettonville à Monsieur de Carcavy* (1658). Das letzte Kapitel trägt
die Überschrift: «Und schließlich eine allgemeine Abhandlung über die Rollkurve, enthaltend die
Lösung sämtlicher die Rollkurve betreffenden Probleme, die er im Monat Juni 1658 der Öffentlichkeit
vorgelegt hatte.» – https://gallica.bnf.fr/ark:/12148/btv1b8626200n

Es ist hier nicht der Ort, um ausführlich auf die in der Folge entbrannte Auseinandersetzung zwischen Pascal und Lalouvère einzugehen. Anders als der vor über zehn Jahren
verstorbene Torricelli konnte sich Lalouvère dabei selber zur Wehr setzen, wobei in diesem
Zusammenhang einige Dinge eine Rolle gespielt haben, die auch Torricelli betreffen und
daher hier kurz zusammengefasst werden sollen.[110]

Wie man weiß, hatte Fermat, der Pascals erstes Rundschreiben persönlich erhalten hatte,
Lalouvère dazu aufgefordert, sich an Pascals Preisausschreiben zu beteiligen. Dieser machte

---

[110] Für eine genauere Analyse der Kontroverse zwischen Pascal und Lalouvère siehe die Kommentare
von Jean Mesnard in *OP,* IV, S. 288–292 und 822–860.

sich sofort an die Arbeit und schickte dann seine Ergebnisse in gedruckter Form unter dem Titel *De Cycloide Galilaei et Torricellii propositiones viginti*[111] nach Paris. Am 4. September antwortete Pascal persönlich und wies darauf hin, dass die 20 Propositionen nicht die schwierigsten der gestellten Probleme betrafen, worauf Lalouvère – nicht ahnend, dass sich Pascal hinter dem Anonymus verbarg – bekanntgab, er habe inzwischen auch den Rotationskörper um die Achse gefunden. Am 11. September schrieb Pascal wiederum persönlich:

> … ich wünschte, Sie könnten die Freude sehen, die mir Ihr letzter Brief bereitet, in dem Sie sagen, die Größe des Rotationskörpers um die Achse, sowohl der Zykloide als auch ihres Segments, gefunden zu haben. […] Es ist gewiss, dass dies ein großes Problem ist, und ich wünsche sehr zu erfahren, auf welchem Wege Sie dahin gelangt sind, denn schließlich hat Herr Roberval, der gewiss sehr geschickt ist, sechs Jahre gebraucht, um es zu lösen, und Sie haben die allgemeine Lösung, von welcher seine Methode nur einen einzelnen Fall liefert, das ist jener der ganzen Zykloide.[112]

In der Zwischenzeit scheint sich Pascal dann aber mit Roberval über Lalouvères Lösung besprochen zu haben, denn wie zuvor schon Torricelli, so wurde nun auch Lalouvère von Pascal in der *Histoire de la cycloïde* indirekt des Plagiats bezichtigt:

> Wir haben auch die Größe der Roulette und ihrer Teile, sowie ihrer Körper nur um die Basis, von dem Paters Lalouvère, Jesuit aus Toulouse, gesehen, und weil er sie ganz in gedruckter Form eingeschickt hatte, dachte ich genauer darüber nach und war überrascht zu sehen, dass er, obwohl alle von ihm gelösten Probleme nichts anderes waren als die ersten von jenen, die Herr Roberval vor so langer Zeit gelöst hatte, sie trotzdem unter seinem Namen vorlegt, ohne ein einziges Wort über den [wahren] Autor zu sagen. Denn wenn sich auch seine Methode unterscheidet, so weiß man doch, wie sehr es ein Leichtes ist, nicht nur bereits gefundene Propositionen zu verschleiern, sondern sie auch auf eine neue Art zu lösen, dank der Kenntnis, die man bereits von der ersten Lösung gewonnen hat.

Es drängt sich die Frage auf, wie der Autor der *Histoire de la cycloïde* es wagen kann, ohne entsprechende Beweise vorzulegen zu behaupten, dass Lalouvère Kenntnis von Robervals Arbeiten gehabt habe. Die Ähnlichkeit mit der Situation bei Torricelli ist auffällig: Nur

---

[111] https://gallica.bnf.fr/ark:/12148/btv1b8626211f.image

[112] Obschon Lalouvère diese Briefe Pascals vom 4. bzw. 11. September und einen weiteren vom 18. September in der Abhandlung *Veterum geometria promota in septem de cycloide libris* (Toulouse 1660) veröffentlicht hat, blieben sie in der Folge von den Historikern unbeachtet. Erst Paul Tannery brachte sie wieder ans Tageslicht (TANNERY [1889/90, S. 67 ff.]). Lalouvère hat sie, allerdings unvollständig, in einer lateinischen Übersetzung wiedergegeben; der von ihm kopierte französische Text liegt indessen in der Bibliothèque Nationale vor (n° 2812, f° 254). Ihre Echtheit kann nicht in Zweifel gezogen werden, hat doch, wie Tannery bemerkt, das erwähnte Buch damals große Beachtung gefunden, und eine allfällige Verfälschung wäre nicht ohne Widerspruch geblieben. – Eine Zusammenfassung mit französischer Übersetzung des Briefes vom 4. September gibt COSTABEL [1962]. Eine französische Übersetzung der Briefe vom 11. bzw. 18. September findet man bei BERTRAND [1891, S. 333–336] sowie in *OP*, IV, S. 869–871.

weil Roberval es versäumt hatte, seine Forschungsergebnisse rechtzeitig zu veröffentlichen, wird jenen, die später zu den gleichen Erkenntnissen gelangt sind, einfach unterstellt, auf irgendeine Weise in den Besitz dieser Ergebnisse gekommen zu sein. Während bei Torricelli der abenteuerliche Umweg über Beaugrand und Galilei konstruiert worden war, beließ man es bei Lalouvère ohne weitere Begründung (wohlweislich unterließ man es, den Namen Fermats, des wohl einzigen in Frage kommenden Übermittlers, ins Spiel zu bringen) bei der bloßen Unterstellung. Es ist denkbar, dass Pascals Sinneswandel auf Betreiben Robervals hin erfolgte, da Lalouvère im Titel seiner Zuschrift die Zykloide einzig Galilei und Torricelli zugeschrieben hatte, ohne dabei den Namen Robervals zu erwähnen, was diesen mit Sicherheit verärgert haben wird. Zudem mag auch die Tatsache eine Rolle gespielt haben, dass Lalouvère dem Jesuitenorden angehörte, dessen Lehre von dem den Jansenisten zugewandten Pascal verurteilt wurde.

Am 5. Dezember 1658 veröffentlichte Lalouvère die *Propositiones geometricae sex,* worin er sich eigentlich mit einer Hypothese des Paters Le Cazre[113] über die fallenden schweren Körper befasste; im Vorwort an den Leser ist aber zu lesen:

> Der Autor der anfangs Oktober veröffentlichten *Histoire de la cycloïde* hat es gewagt, in verleumderischer Weise zu schreiben, dass wir einen Diebstahl begangen hätten bei den Problemen bezüglich dieser Zykloide, die wir am 12. der Kalenden des August dem berühmten Senator de Fermat geschickt haben. [...] Wir hätten handschriftliche Beweise zu diesem Thema eingesehen, die aus Paris hierher übermittelt worden seien. Ich frage, an wen? Gewiss nicht an Herrn Fermat, nicht an uns, auch an niemanden, der sie uns übergeben hätte. Zweifellos hatte ich in den schon längst veröffentlichten Büchern Torricellis[114] die Darlegung gesehen, in der er beweist, dass die ganze Zykloide gleich dem Dreifachen des erzeugenden Kreises ist [...]. Ich habe auch, ich gebe es überdies zu, einen handschriftlichen Beweis desselben Torricelli für den Schwerpunkt der ganzen Zykloide gesehen, der mir von Herrn de Fermat mitgeteilt worden ist, drei Tage bevor ich mein kleines Werk[115] nach Paris geschickt habe...[116]

5.6   Carlo Dati verteidigt Torricelli gegen Pascals Angriffe

Nachdem sich zunächst niemand von den zahlreichen Freunden und Schülern Torricellis zu den von Pascal erhobenen schweren Anschuldigungen äußern wollte – selbst Viviani nicht! –, entschloss sich Carlo Roberto Dati[117], ein Schüler Galileis und Torricellis, in seiner 1663 erschienenen *Lettera a' Filaleti* („Brief an die Freunde der Wahrheit") unter dem Pseudonym

---

[113] Der französische Jesuit Pierre Le Cazre (P. de Cazrée, 1589–1664) hatte in seiner Streitschrift *Physica demonstratio* (Paris 1645) Galileis Fallgesetz als „Pseudowissenschaft" bezeichnet.

[114] Die *Opera geometrica* (1644).

[115] Die 10 Seiten umfassenden *Propositiones viginti.*

[116] Zitiert nach Ernest Jovy, *Pascal inédit,* Vitry-le-François, 1908, S. 502–504.

[117] Carlo Roberto Dati (1619–1676) war seit 1640 Mitglied der Accademia della Crusca. 1648 kam er auf den Lehrstuhl für klassische Sprachen am Florentiner Studium Generale (Vorläufer der Universität Florenz), als Nachfolger von Giovanni Battista Doni (siehe Kap. 2, Anm. 17). 1663 wurde er zum

Abb. 5.15 Porträt von Carlo Roberto Dati in *Serie di ritratti d'uomini illustri toscani con gli elogj istorici dei medesimi,* vol. III, Firenze 1770. (Kunsthistorisches Institut in Florenz - Max-Planck-Institut)

Timauro Antiate die Ehre seines Lehrers wieder herzustellen und durch die Veröffentlichung von Dokumenten die Wahrheit ans Licht zu bringen.

In der Einleitung schreibt Dati:

> … vor einigen Jahren erschien ein in französischer Sprache geschriebenes Büchlein mit dem Titel *Histoire de la Roulette,* später übersetzt ins Lateinische, *Historia Trochoidis, sive Cycloidis, Gallicè la Roulette*. Weil darin die Aufrichtigkeit, die Lehre und das Ansehen Evangelista Torricellis, des bedeutenden Mathematikers und Philosophen unseres Jahrhunderts, meines

LETTERA A FILALETI
DI TIMAVRO ANTIATE

Della Vera Storia della Cicloide, e della Famoſiſſima
Eſperienza dell' Argento Viuo-

Abb. 5.16 Titel der 1663 in Florenz veröffentlichten Verteidigungsschrift Carlo Datis. https://gallica.bnf.fr/ark:/12148/btv1b8626202g/f9.item

---

Sekretär der Accademia della Crusca ernannt; als solcher arbeitete er massgeblich an der dritten Ausgabe des *Vocabolario della Crusca* mit.

teuren Freundes und Lehrers, um die Wahrheit zu sagen auf wenig gesittete Art und mit schlecht begründeten Argumenten angegriffen werden, konnte ich die unverschämte Dreistigkeit des Historikers[118] nicht ohne Bitterkeit ertragen, und es fehlte nicht viel, dass ich nicht sofort zur Feder griff, um derart offensichtliche Fehler zu widerlegen.

In der Meinung, dass manche Freunde und Schüler Torricellis für diese Aufgabe besser geeignet seien, sah er aber zunächst von diesem Vorhaben ab. Erst nachdem es sich gezeigt hatte, dass keiner von diesen gewillt war, sich für die Wiederherstellung der Ehre Torricellis einzusetzen, entschloss Dati sich, die Angelegenheit selber in die Hand zu nehmen und die Wahrheit ans Licht zu bringen.

> Um dies zu erreichen, werde ich keine Spitzfindigkeiten und Chimären anführen, sondern zuverlässige Zeugnisse, im Druck veröffentlichte und private, originale und authentische Schriften, die jedem, der sie einsehen will, zugänglich sein werden.

Zunächst wendet er sich der Frage nach dem „Erfinder" der Zykloide zu und widerspricht der Behauptung Pascals, Mersenne sei der Erste gewesen, der sich mit der Zykloide befasst habe,

> … denn in Italien herrscht allgemein eine ganz andere Meinung vor. Nämlich, dass Galilei der absolut Erste gewesen ist, der um das Jahr 1600 Überlegungen im Zusammenhang mit der Zykloide angestellt hat. Ich spreche nicht über die Fähigkeiten des Paters Mersenne, ich werde nur sagen, dass es, wenn man ebenbürtig, ohne Beweis und irgendwelche Bestätigung darüber diskutieren soll, von wem diese Erfindung stamme, meiner Meinung nach unter jenen, die den einen wie den anderen gut gekannt haben, nur wenige sein werden, die Galilei nicht den Vorzug geben und die nicht glauben, dass vielmehr der Pater Mersenne diese Kenntnis von ihm hatte und sie von Italien nach Frankreich gebracht hat. Wer wüsste nicht, dass der größte Vorzug dieses Paters eher darin bestand, die Erfindungen anderer zu sammeln und zu verbreiten, als die eigenen zu veröffentlichen?

Er vergleicht dabei Mersenne mit einem Kaufmann, der mangels eigener Mittel durch den Handel mit Waren anderer große Geschäfte gemacht hat:

> Mersenne war gewiss ein großer Kaufmann, der mit allen Gelehrten Europas Handel trieb, und, indem er diese zu allerlei Unternehmungen anregte und mit ihren verschiedenen Neuigkeiten in der Vergangenheit die Philosophen und Mathematiker belieferte, großes Verdienst erworben hat.

Nachdem Galilei sich vergeblich bemüht habe, die Zykloidenfläche zu bestimmen, habe er das Problem seinen Freunden und Schülern vorgelegt, darunter auch Cavalieri. Dati zitiert dazu aus dem Brief Cavalieris an Torricelli vom 23. April 1643:

---

[118] Pascals *Histoire de la Roulette* wurde anonym veröffentlicht; Dati nennt den Autor daher stets etwas verächtlich den „Historiker" *(lo Storico)*.

Schließlich habe ich aus Ihrem letzten [Brief] das Maß der Zykloidenfläche vernommen, zu meiner großen Verwunderung, war doch dieses Problem stets als von großer Schwierigkeit eingeschätzt worden, das schon Galilei bis zur Erschöpfung brachte, und das auch ich bleiben ließ, da es mir sehr schwierig erschien; daher werden Sie nicht wenig Lob dafür erhalten, nebst Ihren vielen anderen wunderbaren Erfindungen. Ich will es sodann nicht unterlassen, Ihnen zu sagen, dass Galilei mir einmal geschrieben hat, sich damit vor vierzig Jahren befasst zu haben und dabei nichts habe herausfinden können…[119]

Cavalieri schreibt weiter, er habe den erwähnten Brief Galileis trotz intensiver Suche unter seinen Papieren nicht mehr auffinden können; er erinnere sich aber, dass der Meister zunächst überzeugt war, die besagte Fläche sei gleich dem Dreifachen der Fläche des erzeugenden Kreises, dann aber geglaubt habe, dass dies nicht genau zutreffe.

In der Zwischenzeit ist dann aber Galileis Brief wieder aufgetaucht, wie Dati berichtet:

Der besagte Brief Galileis wurde dann wieder aufgefunden und eingesehen von P. Stefano Angeli, dem würdigsten Schüler Cavalieris, bekannt durch seine geometrischen Werke; im Buch *De superficie ungulae,* gedruckt 1661 in Venedig, erwähnt er ihn auf Seite 110.

Als er gerade seine Verteidigungsschrift dem Druck übergeben wollte, erhielt Dati von Stefano Degli Angeli sogar das Original des Briefes zur Einsichtnahme. Es handelt sich um die Beantwortung des Briefes von Cavalieri vom 14. Februar 1640, in dem dieser berichtet hatte, ihm seien aus Paris zwei geometrische Probleme vorgelegt worden,

… mit denen ich mir, wie ich fürchte, wenig Ehre machen werde, denn sie scheinen mir aussichtslos zu sein. Bei dem einen handelt es sich um die Bestimmung der Oberfläche des schiefen Kreiskegels, beim anderen um die Länge jener einem Brückenbogen ähnlichen Linie, die beim Drehen eines Kreises entsteht, bis er mit seinem ganzen Umfang auf einer Geraden abgerollt ist usw., um die von jener eingeschlossene Fläche und um das Volumen des Körpers, der durch die Drehung um ihre Achse und um die Grundlinie entsteht. Bitte sagen Sie mir, ob ihnen bekannt ist, ob diese beiden Dinge noch von niemandem gelöst worden sind.[120]

Aus Galileis Antwort vom 24. Februar 1640[121] führt Dati den Ausschnitt an, den wir bereits früher zitiert haben:

Von den Ihnen aus Frankreich zugesandten Problemen weiß ich nicht, ob irgendeines davon bereits gelöst worden ist…

Bei dem Überbringer der besagten Probleme handelt es sich um den Minimitenpater Niceron, wie aus einem späteren Brief Cavalieris an Torricelli hervorgeht.[122] Dati verschweigt

---

[119] *OT,* III, Nr. 52.

[120] *OG,* XVIII, Nr. 3967.

[121] *OG,* XVIII, Nr. 3972.

[122] Brief vom 22.9.1643 (*OT,* III, Nr. 60: *CM,* XII, Nr. 1218).

allerdings, dass Cavalieri in diesem Brief die Frage offenlässt, ob Galilei tatsächlich der
Erste gewesen sei, der sich mit dem Problem der Zykloide befasst hat. Cavalieri schreibt
dort nämlich:

> Es war der Pater Niceron, der mir dieses Problem vorlegte, mit dem ich mich aber nicht befasste,
> abgeschreckt durch den Brief des Galilei, der mir mitteilte, sich vergeblich damit beschäftigt
> zu haben. […] Ob nun Galilei der Erste gewesen sei, der über dieses Problem nachgedacht hat,
> oder ob es ihm von anderer Seite vorgeschlagen wurde, vermag ich wirklich nicht zu sagen.

Als noch lebenden Zeugen, die bestätigen könnten, dass Galilei sich tatsächlich mit der
Zykloide befasst habe, führt Dati den Florentiner Senator Andrea Arrighetti an, der um das
Jahr 1618 entweder von Galilei selbst oder dann von Benedetto Castelli über diese Kurve
informiert worden war:

> Kaum danach gefragt, ob er sich an diese Linie erinnere, beschrieb er sie sofort, indem er sie
> als einen kräftigen und anmutigen Brückenbogen darstellte, und er bestätigte und bestätigt,
> gehört zu haben, dass darüber gesprochen wurde, entweder von Galilei als etwas Eigenes, oder
> von Don Benedetto Castelli als etwas von Galilei Stammendes, kurz nach dem Jahr 1618.[123]

Als weiteren Zeugen nennt Dati auch Galileis Schüler Vincenzo Viviani, der ihm berichtet
hatte, Galilei habe versucht, die Zykloidenfläche dadurch zu bestimmen, dass er entsprechende, aus Karton angefertigte Figuren gewogen habe und dabei feststellen musste, dass
die Zykloidenfläche etwas kleiner war als das Dreifache der Kreisfläche; da er vermutete,
dass das Verhältnis zwischen den beiden Flächen irrational sei, habe er schließlich aufgegeben.[124] Für Dati ist damit zur Genüge bewiesen, dass Galilei «der erste und wahre Erfinder
der Zykloide gewesen ist»:

> … kannte doch Roberval, der über diese Tatsache genau Bescheid wissen musste, in einem
> seiner Briefe an Torricelli deren Erfinder nicht: *Ich möchte daran erinnern* (schrieb er[125]), *dass*

---

[123] Dati, *Lettera a' Filaleti…*, S. 4.

[124] Diese Erzählung scheint bestätigt zu werden in einem von Caverni angeblich aufgefundenen
Manuskript *Dinge des großen Galilei, zum Teil aus den Originalen kopiert und zum Teil mir, Vincenzio
Viviani, von ihm, erblindet, diktiert, als ich in seinem Haus in Arcetri wohnte,* («*Roba del gran Galileo,
in parte copiata dagli originali, e in parte dettata da lui cieco a me Vincenzio Viviani, mentre dimoravo
nella sua casa di Arcetri*») von Vivianis Hand, das in den „Ersten Tag" der *Discorsi* eingefügt werden
sollte. Salviati sagt darin: «Ich schnitt die Figuren auch aus Metallfolien aus, doch das Gewicht der
einen [Figur] erwies sich mir stets als ein wenig kleiner als das Dreifache der anderen.» (CAVERNI
[1891–1900, t. V, S. 439]. Wenn A. Favaro auch die Ansicht vertritt, dass dieses Manuskript (das,
von Caverni abgesehen, niemand zu Gesicht bekommen hat) mit großer Wahrscheinlichkeit eine
Fälschung von Cavernis Hand ist, so ist es doch nicht auszuschließen, dass es sich dabei um eine
Bearbeitung durch Viviani oder durch einen Unbekannten handeln könnte (siehe z. B. P.D. Napolitani,
„La geometrizzazione della realtà fisica: il peso specifico in Ghetaldi e in Galileo", *Boll. Storia Sci.
Mat.* **8** (1988), S. 213).

[125] Roberval an Torricelli, 1. Januar 1646 (*OT*, III, Nr. 165; *CM*, XIV, Nr. 1415).

eine solche Aufgabe schon vor vielen Jahren in Frankreich verbreitet worden ist, es ist aber auch ungewiss, von wem sie zuerst vorgeschlagen wurde. Dann endlich, es sind schon zwölf Jahre vergangen, nach ziemlich dringlicher Aufforderung durch unseren verehrten Mersenne, stieß ich auf den Beweis.[126]

Man beachte, meint Dati, dass Mersenne hier zwar als Anreger, nicht aber als Erfinder der Zykloide genannt wird:

Es ist unwahrscheinlich, dass er [Mersenne] demjenigen, dem er sie vorschlug, nicht gesagt hätte, dass sie von ihm stamme, wenn dem doch so gewesen wäre. In seinen Werken, die ich einsehen konnte, besonders im französischen Werk *Harmonie Universelle,* wo er sie irrtümlich als eine halbe Ellipse beschreibt, sagt er nie, sie sei von ihm erfunden worden. In den Briefen an Torricelli, deren Anzahl 18 beträgt, in denen es meistens um diese Auseinandersetzung über die Zykloide geht, ist ebenfalls kein Wort zu lesen, das zeigen würde, dass er sie als sein Eigentum betrachten würde; dieses Schweigen steht sehr im Gegensatz zu seiner Gewohnheit, seine Erfindungen nach allen Seiten hin zu verbreiten und zu wiederholen.[127]

Dass es Roberval, wie Pascal behauptet, im Jahre 1634 gelungen sei, das Zykloidenproblem zu lösen, will Dati keineswegs in Abrede stellen:

All dies werde ich ohne Widerspruch für wahr annehmen, wobei ich nicht daran zweifle, dass die edlen und rührigen Geister Frankreichs diese und andere, weit größere Dinge vollbracht haben könnten und vollbracht haben, und vor allem Roberval, dessen scharfsinnigster Geist in der ganzen Welt bekannt ist, und den Torricelli, ein äußerst gerechter Bewunderer eines solchen Mannes, in seinen nicht veröffentlichten Schriften als unvergleichlich und gelegentlich als göttlich bezeichnet.

Hingegen widerspricht er entschieden der Behauptung, den Mathematikern in Italien, insbesondere Galilei, Cavalieri und Torricelli, sei Robervals Lösung bekannt gewesen. Es sei nicht weiter erstaunlich, dass diese nichts davon wussten, da doch gerade in Frankreich – wo es angeblich niemanden geben soll, der nicht darüber im Bilde war –, Pascal selber in seiner *Histoire de la roulette* wenig später zugebe, anfänglich Torricelli für den Erstentdecker gehalten zu haben.[128]

Wenn doch jedermann in Frankreich wusste, dass die Lösung des Problems von Herrn Roberval stammte, wie können dann viele, und darunter Sie, Herr Historiker und berühmter Geometer, getäuscht worden sein, als sie Torricellis Buch gesehen haben? Und wenn es in Frankreich

---

[126] Dati, *Lettera a' Filaleti...*, S. 4.

[127] Dati, *Lettera a' Filaleti...*, S. 4.

[128] «... par mes premiers écrits je parle de cette ligne comme étant de Torricelli» (in der von Dati zitierten lateinischen Fassung noch deutlicher: «Hinc factum est ut in prioribus scriptis ita sim de trochoide locutus, quasi eam princeps Torricellius invenerit»). Pascal hatte in seinen 1658 veröffentlichten *Problemata de cycloide* die Definition der Zykloide weitgehend wörtlich aus Torricellis *Opera geometrica* übernommen.

wirklich so viele waren, warum konnte es dann nicht auch, wie es tatsächlich der Fall war, in Italien viele geben, denen diese Tatsache unbekannt war?[129]

So habe Lalouvère im zweiten Anhang der 1651 in Toulouse gedruckten *Quadratura Circuli* im Zusammenhang mit der Zykloide mit Hochachtung von Torricelli gesprochen und dabei keinen Zweifel daran gelassen, dass die Bestimmung der Zykloidenfläche demjenigen zuzurechnen sei, der sie auch veröffentlicht habe; noch viel weniger habe er dies in seinem 1660 – somit nach dem Erscheinen der *Histoire de la Roulette!* – ebenfalls in Toulouse erschienenen Werk über die Zykloide[130] in Frage gestellt. Obwohl er auch Descartes und Roberval erwähne, habe van Schooten in seinem Kommentar zum zweiten Buch von Descartes' *Géométrie* Torricelli als rechtmäßigen Autor angesehen und ihn nicht des Diebstahl verdächtigt[131]; auch André Tacquet schreibe in seiner 1651 gedruckten Abhandlung über die rollenden Kreise[132] vorbehaltlos Torricelli die Bestimmung der Zykloidenfläche zu.

Dati zitiert sodann ausführlich aus der Einleitung zu den *Tractatus duo*[133] von John Wallis aus dem Jahre 1659, die sein Urteil über die *Histoire de la roulette* vollauf bestätigt:

Wenn man dieser kleinen Geschichte glauben will, so hat die von Mersenne vorgeschlagene Untersuchung der Zykloide seit dem Jahr 1615 die Aufmerksamkeit der Franzosen auf sich gezogen, und Roberval hat im Jahr 1634 als Erster bewiesen, dass die Zykloidenfigur gleich dem Dreifachen ihres erzeugenden Kreises ist. Was, wie man sagt, nach ihm auch von Fermat und von Descartes bewiesen worden ist. [...] (So viel ich weiß, hat sich von diesen noch niemand darum gekümmert, seinen Beweis in gedruckter Form zu veröffentlichen). Dann wurde Torricelli, der ohne Kenntnis dieser Arbeiten seine [Beweise] im Jahre 1644 veröffentlich hatte (ich glaube als Erster von allen) des Plagiats beschuldigt [...], nicht weil er Robervals Beweis als eigenen ausgegeben hätte, sondern weil er (so vermuten sie jedenfalls) zufälligerweise unter den Papieren Galileis den einst von Beaugrand an Galilei gesandten Beweis dieses Satzes gefunden haben soll. [...] Vielleicht werden auch wir ebenso beschuldigt werden, wenn er sieht, dass wir dasselbe gefunden haben. Ich sage *gefunden haben,* denn wenn er nämlich behauptet, dies als Erster gewusst zu haben, so wahr dies auch sein mag, so können wir von uns deshalb nicht weniger sagen, dass wir es herausgefunden haben, denn uns war verborgen, was er selbst geleistet hat; wir sind von ihm auch nicht unterrichtet worden. Ich hatte von Torricelli [...] erfahren, dass die Fläche der Zykloide gleich dem Dreifachen von jener des Kreises ist, sowie auch die Methode zur Bestimmung der Tangenten. Dass aber jemand mehr über die Zykloide herausgefunden hätte, war mir gänzlich unbekannt, ebenso wie (so viel ich bis jetzt weiß) es auch alle meine Landsleute nicht wussten...

---

[129] Dati, *Lettera a' Filaleti...*, S. 5.

[130] *Veterum geometria promota in septem de cycloide libris.* Tolosae MDCLX.

[131] Frans van Schooten, *Geometria a Renato Des Cartes Anno 1637 Gallicè edita; nunc autem ... in linguam Latinam versa & commentariis illustrata.* Amsterdam 1659, S. 264.

[132] Andreae Tacquet S.J. *Cylindrica et annularia. Dissertatio physico-mathematica de circulorum volutionibus,* Antwerpen 1651, S. 261.

[133] *Tractatus duo, prior de cycloïde et corporibus inde genitis...,* Oxford 1659. Es handelt sich um eine verbesserte Version der von Wallis zu dem von Pascal ausgeschriebenen Wettbewerb eingereichten Abhandlung aus dem Jahre 1658.

Ebenfalls aus den *Tractatus duo* zitiert Dati aus einem an Huygens gerichteten Brief:

In dieser Hinsicht hätte ich es gewiss vorgezogen, wenn der Autor der kleinen *Histoire de la Roulette* – zumindest bei dem, was er gegen Torricelli sagt [...] –, darauf verzichtet hätte, einen verdienstvollsten Mann zu beleidigen, der schon seit vielen Jahren tot ist. Jedenfalls haben wir Torricelli durch seine Schriften als Gelehrten und als Mathematiker kennengelernt, sehr verdient in der Mathematik und, wie ich glaube, ein aufrechter Mann. Ich sehe nicht, was bei ihm zu finden wäre, das die Galle des sehr berühmten Mannes oder auch des Roberval, dessen Partei er vertritt, hätte reizen können. Torricelli veröffentlichte im Jahre 1644 unter anderem seine Beweise zur Zykloidenfläche, die gleich dem Dreifachen des erzeugenden Kreises ist; ich sehe nicht, warum er dazu nicht das Recht gehabt haben soll. Sie leugnen allerdings nicht, dass diese Beweise von ihm seien, und sie behaupten auch nicht, er habe Robervals Eigentum als sein eigenes ausgegeben. Freilich hat er nicht gesagt (er wusste es in der Tat nicht, wie sie selbst zugeben), aber auch nicht verneint, dass Roberval diesen Satz ebenfalls bewiesen hat. War nun diese Tatsache öffentlich bekannt oder nicht? Wenn ja, so kann Roberval kein Unrecht widerfahren sein, wenn ein anderer nach ihm dasselbe Problem löst, nicht mehr als dem Archimedes dadurch, dass Torricelli nach ihm die Quadratur der Parabel bewiesen hat. Wenn nicht, so darf man Torricelli wenigstens nicht zürnen, wenn er nicht gewusst hat, was Roberval in seinen Schreinen verborgen gehalten oder auch seinen Freunden mitgeteilt haben könnte. Zumindest sind wir Torricelli, der seine Beweise veröffentlicht hat, nachdem er sie bereits bekannt gemacht hatte, mehr zu Dank verpflichtet als Roberval, der seine eigenen bis jetzt zurückhält. Und da Roberval sich weigert, seine Beweise drucken zu lassen, halten wir es für absolut ungerecht, wenn es Torricelli nicht erlaubt sein soll, es mit seinen eigenen zu tun. [...] Es könnte aber sein, dass er unter den Papieren Galileis ein Schreiben von Beaugrand gesehen hat, das an Galilei geschickt worden war, um ihm Robervals Beweis unter Verschweigung von dessen Namen mitzuteilen, woraus er eine Handhabe für seine [Beweise] ergreifen konnte. Diesen Verdacht haben sie nämlich. Ob sie dafür etwa sichere Hinweise haben, weiß ich nicht, auch hat er es selbst nicht gestanden, was sie [auch] nicht behaupten; von woher dies feststehen soll, teilen sie aber nicht mit. Doch wie dem auch sei, sie behaupten nicht, er habe aus dieser Quelle Beweise gestohlen, um sie als seine eigenen auszugeben, und sie leugnen auch nicht, dass es seine eigenen sind, die er vorlegt. Welches also das Verbrechen sein soll, dessen sie ihn anklagen, verstehe ich ganz und gar nicht; mehr als böswillige Verdächtigungen, worin dieses bestehen soll, bringen sie nicht vor. Ja sie sagen freilich (was das Hauptstück unter ihren Argumenten ist), dass sie einen von seiner Hand geschriebenen Brief besitzen, den sie bis zum heutigen Tag als eine Art Schatz bewahren (als hätte die Sache einen solchen Wert), worin er Roberval bei der Lösung dieses Problems die Priorität einräume.[134]

Diese aufrichtige Verteidigung durch Wallis, meint Dati, würde eigentlich genügen, um das Ansehen Torricellis von jedem Makel zu befreien. Er wolle aber zur Bekräftigung der überzeugenden Argumente von Wallis noch weitere Rechtfertigungen und Dokumente vorlegen. Die von Pascal ohne Vorweisung entsprechender Dokumente ausgesprochene Behauptung, Beaugrand habe die Beweise von Fermat und Descartes an Galilei weitergeleitet, wird von Dati mit weiteren Argumenten zerpflückt:

---

[134] *Tractatus duo...*, S. 77–78.

Von diesem genauen Bericht möchte ich gerne wissen, aus welchem Archiv oder Aktenschrank der Historiker solch wichtige Informationen entnommen hat. Hat er die Briefe Beaugrands an Galilei gesehen? Wenn er sie gesehen hat, warum zitiert er sie nicht? Wenn er sie nicht gesehen hat, wie kann er dann wissen, dass die Worte so gewählt waren, dass Beaugrand als Autor dieser Theoreme angesehen werden konnte? Wenn Beaugrand dies getan hat, so hat er sie ihnen bestimmt nicht gezeigt, und wenn Galilei sie nicht veröffentlicht hat, wie konnten sie dann eingesehen werden? Wenn sie nach Beaugrands Tod die Briefentwürfe gefunden haben, warum sagt es der Historiker dann nicht? Warum legt er sie nicht vor?

Außerdem sei es doch schwer zu verstehen, dass Galilei im Besitze des Beweises für die Zykloidenfläche gewesen sein soll, wenn er doch nur Anspruch auf die Erfindung der Zykloide erhoben, dabei aber ausdrücklich betont habe, deren Flächeninhalt nicht zu kennen und das Problem an andere Mathematiker weitergegeben habe. Im Übrigen werde Beaugrand zu Unrecht verdächtigt, wie aus einem Brief Cavalieris an Torricelli hervorgehe ; weiter finde sich in den Verzeichnissen der Korrespondenz Galileis nur ein einziger Brief Beaugrands, nämlich ein Schreiben vom 3. November 1635, das der damals in Florenz weilende Beaugrand an Galilei gerichtet hatte, bei dem es aber um völlig andere Themen ging. In dieser Angelegenheit habe sich Roberval als viel vernünftiger und bescheidener erwiesen, schreibt Dati, denn während Pascal die von ihm geschilderte Rolle Beaugrands, ausgeschmückt mit vielen Einzelheiten, als absolut feststehende Tatsache darstelle, habe Roberval in seinem Brief an Mersenne (von dem Torricelli eine Kopie erhalten und mit Randnotizen versehen hatte) lediglich angedeutet, dass das Geheimnis der Trochoide vielleicht über Beaugrand an die Geometer in Italien gelangt sein könnte. Wie wir gesehen haben, hatte Torricelli in einer der erwähnten Notizen angemerkt, dass Galilei sich schon sehr viel früher mit der Zykloide beschäftigt habe. Dati macht darauf aufmerksam, dass diese Aussage vertrauenswürdig sei, denn

> Welcher andere Beweggrund, wenn nicht die lautere Wahrheit, könnte Torricelli dazu veranlasst haben, diese Worte zu gebrauchen, die nicht nur nicht für die Öffentlichkeit bestimmt waren, sondern auch nicht von irgendjemandem außer ihm selbst […], gesehen und gelesen werden sollten?[135]

Der Behauptung Pascals, dass Torricelli aus den Papieren des verstorbenen Galilei die angeblich von Beaugrand niedergeschriebene Lösung des Zykloidenproblems an sich genommen und nach dem Tod Galileis und Beaugrands als eigene ausgegeben habe, hält Dati entgegen, dass dies unmöglich zutreffen könne, denn diese Papiere seien stets in den Händen von Galileis Erben geblieben. Daher sei der Vorwurf zurückzuweisen, Torricelli habe in den 1644 veröffentlichten *Opera geometrica* sich selbst zugeschrieben, was in Wahrheit Roberval gehöre, nämlich als Erster die Zykloidenfläche bestimmt zu haben:

> Wenn Torricelli drucken ließ, so konnte er dies tun, weil er seine eigenen Dinge drucken ließ und niemandem irgendetwas weggenommen hatte. Wenn Roberval dasselbe gefunden hatte,

---

[135] Dati, *Lettera a' Filaleti...*, S. 8.

so soll dies nicht bezweifelt werden. Man verbiete es aber anderen geistreichen Männern nicht, dieselben Wahrheiten zu suchen und zu finden, die in der Natur einmalig sind und die sich, wenn sie gefunden werden, nicht voneinander unterscheiden können, wie dies durch viele Beispiele in ähnlichen Fällen belegt wird. Und man soll der Welt nicht etwas einreden, was man nicht wirklich weiß. Denn alle Beweise und Zeugen, auch wenn es deren unendlich viele wären, die der Autor der *Histoire* anführen mag, werden niemals schlüssig sein, sie werden allerhöchstens beweisen, dass auch Roberval das Zykloidenproblem gelöst hat. Sie werden uns aber weder zwingen zu glauben, dass Torricelli dies wusste, während viele andere es nicht wussten, noch dass er Roberval den Beweis der Zykloidenfläche gestohlen hat, wenn er ihn doch selbständig finden konnte.[136]

Dati führt sogar einen von Pascal unbeachtet gelassenen Zeugen dafür an, dass Roberval als Erster die Zykloidenfläche gefunden hat: Wie bereits weiter oben berichtet wurde, geht aus dem von Mersenne 1637 in Paris veröffentlichten zweiten Teil seiner *Harmonie universelle* hervor, dass Roberval zu diesem Zeitpunkt bereits im Besitze seines Ergebnisses gewesen sein muss,

> … aber es zeigt sich ebenso offensichtlich, dass die Formulierung dieses Theorems, obwohl von Mersenne im Druck veröffentlicht, Torricelli entgangen sein konnte, haben doch weder Roberval […] noch der Historiker, der alle Informationen in diesem Zusammenhang gesammelt hat, es [d. h. dieses Theorem] gesehen, oder dann haben sie es vergessen, denn es gibt keinen anderen Grund dafür, etwas zu verschweigen, was ihnen dermaßen entgegenkam.[137]

Auch Montucla weist in seiner *Histoire des mathématiques* auf diese Tatsache hin:

> Man kann nicht in Abrede stellen, dass Torricelli und Viviani[138] jenseits der Alpen ein diesseits bereits gelöstes Problem hätten lösen können; und weil Roberval so sehr an seiner Entdeckung hing, so hätte es genügt, seinen Anspruch darauf mit authentischen Dokumenten geltend zu machen, anstatt mit seinem zornigen und pedantischen Brief, den er Torricelli schrieb, und in dem er den einzigen unwiderlegbaren Grund nicht geltend zu machen wusste, den er hätte anführen können, nämlich Mersennes Buch, gedruckt im Jahre 1637.[139]

Pascal hatte geschrieben, Torricelli habe in einem seiner Briefe Robervals Anspruch anerkannt, als Erstentdecker der Zykloidenfläche zu gelten. Wir zitieren hier noch einmal die entsprechende Stelle aus der *Histoire de la roulette*:

> Er [Mersenne] legte ihm [Torricelli] so viele Beweise vor, sowohl gedruckte Schriften als auch solche anderer Art, dass er ihn damit zwang, die Hand zu reichen und diese Erfindung an Herrn Roberval abzutreten, was er in seinen Briefen tat, die, von seiner Hand zu dieser Zeit geschrieben, aufbewahrt werden.

---

[136] Dati, *Lettera a' Filaleti…*, S. 9.

[137] *Ibid.*

[138] Montucla bezieht sich hier auf Torricellis Aussage, dass Viviani die Bestimmung der Tangente in einem beliebigen Punkt der Zykloide gefunden hat (siehe Anm. 64).

[139] Montucla [1799, S. 58].

Dati misstraut aber dieser Behauptung:

> Denken wir daran, Freunde der Wahrheit, uns diese Briefe zeigen zu lassen, seien wir misstrau-
> isch und vernehmen wir vorerst den ganzen Rest der *Histoire,* soweit er fortfährt, über unseren
> Torricelli zu sprechen, wobei wir die Mühe, das danach Folgende durchzusehen, jenem über-
> lassen, der sie sich nehmen will.[140]

Es folgt die Stelle, an der Pascal davon spricht, dass Torricellis Widerruf nicht öffentlich
erfolgt sei und daher viele, auch er selbst, getäuscht worden seien. Torricelli habe dann
versucht, das Volumen des Rotationskörpers um die Achse zu bestimmen, was ihm aber
nicht gelungen sei, worauf er eine Näherungslösung eingesandt habe, nicht ahnend, dass
man ihn des Irrtums überführen könne. Roberval, der die richtige Lösung kannte, habe ihm
aber «nicht nur seinen Irrtum, sondern auch die Wahrheit» mitgeteilt, worauf Torricelli kurz
danach gestorben sei.

Darauf entgegnet Dati mit der von ihm nicht begründeten Behauptung, dass Torricelli
sehr wohl in der Lage gewesen wäre, das exakte Verhältnis zu bestimmen:

> Oh, dies war das Übel: Denn wenn er nicht gestorben wäre, so wären nicht derartige Geschich-
> ten entstanden, und er hätte sich selber verteidigt, indem er das bereits näherungsweise ausge-
> drückte Maß des Körpers um die Achse genau gezeigt, die begonnenen Werke zur Vollkom-
> menheit gebracht und die Geometrie immer mehr mit neuen Schätzen angereichert hätte. Weil
> aber der Tod ihn uns genommen hat und er seine Begründungen nicht anführen kann, so muss
> ich mich in dieser Angelegenheit bemühen, denn gerade darin geht es um Sieg oder Niederlage
> in diesem Streitfall. […]
>
> Warum legt er [Pascal] die Originalbriefe Torricellis nicht vor, in denen er nachgibt und
> seinen Diebstahl gesteht? […] Falls Torricelli des Diebstahls überführt ist, und wenn er sich
> eigenhändig (wie der Historiker sagt) als Dieb bekennt und das entwendete Gut wieder zurück-
> gibt, so stehe ich mit dieser Verteidigungsrede als Lügner da, jedoch als einer, der nach der
> Wahrheit strebt, und Torricelli wird auch ohne die Zykloide so viel Ruhm bleiben, dass sein
> Ruf nicht unehrenhaft in der Welt sein wird.[141]
>
> Wenn der Autor der *Histoire* sie nicht vorlegen will, werde ich derjenige sein, der sie
> vorlegt, auch wenn sie gegen mich sprechen sollten.

Zu diesem Zweck legt er nun Auszüge aus dem Briefwechsel Torricellis mit Mersenne
bzw. Roberval vor, wobei er allerdings darauf hinweisen muss, dass er nur aus den ihm
vorliegenden undatierten Briefentwürfen zitieren kann, die möglicherweise nicht wörtlich
mit den in Frankreich befindlichen Originalen übereinstimmen. Nachdem die Korrespondenz
mit Roberval bis dahin stets über Mersenne geführt worden war, wandte sich Torricelli
am 1. Oktober 1643 ein erstes Mal direkt an Roberval. Er wiederholt in diesem Brief die
Darstellung Cavalieris, dass sich Galilei bereits vor 45 Jahren mit der Zykloide befasst habe:

---

[140] Dati, *Lettera a' Filaleti...*, S. 10.
[141] *Ibid.*

Was den Urheber dieser Figur betrifft, so glaube ich, dass dein fruchtbarer und geschärfter Geist in der Lage gewesen ist, jene ohne Hinweis von irgendjemandem zu berechnen; die Natur einer solchen Linie war nämlich vertraut, sie beruht auf der Zusammensetzung zweier Bewegungen, der geradlinigen und der kreisförmigen.

Es leben jedoch noch immer Zeugen, denen einst Galilei seine vergeblichen nächtlichen Studien zu dieser Figur mitgeteilt hat; fürwahr, es sind einige Seiten des berühmten Mathematikers erhalten geblieben, auf denen er schon als Jüngling einige seiner Skizzen und Entwürfe zu dieser Sache aufgezeichnet hatte.[142] Er schlug diesen Lehrsatz vor mehreren Jahren unserem außerordentlichen Geometer Cavalieri vor; er sagte ihm selbst, was er auch mir sagte, und bestätigte es gegenüber mehreren anderen, dass er offenbar einst ein Experiment gemacht habe, um mithilfe von aus einem gewissen Material hergestellten, an einer Waage aufgehängten Figuren zu bestimmen, das Wievielfache die Fläche der Zykloide von ihrem erzeugenden Kreis sei und er dabei, ich weiß nicht weshalb, immer weniger als das Dreifache gefunden habe, und daher habe er die begonnene Betrachtung aufgegeben, wegen des Verdachts der Inkommensurabilität. Hätte er mit wechselndem Fehler manchmal weniger als das Dreifache gefunden, manchmal aber mehr, bekräftigte der *Lynceus Mathematicus,* so hätte er die Untersuchung weitergeführt, das heißt, sie ist aufgegeben worden wegen der Unterschiedlichkeit des Materials und des Zuschnittes.[143]

Roberval habe zwei Jahre gewartet, sagt Dati, um auf diesen Brief zu antworten. In der Zwischenzeit hatte aber Mersenne am 13. Januar 1644 an Torricelli geschrieben; Dati zitiert daraus:

Ferner ist unser Geometer von deinen Briefen sehr erfreut worden; vielleicht wird er dir schreiben. Es ist aber ärgerlich, dass dein Buch in diesem neuen Jahr, in dem wir es erwarteten, noch nicht erschienen ist und du es auf das nächste Jahrhundert verschoben hast. Unser Roberval ist aber in die Natur der Trochoide, oder, wie du willst, der Zykloide, so tief eingedrungen, dass du nichts Anmutigeres oder Tiefsinnigeres sehen wirst, und er bewies, dass deren Körper, wenn er um die Basis gedreht wird, sich zum Zylinder gleicher Höhe wie 5 zu 8 verhält.

Anschließend zitiert er auch aus Torricellis Antwort vom 1. Mai 1644. Weil die ihm zur Verfügung stehende Kopie sehr lückenhaft ist, begnügt er sich dann mit dem Hinweis, dass Torricelli darin zahlreiche Resultate im Zusammenhang mit der Zykloide mitteilt, welche seinen gedruckten Werken zu entnehmen seien.

Aus Mersennes Brief vom 24. Juni 1644 gibt Dati den Anfang wieder in welchem Torricelli die Priorität bei der Bestimmung des Schwerpunkts der Zykloide und des Volumens des Rotationskörpers um die Symmetrieachse eingeräumt wird, sowie das Postscriptum:

Unser Roberval ist im Zweifel, ob du die Schwerpunkte der Zykloide, oder, wenn du willst, der Trochoide nur auf mechanische Art gefunden hast, was er mathematisch für falsch hält. Du wirst [uns] erklären, ob du einen Beweis für diese Sache hast.

---

[142] Von den erwähnten Skizzen und Entwürfen Galileis ist leider nichts mehr vorhanden.

[143] Dati, *Lettera a' Filaleti...*, S. 11. – Der vollständige Brief in *OT,* III, Nr. 62; *CM,* XII, Nr. 1219.

Diese Worte deutet er als aufrichtiges Eingeständnis *(confessione sincerissima)* dafür, dass Roberval damit Torricelli die Priorität bezüglich der in Mersennes Brief genannten Erfindungen einräumt.

Im Juli 1644 hatte Torricelli dann den Beweis für den Schwerpunkt der Zykloidenfläche nach Paris geschickt.[144] Danach – so fährt Dati fort – ließ sich Roberval mindestens 16 Monate Zeit, um darauf zu reagieren. Am Anfang seines Briefes vom 1. Januar 1646[145] fasste Roberval aus seiner Sicht die Ereignisse im Zusammenhang mit seiner Entdeckung der Zykloidenfläche zusammen. Sein Bericht stimmt sehr genau mit Pascals Darstellung in der *Histoire* überein, insbesondere wird Torricelli hier mit den bekannten Vorwürfen gegenüber Beaugrand konfrontiert. Bevor Dati den ersten Teil dieses Briefes vollständig wiedergibt, schreibt er:

> Beim Lesen dieses [Briefes] bitte ich euch, Freunde der Wahrheit, um eure Aufmerksamkeit, nicht so sehr, weil er gemäß dem Historiker die Vorwürfe und die Gründe enthält, welche Torricelli überführen, sondern damit ihr beachtet, dass er nach zwei Jahren geschrieben wurde, in einem Zuge, und es nicht drei getrennt zu verschiedenen Zeiten geschriebene Briefe sind, die sich auf drei völlig verschiedene Dinge beziehen, sodass man bei der Beantwortung des ersten noch keine Kenntnis der übrigen gehabt hätte, was in Wahrheit nicht der Fall ist.[146]

Auch Torricellis Entgegnung vom 7. Juli desselben Jahres wird von Dati ausführlich zitiert.[147] Torricelli beteuert hier, dass Galilei «bis zum letzten Tag seines Lebens das Maß [der Fläche] dieser Figur nicht gekannt hat…» und dass er selber seine Beweise aus eigener Kraft gefunden habe. Es folgt dann die Stelle, die Pascal offenbar zur Behauptung veranlasste, Torricelli sei gezwungen gewesen, die Entdeckung der Zykloidenfläche an Roberval abzutreten:

> Ich aber bekenne, dass ich vor nicht sehr vielen Jahren jene Beweise gefunden habe, jedoch aus eigener Kraft, ebenso wie irgendjemand anderer, sei es vor mir, sei es nach mir. Wenn aber irgendeiner von meinen Beweisen mit den französischen übereinstimmt, bin ich mir erstens bewusst, weil es meine innere Ruhe betrifft, die ich am höchsten schätze, dass all jene Beweise von mir gefunden worden sind, und wer auch immer mich kennt, wird dasselbe glauben; (zweitens) berührt mich nicht, was auch immer andere glauben. Jener außerordentliche Lustgewinn, den jeder von uns bei Herausfinden der Wahrheit empfindet, und wonach ich nur trachte, den wird mir niemand wegnehmen.
>
> An dem Ruhm, den ich durch Wettkampf und Streitigkeiten erlangen sollte, bin ich überhaupt nicht interessiert, deshalb werde ich bereit sein, nicht nur einen, sondern alle jene Beweise abzutreten, falls jemand es will, wenn man ihn mir nur nicht zu Unrecht entreißt. […] Keiner wird nämlich jemandem so leicht das ihm zustehende Lob zusprechen wie ich, so lange ich nicht getäuscht werde durch Ignoranz oder Leichtgläubigkeit.

---

[144] *OT,* III, Nr. 86; *CM,* XIII, Nr. 1287. – Der wohl auf einem separaten Blatt mitgesandte Beweis ist nicht erhalten.

[145] *Ibid.,* S. 12–14. – Vollständiger Brief in *OT,* III, Nr. 165; *CM,* XIV, Nr. 1415.

[146] *Ibid.,* S. 12.

[147] *Ibid.,* S. 14–16. – Vollständiger Brief in *OT,* III, Nr. 176; *CM,* XIV, Nr. 1485.

Dati kommentiert:

> Wenn dies heißt, sich zu fügen, so weiß ich nicht, worüber man sich noch gekränkt fühlen
> sollte und was es noch einzuwenden gäbe. Und wenn das großzügige Verschenken an jemand
> anderen bedeutet, gestohlene Dinge zurückzugeben, so hat der Autor der *Histoire* Recht. Doch
> vernehmen wir den am selben 7. Juli 1646[148] geschriebenen Brief Torricellis an Mersenne.
> Der Brief beginnt wie folgt: «Wir geben eine späte Antwort auf späte Briefe.» […] Diesem
> Brief folgt ein Postscriptum von der Hand Torricellis , mit dem folgenden Inhalt: *Ich bitte Sie,*
> *sich daran zu erinnern, dass Sie, als ich geschrieben hatte, der Schwerpunkt der Zykloide teile*
> *die Achse im Verhältnis 7 zu 5 und der Körper um die Achse zum Zylinder* [verhalte sich] *wie*
> *11 zu 18, mir in einem ausführlichen Brief am 24. Juni 1644 Folgendes geantwortet haben:*
> «Unser Roberval ist im Zweifel, ob du die Schwerpunkte der Zykloide, oder, wenn du willst,
> der Trochoide nur auf mechanische Art gefunden hast, was er mathematisch für falsch hält.
> Du wirst [uns] erklären, ob du einen Beweis für diese Sache hast.»[149]

Tatsächlich hatte Torricelli am gleichen Tag einen zweiten Brief an Mersenne geschickt, in
welchem er den Minimiten daran erinnerte, ihm bei der Bestimmung des Schwerpunktes der
Zykloidenfläche und des Rotationskörpers um die Achse die Priorität gegenüber Roberval
eingeräumt zu haben (die entsprechende Stelle wurde S. 304 zitiert). Torricelli kommt in
diesem Brief ein weiteres Mal auf das oben zitierte Postskriptum in Mersennes Brief vom
24. Juni 1644 («Unser Roberval ist im Zweifel…») zu sprechen und meint:

> Kann man sich etwas Deutlicheres wünschen? Nachdem ich Roberval argwöhnen sah und
> Sie von mir einen Beweis verlangten, habe ich, kaum hatte ich den Brief gelesen, sofort den
> Beweis für den Schwerpunkt der Zykloide und für den Körper um die Basis gesandt, und
> weil die Beweisführung, welche sehr lang ist, überaus mühsam ist, habe ich auch meinen,
> und zwar wirklich meinen, Beweis für die Methode gesandt, die dazu dient, den Schwerpunkt
> aus dem gegebenen Volumen herauszufinden, oder das Volumen aus dem gegebenen Schwer-
> punkt. Schließlich sagte Roberval in seinemDati scheint Mersennes letzten Brief, nicht nur
> den Schwerpunkt der Zykloide schon lange gehabt zu haben, sondern auch meine Methode;
> nur durch Umkehrung der Proposition zählt er [die Erfindung] zu den seinen, was mich sehr
> ärgert. Wenn er aber den Schwerpunkt nicht auf sicher hatte, bevor er meinen Beweis sah, so
> weiß ich fürwahr ganz sicher, dass er ihn nicht gehabt hat (wofür entweder Sie selbst oder
> schließlich ganz Europa Zeuge sein können); ohne Zweifel hatte er auch die Methode nicht.
> […] Wenn Roberval jenen Schwerpunkt kannte, mit einer einzigen umfassenden Methode, so
> hätten Sie, als Sie ihm selber meine einzige Aussage gezeigt hatten, nicht gesagt, dass Sie diese
> mir verdanken, und Sie hätten mich nicht als ersten Erfinder bezeichnet, und Roberval hätte
> nicht argwöhnen können, dass diese geometrisch falsch sei; auch hätten Sie nicht öffentlich
> im Druck verbreitet, dass diese Probleme von mir seien.[150]

Besonders diese letzten Worte werden von Dati hervorgehoben: Da wohl nur wenigen
bekannt sein dürfte, wo die erwähnte Aussage Mersennes zu finden ist, zitiert er aus der

---

[148] *OT,* III, Nr. 179; *CM,* XIV, Nr. 1486.
[149] Dati, *Lettera a' Filaleti…,* S. 16.
[150] *OT,* III, Nr. 180; *CM,* xIV, Nr. 1487.

Vorrede zum zweiten Band von Mersennes *Cogitata physico-mathematica* (Paris 1644) zunächst die folgende Stelle:

> Ich übergehe Verschiedenes, was unsere Geometer bezüglich der Schwerpunkte neulich herausgefunden haben [...] und andere, zur Trochoide gehörige Dinge [...]. Unser Geometer [Roberval] fand ferner heraus, dass der durch Rotation der Trochoide um ihren Durchmesser erzeugte Körper sich zu seinem [umbeschriebenen] Zylinder wie 5 zu 8 verhält.[151]

Er verweist dann aber auf die weiter oben zitierten *Monita* am Ende des Werks, wo Mersenne ergänzt, dass ihm Torricelli verschiedene Resultate mitgeteilt habe, welche die verschiedenen Zykloiden-Rotationskörper betreffen.

Dati scheint Mersennes auf S. 288 erwähnten Brief vom 26. August 1646 (in welchem er Torricelli verspricht, es solle ihm keine der ihm zustehenden Erfindungen streitig gemacht werden) nicht gekannt zu haben. Hingegen zitiert er aus Mersennes Brief vom 15. September 1646, in dem der Minimit noch einmal auf dieses Versprechen zurückkommt:

> ... ich habe mich gewundert, dass sich jemand erdreistet hat, dir deine Erfindungen, sowohl Probleme als auch Lehrsätze, zu entreißen, die du stets entschlossen und mutig in wohlgebautem Zustand mir anvertraust. Obschon du aus meinem Brief genügend ersehen kannst, dass sich alles so verhalten hat, wie ich geschrieben habe, möchte ich allerdings nicht bestreiten, dass seither unser Roberval dasselbe mit einer anderen Methode gefunden hat, dass du jedoch vorangegangen bist...[152]

Man beachte, schreibt Dati, dass Mersenne hier die Wahrheit nicht leugnen kann, ihr aber wider besseres Wissen aus dem Wege geht, denn Roberval habe behauptet, nicht erst vor kurzem, sondern schon seit langem gefunden zu haben, was er früher Torricelli zugesprochen hatte. Derselbe Mersenne habe aber im dritten Band der *Cogitata* sich selber widersprochen und unwahre Dinge geschrieben.[153] Er erwähnt auch Torricellis Brief an den zum Kreis um Mersenne gehörenden Carcavi vom 8. Juni 1646, in dem der Florentiner über verschiedene seiner Erfindungen informiert und am Schluss die Bitte anfügt:

> Ich bitte Sie, meine Erfindung zu den unendlich vielen Hyperbeln, und wenn es beliebt auch zu den Spiralen, nicht nur sogleich dem berühmtesten Fermat, sondern auch den anderen Geometern bekannt zu machen. Ich erinnere mich nämlich, dass ich, als ich schon vor zwei Jahren den Beweis zum Schwerpunkt der Zykloide zusammen mit dem Beweis der Methode zur Auffindung des Schwerpunktes oder des Volumens irgendeiner Fläche geschickt habe, Mersenne darum gebeten habe, beide Beweise sogleich an viele weiterzugeben. Hätte er dies

---

[151] *Praefatio utilis in synopsim mathematicam*, S. 2 (nicht pag.).

[152] *OT*, III, Nr. 184; *CM*, XIV, Nr. 1509

[153] Auf S. 71 der *Novarum Observationum physico-mathematicarum* (Paris 1647) hatte Mersenne behauptet, Roberval habe «als Erster von allen die Trochoide und ihre [Rotations] Körper mit allen ihren Schwerpunkten gefunden und ihm sowie vielen anderen schon vom Jahre 1634 mit Beweis mitgeteilt».

getan, so würden mir nun sicherlich meine Dinge nicht entrissen, die andere mir schuldig sind, denn ich habe sie als Erster, ja sogar als Einziger gefunden.[154]

Dati verweist auch auf Torricellis Brief vom 29. Juni 1647 an Michelangelo Ricci:

Es erschien mir angezeigt, das vorliegende Schreiben[155] zu kopieren, um es Ihnen zu folgendem Zweck zu schicken, nämlich Sie um den Gefallen zu bitten, es bei Ihnen aufzubewahren, damit in jedem Fall bezeugt werden kann, dass ich es Ihnen zu diesem Zeitpunkt ge¬ schickt habe. Zuerst habe ich auch zu diesen Hyperbeln irgendwelche Dinge angedeutet, aber ohne die Definition und ohne das vierte Theorem zum Körper über der unendlichen Basis bzw. Länge. Ich habe nie eine Antwort von jenen Leuten jenseits der Alpen gesehen. Ein andermal geschah es, dass sie, als ich ihnen die Darlegung des Schwerpunkts der Zykloide mitgeteilt hatte, nachdem sie mir die Erfindung zugestanden hatten, nachdem sie sogar die Richtigkeit der Aussage bezweifelt hatten, nachdem sie mich um den Beweis gebeten hatten und ich diesen geschickt hatte, zwei Jahre lang geschwiegen haben und dann sagten, sie hätten alle diese Dinge schon vor mir besessen. Sie wären besser berechtigt in dieser Angelegenheit, zu der ich den Beweis noch nicht veröffentlicht habe, wenn sie ihn für sich beanspruchen würden, falls sie ihn finden sollten. Der andere Gefallen, um den ich Sie bitte, ist, dass Sie, wenn Sie an den Pater Mersenne oder an andere Mathematiker schreiben, ihnen dieses vierte Theorem mitteilen, jedoch ohne die näheren Einzelheiten. Es genügt für sie zu wissen, dass ich es auf zwei Arten beweise, nämlich nach Art der Alten und mithilfe der Indivisiblen, und dass der durch Rotation einiger meiner Hyperbeln um eine Asymptote erzeugte Körper, auch wenn seine Basis oder seine Länge unendlich ist, gleich einem gewissen Körper mit endlichem Volumen und auch von geringer Größe ist.[156]

Schließlich erwähnt er auch noch Torricellis *Racconto:*[157]

Es scheint mir nötig zu sein, euch mitzuteilen, dass Torricelli angesichts dieser Auseinandersetzungen kurz vor seinem Tod einen aufrichtigen Bericht verfasst hat über einige geometrische Propositionen, die seit dem Jahre 1640 und bis ans Ende seines Lebens zwischen den Mathematikern Frankreichs und ihm wechselseitig getauscht und vorgelegt worden sind, mit dem Gedanken, ihn zusammen mit den zwischen ihnen gewechselten Briefen zu veröffentlichen. Da er diesen seinen Willen nicht in die Tat umsetzen konnte, empfahl er mit seinen letzten Atemzügen dessen Ausführung seinen teuersten Freunden, in einem Augenblick, in dem anzunehmen ist, dass er, wenn er je die Lügen hasste, diese in diesem äußersten Zeitpunkt noch viel

---

[154] *OT,* III, Nr. 181: *CM,* XIV, Nr. 1489. – Carcavi hat sich später ganz auf die Seite von Roberval geschlagen. Am 24. September 1649 schrieb er an Descartes, ihm liege ein Brief Torricellis aus dem Jahre 1646 vor (es muss sich um den Brief vom 7. Juli an Roberval handeln [*OT,* III, Nr. 176; *CM,* XIV, Nr. 1485]), in welchem dieser zugegeben habe, «dass ihm diese *Roulette* oder Zykloide keineswegs gehöre und dass man bis zu Galileis Tod, das war im Jahre 1642, in Italien nichts darüber gewusst habe». (CD, t. V, Nr. DLXX, S. 420).

[155] Offenbar der in der vorangehenden Anmerkung zitierte Brief vom 8. Juni 1646 an Carcavi.

[156] *OT,* III, Nr. 201.

[157] Eine von Torricelli zusammengestellte Liste von Problemen, die zwischen ihm und den Mathematikern in Frankreich ausgetauscht worden waren (*OT,* III, S. 3–32). – Näheres dazu im Kap. 10.

mehr verabscheute. Verschiedene Ereignisse haben die Veröffentlichung sowohl dieser Schrift als auch der posthumen Werke verhindert.[158]

Aus dem *Racconto* führt Dati die Nummer L an, wo festgestellt wird, dass der Schwerpunkt der Zykloidenfläche auf der Achse liegt und diese im Verhältnis 7 : 5 teilt. Torricelli berichtet dort dazu:

> Als ich die bloße Formulierung dieses letzten Theorems nach Frankreich gemeldet hatte, antwortete mir Pater Mersenne, der zu jener Zeit Vermittler zwischen Monsieur Roberval und mir war, dass ich in dieser Angelegenheit ihrem Geometer Roberval zuvorgekommen sei…[159]

Am Schluss seiner Verteidigungsschrift fasst Dati zusammen:

> Dies sind, teuerste Freunde der Wahrheit, die Feindseligkeiten, die von dem Verfasser der *Histoire de la roulette* angedeuteten, aber nicht ausdrücklich genannten Vorwürfe und die äußerst schlagkräftigen Argumente, durch welche Torricelli gezwungen war, elendiglich nachzugeben und seinen Fehler einzugestehen, und die ich hervorgehoben habe, um die Wahrheit zu erhellen. Die Welt möge sie aufmerksam lesen und dann ohne irgendwelche Rücksichtnahme oder Leidenschaft ihr gerechtes Urteil abgeben.
>
> Um nicht irgendetwas wegzulassen, was ich in dieser Angelegenheit weiß, muss darauf hingewiesen werden, dass Roberval, nachdem er Torricellis Brief erhalten hatte, eine umfassende, gelehrte und bissige Antwort voller Groll verfasste, oder damit begann oder das Gerücht verbreitete, eine zu schreiben, und der als Vermittler tätige Pater Mersenne versetzte die Welt in Erwartung, insbesondere indem er Torricelli am 1. März 1647 schrieb, Kopien davon nach ganz Italien senden zu müssen. Ob diese Antwort je erschienen ist, könnte ich nicht mit Sicherheit sagen. Ich weiß wohl, dass Torricelli am 24. August sie noch nicht erhalten hat, hat er doch am besagten Tag in diesem Sinne an Michelangelo Ricci in Rom geschrieben[160]: Von jenen Herren Franzosen habe ich nie irgendetwas Neues erfahren, auch nichts von jener Antwort, Apologie oder Schmährede, die von Herrn Roberval sein soll […]. Sollten Sie etwas darüber wissen, so würden Sie mir einen Gefallen erweisen, wenn Sie mir dies mitteilten.
>
> Ich bin absolut überzeugt, dass er [Torricelli] kurz danach starb, ohne ihn [den Brief] erhalten zu haben, und dass er gar nicht abgeschickt worden ist, denn unter den Papieren Torricellis ist er nicht zu finden. Bei gründlichen Nachfragen an verschiedenen Stellen ist mir niemand begegnet, der davon etwas gewusst hätte.[161]

Der erste, dem Streit mit Roberval gewidmete Teil der *Lettera a Filaleti* schließt mit den Worten:

> Hier wäre mein schon allzu langer Brief beendet, doch da ich schon mit der Verteidigung Torricellis und der Wahrheit beschäftigt bin, werde ich einige Angaben zu jenem berühm-

---

[158] Dati, *Lettera a' Filaleti...*, S. 18.

[159] *OT*, III, S. 28–29. – Vollständiger Text im Kap. 10.

[160] *OT*, III, Nr. 209.

[161] Dati, *Lettera a' Filaleti...*, S. 19.

ten Quecksilber-Experiment machen, ein edles und kostbares Erzeugnis dieses fruchtbaren Geistes, das vor vielen Jahren ganz Europa Gelegenheit zu Spekulationen geboten hat.

Auf diesen zweiten Teil der *Lettera a Filaleti* werden wir im Kap. 7 eingehen.

5.7   Nachwirkungen

Datis Verteidigungsschrift wurde in Frankreich zwar zur Kenntnis genommen, erzielte dort aber nicht die gewünschte Wirkung. So schreibt Baillet in seiner *Vie de Monsieur Descartes* am Ende des Kapitels XV:

> Nach einer feierlichen Beteuerung, nichts als die reine Wahrheit zu sagen, ohne Vorurteile und ohne Leidenschaft, beruft er sich zuerst auf die Glaubhaftigkeit, wenn er [Dati] sagt, dass wahrscheinlich Galilei, nachdem er über diese Linie nachgedacht habe, sie um das Jahr 1600 dem Pater Mersenne mitgeteilt habe. Es ist schade, dass seine Beweise sich auf die Zeit nach Torricelli beziehen. Sie sollten zumindest aus einer früheren Zeit stammen als jene, zu der, wie wir festgestellt haben, Herr de Beaugrand an Galilei darüber berichtet hat, was in Frankreich über die Roulette geleistet worden ist.
>
> Aber obschon in der Schrift des Herrn Dati nichts Überzeugendes zu Torricellis Rechtfertigung zu finden ist, kann man dem Verdienst dieses berühmten Mathematikers anrechnen, was die bescheidene Geschicklichkeit seines Advokaten für ihn nicht erreichen konnte: Man kann ihn also von dem Verbrechen des Plagiats freisprechen, um so lieber, als der Diebstahl geringe Auswirkungen hatte, und weil Galilei und er auf ganz natürliche Weise ohne Hilfe von Mersenne und Roberval eine Sache herausfinden konnten, mit der zu beschäftigen ihnen erst in den Sinn gekommen war, nachdem sie die Betrachtungen von jenen gesehen hatten.[162]

Im Artikel „Cycloïde" der *Encyclopédie* (1754) schreibt der Verfasser:

> Es steht fest, wie Herr Formey[163] bemerkt, dass der Pater Mersenne als Erster die Form der Zykloide verbreitet hat, indem er sie allen Geometern seiner Zeit vorlegte, die sich damit um die Wette beschäftigt haben und dann mehrere Entdeckungen machten, sodass es schwierig zu beurteilen war, wem die Ehre der ersten Erfindung zustand. Daraus entstand dieser berühmte Streit zwischen den Herren Roberval, Torricelli, Descartes, Lalovera usw., der damals unter den Gelehrten so viel Aufsehen erregt hat.[164]

---

[162] BAILLET [1691, S. 386–387]. – André Baillet (1649–1706) war der erste Biograph von Descartes.

[163] Samuel Formey (1711–1797), Sekretär der Preußischen Akademie der Wissenschaften.

[164] Im Band IV („Conseil" – „Dizier"), S. 590–592. – Verfasser des Artikels ist Jean-Baptiste Le Roy (1720–1800).

Für nähere Einzelheiten zur Geschichte der Zykloide verweist er auf Baillet[165] und übernimmt dessen Zusammenfassung:

Aus der sehr ausführlichen Geschichte, die dieser Autor dazu angibt, geht hervor:

1. Dass der Erste, der diese Linie in der Natur bemerkt hat, ohne aber in ihre Eigenschaften einzudringen, Pater Mersenne war, der ihr den Namen Roulette gegeben hat.
2. Dass der Erste, der ihre Natur und ihren Flächeninhalt gezeigt hat, Herr de Roberval war, der sie mit dem aus dem Griechischen stammenden Namen Trochoide bezeichnet hat.
3. Dass der Erste, der ihre Tangente gefunden hat, Herr Descartes war, und beinahe gleichzeitig Herr de Fermat, obschon auf fehlerhafte Weise; danach hat Herr de Roberval als Erster die Flächen und Volumen gemessen und den Schwerpunkt der Fläche und ihrer Teile bestimmt.
4. Dass der Erste, der sie Zykloide genannt hat, Herr de Beaugrand war[166]; dass der Erste, der sie sich in der Öffentlichkeit zugeschrieben und sie bekannt gemacht hat, Torricelli war.
5. Dass der Erste, der die [Länge der] Kurve und ihrer Teile gemessen und den Vergleich mit der geraden Linie angegeben hat, Herr Wren war, ohne es zu beweisen.
6. Dass der Erste, der den Schwerpunkt der [Rotations-]Körper und Halbkörper der Linie und ihrer Teile gefunden hat, sowohl um die Basis als auch um die Achse, Herr Pascal war; dass derselbe auch als Erster den Schwerpunkt der von der um die Basis und um die Achse gedrehten Linie und ihrer Teile erzeugten Oberflächen, halben Oberflächen, Vierteloberflächen usw. und schließlich die Flächen aller verlängerten und verkürzten Zykloiden gefunden hat.

Kaum ein Mathematikhistoriker der folgenden Jahrhunderte ist darum herumgekommen, sich mit dem Streit um die Zykloide und mit Pascals *Histoire* auseinanderzusetzen. Erstaunlicherweise gehen dabei die französischen Autoren meist auf Distanz zu Pascal und nehmen an, dass Torricelli eigenständig zu seinen Entdeckungen gelangt ist; oft wird auch Roberval in ein schlechtes Licht gestellt, indem ihm üble Charaktereigenschaften zugeschrieben werden, wobei einige sogar nicht ausschließen, dass Robervals heftige Vorwürfe Torricellis vorzeitigen Tod bewirkt haben könnten.[167] So distanziert sich beispielsweise Montucla entschieden von Pascals Darstellung der Geschehnisse:

Dieser Geschichtsschreiber ist nicht viel genauer oder weniger parteiisch, wenn er, um Torricellis Plagiat nachzuweisen, von einem 1646 von diesem Mathematiker verfassten Widerrufsschreiben spricht. Man würde sagen, dass Torricelli mit diesem Brief ein Unrecht eingestehe, doch dem ist überhaupt nicht so. [...] Man sieht darin nur, dass Torricelli, des Gezeters von

---

[165] BAILLET [1691, S. 367–387] (die erwähnte Zusammenfassung auf S. 385). Baillet stellt sich allerdings ganz hinter Pascals *Histoire de la roulette;* nur an gewissen Stellen findet Datis *Lettera a' Filaleti...* Erwähnung.
[166] Bei Baillet steht zusätzlich: «... ohne Eigenes dazu beizutragen».
[167] Beispielsweise BOSSUT [1802, Bd. I, S. 297–298] und MARIE [1884, S. 134].

Roberval überdrüssig, ihm schließlich schrieb, es bedeute ihm nichts, ob das Problem in Frankreich oder in Italien entstanden sei, dass er sich keineswegs als dessen Erfinder bezeichne...[168]

Charles Bossut schrieb:

> Pascal behandelte in seiner *Histoire de la roulette* Torricelli ohne Umschweife als Plagiator. Ich habe die Dokumente des Vorgangs mit Aufmerksamkeit gelesen, und ich gebe zu, dass mir Pascal Anschuldigung etwas gewagt erscheint. Es macht den Anschein, dass Torricelli die Theoreme, die er sich zuschrieb, tatsächlich gefunden hatte, ohne zu wissen, dass Roberval ihm um mehrere Jahre zuvorgekommen war.[169]

Ähnlich äußerte sich auch Maximilien Marie im Jahre 1884:

> Pascal hat in seiner *Histoire de la roulette* zugunsten seines Freundes Roberval eine ungerechte Parteilichkeit gezeigt, die er so weit trieb, Torricellis Redlichkeit in Zweifel zu ziehen. [...] Torricelli besaß ebenso viele gute Eigenschaften wie Roberval hässliche Fehler.[170]

Auch der in Hamburg ansässige, aus Wismar stammende Jurist Johann Gröning (1669–1747) hat sich in seiner *Historia cycloïdis* den Argumenten Datis, dessen Namen er allerdings nur einmal (nämlich im Vorwort) erwähnt, weitgehend angeschlossen.[171] Gröning sagt auch, dass es selbst in Frankreich nicht an Torricelli günstig gesinnten Männern fehle; so habe beispielsweise Lalouvère 1660 in seiner Abhandlung berichtet, dass er den Beweis bzw. die Größe der Zykloidenfläche so übernommen habe, wie er von Torricelli zuerst veröffentlicht worden sei. Auch habe der berühmte Leibniz nicht gezögert, ihm in einem Brief aus dem Jahre 1696 zu schreiben, dass Torricelli mit der Beschuldigung durch Roberval und Andere Unrecht geschehen sei.

Leider scheint aber das durch Pascals einseitige und ungerechte Darstellung entstandene Bild allen Bemühungen zum Trotz nicht mehr aus der Welt zu schaffen zu sein.[172] So spricht Paul Duhem noch im Jahre 1906 von

> ... dem befremdlichen Diebstahl, dessen Opfer er [Roberval] seitens von Torricelli wurde: Pascal hat uns in seiner *Histoire de la roulette* von diesem unverschämten Plagiat berichtet.[173]

---

[168] MONTUCLA [1799, S. 59].

[169] BOSSUT [1802, Bd. 2, S. 371].

[170] MARIE [1884, S. 115].

[171] Johannis Gröningii, *Historia cycloeidis. Qua genesis & proprietates lineae cycloeidalis praecipuae, secundum ejus infantium, adolescentiam & juventutem, ordine chronologico recensentur. Nec non an primus ejusdem inventor, Galilaeus, & demonstrator Torricellius fuerit, contra Pascalium aliosque Galliae geometras discutitur.* Hamburg 1701. – Der Inhalt der *Historia cycloeidis* wird in der im *Supplément du Journal des Sçavans* 1707, S. 464–469 erschienenen Rezension ausführlich besprochen.

[172] Siehe dazu LORIA [1938]: «Un prétendu „larcin" de Torricelli».

[173] DUHEM [1906, t. II, S. 205].

Abschließend kann man sagen, dass unter den Mathematikhistorikern heute Einigkeit darüber besteht, dass Roberval die Zykloidenfläche als Erster gefunden hat (dies wurde auch zu Torricellis Zeiten von niemandem in Frage gestellt), dass aber Torricelli unabhängig von ihm zum gleichen Ergebnis gelangt ist. Andererseits steht fest, dass Torricelli sein Ergebnis als Erster im Druck veröffentlicht hat, worüber sich aber Roberval, der seine Errungenschaften zunächst nur im privaten Kreise verbreiten wollte, bei seiner Geheimniskrämerei nicht zu beklagen hat. Außerdem kommt Torricelli das Verdienst zu, die Zykloidenfläche auch nach der „Methode der Alten" bestimmt zu haben, während sich Roberval der nicht allgemein anerkannten Indivisiblenmethode bedient hat.

Die einzige noch offen gebliebene Frage ist, wer als Erster die Zykloide „entdeckt" und versucht hat, ihre Fläche zu bestimmen. Hier haben wir gesehen, dass Mersenne und Galilei sich wohl unabhängig voneinander mit dieser Kurve beschäftigt haben, wobei der Anstoß dazu vermutlich durch das damals verbreitet diskutierte Paradoxon der *Rota Aristotelis* gegeben wurde. Das Problem lag also sozusagen „in der Luft", und es ist durchaus möglich, ja sogar anzunehmen, dass gleichzeitig an verschiedenen Orten Europas an seiner Lösung gearbeitet wurde. Eine ähnliche Situation erlebte die Gelehrtenwelt bekanntlich in der zweiten Hälfte des 17. Jahrhunderts, als Newton und Leibniz unabhängig voneinander die Infinitesimalrechnung entwickelten.

Auch der für seinen Gerechtigkeitssinn berühmte Voltaire hat dies so gesehen, und er soll hier das letzte Wort haben:

> Warum sollten drei große Mathematiker [gemeint sind Newton, Leibniz und Bernoulli], alle auf der Suche nach der Wahrheit, diese [die Differential- und Integralrechnung] nicht gefunden haben können? Torricelli, Lalouvère, Descartes, Roberval, Pascal, haben sie nicht alle, jeder für sich, die Eigenschaften der Zykloide, damals *Roulette* genannt, bewiesen? […] Die Bezeichnungen, deren sich Newton und Leibniz bedienten, waren unterschiedlich, während die Gedanken dieselben waren.[174]

5.8 Anhänge

Anhang A. Nardis Quadratur der Zykloide mit der Indivisiblenmethode[175]

Der erzeugende (Halb-)kreis mit dem Radius r rollt auf der Strecke BC $= \pi r$ ab, wobei der Punkt A die Zykloide AP'Q'C erzeugt (Abb. 5.17):

Nardi zeichnet dazu eine „neuartige" Zykloide AP"Q"C, indem er, ausgehend von jedem Punkt R der Diagonalen AC, die Länge der auf derselben Höhe liegenden Kreissehne PS

---

[174] Voltaire, *Dictionnaire philosophique* unter dem Stichwort „Infini". – Siehe z. B. *Œuvres complètes de Voltaire*, t. VII, Paris 1869, S. 730–731 oder A.J.Q. Beuchot (éd.), *Dictionnaire philosophique par M.-F. Arouet de Voltaire*, t. V, Paris 1829, S. 369.

[175] Ms. Gal. 130: Discepoli di Galileo, t. XX: Nardi Antonio, *Scene*. Scena VI, §35: Della commune, e della regolar cicloide, S. 951–954.

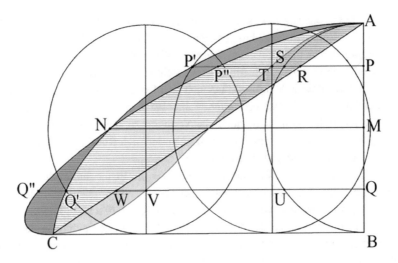

Abb. 5.17 .

gegen links abträgt. Dann ist also RP"= PS, das heißt, das Segment AP"Q"CA (grün schraffiert) und der Halbkreis über dem Durchmesser AB sind flächengleich, da ihre entsprechenden Indivisiblen jeweils gleich lang sind. Andererseits hat das rechtwinklige Dreieck ACB einen doppelt so großen Inhalt wie der Halbkreis; daher ist die von der Nardischen Zykloide und den Strecken AB, BC begrenzte Fläche dreimal so groß wie der Halbkreis.

Die „gewöhnliche" Zykloide schließt mit der Nardischen Zykloide zwei getrennte Flächenstücke ein. Betrachtet man die symmetrisch zur Mittellinie MN liegenden Punkte P, Q, so stellt man fest, dass die Strecken P"P und Q"Q jeweils gleich lang sind, denn es ist P'T = P"R = SP = UQ = Q"W = Q'V. Da die Indivisiblen der beiden Flächenstücke im gleichen Abstand zur Mittellinie deshalb je gleich lang sind, sind die beiden Figuren flächengleich. Das obere Flächenstück stellt den Überschuss der gewöhnlichen Zykloide über die „neue" Zykloide dar, während es beim unteren Flächenstück gerade umgekehrt ist, sodass sich diese Überschüsse gegenseitig aufheben. Daher ist die von der gewöhnlichen Zykloide zusammen mit den Strecken AB, BC begrenzte Fläche ebenfalls dreimal so groß wie der Halbkreis.

Anhang B. Robervals Quadratur der Zykloide

Der Kreis mit dem Durchmesser AB möge auf der Tangente AC abrollen, bis der Punkt A schließlich in D angelangt ist. Dabei wird A die Zykloide A-8-9-10-11-12-13-14-D beschreiben. Roberval trägt nun von den Punkten 8, 9, … usw. aus die Strecken 8-1, 9-2, … usw. jeweils gleich lang wie E-1, F-2, … usw. ab und erhält so die Kurve A-1-2-3-4-5-6-7-D, die sogenannte „Gefährtin" *(compagne)* der Zykloide (Abb. 5.18).

Aus der Parametergleichung der Zykloide $\begin{cases} x = r \cdot (t - \sin t) \\ y = r \cdot (1 - \cos t) \end{cases}$ ergibt sich für die „Gefährtin" die Gleichung

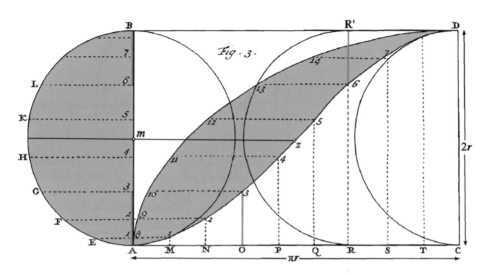

Abb. 5.18 Leicht veränderte Abb. aus *Ouvrages de mathématique de M. de Roberval.* La Haye 1731, Planche XV nach S. 214. – https://gdz.sub.uni-goettingen.de/id/PPN585100985

$$\begin{cases} x = r \cdot (t - \sin t) + r \cdot \sin t = r \cdot t \\ y = r \cdot (1 - \cos t) \end{cases}$$

Durch Elimination des Parameters t erhält man daraus $y = r \cdot (1 - \cos(x/r))$, das ist die die Gleichung einer sog. „Sinusoide".

Die Zykloide und ihre „Gefährtin" schließen eine Fläche ein, die gleich der Fläche des Halbkreises AEFGHKLB ist, denn beide Flächen bestehen aufgrund der Konstruktion der „Gefährtin" aus denselben Indivisiblen (Prinzip von Cavalieri).

Die „Gefährtin" zerlegt aber das Rechteck ACDB in zwei flächengleiche Teile, Die Kurve ist nämlich punktsymmetrisch bezüglich des Mittelpunkts z, denn z. B. für die symmetrisch bezüglich des Kreismittelpunkts m liegenden Punkte 3 und 6 auf dem Durchmesser AB sind aufgrund der Konstruktion die Abschnitte 6-R' und O-3, d. h. die bezüglich z punktsymmetrischen Indivisiblen, parallel zu AB (als *Regula*) der beiden Teile sind jeweils gleich lang.

Die Fläche unter der (halben) Zykloide ist somit gleich der Summe der halben Fläche des Rechtecks und der Fläche des Halbkreises, d. h. gleich $\frac{3\pi}{2} r^2$. Die Fläche der ganzen Zykloide beträgt somit das Dreifache der Fläche ihres erzeugenden Kreises.

Anhang C. Descartes' Quadratur der Zykloide

Am 28. April 1638 schrieb Mersenne an Descartes:

Abb. 5.19 *CM*, VII, S. 173

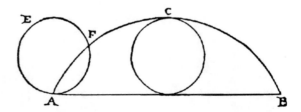

Was Herrn Roberval angeht, so hat er eine große Zahl schöner neuer Betrachtungen angestellt, sowohl geometrische als auch mechanische, und unter anderem werde ich Ihnen über eine davon berichten; er hat nämlich bewiesen, dass die Fläche zwischen der Kurve ACB und der Strecke AB gleich dem Dreifachen des Kreises oder des Rades oder der Rolle AEF ist; nun wird die besagte Fläche von der Rolle erzeugt, die sich von A bis B auf der Ebene oder der Strecke AB bewegt, wenn die Strecke AB gleich dem Umfang der besagten Rolle ist.[176]

Recht überheblich schrieb Descartes am 27. Mai zurück:

Ich habe Ihre zwei Sendungen vom 28. April und vom 1. Mai gleichzeitig erhalten […], und ich finde darin 26 Seiten von Ihrer Hand, auf die ich antworten muss. Sie beginnen mit einer Erfindung des Herrn Roberval, die Fläche zwischen einer Kurve […] betreffend, wobei ich zugebe, dass ich bisher nie darüber nachgedacht habe, und dass die Feststellung dazu recht hübsch ist. Ich sehe aber nicht ein, warum so viel Aufsehen davon gemacht werden sollte, eine Sache gefunden zu haben, die so einfach ist, dass jedermann, der ein wenig von Geometrie versteht, es nicht verfehlen kann, sie zu finden, wenn er nur danach sucht.[177]

Da der Flächeninhalt des Dreiecks ACD doppelt so groß ist wie jener des erzeugenden Kreises, muss nur noch gezeigt werden, dass der Inhalt des Segments AIEKDA gleich jenem des Halbkreises ist. Descartes teilt dazu die Basis AC der Zykloide in 2, 4, 8, usw. gleiche Teilstrecken (Abb. 5.20). Es seien E, F die Punkte, in welchen der rollende Kreis die Zykloide schneidet, wenn er die Basis in G bzw. H berührt. Offensichtlich sind dann die Dreiecke AED, DFC gleich dem Quadrat STVX, das dem Kreis einbeschrieben ist. Sind I, K, L, M ferner die Punkte, in welchen der rollende Kreis die Zykloide schneidet, wenn er die Basis in N, O, P bzw. Q berührt, so behauptet Descartes:

… es ist offensichtlich, dass die vier Dreiecke AIE, EKD, DLF und FMC zusammen gleich den vier dem Kreis einbeschriebenen gleichschenkligen Dreiecken SYT, TZV, V1X, X2S sind, und dass die acht weiteren Dreiecke, die der Kurve über den Seiten dieser vier einbeschrieben sind, gleich den acht dem Kreis einbeschriebenen sein werden, und so weiter ohne Ende. Woraus ersichtlich wird, dass die gesamte Fläche der beiden Kurvensegmente über den Basen AD bzw. DC gleich jener des Kreises ist, und demzufolge ist die gesamte Fläche zwischen der Kurve ADC und der Strecke AC dreimal so groß wie der Kreis.

[176] *CM*, VII, Nr. 666; *OD*, II, Nr. CXXI.
[177] *CM*, VII, Nr. 674; *OD*, II, Nr. CXXIII.

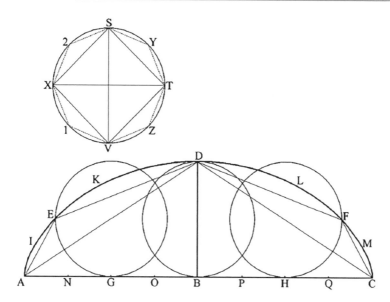

Abb. 5.20 Descartes' Quadratur der Zykloide

Einen Beweis für seine Behauptung anzugeben, hält er für unnötig, außerdem fügt er noch hinzu:

> Ich hätte mir hier nicht die Mühe genommen, dies zu schreiben, wenn ich dafür auch nur einen Moment länger gebraucht hätte, als für das Aufschreiben nötig war. Und würde ich mich rühmen, solche Dinge herausgefunden zu haben, so wäre es dasselbe, wie es mir scheint, wie wenn ich beim Betrachten des Innern eines Apfels, den ich gerade aufgeschnitten habe, mich rühmte, etwas zu sehen, was noch niemand außer mir je gesehen hätte.

Während wie gesagt leicht einzusehen ist, dass die Dreiecke AED und SVX flächengleich sind, so bleibt Descartes eine Erklärung für die Behauptung schuldig, dass „offensichtlich" die Dreiecke AIE, EKD, DLF, FMC zusammen gleich den vier gleichschenkligen Dreiecken SYT, TZV, V1X, X2S seien und dass Entsprechendes für alle weiteren Dreiecke gelte.

Die Mathematiker um Mersenne und Roberval anerkannten diesen „Beweis" offenbar nicht, denn am 27. Juli griff Descartes das Thema erneut auf:

> Ich gehe zum Beweis der *Roulette* über, den ich Ihnen früher nicht geschickt habe, nicht als etwas von irgendwelchem Wert, sondern nur um jenen, die so viel Lärm darum machen, zu zeigen, dass er sehr leicht ist. Und ich hatte ihn sehr knapp gehalten, sowohl um Zeit zu sparen, als auch weil ich dachte, dass sie, sobald sie die ersten Worte erblicken würden, nicht umhin könnten, ihn für richtig zu befinden. Da ich aber vernehme, dass sie ihn ablehnen, werde ich ihn auf eine Weise erläutern, dass es jedermann leichtfallen wird, darüber zu urteilen.[178]

---

[178] Descartes an Mersenne, *CM,* VII, Nr. 690; *O D* II, Nr. CXXXI.

Er gibt zunächst einen auf Indivisiblen beruhenden Beweis, den wir hier in verkürzter Form wiedergeben:

Es sei AKFGC der halbe Zykloidenbogen, AB der halbe Umfang, BC der Durchmesser des erzeugenden Kreises. FE, die Parallele zu AB in halber Höhe, teilt das Zykloidensegment in die beiden Teilstücke AFE und FEC, wobei E der Mittelpunkt der Strecke AC ist. Wird das untere Teilstück an E gespiegelt, so entsteht das Trilineum EF'C mit demselben Flächeninhalt wie das Zykloidensegment (Abb. 5.21).

Der rollende Kreis möge die Basis AB in den gleich weit von A bzw. B entfernten Punkten N bzw. P berühren. Die entsprechenden Punkte auf dem Zykloidenbogen sind dann K bzw. G, wobei klar ist, dass die Parallelen KM bzw. GL zu AB symmetrisch bezüglich der Mittellinie FD liegen. Aufgrund der Punktsymmetrie bezüglich E ist ferner I'K'= IK, somit sind die beiden symmetrisch bezüglich der Mittellinie liegenden Indivisiblen KI, GH zusammen gleich lang wie die zu AB parallele Kreissehne GK'. Dasselbe gilt auch für alle übrigen symmetrisch bezüglich der Mittellinie liegenden Indivisiblen. Folglich haben die Figur FF'C (und damit auch das Zykloidensegment) und der Halbkreis über dem Durchmesser $\alpha\beta$ = FF' denselben Flächeninhalt. Mit Descartes' eigenen Worten:

> Für jene, die wissen, dass allgemein, wenn zwei Figuren mit derselben Basis und Höhe, bei denen alle parallel zu ihren Basen der einen Figur einbeschriebenen Strecken gleich jenen sind, die in denselben Abständen der anderen Figur einbeschrieben werden, diese Figuren denselben Inhalt aufweisen, beweist dies zur Genüge, dass [die Figur FF'C] gleich dem Halbkreis ist. Weil dies aber ein Theorem ist, das vielleicht nicht von allen anerkannt wird, so fahre ich auf diese Weise fort:

Offensichtlich ist das Dreieck $\varphi\kappa\omega$ gleich dem Dreieck $\alpha\delta\beta$. Ebenso sind die beiden Dreiecke $\gamma\kappa\varphi$, $\psi\kappa\omega$ zusammen gleich den beiden Dreiecken $\mu\delta\alpha$ und $\nu\delta\beta$ zusammen, denn es ist $\varphi\omega$ gleich $\alpha\beta$, und ebenso ist 12–13 gleich 10–11, und da $\gamma\psi$ gleich $\mu\nu$ ist, sind die Basen γ-12

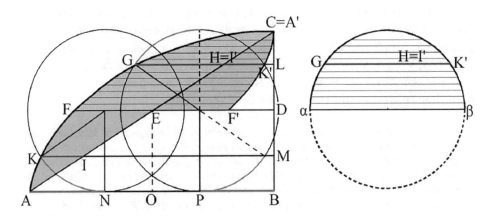

Abb. 5.21 Descartes' zweiter Beweis

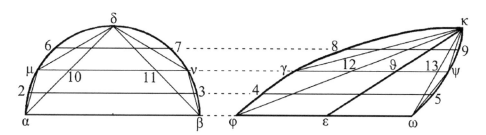

Abb. 5.22 Descartes' zweiter Beweis, Fortsetzung

und 13-ψ der Dreiecke $\gamma\kappa\varphi$ und $\psi\kappa\omega$ zusammen gleich der Summe der Basen μ-10 und 11-ν der Dreiecke $\mu\delta\alpha$ bzw. $\nu\delta\beta$, und diese vier Dreiecke haben dieselbe Höhe (Abb. 5.22). Wenn man mit den Punkten 4, 5, 8, 9 und 2, 3, 6, 7 wiederum weitere Dreiecke einbeschreibt und so viele wie man will, ohne Ende, so wird man stets finden, dass die Dreiecke der Figur $\varphi\kappa\gamma$ zusammen gleich den Dreiecken des Halbkreises $\alpha\delta\beta$ sind, und demzufolge ist die gesamte Figur $\varphi\kappa\gamma$ gleich dem Halbkreis, was Descartes wie folgt begründet:

> Denn wenn alle Teile der einen Größe gleich allen [entsprechenden] Teilen einer anderen sind, so muss notwendigerweise das eine Ganze gleich dem anderen Ganzen sein. Und es ist dies eine so offensichtliche Tatsache, dass ich glaube, dass nur jene, die in der Lage sind, alle Dinge mit Namen zu bezeichnen, die den wahren entgegengesetzt sind, fähig sind sie zu leugnen und zu behaupten, es stimme dies nur ungefähr.[179]

Anhang D. Torricelli: Eine weitere Quadratur der Zykloide *more veterum*

In Torricellis Manuskripten[180] ist noch ein weiterer Beweis nach der Methode der Alten zu finden:

> Es sei die Halbzykloide ABC gegeben, mit der Basis CD, dem Durchmesser AD, dem halben erzeugenden Kreis AFD mit dessen Mittelpunkt E. Ich behaupte, die Fläche ABC zwischen der Kurve ABC und der Geraden AC sei gleich dem Halbkreis AFD.
>
> Wenn sie nämlich nicht gleich wäre, so wird sie entweder größer oder kleiner sein. Sie sei zuerst, falls möglich, größer, und es sei der Unterschied gleich der Fläche K (Abb. 5.23). Nun wird die Strecke ED in G, die restliche Strecke GD in H halbiert, und dies immer weiter, bis man zu einem Rechteck HDC gelangt, das kleiner ist als die Hälfte der Fläche K (was gewiss erreicht werden kann). Sodann wird DA in lauter gleiche Teile der Länge DH geteilt, und man legt durch die Teilungspunkte die Parallelen zu DC.
>
> Durch die Punkte aber, in welchen die besagten Parallelen die Zykloide schneiden, werden weitere Parallelen zu AD gelegt. Auf diese Weise werden der Fläche ABC zwei aus gleich hohen Trapezen und einem Dreieck bestehende Figuren ein- bzw. umbeschrieben (Abb. 5.24). Die

---

[179] *CM*, VII, Nr. 690; *OD*, II, Nr. CXXXI, S. 262.

[180] Ms. Gal. 141, c. 7v und 302v; *OT*, I$_2$, S. 326 f.

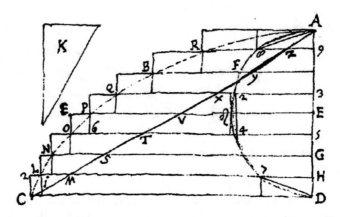

Abb. 5.23 Ms. Gal. 141, c. 7*v*

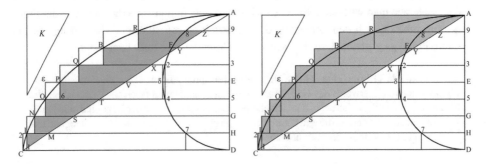

Abb. 5.24 .

einbeschriebene Figur besteht nämlich aus den Trapezen YR, XB, VQ, TP, SO, MN und dem Dreieck IML; die umbeschriebene Figur besteht aus den Trapezen AR, ZB, YQ, XP, VO, TN, SL und dem Dreieck M2C. Der Unterschied zwischen diesen beiden Figuren setzt sich zusammen aus dem Trapez I2, den Rechtecken LN, NO, OP, PQ, QB, BR, sowie dem Trapez RA (Abb. 5.25, blau gefärbt).

Dieser Unterschied ist freilich kleiner als das Rechteck CH, also wird er auch erst recht kleiner sein als die Fläche *K*, weshalb der Unterschied zwischen der gemischtlinigen Fläche ABC [dem Zykloidensegment] und jeder der beiden Figuren, der ein- und der umbeschriebenen, bei weitem kleiner sein wird als die Fläche *K*. Folglich wird die einbeschriebene Figur immer noch größer sein als der Halbkreis AFD [es wurde angenommen, ABC sei um K größer als der Halbkreis].

Nun ist QX + OT = 2-3 + 4-5 ([181]), also ist QX + 6T < 2-3 + 4-5, und deshalb wird das Rechteck, das aus den gleichwinkligen und gleich hohen Trapezen VQ, 6-T zusammengesetzt werden kann, kleiner sein als die beiden [dem Halbkreis einbeschriebenen] Rechtecke E-2, E-4 [zusammen]. Auf diese Weise weiter fortfahrend wird schließlich gezeigt, dass die der

---

[181] Diese Tatsache wurde im Verlaufe des ersten Beweises gezeigt (in der Abhandlung *De dimensione cycloidis*, S. 86).

gemischtlinigen Fläche ABC einbeschriebene Figur (ohne das Dreieck ILM) kleiner ist als die dem Halbkreis aus Rechtecken bestehende einbeschriebene Figur. Weil aber ZR + ML = 9-8 + H-7 ist, wird ML allein kleiner sein als 9-8 + H-7, und deshalb ist das Dreieck LIM kleiner als die die beiden Dreiecke A-9-8 und DH7 (es hat nämlich die kleinere Höhe). Umgekehrt ist schließlich die der gemischtlinigen Fläche ABC einbeschriebene Figur zugleich größer als die dem Halbkreis einbeschriebene Figur, folglich ist der Halbkreis kleiner als die ihm einbeschriebene Figur, das Ganze [kleiner als] sein Teil, etc.

Auf entsprechende Weise wird auch der Fall, dass die Fläche ABC kleiner ist als der Halbkreis, auf einen Widerspruch geführt.

Anhang E. Vincenzo Viviani: Der Bau der Brücken über die Flüsse Ombrone und Elzana

Galileis Gedanke, die Zykloide als elegante Form für einen Brückenbogen zu verwenden, ist von Vincenzo Viviani später in die Tat umgesetzt worden. Er berichtet, dass er für den Bogen einer neuen Brücke über den kleinen Fluss Arzana (heutiger Name: Elzana), kurz vor dessen Einmündung in den Ombrone Pistoiese, Galilei zu Ehren die Form einer Zykloide verwendet habe.

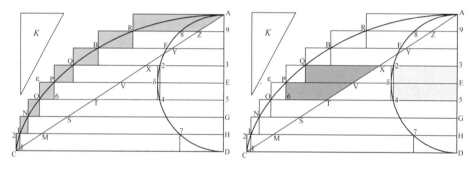

Abb. 5.25 .

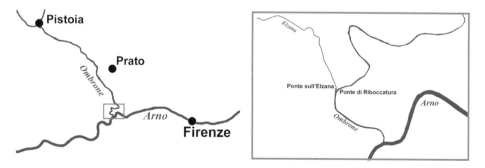

Abb. 5.26 Der Ombrone pistoiese bis zur Mündung in den Arno. - Rechts: Vergrösserter Ausschnitt mit der Mündung des Rio Elzana in den Ombrone

Im Laufe der Jahre war das Flussbett des Arno durch abgelagerte Steine, Kies usw. mittlerweile so stark erhöht worden, dass bei Hochwasser jeweils die Kanalisation und dadurch auch die Keller der Häuser der Stadt überflutet wurden. Durch den Rückfluss des Arno traten in der Folge bei den Nebenflüssen immer häufiger Dammbrüche und Überschwemmungen des tiefer gelegenen umliegenden Geländes auf, außerdem war infolge der Flussbetterhöhung der Durchfluss unter den Brücken nicht mehr gewährleistet, auch mussten die Mühlen mit immer weniger Gefälle auskommen, usw. Mit der Überwachung der Trockenlegung der betroffenen Gebiete beauftragt, erstattete Viviani im Jahre 1688 dem Großherzog Cosimo III. einen Bericht über die ausgeführten Arbeiten.[182] Darin ist zu lesen (S. 14 ff.):

> Dass der Arno von der Mündung des Ombrone an [mit Geschiebe] überfüllt sei, erkannte ich offensichtlich an der ersten Brücke des Ombrone selbst, genannt *di Riboccatura,* die in gerader Linie etwa eine halbe Meile von der besagten Mündung entfernt ist. Die Widerlager und der Pfeiler mit einem Teil ihren Bögen waren im Kiesbett versunken, und es gab sozusagen keinen freien Durchgang mehr, und doch musste ihre lichte Höhe früher viele Ellen betragen haben.

Viviani stellte außerdem fest, dass der Ombrone in entgegengesetzter Richtung zum Lauf des Arno einmündete. Nachdem man den Ombrone an der Mündung entsprechend der Flussrichtung des Arno umgeleitet hatte, war er der Ansicht, man müsse die alte, zweibogige Brücke vollständig niederreißen und an ihrer Stelle eine neue bauen, die aus einem einzigen halbkreisförmigen Bogen bestehen sollte, wofür ein Lehrgerüst zur Verfügung stand, das früher von dem Architekten Silvani[183] beim Bau von drei weiter oben gelegenen Brücken verwendet worden war:

> Und weil es für die Struktur dieser neuen Brücke nötig war, einen sicheren und günstigen Ort zu wählen, musste ich mit diesem Übergang neben dem Ombrone auch noch den Fluss Arzana überqueren und so zwei neue Bögen in angepassten Dimensionen bauen, nämlich den oben beschriebenen über den ersten [Fluss], über dem zweiten den anderen, damit verbundenen [Bogen], für den ich, da ich ihm ebenfalls irgendein Lehrgerüst geben musste (da alle anderen der bisher von den Architekten verwendeten aufgegeben worden waren), mir gerne die Freiheit genommen habe, ihm ohne zusätzliche Kosten ein noch nie gesehenes und auch nie wieder verwendetes zu geben, das ist jenes mit einer gewissen gekrümmten Linie, genannt primäre Zykloide, allen voran erfunden, oder wollen wir sagen erkannt, durch das scharfsinnigste Mitglied der Akademie der Lincei, Glanz dieses Heimatlandes und Ehre der Toskana [...]. Nicht ohne Anlass habe ich diese Kurve als Bogen des Lehrgerüsts gewählt, weil der Erfinder selbst, Galilei, mein verehrter Lehrmeister, sie als wie geschaffen für den Bau der Brücken erachtet hat.

---

[182] *Discorso al Serenissimo Cosimo III Granduca di Toscana intorno al difendersi da' riempimenti & dalle corrosioni de' fiumi applicato ad Arno in vicinanza della Città di Firenze.* Firenze 1688. – Wieder abgedruckt S. 349–389 in *Raccolta d'autori che trattano del moto dell'acque,* t. I. Firenze 1723.

[183] Gherardo Silvani (1579–1675). Nach dem Einsturz der Arnobrücke in Pisa, reichte er einen Entwurf für einen Neubau ein.

Abb. 5.27 Vivianis Brücke über den Rio Elzana. (Abb. mit freundlicher Genehmigung von Aldo Innocenti, www.walkingitaly.com, 11.05.2018)

Abb. 5.28 Im Satellitenbild (Google Map, 19.05.2016) ist die Brücke über den Rio Elzana in der Bildmitte erkennbar; rechts davon die Reste der von den deutschen Truppen 1944 gesprengten Brücke *di Riboccatura* über den Ombrone Pistoiese

Die Herstellung dieses Lehrgerüsts ist so einfach, rasch und sicher, denn man sieht sie [die Zykloide] auf der ebenen Fläche einer Mauer in einem Zuge entstehen durch die Kratzspur, erzeugt durch eine kurze Nagelspitze, die am äußersten Rand eines vollkommenen, an dieser Mauer anliegenden Kreises ein wenig herausragt, wenn jene [Nagelspitze] zu Beginn den Boden berührt und dieser [Kreis] sich drehend gleichmäßig fortbewegt, bis die Spitze nach einer halben Umdrehung zur größten Höhe aufgestiegen ist, während der restlichen Umdrehung um ebensoviel absteigt und schließlich wieder den Boden erreicht. So ist die größte Höhe des auf diese Weise gezeichneten Bogens, die gerade gleich dem Durchmesser des abrollenden Kreises ist, stets ein wenig kleiner als der dritte Teil der Sehne oder Basis des beschriebenen Bogens, weil diese genau gleich dem Umfang desselben Kreises ist, der Erzeugender dieser Zykloide genannt wird, welche für diese neue Brücke über den Rio Arzana ein Lehrgerüst benötigte mit einer Spannweite von neunzehn Ellen, einer lichten Höhe von mehr als sechs Ellen, auf Widerlagern, die gegenwärtig fünf Ellen über dem Flussbett liegen. Und tatsächlich kam dieser Bogen so heraus, wie es Galileo vorhergesagt hatte: sehr anmutig, schlank und robust, nur finde ich, dass dies unglücklicherweise für ihren ersten Erfinder nicht geschätzt wird, weil sich an einem allzu abgelegenen Ort liegt und nur selten besucht wird von jemandem, der in der Lage wäre, ihre Schönheit zu beurteilen.

Die Abhandlung über die Spiralen (*De infinitis spiralibus*) — 6

> *So wie der Nil, verbirgt unsere Spirale jedoch*
> *ihren Ursprung oder die Quelle, aus der sie entspringt,*
> *sodass man erst nach einer unendlichen Anzahl*
> *von Umdrehungen dorthin gelangen kann.(*)*

Unter dem Titel *De infinitis spiralibus* hat der Herausgeber in OT, I_2 auf den Seiten 351–399 Untersuchungen Torricellis zu zwei verschiedenen Arten von Spiralen veröffentlicht. Der erste Teil (S. 349–376) ist der logarithmischen Spirale (von Torricelli *geometrische* Spirale genannt) gewidmet, während im zweiten Teil (S. 377–399) die archimedische Spirale und deren Verallgemeinerungen behandelt werden. Die entsprechenden Manuskripte befinden sich in Ms. Gal. 138, c. 32r–52r, 54r/v.[1] In dieser Reihenfolge wurden sie auch in OT, I_2, S. 351–375 gedruckt.

6.1   Die archimedische Spirale

Schon in der Antike waren die Spirallinien Gegenstand mathematischer Untersuchungen. So findet sich bei Archimedes die folgende Beschreibung:[2]

---

[1] Auf c. 53r befindet sich ein Brief Cavalieris an Torricelli (OT, III, Nr. 108) vom 14. November 1644.

[2] Wir übernehmen hier die Übersetzung der Abhandlung *Über Spiralen* durch Arthur Czwalina in AW, S. 7. Czwalina verwendet hier den Begriff „Halbstrahl", der nach heute üblichem Gebrauch als „Halbgerade" oder „Strahl" bezeichnet wird.

(*) «At spiralium nostrarum Nilus principium ipsum, sive fontem ex quo fluit adeo occultat, ut non nisi post infinitas numero revolutiones ad ipsum perveniri possit.» – Torricelli zieht diesen Vergleich, um damit den Unterschied zwischen der archimedischen und der von ihm gefundenen geometrischen Spirale zu verdeutlichen.

© Der/die Autor(en), exklusiv lizenziert an Springer-Verlag GmbH, DE, ein Teil von Springer Nature 2023
R. Acampora, *Evangelista Torricelli*, Mathematik im Kontext, https://doi.org/10.1007/978-3-662-66407-0_6

Abb. 6.1 Archimedische
Spirale

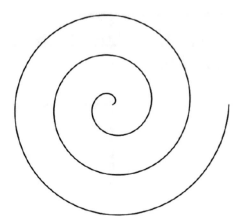

Wenn sich ein Halbstrahl innerhalb einer Ebene um seinen Endpunkt mit gleichförmiger
Geschwindigkeit dreht, bis er wieder in seine Ausgangsstellung zurückkehrt, gleichzeitig aber
sich ein Punkt auf diesem Halbstrahl mit gleichförmiger Geschwindigkeit vom Endpunkt des
Halbstrahls aus bewegt, so wird dieser Punkt eine Spirale beschreiben.

Oft wird zwar Konon von Samos, der Freund und Zeitgenosse von Archimedes, die Entdeckung der auf diese Weise erzeugten Kurve zugeschrieben. Dies jedoch nur aufgrund der
von Archimedes vorausgeschickten Bemerkung, er habe unter anderem einige die Spirale
betreffende Lehrsätze (ohne die Beweise) an Konon geschickt, um damit die Mathematiker in Alexandria herauszufordern.[3] Bei diesen Lehrsätzen geht es um die Bestimmung
der Tangente in einem beliebigen Punkt der Spirale sowie des Inhalts der von der Spirale
eingeschlossenen Flächenstücke.

   Im Buch VI seiner *Geometria indivisibilibus* (1635) beschreibt Cavalieri einen bemer-
kenswerten Zusammenhang zwischen der Parabel zweiten Grades und der archimedischen
Spirale. Zunächst beweist er im Theorem IX seiner Abhandlung mit seiner Indivisiblenme-
thode die schon seit Archimedes bekannte Tatsache, dass die Fläche der Spirale des ersten
Umgangs[4] gleich einem Drittel der Fläche des ersten Kreises ist. Dann bemerkt er in einem
Scholium:

   Bis hierher gefiel es uns, auch in diesem Buch die Indivisiblenmethode zu verwenden, damit
   klar wird, dass wir auch mit dieser Kunst beweisen können, was Archimedes im Buch *Über
   die Spiralen* in Bezug die Flächenbestimmung zeigt. In der Tat, wenn jemand versuchen wird,
   dies bei den folgenden Propositionen zu tun, so wird er leicht erkennen, dass dies erreicht
   werden kann. Gleichwohl, indem wir dies dem freien Ermessen des Lesers überlassen, haben

---

[3] Konon starb jedoch, ohne Zeit gefunden zu haben, sich mit den Problemen auseinanderzusetzen,
und auch nach vielen Jahren war keines davon von irgendjemandem in Angriff genommen worden,
sodass sich Archimedes entschloss, die erwähnte Abhandlung zu verfassen.

[4] D. h. nach einer vollen Umdrehung der erzeugenden Halbgeraden.

Abb. 6.2 Cavalieri, *Geometria indivisibilibus,* Buch VI, S. 440. – ETH-Bibliothek Zürich, Rar 5291, https://doi.org/10.3931/e-rara-4238

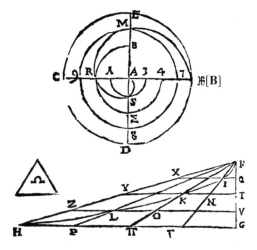

wir beschlossen, dieselben Propositionen auch nach der Art der Alten – freilich anders als bei Archimedes – zu beweisen.[5]

Es sei ASRMB eine Spirale mit der Leitlinie AB und dem ersten Kreis ECDB mit dem Mittelpunkt A und dem Radius AB. Weiter sei das rechtwinklige Dreieck FHG mit den Katheten FG = AB und HG = Kreisumfang ECDB gegeben. In diesem Dreieck denke man sich die Parabel HLF mit dem Scheitelpunkt F und der Achse parallel zu HG (Abb. 6.2).

Cavalieri zeigt nun, dass die Fläche des Trilineums FIKLHG weder größer noch kleiner als die Differenz zwischen der Kreisfläche ECDB und der von der Spirale ASRMB und der Leitlinie AB eingeschlossenen Fläche ist. Im Theorem I des IV. Buches hat er aber bewiesen, dass die Fläche des Trilineums gleich zwei Dritteln der Fläche des Dreiecks FHG und daher gleich zwei Dritteln der Kreisfläche ECDB ist. Somit ist die Spiralfläche gleich dem dritten Teil der Kreisfläche, *w. z. b. w.*

Überraschenderweise zeigt sich auch in der Frage der Rektifikation der archimedischen Spirale ein Zusammenhang mit der quadratischen Parabel. Im Jahre 1643 hatte Roberval gezeigt, dass die Länge eines Bogens der archimedischen Spirale gleich der Länge eines bestimmten Bogens der Parabel zweiten Grades ist. Allerdings hatte er dazu keinen Beweis veröffentlicht.[6] Damit war aber lediglich gezeigt, dass «das Problem der Rektifikation einer

---

[5] *Geometria indivisibilibus*, Buch VI, S. 439.

[6] Bei einem Treffen bei Mersenne hatte Hobbes einen kinematischen Beweis dafür vorgetragen, worauf der ebenfalls anwesende Roberval auf einen Fehler aufmerksam machte. Am nächsten Tag soll Roberval dann einen eigenen, ebenfalls kinematischen Beweis vorgelegt haben. Blaise Pascal berichtet darüber: «Herr Roberval sagte darauf, dass er [der Parabelbogen] gleich der gekrümmten Linie einer gegebenen Spirale sei, doch ohne einen Beweis dafür anzugeben, der ohne Hilfe von Bewegungen auskam [...]. Und weil diese Art des Beweises nicht absolut überzeugend ist, glaubten andere Geometer, er habe sich geirrt.» (*O P*, IV, S. 542) – Mersenne veröffentliche Robervals Beweis

archimedischen» Spirale identisch ist mit dem analogen Problem für eine Parabel.»[7] Die
Frage, ob es Kurven gibt, die im eigentlichen Sinne rektifizierbar sind[8], blieb damit offen.
1657 konnte William Neile unter Verwendung der cavalierischen Indivisiblenmethode zeigen, dass die semikubische Parabel $y^2 = x^3$ rektifizierbar ist.[9]

Torricelli erfuhr von Robervals Ergebnis aus einem Brief Mersennes vom 13. Januar
1644:

> Ich weiß nicht, ob ich dir geschrieben habe, dass herausgefunden wurde, dass die Parabel
> gleich einer anderen Kurve ist, nämlich der archimedischen Spirale, und was auch immer dein
> Cavalieri mithilfe von Indivisiblen dargelegt hat, ist von dem oben genannten Roberval auf
> geometrische Art bewiesen worden.[10]

Am 1. Mai desselben Jahres antwortete er:

> Das schönste Problem allerdings ist jenes über die Parabel, die gleich einer anderen Kurve ist:
> ich erkenne an dieser Bezeichnung den äußerst scharfen Geist des unvergleichlichen Mathe-
> matikers Roberval, dessen Werke hoffentlich noch zu meinen Lebzeiten ans Licht gelangen
> mögen. Zu diesem Problem und zu dem numerischen, das Du Verdus hinzugefügt hat[11], habe
> ich nichts, was ich dir schreiben könnte, da ich mich noch nie mit dem parabolischen [Pro-
> blem], mit dem numerischen aber zu wenig befasst habe, weil ich, um die Wahrheit zu sagen,
> nicht sehe, wo sich mir der Einstieg und der Zugang zur Überlegung eröffnet.[12]

Offenbar hat er dann aber einen eigenen Beweis für das Robervalsche Ergebnis gefunden,
denn zu Beginn des Jahres 1645 schrieb er an seinen Römer Freund Michelangelo Ricci:

> Ich wüsste gerne von Herrn Mersenne, wer der Autor in Frankreich gewesen ist, der behauptet,
> bewiesen zu haben, dass der Parabelbogen gleich einer archimedischen Spirale ist. Auch mir

---

in seinen *Cogitata physico-mathematica* (1644), S. 129–131 (siehe Anhang A). Allerdings wird dabei
Robervals Name nicht genannt: Mersenne spricht hier lediglich von «unserem Geometer». – Roberval
hinterließ dazu zwei Manuskripte in lateinischer bzw. französischer Sprache, die 1970 veröffentlicht
worden sind (MØLLER- PEDERSEN [1970]). – In zwei Briefen an Carcavi aus dem Jahr 1659 (*OF*, II,
S. 438–444) zeigte auch Fermat den Zusammenhang zwischen dem Spiral- und dem Parabelbogen
(Näheres dazu in HEITZER [1998, S. 51 und 91–94]).

[7] LORIA [1911, S. 41].

[8] D. h. Kurven, deren Bogenlänge bestimmt werden kann, entweder numerisch (z. B. mit Integralrechnung) oder geometrisch (durch Angabe einer geraden Linie gleicher Länge).

[9] William Neile (1637–1670) hatte seine Entdeckung 1657 gemacht, als er noch Student war. Sie
wurde von John Wallis in seiner Abhandlung *De cycloide* (Oxford 1659, S. 91–93) veröffentlicht.
– Für eine moderne Interpretation der Neileschen Vorgehensweise siehe A. Leahy, William Neile's
contribution to calculus. *College Math. J.* **46** (2016), 42–49.

[10] *OT*, III, Nr. 68; *CM*, XIII, Nr. 1245.

[11] Das von Fermat stammende Problem, ein rechtwinkliges Dreieck zu finden, bei dem die Hypotenuse eine Quadratzahl, die Summe der beiden Katheten sowie die Summe der Hypotenuse und der
größeren Kathete ebenfalls eine Quadratzahl ist. – Siehe dazu Kap. 10, Nr. XXIII.

[12] *OT*, III, Nr. 76; *CM*, XIII, Nr. 1269.

ist dieser Beweis gelungen, denn ich beweise, dass jede archimedische Spirale, ob sie vom Zentrum ausgeht oder nicht und ob sie mehr als eine Umdrehung macht oder nicht, gleich einer gewissen Parabel ist. Ich werde Ihnen später mitteilen, welches die besagte Parabel ist.[13]

Im gleichen Brief teilte er zudem mit, eine eigene, neue Art von Spiralen untersucht zu haben:

Außerdem habe ich gezeigt, dass eine andere Art von Spirallinie als gleich lang wie eine gerade Linie bewiesen werden kann.

Am Schluss gab Torricelli noch eine kinematische Definition dieser neuen Kurve (siehe Abschn. 6.3), die sich als logarithmische Spirale erweist.

6.2   Die logarithmische Spirale

Den Anstoß zur Beschäftigung mit der logarithmischen Spirale gab Mersenne, der am Schluss seines Briefes vom 25. Juli 1634 an Fabri de Peiresc ganz nebenbei schrieb:

Ich arbeite zurzeit an einer neuen Linie, die mir vielleicht gewisse Erkenntnisse verschaffen wird, die Sie begrüßen werden, falls ich sie entdecke.[14]

Genaueres über diese Linie ist erst in der zwei Jahre später erschienenen *Harmonie universelle* (t. I, Livre II: Du mouvement des corps) zu erfahren. Hier behandelt Mersenne in der Prop. VIII das folgende Problem: «Es ist zu zeigen, ob ein schwerer Körper auf einer geneigten Bahn bis zum Mittelpunkt der Erde absinken kann, sowie eine Linie zu beschreiben, die so geneigt ist, dass der Körper mit seinem Gewicht stets auf sie drückt und sie in jedem Punkt gleich belastet».

---

[13] Brief vom 17. Januar 1645 (*OT*, III, Nr. 118; *CM*, XIII, Nr. 1335). – Bei der Veröffentlichung von Torricellis Korrespondenz im Jahre 1919 konnten die Herausgeber nur eine kurze Beschreibung dieses Briefes geben, zusammen mit einem Faksimile des Schlusses, entnommen aus dem Katalog der Sammlung Alfred Bovet, der 1887 von dem Pariser Antiquariat Charavay erstellt worden war. Es war ihnen offenbar nicht bekannt, dass Marie Tannery, die Witwe des 1904 verstorbenen Mathematikhistorikers Paul Tannery, die Erlaubnis erhalten hatte, von dem Original eine Kopie anzufertigen. Das Original befindet sich heute in der bedeutenden Autographen- und Manuskriptsammlung des schwedischen Arztes Erik Waller, die 1950 der Universitätsbibliothek Uppsala vermacht wurde. Der vollständige Text wurde von Giovanna Baroncelli (BARONCELLI [1993]) veröffentlicht; bereits früher hatte Gino Loria den Text aufgrund der Kopie von Marie Tannery herausgegeben (LORIA [1932]) . – Offenbar hatte Torricelli Mersennes im September 1644 erschienenes Werk *Cogitata physico-mathematica* nicht gesehen, denn darin ist Robervals Beweis im Teil II, *De hydraulicis et pneumaticis phaenomenis*, auf S. 129–131 wiedergegeben. – Zu Torricellis Beweis siehe Anhang B zu diesem Kapitel.

[14] *CM*, IV, Nr. 363.

Abb. 6.3 Mersenne, *Harmonie universelle,* t. I, Livre II, S. 119. https://gallica.bnf.fr/ark:/12148/bpt6k5471093v/f

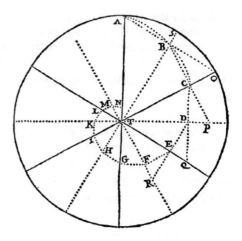

Es geht dabei um die Schwierigkeit, dass bei der Behandlung eines auf einer schiefen Ebene befindlichen Körpers üblicherweise die Tatsache vernachlässigt wird, dass die in den verschiedenen Punkten der Ebene wirkenden Kräfte nicht parallel, sondern zentral gegen den Erdmittelpunkt gerichtet sind. Mersenne suchte daher eine Fläche bzw. – zweidimensional betrachtet – eine Kurve, welche sämtliche Radien eines Kreises unter demselben Winkel schneidet[15]; damit wollte er die Antwort auf die Frage finden, ob es möglich wäre, einen Körper auf einer solchen Bahn bis zum Mittelpunkt der Erde absinken zu lassen.

Mersenne unterteilt den Kreis durch die Radien TA, TO, usw. in sechs gleiche Sektoren. Die Sehne AO wird durch den Radius TS halbiert, wodurch sich B als zweiter Punkt der gesuchten Kurve ergibt. Sodann konstruiert er das gleichschenklige Dreieck TBP und erhält so auf TO den dritten Punkt C der Kurve, usw. bis zum Punkt N. Die Punktreihe ABC…N kann endlos weiter fortgesetzt werden. Will man näher beieinander liegende Punkte erhalten, sagt Mersenne, so können zwischen TA und TS beliebig viele weitere Radien eingefügt werden.

Die zu der auf diese Weise konstruierten Punktreihe ABC… gehörenden, gleiche Winkel einschließenden Radien TA, TB, TC, usw. bilden offensichtlich eine geometrische Folge, was bedeutet, dass die Punkte A, B, C, usw. auf einer geometrischen oder logarithmischen Spirale liegen. Warum aber diese Kurve sämtliche Radien unter demselben Winkel schneidet, wird

---

[15] In Analogie zur Loxodrome (eine Kurve auf der Erdoberfläche, die sämtliche Meridiane unter einem konstanten Winkel schneidet), die bereits von Nunes (*De arte navigandi,* Basel 1566) behandelt wurde. – Bei der stereographischen Projektion wird diese Kurve zur logarithmischen Spirale, was um 1590 von Thomas Harriot zur Berechnung der Bogenlänge der Loxodrome ausgenützt wurde. Näheres dazu in LOHNE [1965].

Abb. 6.4 Descartes (éd. N. Poisson), Traité de la méchanique (1668), S. 9. https://gallica.bnf.fr/ark:/12148/bpt6k57508t/f

von Mersenne nicht begründet.[16] Er beschreibt auch nicht genauer, wie man durch Einfügen weiterer Radien zwischen die Punkte A, B, C, . . . weitere Punkte erhalten kann.[17]

In seiner Abhandlung über die Mechanik[18] hatte Descartes das Problem der schiefen Ebene betrachtet:

Hat man nur gerade genügend Kraft, um ein Gewicht von 100 Pfund von B nach A zu heben, so kann man dennoch einen Körper F von 200 Pfund Gewicht auf die Höhe von A anheben, indem man ihn auf der schiefen Ebene CA hochzieht oder -rollt, falls die Strecke CA doppelt so lang ist wie BA (Abb. 6.4). Allerdings sagt Descartes:

> Man muss aber von dieser Berechnung noch den Kraftaufwand abziehen, der sich bei der Bewegung des Körpers F entlang der Ebene AC ergibt, wenn diese Ebene auf der Linie BC aufliegt, von der ich annehme, sie sei überall gleich weit entfernt vom Mittelpunkt der Erde. Weil dieser Widerstand umso geringer ist, je härter, gleichmäßiger und geglätteter die Ebene ist, so kann er wiederum nur ungefähr abgeschätzt werden und ist nicht sehr beträchtlich.
>
> Da die Linie BC Teil eines Kreises ist, der denselben Mittelpunkt wie die Erde hat, muss auch nicht beachten, dass die Ebene AC ein wenig gekrümmt sein und die Gestalt einer Spirale haben muss, die zwischen zwei Kreisen, deren Zentrum ebenfalls der Erdmittelpunkt ist, beschrieben wird, denn dies ist überhaupt nicht spürbar.

An Mersenne, der ihn offenbar um genauere Erläuterungen zu dieser Spirale gebeten hatte, schrieb er:

> Was aber diese Spirale angeht, so hat sie mehrere Eigenschaften, an denen sie sehr gut erkennbar ist. Denn ist A der Erdmittelpunkt, ANBCD die Spirale (Abb. 6.5), und hat man die Strecken AB, AC, AD usw. gezogen, so besteht zwischen dem Bogen ANB und der Strecke AB dasselbe

---

[16] In dem von Mersenne gewählten Beispiel beträgt dieser Winkel ungefähr 74.6°.

[17] Dies könnte beispielsweise geschehen, indem man auf der Halbierenden der Winkel ATB, BTC, usw. das geometrische Mittel der Radien TA, TB bzw. TB, TC, usw. abträgt.

[18] *Traité de mécanique.* Die Abhandlung wurde von Descartes auf Wunsch seines Freundes Constantyn Huygens, des Vaters von Christiaan, verfasst (Brief vom 5. Oktober 1637. *OD*, I, 431–448). Eine beabsichtigte Überarbeitung kam nicht mehr zustande. Das Werk wurde, bearbeitet durch Nicolas Poisson, erst nach Descartes' Tod veröffentlicht (*Traité de la méchanique composé par Monsieur Descartes . . . Avec les éclaircissemens nécessaires* Par N.P.P.D.L. [Nicolas Poisson, Prêtre de l'Oratoire], Paris 1668).

Abb. 6.5 Aus OD, II,
Nr. CXLII, S. 360

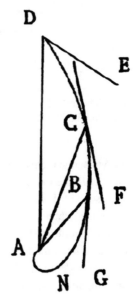

Verhältnis wie zwischen dem Bogen ANBC und der Strecke AC oder ANBCD und AD, usw.
Und wenn man die Tangenten DE, CF, GB, usw. zieht, so werden die Winkel ADE, ACF, ABG,
usw. gleich sein.[19]

Torricellis Interesse für die Spiralen war offenbar durch Mersenne während dessen Italien-
aufenthalt geweckt worden, wie wir aus einem weiteren Brief an Ricci erfahren:

> Sie werden wissen, dass ich, seit Mersenne in Italien war, mich daran machte, über die Spi-
> ralen nachzudenken [. . .] und ich fand heraus, dass nicht nur die erste Spirallinie, die ich die
> arithmetische des Archimedes nenne, gleich einem quadratischen Parabelbogen ist, sondern
> ich fand heraus, dass jeder beliebige andere Parabelbogen von einer anderen Ordnung gleich
> [dem Bogen] einer anderen Spirale ist. Sodann suchte ich, ob man von irgendeiner von ihnen
> [d. h. von diesen anderen Spiralen] zeigen könnte, dass sie gleich einer geraden Linie ist, doch
> vergeblich, und so war es für mich zweckmäßig, eine [andere] Art von diesen auf meine Weise
> zu definieren.[20]

Einem vermutlich an Carcavi gerichteten Brief Torricellis[21] ist zu entnehmen, dass es sich
bei dem französischen Mathematiker, nach dem er sich bei Mersenne erkundigen wollte, um

---

[19] Brief vom 12. September 1638 (CM, VIII, Nr. 697; OD, II, Nr. CXLII). – Die dort wiedergebenene,
von Descartes angefertigte Skizze (Abb. 6.5) ist ungenau: In Wahrheit muss die Spirale unendlich
viele Windungen durchlaufen, bevor sie im Zentrum A ankommt.

[20] Brief vom 7. April 1646 (OT, III, Nr. 171; CM, XIV, Nr. 1457).

[21] Brief vom Februar 1645 (OT, III, Nr. 126). – Dieser Brief ist nur als Kopie erhalten, von Serenai
mit der Notiz versehen: «Kopie des Entwurfs eines von Torricellis Hand stammenden Briefes, von
dem wir annehmen, er sei von ihm an P. de Carcavi geschrieben worden».

Abb. 6.6 Logarithmische
(geometrische) Spirale

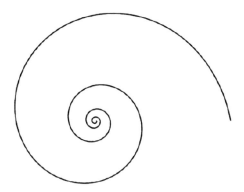

Roberval handelte. Wie wir gesehen haben, war es diesem gelungen, den Zusammenhang zwischen den Bogenlängen der quadratischen Parabel und der archimedischen Spirale zu beweisen:

> Ich habe bereits von P. Mersenne erfahren, dass bewiesen worden ist, dass die Parabel gleich einer archimedischen Spirale ist. [...] Ich habe noch eine andere Art von Spiralen gefunden (die man mit einem sehr einfachen Gerät näherungsweise zeichnen kann), von denen man zeigen kann, dass sie gleich geraden Linien sind.[22]

Bei der von Torricelli gefundenen neuen Art Spirale handelt es sich um die logarithmische Spirale, von ihm „geometrische Spirale" genannt, auf die er bereits in dem erwähnten Brief an Ricci vom 17. Januar 1645 (siehe Anm. 13) aufmerksam gemacht hatte. In seinem Brief vom 7. April 1646 an Ricci (siehe Anm. 20) gibt Torricelli dafür die folgende Definition:

> Wenn ein Strahl mit festem Anfangspunkt sich mit stets gleicher Geschwindigkeit dreht und sich gleichzeitig auf diesem Strahl ein Punkt so bewegt, dass er in gleichen Zeiten stetig proportionale Strecken zurücklegt, so wird dieser eine Kurve beschreiben, die man geometrische Spirale nennen kann (Abb. 6.6).

Möglicherweise wusste Torricelli, dass auch Mersenne in seiner *Harmonie universelle* (1636) eine derartige Spirale beschrieben hatte, allerdings mit einem anderen Zugang. Wie wir gesehen haben, zeigt Mersenne dort nämlich, wie man eine Fläche (bzw. eine Kurve) findet, welche sämtliche Radien der Erdkugel (bzw. eines Kreises) unter gleichen Winkeln schneidet. Diese Fläche (bzw. diese Kurve, wenn man einen ebenen Schnitt der Erdkugel betrachtet)

> ... bildet eine Spirale, ähnlich jener, die ein Schiff beschreiben würde, wenn es, stets auf derselben Route dahinsegelnd, alle Meridiane unter gleichen Winkeln schneiden würde...[23]

---

[22] «... dass sie gleich geraden Linien sind»: d. h. dass sie rektifizierbar sind.

[23] Mersenne, *Harmonie universelle*, Première partie, S. 116.

Es ist hingegen anzunehmen, dass Torricelli nicht bekannt war, dass sich auch Descartes mit dieser Art Spirale beschäftigt und dabei gefunden hatte, dass die vom Pol (dem Erdmittel-punkt) aus gemessenen Längen der Bogen ANB, ANBC, ANBCD, … proportional zu den Radien AB, AC, AD, … (siehe Abb. 6.5 und Anm. 20) sind, wobei er aber einen Beweis schuldig blieb.

6.3   Torricellis Abhandlung *De infinitis spiralibus*

Die der logarithmischen Spirale gewidmete Abhandlung *De infinitis spiralibus* wurde erstmals in den *Opere di Evangelista Torricelli* (1919) veröffentlicht[24], und zwar aufgrund der im Band XXVIII der Sammlung *Discepoli di Galileo*[25] der Biblioteca Nazionale in Florenz vorliegenden Reihenfolge der Manuskriptseiten. Bortolotti stellte später fest, dass die ersten zehn Seiten des Manuskripts an den Schluss der Abhandlung gehören.[26] Außerdem fand er eine Lücke im Beweis zur Länge der geometrischen Spirale. Die entsprechenden Manuskriptseiten wurden dann von A. Agostini als c. 79–80 des erwähnten Bandes XXVIII identifiziert.[27] In der wiederhergestellten Form wurde der Text, zusammen mit einer italienischen Übersetzung, von E. Carruccio veröffentlicht.[28]

Torricelli stellt an den Anfang seiner Abhandlung eine neue Definition der geometrischen Spirale (Abb. 6.7):

Erste und wahre Definition[29]: Wir betrachten eine gewisse Linie ABCDEFG, so beschaffen, dass, wenn man mit dem Scheitelpunkt H beliebig viele aufeinanderfolgende, unter sich glei-che Winkel bildet, z. B. ∠BHC = ∠CHD = ∠DHE usw., diese Winkel zwischen fortlaufend proportionalen Strecken eingeschlossen sind, d. h. HB : HC = HC : HD = HD : HE = … Diese Linie wird von uns *geometrische Spirale* genannt, der Punkt H heißt deren Zentrum, die Schenkel HB, HC, HD heißen *Radien*.

Abb. 6.7 .

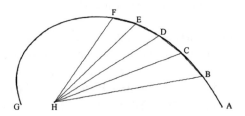

[24] *OT*, I$_2$, S. 349–399.
[25] Ms. Gal. 138, c. 32*r*–50*v*, 80*r* (c. 51*r*–78*v* betreffen die archimedische Spirale).
[26] Bortolotti [1928a].
[27] Agostini [1930].
[28] Carruccio [1955].
[29] *Prima definitio, et vera.*

Es ist aufgrund dieser Definition klar, dass die Dreiecke BHC, CHD, DHE, EHF, ... eine Folge ähnlicher Figuren bilden, eine Eigenschaft, von der Torricelli im Folgenden öfters Gebrauch macht. Eine wichtige Rolle spielt auch die Tatsache, dass mit dem weiter unten zu besprechenden Halbierungsverfahren – eine einfache Konstruktion mit Zirkel und Lineal – jeder Punkt der Spirale beliebig genau approximiert werden kann.

Anschließend zeigt Torricelli, dass die so definierte Kurve identisch ist mit der oben beschriebenen, kinematisch erzeugten:

> ... da nämlich die Winkelgeschwindigkeit der rotierenden Geraden stets dieselbe ist und die Winkel ∠BHC, ∠CHD, ∠DHE unter sich gleich sind, ist es offensichtlich, dass die rotierende Gerade, z. B. HB jeden beliebigen der genannten gleichen Winkel in gleichen Zeiten überstreicht. Da aber die diese gleichen Winkel begrenzenden Schenkel in fortlaufender Proportion stehen, so sind auch ihre Differenzen fortlaufend proportional, wie zur Genüge bekannt ist.[30] Die Differenzen sind aber nichts anderes als die von dem auf der in der Ebene rotierenden Geraden sich bewegenden Punkt zurückgelegten Wege. Es ist daher klar, dass der sich bewegende Punkt, der bei Archimedes gleiche Wege in gleichen Zeiten zurücklegt, bei unseren Spiralen in gleichen Zeiten nicht gleiche Wege, sondern in fortlaufender Proportion stehende Wege zurücklegt; folglich war es passend, diese Spiralen *geometrische* zu nennen.

Den Unterschied zu den archimedischen oder „arithmetischen" oder arithmetischen Spiralen beschreibt er wie folgt:

> Unsere Spiralen unterscheiden sich von den archimedischen auch durch die Anzahl der Umdrehungen. Die archimedischen Spiralen gehen nämlich von einem offenkundigen Ursprung aus, und obschon sie auf der einen Seite kein Ende haben und unendlich viele Umdrehungen vollführen, haben sie indessen auf der Seite, auf der sie beginnen, einen gut erkennbaren Anfang. So wie der Nil, verbirgt unsere Spirale jedoch ihren Ursprung [...], sodass man erst nach einer unendlichen Anzahl von Umdrehungen dorthin gelangen kann.

Eine geometrische Spirale kann punktweise konstruiert werden: Man beginnt mit einer Strecke AB (Abb. 6.8) mit dem inneren Punkt C und bestimmt dann auf der Senkrechten zu AB in C die Strecke CD als mittlere Proportionale von AC und BC. Auf der Halbierenden des Winkels ACD wird wiederum die Strecke CE als mittlere Proportionale von AC und CD bestimmt, usw.

Auf diese Weise fährt man unter ständigem Halbieren der dabei entstehenden neuen Winkel und durch Bestimmen der mittleren Proportionalen der Schenkel des jeweiligen Winkels fort und erhält so beliebig viele auf dem Spiralbogen AD liegende Punkte. Das gleiche Verfahren wendet man auch auf den rechten Winkel ∠DCB und auch auf alle folgenden rechten Winkel an, die sich mit der Zeit überdecken werden. Die Schenkel CA, CD, CB, CI, CH, CL, ... dieser rechten Winkel bilden eine abnehmende geometrische Folge, sodass klar ist, dass die Spirale unendlich viele Windungen um ihr Zentrum C ausführen wird, das sie zwar

---

[30] D. h., wenn $a : b = b : c = c : d$, so ist auch $(a - b) : (b - c) = (b - c) : (c - d)$.

Abb. 6.8 .

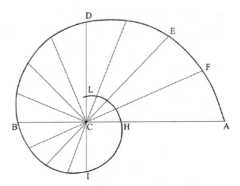

nie erreichen, ihm aber beliebig nahekommen wird. Torricelli vergleicht diese Tatsache mit dem Verhalten einer Hyperbel bezüglich ihrer Asymptote:

> Ein auf einem endlichen Bogen einer Hyperbel sich bewegender Punkt nähert sich stets einer Asymptote der Hyperbel, und der Abstand des besagten Punktes zu dieser Asymptote kann beliebig klein gemacht werden. Dies ist ein offensichtliches Zeichen, dass diese Hyperbel schließlich mit der Asymptote in Berührung kommt, und es wurde noch nie das Gegenteil bewiesen. Apollonius beweist nämlich, dass sie im Endlichen nicht zusammenkommen[31]; wir sagen hingegen, dass die beiden Linien einen Berührungspunkt haben, der weiter entfernt liegt als jeder endliche Abstand. Auf diese Weise wird unsere unendliche Spirale, so groß auch die endliche Anzahl der betrachteten Umdrehungen auch sein mag, gewiss ihr Zentrum nicht erreichen. Nimmt man hingegen die Anzahl der Umläufe als unendlich an, so wird der Abstand der Spirale zu ihrem Zentrum kleiner sein als jeder beliebige endliche Abstand; er wird sich daher auf einen Punkt reduzieren. Es gibt nämlich nichts in der Natur, das sich als kleiner als jede beliebige Strecke erweisen lässt, mit Ausnahme des Punktes selbst.

Natürlich kann die Spirale auch nach außen über den Punkt A hinaus in immer größer werdenden Umläufen fortgesetzt werden.

Als Nächstes wird gezeigt, dass die logarithmische Spirale stets auf dieselbe Seite gekrümmt ist, mit anderen Worten, dass sie vom Zentrum aus gesehen konkav ist:

> Betrachtet man zwei beliebige Punkte A, B auf unserer Spirale [Abb. 6.9], so sage ich, dass die Verbindungsstrecke der beiden Punkte vollständig im Innern[32] liegt.

Ist CD die Halbierende des Winkels ACB, so sind die Dreiecke BCD und DCA ähnlich; somit ist $\angle BDC = \angle DAC$ und daher $\angle BDC + \angle ADC = \angle DAC + \angle ADC$. Nun ist aber $\angle DAC + \angle ADC$ als Summe zweier Winkel im Dreieck ADC kleiner als 180°, also ist auch $\angle BDC + \angle ADC = \angle BDA < 180°$. Daher liegen C und D auf verschiedenen Seiten

---

[31] Apollonius, *Conica*, II,1 (*AC*, S. 73–74).

[32] Im Innern, d. h. gegen die Seite des Zentrums C hin liegend.

Abb. 6.9 .

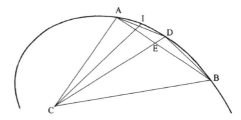

der Sehne AB.[33] Ist CI die Halbierende des Winkels ACD, so kann man auf die gleiche Weise zeigen, dass die Punkte C und I auf verschiedenen Seiten der Sehne AD, also erst recht auf verschiedenen Seiten der Sehne AB liegen. Durch fortgesetztes Halbieren kann man somit beweisen, dass sämtliche Punkte des Spiralbogens ADB bezüglich AB auf der entgegengesetzten Seite von C liegen.[34] Die konkave Seite der geometrischen Spirale ist folglich stets gegen das Zentrum hin gerichtet.

> Eine Kurve aber, deren konkave Seite stets auf dieselbe Seite gerichtet ist, besitzt in jedem ihrer Punkte eine Tangente.[35] Daraus schließe ich, dass, wenn die Spirale eine Tangente besitzt, diese Tangente die Spirale nur in einem einzigen Punkt berührt. Dies wird nämlich auf die gleiche Weise bewiesen...

Es wurde weiter oben festgehalten, dass die aneinandergrenzenden, der Spirale einbeschriebenen Dreiecke BHC, CHD, DHE, ... (Abb. 6.7) mit gleichen Winkeln im Zentrum H alle einander ähnlich sind. Nun zeigt Torricelli, dass dies auch für entsprechende Dreiecke zutrifft, die nicht aneinander angrenzen:

> Die Schenkel gleicher Winkel mit Scheitel im Zentrum einer Spirale sind proportional.

Es sei in Abb. 6.10 $\angle$EAC = $\angle$DAF, AB die Halbierende von $\angle$CAD und damit auch von $\angle$EAF. Wegen der Gleichheit der Winkel $\angle$CAB und $\angle$BAD ist dann AC : AB = AB : AD, ebenso AE : AB = AB : AF (da $\angle$EAB = $\angle$BAF). Folglich ist AC · AD = AB^2 = AE · AF und daher ist AE : AC = AD : AF.

---

[33] Torricelli zieht diesen Schluss ohne weitere Begründung. Die Aussage ist aber richtig, falls $\angle$ACB < 180° ist, denn dann ist das Viereck ACDB konvex (alle Winkel < 180°), sodass dessen Diagonalen AB und CD sich im Inneren des Vierecks in einem Punkt E schneiden, der daher zwischen C und D liegt.

[34] Zumindest kann man durch fortgesetztes Halbieren eine Folge von Punkten erhalten, die einem jeden Punkt des Spiralbogens ADB beliebig nahe kommen und die alle auf der entgegengesetzten Seite von C liegen.

[35] Vgl. dazu die Definition der Tangente an eine Kurve bei Cavalieri: «Ich sage, eine Gerade berühre eine in derselben Ebene liegende Kurve, wenn sie die Kurve entweder in einem Punkt oder entlang einer Strecke trifft und wenn die Kurve entweder vollständig auf der einen Seite der berührenden Geraden liegt oder keine auf der anderen Seite liegende Teile hat.» (*Geometria*, Buch I).

Abb. 6.10 .

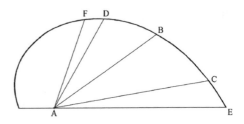

Das folgende Theorem – von Torricelli *Castor* genannt, da es mit dem nächsten Theorem, genannt *Pollux,* in engem Zusammenhang steht – handelt von einer wichtigen Eigenschaft der Tangenten an eine geometrische Spirale:

Mit dem Scheitel A seien zwei aneinander liegende gleiche Winkel ∠BAC und ∠CAD mit den zugehörigen Sehnen BC und CD gezeichnet (Abb. 6.11), und es sei EF die Tangente an die Spirale, welche parallel zur Sehne BC ist.

Satz 1 (Castor): *Die Parallele zu CD durch den Punkt F, in welchem die Tangente EF die Verlängerung der Strecke AC trifft, ist ihrerseits Tangente an die Spirale.*

BEWEIS: Es sei H der Berührungspunkt der Tangente EF. Nun bestimmt man auf der Spirale den Punkt O, sodass ∠CAO = ∠BAH ist, und verbindet F mit O. Da die Winkel ∠BAC und ∠CAD gleich sind, ist AB : AC = AC : AD. Aufgrund der Parallelität von BC und EF ist AE : AB = AF : AC, außerdem ist AB : AH = AC : AO wegen der Gleichheit der Winkel ∠BAH und ∠CAO. Somit ist AE : AH = AF : AO, woraus folgt, dass die Dreiecke AEH und AFO ähnlich und damit gleichwinklig sind; insbesondere ist ∠AFO = ∠AEH = ∠ABC = ∠ACD, folglich ist FO parallel zu CD.

Angenommen, FO schneide die Spirale in einem weiteren Punkt I. Dann bestimme man den Punkt P auf FE so, dass ∠EAP = ∠FAI ist. Nun ist AE : AB = AF : AC aufgrund der Parallelität von BC und EF. Infolge der Gleichheit der Winkel ∠BAV (=∠EAP) und ∠CAI (=∠FAI) ist aber AB : AV = AC : AI, folglich wäre AE : AV = AF : AI, was aber unmöglich sein kann, denn es ist gleichzeitig auch AE : AP = AF : AI, das heißt, es wäre AP = AV, das

Abb. 6.11 .

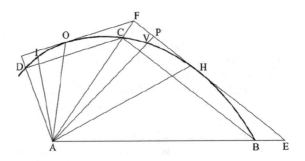

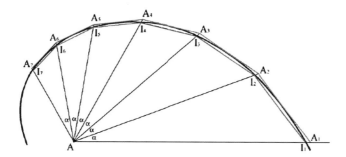

Abb. 6.12 Um- und einbeschriebener „gleichwinkliger" Polygonzug $A_1A_2A_3\dots$ bzw. $I_1I_2I_3\dots$, bestehend aus paarweise parallelen Strecken

Ganze gleich einem seiner Teile. Somit schneidet die Gerade FO die Spirale kein weiteres Mal, das heißt, die Parallele FO zu CD ist Tangente an die Spirale, *w.z.b.w.*

Daraus ergibt sich folgendes **Korollar,** das später bei der Quadratur der Spirale von Bedeutung sein wird: *Aus dem Vorhergehenden wird klar, wenn wir aneinander anschlie-ßende gleiche Winkel mit Scheiteln im Zentrum einer gegebenen Spirale einzeichnen, dass es möglich ist, zwei aus ähnlichen Dreiecken gebildete Figuren so zu um- bzw. einzubeschrei-ben, dass die Grundseiten der umbeschriebenen Dreiecke Tangenten an die Spirale sind und die Parallelen zu diesen Grundseiten ihrerseits Grundseiten der einbeschriebenen Dreiecke sind* (Abb. 6.12).

Satz 2 (Pollux): *Alle Tangenten bilden mit den zu ihren Berührungspunkten geführten Radien gleiche Winkel.*

BEWEIS: Es seien CD und CE zwei von C ausgehende Tangenten mit den Berührungs-punkten D bzw. E. AC schneide die Spirale im Punkt I. Nun lege man durch I die Parallelen IM und IL zu den Tangenten CD bzw. CE (Abb. 6.13).

Dann ist $\angle MAI = \angle IAL$, denn andernfalls bestimme man auf der Spirale den von L verschiedenen Punkt O, sodass $\angle IAO = \angle MAI$ ist, und ziehe die Sehne IO. Nach dem vorhergehenden Satz *Castor* ist die Parallele zu OI durch den Punkt C ebenfalls eine Tangente an die Spirale. Dann gäbe es aber zwei verschiedene, von C aus auf dieselbe Seite (*ad easdem*

Abb. 6.13 .

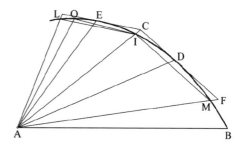

partes) gerichtete Tangenten an die Spirale, was unmöglich sein kann.[36] Dann sind also die Dreiecke MAI und IAL gleichwinklig, und wegen der Parallelität der Tangenten zu den Sehnen MI bzw. IL ist daher auch ∠AFD = ∠ACE. Ebenso muss auch ∠FAD = ∠CAE sein, denn andernfalls bestimme man auf der Spirale den Punkt O so, dass ∠CAO = ∠FAD ist. Da ∠MAI = ∠IAL ist, so wäre die Verbindungsgerade CO aufgrund des Satzes *Castor* eine Tangente an die Spirale, die außerdem parallel zu IL ist, was beides unmöglich ist. Somit ist ∠FAD = ∠CAE, und da wie bereits gezeigt ∠AFD = ∠ACE ist, so muss daher auch ∠ADF = ∠AEC sein, *w. z. b. w.*

6.3.1   Die Rektifikation der logarithmischen Spirale

Die folgenden Sätze dienen zur Vorbereitung der Bestimmung der Länge der geometrischen Spirale:

Satz 3: ∠CAI *sei ein beliebiger Winkel mit Scheitel* A *im Zentrum einer gegebenen Spirale,* CI *sei die Tangente an die Spirale parallel zur Sehne* DO. *Dann ist die Strecke* CI *länger als der Spiralbogen* OHD (Abb. 6.14).

BEWEIS: In den Punkten D und O legt man die Tangenten DE bzw. OL. Aufgrund der Parallelität von CI und DO ist CD : IO = DA : OA; wegen DA > OA ist daher CD > IO. Nun bestimmt man auf der Verlängerung von AI den Punkt T so, dass OT = DC ist, und trägt bei T den Winkel ∠OTN = ∠DCE an. Nach Satz *Pollux* ist auch ∠NOT = ∠EDC; die Dreiecke

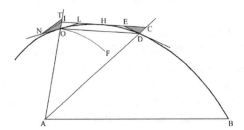

Abb. 6.14 Die Dreiecke EDC und NOT sind kongruent

---

[36] CARRUCCIO [1955, S. 35, Anm. 45] bemerkt dazu: Wenn man vom selben Punkt [C, Abb. 6.13] aus zwei Tangenten (z. B. CD, CE) an die logarithmische Spirale (eine Kurve, die gegen das Zentrum hin stets konkav ist) legt, so weisen diese beiden Tangenten nicht auf dieselbe Seite *(ad easdem partes),* d. h. es sind nicht Grenzlagen von [zwei durch den Punkt C gehenden] Geraden, welche die Spirale in Punktepaaren schneiden, die im Sinne des Kurvenverlaufs auf derselben Seite auf den beiden Geraden liegen. Es ist offensichtlich, dass es nicht möglich ist, von ein und demselben Punkt aus zwei Tangenten an die logarithmische Spirale zu legen, welche im oben erklärten Sinne in dieselbe Richtung weisen.

EDC, NOT sind daher aufgrund von Euklid I, 26[37] kongruent, sodass ON = DE und TN = CE ist. Nun verbindet man N mit I und zeichnet den Kreisbogen OF mit dem Mittelpunkt A und dem Radius AO.

Die ganze Spirale ODB liegt dann offensichtlich außerhalb des Bogens OF, also liegt erst recht die Strecke OL außerhalb dieses Bogens. Der Winkel ∠AOL ist daher stumpf und damit auch der Winkel ∠TON. Folglich ist TN > IN, und daher ist TN + IL > IN + IL bzw. CE + IL > IN + IL und erst recht CE + IL > ON + OL, das heißt CE + IL > DE + OL. Fügt man auf beiden Seiten dieser Ungleichung LE hinzu, so erhält man schließlich für die ganze Tangentenstrecke: CI > DE + EL + LO.

An dieser Stelle greift Torricelli auf die archimedischen Postulate

1. Von allen Linienstücken, die gleiche Endpunkte haben, ist die gerade Linie die kürzeste.
2. Die übrigen Linien aber, die in einer und derselben Ebene liegen und dieselben Endpunkte haben, sind einander ungleich, wenn sie nach der gleichen Seite konkav sind und die eine ganz von der anderen und der geraden Verbindungslinie der Endpunkte umfasst wird oder teilweise umfasst wird, teilweise mit einer der beiden Linien identisch ist. Und zwar ist diejenige, welche umfasst wird, die kleinere.[38]

zurück. Aus diesen Postulaten folgt, dass DE + EL + LO größer als der Spiralbogen DHO ist, und damit ist erst recht die Tangentenstrecke CI länger als der Bogen DHO, *w. z. b. w.*

In einer Spirale mit dem Zentrum A seien beliebig viele aneinander anschließende gleiche Winkel ∠BAC, ∠CAD, ∠DAF, ..., ∠DZL eingezeichnet (Abb. 6.15). Auf den Radien AB und AC bestimmt man die Punkte K und V so, dass AK = AV = AL (d. h. gleich dem kürzesten der eingezeichneten Radien) ist. R sei der Schnittpunkt der Geraden KV und BC.

Satz 4: *Die Strecke* BR *ist gleich der Summe aller einbeschriebenen Sehnen* BC, CD, DF, ..., ZL.

BEWEIS: Die Dreiecke BAC, CAD, DAF, ... ZAL sind aufgrund von Satz 2 *(Pollux)* alle ähnlich. Trägt man auf den beiden Radien AB und AC von A aus abwechslungsweise die Radien AD, AF, ... ab, ist also AE = AD, AG = AF, AI = AH, usw., so entstehen die Dreiecke AEC, AEG, AGI, ..., AOK, die in dieser Reihenfolge kongruent zu den Dreiecken ACD, ADF, AFH, ..., AZL sind. Daher ist CE = CD, EG = DF, GI = FH, ..., OK = ZL. Weiter sind die Strecken BC, EG usw. parallel, ebenso die Strecken CE, GI, ..., OK. Die Verlängerung der Strecke KO möge die Gerade BC im Punkte P schneiden.

Dann ist leicht zu erkennen, dass KP gleich der Summe der parallelen Strecken CE, GI, ..., OK ist, ebenso ist BP gleich der Summe der parallelen Strecken BC, EG usw.

---

[37] Wenn in zwei Dreiecken zwei Winkel zwei Winkeln entsprechend gleich sind und eine Seite einer Seite ..., dann müssen auch die übrigen Seiten den übrigen Seiten (entsprechend) gleich sein und der letzte Winkel dem letzten Winkel (zweiter Kongruenzsatz für Dreiecke).

[38] *AW*, S. 78, Postulate 1 und 2.

Abb. 6.15 .

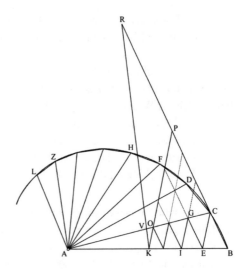

Die beiden Dreiecke KBR und VOK sind aber gleichwinklig; insbesondere ist $\angle$BRK = $\angle$VKO, folglich ist das Dreieck RKP gleichschenklig mit KP = RP. Somit ist BR = BP + PR = BC + CD + DE + … + ZL, *w.z.b.w.*

Als Nächstes soll nun der Spiralbogen beliebig genau durch einen einbeschriebenen Polygonzug approximiert werden:

Proposition: *Einem Spiralbogen ABC soll eine aus ähnlichen Dreiecken gebildete Figur so einbeschrieben werden, dass das Verhältnis der Länge des Spiralbogens ABC zur Länge des einbeschriebenen Polygonzugs ALHNC kleiner ist als jedes beliebig vorgegebene Verhältnis* > 1.

Es sei DE : EA das gegebene Verhältnis, wobei D auf der Verlängerung von EA liegt (Abb. 6.16). Nun legt man von D die Tangente an die Spirale bis zum Berührungspunkt B und halbiert dann den Winkel AEC so lange, bis man zu einem Winkel $\varepsilon = \angle$AEL < $\angle$AEB

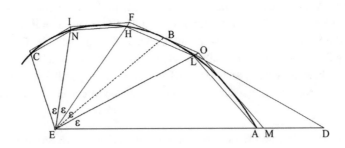

Abb. 6.16 .

gelangt. AL, LH, HN, ... und MO, OF, FI, ... seien die durch diesen Winkel ε bestimmten
parallelen ein- bzw. umbeschriebenen Polygonzüge.

Dann ist MO : AL = EO : EL, ebenfalls OF : LH = EO : EL, usw.; folglich verhält
sich gemäß Euklid V,12[39] die Summe aller Strecken des umbeschriebenen zur Summe
aller Strecken des einbeschriebenen Polygonzugs wie MO zu AL oder wie ME zu EA,
das heißt, dieses Verhältnis wird kleiner sein als DE : EA. Die Summe der Strecken des
umbeschriebenen Polygonzug ist aber größer als die Länge des Bogens ALHNC, folglich
ist erst recht das Verhältnis der Länge des Bogens ALHNC zur Länge des einbeschriebenen
Polygonzug kleiner als das Verhältnis DE : EA, *w.z.b.w.*

Zur Rektifikation des Spiralbogens benötigt Torricelli schließlich noch den folgenden

Satz 5: *Die Tangente an eine geometrische Spirale bildet mit dem zum Berührungspunkt
geführten Radius auf jener Seite, auf der sich die kleineren Radien befinden, einen spitzen
Winkel.*

BEWEIS: Es sei BE die Tangente im Punkt B (Abb. 6.17) des Spiralbogens BIC. Man
trage auf AB die Strecke AD = AC ab und errichte in D die Senkrechte DG (wobei G ein
erst später zu bestimmender Punkt ist) zu AB. Falls nun die Tangente BE diese Senkrechte
schneidet, so ist klar, dass der Winkel $\angle$ABE spitz ist.

Falls sie nicht schneidet[40], so sei F ein Punkt auf DG, für welchen BF länger ist als der
Bogen BIC. Die Strecke BF wird die Spirale in einem Punkt O schneiden, da die Tangente BE
die letzte der durch B gehenden, nicht schneidenden Halbgeraden ist.[41] Nun halbiere man den

Abb. 6.17 .

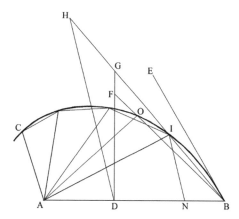

---

[39] «Stehen beliebig viele Größen in Proportion, dann müssen sich alle Vorderglieder zusammen zu
allen Hintergliedern zusammen verhalten wie das einzelne Vorderglied zum (zugehörigen) einzelnen
Hinterglied.»

[40] Dann ist $\angle$ABE $\geq 90°$.

[41] Die Tangente BE wird als Grenzlage (als „letzte") der von B ausgehenden, die Spirale nicht
schneidenen Halbgeraden aufgefasst.

Abb. 6.18 .

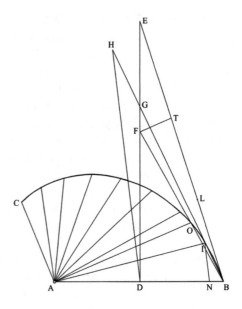

Winkel BAC und ebenso die entstandenen Teilwinkel so oft, bis man zu einem Winkel BAI gelangt, der kleiner ist als der Winkel BAO; anschließend teile man den ganzen Winkel BAC in lauter gleiche Teile von der Größe des Winkels BAI, sodass man den einbeschriebenen Polygonzug mit dem ersten Abschnitt BI erhält. Es sei G der Schnittpunkt der in D errichteten Senkrechten mit der Verlängerung der Sehne BI. Sodann trage man auf AB die Strecke AN = AI ab und lege durch D die Parallele zu NI, welche die Verlängerung von BI im Punkt H schneiden wird. Nun ist ∠BAI < ∠BAO, folglich liegt die Sehne BI auf der dem Zentrum A entgegengesetzten Seite der Sehne BO. Es ist aber ∠BDG = 90°, während der Winkel BDH stumpf ist, denn er ist gleich dem Winkel BNI, dem Nebenwinkel des Basiswinkels ANI des gleichschenkligen Dreiecks ANI. Folglich liegen die Strecken BH und DH außerhalb des Dreiecks BFD.

Der Bogen BIC ist nach Voraussetzung kleiner als BF, daher wird er erst recht kleiner als die Strecke BG und somit auch kleiner als die Strecke BH sein. Nach Satz 4 ist aber BH gleich der Summe der Seiten des einbeschriebenen Polygonzugs; daher wäre auch der Bogen BIC kürzer als die Länge des einbeschriebenen Polygonzugs, «entgegen einem von sämtlichen Mathematikern anerkannten Prinzip».[42] Folglich muss BE die Senkrechte DG schneiden, und daraus ergibt sich, dass der Winkel ∠ABE spitz ist, *w.z.b.w.*

Nach diesen Vorbereitungen kann Torricelli zur Bestimmung der Bogenlänge der Spirale übergehen. Sein erster Hauptsatz lautet:

---

[42] Von allen Linien, die zwei gegebene Punkte verbinden, ist die gerade Linie die kürzeste.

Satz 6: BIC *sei ein beliebiger Bogen einer Spirale mit Zentrum* A, D *sei der Punkt auf* AB *mit* AD = AC.[43] *Nach Satz* 5 *wird die Tangente in* B *die in* D *errichtete Senkrechte zu* AB *in einem Punkt* E *schneiden* (Abb. 6.18). *Dann ist der Bogen* BIC *gleich der Tangentenstrecke* BE.

Der Beweis wird in zwei Teilen geführt, indem gezeigt wird, dass der Bogen BIC weder kürzer noch länger sein kann als die Tangentenstrecke BE.

Es sei zunächst der Bogen BIC kürzer als die Strecke BE. Dann nehme man von BE die Strecke BL = BD weg und halbiere die Reststrecke so oft, bis man zu einer Strecke TE gelangt, die kleiner ist als die Differenz zwischen BE und dem Bogen BIC, sodass die Strecke BT immer noch länger sein wird als der Bogen BIC. Nun bestimmt man den Punkt F auf der Senkrechten DE so, dass BF = BT ist. Es ist klar, dass BF innerhalb des Winkels ∠DBE liegt und daher die Spirale in einem Punkt O schneidet.[44] Der Winkel ∠BAC wird nun so oft halbiert, bis man zu einem Winkel ∠BAI < ∠BAO gelangt. Danach konstruiert man mit dem Winkel ∠BAI den „gleichwinkligen" Polygonzug (siehe Abb. 6.12) mit dem ersten Abschnitt BI; weiter trägt man auf AB die Strecke AN = AI ab und legt durch D die Parallele DH zu IN. Der Winkel ∠HDB ist stumpf, denn er ist gleich dem Winkel ∠INB, dem Nebenwinkel eines Basiswinkels des gleichschenkligen Dreiecks ANI. Daher liegt der Punkt H außerhalb des rechten Winkels ∠EDB. Die Geraden DH und BI mögen sich daher in H schneiden.

Wegen BF = BT ist die Strecke BF länger als der Bogen BIC; dasselbe gilt erst recht für die Strecke BG, wobei G der Schnittpunkt von DE mit BH ist, und umso mehr auch für die Strecke BH. Aber nach Satz 4 ist BH gleich der Länge des dem Bogen BIC einbeschriebenen Polygonzugs mit dem ersten Abschnitt BI. Damit wäre aber die Länge dieses Polygonzugs grösser als die Länge des Bogens, was wiederum «im Widerspruch zu den von sämtlichen Geometern angenommenen Grundsätzen steht».

Wie bereits erwähnt wurde, fehlte in der Faentiner Ausgabe von 1919 der zweite Teil des Beweises, da sich die entsprechenden Manuskriptblätter an einer völlig anderen Stelle des Sammelbandes befanden. Man nimmt an, dass dieser Teil später entstanden ist als der Rest der Abhandlung über die geometrische Spirale, womit auch die veränderte Bezeichnungsweise der Figuren zu erklären ist.

In diesem zweiten Teil wird nun also angenommen, der Bogen AB sei länger als die Tangentenstrecke AC, wobei IF = IB und ∠AFC = 90° ist. In diesem Fall beschreibt man dem Bogen einen „gleichwinkligen" Polygonzug mit dem ersten Abschnitt AE ein, sodass das Verhältnis der Länge des Bogens AB zur Länge des Polygonzugs kleiner ist als das Verhältnis desselben Bogens zur Tangentenstrecke AC (dass dies möglich ist, wurde in der

---

[43] Torricelli stellt fest, dass die folgenden Überlegungen auch gelten, wenn ∠BAC ≥ 180° ist, dass er aber annimmt, es sei ∠BAC < 180°, um dadurch die Figur einfacher zu gestalten.

[44] Torricelli begründet dies auf die gleiche Weise wie schon zuvor: Die Tangente BE ist der „letzte" der von B ausgehenden, nicht schneidenden [d. h. mit BD einen Winkel > ∠DBE bildenden] Halbstrahlen; daher ist ∠DBF < ∠DBE, d. h. BF muss die Spirale in einem Punkt O schneiden.

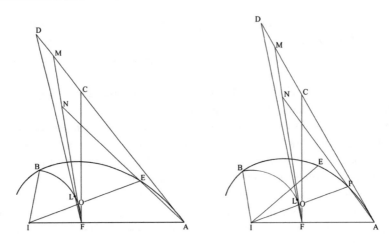

Abb. 6.19 .

vorangehenden Proposition gezeigt). Der Polygonzug ist somit länger als die Tangentenstrecke AC; es sei also AD gleich der Länge dieses Polygonzugs.

O sei der Schnittpunkt von IE mit dem Kreisbogen FB (mit dem Zentrum I), M der
Schnittpunkt der Tangente mit der Geraden FO. Die Verbindung FD wird den Kreisbogen
BF in einem Punkt L schneiden.

Liegt L außerhalb des Dreiecks AIE (Abb. 6.19 links), so wird M zwischen C und D
liegen. N sei der Schnittpunkt von FM mit der Verlängerung von AE. Nach Satz 4 ist AN
gleich der Länge des Polygonzugs. Somit ist AN = AD, was unmöglich ist, denn es ist
AN < AM < AD.

Liegt L hingegen innerhalb des Dreiecks AIE (Abb. 6.19 rechts), so halbiere man den
Winkel AIE so oft, bis man zu einem Winkel AIP gelangt, bei dem L außerhalb des Dreiecks
AIP liegt. Der neue Polygonzug mit dem ersten Abschnitt AP wird dann länger sein als
der erste. Nun sei O der Schnittpunkt von IP mit dem Kreisbogen BF, M wiederum der
Schnittpunkt der Tangente mit der Geraden FO. N sei der Schnittpunkt von FM mit der
Verlängerung von AP. Nach Satz 4 ist dann AN gleich der Länge des neuen Polygonzugs,
daher wäre AN > AD, was wiederum unmöglich ist.

6.3.2   Die Quadratur der logarithmischen Spirale

Die Bestimmung des von der geometrischen Spirale eingeschlossenen Flächeninhalts erfolgt
auf die klassische Art mittels Approximation durch ein- und umbeschriebene geradlinige
Figuren. Torricelli betrachtet zunächst eine durch einen „gleichwinkligen" Polygonzug
BCDE… bestimmte, aus unendlich vielen ähnlichen Dreiecken bestehende Figur, die einer
Spiralen mit Zentrum A einbeschrieben ist (Abb. 6.20). Er trägt auf AB die Strecke AF =
AD ab und legt durch A die Parallele AG zu FC, wobei G auf der Verlängerung von BC liegt.

Abb. 6.20 Die Dreiecke ACD
und ACF sind kongruent; die
Dreiecke AGH und AIC sind
gleichschenklig

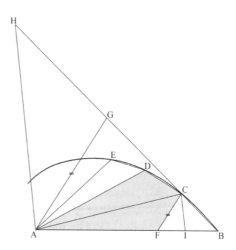

Satz 7: *Das Dreieck* ABG *ist gleich der Summe aller unendlich vielen einbeschriebenen Dreiecke* ABC, ACD, ADE, . . .

BEWEIS: Infolge der Gleichwinkligkeit des Polygonzugs BCDE. . . sind die Dreiecke ABC, ACD, . . . alle untereinander ähnlich (Satz 2, *Pollux*). Somit sind ihre Flächeninhalte proportional zu AB^2, AC^2, AD^2, . . . und bilden demzufolge eine abnehmende geometrische Folge mit $\triangle ABC$ als erstem Glied und $\triangle FBC$ als Differenz zwischen dem ersten und dem zweiten Glied. In der Abhandlung *De dimensione parabolae* hatte Torricelli gezeigt, dass das erste Glied einer unendlichen (abnehmenden) geometrischen Folge gleich der mittleren Proportionalen zwischen der ersten Differenz und der Summe dieser Folge ist.[45]

Im vorliegenden Falle ist die erste Differenz gleich der Fläche $\triangle FBC = \triangle ABC \cdot$ (BF/AB), daher gilt für die Summe S der Flächen $\triangle ABC$, $\triangle ACD$, . . .:

$$S = \frac{(\triangle ABC)^2}{\triangle FBC} = \frac{\triangle ABC \cdot AB}{BF} = \frac{\triangle ABC \cdot GB}{BC} = \triangle ABG, \textit{w. z. b. w.}$$

1. Korollar: Ist AI = AC und ist AH parallel zu IC (Abb. 6.20), so ist das Dreieck BAH kleiner als das Doppelte der Summe aller unendlich vielen einbeschriebenen Dreiecke.

BEWEIS: Zunächst ist AG $<$ GB, denn es ist AG : GB = FC : CB = DC : CB = AC : AB $<$ 1. Weiter ist IC die Halbierende des Winkels $\angle$BCF. Torricelli beweist dies, indem er zeigt, dass die Abschnitte BI und IF im selben Verhältnis stehen wie die Seiten BC und CF[46]; man kann dies aber auch direkt einsehen, wenn man beachtet, dass das Dreieck ACI gleichschenklig ist und die Dreiecke ABC und ACF aufgrund der Konstruktion des Punktes F ähnlich sind.

---

[45] OT, I_1, S. 149. – Siehe Kap. 4, Lemma XXVII.
[46] Euklid VI,6: Die Halbierende eines Dreieckswinkels teilt die gegenüberliegende Seite im Verhältnis der beiden anliegenden Seiten und umgekehrt.

Wegen der Parallelität von AH und IC bzw. von AG und FC ist ∠AHG = ∠ICB, ebenso ∠HAG = ∠ICF; daher ist ∠HAG = ∠AHG, was bedeutet, dass das Dreieck AHG gleichschenklig ist: HG = AG. Folglich ist HG < GB und damit HB < 2 · GB, was bedeutet, dass das Dreieck BAH kleiner ist als das Doppelte des Dreiecks BAG und damit kleiner als das Doppelte der Summe der einbeschriebenen Dreiecke, w.z.b.w.

2. Korollar Das Dreieck AHC (Abb. 6.20) ist kleiner als das Doppelte der Summe der unendlich vielen einbeschriebenen Dreiecke ohne das Dreieck BAC.

BEWEIS: Die Dreiecke BAG und CAG sind ähnlich, denn infolge der Ähnlichkeit der Dreiecke ACF (= ACD) und BAC (Korollar zu Satz 1) ist ∠GAC = ∠CBA,[47] ferner ist ∠BGA = ∠CGA. Daher ist BG : AG = AG : GC und damit (da AG = HG ist) BG : HG = HG : GC. Es wurde aber zuvor gezeigt, dass BG > HG ist; somit ist auch HG > GC. Folglich ist HC größer als das Doppelte von GC, und damit ist auch das Dreieck HAC größer als das Doppelte des Dreiecks GAC, welches seinerseits aufgrund von Satz 7 gleich der Summe der unendlich vielen einbeschriebenen Dreiecke ohne das Dreieck BAC ist, w.z.b.w.

Satz 8: *Einer Spirale mit dem Zentrum A und dem größten Radius AB soll eine unendliche Folge ähnlicher Dreiecke einbeschrieben werden, sodass die von der Spirale begrenzte Fläche zur Summe der Flächen der einbeschriebenen Dreiecke in einem Verhältnis steht, das kleiner ist als ein beliebig vorgegebenes Verhältnis λ > 1, wobei gleichzeitig die Dreieckswinkel α im Zentrum kleiner sind als ein beliebig vorgegebener Winkel ε.* (Abb. 6.21)

BEWEIS: Der Punkt C wird so bestimmt, dass CA : BA gleich dem vorgegebenen Verhältnis λ ist. AD sei die mittlere Proportionale zwischen CA und BA. Die Tangente von D aus möge die Spirale in E berühren. Nun denke man sich die unendliche Folge von gleichen Winkeln α = ∠BAE, sowie die aus den Tangenten parallel zu den Sehnen BE, EL, LV, ... gebildeten gleichwinkligen Polygonzug IFHO... usw., sodass je eine aus ähnlichen Dreiecken bestehende ein- bzw. umbeschriebene Figur entsteht.

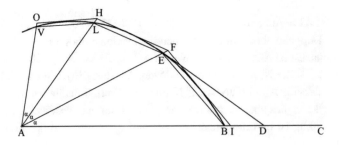

Abb. 6.21 .

---

[47] Beide sind nämlich gleich ∠ACF, denn ∠GAC und ∠ACF sind Wechselwinkel an Parallelen, und wegen der Ähnlichkeit der Dreiecke CBA und ACF ist ∠CBA = ∠ACF.

Aufgrund von Euklid V,12[48] ist das Flächenverhältnis der um- zur einbeschriebenen Figur gleich dem Flächenverhältnis der Dreiecke $\triangle$IAF : $\triangle$BAE, das heißt gleich IA^2 : BA^2. Es ist aber IA^2 : BA^2 < DA^2 : BA^2 = CA : BA (da DA mittlere Proportionale zwischen CA und BA ist) = λ Somit ist das Verhältnis der um- zu der einbeschriebenen Figur und damit erst recht das Verhältnis der von der Spirale begrenzten Figur zur einbeschriebenen Figur kleiner als das vorgegebene Verhältnis λ.

Ist nun der auf diese Weise bestimmte Winkel α nicht wie verlangt < ε, so halbiere man den Winkel BAE so lange weiter, bis man zu einem Winkel gelangt, der kleiner ist als ε. Die zu diesem Winkel gehörige einbeschriebene neue Figur ist aber sicher größer als die vorhergehende; daher ist auch das Verhältnis der von der Spirale begrenzten Figur zur neuen einbeschriebenen Figur kleiner als das vorgegebene Verhältnis λ, *w.z.b.w.*

Korollar Es ist offensichtlich, dass diese Eigenschaft nicht nur dem Verhältnis der von der Spirale mit dem größten Radius AB begrenzten Figur zur einbeschriebenen Figur zukommt, sondern dass dasselbe auch für irgendeine andere entsprechende Figur gilt. So ist z. B. auch das Verhältnis zwischen der Spiralfläche mit dem größten Radius AE und der ihr einbeschriebenen Figur (Abb. 6.21) kleiner als das Verhältnis zwischen der umbeschriebenen und der einbeschriebenen Figur, d. h. kleiner als FA^2 : EA^2 = IA^2 : BA^2 und folglich umso kleiner als DA^2 : BA^2 oder als CA : BA = λ.

Damit kann der Flächeninhalt der einbeschriebenen Figur ein weiteres Mal bestimmt werden: Es seien in der Abb. 6.22 die Winkel $\angle$BAC, $\angle$CAD, $\angle$DAE, $\angle$EAI, $\angle$IAO alle gleich, und es sei AL = AD, AH parallel zu CL, AM = AO und MN parallel zu BC.

Satz 9: *Dann sind die Dreiecke* $\triangle$ABC, $\triangle$ACD, $\triangle$ADE, $\triangle$AEI, $\triangle$AIO *zusammen gleich dem Trapez* BHNM.

BEWEIS: Man bestimme auf AB die Punkte P, L, Q, V so, dass AP = AC, AL = AD, AQ = AE, AV = AI, und lege durch diese Punkte die Parallelen zu BH. Für die Dreiecke $\triangle$BAH, $\triangle$PAR gilt dann:

$$\triangle ABH \; : \; \triangle APR \; = \; AB^2 \; : \; AP^2 \; = \; AB^2 \; : \; AC^2 \; = \; AB^2 \; : \; AB \cdot AD$$

$$= \; AB^2 \; : \; AB \cdot AL \; = \; AB \; : \; AL \; = \; BH \; : \; TL \; = \; BH \; : \; CH.$$

Nun ist das Trapez BHRP = $\triangle$ABH$-\triangle$APR, daher

$$\triangle ABH \; : \; \text{Trapez BHRP} \; = \; BH \; : \; (BH \; - - \; CH) \; = \; BH \; : \; BC \; = \; \triangle ABH \; : \; \triangle ABC.$$

---

[48] Stehen beliebig viele Größen in Proportion, so müssen sich alle Vorderglieder zusammen zu allen Hintergliedern zusammen wie das einzelne Vorderglied zum (zugehörigen) einzelnen Hinterglied verhalten.

Abb. 6.22 .

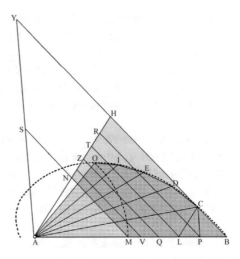

Das Trapez BHRP ist somit gleich dem Dreieck ABC. Wegen der Ähnlichkeit der Trapeze BHRP und PRTL[49] gilt weiter:

$$\text{Trapez BHRP} \;:\; \text{Trapez PRTL} = \text{BK}^2 \;:\; \text{PR}^2 = \text{AB}^2 \;:\; \text{AP}^2$$
$$= \text{AB}^2 \;:\; \text{AC}^2 = \triangle\text{ABH} \;:\; \triangle\text{ACD}.$$

Da die beiden Vorderglieder, wie eben gezeigt wurde, gleich sind, ist auch das Trapez RTPL gleich dem Dreieck CAD, usw. Alle Dreiecke zusammen sind somit gleich dem Trapez BHNM, *w.z.b.w.*

Damit ist gleichzeitig auf eine andere Art bewiesen, dass die Summe aller unendlich vielen einbeschriebenen Dreiecke gleich dem Dreieck BAH ist (Satz 7).

Es seien nun S, Y die Schnittpunkte der Parallelen zu CP durch A mit den Verlängerungen von MN bzw. BC (Abb. 6.22). Dann gilt:

Satz 10: *Das Trapez* BYSM *ist kleiner als das Doppelte der Dreiecke* ABC, ACD, ADE, AEI, AIO *zusammen.*

BEWEIS: Wie bereits gezeigt wurde[50], ist HY $=$ AH $<$ BH. Folglich ist BY kleiner als das Doppelte von BH, und daher ist das Dreieck ABY ebenfalls kleiner als das Doppelte des Dreiecks ABH. Es ist aber $\triangle$AMS $:$ $\triangle$AMN $=$ $\triangle$ABY $:$ $\triangle$ABH. Also ist auch Trapez

---

[49] Aufgrund der Definition der geometrischen Spirale sind die Strecken AB, AC, AD, AE, AI , AO und damit (aufgrund ihrer Konstruktion) auch die Strecken AB, AP, AL, … und mit diesen auch die Abschnitte PB, LP, … stetig proportional. Die Streckung mit dem Faktor LP/PB bildet daher das Trapez BHRP auf das Trapez PRTL ab.

[50] Im Beweis des ersten Korollars zu Satz 7.

Abb. 6.23 .

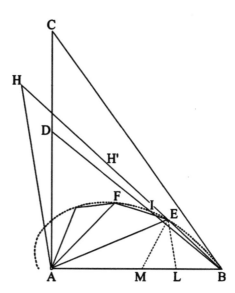

BYSM : TrapezBHNM = △ABY : △ABH, was bedeutet, dass das Trapez BYSM kleiner ist als das Doppelte des Trapezes BHNM und damit aufgrund von Satz 9 auch kleiner als das Doppelte der Dreiecke ABC, ACD, ADE, AEI, AIO zusammen, *w.z.b.w.*

Im Satz 7 hatte Torricelli die Summe der Flächen aller unendlich vielen, der Spirale einbeschriebenen ähnlichen Dreiecke bestimmt. Im folgenden Satz 11 will er nun mithilfe dieser Dreiecke den Flächeninhalt der von der Spirale eingeschlossenen Fläche bestimmen. Dabei ist aber zu beachten, dass diese Dreiecke ab dem zweiten Umgang jene der vorhergehenden Umgänge überdecken. Torricellis Formulierung dieses Satzes muss im Sinne der in eckigen Klammern gesetzten Ergänzungen verstanden werden:

Satz 11: *Es sei die Spirale mit dem Zentrum* A *und dem größten Radius* AB *gegeben. Ist* BC *die Tangente in* B, AC *die Senkrechte zu* AB *im Zentrum* A *(Abb. 6.23), dann ist die* [Summe der] *von den* [einzelnen] *unendlich vielen Umgängen der Spirale eingeschlossene*[n] *Fläche*[n] *gleich der Hälfte des Dreiecks* ABC.

Unter den «von den einzelnen Umgängen der Spirale eingeschlossenen Flächen» ist folgendes zu verstehen:

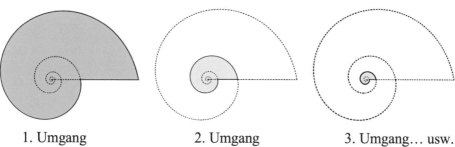

1. Umgang   2. Umgang   3. Umgang… usw.

Im folgenden Beweis ist daher unter „Spiralfläche" stets die Summe dieser von den einzelnen Umgängen der Spirale eingeschlossenen Flächen zu verstehen. Wir werden anschließend die folgenden Abkürzungen verwenden:

Sp_{AB}: Die Fläche (im oben genannten Sinn) der Spirale mit dem größten Radius AB.
EF_{AB}: Die der Spirale mit dem größten Radius AB einbeschriebene, aus gleichwinkligen (ähnlichen) Dreiecken bestehende Figur.

Satz 11 lautet dann kurz: $Sp_{AB} = \frac{1}{2}\triangle ABC$.

BEWEIS (erster Teil): Es wird zunächst angenommen, es sei $\triangle ABC > 2 \cdot Sp_{AB}$. Dann gibt es ein Dreieck ABD (Abb. 6.23), das gleich dem Doppelten der Spiralfläche ist. I sei der Schnittpunkt von BD mit der Spirale. Nun halbiere man den rechten Winkel $\angle CAB$ so lange, bis man zu einem Winkel $\angle BAE$ gelangt, der einen Bogen BE erzeugt, der kleiner ist als der Bogen BI. Sodann bestimme man auf AB den Punkt L, sodass AL = AE ist, und lege durch A die Parallele AH zu LE, wobei H der Schnittpunkt der Verlängerung von BE mit dieser Parallelen ist. Offensichtlich ist das Dreieck ABH größer als das Dreieck ABD, da die Strecke BH aufgrund der Konstruktion außerhalb des Dreiecks ABD liegt, ebenso wie die Strecke AH (denn der Winkel HAB ist > 90°, da er gleich dem stumpfen Nebenwinkel des Basiswinkels AEL des gleichschenkligen Dreiecks AEL ist). Aber aufgrund des ersten Korollars zu Satz 7 ist das Dreieck ABH kleiner als das Doppelte der Fläche der gesamten, aus unendlich vielen ähnlichen Dreiecken bestehenden einbeschriebenen Figur (mit dem ersten Dreieck BAE), daher ist das Verhältnis des Dreiecks ABH zur Spiralfläche erst recht kleiner als 2.

Es wurde aber angenommen, es sei $\triangle ABC = 2 \cdot Sp_{AB}$. Dann wäre also der Teil (das Dreieck ABD) größer als das Ganze (das Dreieck ABH), was nicht sein kann.

Für den zweiten Teil des Beweises benötigt Torricelli das folgende

Lemma: *Es sei die Spirale mit Zentrum* A *und dem größten Radius* AB *gegeben. Es ist möglich, einen Radius so zu bestimmen, dass er von der Spiralfläche ein Flächenstück abtrennt, das kleiner als eine gegebene Fläche K ist.*

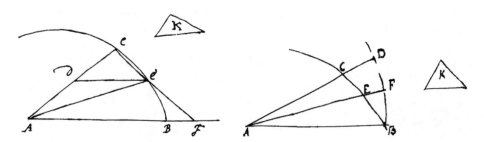

Abb. 6.24 Ms. Gal. 138, c. 38*r*

Man nehme einen beliebigen Radius AC (Abb. 6.24 links). Durch den Mittelpunkt D von AC lege man die Parallele DE zu AB. Wird CE bis F verlängert, so sind die Dreiecke AEC und AFE flächengleich, weshalb der Sektor AEC offensichtlich größer sein wird als der Sektor ABE. Das bedeutet, dass der Sektor ABE kleiner ist als die Hälfte des ganzen Sektors ABC. Wird dieser Vorgang mit dem Sektor ABE und allen folgenden Sektoren genügend oft wiederholt, so gelangt man schließlich zu einem Sektor, der wie verlangt kleiner als K ist.

Torricelli beabsichtigte offenbar, diese Überlegungen durch eine einfachere Betrachtung zu ersetzen, denn die entsprechende Stelle ist im Manuskript durchgestrichen mit der Bemerkung, dass man die Aufgabe mithilfe eines Kreissektors auf eine einfachere Art lösen könne. Es folgt eine Figur (Abb. 6.24 rechts), allerdings ohne weitere Erläuterungen. Torricellis Überlegungen sind jedoch einsichtig, wie Carruccio bemerkt: Der Spiralsektor ABC ist kleiner als der Kreissektor ABD. Schneidet die Halbierende AF des Winkels BAD die Spirale in E, so wird wiederum der Spiralsektor ABE kleiner sein als der Kreissektor ABF. Durch wiederholtes Halbieren des Sektorwinkels wird man auf diese Weise schließlich zu einem Kreissektor gelangen, der kleiner ist als K, und damit wird auch der zugehörige Spiralsektor kleiner als K sein.

BEWEIS von Satz 11 (zweiter Teil): Es sei die Spirale mit dem größten Radius AB und der Tangente BC gegeben, wobei $\angle$BAC = $\angle$ABC ist, d. h. das Dreieck ABC sei gleichschenklig (Abb. 6.25). Man errichte im Punkt A die Senkrechte zu AB bis zum Schnittpunkt D mit der Verlängerung der Tangente BC.

Abb. 6.25 .

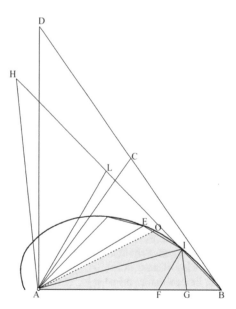

Nun ist BD gleich der Länge der gesamten Spirallinie[51], während das Dreieck ABD offensichtlich doppelt so groß ist wie das Dreieck ABC. Im ersten Teil des Beweises wurde gezeigt, dass das Dreieck ABD nicht größer ist als die doppelte Spiralfläche, d. h. das halb so große Dreieck ABC ist nicht größer als die Spiralfläche.

Nimmt man an, es sei $\triangle$ABC $<$ $\pmb{Sp}_{AB}$, so entferne man von der Spiralfläche einen Sektor, beispielsweise BAO, der kleiner ist als die Differenz $\pmb{Sp}_{AB}$ $-$ $\triangle$ABC (dass dies möglich ist, wurde im vorangehenden Lemma gezeigt). Dann wird immer noch $\triangle$ABC $<$ $\pmb{Sp}_{AB}$ sein.

Der gesamten Spiralfläche $\pmb{Sp}_{AB}$ wird nun eine aus unendlich vielen ähnlichen Dreiecken ABI, AIE, ... bestehende Figur so einbeschrieben, dass $\pmb{Sp}_{AB}$: $\pmb{EF}_{AB}$ $<$ $\pmb{Sp}_{AO}$: $\triangle$ABC und gleichzeitig $\angle$BAI $<$ $\angle$BAO ist (dass beides möglich ist, wurde in der auf Satz 7 folgenden Proposition gezeigt). Wegen $\pmb{Sp}_{AO}$ $>$ $\triangle$ABC wird erst recht $\pmb{Sp}_{AI}$ $>$ $\triangle$ABC sein.

Es ist aber $\pmb{Sp}_{AI}$: $\pmb{EF}_{AI}$ $<$ $\pmb{Sp}_{AO}$: $\triangle$ABC (dies folgt aus dem Korollar zu Satz 8); folglich wird auch $\pmb{EF}_{AI}$ $>$ $\triangle$ABC sein, was unmöglich ist. Bestimmt man nämlich auf AB die Punkte F, G so, dass AG = AI und AF = AE ist, und legt durch A die Parallelen AH, AL zu GI bzw. FI, so wird BH gleich der Länge des einbeschriebenen Polygonzugs BIE. . . sein (Satz 4), und daher ist BH $<$ BD, da BD gleich der Länge der ganzen Spirale ist. Aber der Winkel ABD ist spitz, daher ist $\triangle$ABH $<$ $\triangle$ABD[52] und erst recht $\triangle$AIH $<$ $\triangle$ABD. Ferner ist $\triangle$AIH $>$ 2 $\cdot$ $\triangle$AIL, $\triangle$ABD $=$ 2 $\cdot$ $\triangle$ABC, folglich ist $\triangle$ABC $>$ $\triangle$AIL. Das Dreieck $\triangle$AIL ist aber gleich der gesamten einbeschriebenen Figur (beginnend mit dem grössten Dreieck AIE): Dann wäre also die einbeschriebene Figur kleiner als das Dreieck ABC, im Widerspruch zur Annahme, es sei $\triangle$ABC $<$ $\pmb{Sp}_{AB}$.

Am Ende von Torricellis Abhandlung wird die tatsächlich vom ersten Umgang der Spirale eingeschlossene Fläche bestimmt:

Satz 12: *Es sei eine Spirale mit dem Zentrum* A, *dem größten Radius* AC *und der Tangente* CB *gegeben. Ist das Dreieck* ABC *gleichschenklig und* EI *parallel zu* CB, *so ist die von der Spirale (bei einem vollständigen Umgang) und der Strecke* EC *eingeschlossene Fläche gleich dem Trapez* CBIE *(Abb. 6.26a).*

---

[51] Diese Aussage (für die Torricelli im Manuskript *De infinitis spiralibus* keine Begründung gibt), ist eine Erweiterung von Satz 6 auf die vollständige Spirallinie, die, ausgehend von B, nach unendlich vielen Windungen im Zentrum A endet. Bewegt sich nämlich in Abb. 6.18 der Punkt C gegen das Zentrum A der Spirale, so strebt gleichzeitig auch der Punkt D gegen A, sodass die Tangentenstrecke von B bis zum Schnittpunkt mit der in A errichteten Senkrechten gleich der Länge der gesamten Spirale ist. – CARRUCCIO [1955, S. 11] bemerkt dazu, dass zwar in Torricellis hinterlassenen Papieren kein Beweis dafür zu finden ist, dass er sich aber in verschiedenen Briefen und auch im *Racconto d'alcuni problemi. . .* entsprechend geäußert hat. AGOSTINI [1930b] hat versucht, Torricellis eigenen Beweis zu rekonstruieren.

[52] Es ist offensichtlich $\angle$ABH $<$ $\angle$ABD und BH $<$ BD, d. h. die Höhe des Dreiecks ABH ist (bei gleicher Grundseite) kleiner als die Höhe des Dreiecks ABD.

Ich behaupte nun, dass [die Fläche] des ersten Umgangs (dies ergibt sich sozusagen als Korollar) gleich der Differenz der beiden Trapeze CBIE und EIOL ist. Nimmt man nämlich von Gleichem Gleiches weg, usw.

(An dieser Stelle bricht das Manuskript ab.)

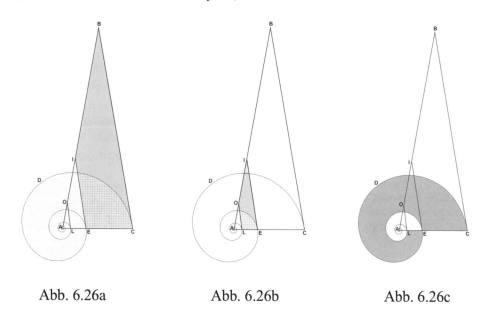

Abb. 6.26a   Abb. 6.26b   Abb. 6.26c

Mit der Fläche des ersten Umgangs ist hier die von den Spiralbögen des ersten und des zweiten Umgangs sowie den Strecken LE und EC begrenzte Fläche gemeint (Abb. 6.26c). Diese ist aber offensichtlich gleich $Sp_{AC} - Sp_{AE}$, das heißt, aufgrund des oben Bewiesenen, gleich der Differenz der Trapeze CBIE und EIOL, w. z. b. w.

6.4 Anhänge

Anhang A. Die Bogengleichheit zwischen archimedischer Spirale und quadratischer Parabel nach Roberval

Bei einem Treffen im Jahre 1642 bei Mersenne hatte Hobbes, der sich zu dieser Zeit im Pariser Exil befand, einen kinematischen Beweis für die Bogengleichheit zwischen der archimedischen Spirale und einem Parabelbogen vorgetragen, worauf der ebenfalls anwesende Roberval auf einen Fehler aufmerksam machte. Am nächsten Tag soll Roberval dann einen eigenen, ebenfalls kinematischen Beweis vorgelegt haben. Mersenne hat Robervals Darlegungen im II. Kapitel *(De hydraulico-pneumaticis phaenomenis)* seiner *Cogitata physico-mathematica* (1644) beschrieben.[53]

Es sei die Parabel gegeben, deren Achse GS gleich dem halben Umfang des ersten Kreises der Spirale[54] mit dem Radius an = ST ist (Abb. 6.26). Dann wird die Parabel zwischen G und T gleich lang sein wie die Spirale des ersten Umgangs. Trägt man auf der Tangente MG die Strecken GQ, QN, NR, RM (alle gleich lang wie ST = ag) und wird die Parabel GT bis X fortgesetzt, wo sie die Ordinate GN erreicht, so wird die Parabel GX gleich lang wie die Spirale der beiden ersten Umgänge sein.

Der die Spirale erzeugende Punkt führt eine zweifache Bewegung aus: die eine ist gleichförmig geradlinig, die andere ist eine ungleichförmige, stetig schneller werdende Kreisbewegung.

Auch der die Parabel erzeugende Punkt führt eine zweifache Bewegung aus: die eine gleichförmig in Richtung der Geraden GQN…, die andere in Richtung von GV, aber ungleichförmig gemäß dem Gesetz, dass, wenn jener Punkt beispielsweise in T angenom-

Abb. 6.26 Mersenne: *Cogitata physico-mathematica* (1644), Phaenomena hydraulica, S. 130

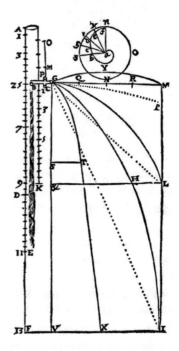

[53] *De parabola helici Archimedeae aequali,* S. 129–130. ETH-Bibliothek Zürich, https://doi.org/10. 3931/e-rara-15453. – Es mag erstaunen, dass Robervals Beweis in dem der Hydraulik gewidmeten Kapitel erscheint. Da Mersenne hier aber u. a. auch experimentell bestätigt, dass ein horizontal aus einer Röhre austretender Wasserstrahl eine Parabel beschreibt, schien es ihm offenbar von Interesse, an dieser Stelle auch auf Robervals Beweis der Bogengleichheit zwischen Parabel und archimedischer Spirale aufmerksam zu machen. Vgl dazu auch Nardi [1994].

[54] Das ist der Kreis, der von der Spirale nach Vollendung ihrer ersten Umdrehung erreicht wird.

men wird, seine Geschwindigkeit so groß ist, dass er bei unveränderter Geschwindigkeit in derselben Zeit, in welcher die Strecke GS bzw. QT mit konstanter Geschwindigkeit durchlaufen wird, die Strecke GV $= 2 \cdot$ GS zurücklegen kann.

Betrachten wir nun die Zeitspanne Δt, in welcher der Punkt G sich nach T bewegt. Dabei durchläuft er bei seiner ersten, gleichförmigen Bewegung die Strecke GQ mit konstanter Geschwindigkeit v, in seiner vertikalen Bewegung die Strecke GS, wobei er, wie gesehen, eine Endgeschwindigkeit erlangt, mit der er in der Zeitspanne Δt die doppelte Strecke GS zurücklegen würde, somit eine Strecke, die gleich dem Umfang des ersten Kreises der Spirale ist. In derselben Zeitspanne durchläuft der Punkt a in seiner ersten, gleichförmigen Bewegung mit ebenfalls konstanter Geschwindigkeit v die Strecke an; bei seiner zweiten Bewegung erreicht er, im Punkt n angelangt, eine Endgeschwindigkeit, mit welcher er in der Zeitspanne Δt den ganzen Umfang des ersten Kreises der Spirale zurücklegen würde.

Sind also die Punkte G und a in ihren Endpunkten T bzw. n angelangt, so sind die Geschwindigkeiten ihrer ersten und auch jene ihrer zweiten Bewegungen gleich groß. Außerdem stehen in beiden Fällen die Bewegungsrichtungen senkrecht aufeinander.

Nun schreibt Mersenne:

> . . . folglich [sind] ihre beiden Bewegungen in jedem Zeitpunkt ihres Laufes jeweils gleich, und sie werden unter gleichen, nämlich rechten Winkeln zusammengesetzt; sie beschreiben also gleiche [gleich lange] Linien, der eine freilich eine Spirale, der andere eine Parabel.

Hier besteht allerdings eine Lücke in der Argumentation, denn die Übereinstimmung der Bewegungen wurde nur für den Zeitpunkt festgestellt, in welchem sich die Punkte G bzw. a in ihrer Endlage T bzw. n befinden. Was die ersten Bewegungen der Punkte betrifft, ist die Übereinstimmung aber offensichtlich, da ihre Geschwindigkeiten konstant gleich v sind. Da die Geschwindigkeiten der zweiten Bewegungen auf der Spirale und auf der Parabel je proportional zur Zeit sind, sind aber auch die zweiten Bewegungen zu jedem Zeitpunkt gleich groß. Zudem ist klar, dass die beiden Bewegungsrichtungen stets einen rechten Winkel bilden.

Anhang B. Die Bogengleichheit zwischen archimedischer Spirale und quadratischer Parabel nach Torricelli[55]

In der Abhandlung *De dimensione parabolae* hatte Torricelli die Quadratur eines Parabelsegments mithilfe der Indivisiblenmethode auf die seit Archimedes bekannte Quadratur der (archimedischen) Spirale $r = a \cdot \varphi$ zurückgeführt.[56] In der Abhandlung *De infinitis spiralibus*[57] untersucht er die verallgemeinerten Spiralen $r^n = a \cdot \varphi^m$ und zeigt, dass diese bogengleich sind mit den Parabeln $y^m = b \cdot x^{m+n}$ ($m, n \in \mathbb{N}$, $b = (\frac{n}{m+n})^m$.[58] Ebenso wie

---

[55] Lineam spiralem aequalem esse parabolae (*OT*, I$_2$, S. 391–392).

[56] Prop. XVII. *OT*, I$_1$, S. 154–155. – Siehe Kap. 4, S. 195–196.

[57] *OT*, I$_2$, S. 349–399.

[58] *Ibid.*, S. 391–392.

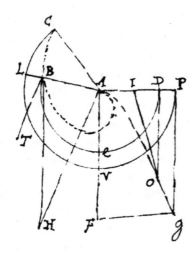
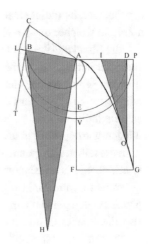

Abb. 6.27 Links: Ms. Gal. 138, c. 68*r*

Roberval stützt er sich dabei auf „kinematische" Überlegungen. Im Falle der archimedischen Spirale betrachtet er allerdings – im Unterschied zur Darstellung bei Mersenne – die Bewegungskomponenten in einem beliebigen Punkt auf der Spirale bzw. auf der Parabel.

Es soll die Länge des Bogens ABC der archimedischen Spirale ABC bestimmt werden (Abb. 6.28). D sei ein beliebiger Punkt auf AP, B der entsprechende Punkt auf der Spirale. Ferner sei AF ⊥ AP, wobei AF gleich dem halben Kreisbogen PVC ist. Man vervollständige das Rechteck AFGP und bestimme mit dem Durchmesser AF die Parabel AOG. Dann ist der Spiralbogen ABC gleich dem Parabelbogen AOG.

Zum Beweis lege man durch D die Parallele DO zu AF. OI sei die Parabeltangente in O. Auf der Senkrechten zu AB wird der Punkt H so bestimmt, dass HB Tangente an die Spirale ist. Aufgrund von Archimedes, *Über Spiralen*, §20, ist dann AH gleich dem Kreisbogen BED.[59]

Der Bogen CVP verhält sich zum Bogen LVP wie CA zu BA, d. h. wie PA zu DA, aber auch wie der Bogen LVP zum Bogen BED. Somit ist

$$\overset{\frown}{\text{CVP}} \; : \; \overset{\frown}{\text{BED}} = \text{PA}^2 \; : \; \text{DA}^2 = \text{PG} \; : \; \text{DO} \;\text{(wegen der Parabeleigenschaft)},$$

bzw. (durch Verhältnisvertauschung)

$$\overset{\frown}{\text{CVP}} : \text{PG} \; (= 2 : 1 \text{gemäss Voraussetzung}) \; = \; \overset{\frown}{\text{BED}} : \text{DO}.$$

Also ist die Strecke DO halb so lang wie der Bogen BED. Dieser ist aber gleich der Strecke AH. Daher ist DO $= \frac{1}{2}$AH. Aber auch ID (als Parabeltangente) ist gleich der Hälfte von AD

---

[59] Torricelli schreibt dazu: «Auch wir können dies beweisen».

bzw. von AB. Somit sind die Dreiecke ABH, DIO ähnlich, das heißt der Winkel bei O ist gleich dem Winkel bei H und damit gleich dem Winkel TBH.

Damit betrachtet Torricelli seinen Beweis als abgeschlossen, denn er endet mit den Worten: *Folglich, wegen demselben Zwischenwinkel, usw.*[60]

Im Anschluss daran gibt er aber noch seinen eigenen Beweis der archimedischen Proposition, der die fehlenden Elemente zum vollständigen Beweis der Bogengleichheit zwischen der Spirale und der Parabel enthält:

> In dem die Spirale erzeugenden Punkt B ist die Bewegung aus zwei Geschwindigkeiten zusammengesetzt: die eine, mit welcher der Radius AB durchlaufen wird, gleichförmig konstant, die andere, mit der sich B um das Zentrum A bewegt, gleichförmig beschleunigt. Das Verhältnis der beiden wird auf folgende Weise bestimmt: Wird der erzeugende Punkt an der Stelle B von der Kreisbewegung losgelöst, so wird er sich in derselben Zeit, in welcher er von A nach B gelangt, von B aus mit gleichbleibender Geschwindigkeit weiter gegen L hin bewegen. Nimmt man ihm aber an derselben Stelle die radial gerichtete Geschwindigkeit, so wird er sich im Endpunkt B der Strecke AB auf einer reinen Kreisbahn bewegen, und er wird in jener Zeit, in welcher er von A nach B gelangt ist, einen Bogen durchlaufen, der gleich dem Bogen BED ist. Folglich verhält sich an der Stelle B die gleichförmig konstante Geschwindigkeit zur gleichförmig beschleunigten Geschwindigkeit wie die Strecke AB zum Bogen BED. Dieses Verhältnis ist aber, wie wir gesehen haben, gleich AB : AH.[61]

Die Bewegung des die Parabel erzeugenden Punktes O ist ebenfalls aus zwei Geschwindigkeiten zusammengesetzt: aus einer gleichförmig konstanten horizontalen und aus einer gleichförmig beschleunigten vertikalen. Dass deren Verhältnis ebenfalls gleich AB : AH ist, folgt aus der Ähnlichkeit der Dreiecke ABH, DIO.

Damit ist klar, dass die Geschwindigkeiten der erzeugenden Punkte B und O zu jedem Zeitpunkt übereinstimmen, woraus folgt, dass der Spiralbogen AC und der Parabelbogen AG gleich lang sind.

---

[60] Ergo cum eadem inclinatione &c.

[61] *OT,* I$_2$, S. 392.

Torricellis Quecksilberexperiment

Mir scheint, dass der junge Mann, der dieses Buch
verfasst hat, etwas viel Leere in seinem Kopf hat.(*)

Nachdem aufgrund der Autorität des Aristoteles das ganze Mittelalter hindurch die Existenz eines leeren Raumes vorwiegend abgelehnt worden war – man sprach von einem *horror vacui* der Natur –, begann man nach der Wiederentdeckung des antiken Atomismus[1] die Möglichkeit eines Vakuums zumindest hypothetisch nicht mehr auszuschließen. In der Folge wurden heftige Auseinandersetzungen zwischen den Befürwortern der Möglichkeit eines Vakuums (den sog. „Vakuisten") und ihren Gegnern (den sog. „Plenisten") ausgetragen, wobei es hauptsächlich darum ging, die schon in der Antike diskutierten Phänomene (z. B. Saugnapf bzw. Schröpfkopf, Saugheber, usw.) zu erklären.

---

[1] Leukipp und sein Schüler Demokrit (5. Jh. v. Chr.) hatten angenommen, dass die Materie aus unteilbaren, durch leere Zwischenräume voneinander getrennten Partikeln besteht. Im 4. Jh. v. Chr. entwickelte Epikur diese Lehre weiter, die dann im 1. Jh. v. Chr. von Lukrez in seinem Lehrgedicht *De rerum natura* dargelegt wurde. Ein 1417 von Poggio Bracciolini aufgefundenes Manuskript des Textes wurde zunächst in Abschriften in der Toskana verbreitet und schließlich um 1473 in Brescia zum ersten Mal gedruckt, wodurch das Werk zu einem Wegbereiter der Renaissance wurde.

(*) Descartes bedankt sich in seinem Brief vom 8. Dezember 1647 bei Constantijn Huygens für die Zusendung von Pascals *Experiences nouvelles touchant le vuide* und meint dazu: «Il me semble que le jeune homme qui a fait ce livret a le vide un peu trop en sa tête» (*OD*, V, S. 653, Nr. CVIII). Der Satz wird gelegentlich fälschlicherweise auf Torricelli bezogen.

Abb. 7.1 Postkarte zur Feier
des 300. Geburtstages von
Evangelista Torricelli im Jahre
1908 (Entwurf: Roberto
Franzoni)

Auf S. 63 ff. des dritten Buches seiner *Spiritali* beschreibt Giovambattista della Porta[2], wie man eine Wasserleitung über einen Berg führen kann (Abb. 7.2) :

Bei der beträchtlichen Länge der Wasserleitung kann aber das Wasser nicht einfach wie beispielsweise bei einem Saugheber mit dem Mund von der Öffnung A her angesaugt werden. Darum muss man zunächst die auf beiden Seiten verschlossene Leitung durch ein bei C angebrachtes Spundloch vollständig mit Wasser füllen und danach dieses Loch sorgfältig wieder verschließen, sodass keine Luft mehr eindringen kann. Öffnet man nun die beiden Mündungen A, B, so wird, so meint Della Porta, das Wasser bei A ausfließen, wodurch bei B ständig wieder neues Wasser aufgenommen wird.

---

[2] Der Neapolitaner Arzt und Universalgelehrte Giovambattista della Porta (um 1535–1615) gilt als einer der ersten Naturwissenschaftler im modernen Sinne. Sein Werk *I tre libri de' spiritali ...cioè d'inalzar acque per forza dell'aria*, Neapel 1606 (eine Übersetzung des lateinischen Originals *Pneumaticorum libri tres,* Neapel 1601), eine Auseinandersetzung mit der Pneumatik des Heron von Alexandria, bildet einen wichtigen Beitrag zur Vakuumdiskussion.

Abb. 7.2 ABC ist ein hoher und steiler Berg mit dem höchsten Punkt C, im Tal B befindet sich ein Gewässer, auf der anderen Seite des Berges liegt das tiefer gelegene Tal A, wohin wir das Wasser führen wollen. […] Man lege eine Leitung aus Ton, Blei oder Kupfer oder aus einem anderen festen Material, die von B aus über die Bergspitze steigt und danach bis zur Stelle A abfällt […], wobei die Mündung B in das Wasser der Zisterne, des Sees oder des Brunnens eingetaucht ist (Abb. aus Della Porta, *I tre libri de' spiritali*. Neapel 1606). (Quelle: Bayerische Staatsbibliothek München, urn:nbn:de:bvb:12-bsb10871894-2)

Der Genueser Mathematiker und Physiker Giovanni Battista Baliani (1582–1666) hielt sich beim Bau einer Wasserleitung über einen Hügel an diese Beschreibung, worauf aber etwas Unerwartetes eintrat. In der Folge wandte er sich an Galilei:

> Wir möchten mit einer Wasserleitung […] einen Berg überqueren, wozu das Wasser in der Vertikalen 84 Genueser Spannen hoch steigen muss…; dafür haben wir eine Saugröhre aus Kupfer gemacht […] Diese Röhre zeigt jedoch nicht die gewünschte Wirkung; wenn sie geöffnet ist, läuft vielmehr das Wasser an beiden Enden aus, obschon sie oben geschlossen ist, und wenn man das eine Ende geschlossen hält und das andere öffnet, so fließt aus diesem [Ende] in jedem Fall das Wasser aus. Ich kann nicht glauben, dass das Wasser bei dieser Gelegenheit seine natürlichen Eigenschaften aufgeben will, daher muss, wenn Wasser ausfließt, zwingend Luft in den oberen Teil eintreten; es ist jedoch nicht zu sehen, von woher.
>
> Es geschieht noch etwas anderes, was mich erstaunt: Wenn man das Ende A öffnet, so tritt Wasser aus, bis es sich […] etwa auf die Hälfte, das heißt bis F gesenkt hat …[3]

Vom Punkt A der Horizontalen AC sollte das Wasser nach dem Prinzip des Saughebers durch eine Röhre über den höchsten Punkt D geleitet werden und im tiefer gelegenen Punkt B schließlich wieder austreten (Abb. 7.3). Nachdem die zunächst in A und B verschlossene Röhre durch ein in D angebrachtes Spundloch vollständig mit Wasser gefüllt worden war,

---

[3] Brief vom 27. Juli 1630. *OG*, XIV, Nr. 2040. – Nimmt man eine Genueser Spanne (*palmo di Genova*) zu etwa 0.25 m an, so liegt der Punkt F auf einer Höhe von etwa 10.5 m, was erstaunlich gut mit der später experimentell bestimmten Steighöhe des Wassers übereinstimmt.

Abb. 7.3 .

wurde sie beidseitig geöffnet. Darauf begann aber nicht wie erwartet das Wasser von A nach B zu fließen, sondern es trat gleichzeitig an beiden Stellen aus, obschon das Spundloch bei D dicht verschlossen worden war. Auch wenn die Röhre nur auf der einen Seite geöffnet wurde, floss hier das Wasser aus. Dass das Wasser bei geöffneter Mündung A bis zur Stelle F absinkt[4], versucht Baliani wie folgt zu erklären:

> Ich habe überlegt, ob es sein könnte, dass die Röhre irgendwelche Poren aufweist, [...] durch welche die Luft nur unter großer Gewalt eindringen kann und dass das Wasser bei A unter einem so großen Druck steht, dass es in der Lage ist, so viel Gewalt auf die Luft auszuüben, dass diese gezwungen wird, durch die besagten Poren in den oberen Teil einzutreten und somit das Wasser bis F absinken kann, ohne ein Vakuum zu hinterlassen.

Bei der Überprüfung der kupfernen Röhre waren allerdings keine derartigen Poren erkennbar, und daher wird Galilei um eine Erklärung des überraschenden Phänomens gebeten. Dieser bedauert in seiner Antwort, dass ihn Baliani nicht schon früher um Rat gefragt hat,

> ...da ich (wenn ich mich nicht täusche) die Unmöglichkeit des Problems beweise, das mit einer meiner Fragen zusammenhängt, die ich vor längerer Zeit untersucht habe und die wirklich Erstaunliches an sich hat.[5]

Es wird nämlich erzählt (z. B. in BOSSUT [1802, t. I, S. 320–321), dass Galilei einst von den Brunnenmeistern des Großherzogs folgendes Problem vorgelegt worden sei: Als man mit Hilfe einer Saugpumpe Wasser auf eine größere Höhe als üblich anheben wollte, musste man feststellen, dass es nicht gelang, eine Höhe von mehr als 32 Fuß zu erreichen. Galilei soll spontan geantwortet haben, dass der *horror vacui* der Natur ab einer Wasserhöhe von 32 Fuß aufhöre. – Eine Andeutung zu dieser Geschichte findet man im „Ersten Tag" von Galileis *Discorsi* (*GU*, S. 16–17), wo Sagredo berichtet, ein Brunnenmeister habe ihm versichert, dass es nicht möglich sei, das Wasser mithilfe von Saugpumpen mehr als 18 Ellen *(braccia)* ansteigen zu lassen.

Galilei fährt dann fort:

---

[4] Baliani gibt keine Auskunft darüber, wie er zur Feststellung gelangt ist, dass sich das Wasser «etwa auf die Hälfte» gesenkt hat. MAFFIOLI [2011, S. 101–102] vermutet aber, dass er zuerst das Volumen des zur vollständigen Füllung der Leitung BDA benötigten Wassers, danach jenes des bei A ausgeflossenen Wassers gemessen hat.

[5] Brief vom 6. August 1630. *OG*, XIV, Nr. 2043.

Das Wasser kann in einer Röhre durch Anziehung oder durch Druck zum Aufsteigen gebracht werden […]; beim Anheben durch Anziehung aber gibt es eine bestimmte Höhe und Rohrlänge, über die hinaus das Wasser unmöglich auch nur einen Fingerbreit weiter zum Steigen gebracht werden kann, und mir scheint, diese Höhe betrage ungefähr 40 Fuß, sogar etwas weniger, wie ich glaube.

Nach seiner Vorstellung verhält sich die Wassersäule im (vertikalen) Pumpenrohr wie ein frei hängendes Seil, welches von einer kritischen Länge an durch das eigene Gewicht zum Zerreißen gebracht wird:

Wenn aber Seile aus Hanf und aus Stahl reißen, wenn sie ein übermäßiges Gewicht tragen müssen, wie sollen wir dann daran zweifeln, dass auch eine Wassersäule reißen könnte? Vielmehr wird diese umso leichter reißen, als die Teilchen des Wassers bei ihrer Trennung keinen anderen Widerstand überwinden müssen als jenen des nach der Trennung entstehenden Vakuums, während es beim Eisen oder bei einer anderen festen Materie neben dem Widerstand des Vakuums jenen enormen des äußerst hartnäckigen Zusammenhalts der Teilchen[6] gibt, der bei den Teilchen des Wassers fehlt.

Er erklärt somit die Wirkung der anziehenden Saugpumpe sozusagen mit dem Widerstand, mit dem das Vakuum seiner Entstehung entgegenwirkt.

Galileis Erklärungen vermochten jedoch nicht restlos zu überzeugen, wird doch dabei mit keinem Wort auf die Frage eingegangen, ob der von dem absinkenden Wasser hinterlassene Raum auf irgendeine Weise mit Luft aufgefüllt wird oder ob er leer sei. In einem weiteren Brief weist Baliani darauf hin, dass man sich bei der Vorstellung der abreißenden Wassersäule doch fragen muss, ob sich in diesem Fall ein Vakuum einstellt oder nicht:

Ich bin nun nicht gerade der verbreiteten Ansicht, es gebe kein Vakuum, doch kann ich nicht glauben, dass ein so großes Vakuum entstehen kann, und auf eine so einfache Weise. […] Ich habe geglaubt, dass es ein natürliches Vakuum gibt, von jenem Moment an, als ich herausgefunden hatte, dass die Luft ein spürbares Gewicht hat, und Sie mich in einem Ihrer Briefe gelehrt hatten, deren genaues Gewicht zu finden, obschon es mir bisher nicht gelungen ist, es zu versuchen. […] Und um mich verständlicher zu machen: Da es keinen Unterschied zwischen der Luft und dem Wasser gibt, wenn die Luft ein Gewicht hat, nur in der Größenordnung, ist es besser, vom Wasser zu sprechen, dessen Gewicht spürbarer ist, denn dann wird dasselbe auch bei der Luft zutreffen.[7]

Er stellt sich vor, sich auf dem Meeresgrund zu befinden, über sich 10'000 Fuß Wasser. Wenn er nicht der Atmung bedürfte, meint er, so könnte er sich problemlos dort aufhalten, allerdings von allen Seiten her vom umgebenden Wasser gepresst; aus diesem Grunde kann man sich auch nicht in eine beliebige Tiefe begeben, weil sonst der Körper dem zunehmenden Druck nicht mehr standhalten könnte. Doch außer dem erwähnten Druck würde der Aufenthalt in

---

[6] Die Kohäsion (die Zusammenhangskräfte) zwischen den Atomen bzw. Molekülen eines Stoffes, von denen Simplicius im „Ersten Tag" von Galileis *Discorsi* (*GU*, S. 8) spricht.
[7] Brief vom 24. Oktober 1630. *OG*, XIV, Nr. 2075.

dieser Tiefe nicht mehr Mühe bereiten als wenn man beim Baden im Meer zehn Fuß tief untertaucht. Man hätte dann einfach 10'000 Fuß Wasser über dem Kopf, ohne jedoch dessen Gewicht zu spüren. Wäre man aber nicht von Wasser, sondern von Luft umgeben, so könnte man die Last des Wassers über dem Kopf nicht aushalten.

> Dasselbe geschieht mit uns meiner Ansicht nach in der Luft, denn wir befinden uns am Grunde ihrer Unermesslichkeit; wir spüren weder ihr Gewicht noch den Druck, den sie allseitig auf uns ausübt, da unser Körper von Gott so geschaffen worden ist, dass er diesem Druck sehr gut widerstehen kann, ohne Schaden zu erleiden. Vielmehr ist sie notwendig, weil man ohne sie nicht sein könnte: daher glaube ich, dass wir, auch wenn wir nicht atmen müssten, nicht im Vakuum existieren könnten, denn befänden wir uns im Vakuum, so würden wir das Gewicht der über unserem Kopf befindlichen Luft spüren, welches äußerst groß ist, wie ich glaube...

In den Jahren 1640 bis 1643 hatte Gasparo Berti[8] in verschiedenen Experimenten versucht, die exakte Steighöhe des Wassers in einer Saugpumpe zu bestimmen. Einer experimentellen Überprüfung stellten sich allerdings technische Schwierigkeiten entgegen: Eine mit Wasser gefüllte Röhre von über 10 m Länge konnte unmöglich in einem Laboratorium realisiert werden, sodass die Versuche im Freien stattfinden mussten. Die dabei anwesenden Zeugen Niccolò Zucchi[9], Athanasius Kircher, Raffaello Magiotti[10] und Emanuel Maignan[11] haben später über diese Experimente berichtet.

Wir folgen hier der Beschreibung durch Maignan, der den ausführlichsten Bericht gegeben hat[12]: Am Treppenhausturm seines mehrstöckigen Hauses in Rom befestigte Berti ein

---

[8] Gasparo Berti (um 1600–1643), ein vermutlich aus Mantua stammender Mathematiker, Physiker und Astronom, der den größten Teil seines Lebens in Rom verbrachte, wo er mit Athanasius Kircher und Raffaello Magiotti zusammenarbeitete. 1643 wurde er als Nachfolger Castellis auf den Lehrstuhl für Mathematik an der „Sapienza" berufen, konnte aber die Lehrtätigkeit nicht aufnehmen, da er noch im selben Jahr starb.

[9] Niccolò Zucchi, lat. Zucchius (1586 Parma-1670 Rom), S.J., Astronom und Physiker, war Professor der Mathematik am Collegium Romanum. 1616 baute er das erste Spiegelteleskop und entdeckte damit 1630 die Wolkenbänder in der Atmosphäre des Planeten Jupiter. – Er berichtet über Bertis Experiment in seiner anonym veröffentlichten Schrift *Experimenta vulgata non vacuum probare, sed plenum, & antiperistasim stabilire.* Rom 1648. – Dasselbe auch in Nicolao Zucchio, S.J., *Nova de machinis philosophia,* Pars IV, insbes. S. 102–103. Rom 1649. – Auszüge aus diesem Bericht findet man auch in DE WAARD [1936, S. 176–178]. – Siehe dazu Anhang B.

[10] In seinem Brief vom 12. März 1648 an Mersenne (*CM*, XVI, Nr. 1763). – Siehe Anhang A.

[11] Emmanuel Maignan, lat. Magnanus (1601–1676) aus Toulouse. – Wie Mersenne ein Angehöriger des Ordens der Minimiten. 1636 wurde er vom Ordensgeneral nach Rom gerufen, wo er an der Klosterschule Trinità dei Monti Mathematik unterrichtete und mit Magiotti, Berti und Kircher bekannt wurde. Nach seiner Rückkehr nach Toulouse im Jahre 1650 wurde er zum Provinzial von Aquitanien ernannt. In seinem *Cursus philosophicus,* t. IV, Toulouse 1653, S. 1925–1940, gibt er eine ausführliche Beschreibung von Bertis Experiment. Eine englische Übersetzung des ganzen Berichts findet man in MIDDLETON [1964, S. 10–15].

[12] Im *Cursus philosophicus concinnatus ex notissimus cuique,* usw. Tomus IV, Toulouse 1653, S. 1925–1936.

Abb. 7.4 Links: Athanasius Kircher (Wikipedia). – Rechts: Emanuel Maignan (aus Jean Saguens, *Philosophia Maignani Scholastica*, t. IV. *De vita, moribus et scriptis R. P. Emanuelis Maignani.* Toulouse 1703). https://books.google.ch/books?id=oQQdlmxOcMoC

etwa 12 m langes Bleirohr, das mit seinem verschließbaren unteren Ende B in einem teilweise mit Wasser gefüllten Becken EF stand (Abb. 7.5). Das obere Ende A wurde sorgfältig mit einem gläsernen Gefäß verbunden, welches oben in C wiederum mit einem Stöpsel D verschließbar war. Nachdem der untere Absperrhahn R geschlossen worden war, leitete man durch die Öffnung C Wasser ein, bis Rohr und Glasgefäß vollständig gefüllt waren, worauf der Stöpsel D eingesetzt wurde. Als man nun den Hahn R öffnete, begann das Wasser teilweise aus dem Rohr in das Becken EF zu fließen – entgegen der Hoffnung einiger Anwesender –, bis es schließlich auf der Höhe L zum Stillstand kam, wie Maignan in seinem Bericht schreibt. Am darauffolgenden Tag stellte man fest, dass über Nacht kein weiteres Wasser mehr ausgeflossen war, worauf der Hahn R wieder geschlossen wurde. Nachdem der Stöpsel D entfernt worden war, begann unter lautem Getöse Luft einzudringen und den zuvor vom Wasser freigegebenen Raum einzunehmen. Mittels einer Sonde wurde festgestellt, dass sich der Wasserspiegel im Rohr auf einer Höhe von ungefähr 10.5 m befand.

Berti war davon überzeugt, dass zwischen dem Wasserspiegel und dem oberen Ende des Rohrs ein Vakuum entstanden war; die Jesuiten Kircher und Zucchi, beide Peripatetiker, vertraten die Ansicht, der Leerraum sei mit Luft angefüllt, die entweder von außen durch die Poren des Glases, vielleicht auch von innen her aus dem mit Luft gesättigten Wasser eingedrungen sei; eine weitere Möglichkeit war, dass das nach aristotelischer Vorstellung aus Feuer und Luft bestehende Wasser in Luft verwandelt wird, wenn man ihm das Feuer entzieht. Tatsächlich war bei dem Experiment ein ständiges Aufsteigen von Blasen, ein „Kochen" des Wassers in der Glasröhre zu beobachten, sodass man annehmen musste, dass der Leerraum in dem Versuchsapparat mit der Zeit immer mehr mit Luft oder irgendeiner anderen, noch feineren Materie angefüllt wurde. Zur Klärung dieser Frage schlug Kircher eine Versuchsanordnung vor, die schon von Giovanfrancesco Sagredo in einem Brief vom 11. April 1615 an Galilei in Betracht gezogen worden war: Eine in einem luftleeren Glas-

Abb. 7.5 Abbildung aus
Maignans Bericht (das Rohr
AS und das Gefäß HI wurden
bei einer Wiederholung des
Experiments angebracht, um
die Flasche wieder mit Wasser
füllen zu können, ohne den
Stöpsel D entfernen zu
müssen). Die in M angebrachte
Glocke kam auf Vorschlag von
Kircher in einem späteren
Versuch zur Anwendung. –
Abb. aus *Cursus philosophicus,*
t. IV, Toulouse 1653. (Quelle:
Augsburg, Staats- und
Stadtbibliothek – Phil 5019
−3/4, urn:nbn:de:bvb:12-
bsb11274362-5)

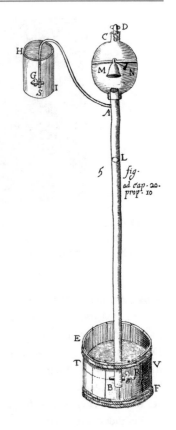

behälter angebrachte Glocke sollte eigentlich nicht zu hören sein, wenn sie angeschlagen wird.[13] Einige Zeit später führten Berti und Kircher diesen Versuch gemeinsam durch, mit einem für Berti enttäuschenden Ausgang, denn die Schwingungen der Glocke waren von allen Anwesenden deutlich zu hören; nicht einmal eine geringe Abnahme der Schallintensität war feststellbar, wodurch Kircher in seiner Ablehnung der Existenz eines Vakuums bestärkt wurde. Maignan, der beim Experiment nicht zugegen war, wies allerdings auf eine Schwierigkeit hin, die schon Sagredo erkannt hatte, dass nämlich die Schwingungen der Glocke durch ihre unvermeidliche Verbindung mit dem Glas nach außen übertragen werden könnte, sodass auf diesem Wege die Vakuum-Hypothese weder gestützt noch widerlegt werden konnte.

Das genaue Datum der Durchführung von Bertis Experiment ist nicht überliefert; wie Magiotti aber in seinem Brief an Mersenne[14] berichtet, hatte Berti gehofft, Galilei damit

---

[13] *OG*, XII, Nr. 1108.
[14] Siehe Anm. 10.

Abb. 7.6 Bertis Experiment
(Kaspar Schott, *Technica
curiosa, sive, Mirabilia artis,*
Würzburg 1664). – Herzog
August Bibliothek
Wolfenbüttel: 125.52 Quod.
(CC BY-SA)

von der Existenz eines Vakuums „überzeugen" zu können.[15] Es wäre daher möglich, dass
das Experiment noch zu Lebzeiten Galileis, somit vor dem 8. Januar 1642, vermutlich
irgendwann in den Jahren 1639 bis 1641, stattgefunden haben könnte.[16]

Die Frage, ob Torricelli sogar schon früher ein ähnliches Experiment durchgeführt haben
könnte, blieb lange Zeit offen. Dies liegt einerseits an Berti selbst, der nichts Schriftliches
zu seinen Experimenten hinterlassen hat, andererseits aber auch an den erwähnten diesbezüglichen Berichten. Kircher spricht nämlich in seiner *Musurgia universalis* (1650) zuerst
von dem torricellischen Experiment und sagt dann:

---

[15] «Il Sig.ʳ Berti credeva con questa esperienza convincere il Sig.ʳ Galileo…». – Magiottis Brief, der
erst im Jahre 1936 erstmals veröffentlicht wurde (DE WAARD [1936, S. 97]; auch *CM*, Nr. 1763) ist
auszugsweise im Anhang A zu diesem Kapitel zu finden.
[16] So argumentiert jedenfalls DE WAARD [1936, S. 103], der das Wort *convincere* im Sinne von
„überzeugen" deutet. – DRAKE [1970] plädiert hingegen für das Jahr 1643, indem er *convincere* als
„widerlegen" interpretiert, sodass auch ein Datum nach Galileis Tod möglich ist; außerdem weist er
darauf hin, dass Kirchers Buch über den Magnetismus (1641, 2. Aufl. 1643) keinen Hinweis auf den
bei dem Glockenexperiment verwendeten Magneten enthält. Außerdem schreibt Tommaso Cornelio
in seinen *Progymnasmata physica* (1663), worin verschiedene Experimente dieser Art beschrieben
werden, Berti sei zur Zeit des Experiments Professor an der Universität Rom gewesen. Berti war aber
nur wenige Monate vor seinem Tod im Jahre 1643 auf diesen Lehrstuhl gelangt.

Ich füge ein Experiment an, von dessen Erfindung für mich feststeht – auch wenn ich weiß, dass andere Ehrgeizige diese für sich in Anspruch nehmen –, dass es zuerst von Torricelli, dem Mathematiker des edlen Großherzogs der Toskana, entdeckt worden ist. Vor vier Jahren hatte sich dann [...] der durchlauchte Kardinal Giancarlo de' Medici[17] entschlossen, es zuerst mir, vor allen anderen, hier in Rom vorzuführen.[18]

„Vor vier Jahren", das bedeutet somit „im Jahre 1646", doch Berti war bereits 1643 gestorben. Ist Kirchers Versicherung wahr, dass das Experiment zuerst von Torricelli „entdeckt" worden sei, so muss man annehmen, dass mit dem „Experiment" Torricellis Florentiner „Quecksilber-Experiment" gemeint ist (auf das wir weiter unten zu sprechen kommen werden), dass aber Berti mit seinem „Wasser-Experiment" zeitlich vorangegangen ist. Weiter unten in seinem Text spricht Kircher nämlich von einem Experiment Bertis, das „vor einigen Jahren" stattgefunden habe:

Es ist nämlich gewiss, dass es dort absolut kein Vakuum geben kann, weil darin der Ton wahrnehmbar ist, und davon habe ich mich vor einigen Jahren hier in Rom vergewissert, zusammen mit Gaspare Berti, einem äußerst geistreichen Mathematiker.[19]

Magiottis Brief an Mersenne, in welchem Bertis Experiment geschildert wird, scheint nun aber zu belegen, dass dem von Kircher beschriebenen Experiment frühere Experimente Bertis vorangegangen sein müssen:

Nun meldete ich dieses Experiment Herrn Torricelli, im Glauben, wenn es Meerwasser und daher schwerer gewesen wäre, es [...] an einer tieferen Stelle stehen geblieben wäre. Sie machten das Experiment und kamen schließlich auf das Quecksilber, wobei die Regeln des Herrn Galilei, jedoch mit den neuen Überlegungen und Gedanken des Herrn Torricelli, stets standhielten.[20]

„Sie machten das Experiment" könnte heißen, dass Torricelli mithilfe von Mitarbeitern Bertis Versuch nachvollzogen hat, vielleicht zuerst mit gewöhnlichem Wasser, danach wie vorgeschlagen mit Meerwasser. Schließlich wäre man dann auf die Idee gekommen, das Ganze mit Quecksilber durchzuführen.

Jedenfalls aber dachte Torricelli an ein Experiment, bei dem es ihm nicht in erster Linie darum ging, ein Vakuum herzustellen, sondern um den Bau eines Instruments zur Messung der Veränderungen des Luftdrucks. Am 11. Juni 1644 schrieb er an Ricci:

---

[17] Giovan Carlo de' Medici (1611–1663), Bruder des Großherzogs Ferdinando II, war 1644 zum Kardinal ernannt worden.

[18] Athanasius Kircher, *Musurgia universalis sive ars magna consoni et dissoni.* Tomus I. Rom 1650, S. 11.

[19] *Ibid.,* S. 12. «Certum enim est, ibi vacuum esse minime posse cum manifestissimus sonus in eo percipiatur: id quod ante complures annos, una cum Gaspare Berthio ingeniosissimo Mathematico hic Romae expertus sum.».

[20] *CM*, XVI, Nr. 1763.

Ich habe Ihnen bereits angedeutet, dass man dabei war, irgendein philosophisches, das Vakuum betreffendes Experiment durchzuführen, nicht nur um einfach ein Vakuum zu erzeugen, sondern um ein Instrument zu bauen, welches die Veränderungen der Luft anzeigt, die bald schwerer und dichter, bald leichter und dünner ist. Viele haben behauptet, dass es kein Vakuum gebe, andere wiederum, dass es möglich sei, jedoch gegen den Widerstand der Natur und nur unter Anstrengung; ich weiß allerdings nicht, ob irgendjemand behauptet hat, dass es ohne Anstrengung und ohne Widerstand der Natur erreichbar sei. Ich habe folgendermaßen argumentiert: Fände ich eine offensichtliche Ursache für diesen Widerstand, den man verspürt, wenn man ein Vakuum erzeugen will, so würde man meiner Ansicht nach vergeblich versuchen, dem Vakuum diese Wirkung zuzuschreiben, die offensichtlich auf einem anderen Grund beruht; vielmehr fand ich, nachdem ich gewisse sehr einfache Berechnungen angestellt hatte, dass der von mir angeführte Grund (nämlich die Schwere der Luft) allein schon mehr Widerstand bewirken müsste als es der Fall ist beim Versuch, ein Vakuum zu erzeugen.[21]

Damit will er dem Argument zuvorkommen, dass die Schwere der Luft zwar für einen Teil dieses Widerstands verantwortlich sei, dass aber auch die Natur ihren Teil dazu beitrage. Er greift dann das Bild auf, dem wir schon bei Baliani begegnet sind:

Wir leben eingetaucht auf dem Grunde eines Meeres aus elementarer Luft, von der man aus sicherer Erfahrung weiß, dass sie ein Gewicht hat, und dass sie ganz in der Nähe der Erdoberfläche etwa den 400-ten Teil des Gewichts des Wassers wiegt. Die Autoren, die über die Dämmerung geschrieben haben, haben behauptet, dass die dunstige und sichtbare Luft sich um die 50 oder 54 Meilen über uns erhebe[22] (doch ich glaube, es sind deren nicht so viele, denn dann würde ich zeigen, dass das Vakuum viel mehr Widerstand leisten müsste, als es tatsächlich der Fall ist), doch man muss ihnen zugute halten, dass jenes von Galilei angegebene Gewicht nur für die tiefsten Luftschichten gilt, wo die Menschen und Tiere leben; aber über den Gipfeln der hohen Gebirge wird die Luft äußerst rein und hat ein viel geringeres Gewicht…

Die Ausführung des Experiments hat Torricelli dann offenbar seinem Freund Viviani überlassen.[23] Nach Magiottis Aussagen in dem erwähnten Brief an Mersenne wurde zunächst mit Wasser experimentiert, bis man schließlich auf den Gedanken kam, Quecksilber anstelle von Wasser zu verwenden. Dadurch ließ sich die Versuchsanlage viel einfacher realisieren, denn die zu erwartende maximale Steighöhe reduzierte sich damit auf nur noch etwa 76 cm; außerdem hatte man den Vorteil, ein gläsernes Rohr verwenden zu können. Auf diese Weise war es möglich, den entstehenden Leerraum zu beobachten, und man konnte auch bequem die Höhe der Flüssigkeitssäule ablesen. Ob Torricelli oder Viviani die Idee mit dem Quecksilber hatte, ist nicht klar. Zwar spricht einiges dafür, dass es Viviani gewesen war, der sich an

---

[21] *OT*, III, Nr. 80.

[22] Diese Autoren („Gli autori de' Crepuscoli"), Alhazen, Vitellio u.a., hatten aufgrund der Beobachtung der Dauer der Dämmerung die Höhe der Atmosphäre auf etwa 52 Meilen veranschlagt.

[23] Jedenfalls sagt dies Carlo Dati in seiner *Lettera a' Filaleti,* auf die wir weiter unten noch zu sprechen kommen werden.

einen Gedanken seines Lehrmeisters Galilei erinnert haben mag[24]; in seinen Erinnerungen, die er Lodovico Serenai diktiert hatte, sagt Viviani jedoch über Torricelli:

> Auf physikalischem Gebiet erwies er sich als scharfsinnig, sowohl beim Philosophieren als auch in seinen so grundlegenden und folgenreichen Experimenten; von den ersten Philosophen Europas anerkannt und geschätzt wurde denn auch jenes mit dem Quecksilber, welches er ausgedacht hatte...[25]

Am 11. Juni 1644 erkundigte sich Michelangelo Ricci bei Torricelli unter anderem nach diesem Versuch – Torricelli hatte offenbar in einem früheren, nicht überlieferten Brief schon davon gesprochen:

> Ich wünsche sehr, vom Erfolg jener Experimente zu hören, auf die Sie in einem anderen Schreiben hingewiesen haben...[26]

In dem bereits erwähnten, ebenfalls mit dem 11. Juni datierten Brief an Ricci beschrieb Torricelli die Versuchsanlage:

> Wir haben viele Glasgefäße hergestellt, wie die mit A und B bezeichneten, groß und mit zwei Ellen langen Hälsen, diese mit Quecksilber gefüllt, alsdann mit dem Finger deren Öffnung verschlossen, und als man sie umgedreht in ein Gefäß gestellt hatte, in welchem sich das Quecksilber C befand, sah man, wie sie sich entleerten, während in dem sich leerenden Gefäß nichts weiter geschah; der Hals AD blieb jedoch stets bis zur Höhe von eineinviertel Ellen und einem Finger gefüllt. Um zu beweisen, dass das Gefäß [im oberen Teil] vollständig leer war, füllte man das darunterstehende Becken bis zu D mit Wasser, und als man das Gefäß behutsam anhob, bis seine Öffnung das Wasser erreichte, sah man, wie das Quecksilber aus dem Gefäßhals abfloss und sich dieser mit gewaltiger Wucht ganz bis zur Marke E mit Wasser füllte.

> Als sich bei bei leerem Gefäß AE das Quecksilber, obschon es sehr schwer ist, im Hals AC halten konnte, so sprachen wir darüber, dass man bisher geglaubt hatte, diese Kraft, die das Quecksilber stützt, entgegen seiner Natur, wieder nach unten zu fallen, liege im Innern der Gefäßes AE, entweder im Vakuum oder in der äußerst verknappten Materie. Ich behaupte aber, dass sie äußerlich ist und dass diese Kraft von außen kommt. Auf der Oberfläche der Flüssigkeit im Becken lastet eine Höhe von fünfzig Meilen Luft; wie sollte es deshalb erstaunen, wenn im Glas CE, wo das Quecksilber keinerlei Zu- oder Abneigung aufweist, weil dort nichts ist, sich

---

[24] In Galileis Nachlass fand man ein Exemplar der *Discorsi* mit handschriftlichen Korrekturen und Randbemerkungen von Vivianis Hand, wohl nach Galileis Anweisungen. Anschließend an die Stelle, wo Galilei anhand des Vergleichs mit einem frei hängenden, durch das eigene Gewicht zum Zerreißen gebrachten Seil die maximale Höhe der Wassersäule erklärt, liest man die Anmerkung: «Ich glaube, dass sich dasselbe bei den anderen Flüssigkeiten wie Quecksilber, Wein, Öl usw. ergibt, bei denen das Zerreißen in geringerer oder größerer Höhe als 18 Ellen erfolgen wird, entsprechend der größeren oder geringeren Dichte im Vergleich mit Wasser, wobei diese Höhen stets lotrecht gemessen werden.»

[25] *OT*, IV, S. 24.

[26] *OT*, III, Nr. 81.

Abb. 7.7 Dati, *Lettera a'*
Filaleti, S. 21

dieses so weit erhebt, dass es mit der Schwere der von außen drückenden Luft im Gleichgewicht
steht? Das Wasser in einem ähnlichen, aber viel längeren Gefäß wird beinahe bis zu einer Höhe
von 18 Ellen ansteigen, nämlich um soviel höher, als das Quecksilber schwerer ist als Wasser,
um sich im Gleichgewicht zu halten, mit derselben Ursache, die auf das eine und das andere
wirkt.[27]

Torricellis Überlegungen wurden durch ein zweites Experiment bestätigt, bei dem gleichzeitig die verschieden beschaffenen Röhren A und B verwendet wurden, wobei aber das
Quecksilber auf genau der gleichen Höhe stehenblieb,

…ein untrügliches Zeichen, dass sich die Kraft nicht im Innern befindet, denn das Gefäß AE
hätte, da sich darin mehr verknappte Materie befand, mehr Kraft, die anziehend und infolge der
größeren Verknappung viel stärker wirken würde, als jene in dem äußerst kleinen Raum B. Ich
habe dann versucht, mit diesem Prinzip alle Arten von Widerständen zu erklären, die man bei
den verschiedenen, dem Vakuum zugeschriebenen Wirkungen verspürt, und ich habe bis jetzt
nichts gefunden wo dies nicht gelingen würde. Ich weiß, dass Ihnen viele Einwände einfallen
werden, doch ich hoffe, dass Sie diese entkräften werden, wenn Sie darüber nachdenken.

Sein Hauptziel konnte indessen nicht erreicht werden,

…nämlich mit dem Gerät AC herauszufinden, wann die Luft dichter und schwerer ist und
wann dünner und leichter, denn der Pegel AB verändert sich aus einem anderen Grund (was

---

[27] *OT*, III, Nr. 80.

ich nie geglaubt hätte), nämlich infolge der Wärme und Kälte und dies auf sehr empfindliche Weise, so als wäre das Gefäß AE ganz mit Luft gefüllt.

Ricci war zwar des Lobes voll über das gelungene Experiment, brachte aber drei Einwände vor, von denen er erwartete, dass Torricelli sie entkräften könne:[28]

1. Wenn man das Becken mit einem Deckel hermetisch verschließt, so wird die darüber-liegende Luft nicht mehr auf die Oberfläche des Quecksilbers, sondern nur noch auf den Deckel drücken. Sollte sich dann das Quecksilber auf derselben Höhe halten wie zuvor, so könnte man dies nicht mehr dem Gewicht der Luft zuschreiben.
2. Wenn man die Öffnung einer Spritze verschließt und dann am Kolben zieht, so verspürt man einen großen Widerstand, und zwar unabhängig davon, in welche Richtung die Spritze zeigt, was schwer zu verstehen ist, da doch das Gewicht der Luft nur in der vertikalen Richtung wirkt.
3. Ein in Wasser eingetauchter Körper wirkt nicht dem ganzen über ihm befindlichen Wasser entgegen, sondern nur dem von ihm verdrängten Wasser; somit müsste das Quecksilber in der Röhre nur mit der von ihm verdrängten Luft im Gleichgewicht stehen. Wie sollte da die Luft je das Übergewicht haben?

Torricelli antwortete darauf in seinem Brief vom 28. Juni. Zum ersten Einwand meinte er, man könne den Deckel ja zunächst so anbringen, dass er direkt die Oberfläche des Quecksilbers im Becken berührt. Dann wird die Quecksilbersäule auf derselben Höhe stehen bleiben, jedoch nicht mehr wie zuvor gehalten von dem Gewicht der umgebenden Luft, sondern weil in dem Becken kein Raum freigegeben werden kann.

> Wenn Sie nun aber den Deckel anheben, sodass sich innen Luft ansammelt, so frage ich Sie, ob diese eingeschlossene Luft die gleiche Dichte aufweist wie die äußere, und in diesem Falle wird sich das Quecksilber halten wie zuvor (gemäß dem Beispiel mit der Wolle, das ich sogleich angeben werde); wenn aber die Luft, die Sie eingeschlossen haben, weniger dicht sein wird als die äußere, so wird sich das angehobene Metall [das Quecksilber] entsprechend senken; wäre sie sodann unendlich dünn, das heißt ein Vakuum, so würde sich das Metall senken, so weit der abgeschlossene Raum es erlaubt.[29]

Seine Überlegungen unterstützt er mit dem folgenden Gedankenexperiment:

> Das Gefäß ABCD ist ein mit Wolle oder einem anderen kompressiblen Material (sagen wir mit Luft) gefüllter Zylinder, wobei das Gefäß zwei Randflächen aufweist, BC fest, AD beweglich, und es sei AD mit dem Blei E belastet, das 10'000'000 Pfund wiegt. Ich glaube, dass Sie verstehen werden, wie viel Gewalt der Boden BC verspüren wird. Wenn wir nun eine Platte oder eine scharfe Klinge FG mit Kraft hindurchschieben, sodass sie eindringt und die zusammenge-drückte Wolle zerschneidet, so behaupte ich, falls die Wolle FBCG zusammengedrückt bleibt

---

[28] Brief vom 18. Juni 1644 (*OT*, III, Nr. 83).
[29] *OT*, III, Nr. 85.

Abb. 7.8 Dati, *Lettera a'*
Filaleti, S. 21

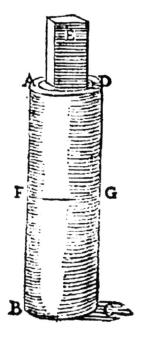

wie zuvor, dass der Boden BC, obwohl er nichts mehr von dem durch das Blei E aufgesetzten
Gewicht verspürt, auf jeden Fall dasselbe erleiden wird, was er zuvor erlitten hatte.

Auf den zweiten Einwand entgegnet Torricelli mit einer kleinen Geschichte:

Es war einmal ein Philosoph, der, als er sah, wie ein Diener einen Zapfhahn [seitlich] an einem
Fass befestigt hatte, diesen tadelte, wobei er sagte, dass der Wein so niemals herausfließen
würde, da es die Natur der schweren Körper sei, nach unten zu drücken und nicht horizontal
und seitwärts; der Diener aber machte ihm augenfällig klar, dass die Flüssigkeiten, obschon
ihre Schwere naturgemäß nach unten wirkt, stets nach allen Richtungen drücken und spritzen,
auch nach oben, wenn sie nur Orte finden, wo sie hingelangen können, nämlich Orte, die mit
einer Kraft widerstehen, die geringer ist als die Kraft dieser Flüssigkeiten.

Tauchen Sie einen Becher mit der Öffnung nach unten ins Wasser ein und durchlöchern Sie
dann seinen Boden, sodass die Luft austreten kann, so werden Sie sehen, mit welcher Wucht
sich das Wasser von unten nach oben bewegt, um ihn zu füllen.

Der dritte Einwand war nach Torricellis Ansicht weniger gewichtig als die beiden anderen.
Es stimme zwar, meint er, dass ein in Wasser getauchter Körper einer ebenso großen Menge
Wasser entgegenwirkt, wie sein eigenes Volumen beträgt, doch

…von dem im Gefäßhals enthaltenen Metall [Quecksilber] kann man, wie mir scheint, nicht
sagen, dass es in Luft, auch nicht in Glas oder in das Vakuum eingetaucht ist; man kann
einzig sagen, dass es ein flüssiger und wägbarer Körper ist, von dem eine Oberfläche an das

Abb. 7.9 Dati, *Lettera a'*
Filaleti, S. 23

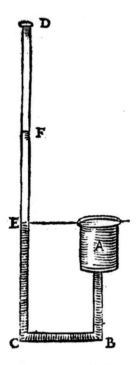

Vakuum oder beinahe Vakuum angrenzt, welches kein Gewicht hat; die andere Oberfläche
grenzt an Luft, die von vielen Meilen Luft zusammengepresst wird, und daher steigt die nicht
gedrückte Oberfläche, von der anderen verdrängt, und sie steigt so weit an, bis das Gewicht
des angehobenen Metalls das Gewicht der von der anderen Seite drückenden Luft ausgleicht.

Stellen Sie sich das [oben offene] Gefäß A wie abgebildet mit dem bei D offenen Rohr
BCD verbunden vor, und es sei das Gefäß A mit Quecksilber gefüllt. Es ist gewiss, dass das
Metall im Rohr bis zur Höhe E steigen wird; wenn man aber das besagte Gerät bis zur Marke
F ins Wasser taucht, so wird das Quecksilber nicht bis F ansteigen, sondern nur so weit, bis
die Höhe des [Flüssigkeits-] Spiegels im Rohr den oberen Rand des Gefäßes A um etwa den
vierzehnten Teil der Höhe, auf der das Wasser F über dem oberen Rand des Gefäßes A steht,
übertrifft. [...] Nun sieht man, dass es der Fall sein kann, dass das Wasser F vierzehn Ellen
und das Metall im Rohr ED nur eine Elle hoch steht; folglich steht diese eine Elle Metall nicht
mit ebenso viel Wasser im Gleichgewicht, sondern mit der ganzen Höhe des Wassers, das sich
zwischen A und F befindet, und in diesen Fällen wissen Sie, dass man die Länge und Breite
der Körper nicht zu beachten hat, sondern nur die Vertikale, und nur die spezifischen, nicht die
absoluten Gewichte.

Hatten Berti und Kircher noch versucht, die Frage nach der Beschaffenheit des Leerraums –
Vakuum oder verdünnte Materie? – mithilfe einer eingebrachten Glocke zu klären, so verfiel
Torricelli auf die Idee, lebende Tiere, Fische, Fliegen und Schmetterlinge in diesen Raum

einzuführen[30]; wie berichtet wird, überlebten diese Tiere allerdings bereits das Aufsteigen durch das Quecksilber nicht, sodass sie, oben angekommen, verständlicherweise nicht mehr in der Lage waren, die Antwort auf die gestellte Frage zu liefern. Magalotti teilt über diese Versuche Torricellis Folgendes mit:

> Schon von jener Zeit an, als Torricelli das erste Quecksilberexperiment erfand, dachte er auch daran, in den leeren Raum verschiedene Tiere einzuschließen, um bei diesen die Bewegung, den Flug, die Atmung und alle anderen Einflüsse zu beobachten, denen sie dort unterlagen. Weil ihm damals aber für diese Probe nicht die dafür geeigneten Instrumente zur Verfügung standen, musste er sich damit begnügen, so sorgfältig wie möglich vorzugehen. So kamen die kleinen und zarten Tierchen, erdrückt von dem Quecksilber, durch das sie aufsteigen mussten, um die höchste Stelle des umgedrehten und eingetauchten Gefäßes zu erreichen, dort meistens tot oder sterbend an, sodass man nicht richtig unterscheiden konnte, ob sie durch das Quecksilber erstickt oder eher durch die fehlende Luft zu Schaden gekommen waren.[31]

Aber auch die mit verbesserten technischen Mitteln an der Accademia del Cimento durchgeführten diesbezüglichen Experimente brachten keine Entscheidung. Keines der Tiere überlebte, doch die Frage blieb offen, ob einfach nur der Sauerstoffmangel oder die absolute Leere des Raumes dafür verantwortlich war. Ein Blutegel blieb über eine Stunde lang am Leben, ebenso eine Nacktschnecke. Zwei Grillen überlebten immerhin eine Viertelstunde lang, ein Schmetterling zeigte nach dem Eintreten des Vakuums nur noch matte Flügelbewegungen. Eine Fliege, die zunächst noch heftig umherschwirrte, gab sich im Vakuum wie tot; nachdem sie wieder an die umgebende Luft gebracht wurde, erholte sie sich zunächst wieder, starb aber kurz danach. Eine nach sechs Minuten wieder aus dem Vakuum befreite Eidechse erholte sich so gut, dass sie aus dem Gefäß sprang und die Flucht ergriff. Als sie schließlich wieder eingefangen werden konnte, unterzog man sie noch einmal dem Experiment; sie überlebte erneut und kam erst beim dritten Mal ums Leben.

Auch andere Forscher führten später ähnliche Tierexperimente durch. So berichtet Otto von Guericke, er habe einen Sperling in einen Glasbehälter gesetzt, diesen sodann mit der von ihm entwickelten Luftpumpe evakuiert, worauf der Vogel vor aller Augen jämmerlich verendete.[32] Doch alle Bemühungen, die Existenz eines Vakuums nachzuweisen – von Guericke gelang es übrigens auch zu zeigen, dass sich der Schall in der luftleeren Glaskugel nicht ausbreitet – konnten letztlich nur dazu führen, die Möglichkeit eines Vakuums plausibler zu machen. Es konnte damit zwar nachgewiesen werden, dass es möglich ist, einen mehr oder weniger luftleeren Raum herzustellen; die Plenisten (die Leugner der Existenz eines Vakuums) konnten den Vakuisten (den Vertretern der konträren Meinung) aber stets entgegenhalten, dass dieser „Leerraum" mit verdünnter Luft, Äther oder etwas Ähnlichem

---

[30] Dies schreibt Dati in seiner *Lettera a' Filaleti*, S. 20. – Siehe auch TARGIONI-TOZZETTI [1780, S. 443].

[31] MAGALOTTI [1667, S. cxiii].

[32] *Experimenta nova (ut vocantur) Magdeburgica de vacuo spatio*, Amsterdam 1672. Liber Tertius, Cap. XVI, *Experimenta de animalibus in vacuo*, S. 92–93. – Dank der Verwendung der Luftpumpe blieb den Tieren wenigstens der qualvolle Gang durch das Quecksilber erspart!

angefüllt sein könnte. Diesem Argument stand wiederum die Tatsache entgegen, dass die Quecksilbersäule stets gleich hoch stieg, unabhängig von der Form und der Gesamthöhe der Röhre, in der sie sich befand. Auch das Faktum, dass man durch den oberen, leeren Teil der Röhre hindurchsehen konnte, bestärkte die Plenisten (genauer: die Peripatetiker, die Anhänger der Lehre des Aristoteles, dessen Lehre besagte, dass durch den leeren Raum keine Übertragung auf die Sinnesorgane stattfinden könne[33]) in ihrer Ansicht, dass dieser „Leerraum" Materie enthalten musste; die Vakuisten ihrerseits sahen darin eine Bestätigung dafür, dass Aristoteles Lehre falsch sein musste. Die Frage, ob ein Vakuum als völlig leerer, materiefreier Raum existiert oder nicht, war somit nicht endgültig gelöst, und sie ist es auch heute noch nicht.[34] Immerhin haben die Vakuumexperimente eine Bestätigung der von Beeckman begründeten Hypothese des allseitig wirkenden Drucks in den Flüssigkeiten und in der Luft erbracht; selbstverständlich muss an dieser Stelle auch die mit diesen Experimenten verbundene Entwicklung des Barometers erwähnt werden.

Torricelli hat sich nie öffentlich zu seinen Experimenten und deren Erklärungen geäußert. Seine Zurückhaltung scheint auf den Druck der Kirche, insbesondere der Jesuiten, vielleicht aber auch seines Arbeitgebers, des Großherzogs der Toskana, zurückzuführen zu sein. Er war sich wohl bewusst, dass er bei einem öffentlichen Eintreten für den Vakuismus in den Ruf eines Antiaristotelikers geraten konnte und ihm womöglich ein ähnliches Schicksal beschieden gewesen wäre wie Galilei knapp zehn Jahre zuvor.[35] Auch als Monconys[36] anlässlich seiner Italienreise des Jahres 1646 Torricelli einen Besuch abstattete, beschrieb ihm dieser zwar verschiedene, im Besitz des Großherzogs befindliche Thermometer, über das Vakuumexperiment wurde aber offenbar nicht gesprochen; erst als sich Monconys auf seiner dritten Italienreise im Jahre 1664 ein weiteres Mal in Florenz aufhielt, wurden ihm von Viviani zwei Versuchsanordnungen zum Nachweis des Luftdrucks gezeigt.

Damit erklärt sich die Tatsache, dass bald nach Torricellis Tod kaum noch jemand von dem Florentiner Experiment wusste, und dies obwohl Mersenne unmissverständlich klargestellt hatte:

> Es ist gewiss, dass das Vakuum mithilfe der gläsernen Röhre in Italien früher als in Frankreich beobachtet wurde, und ich glaube durch den sehr berühmten Evangelista Torricelli, der mir die Röhre im Jahre 1644 zeigte, die im Observatorium des Großherzogs der Toskana zu bewundern war. Auf diese Beobachtung hatte uns zuerst dessen vorzüglicher Freund Michelangelo Ricci in Rom hingewiesen…[37]

---

[33] *De anima*, II, 7, 419a 20–22, Übers. W. Theiler: «…und es muss ein Medium geben; ist dieses leer, so wird nicht nur nicht deutlich, sondern überhaupt nichts gesehen.»

[34] GREINER & PEITZ [1978, S. 168] weisen darauf hin, dass der Begriff „materiefreier Raum" angesichts der Äquivalenz von Masse und Energie ohnehin unbefriedigend ist.

[35] Wir erinnern daran, dass der auf dem Sterbebett liegende Torricelli seinen Vertrauten Serenai aufgefordert hatte, sämtliche gegen die Jesuiten gerichteteten kritischen Randbemerkungen zu entfernen, mit denen er gewisse Bücher seiner privaten Bibliothek versehen hatte.

[36] Zu Monconys siehe Kap. 1, Anm. 13.

[37] Mersenne, *Novarum observationum physico-mathematicarum*, t. III, Paris 1647, S. 216.

So sah sich Carlo Dati veranlasst, im zweiten Teil seiner *Lettera a' Filaleti* Torricelli als «wahren und einzigen Erfinder dieses Experiments und dessen Zusammenhang mit dem Luftdruck» in Erinnerung zu rufen:

> Torricelli führte das Experiment nicht zufällig aus, sondern geleitet von richtigen Überlegungen, und als er die Wirkung beobachtete und erprobte, hatte er sich die Ursache bereits vorher überlegt, sodass er sofort danach die Einwände und Anfechtungen beschwichtigen konnte. Zweifellos werden einige jede meiner Rechtfertigungen bezüglich des Primats des Experiments für übertrieben halten. Obwohl viele, die darüber berichten, Torricelli nicht erwähnen und der Pater Valeriano Magni[38] in Warschau das Experiment schon als sein eigenes vorgeführt hat, angeblich völlig im Unwissen darüber, dass Torricelli es schon viel früher in Florenz gezeigt hat, so konnte dies alles der in dem sehr gelehrten Brief Robervals an Herrn Desnoyers[39] vom 20. September 1647, gedruckt 1649 in Venedig, zur Genüge verteidigten Wahrheit keinen Schaden zufügen.[40]

Als weitere Autoritäten, welche Torricelli die Priorität zuerkannt haben, nennt Dati u. a. Mersenne, Pierre Gassendi, Athanasius Kircher, Kaspar Schott, Robert Boyle. Er fährt dann fort:

> Zieht man aber in Betracht, dass von jenen, welche von dem zur Erklärung des Quecksilberexperiments eingeführten Luftdruck sprechen, wenige oder gar niemand Torricelli erwähnen, der als Erster darüber nachdachte, so wird man es nicht als unnütz ansehen zu zeigen, dass das Experiment und die Begründung dazu als Spross ein und desselben Vaters hervorgegangen sind, und dass, wer Kenntnis des einen hat, nicht behaupten kann, von dem anderen nichts zu

---

[38] Valeriano Magni (Mailand 1586-Salzburg 1661) war 1602 in Prag in den Kapuzinerorden eingetreten. Er war ein erbitterter Gegner der Jesuiten und ein engagierter Antiaristoteliker und Anhänger von Galilei und Descartes. 1640 wurde er von Urban III. zum apostolischen Missionar für Deutschland, Polen und Ungarn ernannt. In den Jahren 1642–43 hielt er sich in Rom und in Florenz auf, bevor er sich nach Polen begab. Von Januar bis September 1645 befand er sich erneut in Rom, wo er mit Mersenne zusammentraf. 1647 führte er vor zahlreichen Schaulustigen (unter ihnen der polnische König) ein Vakuumexperiment mit Quecksilber vor. Von Roberval des Plagiats beschuldigt, anerkannte Magni Torricellis Priorität, beteuerte aber, keine Kenntnis von dessen Experiment gehabt zu haben (Brief von Desnoyers an Roberval vom 30. Oktober 1647, siehe Anhang C zu diesem Kapitel). Immerhin enthält Magnis *Demonstratio ocularis...* (Warschau 1646; nachgedruckt S. 25–68 in P.E. Dominicy (éd.), *Observation touchant le vide faite pour la première fois en France*, Paris 1647; später auch in Bologna 1648 und in Venedig 1649) den ersten gedruckten Bericht über das Quecksilberexperiment.

[39] Pierre Des Noyers (Petrus Nucerius, 1607–1693) kam 1625 nach Paris, wo er durch Roberval in die Mathematik eingeführt wurde. Um 1640 wurde er Sekretär von Prinzessin Louise-Marie de Gonzague-Nevers. Als diese 1646 durch Heirat mit Ladislaus IV. zur polnischen Königin wurde, folgte er ihr nach Warschau. – Roberval, der von Des Noyers über Magnis Warschauer Experimente unterrichtet worden war, erinnert in dem besagten Brief vom 20. September 1647 (*De vacuo. Narratio Æ[i] P[i] de Roberval ad nobilissimum virum D. Desnoyers.* Zusammen mit Magnis *Demonstratio ocularis* 1649 in Venedig gedruckt. – Wiederabgedruckt in *O P*, II, S. 459–477. Siehe auch Anhang C zu diesem Kapitel) an die Tatsache, dass Torricelli das Experiment bereits im Jahre 1643 ausgeführt habe.

[40] Dati, *Lettera a' Filaleti...*, S. 19.

wissen, weil in den gleichen Briefen, in denen das Experiment bekannt gemacht worden ist, ausführlich auch über die Begründung gesprochen wird.[41]

Dati, der gewiss durch Viviani aus erster Hand über die Geschehnisse rund um das Vakuum-experiment Bescheid wusste, berichtet nun, Torricelli sei nach der Lektüre des „Ersten Tags" in Galileis *Discorsi* (wo Sagredo von der Erfahrung der Brunnenmeister erzählt) auf die Idee gekommen, dass in einen Glaszylinder eingeschlossenes Quecksilber, das viel schwerer ist als Wasser, viel besser geeignet wäre, um in einem viel kleineren Raum ein Vakuum zu erzeugen:

> Er wollte daher ein etwa zwei Ellen langes Glasrohr herstellen, das auf der einen Seite in eine hohle Glaskugel mündete und auf der anderen Seite offen war. Dieses wollte er völlig mit Quecksilber füllen, sodann mit dem Finger oder etwas anderem verschließen, um schließlich, das Ganze umdrehend, die Öffnung des Rohrs unter die Oberfläche eines in einem Gefäß befindlichen weiteren Quecksilbers einzutauchen und freizugeben. Er glaubte, das Quecksilber würde sich aus der Kugel lösend nach unten absenken und gemäß seinen Berechnungen auf der Höhe von 1 1/4 Ellen stehenbleiben, wobei es oberhalb in der Kugel und in einem Teil des Rohrs einen Raum zurücklassen würde, von dem höchstwahrscheinlich anzunehmen sei, dass er leer sei. Er teilte diese seine Überlegungen seinem besten Freund Vincenzo Viviani mit, der die Ausführung kaum erwarten konnte, sofort das Instrument bauen ließ, sich das Quecksilber beschaffte und als Erster ein so vornehmes Experiment durchführte und das von Torricelli vorhergesagte Ergebnis beobachten konnte. Sofort unterrichtete er ihn zu dessen größten Zufriedenheit über das Geschehene, sah er sich doch in seiner vorgefassten Meinung bestätigt, dass sich das Gleichgewicht des Luftdrucks mit dem Wasser und dem Quecksilber infolge von deren unterschiedlichen Gewichten auf verschiedenen Höhen einstellen werde. Es stimmt zwar, dass er zunächst sprachlos war, als ihn Viviani danach fragte, was geschehen würde, wenn dieses Experiment in einem allseitig abgeschlossenen Raum ausgeführt würde, sodass die darin enthaltene Luft in keiner Verbindung mit der äußeren Luft stünde, sodass der angenommene Luftdruck ausgeschlossen wäre. Doch am folgenden Tag antwortete er, dass dasselbe eintreten werde, da die schon zusammengepresste eingeschlossene Luft auf das im Gefäß befindliche Quecksilber dieselbe Kraft ausüben werde. Er fuhr also damit fort, das Experiment immer und immer wieder zu wiederholen, wobei er zu einem großen Teil auch an jene Beobachtungen dachte, die dann genauso von den Anderen gemacht worden sind, welche dieses so schöne Experiment weitergeführt haben. Insbesondere versuchte er, Fische, Fliegen und Schmetterlinge in das Vakuum einzubringen, um deren Leben, Geräusche und Flug zu beobachten, aber dies konnte ihm nicht glücken, weil, da er sich nicht getraute, im oberen Teil der Kugel eine Öffnung anzubringen, die man danach gut verschließen konnte, die Tierchen beim Umdrehen des Instruments durch das Quecksilber dermaßen geschädigt wurden, dass sie die Neugierde schlecht befriedigen konnten.

Anschließend gibt er den Brief Torricellis an Michelangelo Ricci vom 11. Juni 1644 sowie dessen Antwort vom 18. Juni wieder und kommentiert:

---

[41] *Ibid.*, S. 20.

Wer ersieht nicht deutlich aus diesen Briefen, Freunde der Wahrheit, dass Torricelli von Anfang an nicht nur an die Wirkung des Luftdrucks gedacht hatte, sondern auch an die Widerlegung der gewichtigsten Einwände, die dagegen erhoben werden können?

Ich wollte euch von diesen Tatsachen überzeugen, damit ihr gegebenenfalls jenen wenigen (falls es einige davon gibt) einen Gefallen erweisen könnt, die das Experiment und die Begründung immer noch zu Recht Torricelli zuschreiben; [dass ihr] einigen, die ihm das Experiment zuschreiben, aber geschickt die Begründung für sich selbst beanspruchen oder sie zumindest durch Schweigen dem wahren Autor entreißen, auf ihren Fehler aufmerksam macht; [dass ihr] jene Undankbaren zurechtweist, die, wenn sie von diesem äußerst sinnreichen Experiment sprechen und die Begründung dazu anführen, welche Grundlage und den Anfang eines großen Teils der Naturphilosophie bildet, sich nicht herablassen, den Namen Torricellis überhaupt zu erwähnen, der, wie ihr gehört habt, als Erster diese scharfsinnige Erfindung gemacht hat und an diese große Wirkung des Luftdrucks gedacht hat […]

Benützt daher, Freunde der Wahrheit, diese absolut sicheren Kenntnisse, um nicht den Täuschungen zu erliegen, verbreitet und verfechtet sie freimütig und lebt glücklich mit der Liebe zur Wahrheit und dem Wissen um diese.

Zwar wurde wie erwähnt an der Accademia del Cimento bis zu ihrer Auflösung im Jahre 1667 weiter mit dem Vakuum experimentiert; Magalotti, Sekretär der Accademia, schließt aber seinen Bericht über diese Experimente mit den vorsichtigen Worten:

Es war indessen einzig unsere Absicht, über den mit Quecksilber gefüllten Raum zu sprechen und den wahren Grund des wunderbaren Schwebens jenes Gewichts zu verstehen, wobei wir niemals beabsichtigten, Streit mit den Gegnern des Vakuums zu suchen; da zu diesem Zweck viele Experimente durchgeführt wurden, sowohl solche, die uns von anderen berichtet wurden als auch jene, die von unseren Mitgliedern der Akademie ausgedacht wurden, so werden hier getreu die Geschehnisse geschildert, wobei wir stets unserer Gewohnheit folgen, historisch zu berichten und die Erfinder nie ihrer Erfindungen und des Ruhms zu berauben.[42]

So verlagerte sich der Schauplatz der in der Öffentlichkeit stattfindenden Vakuumexperimente schließlich von Italien nach Frankreich[43] (Blaise Pascal mit dem berühmten Expe-

---

[42] MAGALOTTI [1667, S. XXX].

[43] Mersenne, der über Torricellis Experimente informiert war, hatte noch vor seiner Italienreise vergeblich versucht, das Quecksilberexperiment nachzuvollziehen. Die nach seiner Rückkehr aus Italien erneut aufgenommenen Versuche scheiterten infolge der mangelhaften Qualität der verwendeten Glasröhren; erst mithilfe von qualitativ hochstehendem Glas aus der renommierten Glashütte in Rouen gelang dem Ingenieur Pierre Petit, der durch Mersenne von Torricellis Experimenten erfahren hatte, zusammen mit Vater und Sohn Pascal im Oktober 1646 Punkt für Punkt die Bestätigung von Torricellis Experiment. In den darauffolgenden Monaten führte Blaise Pascal das Vakuumexperiment dann auch mit einer 46 Fuß langen, mit Wasser bzw. mit Wein gefüllten Röhre durch. Diese Experimente wurden von Pascal in seinem 1647 in Paris veröffentlichten Büchlein *Expériences nouvelles touchant le vuide* beschrieben. – Genaueres zu Pascals Experimenten ist Robervals Bericht an Desnoyers zu entnehmen (siehe Anhang C zu diesem Kapitel).

riment am Puy de Dôme[44] sowie Roberval), nach Deutschland (Otto von Guericke) und nach Polen (Valeriano Magni). Für nähere Einzelheiten und zur weiteren Entwicklung sei auf die Studie von Cornelis De Waard (DE WAARD [1936]) verwiesen. In England war Robert Boyle (1626–1692) im Jahre 1648 durch einen Brief von Samuel Hartlib[45] auf das Quecksilberexperiment aufmerksam gemacht worden und führte danach das Experiment selbständig durch. Ab 1659 experimentierte er dann mit einer zusammen mit Robert Hooke entwickelten Luftpumpe.

Torricelli wird heute oft als Erfinder des Barometers bezeichnet, doch als sein eigener Beitrag dazu kann im Grunde genommen nur gelten, nach einem Instrument gesucht zu haben, mit dem die Veränderungen der «bald schwereren, bald leichteren» Luft nachzuweisen sind. Der Wissenschaftshistoriker W.W. Knowles Middleton schreibt dazu in seiner *Geschichte des Barometers:*

> Welches ist Torricellis tatsächliche Stellung in der Geschichte des Barometers? Beeckman und Baliani sind ihm im Verständnis des allseitig gerichteten Luftdrucks vorausgegangen, und Torricelli hat nirgendwo in Anspruch genommen, diese Hypothese aufgestellt zu haben. In seinen Briefen an Ricci bestätigte und erklärte er diesen. Berti hatte ein ähnliches, aber viel weniger zweckmäßiges Experiment durchgeführt, zu welchem Magiotti einen wertvollen Verbesserungsvorschlag gemacht hatte. Galileo hatte möglicherweise einen Hinweis auf die Verwendung von Quecksilber gegeben, und Viviani führte das Experiment durch. Torricellis Beitrag bestand darin, sich vorzustellen, ein Instrument zu konstruieren, welches «die Veränderungen der Luft zeigen könnte», und in diesem Sinne allein war Torricelli dessen Erfinder.[46]

---

[44] Am 19. September 1648 führte Pascals Schwager Florin Périer Luftdruckmessungen am Puy-de-Dôme durch, wobei sich ergab, dass auf der Bergspitze (1645 m ü.M.) die Höhe der Quecksilbersäule um 85 mm geringer war als im rund 1000 m tiefer gelegenen Clermont-Ferrand. Sogar an der Spitze des 50 m hohen Turmes der Kathedrale von Clermont-Ferrand konnte gegenüber dem Fuß des Turmes ein Unterschied von 4 mm festgestellt werden. Pascal berichtete über das Experiment in seinem *Récit de la grande expérience sur l'équilibre des liqueurs* (Paris 1648). – Ob Pascal selbständig auf die Idee kam, den Luftdruck auf verschiedenen Höhen zu messen, ist umstritten. Jedenfalls behauptete Descartes in einem Brief vom 13. Dezember 1647 an Mersenne, er selbst habe Pascal einen derartigen Versuch vorgeschlagen (*CM*, XV, Nr. 1713; *OD*, V, Nr. D); diese Behauptung wiederholte er auch in zwei Briefen des Jahres 1649 an Carcavi (*OD*, V, Nr. DLXII und DLXV).

[45] Der deutschstämmige Samuel Hartlib (um 1600–1662) hatte in Königsberg und Cambridge studiert und ließ sich 1628 in England nieder, wo er eine ähnliche Rolle wie Mersenne als Informationssammler und -verbreiter ausübte.

[46] MIDDLETON [1963, S. 32].

Abb. 7.10 Aus CM, XVI,
Nr. 1763.)

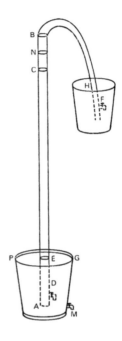

7.1 Anhänge

Anhang A. Auszug aus Magiottis Brief vom 12. März 1648 an Mersenne[47]

Was die Geschichte des Quecksilbers angeht, so müssen Sie wissen, dass die vielen Ziehbrunnen in Florenz, welche mittels Saughebern jedes Jahr gereinigt werden, Herrn Galilei die Gelegenheit boten zur Beobachtung der Ansaughöhe, welche stets dieselbe war, etwa 18 toskanische Ellen; und dies in jedem Siphon oder Zylinder (wie wir sagen wollen), sei er nun breit oder eng. Daraus ergaben sich seine diesbezüglichen Überlegungen, die in das Werk[48] über die Kohäsion der festen Körper aufgenommen worden sind.

Später fertigte dann Herr Gasparo Berti hier in Rom ein Steigrohr aus Blei an, das sich von seinem Hof bis zu den Gemächern [seines Hauses] etwa 22 Ellen hoch erhob und das von oben her auf die folgende Weise gefüllt wurde (Abb. 7.10) :

---

[47] Original in der Österreichischen Nationalbibliothek in Wien, Ms. Hohendorf 7049, n° 127, fol. 235 recto-234 recto. – Veröff. S. 178–181 in DE WAARD [1936] und in CM, XVI, Nr. 1763. Die Sammlung Hohendorf enthält Briefe verschiedener Gelehrter des 17. Jahrhunderts (darunter etwa 30 Briefe von und an Mersenne), die der Diplomat Georg Wilhelm von Hohendorf (1669–1719) in Paris erwarb und nach Wien brachte.

[48] Galileis *Discorsi*.

Zuerst füllte man das Gefäß AG bei geöffneten Hähnen – D unten, F oben – mit Wasser. Sodann wurde der Hahn D geschlossen, und man ließ das Wasser aus dem Gefäß durch M abfließen, worauf das Wasser im Rohr bis zur Höhe AE stand. Danach ließ man das Wasser AE durch den Hahn D abfließen (wobei man dafür sorgte, dass das Gefäß HF stets gefüllt blieb), sodass es (da der Hahn F bereits geöffnet und in das Wasser eingetaucht worden war) von oben her Wasser [aus dem Gefäß HF] ansaugte, wodurch das Rohr BA und das Gefäß AG ganz gefüllt wurden. Bei gefülltem Gefäß HF wurde nun F geschlossen und bei ebenso gefülltem Gefäß AG (wobei zuvor M geschlossen wurde) wurde schließlich D geöffnet, worauf das Wasser im Rohr abzusinken begann und, während sich der ganze Hals BF entleerte, sich bis N senkte und dann nicht mehr weiter abstieg, bei wiederholten Versuchen aber stets an jener Stelle stehen blieb.

Man konnte dies sehr gut beobachten, weil jenes Rohrstück BC aus Glas gemacht war, bestens verleimt und befestigt, so wie das ganze Rohr.

Herr Berti glaubte, mit diesem Experiment Herrn Galilei widerlegen zu können, indem er behauptete, es seien von N bis A mehr als 18 Ellen. Er hätte aber sehen müssen, dass das Rohrstück AE nicht zu berücksichtigen ist, da dieses im Wasser des Gefäßes AG eingetaucht ist, und die Länge von EN genau 18 Ellen betrug.

Ich darf jedoch etwas nicht verschweigen, was mir sehr zu denken gegeben hat. Während nämlich das Wasser in dem Rohr absank und sich der Hals BC leerte, sah man im gläsernen Teil BC unzählige Luftbläschen durch das Wasser aufsteigen, äußerst klein, wie jene in den Gläsern oder Kristallen, zweifellos Materie, welche im Begriff war, den Raum zu füllen, wo das Wasser fehlte. Ich kann nicht entscheiden, ob es Luft war, so viel Luft, wie jene, welche diesen Raum auffüllt, war nicht in dem Wasser des Gefäßes AG (außerdem könnte man jenen Raum NBF beliebig viel größer machen, und dennoch würde er sich füllen); auch trat keine Luft durch die Poren oder die Verbindungsstellen des Rohrs Luft ein, welche, wäre sie eingetreten, das stehengebliebene Wasser schließlich hätte absinken lassen. In der Tat sind mir jene Luftbläschen stets im Gedächtnis geblieben; ich kann dazu aber in dieser Kürze nicht meine ganze Meinung dazu mitteilen.

Nun schrieb ich über dieses Experiment an Herrn Torricelli, im Glauben, wenn es Meerwasser und daher schwerer gewesen wäre, es nicht bei N, sondern an einer tieferen Stelle stehen geblieben wäre. Sie [gemeint sind wohl Torricelli und Viviani] führten das Experiment durch und kamen schließlich auf das Quecksilber[49], wobei die Regeln des Herrn Galilei, jedoch mit den neuen Überlegungen und Gedanken des Herrn Torricelli, stets Bestand hatten.

---

[49] Offenbar hatte Magiotti vorgeschlagen, das Wasser durch „schwerere" Flüssigkeiten, z. B. durch Meerwasser zu ersetzen, worauf Torricelli schließlich die Idee hatte, Quecksilber zu verwenden.

Anhang B. Auszug aus Zucchis Bericht

Auf Anfrage von Jacques Grandami[50], die Experimente von Valeriano Magni betreffend, antwortete Zucchi mit der 1648 anonym veröffentlichen Schrift: *Magno Amico nonnemi ex Collegio Rom. S.I.S.D. Experimenta vulgata non vacuum probare, sed Plenum, & Antiperistasim stabilire.* [Wieder veröffentlicht in *Nicolao Zucchio Parmensi Societatis Iesu, Nova de machinis philosophia*, Pars IV, S. 01–103. Rom 1649). Zucchi beschreibt darin Bertis Experimente mit Wasser und seine eigenen Versuche mit Quecksilber (ohne Torricelli namentlich zu erwähnen).

Vorgestelltes Experiment

Wird in eine am einen Ende abgedichtete gläserne Röhre vom anderen, offenen Ende her Quecksilber hineingegossen, bis sie gefüllt ist und wird sie aufrecht mit dem offenen, aber mit aufgelegtem Finger verschlossenen Ende in ein darunter gestelltes, mit Wasser bedecktes Quecksilber enthaltendes Gefäß eingetaucht, sodann der Finger von der Öffnung der Röhre weggenommen, so sinkt das in der Röhre enthaltene Quecksilber ab und steigt nach dem Abstieg wieder ziemlich empor. Dann sinkt es um weniger ab und steigt um weniger auf, so lange, bis es nach etlichen wiederholten, stets geringeren Schwingungen schließlich im unteren Teil der Röhre zur Ruhe kommt, wobei der übrige obere [Teil] nicht nur von ihm verlassen worden ist, sondern auch von jeglichem anderen Körper, soweit man es an dieser Stelle beobachten kann.

Nachdem dies feststeht, ist zuerst die Frage, ob der besagte obere Teil der Röhre, tatsächlich leer sei, zweitens, falls er nicht leer sein sollte, von welchen Körpern er erfüllt wird. Drittens, von welcher so bedeutenden Kraft das Quecksilber in dem Teil der Röhre merkwürdig erhöht über dem anderen enthaltenen Quecksilber im Gefäß festgehalten wird und in wiederholten Schwingungen nach dem Absinken nach oben getrieben wird, bevor es zur Ruhe kommt.

Vor irgendeiner Rechtfertigung beliebt es, einige nicht unwillkommene, auch nicht unpassende Dinge vorauszuschicken.

Zweites Experiment

Dieses Experiment hat Gasparo Berti gemacht, ein bekannter und in Physik und Mathematik wahrhaft gelehrter Mann, mit einzigartigem Geschick beim Erfassen von Experimenten. Er erkannte nämlich, dass gewisse, mir unbekannte Leute aus diesen [Experimenten] ableiten, dass es zwischen den Materieteilchen ein Vakuum gibt, freilich nur für kurze Zeit, dass das Wasser in den Röhren nicht über ein gewisses Maß vermindert stehen bleibt, und dass es aus der unteren Öffnung abfließt, während nichts aus dem oberen Teil nachrückt, um den von dem Wasser freigegebenen Raum wieder zu füllen.

Wie jene [Leute] es verlangten, errichtete er eine bleierne Röhre von größerer Länge, deren unteres Ende mit einem Hahn aus Bronze gut gesichert war, tauchte es in ein mit

---

[50] Der Jesuit Jacques Grandami (1588-1672) war ein Vertreter des ptolemäischen Systems und ein Kritiker Galileis.

Wasser gefülltes Gefäß ein und befestigte am oberem [Ende] ein ehernes Gefäß, dessen Hals er gegen die eingeführten Röhre mit Zinn abdichtete. Inmitten dieses ehernen Gefäßes hängte er an einer seitlich herausragenden Stütze eine mit einem Hämmerchen versehene Glocke auf, die geeignet war, mit einem Schlag angestoßen zu werden, falls es [das Hämmerchen] angehoben wurde. Durch dieses eherne Gefäß hindurch goss er sodann durch die Öffnung Wasser in das Rohr, bis das besagte Gefäß gefüllt war, und verschloss zugleich auch die Öffnung mit einem Deckel aus Zinn.

Nachdem dies so eingerichtet war, drehte er mit einem eisernen Haken den am unteren Ende der Röhre im Wasser verborgenen bronzenen Hahn auf und öffnete damit die Röhre, sodass das Wasser daraus frei in das darunter gestellte Gefäß abfließen konnte. Und wirklich, wie das im Gefäß ansteigende Wasser anzeigte, floss eine Menge von ungefähr sechs Handbreit aus der zuvor gefüllten Röhre, der Rest verblieb in der Röhre. Die Röhre blieb während langer Zeit offen, bis sie dann später, nachdem der Hahn wiederum zugedreht worden war, geschlossen wurde. Dann aber, als man einen Magnet nahe an das obere eherne Gefäß hingehalten hatte, wurde das Hämmerchen angezogen und nach dem Zurückziehen [des Magneten] wieder freigegeben, worauf die Glocke angeschlagen wurde und ihr Klang von den Zuschauern des Experiments gehört wurde. So ließ man die auf beiden Seiten sorgfältig verschlossene Röhre während der Nacht zurück. Am frühen Morgen wurde der bronzene Hahn wieder aufgedreht und dem Wasser der Weg wieder freigegeben. Es senkte sich aber nicht nur nicht weiter herab, sondern es wurde, so wie es sich am Tag zuvor abgesenkt hatte, wieder nach oben angesogen. Über das vor den Augen gelehrter Männer mit demselben Ausgang wiederholte Experiment gab ich einem Freund in Florenz Bericht.

...

Anhang C. Auszug aus dem Schreiben Robervals an Desnoyers: *De vacuo narratio ad nobilissimum virum D. Desnoyers*[51]

Der am polnischen Königshof in Warschau lebende, mit Roberval befreundete Pierre Desnoyers hatte am 17. Juli 1647 über die angeblich neuen Experimente des Kapuziners Valeriano Magni berichtet. Am 31. Juli schickte er außerdem eine diesbezügliche Publikation[52] Magnis an die Gelehrten nach Paris und bat sie um ihre Meinung dazu. In seiner Antwort vom 20. September widersprach Roberval Magnis Prioritätsansprüchen und fügte eine ausführliche Schilderung der Experimente Pascals bei:

Sehr viele glauben, dass das Vakuum in der Natur leicht zu finden sei. Zur Bestätigung wird das berühmte Experiment mit dem auf nunmehr jedermann wohlbekannte Weise in eine Röhre abgefüllten Quecksilber angeführt. Der Kapuzinerpater Valeriano Magni möge mir verzeihen, wenn ich sage, dass er in dem jüngst im Juli 1647 zu diesem Gegenstand veröffentlichten Büchlein zu wenig ehrlich gehandelt hat, wenn er sich für den ersten Autor dieses

---

[51] Original in der Bibl. Nat., nouv. acq. latines, 2338, ff. 47–50. – Veröffentlicht S. 459–477 in *O P*, II, S. 459–477.

[52] *Demonstratio ocularis: Loci sine locato; Corporis successive moti in vacuo; Luminis nulli corpori inhaerentis.* Warschau 1647. – Näheres zu Valeriano Magni siehe Anm. 39.

berühmten Experiments hält, das, wie mit Gewissheit feststeht, schon seit dem Jahr 1643 in Italien öffentlich bekannt gemacht worden ist, und das dort, hauptsächlich in Rom und Florenz, unter den Gelehrten lebhafte Meinungsverschiedenheiten auslöste, die Valeriano, der sich etwa zur selben Zeit in dieser Gegend aufhielt und mit diesen Gelehrten Umgang hatte, nicht unbekannt geblieben sein konnten. Ich besitze einen in italienischer Sprache geschriebenen Brief, den der angesehene Evangelista Torricelli, Mathematiker des Großherzogs der Toskana, seinem Freund, dem gelehrten Angelo Ricci nach Rom gegen Ende des Jahres 1643[53] geschickt hat und der nichts anderes enthält als eine Kontroverse zwischen diesen beiden ausgezeichneten Männern, die, wie es meistens der Fall ist, verschiedener Ansicht zu diesem Experiment waren. Dieser Brief wurde, zusammen mit einigen anderen, von Ricci zu Beginn des Jahres 1644 nach Paris an Pater Mersenne vom Orden der Minimiten geschickt[54], der im gleichen Jahr nach Rom abgereist ist, wo er den damals erkrankten Valeriano aufgesucht und ihm einige kürzlich veröffentlichte Werke unserer Landsleute übergeben hat. In demselben Brief waren aber die von Torricelli verwendeten Gefäße und Röhren bildlich dargestellt worden, und aus dem Gedankenaustausch geht hervor, dass das Experiment damals für Sie keineswegs neu und schon oftmals wiederholt worden war. Zwar wollte es auch Mersenne versuchen, nachdem er Torricellis Brief zu diesem Gegenstand erhalten hatte, aber mangels einer für diesen Zweck geeigneten Röhre konnte zu diesem Zeitpunkt nichts unternommen werden. Wenig später reiste er nach Italien ab und konnte unterwegs bei Torricelli in Florenz die besagten Gefäße und Röhren besichtigen und anfassen. Gegen Ende des Jahres 1645 nach Paris zurückgekehrt, machte er dann die ganze Sache öffentlich bekannt. Freilich waren weder in diesem noch im darauffolgenden Jahr in Paris taugliche Röhren erhältlich, weil einerseits hier keine solchen hergestellt werden, andererseits, weil er während fast der gesamten Zeit die südlichen Provinzen Frankreichs bereiste. Endlich schrieb er an seine Freunde in Rouen; hier befindet sich nämlich eine berühmte Glas- und Kristallfabrik. Bevor er aber von daselbst Röhren erhalten hatte, war das Experiment auch dort bekannt geworden und auf verschiedene Weise, sowohl privat vor einigen Freunden, als auch öffentlich in Gegenwart sämtlicher Gelehrten, in den Monaten Januar und Februar dieses Jahres von dem angesehenen Herrn Pascal viele Male vorgeführt worden, und dies nicht nur mit Quecksilber in kleinen Röhren von 3, 4 oder 5 Fuß, sondern (was vielen als außerordentlich erschien) mit Wasser und mit Wein in mit bewundernswerter Kunst aus Kristall hergestellten Röhren von 40 Fuß, befestigt an einem Schiffsmast, der mit einem Gerüst so versehen und so im Gleichgewicht gehalten war, dass er nach Bedarf leicht auf-

---

[53] In Wahrheit stammt der Brief vom 28. Juni 1644 (*OT*, III, Nr. 85).

[54] Auszüge aus Torricellis Briefen vom 11. und 28. Juni 1644 (*OT*, III, Nr. 80 bzw. 85) an Ricci wurden im Juli 1644 – also noch vor Mersennes Italienreise – von Du Verdus erstellt und, wie dieser am 23. Juli 1644 an Torricelli (*OT*, III, Nr. 93) schrieb, an Niceron nach Paris übermittelt, vermutlich zur Weiterleitung an Mersenne. Das Original befindet sich in der Bibliothèque nationale de Paris, Ms. latin, nouv. acq. 2338, f° 45–56. Der Text, zusammen mit einer französischen Übersetzung, ist in TATON [1963] zu finden.

gerichtet und abgesenkt werden konnte. Und zwar war der Grund, der ihn veranlasste, eine so große Höhe zu verwenden, der folgende:

Alle Zuschauer sahen, dass sich das reine Quecksilber, ohne Zusatz von Wasser, weder in der Röhre noch in der darunter gestellten Schale, in der Röhre absenkte, im oberen Teil der Röhre einen gleichsam leeren Raum zurücklassend, sodass es im unteren Teil der Röhre stets eine Höhe von ungefähr 27/24 Fuß einnahm, senkrecht über der Oberfläche des in der darunter liegenden Schale enthaltenen Quecksilbers gemessen, wobei ein gewisser Teil der Röhre in die Schale eingetaucht war, ein anderer Teil herausragte. Wie es sich bei einer neuen Angelegenheit gehört, deren Ursache sie nicht kennen, trennten sie sich in unterschiedliche Ansichten. Einige nämlich nahmen an, dass in diesem Raum ein reines Vakuum zurückgeblieben sei, und verteidigten ihre Meinung mühelos gegen die Einwände der anderen, konnten aber mangels Begründungen keineswegs durch Beweise widerlegen, dass irgendein Teilchen, auch ein noch so feines, in diesen Raum eingedrungen sein könnte. Einige, hauptsächlich Peripatetiker, welche hartnäckig ihrem Lehrer Aristoteles anhängen, nicht seinen Begründungen, welche keine sind, sondern seinen Worten, bestanden darauf, dass ein winziger, von den Sinnen vielleicht nicht wahrnehmbarer Lufttropfen zurückgeblieben sei, der sich dann solange verdünnt haben könnte, um so der leidenden Natur beizustehen. Sie waren aber damit wenig erfolgreich, da das Quecksilber in den unterschiedlichen, größeren und höheren Röhren stets auf derselben Höhe stehen blieb. Diese Höhe besaß daher stets die gleichen Kräfte, um die Verdünnung zu bewirken und zu bewahren, während hingegen die Verdünnung bald geringer, bald stärker war und dass demnach folgerichtig bald eine geringere, bald eine größere Kraft erforderlich zu sein schien. Dazu kommt, wenn man eine enge Röhre verwendet, die aber im oberen Teil zu einer Art einer Flasche erweitert ist, die 18 Pfund Quecksilber fassen kann, und dieselbe dann in gebotener Weise gefüllt und auf verschiedene Arten aufgestellt wird, wie es mit den anderen Röhren geschah, dass dann die ganze Flasche zusammen mit dem oberen Teil der Röhre vom Quecksilber freigegeben wird, während dieses im unteren Teil der Röhre auf der besagten Höhe von 27/24 Fuß zur Ruhe kommt. Niemand konnte sich vorstellen, dass ein nicht wahrnehmbares Lufttröpfchen unter der Wirkung von 2 Pfund des in der Röhre verbliebenen Quecksilbers so weit gedehnt werden könnte, dass es zu einem Raum verdünnt wird, der ebenso groß ist wie die Flasche. Im Sinne dieser Philosophie schien es, dass das Quecksilber vielmehr bis zu einer größeren Höhe aufsteigen und in diesen Raum eintreten müsste, umso mehr, weil die Röhre, wenn sie allmählich geneigt wird, bis die senkrecht gemessene Höhe ihrer obersten Stelle 27/24 Fuß oder weniger beträgt, erneut vollständig mit Quecksilber gefüllt wird. …

Torricellis „Geheimnis der Linsengläser" 8

Bitte entschuldigen Sie mich:
Ich habe den Kopf voller Gläser.(*)

Es ist anzunehmen, dass Torricelli während seines Aufenthalts in Arcetri von Galilei in die Kunst des Schleifens optischer Linsen eingeführt worden ist. Nach Galileis Tod begann er dann, selber Linsen und Teleskope herzustellen. Mit seinen Fernrohren führte Torricelli auch eigene astronomische Beobachtungen durch, von denen aber nichts an die Öffentlichkeit gelangte. Mit der Zeit gehörten seine Linsen zu den begehrtesten in ganz Italien, wobei er streng darauf achtete, seine Technik geheim zu halten. Bald aber wurde er von Konkurrenten im In- und Ausland übertroffen, und so verblasste schließlich sein Ruf, der Beste auf diesem Gebiet zu sein. Im 19. und 20. Jahrhundert durchgeführte Untersuchungen der wenigen erhalten gebliebenen Linsen Torricellis zeigten aber, dass diese eine hervorragende Qualität aufweisen.

Galilei ist nicht der Erfinder des Fernrohrs, er hat es aber – wie andere auch – „nacherfunden", wie er selber sagt, als er davon gehört hatte, dass ein „gewisser Holländer"[1] ein Gerät konstruiert habe, mit dem man weit entfernte Gegenstände so deutlich sehen könne, als wären sie ganz nahe. Nachdem er einige Studien über die Brechung des Lichts angestellt hatte, gelang ihm tatsächlich der Nachbau eines solchen Instruments, das er – und dies war seine eigentliche Pioniertat – sofort zu Beobachtungen der Himmelskörper einsetzte und im August 1609 auf dem Glockenturm von San Marco in Venedig einer erlauchten Gesellschaft vorstellte. Die ersten von Galilei gebauten Fernrohre weisen eine plankonvexe

---

[1] Die holländischen Brillenmacher Hans Lipperhey (um 1570–1619), Zacharias Janssen (um 1588–um 1631) und Jacob Metius (um 1572–1628) sollen angeblich unabhängig voneinander das Fernrohr erfunden haben.

(*) *Mi scusi per gratia perchè ho la testa piena di vetri.* Torricelli an Michelangelo Ricci, 27. Feb. 1643 (OT, III, Nr. 42).

R. Acampora, *Evangelista Torricelli*, Mathematik im Kontext, https://doi.org/10.1007/978-3-662-66407-0_8

Sammellinse als Objektiv und eine plankonkave Zerstreuungslinse als Okular auf (beide
sphärisch gekrümmt); sie haben ein sehr kleines Gesichtsfeld (Galilei konnte mit seinem
Fernrohr nur ungefähr ein Viertel der Mondscheibe aufs Mal sehen), stellen aber die Objekte
seitenrichtig und aufrecht dar. Plankonkave und plankonvexe Linsen lassen sich besonders
einfach aus plan geschliffenem Spiegelglas herstellen; später gelangten auch bikonvexe bzw.
bikonkave Linsen zur Anwendung, deren Herstellung zwar aufwendiger ist, die aber den
Vorteil einer kürzeren Brennweite bieten und damit kürzere und damit auch handlichere
Fernrohre ermöglichen.

Schon bald nach Galileis Tod scheint Torricelli sich mit dem Bau von Fernrohren befasst
zu haben, wie aus seinem Brief vom 25. Oktober 1642 an Cavalieri hervorgeht:

> Sodann habe ich vernommen, dass Sie sich einige Gedanken über die Form der Gläser für das
> Fernrohr gemacht haben. Ich bitte Sie, mir etwas davon mitzuteilen, jedoch ohne Beweise, ein-
> zig die Schlussfolgerungen, nicht um darüber nachzudenken, sondern zur praktischen Anwen-
> dung. Ich bin dabei, aufgrund einiger Überlegungen von Galilei und von mir zu arbeiten; bis
> jetzt habe ich die Mittelmäßigkeit ziemlich überschritten, konnte aber die [Qualität der] Gläser
> Fontanas[2] nicht erreichen.[3]

In seiner Antwort vom 29. Oktober[4] bestätigte Cavalieri, einige theoretische Untersuchungen zur Bestimmung des Brennpunktes von Linsensystemen bei parallelen Lichtstrahlen
angestellt zu haben; er betont indessen, dass er die dabei gewonnenen Erkenntnisse bisher
noch nicht auf die Herstellung von Linsen angewendet habe. Er will aber an dieser Stelle auch
nichts Genaueres zu seinen Entdeckungen sagen, da dies mehr Zeit erfordern würde, als ihm
im Augenblick zur Verfügung steht. Am 2. Januar 1643 berichtete Torricelli an Michelangelo Ricci, dass er sich aus gesundheitlichen Gründen nicht mehr weiter mit diesem Thema
befasst habe.[5] Später hat er dann aber seine Versuche wieder aufgenommen, denn am 4.
Dezember 1643 gab er seinem Freund Magiotti auf dessen Anfrage – Magiottis Brief ist
nicht erhalten – ausführlich Auskunft über das Schleifen von Linsen; das beschriebene Verfahren entspricht dabei weitgehend dem noch heute von Hobby-Astronomen zum Bau von
Fernrohren verwendeten: Das zu formende Glas wird an einem Halter befestigt und dann
in einer der gewünschten sphärischen Linsenform entgegengesetzt geformten, mit einem
Schleifmittel bedeckten Schleifschale durch Hin- und Herbewegen des Halters geschliffen.
Zuerst beschreibt Torricelli die Herstellung einer sphärisch konkaven Schleifschale:

---

[2] Der Neapolitaner Francesco Fontana (um 1580–1656) hatte ursprünglich Theologie und Rechtswis-
senschaften studiert, ohne aber diese Berufe je auszuüben. Stattdessen erwarb er sich im Selbststudium
Kenntnisse in der Mathematik und wandte sich dem Linsenschleifen zu. Er galt zu seiner Zeit in ganz
Europa als der führende Erbauer von Fernrohren. Nur widerwillig anerkannte Galilei, dass Fontanas
Fernrohre stärker vergrößerten als seine eigenen; er bestand aber darauf, dass man mit ihnen nichts
Neues beobachten könne, was er nicht schon mit seinen ersten Entdeckungen bekannt gemacht habe.
Siehe Galileis Brief an [Elia Diodati?] vom 15. Jan. 1639, *OG*, XVIII, Nr. 3836.

[3] *OT*, III, Nr. 30.

[4] *OT*, III, Nr. 31.

[5] *OT*, III, Nr. 35.

Man nehme ein flaches oder grobes Stück Glas, etwa so groß wie das zu bearbeitende Glas oder auch ein wenig größer. Man befestige es an einem schweren Gegenstand, damit die Schleifschale nicht in Drehung versetzt wird; ich verwende dazu eine runde Scheibe aus Blei oder einen Ziegelstein oder etwas anderes. Dann beginne ich, sie [die Schale] mit einem kleinen, ebenfalls flachen Glas sowie mit grobkörnigem Schmirgel einzutiefen. Beim Eintiefen achte ich nur darauf, dass das Glas […] öfter in der Mitte als am Rande der künftigen Schleifschale arbeitet. Im Ganzen vergeht keine Stunde, bis ich eine auf beiden Seiten bearbeitete Schleifschale für ein Fernrohr von 3 1/2 Ellen eingetieft habe, vorausgesetzt jedoch, dass ihr Durchmesser nicht größer als 1 2/3 Florentiner Piaster[6] ist.

Sie sollten sich keine Sorge um die Schleifschale machen: Es genügt, wenn sie aufs Gröbste ausgehöhlt ist, denn beim Bearbeiten des Glases danach wird sie von Natur aus vollkommen werden. Ist dies getan, so lege man jenes kleine Stück Glas, mit dem die Schleifschale ausgehöhlt wurde, beiseite und nehme das schön runde, ebenfalls in einer Schale aus Kupfer oder einem anderen Material grob vorgeformte Glas, das man bearbeiten will, sodass es nicht völlig flach, aber auch für die vorbereitete Schale nicht zu stark gewölbt ist. Nun beginne man, dieses mit einem feinen Schleifmittel zu bearbeiten, bis Sie finden, es sei passend mit der Schleifschale […]

Schließlich verrät Torricelli auch sein wichtigstes Geheimnis, das angeblich keinem anderem außer Gott und ihm selbst bekannt sein soll:

Man soll die zu bearbeitenden Gläser nicht mit Pech oder anderem mithilfe von Feuer befestigen, denn diese Materialien ziehen sich beim Abkühlen an gewissen Stellen mehr zusammen als an anderen und verbiegen das Glas, welches die optimale Form aufweist, solange es auf der Unterlage befestigt ist; doch wenn wir es entfernen, um es in das Fernrohr einzusetzen, wird es sich wieder verflachen wie zuvor und sich verformen. […] Nun befestige ich die Gläser so: ich nehme einen Stößel aus Blei […]; auf die ebene Fläche A lege ich ein rundes Stück aus „Roversino"[7] oder aus einem anderen feinen, weichen Stoff, damit das Glas auf eine weiche Fläche trifft. Über dem besagten Stück Stoff umhülle ich dann den Griff sehr eng mit Handschuhleder und befestige es mit der sehr straff angezogenen Schnur CB (Abb. 8.1). Danach überziehe ich die Oberfläche A des besagten Leders mit heißem, sehr dünn aufgetragenem rotem Wachs. So wird das Glas, solange es nicht feucht ist, stets haften, wenn es kalt ist…[8]

Auf diese Weise verzieht sich das Glas nicht und wird daher seine Form beim Loslösen von dem Griff nicht verändern. Dass der Griff aus Blei bestehen soll, ist nicht Torricellis eigene Erfindung, wie er selber einräumt – man könnte vermuten, dass er diesen Hinweis von Galilei erhalten hat. Der Vorteil dabei ist, dass man auf diese Weise keinen Druck mit der Hand auf das zu bearbeitende Glas ausüben muss, da das Gewicht des Bleis bereits genügend auf die Unterlage wirkt und somit eine gleichmäßige Bearbeitung des Glases erreicht wird.

Mit der Zeit hatte sich Torricelli zu einem Meister bei der Herstellung von Linsen für den Bau von Fernrohren und Mikroskopen entwickelt; sein Ruf hatte sich mittlerweile in ganz Europa verbreitet. Auch Mersenne in Paris hatte davon gehört und sich anlässlich

---

[6] Eine seit dem 16. Jahrhundert in Florenz gebräuchliche Silbermünze von ca. 43 mm Durchmesser.

[7] Ein feiner Wollstoff, der in der Gegend von Bergamo produziert wurde.

[8] *OT*, III, Nr. 63.

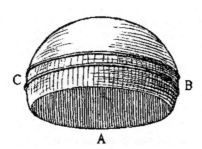 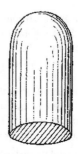

Abb. 8.1 Der mit feinem Leder überzogene Haltegriff (Abb. links). – Der Griff darf nicht zu hoch sein (Abb. rechts), denn die Hebelwirkung würde das zu bearbeitende Glas zu Wackeln bringen. (Abb. aus *OT*, III, S. 152 und 153)

seiner Italienreise am Kauf einiger dieser Linsen interessiert gezeigt.[9] Schließlich übertrafen Torricellis Linsen sogar auch jene von Francesco Fontana:

> Nach tausend vergeblichen Überlegungen und tausend Luftschlössern wurde mir schließlich (Gott sei Dank) die Erfindung der Linsengläser in die Hände gegeben. Es freut mich, dass jener Neapolitaner merkt, dass der Großherzog in seinem Hause jemanden hat, der ebenso gut ist wie er und sogar noch besser. Innerhalb von wenigen Tagen habe ich nur deren sechs hergestellt, von denen vier offensichtlich fehlerhaft herausgekommen sind; die beiden anderen wurden mit jener vollkommenen – von Fontana fabrizierten – [Linse] des Großherzogs verglichen, und es zeigte sich nicht der geringste Unterschied, außer dass jenes das beste ist unter tausend Gläsern, die Fontana im Zeitraum von 30 Jahren hergestellt hat, und meine [Linsen] wurden aus deren sechs ausgewählt, die im Zeitraum von acht Tagen hergestellt wurden.[10]

Am 20. August 1645 meldete Ricci allerdings nach Florenz, Fontana habe eine seiner besten Linsen nach Rom gesandt, worauf diese dann mit einer aus Torricellis Produktion verglichen worden sei. Dabei habe man festgestellt, dass Fontanas Linse jener von Torricelli bei weitem überlegen gewesen sei.[11]

Torricelli scheint dem den Jesuiten nahestehenden Fontana nur Verachtung entgegengebracht zu haben. Dieser hatte in seinem 1646 veröffentlichten Werk *Novae coelestium terrestriumque rerum observationes* (Abb. 8.2) behauptet, bereits im Jahre 1608 (somit etwas früher als Galilei) sein erstes Teleskop gebaut zu haben; außerdem hatte er im November 1645 zwei Objekte gesichtet – am Weihnachtstag dann nur noch eines –, die er als mögliche

---

[9] In seinem Brief aus Rom vom 25. Dezember 1644 an Torricelli. *OT*, III, Nr. 113; *CM*, XIII, Nr. 1325.

[10] Torricelli an Raffaello Magiotti vom 6. Februar 1644. *OT*, III, Nr. 70.

[11] *OT*, III, Nr. 157.

Abb. 8.2 Francesco Fontana: *Novae coelestium terrestrium rerum observationes,* 1646. Porträt gegenüber S. 10. ETH-Bibliothek Zürich. – https://doi.org/10.3931/e-rara-450

Venusmonde deutete[12], nachdem er bereits 1630 angeblich fünf zusätzliche Jupitermonde entdeckt hatte.[13] Torricelli schrieb darüber an Vincenzo Renieri:[14]

> Ich besitze das Buch mit den Ungereimtheiten, die Fontana am Himmel beobachtet oder eher geträumt hat. Wenn Sie verrückte Dinge, das heißt Torheiten, Erdichtungen, Unverschämtheiten und tausend ähnliche Schandtaten sehen möchten, so werde ich Ihnen das Buch schicken; vielleicht können Sie daraus für Ihr eigenes Werk Dinge entnehmen, die zum Lachen reizen.[15]

Bald erwuchs Torricelli aber von allen Seiten her ernsthafte Konkurrenz beim Bau von Teleskopen. Schon Ende 1645 wurde er von Mersenne, der mit den von ihm erhaltenen Linsen überhaupt nicht zufrieden war, darauf aufmerksam gemacht, dass auf dem Markt durchaus bessere Linsen erhältlich seien.[16]

---

[12] Ähnliche Beobachtungen machten in der Folge auch andere Astronomen, unter ihnen Jean Dominique Cassini in den Jahren 1672 und 1682. Gegen Ende des 19. Jahrhunderts konnte aber nachgewiesen werden, dass es sich bei den meisten dieser Beobachtungen um verschiedene Sterne gehandelt hat, die in der Nähe der Venus gesehen worden waren. – Die Geschichte um das Geheimnis des Venusmondes ist nachgezeichnet in KRAGH [2008].

[13] Schon zuvor hatte der Astronom Schyrlaeus de Rheita (1604–1660) in seinem Buch *Novem stellae circa Jovem* etc. (Louvain 1643) von insgesamt neun Jupitermonden berichtet und diese Meldung zwei Jahre später in dem Werk *Oculus Enoch et Eliae* (Antwerpen 1645) bestätigt; es ist ungewiss, ob Fontana diese Veröffentlichungen gekannt hat.

[14] Vincenzo Renieri (1606–1647), Mathematiker und Astronom. Schüler von Galilei.

[15] Brief an Vincenzo Renieri vom 25. Mai 1647 (*OT*, III, Nr. 200).

[16] Wir haben darüber im Kap. 2 ausführlicher berichtet.

Abb. 8.3 Eustachio Divini
(aus C.A. Manzini, *L'occhiale
all'occhio. Dioptrica pratica.*
Bologna 1660). –
ETH-Bibliothek Zürich,
https://doi.org/10.3931/e-rara-
4205

Nachdem er zuerst als Uhrmacher tätig gewesen war, begann um 1646 in Rom auch der aus San Severino Marche stammende Eustachio Divini (1610–1685) – wie der mit ihm befreundete Torricelli ein Schüler von Castelli – mit der Herstellung von Linsen und dem Bau von Fernrohren, die sehr geschätzt waren. Mit der Zeit vervollkommnete er seine Technik derart, dass seine Linsen einen Durchmesser von bis zu 12 cm aufwiesen. Bedingt durch die große Brennweite dieser Linsen wurden seine Fernrohre immer länger und erreichten schließlich eine Länge von über 10 Metern.

Seine Produkte fanden großen Absatz in ganz Italien, aber auch im übrigen Europa; so besaß Monconys[17] in Lyon eines, und Kenelm Digby[18] führte bei seiner Abreise aus Italien nicht weniger als sechs Fernrohre von Divini mit sich (eines davon ging möglicherweise 1653 an Gassendi in Paris). Auch Ferdinand II. erwarb eine größere Anzahl von Fernrohren

---

[17] Anlässlich seines Besuchs in Florenz (siehe Kap. 1) hatte Monconys von Torricelli ein Fernrohr erhalten (*OT*, III, Nr. 190) und auf seine Reise nach Ägypten mitgenommen. In einem Brief an Vincenzo Renieri berichtet Torricelli, dieses Fernrohr sei in Alexandria von Einheimischen gestohlen worden, doch habe Monconys vorsichtshalber zuvor die Hauptlinse daraus entfernt und getrennt aufbewahrt, sodass er nur ein neues Okular und Rohr benötige (*OT*, III, Nr. 198). – Monconys berichtet über den Vorfall in einem Brief an einen unbekannten Freund in Lyon (*Journal des voyages de Monsieur De Monconys* etc. Première Partie. Lyon, MDCLXV, S. 186).

[18] Der englische Abenteurer und Diplomat Kenelm Digby (1603–1665) hielt sich ab 1635 meistens in Paris auf, wo er dem Kreis um Mersenne angehörte.

Abb. 8.4 Divini präsentiert Ferdinand II. sein Teleskop. Gemälde von Mariano Piervittori (1818–1888) im Palazzo Comunale, San Severino Marche. https://commons.wikimedia.org/wiki/File: Eustachio_Divini_at_Federico_II_de_Medici_court_by_Piervittori.jpg

aus Divinis Werkstatt. Es wird berichtet, dass die Astronomen der Accademia del Cimento bei mehreren Fernrohren Divinis das Objektiv durch eine offenbar bessere Linse Torricellis ersetzt hätten, was in der Kombination mit Divinis Okularen – Torricelli verwendete ausschließlich konkave Okulare, wodurch sich einerseits zwar ein besseres Bild, andererseits jedoch ein kleineres Gesichtsfeld ergab – zu einer deutlichen Verbesserung des Instruments geführt haben soll.[19]

Ein weiterer Konkurrent Torricellis auf diesem Gebiet war Antonio Novelli (1599–1662), Bildhauer aus Castelfranco, Provinz Florenz (heute Provinz Pisa), der sich nebenbei unter anderem auch als Konstrukteur von geometrischen Instrumenten aus Messing und als Hersteller von Fernrohren betätigte. Nach Darstellung von Filippo Baldinucci[20] sagte man von ihm, es habe zu seiner Zeit in Florenz nur wenige gegeben, die ihn auf diesem Gebiet übertroffen hätten. Er sei mit Torricelli eng befreundet gewesen, und die beiden hätten sich oft bei Novelli getroffen und dabei ihre Gedanken ausgetauscht. Der von Ferdinand II. für seine hervorragenden Fernrohre reich belohnte Torricelli habe daraufhin versucht, seinem in Armut lebenden Freund zu helfen, indem er dessen große Fähigkeiten beim Großherzog bekannt machte:

---

[19] van HELDEN [1999, S. 42].

[20] BALDINUCCI [1728, S. 349]. – Filippo Baldinucci (1625–1696), italienischer Maler und Kunsthistoriker.

...eines Tages erzählte er ihm [Ferdinand II.], es gebe in Florenz jemanden, der besser als er arbeite und dies sei Antonio Novelli. Es wurde ihm beschieden, er solle etwas von ihm [Novelli] zeigen. Weil er seinen Freund allzu sehr begünstigen wollte, nahm Torricelli, in dieser Hinsicht wahrlich unvorsichtig, ein selbst gemachtes Fernrohr [...] und zeigte es eines Tages dem Großfürsten...

Im Glauben, es sei von Novelli, sagte dieser, es sei ein sehr gutes Fernrohr, aber es sei dennoch nicht vergleichbar mit Torricellis Instrumenten. Nach wenigen Tagen ging Torricelli mit einem der besten Fernrohre Novellis erneut zum Großherzog und gab dieses als sein eigenes aus:

Der Großherzog nahm es entgegen und ließ andere Linsengläser von Torricellis Hand herbeibringen; nachdem er sie verglichen hatte, sagte er: Wahrhaftig, dieses ist besser als alle anderen von Ihnen. Somit, sagte Torricelli, ist Novelli der größere Meister als ich, denn diese Linse ist von seiner Hand, nicht von meiner. Der kluge Fürst, gab zunächst überhaupt nicht zu erkennen, dass ihm diese Art eines Untergebenen, mit seinem Herrscher Handel zu treiben, wenig gefiel; es obsiegte in ihm jedoch die große Zuneigung zu dem Mathematiker und zu dessen Bemühungen, die er erkannte, dem Freund zu helfen, und so drehte er elegant die Angelegenheit um und befahl Torricelli, er selbst möge den Preis für das Fernrohr bestimmen. Torricelli gehorchte, und Novelli wurde großzügig belohnt.

Soweit Baldinuccis Darstellung des Geschehens, die auch von Caverni übernommen wurde[21], allerdings mit erheblichen Vorbehalten. In der Tat wäre die Episode geeignet, ein weiteres Mal den edlen Charakter Torricellis zu unterstreichen, aber sie ist wohl zu schön, um wahr zu sein, denn aus Torricellis Sicht spielte sich das Geschehen ziemlich anders ab. Er schrieb nämlich an Vincenzo Renieri:

Es ist wohl wahr, dass Novelli die Absicht hat, Fernrohre zu bauen, die meinesgleichen sind. Es ist auch wahr, dass er schließlich jemanden gefunden hat, der es gewagt hat, ihn im Palast vorzustellen. Genug: es wurde mit den meinigen verglichen, und es mag sein, dass einer seiner Anhänger ihn gerühmt hat, aber der Durchlauchtigste Herr geruht dennoch nicht, darüber zu sprechen, er spricht aber Gutes über jenen Römer[22], obschon er keine anderen Fernrohre verwendet als meine. Ein anderes Mal, es sind schon anderthalb Jahre her, schickte derselbe Novelli zwei davon [von seinen Fernrohren] nach Poggio di Caiano[23], als Seine Durchlauchtigste Hoheit in der Villa weilte. Sie wurden geprüft und unter Pfui-Rufen zurückgewiesen. Auch ich befand mich dort und auch Tordo.[24] Jener, der die Fernrohre vorstellte, war ein Cavaliere Rucellai; zwar wollte er uns nie den Namen des Herstellers nennen, und nur durch Zufall erfuhren wir, dass sie von Novelli stammten.[25]

---

[21] CAVERNI [1891–1900, t. I, S. 381–382].

[22] Gemeint ist wohl Eustachio Divini.

[23] In Poggio di Caiano bei Prato befindet sich die Villa Medici, der Sommersitz der Medici.

[24] Ippolito Francini (1593–1653), genannt „Il Tordo" (Die Drossel). Er hatte als Linsenschleifer auch für Galilei gearbeitet.

[25] Brief vom 25. Mai 1647. *OT*, III, Nr. 200.

Mit der Zeit zog Torricelli einen blühenden Handel mit seinen Fernrohren auf, die sogar in Neapel, der Stadt seines Konkurrenten Fontana, Absatz fanden:

> Viele haben sie von mir verlangt, und ich glaube, es ist angezeigt, den Preis zu erhöhen; schließlich konnte sich jedermann davon überzeugen, dass sie gut sind. Selbst an die Anhänger des Fontana in Neapel liefere ich, und weil sie es gewohnt sind, teuer dafür zu bezahlen, senden sie mir mehr Geld, als ich dafür verlange, Dutzende von Scudi aufs Mal.[26]

Der Hauptmangel bei den bis dahin hergestellten Linsen bestand darin, dass diese, bedingt durch die damals übliche Technik des Polierens, um so mehr von der angestrebten sphärischen Form abwichen, je größer ihr Durchmesser war.[27] Auch Torricelli und Fontana gelang es nicht, in dieser Hinsicht wirkliche Fortschritte zu erzielen. Erst im Jahre 1645 beschrieb Schyrleus de Rheita[28] in seinem in Antwerpen veröffentlichten Buch *Enoch et Eliae sive radius sidereomysticus* den Bau eines Binokulars, eines mit vier konvexen Linsen (drei davon für das Okular) ausgerüsteten verbesserten terrestrischen Fernrohrs, welches die Objekte aufrecht zeigt; außerdem gab er darin in verschlüsselter Form eine Poliermethode an, die tatsächlich geeignet ist, Linsen zu erzeugen, die eine präzisere sphärische Form aufweisen; gleichzeitig konnten auf diese Weise auch Linsen von größerem Durchmesser hergestellt werden. Als Torricelli von Mersenne auf diese neue Entwicklung aufmerksam gemacht worden war, reagierte er ziemlich ungehalten und bestand darauf, dass seine Linsen immer noch zu den besten in ganz Europa gehörten.[29]

Um seiner Zufriedenheit Ausdruck zu geben, hatte der Großherzog im Jahre 1644 Torricelli mit einer goldenen Kette samt Medaille mit der Inschrift „virtutis praemia" (Abb. 8.5) im Wert von 300 Scudi belohnt, unter gleichzeitiger Verpflichtung zur Geheimhaltung seiner Technik.

Torricelli hat sich gehorsam an dieses Gebot gehalten. Zwar hat er, wie wir gesehen haben, seinem Freund Magiotti einige wenige Einzelheiten mitgeteilt, allerdings noch vor dem Schweigegebot des Großherzogs, doch über die von ihm verwendeten Methoden zur Qualitätsprüfung der Linsen ist aus seiner Korrespondenz überhaupt nichts zu erfahren.

Bereits auf dem Sterbebett liegend und am Morgen des 14. Oktober 1647 von seinem Vertrauten und Testamentsvollstrecker Serenai danach gefragt, was mit seinem „Geheimnis" zu geschehen habe, gab Torricelli zur Antwort:

> Es ist nicht nötig, das Geheimnis der Linsengläser darin [im Testament] zu erwähnen, denn ich werde veranlassen, dass es heute früh in verschlossener Form in die Hände des Großherzogs gelangen wird.[30]

---

[26] Brief an Vincenzo Renieri vom 1. Dezember 1646. *OT*, III, Nr. 190.

[27] Wir folgen hier den Ausführungen in WILLACH [2001].

[28] Der Kapuzinermönch Anton Maria Schyrleus de Rheita (1604–1660) hatte in Ingolstadt u. a. Astronomie studiert und sich auch Kenntnisse des Linsenschleifens erworben.

[29] Mersenne an Torricelli, 13. Dezember 1645 (*OT*, III, Nr. 162; *CM*, XIII, Nr. 1412); Torricelli an Mersenne, 7. Juli 1646 (*OT*, III, Nr. 179; *CM*, XIII, Nr. 1486).

[30] Ricordi dettati a me Lodovico Serenai dal Sig. Vangelista Torricelli. *OT*, IV, S. 87.

Abb. 8.5 Die Medaille „VIRTVTIS PREMIA" (sic!), ein vom jeweiligen Großherzog der Toskana (hier Federico II) verliehener Verdienstorden

In einem Brief an Magiotti, der sich zuvor nach Torricellis „Geheimnis" erkundigt hatte, berichtet Serenai, dass Torricelli ihn danach angewiesen habe, vom Hofe des Großherzogs eine verschließbare Kassette kommen zu lassen:

> …und als diese angekommen war und alle anderen Personen sich zurückgezogen hatten, nannte er mir den Ort, wo sich in seinem Zimmer das Geheimnis befand, und er bat mich, dieses, ohne es anzuschauen oder aufzudecken, in jene Kassette zu legen und diese mit dem Schlüssel zu verschließen, was ich dann tat, vor seinen das Ganze überwachenden Augen, und er ließ es durch einen Boten Seiner Durchlauchten Hoheit überbringen.[31]

Aufgefordert, niemandem etwas davon zu erzählen, was er gesehen habe, gab Serenai zur Antwort, dass ihm dies nicht schwerfalle, denn er habe nur einige unbeschriebene Blätter gesehen, mit denen das „Geheimnis" zugedeckt gewesen sei. Die übrigen Dinge wie Schleifschalen, unbearbeitete Gläser, Schleifmittel u.ä., die offenbar nicht zu dem „Geheimnis" gehörten, füllten schließlich zwei schwere Kisten, die er ebenfalls dem Großherzog überbringen ließ.

Am 8. Dezember 1647 ließ der Großherzog Viviani zu sich rufen, informierte ihn umfassend über Torricellis „Geheimnis" und übergab ihm schließlich die Kassette samt Schlüssel zur Verwahrung. Nun begann auch Viviani Fernrohre zu bauen, über deren Qualität aber nichts bekannt ist. Allerdings hatte inzwischen Huygens mit einer neuartigen Konstruktionsweise die italienischen Fernrohrbauer übertroffen, wie Viviani selber feststellen musste:

> Huygens hat noch erlesenere Fernrohre nach einer neuen Idee gebaut, bei denen die Linsengläser zusammengesetzt sind aus zweien, die auf der einen Seite konvex, auf der anderen

---

[31] Brief vom 21. Dezember 1647; siehe GHINASSI [1864, S. lxviii–lxxi]; auch in GALUZZI [1975, Nr. 334].

Seite flach sind, und die auf diese Weise die Farben beseitigen und die Gegenstände aufrecht abbilden.[32]

Viviani hatte mit dem ihm übergebenen Material große Mühe. Galluzzi weist dazu auf die bedeutende Dokumentation im Ms. Gal. 243 hin: auf einigen Seiten wird dort

> …dessen verzweifelter Versuch dokumentiert, Licht in die praktischen, alles andere als klaren Anweisungen zu bringen, die Torricelli in der Kassette des „Geheimnisses" verschlossen hatte. Auf c. 15r bringt Viviani eine Notiz an, um sich daran zu erinnern, neben anderen Dingen zu verlangen, «Seine Hoheit darum zu bitten, die Methode Torricellis vor allen geheim zu halten, auch wenn sie von anderen, die damit arbeiten, erraten worden sein sollte». Es folgt die Aufzeichnung einer Reihe von zu verlangenden Erklärungen zur Auflage der Folie auf der Schleifschale, über die Art zu belasten, die Schalen rein zu halten. Offensichtlich stellten sich Viviani alle diese Probleme beim Lesen der in der Kassette enthaltenen Angaben. […]
>
> Weiter unter finden sich auf zwei fliegenden Blättern weitere Notizen von der Hand Vivianis. Auch in diesem Fall handelt es sich um eine Reihe von zu stellenden Fragen, nur dass sich hier auch die Antworten befinden. Wie üblich betreffen die Fragen die Bearbeitung der Linsen und die von Torricelli verwendeten Techniken. Am meisten aber fällt auf, dass das Objekt der Neugierde Vivianis eine gewisse Dianna ist, in der mühelos die Haushälterin Torricellis zu erkennen ist. Mit «Dianna fragen» ist nämlich diese ganz besondere, in einer beinahe unleserlichen Schrift erstellte Notiz betitelt. Die zahlreichen Fragen […] dienen dem Bemühen, mithilfe der Erinnerungen der direkten Zeugen, die Arbeitstechnik zu rekonstruieren: «Worauf setzte er die Schalen»; «ob er weißes Tuch verwendete oder Putzlappen oder ein Schürzentuch»; «ob er oft das Pech wegriss»; «ob er Schwämme verwendete», usw.[33]

Als es sich dann herausstellte, dass Viviani nicht in der Lage war, Linsen von derselben Güte herzustellen wie Torricelli, befahl ihm der Großherzog, das „Geheimnis" zusammen mit den entsprechenden Instruktionen, die in einem Dokument vom 26. Mai 1665 überliefert sind[34], an den Hofdrechslermeister Johann Philipp Treffler[35] weiterzugeben. Wiederum nach Galluzzi:

> Es handelt sich um ein wertvolles Dokument, denn darin wird, nicht ohne einen Hauch von Verschmitztheit, dieselbe Haltung wiederholt, die bereits Galilei und auch Torricelli eingenommen hatten: eine enge Verbindung zwischen der allgemeinen Theorie der Optik und der Herstellung der Fernrohre vorzutäuschen.[36]

---

[32] Mss. Galileiani. *Cimento.* Vol. IV, car. 252, hier zitiert nach Favaro, *Amici e corrispondenti di Galileo Galilei.* XXIX. Vincenzio Viviani, S. 1044.

[33] Ms. Gal. 243, c. 51r–52v. – Die Dokumente sind in GALLUZZI [1976] in den Anhängen A-C transkribiert.

[34] *Ibid.,* c. 20r–22r. – Siehe GALLUZZI [1976, Anhang D].

[35] Johann Philipp Treffler (1625–1698), Drechslermeister aus Augsburg, kam 1650 nach Florenz und wurde Hofuhrmacher der Medici. Er baute nach Galileis Ideen eine Penduluhr.

[36] GALLUZZI [1976, S. 89].

Viviani schreibt in diesem Dokument in der Tat, der Großherzog habe ihm befohlen, Treffler in die «Grundsätze und Regeln der Kunst der Bearbeitung von Linsengläsern einzuführen, die sich aus der Theorie und basierend auf dem Wissen der Optiker gewinnen lassen» einzuführen und ihn dabei anzuleiten:

> Da der Durchlauchtigste Großherzog eines Abends im vergangenen Dezember, bevor er sich nach Pisa begab, mir, Vincenzio Viviani, dem Verfasser des vorliegenden [Schreibens], unter anderen Dingen befahl, während der Zeit seines Aufenthaltes auf seinem Landsitz Herrn Filippo Treffler, seinem Drechsler [...] behilflich zu sein, indem ich ihn in jene Proportionen und Maße einführe und darin unterrichte, die für die Kunst der Bearbeitung der Fernrohrlinsen aus der Theorie und den Grundlagen der Optik gewonnen werden.[37]

Worin bestand nun eigentlich Torricellis „Geheimnis"? Natürlich wird es praktische Angaben zur Bearbeitungstechnik umfasst haben, vielleicht auch zur Qualitätsprüfung der Linsen. Ob auch theoretische Überlegungen bezüglich der optimalen Form der Linsen dazu gehörten, darüber gehen die Ansichten der Fachleute auseinander.

In einer Reihe von Studien hat sich der bekannte, vor allem auf dem Gebiet der Optik tätige italienische Physiker Vasco Ronchi (1897–1988) mit dieser Frage auseinandergesetzt. In einer ersten Arbeit kommt er zum Schluss, es könne sich dabei nicht um die Bearbeitungstechnik gehandelt haben, denn in diesem Falle wäre Torricellis immer wieder zum Ausdruck gebrachte Überzeugung nicht verständlich, eine von anderen nicht zu übertreffende höchste Qualitätsstufe erreicht zu haben[38]; vielmehr müsse es sich dabei um eine mathematische Regel gehandelt haben. Eine solche Regel könne sich aber nur auf die Form sphärischer Linsen mit minimaler Aberration bezogen haben, die indessen infolge des äußerst kleinen Öffnungswinkels für die Fernrohrobjektive jener Zeit ohne Bedeutung gewesen sei. Ronchi muss dann allerdings einräumen, dass dieser Annahme einige Hinweise entgegenstehen. So soll Torricelli im Zusammenhang mit der Übergabe des „Geheimnisses" an den Großherzog zu Serenai gesagt haben:

> ...aber Seine Hoheit war schlecht beraten, mich nicht in seiner Gegenwart arbeiten zu lassen, denn dann hätte er es gesehen und besser verstanden, und er wird niemanden finden, der es machen könnte.[39]

---

[37] *Ibid.*, S. 93.

[38] Ronchi schreibt dazu: «...es zeigt sich daher offensichtlich, dass Torricelli sicher war, ein absolutes Maximum erreicht zu haben. Nun betraf aber der einzige Bereich, in dem man damals von einem Maximum sprechen konnte, gerade die Bestimmung der Form der Linse. Heute weiß man, dass es auch bei der Bearbeitung eine Grenze gibt, jene bereits erwähnte optische Vollkommenheit, doch zu jener Zeit war es nach menschlichem Ermessen unmöglich, auch nur eine blasse Vorstellung davon zu haben, denn der Nachweis dieser Grenze der technischen Möglichkeiten stützt sich auf die Lehre der Wellenoptik, die zwei Jahrhunderte nach Torricellis Tod entwickelt worden ist.».

[39] Siehe Anm. 31. – Serenai berichtet dies auch in seinem Brief vom 21. Dezember 1647 an Magiotti, siehe GHINASSI [1864, S. lxx].

Daraus geht deutlich hervor, dass das „Geheimnis" zumindest zu einem erheblichen Teil aus praktischen Anweisungen bestand. Auch die Worte, mit denen Viviani über die Entgegennahme des „Geheimnisses" im Dezember 1647 im Palast des Großherzogs berichtet, weisen in diese Richtung:

> …wo mir sofort mit höchster Großmütigkeit der besagten Hoheit das Geheimnis des Herrn Torricelli über die Bearbeitung der Linsengläser übergeben und alles umfassend anvertraut wurde, und nachdem er mir alles gezeigt hatte, nach einem längeren Vortrag, den er mir zu diesem Thema zu halten geruhte, wobei er mir Dokumente und nützliche Hinweise gab, überreichte er mir, nachdem er den Behälter mit den besagten Instrumenten eigenhändig […] verschlossen hatte, den Schlüssel…[40]

Im Vorwort zu Torricellis *Lezioni accademiche* (1715) schreibt Tommaso Buonaventuri hingegen, dass Torricelli auch theoretische Überlegungen bezüglich der Form der Linsen angestellt hatte:

> Das Geheimnis, das er zur Bearbeitung dieser Gläser besaß, dank dessen er […] völlig sicher war, dass er ihnen auch in der Praxis genau jene Form geben konnte, die er durch theoretische Überlegungen gefunden hatte.

Damit lässt er zwar offen, ob das „Geheimnis" möglicherweise gleichzeitig von theoretischer und praktischer Natur war, doch dann fährt er weiter:

> …als er ans Ende seines Lebens gelangte, übergab er es zusammen mit allen entsprechenden Werkzeugen zur Bearbeitung der Gläser dem Großherzog Ferdinand II., seinem prächtigsten Wohltäter, und zuvor hatte er es stets verborgen gehalten, außer vor seinem teuersten Freund Raffaello Magiotti, dem er es in einem seiner Briefe, der sich bis heute erhalten hat, offengelegt hat.

Dieser Brief – es muss sich um jenen vom 4. Dezember 1643 handeln, aus dem wir weiter oben zitiert haben – enthält aber ausschließlich praktische Anweisungen. Wenn nun, wie Buonaventuris Schilderung zu entnehmen ist, das Magiotti mitgeteilte „Geheimnis" dasselbe wäre wie jenes, das dem Großherzog übergeben wurde, so würde damit die Möglichkeit wegfallen, dass in der Kassette auch theoretische Angaben enthalten waren. Allfällige die Form der Linsen betreffende Erkenntnisse könnten aber durchaus unter den nicht zum Inhalt der Kassette gehörenden, separat aufbewahrten Schleifschalen und anderen Materialien enthalten gewesen sein.

Obschon über den weiteren Verbleib der geheimnisvollen Kassette nichts bekannt ist, vertritt Fabio Toscano[41] die Ansicht, die noch vorhandenen Dokumente genügten, um Aufschluss über ihren Inhalt zu geben. Er hält zunächst fest, dass das Geheimnis nicht von theoretischer Natur war, sondern vielmehr in einigen praktischen Anleitungen bestand, wie

---

[40] Ms. Gal. 243, c. 3–4. Hier zitiert nach TENCA [1954, S. 188].
[41] TOSCANO [2008, S. 120 ff.].

die Linsen mit einem nahezu vollkommenen Schliff versehen werden konnten. Zwar hatte
Torricelli in seinem früher erwähnten Brief vom 6. Februar 1644 an Ricci davon gesprochen,
er sei durch geometrische Überlegungen aufgrund der Theorie der Kegelschnitte und der
Lichtbrechung zu seinem Verfahren gekommen, doch Paolo Galluzzi wendet dagegen ein,
dass es gute Gründe gibt, hier die Glaubwürdigkeit Torricellis in Zweifel zu ziehen:

> Torricelli rühmte sich bei verschiedenen Gelegenheiten seines Geheimnisses. Er wollte es [...]
> nicht einmal seinen vertrautesten und treuesten Briefpartnern mitteilen. Wir werden zu bewei-
> sen versuchen, dass diese Zurückhaltung weniger in der Angst begründet war, ein Geheimnis
> zu enthüllen, aus dem ihm so viele Privilegien entstanden waren, als in der Tatsache, dass es
> sich dabei um einfache praktische Regeln handelte.[42]

Er weist ferner darauf hin, dass Torricelli keine Schriften zur theoretischen Optik hinterlassen hat, mit Ausnahme einiger weniger Blätter, auf denen die verschiedenen Verhältnisse
zwischen der Länge des Fernrohrs und der Öffnung des Okulars usw. untersucht werden;
außerdem enthielt seine persönliche Bibliothek nachweislich keine Literatur über Optik.
Und weiter:

> Es muss nicht erstaunen, dass Torricelli nicht zögerte zu erklären, er sei ausgehend von den
> theoretischen Grundlagen der Optik zur „Erfindung der Gläser" gelangt. Hatte nicht auch der
> große Galilei dieselbe Haltung eingenommen, als er Landucci die Entdeckung des Fernrohrs
> mitteilte? [...] Und steht es nicht heute außerhalb jeder Diskussion, dass die optischen Kennt-
> nisse, über die Galilei verfügte, ihm keinesfalls erlauben konnten, das Fernrohr *doctrinae de
> refractionibus innixus*[43] zu realisieren?

Nur wenige der von Torricelli bearbeiteten Linsen sind bis heute erhalten geblieben: Je eine
plan- und eine bikonvexe Objektivlinse sowie je eine plan- und eine bikonkave Okularlinse
befinden sich heute im Museo Galileo in Florenz.[44] Eine weitere Linse wurde erst gegen Ende
des 19. Jahrhunderts wieder aufgefunden: 1885 stieß Gilberto Govi[45] beim Ordnen einiger
Gegenstände im physikalischen Kabinett der Universität Neapel auf eine runde Glasscheibe,
die sich in einem erbärmlichen Zustand befand. Beide Oberflächen wiesen Kratzspuren
in verschiedenen Richtungen auf, so als wären sie während langer Zeit auf den staubigen
Tischen in einem Laboratorium herumbewegt worden. Beim näheren Betrachten stellte Govi
fest, dass es sich um eine plankonvexe Linse handelte, welche eine am Rand der ebenen

---

[42] GALLUZZI [1976, S. 85].

[43] Galileis eigene Worte im *Sidereus Nuncius:* «doctrinae de refractionibus innixus assecutus sum»
([bei der Erfindung des Fernrohrs] habe ich mich auf die Lehre von der Lichtbrechung abgestützt).

[44] Inv. Nr. 2571 und 2572 bzw. 2584 und 2585. Bei den Okularlinsen ist die Torricellis Autorschaft
jedoch nicht gesichert (möglicherweise stammen sie von Ippolito Francini oder von Jacopo Mariani).

[45] Gilberto Govi (1826–1889), 1862 Professor für Experimentalphysik an der Universität Turin,
1878–89 an der Universität Neapel.

Abb. 8.6 Die von Govi 1885 aufgefundene Linse. – Museo di Fisica, Centro Musei delle Scienze Naturali e Fisiche, Università di Napoli Federico II)

Seite eingeritzte Inschrift «Vang.[ta] Torricelli fece in Fiorenza per comand.[to] di S.A.S.[ma]»[46] trug (Abb. 8.6). Nachdem er die Oberflächen der Linse so gut wie möglich poliert hatte, führte er einige Messungen ihrer optischen Eigenschaften durch, die er dann im Jahre 1886 veröffentlichte:[47]

Durchmesser	111 mm
Dicke im Zentrum	5,365 mm
Dicke am Rand	4,833 mm
Gewicht	120,618 g
Volumen	48,380 cm³

Die Linse ging dann zurück in die Sammlung des physikalischen Kabinetts, worauf sie wieder in Vergessenheit geriet. Erst 1984 wurde sie inventarisiert und im Museum des Dipartimento di Scienze Fisiche der Universität Neapel ausgestellt. Darauf wurde sie von drei Fachleuten ein weiteres Mal auf ihre optischen Eigenschaften untersucht, und die mit modernster Technik erzielten Ergebnisse wurden im Jahre 1996 publiziert.[48]

Im Jahr 1923 hatte Vasco Ronchi Gelegenheit, im Museo di Storia delle Scienze (heute Museo Galileo) in Florenz einige Linsen aus dem 17. Jahrhundert auf ihre Qualität hin zu prüfen. Darunter befand sich auch eine plankonvexe Linse von 80 mm Durchmesser aus der Werkstatt Torricellis aus dem Jahre 1646. Bei genauerer Prüfung stellte sich heraus, dass diese Linse ebenso gut bearbeitet war wie die besten Linsen der Gegenwart. Ronchi schreibt dazu:

> …die moderne Theorie und Technik haben gezeigt, dass es eine effektive optische Vollkommenheit gibt, das heißt einen gewissen Grad der Bearbeitung der Linsenoberfläche, bei dem man das theoretisch mögliche Maximum erzielt und eine höhere Genauigkeit nichts mehr bringen kann […]. Heutzutage wird dieser Grad der Bearbeitung mit besonderen Methoden

---

[46] «Von Evangelista Torricelli in Florenz auf Anordnung Seiner Durchlauchtigsten Hoheit hergestellt.».

[47] GOVI [1886]. – Zitiert nach PATERNOSTER [1996].

[48] PATERNOSTER [1996].

überprüft, die seit knapp zehn Jahren geläufig sind. Das Erstaunliche ist, dass die Oberflächen von Torricellis Linsen genau zu optischer Vollkommenheit gearbeitet sind; dies wurde mit den von mir genannten Methoden überprüft.

Torricellis „Geheimnis" wird uns wohl für immer verborgen bleiben, obwohl er es noch kurz vor seinem Tod in die Hände Großherzog übergeben ließ. Wie wir gesehen haben, bestehen aber durchaus Zweifel, ob der Inhalt der ominösen Kassette tatsächlich so bedeutend war, hatte doch Viviani große Mühe, den darin enthaltenen Anweisungen zu folgen. Ronchis Untersuchungen haben aber immerhin gezeigt, dass Torricellis Linsen von hervorragender Qualität gewesen sein müssen.

Die *Lezioni Accademiche*

9

> *Wir, die unterzeichneten Zensoren [...],*
> *haben nach Durchsicht des Werks*
> *unseres Mitglieds Evangelista Torricelli*
> *mit dem Titel Akademische Vorträge*
> *gemäß dem [...] vorgeschriebenen Gesetz*
> *darin keine sprachlichen Fehler bemerkt.(*)*

Dieses Kapitel zeigt eine andere, weniger beachtete Seite Torricellis: Torricelli als Redner, dem es gelingt, mit anschaulichen Bildern einem Laienpublikum seine Theorien näherzubringen, als bescheidener, nicht nach Ruhm strebender Mensch, als Belesener, dem die Werke der römischen Dichter Horaz, Vergil und Ovid geläufig sind, und der auch mit der römischen Geschichte vertraut ist.

Torricelli hat gelegentlich sogenannte „Akademische Vorträge" gehalten, insgesamt zwölf an der Zahl. Die ersten acht hat er in der Zeit von August 1642 bis September 1643 als Dank für seine am 11. Juni 1642 in Anerkennung seiner Gewandtheit in der italienischen Sprache erfolgte Aufnahme in die Accademia della Crusca vorgetragen, den neunten („Zum Lobe der Mathematik") als Antrittsvorlesung an der Universität Florenz, die beiden folgenden an der Accademia del Disegno, den letzten schließlich vor versammelten Freunden im Rahmen der Accademia dei Percossi.[1]

---

[1] Eine von dem Maler und Dichter Salvator Rosa (1615–1673), zusammen mit einigen jungen Vertretern der Künste, der Philosophie und der Wissenschaften (darunter auch Torricelli und Viviani), in Florenz ins Leben gerufene Vereinigung nach dem Vorbild der früheren Confraternite oder Compagnie (Bruderschaften, die sich regelmäßig zu religiösen Übungen zusammenfanden und die auch im sozialen Bereich tätig waren). Bei Zusammenkünften im Hause von Rosa wurden vor allem satirische Gedichte rezitiert. Das einzige überlieferte Epigramm Torricellis haben wir im Kap. 1 (S. 15) wiedergegeben. Angeblich hat Torricelli hier auch selbstverfasste Komödien vorgetragen, von denen aber keine erhalten geblieben ist. – „Accademia dei Percossi" bedeutet wörtlich „Akademie der Gestoßenen (oder auch der Geschlagenen)".

(*) «Noi appiè sottoscritti Censori, e Deputati, riveduta a forma della Legge prescritta dalla Generale Adunanza dell'Anno 1705 la seguente Opera dell'Innominato Evangelista Torricelli, intitolata Lezioni Accademiche ec. non abbiamo in essa osservati errori di Lingua.».

© Der/die Autor(en), exklusiv lizenziert an Springer-Verlag GmbH, DE,
ein Teil von Springer Nature 2023
R. Acampora, *Evangelista Torricelli*, Mathematik im Kontext,
https://doi.org/10.1007/978-3-662-66407-0_9

Da die 1583 in Florenz gegründete Accademia della Crusca sich der Pflege der italienischen Sprache verschrieben hatte[2], sind diese Vorträge nicht in erster Linie nach ihrem wissenschaftlichen Gehalt zu beurteilen; sie sind vielmehr als literarische bzw. rhetorische Leistungen Torricellis anzusehen.[3]

Die Manuskripte der Vorträge hatte Torricelli letztwillig seinem Freund und Testamentsvollstrecker Serenai überlassen und es ihm dabei freigestellt, nach eigenem Ermessen darüber zu verfügen. Serenai trug sich zunächst mit dem Gedanken, die Texte selber zu veröffentlichen; das Vorhaben konnte aber schließlich nicht in die Tat umgesetzt werden. In seinem eigenen Testament äußerte Serenai dann den Wunsch, Vincenzo Viviani möge die *Lezioni* zusammen mit den von ihm bearbeiteten nachgelassenen mathematischen Schriften Torricellis zum Druck geben. Aber auch zu Lebzeiten Vivianis kam es nicht zu einer Veröffentlichung; nach seinem Tod im Jahre 1703 gelangten die Manuskripte schließlich an seinen Neffen, den Abt Jacopo Panzanini.[4] Dieser zeigte sie Tommaso Buonaventuri, dem Leiter der großherzoglichen Druckerei in Florenz und Deputierten der Accademia della Crusca, der sich daraufhin entschloss, die *Lezioni* zu drucken. Nachdem die Zensoren der Akademie bestätigt hatten, dass der Text keine sprachlichen Fehler enthielt[5], wurde er zur Veröffentlichung freigegeben[6], die dann – ohne Nennung des Herausgebers – schließlich im Jahre 1715 erfolgte.[7] Auch der Verfasser des 49-seitigen Vorwortes, das eine Biographie Torricellis enthält, wird nicht genannt; es soll sich aber um Buonaventuri handeln.[8] Der 95 Seiten umfassende Hauptteil des Buches enthält die folgenden zwölf Kapitel:

---

[2] Nach dem Motto: „Die Spreu vom Weizen trennen" – „Crusca" bedeutet soviel wie „Kleie". Die Accademia gab 1612 mit dem *Vocabolario degli Accademici della Crusca* das erste Wörterbuch der italienischen Sprache heraus. Weitere Auflagen folgten in den Jahren 1623, 1691 und 1729–38. Eine fünfte Auflage erschien ab dem Jahre 1863, wurde aber 1923 beim Buchstaben O abgebrochen. Erst in dieser letzten Auflage fanden Torricellis *Lezioni accademiche* (1715) sowie seine 1768 veröffentlichten Schriften zur Trockenlegung des Valdichiana eine gewisse Berücksichtigung; in der vierten Auflage fand Torricelli einzig im Zusammenhang mit dem Wort „cicloide" Erwähnung.

[3] Siehe dazu die Studie von BERARDI RAGAZZINI [1957].

[4] Jacopo Panzanini († 1737), der Sohn einer Schwester von Vincenzo Viviani. Er folgte nach Vivianis Tod auf dessen Lehrstuhl an der Universität Florenz nach.

[5] Siehe dazu das einleitende Zitat zu diesem Kapitel.

[6] Genauer gesagt: Torricelli durfte in einer allfälligen Publikation als Mitglied der Akademie bezeichnet werden («Si dá facoltá, che l'Innominato Evangelista Torricelli si possa denominare nella pubblicazione di detta sua Opera, Accademico della Crusca.»).

[7] Firenze 1715 nella Stamperia di S. A. R. [Sua Altezza Reale]. Per Jacopo Guiducci, e Santi Franchi. – Der Herausgeber hat sich beim Text offenbar auf die von Serenai angefertigten Kopien gestützt, die gelegentlich von den Originalmanuskripten abweichen. – Giuseppe Vassura, der Herausgeber des zweiten Bandes der Opere di Evangelista Torricelli hält sich hingegen an Torricellis Original. Unsere Übersetzungen beruhen im Folgenden auf dem Originaltext.

[8] ALLEGRINI [1771, S. CCCCXXXVI], sagt über die „Prefazione": «Si sa esser distesa da Tommaso Buonaventuri» («Man weiß, dass sie von Tommaso Buonaventuri verfasst worden ist»). – Jedenfalls figuriert Letzterer mit dem Beinamen „L'Aspro" unter den Zensoren und Deputierten der Akademie, welche den Text auf seine sprachliche Korrektheit hin geprüft haben.

534150_1_De_9_Chapter-print ☑ TYPESET ☐ DISK ☐ LE ☑ CP Disp.:25/2/2023 Pages: 537 Layout: German_T5

Abb. 9.1 Abb. 9.1. Titelblatt und Frontispiz der Lezioni Accademiche, Erstausgabe 1715. ETH-Bibliothek Zürich. – https://doi.org/10.3931/e-rara-4038

1. Dank an die Akademiker der Crusca dafür, dass ich von ihnen in ihre Akademie aufgenommen worden bin.
2.–4. Über die Kraft des Stoßes.
5.–6. Über die Leichtigkeit.
7. Über den Wind.
8. Über den Ruhm.
9. Zum Lobe der Mathematik
10.–11. Über die militärische Baukunst
12. Lobrede auf das Goldene Zeitalter.

Der Band enthält das bekannte, von Pietro Anichini gestochene Porträt Torricellis (Abb. 9.1 rechts), das als Vorlage für zahlreiche spätere Bildnisse gedient hat. Im Jahre 1786 wurden die *Lezioni* als „testo di lingua" unter die Texte aufgenommen, die als Grundlage des *Vocabolario* der Akademie dienten, merkwürdigerweise jedoch unter dem Titel „Lezioni sopra la lingua toscana".[9] Eine zweite Auflage erschien 1823 in Mailand. Das erwähnte Vorwort wurde auch im vierten Band der *Opere di Evangelista Torricelli* abgedruckt (*OT*, IV, S. 33–67). Der gesamte Text der Vorlesungen I-XII findet sich auch in BELLONI [1975, S. 553–651].

---

[9] Virginio Soncini & al., *Appendice alla Proposta di alcune correzioni ed aggiunte al Vocabolario della Crusca,* Milano 1826, S. 265.

9.1   Erster Vortrag: Dank an die Akademiker der Crusca dafür, dass ich von ihnen in ihre Akademie aufgenommen worden bin[10]

Die Ohnmacht, die gemäß natürlichem Vorrecht durch die Gesetze beseitigt zu werden pflegt, verdient sehr wohl, aus Mitgefühl mit Wohltaten belohnt zu werden. Keinesfalls aber wird man durch Dankesbezeugungen frei von ihr. Ich fasse daher heute den Mut, vor dieser berühmten Versammlung zu erscheinen. Und umso mehr, als ich mich infolge der Unzulänglichkeit des Geistes frei von der Aussicht auf ruhmreiche Werke schätze, ebenso durch die Größe der empfangenen Wohltat, fühle ich mich zu Dank verpflichtet. Ich weiß, dass die Liebenswürdigkeit tüchtiger Seelen ihre Gunst kundtut durch Gönnerschaft und um dem eigenen Edelmut zu genügen; doch ich bin überzeugt, dass Sie befriedigt sein werden, wenn ich an diesem Tage in den Besitz der von den Gelehrten ersehnten und für die Nachwelt beneidenswerten Ehre gelange, einzig durch Beisteuern weniger und wirrer Worte: dies eben pflegt die Belohnung zu sein, die durch die Wohltaten des Himmels und der Monarchen empfangen werden.

Die Unermesslichkeit meiner Verpflichtungen gegenüber Eurer Hoheit, Durchlauchtigster Fürst, und Ihnen gegenüber, ehrenwertester Erzkonsul und gelehrteste Akademiker, sind schwer zu begreifen; es ist aber leicht, Gründe dafür anzuführen. Ich denke nur schon daran, dass ich trotz der Geringfügigkeit der Verdienste und der Fülle der Unzulänglichkeiten in die Gemeinschaft dieses ruhmreichen Kollegiums aufgenommen worden bin und zu den Angehörigen dieses Hofes zähle, welcher das Reich der Literatur und der Wissenschaften birgt. Crusca, es gefiel dir, meinen Namen in das Ruhmesregister einzutragen und mich als Teil deines Glanzes aufzunehmen; was kann ich tun, um mit angemessenen Dankbarkeitsbezeugungen einer so übermäßigen Wohltat zu entsprechen? Ich beteuere, dass eher mein Leben als die Hochachtung vor dieser angesehensten Versammlung erlöschen wird; und so lange mein Geist wach ist, werde ich stets die gebührende Hochachtung gegenüber meinen gütigsten und offenherzigen Wohltätern bewahren. Das höchste, vielmehr sogar das einzige Opfer, das Ihren Verdiensten bei meiner Schwachheit dargebracht werden kann, ist die Leidenschaft. Nehmen Sie diese entgegen, und gewähren Sie, dass dies der Dank sei, indem Sie mir gestatten, dass die Mängel der Werke durch die Fülle des Begehrens und das Übermaß der Hingabe aufgewogen werden. Ich lebe in einem Vaterland, wo die Vortrefflichkeit Brauch ist, der Fleiß zur Gewohnheit gehört, der Scharfsinn natürlich ist; ich betrete einen Schauplatz, wo die Gelehrsamkeit zum Erbe gehört, wo die Tugend zu Hause ist und die Weisheit zur Gewohnheit gehört. Erschrocken über so viel Vollkommenheit: welchen Ertrag werde ich bei meiner Unfruchtbarkeit je erhoffen können, der würdig wäre, vor den Augen – schärfer als jene des Luchses – dieses hohen Gerichtes vorgetragen zu werden? Ein Gericht, an dessen Hof die Anwärter auf Unsterblichkeit beurteilt werden, dessen literarische Kraft mit der Autorität der Gesetze und durch die Verkündung der Urteile alle jene Nationen erfasst, auf die sich der Gebrauch der Rede und der Nutzen der Sprache erstreckt. Ich genieße dank der Großzügigkeit des toskanischen Hofes die Unterstützung im täglichen Leben und dank der Freigebigkeit der Crusca die geistige Nahrung des Ruhms. Ich spreche daher Eurer Hoheit, Durchlauchtigster Fürst und Ihnen, gelehrteste Akademiker, meinen untertänigsten Dank aus für die Ehre, die Sie mir erwiesen haben, um deutlich zu zeigen, dass in Ihnen das Wohlwollen nicht weniger als die Güte herrscht. Ich schließe, indem ich die göttliche Allmacht anflehe, diese gelehrteste Versammlung, durch deren Autorität die unverletzlichen Gesetze der Literatur in die Welt hinaus gehen, immer mehr gedeihen zu lassen und die Fortschritte dieser Stadt zu vermehren, deren Name um die Welt geht, zum Schrecken der Barbaren und zur Zierde des Christentums.

---

[10] 2. Juli 1642.

9.2   Zweiter bis vierter Vortrag: Über die Kraft des Stoßes[11]

Als er von Torricellis Aufnahme in die Accademia della Crusca erfahren hatte, schrieb Cavalieri nach Florenz:

> [Die] Akademiker der Crusca haben mit Ihrer Aufnahme einen großen Gewinn gemacht, der ihnen auserlesene Dinge einbringen wird. Ich weiß, dass sie lieber physikalische als mathematische Dinge haben wollen, vielleicht mit Recht, denn jene würde ich eher mit der Kleie [crusca] in Verbindung bringen und diese mit dem Weißmehl, der wahren Speise und Nahrung des Verstandes. Dennoch muss man sich ihrem Geist anpassen, sogar dem allgemeinen Geist, der die Mathematik überhaupt nicht schätzt, wenn er nicht irgendeine Anwendung auf die Materie sieht, wahrlich ein nicht geringes Unglück dieser edelsten Wissenschaft, und vielleicht kein geringer Grund für die kleine Zahl ihrer Anhänger, worüber ich stets die hervorragendsten Mathematiker aller Zeiten in ihren Werken habe klagen hören. Daher sollte man über beide Arten von Dingen verfügen, um allen Geschmäckern zu genügen. Um dem Publikum zu genügen, das den Wert der Gelehrten und der Lehren aus der Zahl der Anhänger beurteilt, muss man sich vielmehr mit den gängigeren Dingen ausrüsten, und um es gut zu bedienen, muss man es täuschen, oder wie ich sagen möchte: man muss die Geister totschlagen, denn das Publikum will so behandelt werden, um gut bedient zu werden.[12]

Torricelli scheint Cavalieris Rat beherzigt zu haben, denn der Gegenstand der drei folgenden Vorträge ist in der Tat physikalischer Natur. Er spricht zunächst über die Bemühungen Galileis, die Kraft des Stoßes zu messen, mit der festen Vorstellung, dass diese Kraft unendlich sei, im Unterschied zur Kraft des Druckes. Im „Sechsten Tag" der *Discorsi* mit den Gesprächsteilnehmern Salviati, Sagredo und Aproino[13] begründet Galilei diese Ansicht mit dem Beispiel eines Pfahls, der durch das Herabfallen eines großen Gewichtes in die Erde eingerammt wird. Dasselbe kann zwar auch durch bloßes Auflegen eines entsprechend größeren Gewichtes erreicht werden, doch während im ersten Fall der Pfahl durch fortgesetztes Fallenlassen ein und desselben Gewichtes immer weiter in die Erde getrieben werden kann, muss im zweiten Fall das aufgelegte Gewicht größer und größer werden, um dieselbe Wirkung zu erzielen. Aproino kommt daher zum Schluss:

> Hier bleibt allerdings kein Zweifel übrig, dass die Stoßkraft unbegrenzt groß sein könne…[14]

Torricelli, der an der Ausarbeitung des „Sechsten Tages" mitgearbeitet hatte, führte später Galileis Betrachtungen weiter:

---

[11] 27. August, 10. September 1642 und 24. September 1643.

[12] *OT*, III, Nr. 27.

[13] Galilei ersetzt im „Sechsten Tag" Simplicio, der «in einigen Beweisen zu diversen Bewegungsproblemen sich nicht hat zurechtfinden können» durch den aus Treviso stammenden Paolo Aproino (1586–1638), der in Padua zu seinen Schülern gehört hatte.

[14] OETTINGEN [1973, S. 322].

Mehr von der Neugierde für die Sache getrieben als von der Hoffnung, sie erfassen zu können, werde ich mit der Schwerfälligkeit meines Geistes einigen Spuren dieser Erkenntnis nachgehen, wobei ich zum Geleit und zum Thema den Hinweis jenes weisesten Alten nehme, *dass nämlich die Kraft des Stoßes unendlich sein muss.*

Am Beispiel eines auf einer Marmorplatte ruhenden Gewichtes trägt er sodann seine Überlegungen vor. Wenn für das Zerbrechen der Platte ein Gewicht von tausend Pfund erforderlich ist, so wird ein aufgelegter Körper von beispielsweise hundert Pfund die Platte nicht zerbrechen können, auch wenn er noch so lange auf ihr ruht, denn er kann in jedem Augenblick der verstreichenden Zeit jeweils nur mit hundert Pfund auf die Unterlage drücken. Die Marmorplatte wirkt nämlich ständig mit einem Moment von tausend Pfund dem drückenden Körper entgegen, während dieser stets nur mit einem Moment von hundert Pfund drückt; erst eine Vergrößerung des Auflagegewichts könnte die Platte zum Zerspringen bringen.

Nun glaube ich, dass wir zum gleichen Ergebnis und zur gleichen Zunahme der Kraft gelangen würden, wenn wir, ohne die Materie zu vermehren, die Wirkungszeit der Momente vermehren würden und einen Weg fänden, um die in dieser Zeit erzeugten Momente zu konservieren.

Der entscheidende Gedanke der Konservierung der Momente wird anhand des folgenden Beispiels erläutert:

Ich benötige hundert Fass Wasser aus einem gewissen Brunnen, […] finde aber, dass dieser Brunnen nicht mehr als ein einziges Fass Wasser pro Stunde liefert. Muss ich daher die Hoffnung ganz und gar aufgeben, jemals die hundert Fass Wasser aus diesem Brunnen gewinnen zu können? Im Gegenteil! Man warte hundert Stunden und bewahre das Wasser auf, das ständig sprudelt, denn so werden wir die gewünschten hundert Fass Wasser erhalten.

Er vergleicht die in dem Körper befindliche Schwere mit einem Brunnen, der in jedem Augenblick eine Kraft von hundert Pfund hervorbringt,

…folglich wird er in zehn Augenblicken, oder besser gesagt in zehn sehr kurzen Zeitabschnitten zehn dieser einzelnen Kräfte von hundert Pfund hervorbringen, falls diese konserviert werden könnten.

Solange der Körper aber auf dem ihn tragenden Marmor ruht, fließen die einzelnen Kräfte ständig ab, noch bevor die zweite Kraft entsteht; die Vereinigung oder „Speicherung" aller Kräfte wird erst durch den folgenden, auf Galilei zurückgehenden Gedanken möglich:

Man hebe die schwere Kugel in die Höhe, sodass sie, wenn sie dann nach unten fällt, während zehn Zeitabschnitten in der Luft bleibt und demzufolge zehn dieser ihrer Momente erzeugen kann. Ich sage, dass die besagten Momente erhalten bleiben und sich ansammeln werden. Dies wird deutlich aus der ständigen Erfahrung mit fallenden Körpern und der beschleunigten Bewegung, wo man sieht, dass die schweren Körper nach dem Fall eine größere Kraft aufweisen als sie ruhend hatten. Aber auch mit dem Verstand kann man sich davon überzeugen; denn

534150_1_De_9_Chapter-print ☑ TYPESET ☐ DISK ☐ LE ☑ CP Disp.:25/2/2023 Pages: 537 Layout: **German_T5**

während jenes darunter liegende Hindernis mit seinem dauernden Widerstand gegen die unangenehme Berührung alle die besagten Momente ausgelöscht hat, wird nun, da das Hindernis entfernt worden ist, mit der Beseitigung der Ursache auch die Wirkung beseitigt sein. Wenn dann der schwere Körper nach dem Fall zum Stoß kommt, so wird er nicht mehr wie zuvor die in einem einzigen Zeitabschnitt erzeugte einfache Kraft von hundert Pfund ausüben, sondern die vervielfachten Kräfte von zehn Zeitabständen, welche tausend Pfund gleichkommen werden: gerade so viel, wie es vereinigt und gemeinsam ausgeübt braucht, damit der Marmor zerbrochen und überwunden wird.

Nun könnte man dagegen einwenden, dass die zeitliche Dauer eines noch so kurzen Falles aus unendlich vielen Augenblicken bestehen muss, sodass sich die Wirkung des Körpers, die er in Ruhelage hatte, auf das Unendlichfache vermehren muss. Daher müsste die Kraft bei einem beliebig kurzen Fall und einem beliebig kleinen Gewicht notwendigerweise unendlich sein, was aber jeder Erfahrung entgegensteht. Dazu meint Torricelli, dass tatsächlich

…die Kraft eines jeden Stoßes unendlich sein muss. Ich werde dies zunächst anschaulich beweisen, ohne jene [unendlich vielen] Augenblicke in Betracht zu ziehen, die widersprüchlich sein könnten für jemanden, der die Lehre der Indivisiblen nicht anerkennt; sodann werde ich sagen, aus welchem Grunde ich denke, dass die Stöße in der Praxis nicht eine unendliche Wirkung haben können, sondern vielmehr zuweilen eine sehr kleine.

Die folgende Betrachtung soll deutlich machen, warum die Wirkung einer Eisenkugel von einem Pfund nach einer Fallstrecke von einer Elle unendlich groß sein muss: Wäre sie nicht unendlich groß, so müsste sie begrenzt sein, beispielsweise nur gleich hundert Pfund und somit hundertmal größer, als sie im Ruhezustand war. Teilt man nun aber in Gedanken die Fallzeit in mehr als hundert gleiche Teile, z. B. in hundertundzehn Teile, so sind dies nicht etwa Augenblicke, sondern ihrerseits teilbare Zeitabschnitte.

Es ist dann klar, aufgrund von Galileis Definition der beschleunigten Bewegung[15] […], dass der fallende schwere Körper in jedem der hundertzehn kurzen Zeitabschnitte eine Wirkung von mindestens einem Pfund ausüben wird, und er wird diese in sich bewahren und eine nach der anderen anhäufen. Während der schwere Körper im Ruhezustand eine Wirkung von einem Pfund hatte, wird er folglich nach dem Fall während des zweiten Zeitabschnitts eine Wirkung von mindestens zwei Pfund haben, und am Ende des dritten Abschnitts wird er eine Wirkung haben, die mindestens das Dreifache von jener beträgt, die er in Ruhelage hatte. Am Ende des hundertsten Abschnitts wird er dann eine Kraft haben, die mindestens das Hundertfache von jener beträgt, die er in Ruhelage hatte, das heißt, eine Kraft von mindestens hundert Pfund. Am Ende des hundertzehnten und letzten Abschnitts der ganzen aufgeteilten Zeitdauer, das heißt im Zeitpunkt des Aufschlagens, muss er aber eine Kraft haben, die größer ist als hundert Pfund. Mit demselben Vorgehen wird man ableiten, dass er eine Kraft hat, die größer als tausend, als eine Million Pfund ist. Indem man folglich nachweist, dass ein fallender schwerer Körper eine

---

[15] «Gleichförmig oder einförmig beschleunigte Bewegung nenne ich diejenige, die von Anfang an in gleichen Zeiten gleiche Geschwindigkeitszuwüchse erteilt.» (*Discorsi*, Dritter Tag: Über die örtliche Bewegung).

Kraft hat, die größer ist als jede endliche Kraft, scheint es, dass man sagen kann, er habe eine unendlich große Kraft.

Dass aber jeder noch so kleine Stoß eine unendliche Wirkung hätte, wäre nur der Fall, wenn der Stoß augenblicklich erfolgen würde und der fallende Körper alle in ihm angesammelten Momente in einem einzigen Augenblick zur Anwendung bringen könnte:

> Wenn er sie aber während eines gewissen Zeitraums zur Anwendung bringt, so folgt nicht mehr notwendig, dass die Wirkung unendlich ist, sie kann sogar sehr klein sein, jedoch nie gleich Null. Erinnern wir uns daran, dass Galilei beweist, dass jeder schwere Körper nach einem beliebigen Fall genügend Impetus oder Moment in sich hat, um den gefallenen Körper auf dieselbe Ausgangshöhe zurückkehren zu lassen und dass diese Rückkehr in der gleichen Zeit erfolgen würde wie der Fall. Wie mir scheint, bedeutet dies: Wenn ein schwerer Körper nach dem Fall aus einer beliebigen Höhe sich wieder gegen oben wendet, so wird ein ebenso großer Aufstieg wie die Fallhöhe genügen, um ihm all den Impetus zu nehmen oder auszulöschen, den er empfangen hatte.

Angenommen, ein vier Pfund schwerer Hammer falle aus einer Höhe von einer Lanzenlänge auf einen Amboss, so hat er beim Auftreffen das Moment seines eigenen Gewichts unendlich oft vervielfacht, muss aber deshalb dennoch keine unendliche Wirkung ausüben. Stellt man sich vor, er werde, ohne den Amboss zu berühren, mit dem erworbenen Impetus nach oben zurückgeworfen. Dann genügt die geringe Gegenwirkung der eigenen Schwere, um in der Zeit, in der er um eine Lanzenlänge nach oben steigt, alle unendlich vielen beim Abstieg angesammelten Kräfte auszulöschen. Genau so kann der immense Widerstand des Ambosses genügen, um dem Hammer in der äußerst kurzen Zeit des Einbeulens all diesen Impetus zu nehmen. Torricelli formuliert dazu das folgende Gesetz:

> *Die zur Größe des Widerstands umgekehrt proportionalen Zeiten sind hinreichend, um eben- diesen Impetus auszulöschen.*

Zur Erläuterung ergänzt er: Da die längere Zeit für die Rückkehr des Hammers nach oben mit der geringen Gegenwirkung seiner eigenen Schwere den unendlichen Impetus auslöschen kann, so wird die tausendmal kürzere Zeit, in welcher die Delle im Amboss erzeugt wird, zusammen mit dem Widerstand der eingebeulten Stelle, der tausendmal größer ist, genügen, um diesen Impetus auszulöschen, «so unendlich groß er auch sein mag.»

Eine unendliche Wirkung könnte ein Stoß nur dann haben, wenn man zwei Materialien fände, die überhaupt nicht nachgeben, sodass der Vorgang des Schlages in einer augenblick- lichen Berührung besteht. Aber:

> In der vor uns liegenden Natur, in der uns von Gott als Lebensraum zugewiesenen Welt, gibt es (meines Wissens) keine unendlich harten Materialien; daher werden wir es unterlassen, über etwas Unmögliches zu philosophieren; wir werden uns indessen nicht wundern, wenn die Stöße, welche eine unendliche Kraft besitzen, nur eine begrenzte und auch geringe Wirkung haben. Alle unsere Materialien geben mehr oder weniger nach; in der geringeren oder größeren

Zeitdauer des Nachgebens wird dieser unendlichen Kraft Gelegenheit geboten, jene unendlich vielen [Kräfte] auszulöschen, die, so wie sie eine nach der anderen erzeugt wurden, so auch eine nach der anderen vernichtet werden können, wenn sie dafür eine gewisse Zeit zur Verfügung haben.

Torricelli schließt den zweiten Vortrag mit der zusammenfassenden Feststellung:

Die Kraft des Stoßes kann folglich unendlich sein, wovon uns die Vernunft zu überzeugen scheint, und es folgt daraus nicht notwendigerweise eine unendliche Wirkung.

Ich lasse die übrigen Einwände und die für eine Unendlichkeit der Kraft des Stoßes sprechenden Experimente für eine spätere Gelegenheit beiseite, da ich weiß, Ihre Geduld nunmehr so sehr „gestoßen" zu haben, dass sie vielleicht sogar gerissen ist.

Zu Beginn des dritten Vortrags kommt er auf die Schwierigkeit zu sprechen, dass ein fallender Körper, falls er in sich ein unendliches Moment enthielte, entgegen der Erfahrung auch eine unendliche Geschwindigkeit haben müsste:

Darauf wird geantwortet, indem alles zugestanden wird, jedoch zuerst das Problem so formuliert wird, wie es sich in unserem Fall stellt. Wer behauptet, dass in jedem fallenden Körper, wenn das innere Moment unendlich oft angewachsen ist, auch die Geschwindigkeit unendlich angewachsen sein muss, der argumentiert meiner Ansicht nach sehr richtig. Denn falls jener Körper, während er ruhte, ein Moment von einem Pfund aufwies, und er dieses während des Falls unendlich oft vervielfacht hat, so ist genau dasselbe auch mit der Geschwindigkeit geschehen. Als er, sich in Ruhe befindend, das Moment eines Pfundes hatte, wies er überhaupt keine Geschwindigkeit auf; wenn er dann nach dem Fall eine gewisse Geschwindigkeit erreicht hat, so scheint mir, dass man dies eine unendliche Zunahme nennen könne. Man pflegt den Übergang vom Nichts-Sein zum Etwas-Sein als eine unendliche Veränderung anzusehen.

Weitere Schwierigkeiten bietet die Vorstellung, dass die unendlich vervielfachten Momente in einem einzigen Augenblick ausgelöscht werden. Torricelli hat aber im zweiten Vortrag darauf hingewiesen, dass es keine unendlich harten Materialien gibt, sodass beim Zusammenprall zweier Körper während einer gewissen Zeitspanne eine Einbuchtung erfolgen wird. In ebendieser Zeitspanne, während welcher der fallende stoßende Körper in einer stark verlangsamten Bewegung sich noch ein kleines Stück weiter nach unten bewegt, findet die Auslöschung des Impetus statt.

Man könnte dagegen einwenden, ein nach dem Aufprall wieder aufspringender Ball zeige doch an, dass der Impetus nicht ganz erloschen ist. Dem wird entgegengehalten, dass sich die verschiedenen Materialien darin unterscheiden, dass einige nach dem Nachgeben eingebeult bleiben, andere aber zu ihrer früheren Form zurückkehren. Bei den letzteren hat die von irgendeiner Gewalt zusammengedrückte Oberfläche die Kraft, zu ihrem ursprünglichen Zustand zurückzukehren. So erfährt beispielsweise ein Ball beim Stoß eine Einbuchtung, wodurch die zuvor eingeschlossene Luft noch mehr zusammengepresst wird; indem sie zu ihrem ursprünglichen Zustand zurückkehren möchte, drückt sie mit großer Kraft auf den Boden,

…wie der Schiffer, der im Boot stehend auf das Hindernis drückt und sich dabei nicht das Hindernis, sondern das Boot bewegt. Infolge des wuchtigen Schlages der eingeschlossenen Luft erhebt sich der Ball um gerade so viel, wie er nachgegeben hatte, und kehrt in unmerklicher Zeit, das heißt mit großer Eile, zu seinem ursprünglichen Zustand zurück, und daher mit einem Impetus, der für eine Weile anhält, wenn er einmal aufgebaut ist, und er springt auf. Dass der beim Fallen eingeprägte Impetus nicht jener ist, der den Ball wieder aufspringen lässt, dafür gibt es offenkundige Erfahrungen: Fällt der Ball schlaff vom Dach – das heißt nur mit so viel Luft gefüllt, wie er natürlicherweise fassen kann, oder mit Kleie gefüllt oder mit Heu –, so wird er mit Sicherheit nicht aufspringen, sondern der Impetus wird vollständig ausgelöscht werden, auch wenn er größer sein mag, als wenn er prall mit Luft gefüllt ist.

Wird umgekehrt ein härteres Material zum Beispiel auf das Fell einer Trommel geschleudert, so wird der geworfene Körper zurückspringen, aber nicht etwa, weil ihm etwas von dem Impetus des Wurfes übrig geblieben wäre, sondern

…einzig darum, weil in ihm ein neuer Impetus erzeugt wurde durch die Kraft des Trommelfells, das ihn abweist, weil es rasch zu seiner ursprünglichen Gestalt zurückkehren möchte, so wie die Sehne des Bogens beim Abschießen des Pfeiles.

Am Schluss des zweiten Vortrags wurde das Fazit gezogen, dass sich aus der unendlichen Kraft des Stoßes nicht notwendigerweise auch eine unendliche Wirkung ergibt. Was aber, wenn die unendliche Kraft des Stoßes überhaupt keine Wirkung erzeugt? Torricelli verneint diese Möglichkeit:

…vielmehr behaupte ich, dass es keinen noch so schwachen Stoß gibt, der nicht irgendeine Wirkung auf einen beliebigen, äußerst stark widerstehenden Gegenstand ausüben würde. Und auch wenn man die Kraft dieses äußerst schwachen Stoßes tausend Mal geringer machen und die Härte des sehr festen widerstehenden Gegenstands tausend Mal verstärken würde, so würde auf jeden Fall eine einmalige Ausübung dieses Stoßes in diesem äußerst stark widerstehenden Gegenstand eine Wirkung erzeugen.

Denn hätte eine erste Ausübung keine Wirkung, so hätte bei wiederholter Ausführung auch die millionste Ausübung keine Wirkung. Dass aber eine oftmalige Ausführung tatsächlich eine Wirkung hat, dafür zitiert Torricelli Ovid, der fragt: «Was ist härter als Fels? Was weicher als Wasser?» und dazu die Feststellung macht: «Dennoch wird der harte Fels durch das weiche Wasser ausgehöhlt.»[16] Ähnlich argumentiert auch Salviati im „Sechsten Tag" der *Discorsi:*

Die Stoßkraft hat ein unbegrenztes Moment, denn es gibt keinen noch so großen Widerstand, der nicht von einem äußerst kleinen Stoß überwunden werden könnte.

Wer die Bronzetüre von San Giovanni[17] schließen will, würde umsonst versuchen, sie mit einem einzigen und einfachen Stoß zu schließen, sondern er wird diesem äußerst schweren

---

[16] «Dura tamen molli saxa cavantur aqua» (Ovid, *Ars,* I, 476).

[17] Das Baptisterium in Florenz.

534150_1_De_9_Chapter-print ☑ TYPESET ☐ DISK ☐ LE ☑ CP Disp.:25/2/2023 Pages: 537 Layout: German_T5

beweglichen Körper mit stetigen Impulsen eine solche Kraft einprägen, dass er in dem Moment, in dem er an der Schwelle ankommt und sie erschüttert, die ganze Kirche erzittern lässt. Daran erkennt man, wie in den beweglichen Körpern, insbesondere in den schwersten, die Kräfte vermehrt und angesammelt werden, die man ihm während einer gewissen Zeit mitteilt.

Da ein Körper nach einem Fall aus einer Höhe von zehn Ellen eine größere Kraft hat als nach einem solchen aus zwei Ellen, hat dies zur Folge,

…dass die unendlich vielen Momente des ersteren entweder zahlen- oder kraftmäßig größer wären als jene des letzteren. Kraftmäßig nicht, denn da es derselbe schwere Körper ist, sind alle gleich. Folglich werden sie zahlenmäßig größer sein; und so wäre ein Unendliches größer als ein anderes.

Dieselbe Problematik beim Umgang mit dem Unendlichen tritt auch bei der damals heftig umstrittenen Indivisiblenlehre Cavalieris auf. Als deren vehementer Verfechter fasst Torricelli diese Lehre kurz zusammen:

Hier ist es notwendig, dass ich diese Angelegenheit dem Urteil des wunderbaren Fra Buonaventura Cavalieri überlasse, für den es nicht nur sinnvoll ist, dass ein Unendliches größer ist als ein anderes, sondern notwendig. Dass alle Linien eines Parallelogramms zu allen Linien eines kleineren Parallelogramms dasselbe Verhältnis haben wie das Parallelogramm zum Parallelogramm, obschon es unendlich viele sind, und dass alle Kreise eines größeren Zylinders zu allen Kreisen eines kleineren Zylinders sich verhalten wie der Zylinder zum Zylinder, obschon es unendlich viele sind, dies sind bei ihm Wahrheiten, die zu den Voraussetzungen seiner Lehre gehören. Die neue Geometrie der Indivisiblen geht durch die Hände der Gelehrten wie ein Wunder der Wissenschaft; und durch sie hat die Welt gelernt, dass die Jahrhunderte des Archimedes und des Euklid die Jahre der Kindheit der Wissenschaft unserer erwachsenen Geometrie bildeten.

Nun ist es möglich, dass ein und derselbe Körper stets ein anderer ist, indem er mit verschiedenen Kraftmomenten versehen sein kann, entsprechend seiner größeren oder kleineren Fallhöhe. Torricelli erläutert dies anhand eines anschaulichen Beispiels:

Ich wunderte einstmals darüber, wie es möglich ist, dass bei der Schnellwaage dasselbe [verschiebbare] Laufgewicht nur durch Annähern oder Entfernen von der Auflage einmal mit vier, ein anderes Mal mit zwanzig und ein weiteres Mal mit hundert Pfund Gewicht im Gleichgewicht stehen kann; schließlich habe ich mich durch die Beständigkeit der Erfahrung an dieses Wunder gewöhnt, das der Scharfsinn der Mathematik mittels Beweis nie vermindern konnte. Es genügt, dass das absolute Gewicht der natürlichen Körper unveränderlich ist, und dass, wenn im bürgerlichen Handel die Waren gewogen werden, diese nicht in Bewegung, sondern in Ruhe sind, denn im Übrigen glaube ich, dass man demselben Körper eine Vielzahl an Momenten zuschreiben muss, entsprechend der Verschiedenheit der Entfernungen vom Mittelpunkt der Waage, den Neigungen der Ebenen, auf denen er sich befindet, oder den Zeiten des lotrechten Falls den er zurückgelegt haben wird. So wie man nicht sagen kann, derselbe Körper sei von sich selber verschieden, nur weil er eine wärmere und eine kältere Seite aufweist, oder heller ist oder eine andere Farbtönung hat, so scheint es mir, kann man daraus, dass er einmal ein größeres, ein andermal ein kleineres Moment aufweist, auch nicht darauf schließen, dass er, was seine Größe anbelangt, gegenüber dem, was er vorher war, sich verändert habe.

Der Grund für die Bewegung der schweren Körper nach unten kann nichts anderes als die innere Schwere sein. Wäre diese unveränderlich, so wäre auch die Geschwindigkeit der Bewegung stets dieselbe; nun ist aber die Zunahme dieser Geschwindigkeit deutlich sichtbar, folglich muss auch deren Ursache zunehmen. Aber:

> Die Geschwindigkeit der fallenden Körper ist nichts anderes als etwas Nachträgliches, und eigentlich eine durch die inneren Momente des fallenden Körpers verursachte Wirkung; die inneren Momente aber sind etwas Vorgängiges, und sie sind die wahre und einzige Ursache für die größere oder kleinere Geschwindigkeit, und sie können existieren und bestehen bleiben ohne die Hilfe oder Begleitung durch irgendeine Geschwindigkeit.

Zum Schluss berichtet Torricelli noch über zwei Experimente Galileis, welche diesen zur Hypothese der Unendlichkeit der Kraft des Stoßes geführt hatten:

> Während er in Padua lebte, ließ er viele Bogen anfertigen, alle jedoch von unterschiedlicher Stärke. Er nahm dann den schwächsten von allen und hängte in der Mitte von dessen Sehne eine an einem beispielsweise eine Elle langen Faden befestigte Bleikugel von etwa zwei Pfund auf (Abb. 9.2); nachdem er den Bogen in einer Zwinge festgemacht hatte, hob er diese Kugel an, ließ sie wieder fallen und beobachtete mithilfe eines darunter gestellten Klangkörpers, um wieviel der Impetus der Kugel die Sehne des Bogens nach unten zog, nehmen wir an: ungefähr um vier Fingerbreiten. Sodann befestigte er am selben Bogen ein ruhendes Gewicht, das so groß war, dass es die Sehne des Bogens um die gleiche Strecke von vier Fingerbreiten nach unten zog, und er fand, dass dieses Gewicht etwa zehn Pfund betragen musste; danach nahm er einen stärkeren Bogen, befestigte an dessen Sehne dieselbe Bleikugel an demselben Faden, und als er sie aus derselben Höhe fallen ließ, stellte er fest, um welche Strecke sie die Sehne spannte. Danach befestigte er ein ruhendes Bleigewicht, welches dieselbe Wirkung erzeugte, und er fand, dass jene zehn Pfund nicht mehr genügten, die zuvor genügt hatten, sondern dass es mehr als zwanzig brauchte. Nach und nach nahm er nun immer stärkere Bögen und fand, dass, um der Kraft derselben Bleikugel bei derselben Fallhöhe gleichzukommen stets größer und größer werdende Gewichte nötig wurden, in Übereinstimmung damit, dass das Experiment mit immer stärker werdenden Bögen ausgeführt wurde. Wenn ich folglich, sagte er sich, einen sehr starken Bogen nehme, so wird jene Bleikugel, die nicht schwerer als zwei Pfund ist, die Wirkung von tausend Pfund Blei haben. Nimmt man dann einen Bogen, der tausend Mal stärker ist als dieser sehr starke, so wird dasselbe Kügelchen eine Wirkung haben, die einer Million Pfund Blei entspricht; dies ist ein offenkundiges Zeichen dafür, dass die Kraft dieses geringen Gewichtes und dieses Falles von einer Elle unendlich ist. [...]
>
> Anders als das Experiment mit dem Bogen, jedoch ähnlich in der Konsequenz, ist dieser andere Vorgang, aus dem er den Schluss zog, dass die Kraft eines jeden Stoßes unendlich ist. Man nehme zwei gleiche Bleikugeln: man lege die eine wie die andere auf einen Amboss und lasse auf die eine von ihnen einen Hammer aus der Höhe einer Elle fallen. Es ist gewiss, dass dabei das Blei zerquetscht wird. Sodann lege man auf die andere Kugel ein ruhendes Gewicht, das so schwer ist, dass es dieselbe Einbuchtung verursacht, wie sie der Hammer bei der ersten erzeugt hat, und stelle das aufgelegte Gewicht fest, welches beispielsweise zehn

Abb. 9.2 Ms. Gal. 149, c. 21v

Pfund betragen wird. Nun würde niemand glauben, dass die Kraft jenes Stoßes gleich dem Moment dieses ruhenden Gewichtes von zehn Pfund sei. Aber denken Sie selber darüber nach. Man nehme zwei gleiche Bleistücke, die gleichermaßen eingedrückt sind. Wenn man auf das eine davon ein ruhendes Gewicht von zehn Pfund setzt, so ist es gewiss, dass es nicht noch flacher werden wird als es schon ist, da es schon einmal demselben Gewicht von zehn Pfund ausgesetzt war. Wenn ich aber den Hammer aus derselben Höhe wie zuvor darauf fallen lasse, so wird sehr wohl eine neue Einbuchtung entstehen, und um dieser gleichzukommen, muss man auf das andere Bleistück ein viel größeres Gewicht auflegen als das erste. Und dies wird stets so weitergehen, bis ins Unendliche. Folglich kann es sein, dass die Kraft jenes Stoßes eine größere Wirkung haben wird als ein ruhendes Gewicht von tausend, sogar von einer Million und von tausend Millionen Pfund. Dies ist ein offenkundiger Hinweis darauf, dass die Kraft des Stoßes unendlich ist.

Im vierten Vortrag wendet sich Torricelli einer zweiten Art des Stoßes zu: War bis jetzt die Rede von dem Aufeinandertreffen zweier Körper *(percossa)*, wenn der eine von ihnen durch seine eigene Schwere beschleunigt worden ist, so werden nun jene Fälle behandelt, bei denen mindestens einer der beiden Körper durch eine äußere Ursache wie z. B. Wind, Kraft von Tieren, Feuer, usw. bewegt wird. Diese zweite Art wird als „Zusammenprall" *(urto)* bezeichnet; es fallen darunter

> …die Einschläge der Artillerie, aller anderen geworfenen Körper und der Hämmer, insbesondere wenn sie in einer horizontalen Bewegung oder nach oben zum Stoß kommen, in welchem Fall die innere Schwere keinerlei Wirkung haben kann.

Hier scheint die Menge der Materie einen großen Anteil zu haben, ebenso die Art der Schwere und die Form:

> Sollte ein kräftiger Soldat einen Schlag mit einer Pike ausführen, beispielsweise auf dieses ruhmvolle Katheder, so hätte ich mit Sicherheit nicht den Mut, mich darin aufzuhalten. Wenn aber derselbe Mann nur mit dem Eisen der Pike in der Hand, ohne die Stange, den gleichen Schlag versuchen würde, so würde er feststellen, dass das Hinzufügen von soundsoviel Holz, das überflüssig und ein Hindernis zu bilden schien, eine sehr große Unterstützung seiner Kraft darstellte.

Es ist aber bekannt, dass ein kleines Gewicht durch dieselbe Kraft leichter und schneller bewegt wird als ein großes, sodass eine größere Menge Materie die Bewegungskraft eher hindern müsste, als sie zu unterstützen. Andererseits ist es offensichtlich, dass eine größere Masse die größere Wirkung ausübt als eine kleinere; dass aber die Materie selbst keine Bedeutung haben soll, ist überhaupt nicht klar. Torricelli führt aber ein anderes Beispiel an, wo dies offenbar der Fall ist:

> Eine ein Pfund wiegende Bleikugel wird mit einer gewissen Geschwindigkeit fallen. Nun vergrößert man die Kugel auf hundert Pfund; da folglich die Materie und das Gewicht verhundertfacht worden ist, so wird sich auch die Geschwindigkeit verhundertfachen. Wir wissen, dass dies der Fehler der antiken Philosophen war, die annahmen, die sich ergebende Geschwindigkeit müsse proportional der Materie folgen. Aber der berühmte Galilei hat gezeigt, dass die Vergrößerung der Materie beim natürlichen Fall keine Zunahme der Geschwindigkeit bewirkt; und jeder von uns weiß, dass die Vergrößerung der Materie beim künstlichen und beim erzwungenen Fall zunehmend die Stärke der bewegenden Kraft hemmt. Es ist daher vernünftig, daran zu zweifeln, ob die Menge der Materie beim Zusammenprall überhaupt eine Bedeutung hat.

Er will nun versuchen, mit den bei der Betrachtung des Stoßes eines fallenden Körpers gewonnenen Erkenntnissen die beim Zusammenprall auftretende Kraft besser zu verstehen. Dazu stellt er sich eine in ruhigem Gewässer befindliche große Galeone vor, die von einem Mann mit aller Kraft an einem Seil gegen das Ufer hingezogen wird:

> Ich glaube, dass dieses Schiff, wenn es zum Aufprall kommt, selbst wenn es träge ist, einen solchen Stoß auf das Ufer ausübt, dass dieser einen Turm erzittern lassen könnte. Wenn derselbe Mann aus derselben Entfernung, mit derselben Kraft, in demselben ruhigen Gewässer eine kleine Feluke[18] ziehen wird oder vielmehr ein sehr leichtes Brett aus Tannenholz, so würde dieses beim Auftreffen das Ufer ebenfalls stoßen, und mit einer viel größeren Geschwindigkeit als die Galeone; ich glaube aber, dass es nicht den tausendsten Teil der Wirkung hätte, als es das übergroße Schiff haben würde.

Die Wucht des Aufpralls ergibt sich daher offensichtlich nicht aus der Geschwindigkeit. Da die von dem Mann eingesetzte Kraft in allen Fällen dieselbe war, könnte man den Grund für die unterschiedlichen Wirkungen in der Menge der Materie suchen. Doch Torricelli

---

[18] Ein kleiner, in den Mittelmeerländern verbreiteter ein- oder zweimastiger Küstensegler.

534150_1_De_9_Chapter-print ☑ TYPESET ☐ DISK ☐ LE ☑ CP Disp.:25/2/2023 Pages: 537 Layout: German_T5

vertritt hier einen völlig neuartigen Gedanken, dass es nämlich die ständig wie aus einem Brunnen fließende Kraft des ziehenden Mannes ist, welche stößt, wobei die Materie nur als „Sammelbehälter" für die einzelnen Momente dieser Kraft dient, und dass es somit auf den Zeitraum ankommt, in welchem der Mann seine Arbeit verrichtet:

> Dies also ist meine Ansicht: Die Kraft jenes ziehenden Mannes ist es, welche wirkt und welche stößt. Ich sage: [Es ist] nicht die Kraft, die er in jenem Augenblick ausübt, in dem das Holz zur Ausführung des Stoßes gelangt, sondern die gesamte, vom Anfang bis zum Ende der Bewegung ausgeübte. Wenn wir fragen, wie lange er gearbeitet habe beim Ziehen der Galeone, so wird er antworten, dass er, um jenen großen Apparat um zwanzig Fuß zu bewegen vielleicht eine halbe Stunde ständiger Arbeit gebraucht habe. Um aber jenes kleine Holzstückchen zu ziehen, habe es nicht einmal vierzig Pulsschläge[19] gebraucht. Die Kraft aber, die für den Zeitraum von einer halben Stunde sozusagen wie ein fließender Brunnen ständig den Armen und den Nerven jenes Arbeiters entsprungen ist, hat sich ja nicht in Rauch aufgelöst oder ist durch die Luft weggeflogen. [...] Sie hat sich ganz in die Eingeweide der Hölzer und der eisernen Teile eingeprägt, aus denen das Schiff besteht bzw. mit denen es beladen ist; und dort drin wurde sie gesammelt und vermehrt, jedoch ohne das Wenige, das der Widerstand des Wassers weggeführt haben mag. Kein Wunder daher, wenn jener Zusammenprall, der die während einer halben Stunde angesammelten Momente in sich trägt, eine viel größere Wirkung hat als jener, der nur die während vierzig Pulsschlägen angesammelten Kräfte und Momente in sich trägt.

Er vergleicht die Situation mit jener eines ermatteten Bauern, der sich für eine Stunde zum Ausruhen auf den Steinboden der Scheune legt. Er wird beim Erwachen wohl einen geringen Schmerz verspüren, der auf die drückende Berührung zurückgeht, die er, verteilt auf einen Zeitraum von einer Stunde, aufgrund seines eigenen Gewichtes auf den Steinboden ausgeübt hat. Dieser Schmerz ist aber nicht zu vergleichen mit jenem, den er zu erleiden hätte, wenn er nach einem eine Stunde dauernden Fall aus großer Höhe beim Aufprall auf die Erde beinahe augenblicklich die gesammelten Wirkungen der Berührung zu spüren bekäme.

> Aber um von den Leiden auf die Mechanik zurückzukommen, wollen wir uns dem Ende der Rede nähern und ziehen nunmehr den Schluss, dass die Kraft jenes Hammers oder jenes Geschosses auf horizontaler Linie, welches mit so viel Wirkung auf jenes Objekt prallt, nichts anderes sein kann als die Wucht, die ihm von der Maschine, die es bewegt hat, eingeprägt worden ist, und es ist zahlenmäßig gerade dieselbe Wucht, die der Maschine selbst entsprungen ist; und wir sagen, dass der Schlag umso größer sein wird, nicht je größer die Masse oder die Schwere oder die Geschwindigkeit des aufprallenden bewegten Körpers ist, sondern je größer der Widerstand des bewegten Körpers gegen das Getriebenwerden ist.

Was aber in den genannten Beispielen als Widerstand des Körpers gegen das Bewegtwerden erscheint, ist nicht wirklich ein Widerstand, den es in horizontaler Richtung gar nicht gibt; es ist vielmehr das Bemühen, dem Körper viel Impetus einzuprägen. Es ist dieser Impetus, der es einem geworfenen Körper erlaubt, nach dem Verlassen der Hand des Werfenden

---

[19] Ein schon vor Galilei zur Messung kleiner Zeitabschnitte verwendetes Zeitmaß.

534150_1_De_9_Chapter-print ☑ TYPESET ☐ DISK ☐ LE ☑ CP Disp.:25/2/2023 Pages: 537 Layout: German_T5

seine Bewegung über eine längere Strecke fortzusetzen. Dass die eingeprägten Kräfte auch bewahrt und angesammelt werden, zeigt das folgende Beispiel:

> Stellen wir uns eine Galeere vor, die sich zu bewegen beginnt: Sollte der Impetus der ersten Ruderbewegung, während die Mannschaft die zweite ausführt, nicht im Leib dieses Schiffes und in seiner Ladung konserviert bleiben, so würde es sich nie mit einer größeren Geschwindigkeit bewegen als mit jener, die ihm die erste Ruderbewegung erteilt hatte […]. Es ist allerdings so, dass die Vermehrung des Impetus nur während der ersten hundert Ruderschlägen erfolgt, bis der Widerstand des Wassers der Wirkungskraft eines Ruderschlages gleichkommt; dann wächst die Geschwindigkeit nicht mehr an, und der ständige Widerstand des Wassers bleibt im Gleichgewicht mit den ebenfalls ständigen Anstrengungen der Rudermannschaft.

Am Ende des vierten Vortrags fasst Torricelli seine Überlegungen zusammen:

> Wir sagten, dass die Schwere in den natürlichen Körpern nie schläft, sondern ständig arbeitet; dass daher in jedem kurzen Augenblick ein dem absoluten Gewicht des schweren Körpers gleicher Impetus hinzukommt. Wir sagten auch, dass dieselben Körper, während sie durch die Luft fallen, die besagten Momente konservieren, da kein darunterliegender Körper sie dadurch auslöscht, dass er sich entgegenstellt, und dass daher die Vermehrung der Kräfte in jedem fallenden schweren Körper unendlich sein muss, wenn er zum Stoß kommt. Es wurden einige Gründe angeführt, warum sich daraus nicht eine unendliche Wirkung ergibt, auch wenn die Wucht unendlich ist. In diesem letzten Teil über den künstlichen Stoß haben wir gesagt, dass die Kraft des Zusammenpralls nicht von der Menge der Materie abhängt, denn wenn dem so wäre, so müsste dieselbe Kugel aus sechzig Pfund Eisen stets dieselbe Wirkung erzeugen, wenn sie das eine Mal von einem Mann geworfen, das andere Mal von einer Kanone geschleudert würde. Sie hängt auch überhaupt nicht von der Geschwindigkeit ab, denn ein durch ruhiges Gewässer gezogenes Brett aus Tannenholz wird mit größerer Geschwindigkeit aufprallen als eine riesige Galeone, und doch wird diese mit geringerer Geschwindigkeit eine größere Gewalt beim Aufprall erzeugen. Man kann daher mit Recht behaupten, dass die Wirkung eines beliebigen, von einer äußeren Gewalt beschleunigten Körpers beim Aufprall nichts anderes ist als die ihm von der bewegenden Gewalt eingeprägte Wirkungskraft. Daher sieht man, dass die Kraft des Aufpralls nicht größer wird bei größerer Menge Materie, Schwere oder Geschwindigkeit, sondern nur demgemäß, wie groß sein Widerstand gegen das Bewegtwerden gewesen ist, das heißt dementsprechend, ob der bewegenden Kraft mehr erlaubt hat, ihm eine größere Menge Wirkungskraft einzuprägen. Dass dann die Kraft des Aufpralls ebenfalls unendlich sein muss, dafür sprechen dieselben Gründe, die im Zusammenhang mit dem natürlichen Stoß genannt worden sind.

Er schließt seine dem Stoß gewidmeten Vorträge mit den Worten:

> Diese hochgelehrte Akademie hat mit Gewissheit aus meinem Vortrag Gewinn gezogen, habe ich doch mit dummen Behauptungen äußerst geistreiche Einwände und mit einfältigen Gedanken in Ihrem scharfsinnigen Verstand eigenartige Ideen aufleben lassen.

9.3 Fünfter und sechster Vortrag: Über die Leichtigkeit[20]

Zu Beginn der fünften Vorlesung kündigt Torricelli an, die antiken Ansichten bezüglich der Schwere und der Leichtigkeit zu untersuchen:

> Wenn es irgendwann jemanden gab, der zu Recht die Bezeichnung Leicht(fert)igkeit verdiente, so kann sich meiner Ansicht nach niemand dieses Attributs als würdiger erweisen als derjenige, der es wagt zu sagen, dass alle erschaffenen Dinge leicht seien. Dass die Ambosse, die Säulen, die Berge Körper seien, die nicht nur frei von Schwere, sondern auch so beschaffen sind, dass sie in sich das Prinzip der positiven und absoluten Leichtigkeit besitzen, scheint eher eine verwegene als eine philosophische. Aussage zu sein. Nichtsdestoweniger, Durchlauchtigster Fürst, Ehrenwertester Erzkonsul, gelehrteste Akademiker, werde ich mich an diesem Tag erkühnen, mich solcher Verwegenheit schuldig zu machen, wobei ich jedoch die Vortrefflichkeit Ihres Verstandes inständig bitte, nicht ein Urteil über mich zu fällen, bevor meine Begründungen vorgetragen sein werden. Wir werden in diesem Vortrag die antiken Ansichten bezüglich der Schwere und der Leichtigkeit untersuchen. In einem weiteren, in wenigen Tagen folgenden Vortrag, werden wir uns bemühen, die absolute Leichtigkeit aller Dinge zu beweisen.

In einer hübsch gestalteten Satire setzt er sich mit der von Aristoteles postulierten Vorstellung einer absoluten Leichtigkeit auseinander, welche beispielsweise das Aufwärtsstreben des Feuers verursacht, im Gegensatz zur absoluten Schwere des Elements Erde:

> Die Nereiden[21] beschlossen eines Tages, eine „Summe der Philosophie" zu verfassen. Sie eröffneten ihre Akademie dort in den tiefsten Gründen des südlichen Ozeans. Dann begannen sie mit dem Aufschreiben der Lehren der Physik, so wie wir Bewohner der Luft es noch heute an unseren Schulen tun. Diese neugierigen Nymphen sahen, dass ein Teil der Materie in dem von ihnen bewohnten Wasser versank, und ein Teil emporstieg. Ohne darüber nachzudenken, was bei den anderen Elementen erfolgen könnte, schlossen sie daher, dass von den Dingen einige schwer sind, nämlich Erde, Steine, Metalle und ähnliches, da sie im Meer nach unten sanken, einige aber leicht, wie Luft, Kork, Wachs, Öl und ein großer Teil der Hölzer, denn sie steigen im Wasser auf.

In seiner Vorstellung habe er, Torricelli, sich dann über seinem Kopf einen tiefen Ozean aus Quecksilber vorgestellt:

> Hier bin ich auf dem Grunde dieses flüssigen Metalls geboren und aufgezogen worden, und ich habe nun eine Abhandlung über die Leichtigkeit und die Schwere zu schreiben. Sobald ich ein wenig nachgedacht habe, argumentiere ich wie folgt: Seit so vielen Jahren treibe ich in diesem Strudel, wo ich aus ständiger Erfahrung gesehen habe, dass man alle Arten von Dingen mit Ausnahme des Goldes angebunden halten muss, damit sie nicht aufsteigen und nach oben entfliehen. Folglich sind zweifellos alle Dinge leicht und haben von Natur aus das Bestreben, sich nach oben zu bewegen, sowohl das Wasser als auch die Erde, wie auch die Steine, die

---

[20] 23. April und 21. Mai 1643.

[21] In der griechischen Mythologie die am Grunde des Meeres wohnenden 50 Töchter des Nereus.

Metalle und überhaupt alle anderen körperlichen Dinge außer dem Gold, welches allein sich im Quecksilber als absinkend erweist.

Im Gegensatz dazu würde die Philosophie der Salamander (die angeblich im Feuer leben) darin bestehen, alle Dinge, also auch die Luft, als schwer zu bezeichnen.

Im Buch *De caelo* definiert Aristoteles: «Schwer ist, wessen Natur es ist, sich zum Zentrum hin zu bewegen, leicht ist das, dessen Natur es ist, dem Zentrum zu entfliehen.» Daher sind unter den Elementen die Erde und das Wasser schwer, das Feuer leicht, die Luft neutral. Torricelli kommentiert:

> Diese Definitionen könnten jemandem als wenig verschieden von jenen erscheinen, die ich vorhin bei den Nereiden dargelegt habe: von den Sinnen wahrgenommen, aber nicht vom Verstand korrigiert. Um sie daher wenn möglich von jedem Zweifel reinzuwaschen, halte ich dafür, sie einer Prüfung zu unterziehen.

Zwischen den Definitionen der Physik und der Mathematik besteht aber ein wesentlicher Unterschied:

> Die Definitionen der Physik unterscheiden sich dadurch von jenen der Mathematik, dass sie gezwungen sind, sich dem von ihnen Definierten anzupassen und sich daran auszurichten, jene aber, nämlich die der Mathematik, sind frei und können vom definierenden Geometer nach Gutdünken gebildet werden. Der Grund dafür ist sehr klar, denn die in der Physik definierten Dinge entstehen nicht zusammen mit der Definition, sondern sie existieren schon vorher selbständig und finden sich vorgängig in der Natur. Wenn sich jedoch die Definition nicht genau an das von ihr Definierte anpassen würde, so wäre das nicht gut.

In der Definition des Aristoteles bedeutet „schwer" einen Körper, der die innere Eigenschaft der Schwere besitzt. Daher müssen alle Dinge, die sich nach unten bewegen, diese innere Eigenschaft haben, sonst würde die Definition nicht mit dem Definierten übereinstimmen.

> Wer aber kann mir versichern, dass die Erde, auch wenn man offenkundig sieht, dass sie sich nach unten bewegt, diese innere Eigenschaft der Schwere hat? Vielleicht, weil man sieht, wie sie absinkt? Dann würde also die Behauptung einzig auf dem Urteil der Sinne beruhen. Ich werde sehr wohl ein Medium finden, in welchem sie aufsteigen wird, mit einem schnelleren Impetus als man glauben würde. Nennt man vielleicht das Absinken der Erde in der Luft „natürliche Bewegung" und das Aufsteigen derselben Erde im Quecksilber „erzwungene Bewegung", weil man viel öfter und in größeren Mengen Erde in der Luft absinken als in dem flüssigen Metall aufsteigen sieht? Gewiss nicht. Das Mehr und das Weniger, die größere oder geringere Häufigkeit der Erfahrungen vermögen es nicht, im Zank einer so großen Auseinandersetzung zu entscheiden. Während also nicht bewiesen ist, dass in der Erde diese innere Eigenschaft der Bewegung nach unten ist, werde ich mit gütiger Erlaubnis des Textes diese Definition als eine sehr einfache Namensgebung deuten; indem ich das Wort „sein" zum Wort „genannt werden" abändere, passe ich für mich selber die Definition wie folgt an: *Schwer wird jenes genannt, welches sich gegen das Zentrum hin bewegt.* Jedes Mal, wenn gesagt werden wird, die Erde sei schwer, werde auch ich es zugestehen, wobei ich es jedoch stets so deuten werde, dass jenes Wort *schwer* nichts anderes besagen will, als „im leichteren Medium absinkend".

534150_1_De_9_Chapter-print ☑ TYPESET   ☐ DISK ☐ LE ☑ CP Disp.:25/2/2023 Pages: 537 Layout: German_T5

Die Annahme des Aristoteles, dass die Luft gleichzeitig Schwere und Leichtigkeit aufweise, ist für Torricelli unverständlich und führt seiner Ansicht nach auf einen Widerspruch:

> Ich werde jemanden mit mehr Scharfsinn als ich befragen, ob jene beiden Eigenschaften der Luft unter sich gleich seien oder womöglich ungleich. Wenn er antwortet, sie seien gleich, so werde ich hinzufügen: folglich sind sie nichts, da zwei gleiche Kräfte, welche auf derselben geraden Linie wirken, die eine jedoch entgegengesetzt zur anderen, gar keine Wirkung erzeugen können. Wie konnte also der philosophische Scharfsinn herausfinden, dass sich diese beiden Kräfte in der Luft vorfinden, wenn sie doch keine Wirkung erzeugen können, mit der sie sich manifestieren? Man wird mir vielleicht antworten, sie seien verschieden. Sei dem so, und man nehme zum Beispiel an, es überwiege jene Kraft, die nach oben wirkt. Wer konnte dann herausfinden, dass es jene andere, entgegengesetzte kleinere gibt, die nach unten zieht, wenn sie doch, da sie keine Wirkung hat, verborgen und überflüssig ist, gerade als ob sie gar nicht da wäre? […] Hat die antike Philosophie vielleicht bestimmt, dass die Luft natürlicherweise sowohl schwer als auch leicht ist, weil sie manchmal aufsteigt und manchmal absinkt? Aber dieselbe Wirkung sieht man auch beim Wasser und bei der Erde, den verschiedenen Medien entsprechend, folglich wird auch im Wasser und der Erde dieselbe Mischung aus Schwere und Leichtigkeit sein, die nur in der Dosierung variieren.

In allen Gegensatzpaaren kann nur der eine Satz wirklich wahr sein; der andere stellt eine bloße Verneinung davon dar. So kann von den beiden Dingen „Schwere" und „Leichtigkeit" nur eines absolut existieren, während das andere einfach das Fehlen des ersteren bedeutet. Im folgenden Vortrag will Torricelli nun zeigen, dass es nicht möglich ist, mit einem sicheren Beweis eine der beiden Möglichkeiten als wahr zu erweisen:

> Ich werde meine paradoxe Meinung darlegen, dass alle Dinge in der Natur leicht seien, in der Hoffnung, Sie mögen zugestehen, dass sich wenigstens in meinem Hirn jene Eigenschaften befinden, deren Existenz in den Elementen Sie bestreiten werden.

Zu Beginn des 6. Vortrags fasst Torricelli zunächst zusammen:

> Im vorangegangenen Vortrag wurde gesagt, dass nur die Schwere oder dann nur die Leichtigkeit in den Elementen zu finden seien. Untersuchen wir nun, für welche dieser beiden Möglichkeiten sich die Natur mit größerer Wahrscheinlichkeit entschieden hat; ob sie nämlich alle Dinge leicht gemacht hat oder alle schwer.

Einige antike und moderne Autoren haben angenommen, dass alle Elemente schwer seien, dass alle in sich das Prinzip der Bewegung gegen den Mittelpunkt der Erde tragen. Damit können zwar alle praktischen Erfahrungen erklärt werden, doch Torricelli meint:

> Dennoch kann man nicht bestreiten, dass sie dabei fortwährend eine allzu offenkundige *Petitio principii*[22] begehen. Sie sagen: Alle Dinge, die sich nach unten bewegen, gehen dorthin infolge

---

[22] Die Verwendung eines unbewiesenen, aber als wahr vorausgesetzten Satzes als Beweisgrund für einen anderen Satz.

534150_1_De_9_Chapter-print ☑ TYPESET ☐ DISK ☐ LE ☑ CP Disp.:25/2/2023 Pages: 537 Layout: German_T5

eines inneren Prinzips. Aber diskutieren wir nicht gerade über genau diese Sache, die sie voraussetzen? Die übrigen Bewegungen nach oben sodann, das muss ich zugeben, retten sie sehr gut wie folgt: Sie sagen, wenn einige Körper sich nach oben bewegen, wie beispielsweise die Luft im Wasser, das Feuer in der Luft, und im Quecksilber der Marmor, so geschehe dies nicht aufgrund eines inneren Prinzips, welches die genannten Materialien nach oben stößt, sondern vielmehr infolge des Drucks des umgebenden Körpers. Dieser vertreibe die von ihm umgebenen weniger schweren Materialien und stoße sie so weit vom Zentrum weg, wie es ihm möglich ist. Diese Bewegung der Abstoßung wird dann von uns Bewegung nach oben genannt.

Wenn Torricelli nun das Gegenteil annimmt, dass nämlich alle Dinge vom Zentrum weg fliehen und sich nach oben bewegen, so bedeutet dies zwar wiederum eine *Petitio principii,* doch soll ihm nicht verboten sein, was andere für sich in Anspruch nehmen. Die Bewegungen nach unten, beispielsweise jene der Erde in der Luft, der Steine und Metalle in der Luft und im Wasser, usw., erfolgen aber nicht, weil diese Dinge nicht das innere Bestreben hätten, sich nach oben zu bewegen, sondern weil sie sich in Medien befinden, die dieses Bestreben in einem noch größeren Maße haben:

> Jedes Ding ist bemüht, sich nach oben zu bewegen und sich vom Zentrum zu entfernen, jedoch in unterschiedlichem Maße: Daher kommt es, dass einige sozusagen als Verlierer nach unten absteigen, nicht von Natur aus, sondern vielmehr, weil sie den Widerstand verloren haben und infolge ihres geringeren Momentes, während die leichteren dagegen als Sieger aufsteigen und sich über sie erheben.

Bis hierher scheinen die beiden Ansichten, die eine der Schwere, die andere der Leichtigkeit, sich einander die Waage zu halten. Doch die Natur scheint die Leichtigkeit zu bevorzugen:

> Alle Blumen, die sich auf den Wiesen öffnen, alle Pflanzen, die in den Wäldern grünen, sind so viele Münder, so viele Zungen, mit denen die Stoffe der Schöpfung sprechen und ihre innere Neigung offenlegen. Diese ist es, sich nicht zum Zentrum der Erde hinzubewegen, sondern vielmehr von ihm wegzugehen, wie man deutlich sieht.

Am Beispiel der im Frühling neu sprießenden Pflanzen beschreibt Torricelli, wie die in den unsichtbaren Fasern aufsteigenden Stoffe sich nach und nach an der Spitze aufbauen, sodass sich mit der Zeit eine große Masse in Form eines Baumes in die Luft erhebt. Es stellt sich dabei die Frage, ob dieses Aufsteigen passiv durch die Anziehung der Wärme erfolgt oder aktiv, weil die Materie selbst das Bestreben hat, sich vom Zentrum entfernend nach oben zu steigen. Die Antwort ergibt sich aus der Beobachtung, dass alle Pflanzen überall auf der Erde, sowohl im hohen Norden als auch in den südlicheren Gegenden, sowohl an Berghängen als auch in der flachen Landschaft, senkrecht nach oben, das heißt in der Richtung vom Zentrum der Erde weg wachsen:

> Ein sehr offenkundiges Zeichen dafür, dass es das innere Prinzip der Dinge der Schöpfung ist, dem Zentrum zu entfliehen.

Er stellt fest, dass die Ausbreitung des Lichts oder des Schalls stets auf divergierenden Linien erfolgt, die sich von einem Punkt ausgehend kugelförmig ausbreiten. Nie hat man in der Natur einen Vorgang beobachtet, bei dem die Ausbreitung auf konvergierenden, in einem Punkt zusammenlaufenden Linien geschieht. Zwar stellen die Handwerker Spiegel her, welche die Lichtstrahlen sammeln, oder es werden Räume gebaut, welche die Schallwellen in einem Punkt konzentrieren; dass aber die Natur den Dingen ein Bestreben zur Bewegung gegen das Zentrum, gegen die Engnis eines Punktes hin eingepflanzt hätte, wäre neu, unvorstellbar und ohne Beispiel. Denn die in großer Menge vorhandenen Elemente Erde und Wasser könnten niemals ihr vorgegebenes Ziel erreichen, in das von ihnen angestrebte Zentrum zu gelangen, wo sie in einem einzigen Punkt konzentriert wären. Unter Berufung auf Aristoteles, der postuliert hatte: «Es ist unmöglich, dass sich die Dinge von Natur aus dorthin bewegen, wo sie nicht hingelangen können»[23], sagt Torricelli:

> Es ist nicht möglich, dass die Erde und das Wasser sich je zusammen im Zentrum befinden, also ist es auch nicht möglich, dass sie sich zum Zentrum hinbewegen.

Erde und Wasser können sich unmöglich je zusammen im Zentrum befinden können, denn dies würde bedeuten,

> …dass sie die Vernichtung begehren und nach ihrer eigenen Zerstörung streben, wenn sie sich danach sehnen, sich in einem Punkt zu konzentrieren und zurückzuziehen, das heißt, sich zu vernichten. Wenn sie aber im Gegenteil das innere Prinzip hätten, sich vom Zentrum weg zu bewegen, so würden sie ihre eigene Ausdehnung begehren und ihre Vergrößerung, ein allen Kreaturen gemeinsamer Instinkt, und sie erhielten ein ihnen vom allmächtigen Schöpfer zugewiesenes Ziel, zu dem sie entweder bereits gelangt sind oder wenigstens gelangen könnten.

Der Ansicht einiger Philosophen, dass die Erde und das Wasser in sich den Antrieb haben, sich gegen das Zentrum hin zu bewegen, wobei sie als Grund dafür angeben, dass die Dinge mit der Bewegung zum Zentrum hin danach verlangen, Vollkommenheit und Ruhe zu erreichen, hält Torricelli entgegen:

> Selbst wenn sie diesen Wunsch haben sollten, so scheint mir, was die Ruhe und die Bewegungslosigkeit betrifft, dass der größte Teil der Materie zufrieden sein müsste, ohne ein anderes Zentrum zu suchen. Es ist absolut sicher, dass diese große Erdkugel als ein Ganzes betrachtet stillsteht. So viele Berge, so viele Felsen, so viele und ausgedehnte Massen von Dingen, die sich in einer Kugel von einem Durchmesser von bis zu siebentausend Meilen befinden, sie stehen alle still, ausgenommen jedoch äußerst wenige, von den Pflugscharen aufgewühlte Erdschollen und wenig vom Wind bewegter Staub. Alles, was von diesem riesigen irdischen Grundstoff sonst noch bleibt, steht im Übrigen still und unbeweglich, mit der Gewissheit auch, sich im Laufe sämtlicher Jahrhunderte der Zukunft nie bewegen zu müssen. Warum also wollen die

---

[23] *De caelo,* I, 7.

Teile der Erde das Zentrum aufsuchen, wenn sie, angenommen sie kämen dort an, jedenfalls nicht mehr ruhen würden als sie es an ihrem ursprünglichen Ort taten?

Überhaupt wäre kein anderer Ort der Welt weniger geeignet für die Bewegungslosigkeit als das Zentrum der Erde, denn

Wenn sich beispielsweise ein Stein im Zentrum befindet, so wird er ständig im Kampf von allen Seiten und mit allen anderen Dingen stehen, welche ebenfalls zum Zentrum gelangen wollen. Es gibt nur ein Zentrum, es gibt viele Dinge, und die Durchdringung der Körper ist nicht möglich. Wenn sich aber jener Stein hier oben auf der Oberfläche befindet, so ist er hier nicht weniger in Ruhe als er es im Zentrum wäre, und er steht nicht in jener ständigen Auseinandersetzung mit immensen Massen, die von allen Seiten drücken, um ihm den Platz wegzunehmen.

Könnte also die Fähigkeit der Elemente, sich zum Zentrum hin zu bewegen, in die Tat umgesetzt werden, so würde dies ein Wiedererwachen jenes höchsten Durcheinanders aller Dinge, des „antiken und fabelhaften Chaos" bedeuten.

Das Feuchte würde sich mit dem Trockenen, die Wärme mit der Kälte, das Harte mit dem Weichen mischen, und es entstünde eine ähnliche Vermischung von Gegensätzen, unverständlich für den Menschen und in der Natur abscheulich. Sehen wir nicht, dass das Wasser der Luft entflieht, dass die im Wasser enthaltene Luft wegfliegt, dass sich die Erde weder im Wasser noch in der Luft und noch weniger im Feuer aufhalten kann? Wenn also die Elemente zeigen, dass sie keine Verbindung haben wollen, wie sollen sie dann den gemeinsamen Instinkt haben, sich in einem engsten Raum alle zusammen einzuschließen?

Torricelli beendet seinen Vortrag mit den Worten

Wir schließen dennoch, wenn man, wie wir am Anfang gesagt haben, die Leichtigkeit annimmt, das heißt den Instinkt der Dinge, sich nach oben zu bewegen, dass sich deshalb keine Absurditäten in der Natur ergeben würden. Alle Bewegungen, ob sie nun gegen die Peripherie oder gegen das Zentrum erfolgen, könnte man leicht erklären. Setzt man die Leichtigkeit voraus, so folgt deshalb nicht, dass das Blei und die anderen schweren Dinge ohne jene offenkundige Eigenschaft bleiben müssten, die Gewicht genannt wird. Es scheint, dass jede Pflanze, die im Wald wächst, diese Ansicht bestätigt, jede Quelle, die in den Bergen entspringt, und jedes andere Ding, dessen Aufstreben aufgrund einer unbekannten Macht erfolgt.

Bei allen nicht entgegengesetzten Ortsbewegungen, welche die Natur macht, findet man nie, dass sie sich konvergierender Linien bedient. Davon zeugen das Licht, die sichtbaren Dinge, die Ausbreitung der Wärme, des Schalls und der Düfte. Die Bewegung der Körper wäre einmalig, wenn sie auf zusammenstrebenden Linien erfolgen würde. Gegen die Schwere scheinen die Aussagen der Philosophen und die Naturgesetze zu sprechen. Es scheint nicht möglich, dass sich die Elemente zum Zentrum hinbewegen, erstens, weil sie dort nicht ankommen können und die Natur keine unnützen Taten unternimmt; zweitens, weil sie sich, wenn sie dort ankämen, selbst zerstören würden und eine Erneuerung der fabelhaften Verwirrung des Chaos stattfände. Für die Bewegungslosigkeit ist es unnütz, wenn die Teile der Erde das Zentrum aufsuchen, da sie sich an jedem anderen Ort der Erdkugel vielleicht besser ausruhen könnten. Für die

Vollkommenheit scheint es wertlos, denn die Elemente wären im Zentrum nicht vollkommener als anderswo. Wenn sie je alle dorthin gelangen würden, um sich zu vervollkommnen, so würden sie sogar mit der Vereinigung der Gegensätze viel eher die höchste Unvollkommenheit erlangen.

9.4   Siebter Vortrag: Über den Wind

Die Ursachen der Erscheinungen wie Niederschläge, Hagel, Regenbogen, Kometen, Schnee, Blitze, Halos, Nebensonnen und andere, die in der Luft erzeugt werden oder auftreten, sind wenig bekannt, ihre Untersuchung sehr mühevoll, doch:

> Welche Kenntnisse hätten wir über den an sich unsichtbaren Wind, wenn er sich nicht durch die Vielzahl der Wirkungen offenbarte? Das Blähen der Segel, das Kräuseln des Meeres, das Wogen der Getreidefelder, die heftigen Bewegungen der Pflanzen, das Aufwirbeln des Staubes und viele andere Ereignisse sind deutliche Hinweise auf die Erzeugnisse der Natur. [...] Wenn nun die Natur mit aller Anstrengung dafür gesorgt hat, den Wind sowohl vor den Sinnen als auch vor dem Verstand zu verbergen, so wird es nicht erstaunen, wenn ich heute voller Verwirrung hier erscheine, um diese Unwissenheit offenzulegen, die ich anstelle von Gelehrtheit aus dem Studium der antiken Schriften davongetragen habe. [...]
>
> Die Philosophen führen den Wind auf die nebelartigen Ausdünstungen zurück, die aus der feuchten Erde aufsteigen. Sie hatten beobachtet, dass nach Niederschlägen gewöhnlich heftigere und dauerhaftere Winde als sonst wehen, daher sagten sie, dass die Kraft der Sonnenstrahlen und der unterirdischen Wärme zwei Arten der Ausdünstung bewirken, eine feuchte, welche die künftigen Niederschläge verursacht, und eine andere, trockene, als Erzeugende des Windes. Hier könnte man einen Einwand erheben, doch weil dies ziemlich außerhalb meiner Hauptabsicht liegt, will ich ihn nur andeuten: Wenn aus jedem Niederschlag zwei Arten von Ausdünstungen hervorgehen, eine, die zur Erzeugung des Windes dient, und die andere für den künftigen Niederschlag, wer würde nicht erkennen, dass dann die Materie für die Niederschläge stetig abnehmen, jene für den Wind stets zunehmen würde?

Torricelli weist darauf hin, dass zwar tatsächlich nach Niederschlägen oft Nordwinde aufkommen, dass aber bei den Südwinden vielmehr das Gegenteil der Fall ist: Der Scirocco und die Südwinde wehen fast immer vor den Niederschlägen, und sie beruhigen sich spätestens, wenn diese nachgelassen haben, aber

> ...gemäß der peripatetischen Ansicht müssten sie doch nach dem Regen mehr denn je andauern, solange die durchnässte Erde die besseren Möglichkeiten hat, den Stoff für die Ausdünstung zu liefern.

Es gibt aber auch regelmäßig auftretende Winde, ohne dass ihnen irgendein Niederschlag vorausgegangen wäre, nämlich die leichten Morgenwinde, die nach Mitternacht bis zum Sonnenaufgang wehen, die Etesien und die abendlichen Westwinde:

Glauben wir vielleicht, dass es jede Nacht in Dalmatien oder Thrakien regnet, um für uns die Morgenlüftchen zu wecken? Oder sagen wir, dass es jeden Tag in Spanien oder im westlichen Ozean regnet, um für uns die Westwinde des Abends zu wecken?

Nach diesen einleitenden Gedanken macht sich Torricelli auf die Suche nach den wahren Gründen für den Ursprung der Winde. Dabei wird er fündig bei dem wohlbekannten Prinzip der Kondensation und Verdünnung der Luft:

Wenn eine riesige Kirche bis zur höchsten Stelle ganz mit Wasser gefüllt wäre, was würde dann geschehen? Die Antwort ist rasch gegeben: Würden die Pforten geöffnet, so träte durch diese das Wasser mit großer Wucht aus, und durch die winzigsten Fenster würde ebenso viel Luft nachfolgen, wie Wasser durch die Pforten ausgetreten ist; und hätte die Kirche die verborgene Fähigkeit, jene nachfolgende Luft sofort in Wasser umzuwandeln, so wäre der durch die Pforten austretende Schwall anhaltend und würde nie enden, solange die angenommene Verwandlung der Luft in Wasser andauert. Was wir am Beispiel zweier verschiedener Elemente gezeigt haben, betrachte man nun bei einem einzigen Element, das nicht in der Art verwandelt, jedoch in seinen Eigenschaften verändert wird: Die erhabene Kirche Santa Maria del Fiore hat diese Fähigkeit manchmal, die größere Basilika in Rom aber viel öfter; sie haben die Eigenschaft, dass in den heißesten Sommertagen ein sehr kühler Wind aus ihren Pforten austritt, zu einer Zeit, wo die Luft äußerst ruhig und ohne irgendeinen Wind ist. Der Grund ist dieser: dass die in dem riesigen Gebäude eingeschlossene Luft, aus welchem Grund auch immer, kühler ist als die äußere, von vielen Sonnenstrahlen erhitzte; wenn sie jedoch kühler ist, so ist sie auch dichter, folglich wird sie auch schwerer sein. Und wenn dies wahr ist, so wird jener Luftschwall durch die Pforten austreten müssen, wie wir am Beispiel des Wassers gezeigt haben.

Er überträgt dann diese Betrachtungen auf die uns umgebende Atmosphäre und gibt damit erstmals eine auch heute noch gültige Erklärung für die Entstehung der Winde:

Ich frage: Was würde geschehen, wenn die gesamte Toskana über sich anstelle der Luft eine ebenso hohe Menge Wasser hätte? Man wird antworten, dass diese Menge sich nicht halten könnte, sondern sich in raschem Schwall verteilen würde, indem sie sich ringsum auf alle Länder der umgebenden Staaten ausweitet und in wuchtigem Lauf nicht nur die Pflanzen, die Gebäude, sondern vielleicht auch die Felsen und die Mauern einebnet, und um den oben vom Wasser zurückgelassenen Hohlraum aufzufüllen würde ebenso viel Luft nachfolgen. Da haben wir also die Erzeugung des Windes auf dem Wege der Verdichtung. Nehmen wir an, die ganze nördliche Halbkugel sei regungslos und im Zustand der Windstille, ohne einen Windhauch, ohne ein Lüftchen. Dann trete plötzlich Regen oder ein beliebiges anderes Ereignis ein, wobei nur in Germanien die Kälte übermäßig zunehme, ohne dass auf der übrigen Halbkugel das Geringste verändert würde. Es ist sicher, dass sich die abgekühlte Luft dieses weiten Gebietes verdichten wird. Indem sie sich verdichtet, muss notwendigerweise in der oberen Luftregion über Germanien ein Hohlraum entstehen, der von der besagten Verdichtung verursacht wird; die flüssige und geschmeidige Luft über den umliegenden Gebieten fließt herbei, um diesen unvermittelt entstandenen Hohlraum zu füllen, sodass in den höchsten Teilen der Luft der Lauf des Windes gegen den abgekühlten Teil gerichtet ist; in der tiefsten Region aber, nämlich in der an die Erde angrenzenden Luft, erfolgt der Lauf entgegengesetzt: Da Germanien von verdichteter und auch vermehrter – und daher von schwererer als die umgebende – Luft bedeckt ist, wird es in allen Richtungen einen Schwall Wind aussenden, auf die gleiche Weise, wie wir es am Beispiel der Toskana gezeigt haben, die anstelle von Luft ganz mit Wasser bedeckt war. Auf diese Weise führt der Wind einen Kreislauf aus, der nur über einem beschränkten Teil der Erde fließt, und die Wirkung des erwähnten Kreislaufs hält so lange an, als die Ursache besteht, nämlich jene Kälte in einer Gegend, die größer ist, als sie im Vergleich mit den umliegenden Orten sein müsste. Wir nennen es Kreislauf, weil die Bewegung der Luft im oberen Teil gegen das Zentrum der übermäßig abgekühlten Gegend erfolgt, wo sie sodann ebendiese zufällige Kälte verspürt, sich verdichtet, schwerer wird und sich auf die Erde niedersenkt, wo sie, da sie sich nicht halten kann, nach allen Seiten abfließt und auf der Bodenoberfläche einen Wind erzeugt, der jenem in den höchsten Regionen entgegengesetzt ist.

Dass dieser Kreislauf zwischen herabsinkender kühler und aufsteigender warmer Luft tatsächlich existiert, kann man mit einer einfachen Überlegung einsehen:

Wir werden manchmal Nordwinde mit einer derartigen Wucht wehen sehen, dass sie mehr als dreißig Meilen in der Stunde machen und so viele Tage anhalten werden, dass sie bequem die Hälfte der Erde umrundet haben könnten. Glauben wir, dass so viel Wind den Äquinoktialkreis überqueren wird? Aber auch wenn er ihn überquert, muss sich dann seine Bewegung nicht notwendigerweise auf den ganzen, die Erde umgebenden Großkreis fortsetzen, damit die große Luftmenge, die von einer Gegend weggeht, dort wieder ersetzt wird? Andernfalls würde irgendeine Gegend ohne Luft bleiben, und eine andere übermäßig damit belastet. Und wenn dieser „Windgroßkreis" die Erde während vielen Tagen umgibt, müssen dann nicht alle anderen Gebiete ohne Wind bleiben? Andernfalls wäre man gezwungen zu sagen, dass sich die beiden Windkreise zweimal wechselseitig überschneiden, wodurch sich viele Unannehmlichkeiten und Absurditäten ergeben würden.

Andererseits kann der Wind aber auch durch aufsteigende warme Luft entstehen:

Der Wind könnte auf eine andere Weise verursacht werden (und hier komme ich zum Ende des Vortrags). Diese besteht in einer Verdünnung, wenn nämlich die Luft eines Gebietes infolge einer unzeitigen Hitze mehr als die umgebende Luft verdünnt wird. Diese verdünnte Luft wird keinesfalls drücken oder gegen den Rand wegfließen, wie einige geglaubt haben, denn dies verstößt gegen die Lehre des Archimedes über die schwimmenden Körper; weil sie aber an Größe zunimmt, wird sie sich mehr als die angrenzende senkrecht nach oben erheben, und da sie sich dann dort oben nicht halten kann, wird sie sich in der oberen Luftregion ringsum ausbreiten; dagegen wird unten auf der Erde die Luft aus den angrenzenden schwereren Teilen gegen das Zentrum des erwärmten Gebietes strömen, wobei sich ein Kreislauf ergibt, umgekehrt zum vorhergehenden aber von derselben Art. Die praktische Erfahrung dieses Ereignisses macht man im Winter in den von einem großen Feuer erwärmten Räumen. Bei der strengsten Kälte und wenn nicht der geringste Wind bläst, beobachtet man, dass durch die Türe des erwärmten Raumes ein Wind eintreten wird; der Grund dafür ist, dass die eingeschlossene Luft, weil sie leichter ist, durch die obersten Öffnungen und den Schornstein entweicht, genau so, wie es geschehen würde, wenn sich auf dem Grund eines großen Sees ein ähnlicher, mit Öl gefüllter Raum befände.

9.5   Achter Vortrag: Über den Ruhm[24]

Ausgehend von dem Beispiel des Weingottes Bacchus/Dionysos, des Heerführers und Erobe-
rers Indiens, Erfinders der Medizin und des Handels, der in der Renaissance «nach karneva-
listischem Vorbild als geröteter Fettwanst, mit einem Becher in der Hand» dargestellt wird,
macht sich Torricelli Gedanken über den Ruhm:

> Diese ungerechte Rufschädigung lenkte dieser Tage meine Gedanken mit einiger Neugierde
> auf eine strenge Untersuchung des Ruhms. Und da mir einige gewagte, aber außerordentliche
> Gedanken gekommen sind, erschien es mir als Pflicht, diese mit Bescheidenheit dem laute-
> ren Urteil dieser gelehrten Akademie vorzulegen, als barm als der barmherzigen Mutter und
> Ernährerin meines Geistes, ohne deren Anerkennung ich niemals zu irgendeiner, wenn auch
> höchst glaubwürdigen eigenen Meinung stehen würde.

Bei dieser Gelegenheit, vor einer gelehrten Versammlung an einem Ort zu sprechen, wo
unter der Schirmherrschaft des Großherzogs für die Ewigkeit gearbeitet wird, konnte es
nicht angemessener sein, als über den Ruhm zu sprechen. Das Beispiel des Bacchus zeigt
aber, «dass der Ruhm nach dem Tod nichts und nicht begehrenswert für alle menschlichen
Belange ist.»

> Insgesamt werde ich behaupten, dass nach der Begräbnisfeier alle Menschen im Begriff sind,
> gleichermaßen berühmt zu werden. Halten Sie bitte Ihre sehr berechtigten Einwände zurück.
> Es ist allerdings nicht etwa so, dass eine derartige Behauptung jene erschrecken soll, die sich
> durch ihr lobenswertes Verhalten auf den Weg der Tugend zum Ruhm begeben haben. Ich
> vertraue vielmehr darauf, dass sie dazu führt, sie zu ermutigen und anzuspornen, sich mit noch
> größerer Anstrengung zu bemühen, die Früchte des Ruhms noch zu Lebzeiten zu erlangen,
> wenn es denn wahr ist, dass der Ruhm lebendig ist für die Lebenden und tot für die Toten.

Man muss sich nämlich im Leben noch viel weniger um die Dinge kümmern, die sich in
fernen Zeiten nach dem Tode ereignen werden, als um jene, die zu seinen Lebzeiten in fernen
Ländern geschehen. So will Torricelli nur von jenem Ruhm sprechen, der mit unwesentlichen
Taten erworben wurde, und um dessentwillen, wie es scheint, der größte Teil der Menschen
in übermäßiger Begierde sündigt:

> …Das wäre zum Beispiel der Ruhm von einem, der unsterblich geworden ist durch Erhabenheit
> der Macht, ausgezeichnete militärische oder moralische Tugend, durch vollkommene Kenntnis
> der Wissenschaft oder durch herrliche Erfindungen.

Niemand hat in in diesem Jahrhundert in Europa dank seines großen Wissens und seiner
großen Erfindungen mehr Ruhm erworben als Galilei, der sogar jenseits der Alpen, insbesondere in den Niederlanden, größere Berühmtheit erlangte als in seiner Heimat.

---

[24] 3. August 1643.

534150_1_De_9_Chapter-print ☑ TYPESET ☐ DISK ☐ LE ☑ CP Disp.:25/2/2023 Pages: 537 Layout: German_T5

Wenn wir nun erfahren wollen, wie nützlich der Ruhm für die lebenden, aber unbekannten Personen ist, so möge es Ihnen nicht missfallen, dies mit einem merkwürdigen Gedankenspiel zu untersuchen. Der gelehrteste Alte möge aus der Villa von Arcetri abreisen und unerwartet im dicht bevölkerten Amsterdam erscheinen. Man darf nicht erwarten, dass ihm an den Toren der Stadt oder auf den öffentlichen Straßen das geringste Zeichen der Ehrerbietung gemacht wird, nicht mit einer höflichen Einladung, nicht mit einem bewundernden Blick, nicht mit einem Gruß oder einem anderen Akt der Höflichkeit zur Ehrenbezeugung. [...]

Führen wir ihn an die Pforten der Akademie, wo die äußerst wichtige Kunst der Navigation gelehrt wird. Es ist bekannt, mit wieviel Fürsprache und mit wievielen Versprechungen sich diese gelehrten Nordländer um die Erfindungen dieses geistreichen Mathematikers bemüht haben, die Navigation und insbesondere die Längengradbestimmung betreffend. Galilei tritt ein, im Beisein der dort Versammelten, von denen jeder einzelne ihn im Innersten seines Herzens bewundert und seinen ruhmreichen Namen verehrt. Es scheint, als müssten sich alle erheben und ihn unter lebhaftesten Empfangsbezeugungen umringen [...]. Ich stelle mir aber genau das Gegenteil vor. Mir scheint zu sehen, wie sie verwirrt sind und einige der Umstehenden, die sich erhoben haben, sich ihm mit bitterer Miene nähern und ihn in einer von ihm nicht verstandenen Sprache fragen, was er wolle und was ihm den Mut gegeben habe, dort einzutreten, gerade so, als wäre er nicht jener Berühmte, der er ist, sondern ein gewöhnlicher alter Mann, mit ungepflegtem Körper und ungebildetem Geist, so wie er mit seiner äußeren Erscheinung auftrat. Damit ist also bewiesen, dass der Ruhm zu nichts dient.

Man könnte natürlich einwenden, dass dem so sei, weil man Galilei in Amsterdam nicht von Angesicht kenne, doch Torricelli entgegnet darauf:

Wenn jene ihn nicht kennen, die ihn in der Gegenwart sehen, wie sollen ihn dann jene kennen, die in tausend Jahren geboren werden? Ich höre, wie mir geantwortet wird: sie werden ihn verehren, ohne ihn zu kennen. Dieses, ach, so behaupte ich, ist wirklich unmöglich. Wir beweisen es deutlich am ausgedachten Beispiel der holländischen Akademie. Sie sagen mir, dass ein jeder der dort Versammelten Galilei verehrt und ihn nicht kennt. Und ich beweise Ihnen, dass keiner von jenen Galilei verehrt, denn wenn er selber in der Gegenwart aller auftritt, erweist ihm keiner die Ehre. Folglich ist es notwendig, dass ein jeder in seinem Kopf eine gewisse bildliche Vorstellung von Galilei hat (so wie wir alle eine solche von den berühmten Personen der Antike haben), dem er jenes Lob und jene Ehrerbietungen erwies, welche dem wahren und wirklichen Galilei zuständen. Anstelle des berühmten Alten wurde somit ungerechterweise ein Scheinbild geehrt, das mit ihm nicht einmal eine Ähnlichkeit aufwies.

Der Ruhm soll nicht dem Namen, sondern der tatsächlichen Person gelten, oder wenigstens einer Vorstellung, die wir uns von ihr machen. Der Name eines Menschen ist unwesentlich, er wird nach Belieben gewählt und man kann ihn auf viele Arten ändern, ohne dass dadurch die Identität der bezeichneten Person im Geringsten verändert wird.

Ich wäre höchst erfreut, wenn ich mich in Gesellschaft von einhundert angesehenen Männern befände und das Volk, nur mit dem Finger auf mich zeigend, sagen würde: Dort ist er, jener tüchtige Mann, der so viele schöne Statuen geschaffen hat oder der so viele glorreiche Siege errungen hat. Die wahren und wertvollen Ehrenbezeugungen sind jene, welche der Person gelten. Aber nach dem Tod kümmert es mich überhaupt nicht, ob unter dem Beifall der Nationen jene Buchstaben, welche den Namen Torricellis bilden, den Menschen leichter über die Lippen gehen, als jene des Namens Atabalippa.[25] Ich würde es schätzen, wenn (um etwas Unmögliches zu sagen) die künftigen Jahrhunderte sich eine richtige Vorstellung von meinem Körper, meinem Geiste und von mir selbst als Ganzes machen und in ihrem Denken die Verehrung eher einem Mathematiker aus Florenz als einem König von Amerika gewähren würden.

Aber nach dem Tod einer berühmten Person gerät mit dem Ableben all jener, die ihn als Lebenden noch gekannt haben, die Vorstellung oder Idealgestalt jener Person in Vergessenheit und wird mit der Zeit durch ein Scheinbild ersetzt. Am Beispiel von Catilina wird dies deutlich gemacht:

> Mit dem Fortschreiten der Jahre bietet sich dann dem Volk die Gelegenheit, mit unerbittlichen Strafreden einen antiken Bösewicht, Catilina zum Beispiel, zu geißeln. Wenn sie diesen Namen vernehmen, wird sich die Vorstellung der Zuhörer nicht auf jene wenige Eigenschaften beschränken wollen, die ihn beschreiben, sondern sie wird sogleich durch die Einbildungskraft beflügelt und entnimmt der Masse der menschlichen Vorbilder ein Scheinbild, welches geeignet erscheint, jenen Verräter des Vaterlandes darzustellen, und es wird in den Rumpelkammern des Kopfes ein Catilina geformt, von dem man denkt, dies sei einst jener der Stadt Rom gewesen. Wir Akademiker, glauben wir, dass je irgendjemand ihn sich so vorstellen wird, wie er tatsächlich war? Ich kann das für mich nur schwerlich glauben. Es kann sehr wohl sein (und wir unterliegen alle diesem Makel), dass es bei der Bildung von so vielen und so verschiedenen Vorstellungen vorkommt, dass jemand anstelle von Catilina sich einen Curtius vorstellt, sich anstelle eines Nero einen Augustus, anstelle eines Ungläubigen, Lasterhaften und Verräters einen Guten, einen Tugendhaften, einen Gläubigen.

Torricelli, der freimütig gesteht, hier in eigener Sache zu sprechen, fährt fort:

> Ich rechne damit, aus diesem Leben zu scheiden, ohne (infolge der geringen Lust bei meiner Unfähigkeit) irgendeine dauerhafte Spur davon zu hinterlassen, jemals hier gelebt zu haben. Nicht nur deshalb habe ich überhaupt kein Verlangen, auch so berühmt sein zu müssen wie irgendein anderer, so berühmt er auch sein möge.

Mit diesen Überlegungen steht er scheinbar im Widerspruch zu Platon, der gesagt hat, man solle dafür sorgen, den künftigen eigenen Ruhm groß und vorteilhaft zu hinterlassen[26], doch

> …ich habe nicht gesagt, man solle nach dem Tod keinen Ruhm hinterlassen, ich behaupte aber, dass man – da jener, der nach dem Tod übrig bleibt, unnütz und ungewiss ist – danach trachten solle, den Ruhm vorzeitig im Leben zu genießen; denn auf diese Weise wird nicht ein falsches und unwürdiges Scheinbild die Früchte für die ehrenhaften Mühen erlangen, sondern die wahre und wirkliche Person, die es verdient hat: und dann wird auch nach dem Tode für den, der ihn sich wünscht, jener Ruhm bleiben. Wenn ich nun an einem anderen Ort als hier sprechen würde, so würde ich, zur Anwendung der Erörterungen übergehend, die Zuhörer

---

[25] Der letzte König von Peru, auch Atahualpa genannt; von Pizarro gefangengenommen und zum Tod verurteilt.

[26] Im Zweiten Brief an Dionysios.

534150_1_De_9_Chapter-print ☑TYPESET ☐DISK ☐LE ☑CP Disp.:25/2/2023 Pages: 537 Layout: German_T5

auffordern, mit allem möglichen Fleiß den Erwerb des Ruhms voranzutreiben. Da ich mich aber in einem Auditorium befinde, wo mit beharrlichen Meisterleistungen der Ruhm nicht erworben, sondern gesichert und vermehrt wird, kann ich mir mit gutem Recht die Mühe der weiteren Rede ersparen.

9.6   Neunter Vortrag: Zum Lobe der Mathematik[27]

Ich glaube nicht, dass die mathematischen Disziplinen jemals weniger des Lobes bedurften als heutzutage und gerade an diesem Orte, vor Ihnen, meisterhafte Zuhörer. Darum sind meiner Ansicht nach Lobreden auf die Mathematik in diesem Staate, in dem sich der Adel zu ihr bekennt und die Fürsten sie beschützen, völlig überflüssig und ihre Lobpreisung völlig unangebracht. Es wäre gewiss ein schlechter Rat, dort über Geometrie vorzutragen, wo sie einen Lobredner nötig hätte. Ich weiß, dass die Seelen der Florentiner Herrscher bereits von ihr überzeugt sind und dass ich nichts anderes zu tun habe, als Gott und dem Durchlauchtigsten Herrn dafür zu danken, mich in den Dienst einer Jugend gestellt zu haben, die bei diesen geistreichen Studien eher der Zurückhaltung als des Ansporns bedarf. Ich weiß, dass ich mich mit dem antiken Aristipp freuen kann, in einen Hafen gelangt zu sein, wo ich Spuren von Menschen erkenne, indem ich an mehr als einer Mauer mathematische Figuren gezeichnet sehe und in mehr als einer Erörterung geometrischen Argumentationen zuhöre.

Nichtsdestotrotz, lehrt mich doch der geistvolle Poet:

Ein feuriges Pferd, von sich aus gewillt, zu Ehren der Siegespalme zu laufen, wird doch schneller eilen, sobald man es antreibt,[28]

so werde ich oft mit ungehobelter Rede auf einige Besonderheiten der Mathematik zu sprechen kommen, damit Ihnen ein kleines Stück des Nutzens in Erinnerung gerufen wird, der aus diesen erlesenen Studien gezogen werden kann, denen Sie sich so sehr gewidmet haben, durch geistige Zuneigung und durch vernünftige Wahl.

Torricelli wendet sich dann der Frage zu, wozu denn die Mathematik dienen könne. Einerseits kann sie den Geist des wahren Philosophen befriedigen, der seinen Verstand nicht zum Broterwerb, sondern zur Weisheit einsetzt, hat doch Platon, erzürnt über Eudoxos und Archytas, die sich nicht mit abstrakten geometrischen Betrachtungen zufrieden gaben, sondern sie auch wegen ihres Nutzens für die mechanischen Verfahren propagierten[29], ausgerufen: «Ihr Dummköpfe und Unfähigen, warum verderbt ihr die allerschönste Geometrie, als ob diese infolge ihres Unvermögens bei ihrer Anwendung nach materiellen Geräten und Hilfsmitteln verlangen würde?»[30]

---

[27] Antrittsvorlesung an der Universität Florenz.

[28] «Acer et ad palmae per se cursurus honores, si tamen horteris, fortius ibit equus.» Ovid, *Epistulae ex Ponto*, II,11,21 (Übersetzung nach Hubertus Kudla, *Lexikon der lateinischen Zitate*. München, 22001).

[29] Plutarch, *Moralia*, 718e–f. – Es geht dabei u. a. um Verfahren zur Würfelverdoppelung. Näheres dazu bei CANTOR [1907], S. 233 f.

[30] Plutarch, *Lebensbeschreibungen*, Marcellus, § 14.

Abb. 9.3 Halley, *Apollonii Pergaei conicorum libri octo.* Oxford 1710. «Als der Philosoph Aristippus, Schüler des Sokrates, bei einem Schiffbruch Schiffbruch an die Küste von Rhodos geworfen wurde, und dort gezeichnete geometrische Figuren bemerkte, rief er seinen Gefährten zu: Lasst uns guten Mutes sein, denn ich sehe die Spuren von Menschen.» – München, Bayer. Staatsbibliothek urn:nbn:de:bvb:12-bsb10209562-0

Die Mathematik ist aber auf anderen Gebieten von Nutzen, namentlich für die Religion und für die Bibel. Als Zeugen dafür nennt Torricelli Augustinus, Gregor von Nazianz und aus neuester Zeit Papst Gregor XIII.[31], bekannt durch seine Kalenderreform.

So behauptet Augustinus im Kap. 16 seiner *Doctrina Christiana,* dass aus Unkenntnis der Zahlen und der Arithmetik viele Dinge nicht verstanden würden, die als Abhandlungen und mystische Sinnsprüche in die Heiligen Schriften aufgenommen worden sind. Auch die Musiktheorie – ebenfalls ein Teilgebiet der Mathematik – sei für für einen christlichen Lehrer unerlässlich. Gregor von Nazianz lobt seinen Lehrer, den heiligen Basilius, für dessen außerordentliche Kenntnisse in der Astronomie, der Geometrie und der Arithmetik. Man frage

---

[31] Ugo Boncompagni (1502–1585), Papst von 1572 bis 1585.

ferner Papst Gregor XIII., welchen Nutzen die Kirche aus der Astronomie, insbesondere durch Vermittlung der damals lebenden Mathematiker gezogen habe:

> Als berühmter Urheber der Kalenderreform wird er zur Antwort geben, dass, wenn heute die Festtage unseres Herrn Jesus Christus, die Feste der heiligen Märtyrer von der Heiligen Kirche zur richtigen Zeit und an genau den Tagen des Jahres gefeiert werden, an denen diese Märtyrer entweder gestorben oder geboren worden sind, so war dies alles ein Ertrag der Astronomie. Indem sie uns die wahre Länge des Jahres lehrte, führte sie durch die Auslassung jener zehn Tage des Jahres die Festtage auf ihre richtigen Zeitpunkte zurück und sorgte gleichzeitig dafür, dass sie sich in Zukunft nie mehr wegbewegen werden können. Diesen Nutzen konnte man von keiner anderen Disziplin außer von der Mathematik verlangen.

Im Weiteren erweist sich die Nützlichkeit der Astronomie für die Medizin, die Seefahrt und die Landwirtschaft. Besonderen Genuss bringen aber auch die stark verbesserten Voraussagen der Himmelserscheinungen:

> Seht doch, dass man für zwanzig und hundert Jahre Sonnen- und Mondfinsternisse voraussieht. Seht, wie diese äußerst genau vorhergesagt werden, an welchem Tag des Jahres, zu welcher Stunde des Tages, in welchem Teil des Himmels, bei welchen Völkern der Erde und um welchen Teil ihres Durchmessers sich jedes der beiden Gestirne verfinstern wird. Scheint Ihnen das, was uns die Geometrie bringt, nicht eine edle Befriedigung zu sein? Mit ihren einfachen Regeln zeichnet diese auf der Fläche einer Wand oder auf anderen Oberflächen eine Uhr, bei der Sie sicher sein können, dass ihr ebendiese Sonne auf allen ihren Reisen sozusagen gezwungenermaßen ewigen Gehorsam erweist. Mit einer aus wenigen Linien bestehenden Figur schreiben Sie dem König der Planeten sozusagen die Gesetze vor, sodass sich dieser dann gezwungen sieht, seinen Schatten auf keinem anderen Weg als dem zu werfen, den ihm der Konstrukteur der Sonnenuhr gezeichnet und zugewiesen hat. [...]
>
> Ich erinnere mich, dass ich einen großen Geist[32] habe sagen hören, dass die Allmacht Gottes einst zwei große Bücher verfasst habe. In dem einen sagte er «dixit, et facta sunt», und dies war das Universum, im anderen «dixit, et scripta sunt», und dies war die Heilige Schrift.[33] Dass für das Lesen der Bibel die Mathematik nützlich ist, dazu haben Sie bereits die Meinung des hl. Augustinus und anderer Kirchenväter vernommen. Dass die Mathematik notwendig ist, um das Buch über das Universum zu lesen (das heißt jenes Buch, auf dessen Seiten man die wahre, von Gott geschriebene Philosophie studieren sollte), wird derjenige feststellen, der mit edlen Gedanken nach der großen Wissenschaft von den Bausteinen und den Gliedern dieses großen, „Welt" genannten Körpers strebt. Sollte jemand die Entfernungen der Planeten, der

---

[32] Giovanni Ciampoli.

[33] Worte aus den Psalmen 33,9 bzw. 148,5. Nach BIAGIOLI [2006, S. 232, Anm. 46] verbindet Torricelli hier zwei Stellen, an denen Galilei sich zum «Buch der Natur» äußert: 1. im *Saggiatore*, wo er sagt, dass das Buch der Natur in mathematischen Lettern geschrieben sei; 2. in Briefen an Castelli (21.Dezember 1613) und an die Großherzogin Christina. – Torricelli zitiert hier aber Ciampoli: «Due sono le Bibbie, nelle quali Iddio è maestro. In una dixit, & facta sunt; e questa, mostrando i fatti della Natura, come detti del Creatore, è scompartita nel Cielo, e nella Terra. Nell'altra dixit & scripta sunt, & ella, havendo ne i caratteri della Scrittura le rivelazioni del Redentore, è divisa nel Testamento nuovo, e nel vecchio.» (*Prose di Monsignor Giovanni Ciampoli* Roma, Manelfo Manelfi, 1649, S. 119).

Gestirne, sowohl untereinander als auch im Vergleich mit der Erde zu erfahren wünschen, sollte jemand anderer nach ihren Größenverhältnissen oder den genauen Zeiten ihrer periodischen Bewegungen suchen, möchte jemand selber die Größe dieser von uns täglich mit Füßen getretenen Erdkugel erkunden, sollte jemand danach fragen, wo die Unterschiede zwischen den Jahreszeiten herrühren, welches die Ursache für die Ungleichheit der Tageslängen sei, die sich auf vielfache Weise der verschiedenen Neigung der Kugel entsprechend voneinander unterscheiden […]; wenn er die Präzessionen der Tag- und Nachtgleichen untersuchen sollte, die Zeitpunkte der Sonnenfinsternisse, die Trepidation des Firmaments und ähnliche Dinge, so würde er gewiss bemerken, dass das einzige Alphabet und die einzigen Lettern, mit denen man die große Handschrift der göttlichen Philosophie im Buch des Universums liest, nichts anderes sind als jene kümmerlichen Figürchen, die Sie in den geometrischen Elementen sehen.

Der Nutzen Arithmetik erweist sich im täglichen Handel, wo nur die Lehre von den Zahlen es ermöglicht, nicht zu betrügen oder betrogen zu werden. Sie liefert aber auch Anlass zu abstrakten Betrachtungen:

Sie, anwesende geistreiche Lehrer der Algebra, Sie können bezeugen, wie viele Probleme beinahe die Fähigkeiten des menschlichen Geistes übersteigen und sich dann mithilfe der Wissenschaft offenbaren.

Wer die Mechanik nicht bewundert, kann sich ihrer Wunder nicht erfreuen. Diese so wohltätige und wunderbare Disziplin wird zwar oft angewendet, aber nur wenig verstanden. Jeder Galeerensklave kennt sehr gut die Anwendung der Ankerwinde und des Flaschenzugs; jeder Maurer oder Händler, so unwissend er auch sein mag, kennt den Nutzen des Hebels bzw. die Verwendung der Balkenwaage. Ein Philosoph, geboren, um nach Wissen zu streben, schämt sich nicht, wenn er daran denkt, dass er jene Dinge, jene Geräte nicht versteht, welche jene Arbeiter anzuwenden wissen. Torricelli erinnert an das Massaker, das Archimedes in Syrakus mithilfe der Mechanik unter den römischen Truppen angerichtet hat: Ein einziger alter und unbewaffneter Mann genügte, um dem römischen Heer zu widerstehen.

Die Geometrie gilt als Mutter und Königin aller mathematischen Wissenschaften. Sämtlicher Nutzen, der aus der Arithmetik, Musik, Astronomie, Mechanik, Geographie, Architektur, Optik und allen übrigen untergeordneten Töchtern der mathematischen Familie gezogen wird, ist ihr zu verdanken.

Platon hat gesagt, selbst wenn die Mathematik keinen Nutzen für den Staat hätte (obwohl sie zahlreichen Nutzen bringt), so müsste sie nur schon darum gelernt werden, weil sie den Geist stärkt, den Verstand schärft und ihn damit für das Verständnis der anderen freien Künste geeignet macht. Nachdem er nochmals an Galilei erinnert hat, dessen Name allein schon genügt, um sein Vaterland auch bei den barbarischen Nationen berühmt zu machen, beendet Torricelli seine Rede mit den Worten:

Ich habe wenig gesagt, geschätzte Zuhörer, aber wenn ich alles hätte erwähnen wollen, was sich mir rund um die Mathematik zeigt, so würde es eher an der Ordnung fehlen als am Material, und wir würden vielmehr zum Überdruss als zu einem Abschluss gelangen. Es bleibt mir, die Lästigkeit und die Langeweile meiner ungeordneten Überlegungen zu unterbrechen und die

Bereitschaft anzubieten, allen jenen zu Diensten zu sein, die Gefallen daran finden werden, mit mir zusammen die Geometrie zu studieren. Ich werde der Schleifstein des Horaz sein,

der das Schwert scharf machen kann, selbst aber nicht schneiden kann.[34]

Ich werde indessen die Ehre haben, von allen zu lernen, besonders von jenen, die durch die Schulen meiner berühmten Lehrer und Vorgänger gegangen sind und nun mit gereiftem Verstand zur Zierde des Vaterlandes beitragen und sich der Früchte des Wissens erfreuen.

9.7   Zehnter und elfter Vortrag: Über die Militär-Architektur [35]

Im Jahre 1644 war Torricelli durch Großherzog Ferdinand II. als Dozent für Festungsbau an der Florentiner Accademia del Disegno eingesetzt worden, als Nachfolger des Malers Baccio del Bianco, der 1642 als Dozent für Perspektivlehre zurückgetreten war.

Nach längeren Lobreden auf die Malerei und die Bildhauerei, deren Ziel das Ausschmücken der Tempel und Paläste, die Verschönerung und der Glanz der Städte ist, findet Torricelli zum Thema dieser Vorlesung:

Aber welch schädlicheren Nachteil könnte man einer Stadt, einem Reich zufügen, als diese mit übermäßigem Schmuck, mit kostbarsten und berühmtesten Verzierungen zu versehen? Die Fülle an berühmten Statuen und die Vielzahl der unschätzbaren Gemälde entzücken nicht nur die Vorbeiziehenden, die sie mit Bewunderung betrachten, sondern sie verlocken die sie beneidenden fremden Nationen zum Raub.

So erstaunt es nicht, dass das zu Prunk und Luxus neigende Griechenland von den Römern unterworfen, geplündert und die Stadt Rom mit dem Raubgut verschönert wurde. Auch Sizilien, das durch seine Verbundenheit mit Griechenland mit vielen Gemälden und Statuen geschmückt war, lud die Karthager mehrere Male zur Invasion und zum Raub dieser Kunstgegenstände geradezu ein. Nach dem Zweiten Punischen Krieg wurde zwar ein großer Teil davon von den siegreichen Römern zurückerstattet; einen nicht geringeren Teil aber hatte Marcellus aus dem erstürmten Syrakus nach Rom gebracht. Unglaubliche Mengen hatten auch die übrigen römischen Prätoren und Prokonsuln an sich genommen, bis schließlich Gaius Verres dieses unglückliche Reich gänzlich dessen beraubte, was an Wertvollem noch übrig geblieben war. In der Folge wurde aber auch die Stadt Rom, in deren Mauern sich nun sämtliche Wunder der Welt angesammelt hatten, oftmals von fremden Völkern eingenommen und geplündert, wobei die Eroberer nur die Aneignung dieser wertvollen Gegenstände, nicht aber die Besetzung der Stadt selbst im Sinn hatten.

Der Malerei und der Bildhauerei gesellte sich nun eine dritte Schwester hinzu: die Architektur, welche mit den ersten beiden wetteifert, nicht nur, um die Städte mit Tempeln,

---

[34] Horaz, *Ars poetica*, Vers 304: Ergo fungar vice cotis, acutum / Reddere quae ferrum valet, exors ipsa secandi. (Also diene ich als Schleifstein, der das Schwert schärft, selber aber nicht zu schneiden vermag).

[35] Vorträge an der Accademia del Disegno in Florenz.

Theatern, Brücken, usw. zu verschönern, sondern auch, um sie zu beschützen. Diese letztere Aufgabe wird von der Militär-Architektur mit dem Bau von Festungen und Burgen übernommen. Torricelli zitiert an dieser Stelle den römischen Militärschriftsteller Vegetius:

> «Wer aber möchte bezweifeln, dass die Kriegskunst vorzüglicher als alles andere ist, durch die man doch Freiheit und Würde behauptet, die Provinzen erweitert, das Reich bewahrt?»[36]

und

> «Oh, diese mit höchster Bewunderung lobenswerten Männer! Sie wollten vor allem die Kunst erlernen, ohne die die anderen Künste nicht sein können.»[37]

Während die Militärarchitektur für Sicherheit, Gesundheit, Ehre und Freiheit sorgt, blühen einem sie verachtenden Volk Angst, Knechtschaft, Schande, Tod. Dem könnte man zwar das Beispiel Spartas entgegenhalten, das die Befestigung durch Mauern verachtete, da es zum Schutz der Stadt keine anderen Wächter wollte als die Brüste seiner Bürger, doch

> …es war dies eine einzige Stadt und auch nur während einer gewissen Zeit, die unter den Völkern der Nachwelt wenige Lobredner und keine Nachfolger gefunden hat. […] Aber dasselbe Sparta, das, berauscht durch den Wahnsinn des Lykurg, im Zeitraum von achthundert Jahren ohne Mauern erhalten blieb, wird den Nachkommenden zweifellos bezeugen können, wer ihnen mehr Nutzen gebracht habe: der liebende Gesetzgeber oder der grausame Tyrann. Lykurg, der Gesetzgeber und Vater der Stadt, wollte diese unbewaffnet und frei von jeglicher Verteidigung durch Mauern. Anstatt ihr Schaden zuzufügen, segnete sie der Tyrann, indem er sie mit Mauern und Verteidigungswerk befestigte. Man frage nun die Spartaner, welcher der beiden Staaten für die Ruhe der Bürger und für das Glück zuträglicher erschienen sei: die unbewaffnete oder die mit Mauern versehene Stadt. Ich werde es Ihnen sagen. Die Botschafter Spartas brachen im römischen Senat in Tränen aus, als ihnen auf Anordnung des Senats jene Mauern geschleift wurden, die ihnen die Tyrannen errichtet hatten. So gestanden sie mit ihren Tränen, für wie viel besser für das Vaterland sie es befanden, dieses mit Mauern zu befestigen, als es in jenen ursprünglichen Zustand zurückzuversetzen. Alle wichtigsten Städte, an die wir uns erinnern, seien es Republiken oder Monarchien, sind stets nach Maßgabe der Bedrohungen und der zu ihrer Zeit verwendeten Kriegsmaschinen befestigt gewesen, heutzutage aber mehr denn je, wo man sich mit dem furchterregenden Hilfsmittel Artillerie bekämpft.

Die Konsequenzen für die Professoren der Architektur und der Kriegskunst ergeben sich daher von selbst, sodass sie Torricelli gar nicht durch eigene Worte zu erklären braucht.

---

[36] «Quis enim dubitet Artem bellicam rebus omnibus esse potiorem? per quam, & libertas retinetur, & dignitas provinciae propagatur, & conservatur imperium.» (Vegetius, *Abriss des Militärwesens*, lateinisch und deutsch von Friedhelm L. Müller. Stuttgart 1997, S. 138).

[37] «O Viros omni admiratione laudandos, qui eam praecipuè artem ediscere voluerunt, sine qua aliae artes esse non possunt.» (*Ibid.*, S. 106).

Wie bereits erwähnt, war Torricelli zu Beginn des Jahres 1644 mit den Vorlesungen über Militärarchitektur an der Florentiner Accademia del Disegno beauftragt worden. In seinem Vortrag bekennt er, damals auf diesem Gebiet völlig unerfahren gewesen zu sein:

> Dazu finde ich keine nennenswerte Entschuldigung […], da meine Unfähigkeit allzu offensichtlich bekannt ist, insbesondere, wenn diese an einem Ort auf die Probe gestellt wird, wo ausschließlich Meister am Werk sind, und wo die Erinnerung an meine Vorgänger noch frisch ist. Was die Unerfahrenheit angeht, so gestehe ich sie ein; ich sage aber wohl, dass in dieser militärischen Disziplin oder sagen wir Theorie des Festungsbaus der Fleiß eines unerfahrenen Neulings ebenso viel wert sein kann wie die lange in Kriegen erworbene Erfahrung eines Praktikers. Ich kenne dabei keinen anderen Unterschied als den: wo dieser die Dinge mit dem Anführen von Beispielen bezeugt, die er selber gesehen hat, werden wir sie mit der Autorität von Schriftstellern belegen, die sie gesehen und beschrieben haben.

Er verlässt sich also auf die Meinungen von anerkannten Meistern, welche ihre Kunst im Kriege erlernt und in ihren Schriften hinterlassen haben. Dabei sieht er sich als «Schleifstein, der, obschon stumpf und selber des Schneidens unfähig, dennoch dazu dient, die Schärfe der Werkzeuge zu vergrößern und ihren Schliff zu verfeinern.»[38]

Der elfte Vortrag ist ganz darauf ausgerichtet, die Vorteile der Befestigungskunst bei kriegerischen Auseinandersetzungen hervorzuheben. Torricelli rollt dazu die ganze Geschichte des Feldzugs der Karthager unter Führung Hannibals auf, beginnend mit der Alpenüberquerung bis zum Einfall in die Provinzen Lombardei und Toskana und der vernichtenden Niederlage der Römer in der Schlacht bei Cannae. Nach seiner Darstellung, die nicht immer mit dem heutigen Wissensstand übereinstimmt, spielte sich das Ganze wie folgt ab:

Als Hannibal in die Toskana eingefallen war, sandte ihm Rom ein Heer unter der Führung des Konsuls Flaminius entgegen. Nach einem mühsamen Zug durch die Sümpfe des Valdichiana hatte Hannibal mit seiner erschöpften Truppe am Trasimenischen See ein befestigtes Lager eingerichtet und erwartete die Ankunft der Römer. Bei Sonnenuntergang erschien Flaminius mit seinem zahlenmäßig überlegenen und weniger ermüdeten Heer. Er ließ seine Soldaten die Nacht über ruhen, ohne aber sein Lager zu sichern. Im Morgengrauen ließ er das Lager abbrechen und führte seine Truppe zum Angriff, worauf sich die Karthager, die erkannt hatten, dass der ganz auf die eigene Kraft vertrauende Feind ohne Befestigungen im Hintergrund völlig schutzlos war, von allen Seiten von den Hügeln herab auf das römische Heer stürzten. Nach dreistündiger Schlacht verloren die Römer 25.000 Mann, unter ihnen auch Flaminius.

Die daraus gezogene Lehre zeigt, dass die früheren Erfolge der Römer nicht einfach auf der Kraft oder dem Mut ihrer Soldaten beruhten, sondern hauptsächlich auf der Fertigkeit und Sorgfalt, sich zu verschanzen. Die Vorteile einer Befestigung zeigten sich dann unter dem Diktator Quintus Fabius. Mit einem kleinen Heer machte er sich auf die Verfolgung der Karthager, hielt sich aber stets in sicherer Distanz zum Feind und war darauf bedacht, seine

---

[38] Torricelli spielt hier auf das am Schluss der neunten Vorlesung verwendete Horaz-Zitat an (siehe Anm. 34).

Lager jeweils mit Schutzwällen zu befestigen. Immer wieder versuchte Hannibal vergeblich, die Römer aus ihren gesicherten Stellungen zu locken. Als er seine Truppen zur Via Appia lenkte, richtete sich Fabius auf einem an einer engen Stelle dieser Straße gelegenen steilen Hügel ein. Daraufhin griff Hannibal zu einer berühmt gewordenen List: Er ließ nachts 2000 Stiere, denen man brennende Reisigbündel auf die Hörner gebunden hatte, zum Lager der Römer treiben. Fabius aber durchschaute dieses Täuschungsmanöver und blieb in seiner sicheren Stellung.[39] Nachdem Hannibal weitergezogen war, wiederholte sich das Spiel: Fabius hielt an seiner Taktik fest, blieb ihm stets in gebührendem Abstand auf den Fersen und errichtete sein befestigtes Lager jeweils auf einem Hügel. Schließlich wurde der Diktator nach Rom zurückgerufen, und die beiden Konsuln[40] übernahmen das Kommando; entgegen der Hoffnung Hannibals führten sie aber die Taktik von Fabius weiter.

Nach diesem Rückblick in die Geschichte meint Torricelli:

> Mir scheint, werte Zuhörer, nicht nur genügend, sondern überflüssig viel gesagt zu haben, um Ihnen zu aufzuzeigen, welcher Nutzen stets darin bestanden hat, sich mit Bedacht zu befestigen. Sie haben Hannibal gesehen, wie er unerschrocken und unbesiegbar in den Kampf gehen kann, und wie er nun nicht einmal einen kümmerlichen, zur letzten Verzweiflung getriebenen Überrest von Soldaten zu überwinden vermag. Er war besorgt über den größten Mangel an Nahrungsmitteln; schließlich war er zum Abzug gezwungen und musste sich nach Apulien unter das Kastell von Cannae zurückziehen. Glücklich die Römer, wenn sie ihn ziehen ließen oder ihm im demselben Stile folgten, stets sich im Schutze ihrer Befestigungen haltend.

Die Bedeutung des Festungsbaus wird durch den Fortgang der Ereignisse im Feldzug des Hannibal erst recht deutlich:

> Inzwischen hatte man in Rom eine große Armee zusammengestellt, weit größer als jene Hannibals. Man sah sich dem Gegner derart überlegen, dass man die bisher beachtete Taktik aufgab und sich den Karthagern entgegenwarf. Die Folge war eine weitere bittere Niederlage: 45.000 römische Soldaten wurden niedergemetzelt, darunter einer der Konsuln, 30 Konsulare[41], 80 Senatoren und eine große Zahl römischer Reiter.

> Es scheint mir also, werte Zuhörer, zur Genüge gezeigt zu haben, wie groß der Nutzen der Befestigung auch zu Zeiten unserer Vorfahren gewesen ist. In den vorangehenden Betrachtungen war die Rede von der Vornehmheit und der Vorzüglichkeit der Befestigungskunst; nun haben wir über den Nutzen und Vorteil abgehandelt, der daraus gezogen wird. Damit kommen

---

[39] Nach Plutarch verließen die erschrockenen römischen Wachtposten ihre Stellung auf dem Hügel und zogen sich in das Lager zurück. Fabius, der die Kriegslist durchschaut hatte, befürchtete einen Hinterhalt und hielt sich bis zum Tagesanbruch zurück, während Hannibal weiterzog. (*Lebensbeschreibungen* Fabius Maximus, 6–7). – Cornelius Nepos berichtet andererseits, der Anblick der Tiere habe die Römer so sehr erschreckt, dass niemand es wagte, aus dem Belagerungswall auszurücken. (Michaela Pfeiffer und Rainer Nickel (Hg.), *Cornelius Nepos: Berühmte Männer/De viris illustribus*. Düsseldorf 2006, S. 299).

[40] Lucius Aemilius Paullus und Gaius Terentius Varro.

[41] Ehemalige Konsuln.

wir der Anordnung der Herrscher nach, welche wollten, dass ich bei meiner Unfähigkeit an diesem Ort darüber spreche. Einstweilen bleibt übrig, dass ich mich erneut sehr bereit erweise, einem jeden zu dienen, der die Grundlagen der Befestigungslehre erlernen will, da es mir bekömmlicher zu sein scheint, die Regeln der Kunst anhand von belehrenden und bildenden Dokumenten und Lektionen zu unterrichten, als die Zeit mit langweiligen Erzählungen von hier oben herab zu verbringen, die ermüden und quälen.

9.8   Zwölfter Vortrag: Lobrede auf das Goldene Zeitalter[42]

Der aus Neapel stammende Maler Salvator Rosa (1615–1673) ließ sich 1640 auf Einladung von Giancarlo de' Medici[43], dem Bruder von Großherzog Ferdinand II., als Hofmaler in Florenz nieder. Hier bezog er ein großes Haus in der Nähe der Colonna della Croce al Trebbio, wo er seine Freunde, die Mitglieder der von ihm zusammen mit Lorenzo Lippi gegründeten Accademia dei Percossi zu poetischen Rezitationen, gemeinsamen Banketten und komödiantischen Aufführungen empfing. In diesem Rahmen trug Torricelli auch eine Lobrede auf das Goldene Zeitalter vor. Carducci erwähnt diesen Vortrag im Rahmen der Accademia dei Percossi: «…der Mathematiker Torricelli, der eine scherzhafte Lobrede über das Goldene Zeitalter vortrug …»,[44] während Baldinucci berichtet: «Unter jenen [Beiträgen] mit dem größten Beifall war *Das Lob des Goldenen Zeitalters,* eine Schöpfung aus der allergelehrtesten Feder des oben erwähnten Evangelista Torricelli…».[45]

Ovid schildert in den *Metamorphosen,* wie nach der Erschaffung des Menschen durch Prometheus auf der Erde zunächst das goldene Zeitalter herrschte. Es gab keine Gesetze, keine Seefahrt und keine Kriege. Ohne Ackerbau betreiben zu müssen, ernährten sich die Menschen von den Gaben, die ihnen die Erde gewährte. Zum Ursprung der Bezeichnung „goldenes Zeitalter" meint Torricelli allerdings:

> Das damals noch unbekannte, in den Hohlräumen der Erde befindliche Gold, gab dem Zeitalter der Glückseligkeit den Beinamen „das Goldene". Vielleicht werden einige denken, dass die Unschuld dadurch, dass sie nach der Ursache alles Bösen benannt wird, besudelt werde.

---

[42] Im Autograph lautet die vollständige Überschrift: *Encomio del secol d'oro recitato in una cena in casa del Signor Salvator Rosa.* (Lobrede auf das Goldene Zeitalter, vorgetragen bei einem Nachtmahl im Hause des Herrn Salvator Rosa). – Der italienische Text dieses Vortrags, zusammen mit einer deutschen Übersetzung, ist zu finden in Walter Regel: *Hoch gerühmt, fast vergessen, neu gesehen…: Der italienische Maler und Poet Salvator Rosa.* Würzburg 2007, S. 336–349.

[43] Giancarlo de' Medici (1611–1663), wurde 1644 zum Kardinal ernannt.

[44] «…il matematico Torricelli che leggeva un encomio burlesco del secol d'oro…». Giosuè Carducci, *Satire, odi e lettere di Salvator Rosa.* Bologna 1860, S. lii.

[45] Baldinucci [1728, S. 562].

Dazu zitiert er aber Seneca: «Was als das Beste erscheinen soll, das nennt man das Goldene Zeitalter»[46] und fährt weiter:

> Doch was auch immer der Grund oder der Ursprung des Namens sein mag, gehen wir doch von den Worten zum Inhalt über und bedenken wir, dass die Erde nach dem Ende dieses vollkommenen Zeitalters mit allen Übeltaten überschwemmt, von allen Lastern tyrannisiert, von allem Unheil bedrückt wurde.

Auf das goldene Zeitalter folgte das silberne. Nachdem zuvor ewiger Frühling geherrscht hatte, gab es nun Jahreszeiten. Die Menschen suchten Obdach in Höhlen, sie mussten die Äcker pflügen und ansäen. Im anschließenden bronzenen Zeitalter gab es zwar noch keine Verbrechen, aber die Menschen waren schon eher bereit zum Krieg. Im eisernen Zeitalter schließlich herrschten Gewalt, Betrug, Habgier. Es begann die Seefahrt, der Erdboden, der bisher Gemeingut war, wurde durch Grenzziehung aufgeteilt, man drang in die Tiefen der Erde ein, um nach Eisen und Gold zu graben. Es gab in der Folge auch Krieg und Mord. Als letzte der Götter verließ Dike/Astraea, die Göttin der Gerechtigkeit, die Erde und wurde zum Sternbild der Jungfrau. In Vergils berühmter vierter Ekloge wird ihre Rückkehr und der Anbruch eines neuen goldenen Zeitalters prophezeit. Salvator Rosa hat diese beiden Ereignisse in zwei Gemälden dargestellt.[47] Das eine dieser Werke – „Astraea verlässt die Erde" – nimmt Bezug auf die Verse 473–474 in Vergils *Georgica*:

> …Bei ihnen [den Bauern] hinterließ Justitia,
>
> beim Verlassen der Erde, die letzten Spuren.[48]

Torricelli nimmt das Gemälde zum Anlass zu seiner Lobrede auf das goldene Zeitalter und vergleicht die Worte Vergils mit Rosas Malerei:

> So wird sie [die Göttin der Gerechtigkeit] von der erhabensten aller Federn beschrieben; so setzte sie der lebhafteste aller Pinsel in Farben…

---

[46] «Quod optimum videri volunt, saeculum aureum appellant». Seneca, *Briefe an Lucilius,* XIX, 115, 13.

[47] Das Kunsthistorische Museum in Wien besitzt zwei Gemälde Rosas. Das eine trägt den Titel «Wiederkehr der Astraea». Es soll um 1640/45 von Giancarlo de' Medici in Auftrag gegeben worden sein und wurde 1792 vom Wiener Museum erworben. Das andere Gemälde mit dem Titel «Astraea verlässt die Erde» wird mit «um 1665» datiert und wurde 1988 erworben. Bei der Zuordnung der Titel zu den beiden Gemälden besteht unter den Fachleuten allerdings Uneinigkeit. Folgt man aber Torricellis Beschreibung, so stellt das in Rosas Florentiner Jahren (1640–49) entstandene Werk den Abschied, das spätere die Wiederkehr Astraeas dar.

[48] Vergil, *Georgica*, II, 473–474: «…extrema per illos Iustitia excedens terris vestigia fecit.». [Übers. aus Joh. & Maria Götte (Hg.), *Vergil. Landleben*, etc. München/Zürich [5]1987]. – Bevor sie sich von der Erde verabschiedete, verweilte die Göttin der Gerechtigkeit noch beim einfachen Landvolk, wo sie ihre letzten Spuren hinterließ.

Er prangert die jetzt herrschende Völlerei und Verschwendung unter den Menschen an:

> Es ist doch so, dass vielen Stieren eine einzige Wiese gemeinsam ist, dass viele übergroße Elefanten in einem einzigen Wald ihre Nahrung finden – und der Bauch eines Menschen, so eng er auch sein mag, soll sich nicht füllen können ohne die aus dem gesamten Universum zusammengetragenen Gaben? Wer wird je glauben, dass für einen einzigen und so kleinen Bauch so viele Leben unschuldiger Tiere geopfert werden, für die in vielen Provinzen angesät wird, deren Landgüter die Transhumanz ermöglichen, deren Herden nicht zu zählen sind? Dass der Vesuv in Italien, Syrakus in Sizilien, Smyrna und Kreta im Archipel, Libanon im Orient, Spanien im Okzident für einen einzigen Bauch die Weinernte liefert? […] Ich wundere mich nicht darüber, meine Zuhörer, man mag es dem gefräßigen Eifer noch verzeihen, wenn er die Weinernten Kretas oder die Jagdbeute aus Phasis[49] und Numidien herholte, um einen Tisch Italiens mit Kostbarkeiten zu bereichern. Es handelte sich zwar um heikle Güter aus der Ferne, doch sie waren bekannt und zutage liegend. Der Spürsinn der erfinderischen Gefräßigkeit ging noch weiter, und man stieg zur Suche nach den den verborgensten Speisen bis unter den Erdboden.

Mit diesen verborgenen Früchten ist der in den Felsen des Apennins bei Norcia wachsende Trüffel gemeint, der nur mithilfe von Tieren aufzuspüren ist und der, meint Torricelli, nur gedeiht, wenn der erzürnte Himmel donnert. Solch unreine und würdelose Früchte sollten doch von den Tischen fernbleiben. Auch die Erfindung der Kunst des Würzens der Speisen und des widerlichen Mischens der Lebensmittel zeigt, dass das von der Natur Hervorgebrachte dem vornehmen Gaumen nicht mehr genügt.

Die unersättliche Gier nach Luxus trieb die Menschen auch zur Suche nach Gold und Silber im Innern der Erde,

> …wo sie im Reich der Toten nach überflüssigen Reichtümern suchen, wo sie oft eher ihr Grab finden als Schätze.

Torricelli erinnert in diesem Zusammenhang auch an Plinius: Man erachtete es als Beweis des Reichtums, etwas zu besitzen, was sogleich wieder ganz zugrunde gehen kann.[50] Andere, von Habsucht und Kühnheit zum Kauf fremder Güter angetrieben, verlieren in Seestürmen ihr Leben und tauschen die Sicherheit gegen Schiffbrüche ein:

> «[Andere] werden verbannt und müssen die traute Heimat verlassen und unter fremder Sonne ein neues Vaterland suchen.»[51]
>
> Die Betrügereien des gewinnsüchtigen Gesindels, der schlechte Ruf der verweichlichten Jugend, die Rasereien der bewaffneten Völker, die inneren Zwistigkeiten, der Zerfall der Sitten, Verfolgungen, Missgunst, Verrat, Verschwörungen, Grausamkeiten, Raub, Gifte, so viele

---

[49] Der Legende nach soll Jason mit seinen Argonauten den Fasan aus den Auenwäldern des Phasis, dem Hauptfluss der Landschaft Kolchis (Georgien) nach Griechenland gebracht haben.

[50] Plinius, *Naturgeschichte* XXXIII, 2.

[51] Vergil, *Georgica*, II, 511: Exsilioque domos et dulcia limina mutant, atque alio patriam quaerunt sub sole iacentem. [Übers. aus Joh. & Maria Götte (Hg.), siehe Anm. 49].

534150_1_De_9_Chapter-print ☑ TYPESET ☐ DISK ☐ LE ☑ CP Disp.:25/2/2023 Pages: 537 Layout: German_T5

Namen für Freveltaten, so viele Formen von Begierden, Luxus und Sinnlichkeit, sie erschrecken mich in einer Weise, die mir den Schwung schon zu Beginn des Laufs nimmt.

Die Lobrede auf das goldene Zeitalter endet mit den Worten

Ich bin mir bewusst, dass ich an jener Grenze angelangt bin, wo es Ihrem reinsten Verstand schwer fallen wird zu unterscheiden und zu beurteilen, welches das Zeitalter der Unschuld und des Glücks und welches jenes des Lasters und des Elends ist. Freut euch daher, glückliche Zuhörer, dass ihr in der Brust nicht nur jene Tugenden miteinschließt, die im goldenen Zeitalter von der Natur gespendet wurden, sondern auch jene, die im eisernen Zeitalter von der Weisheit gelehrt werden. Ihr, die ihr auch in den Phasen der vergnüglichen Erholung keinen anderen Zeitvertreib zulasst als den tugendhaften, wobei ihr die Früchte des Ruhms erntet, wo andere Auswüchse der Sinnlichkeit empfangen; ihr, die ihr euch mit löblichen Tätigkeiten als würdige Söhne jenes starken Etruriens erweist, welches auf dieselbe Weise gediehen ist. Euer Prunk sind einzigartige Poesievorträge, Wettkämpfe, jedoch solche in Beredsamkeit, Auseinandersetzungen, jedoch gelehrsame und geistige. Auf euren Esstischen herrscht die Genügsamkeit, aber mit Zufriedenheit und Vergnügen; es wird gescherzt mit Spott und mit Witz, verbunden aber mit Weisheit und Bescheidenheit, derart, dass ich die Milde des Himmels erflehen werden, damit er uns entweder gänzlich den Besitz des goldenen Zeitalters zurückgebe oder uns für lange Zeit das Glück dieses Gesprächs und dieses Lebens erhalten möge.

534150_1_De_9_Chapter-print ☑ TYPESET ☐ DISK ☐ LE ☑ CP Disp.:25/2/2023 Pages: 537 Layout: **German_T5**

Torricellis *Racconto d'alcuni problemi* 10

An verschiedenen Stellen wurde auf den *Racconto d'alcuni problemi*[1] verwiesen, eine Liste von Problemen, die ab der ersten Hälfte des Jahres 1643 zwischen Torricelli und den französischen Mathematikern ausgetauscht worden sind. Das Autograph dazu befindet sich in der Biblioteca nazionale di Firenze, Sammlung Ms. Gal. 142, c. 21–43 (zusammen mit einer Kopie, c. 46–59, einer Kopie von Serenai, c. 60–81, sowie einer weiteren Kopie aus dem 18. Jahrhundert, c. 82–149). Der *Racconto* wurde 1778 von Angelo Fabroni im Druck veröffentlicht.[2] Torricelli hat seine Liste offenbar im Jahre 1646 zusammengestellt[3]; sie umfasst insgesamt 54 Probleme.

Wir geben hier den *Racconto,* so wie er in der Faentiner Ausgabe von 1919 vorliegt[4], in deutscher Übersetzung wieder. Die zugehörigen Abbildungen sind Torricellis Originalmanuskripten, in wenigen Fällen der von Serenai angefertigten Kopie entnommen. Es ist zu beachten, dass Torricelli bei der Bezeichnung von Punkten willkürlich zwischen Klein- und Großbuchstaben hin und her zu wechseln pflegte. Eine Besonderheit liegt beim Buchstaben „e" vor, der zumeist dem Großbuchstaben „E" vorgezogen wurde. Im Abschn. 10.2 werden Ergänzungen zu den einzelnen Problemen gegeben.

---

[1] Der vollständige Titel lautete ursprünglich *Racconto d'alcuni Problemi proposti e passati scambievolmente tra gli Matematici di Francia, et il Torricelli ne i quattro anni prossimamente passati.* Er wurde durch Serenai abgeändert zu *Racconto d'alcune Proposizioni proposte e passate scambievolmente tra i Matematici di Francia, e me dall'anno 1640 in quà.*

[2] FABRONI [1778, S. 376–399], unter dem Titel «Racconto d'alcune proposizioni proposte e passate scambievolmente tra i matematici di Francia e me dall'anno 1640 in quà.»

[3] Dies geht aus der dem Problem XLVI vorausgehenden Definition hervor. Siehe dazu Anm. 27 weiter unten.

[4] *OT*, III, S. 7–32.

R. Acampora, *Evangelista Torricelli*, Mathematik im Kontext, https://doi.org/10.1007/978-3-662-66407-0_10

10.1   Der *Racconto:* Probleme I–LIV

Torricelli stellt dem *Racconto* die folgenden Worte voran:

> Als ich mich im Jahre 1640 in Rom aufhielt, hatte ich die Gelegenheit, durch Vermittlung von gemeinsamen Freunden, im Kloster Trinità de' Monti des Minimitenordens des hl. Franziskus von Paola den Pater Jean-François Niceron kennenzulernen. Dieser Pater ist von französischer Nationalität, Lehrer und auch Professor für Literatur und vielerlei Wissenschaften. Er ist Autor eines Buches mit dem Titel *La perspective curieuse*[5], in dem er sich als geübt im Gebrauch nicht nur des Verstandes, sondern auch der Hand erweist. Von ihm sind zahlreiche bewundernswerte Werke zu sehen, darunter ein Porträt, das beim Durchlauchtigsten Großherzog der Toskana aufbewahrt wird. Dieser Pater unterließ es nicht, mich mit allen Arten von Höflichkeit und Liebenswürdigkeit zu Dank zu verpflichten, wobei er sich sogar anerbot, alle Mühen auf sich zu nehmen, falls ich mich entschließen sollte, einige meiner kleinen geometrischen Werke in Paris drucken zu lassen. Ich hielt es daher für sehr vernünftig und angemessen, mit einem so würdigen Gelehrten in Verbindung zu bleiben, auch nachdem er nach Paris übersiedelt und ich in die Dienste dieser Durchlauchtigsten Hoheit der Toskana getreten war. Daher sandte ich dem besagten Pater Niceron bei passender Gelegenheit auf einem Blatt eine Liste mit einigen meiner geometrischen Erfindungen, etwa zwanzig an der Zahl, wobei ich nur die Aufgabenstellung angab, ohne irgendwelche Beweise.[6] Ich tat dies nicht nur aus dem Grunde, dass der besagte Pater jene Zusammenfassung meiner Studien sehen sollte, sondern dass er sie auch an die Mathematiker in Frankreich weitergeben und diese nach ihrem Urteil fragen sollte. Wenn ich mich richtig erinnere, so waren es die folgenden Probleme. Ich werde sie alle der Reihe nach aufzählen, wenn auch der größte Teil davon dann etwa drei Jahre nachdem ich sie in Frankreich vorgelegt hatte von mir im Druck veröffentlicht worden ist.

Die Probleme I–VI betreffen die entsprechenden Propositionen des II. Buches der Abhandlung *De sphaera et solidis sphaeralibus* (siehe Kap. 3):

I.

[Prop. II, 14] Ist einem Kreis ein Polygon mit gerader Anzahl Seiten einbeschrieben und wird die Figur um die Kathete B gedreht, so wird das Verhältnis der Kugel zum einbeschriebenen Körper gesucht.

Man setze das Verhältnis A : B auf die vier Größen A, B, C, D fort. Dann wird sich die Kugel zum einbeschriebenen Körper verhalten wie der Kugeldurchmesser 2A zu B + D (Abb. 10.1 links).

---

[5] *La perspective curieuse ou magie artificielle des effets merveilleux.* Paris 1638.

[6] Torricelli ließ dieses Blatt durch Michelangelo Ricci nach Paris senden, wie dieser am 18. Juli 1643 schreibt: «Pater Niceron schreibt mir, dass er und alle Meister jenes Königreichs wünschen, Ihre Werke so bald wie möglich zu sehen und dass das Blatt mit den Propositionen, das ich gesandt habe, durch alle Hände wandere, mit viel Lob für Ihre schönen Erfindungen» (*OT*, III, Nr. 55).

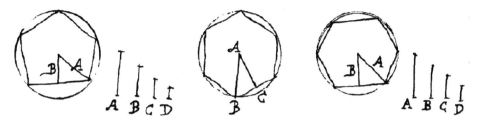

Abb. 10.1 Ms. Gal. 142, c. 22*r*

II.

[Prop. II, 7] Ist einem Kreis ein regelmäßiges Polygon mit gerader Anzahl Seiten einbeschrieben und wird die Figur um die Diagonale AB gedreht, so wird sich die Kugel zum
einbeschriebenen Körper verhalten wie $AB^2 : AC^2$ (Abb. 10.1 Mitte).

III.

[Prop. II, 19] Ist einem Kreis ein regelmäßiges Polygon mit ungerader Anzahl Seiten einbeschrieben und wird die Figur um die [Kathete] B gedreht, so wird das Verhältnis der Kugel
zum Körper gesucht.

Man setze das Verhältnis von A : B auf die vier Größen A, B, C, D fort, und es wird sich
die Kugel zu ihrem Körper verhalten wie 4A : (B + 2C + D) (Abb. 10.1 rechts).

IV.

[Prop. II, 13] Ist einem Kreis ein regelmäßiges Polygon mit gerader Anzahl Seiten umbeschrieben und wird die Figur um die Kathete C gedreht, so wird sich der Körper zur Kugel
verhalten wie $(C^2 + D^2) : 2C^2$ (Abb. 10.2 links).

V.

[Prop. II, 6] Ist einem Kreis ein regelmäßiges Polygon mit gerader Anzahl Seiten umbeschrieben und wird die Figur um die Diagonale A gedreht, so wird sich der Körper zur Kugel
verhalten wie A : B (Abb. 10.2 Mitte).

VI.

[Prop. II, 18] Ist einem Kreis ein regelmäßiges Vieleck mit ungerader Anzahl Seiten umbeschrieben und wird die Figur um die Kathete B gedreht, so wird das Verhältnis des Körpers

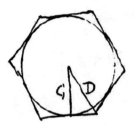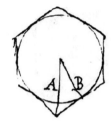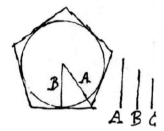

Abb. 10.2 Ms. Gal. 142, c. 22*v*

zur Kugel gesucht. Man setze das Verhältnis A : B zu der dreigliedrigen Proportion A, B, C fort. Der Körper wird sich zur Kugel verhalten wie (A + 2B + C) : 4C (Abb. 10.2 rechts).

VII.

Sind zwei Körper der vorgenannten sechs Arten gegeben, seien sie von derselben oder von verschiedener Art, so soll das Verhältnis des einen zum anderen bestimmt werden.

VIII.

Wird ein beliebiges Polygon mit gerader Anzahl Seiten um die beiden Achsen A bzw. B gedreht, so verhält sich der Körper mit der Achse B zum Körper mit der Achse A wie $A^2 + B^2 : 2AB$ (Abb. 10.3).

IX.

Es ist der Schwerpunkt des Parabelsegments a priori zu finden, d. h. ohne dessen Quadratur zu kennen oder vorauszusetzen, wie es Archimedes getan hat.

Abb. 10.3 Ms. Gal. 142,
c. 23*r*

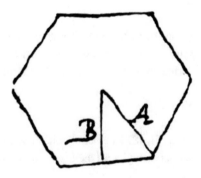

So wurde dieses Problem damals gestellt; nun aber zeigen wir nicht nur den Schwerpunkt der gewöhnlichen und von den Alten bekannt gemachten Parabel, sondern auch der unendlich vielen anderen Parabeln, alle von verschiedener Art, von denen nur eine einzige den Alten bekannt war. Doch die Probleme zu diesen Parabeln werden zusammen mit deren Definition weiter unten folgen.[7]

X.

Ist eine von zwei parallelen oder senkrecht zur Achse EF errichteten Ebenen herausgeschnittene Kugelschicht[8] ABCD gegeben (Abb. 10.4) und ist O der Schwerpunkt der Figur, so wird sich EO zu OF verhalten wie $(BC^2 + 2EF^2 + 2AD^2) : (AD^2 + 2EF^2 + 2BC^2)$.

Mit einer geringfügigen Modifikation umfasst diese Aussage auch die Schichten und Segmente des Sphäroids[9]. So werden viele äußerst schwierige und den Alten unbekannte Lehrsätze auf eine einzige und äußerst einfache Aussage reduziert, die aber von Luca Valerio mittels vieler Propositionen und verschiedenster Formulierungen bewiesen worden sind, da er nicht erkannte, dass alle Fälle, für die er so viele unterschiedliche Propositionen aufstellt, mit einer einzigen, äußerst einfachen und allgemeinen Aussage zusammengefasst werden können.

Will man, dass auch das Sphäroid erfasst wird, so muss für EF eine stellvertretende Strecke K gefunden werden. Diese wird wie folgt bestimmt: man mache, dass die Achse oder der ganze Durchmesser, von dem EF ein Teil ist, sich zu der dazu konjugierten Achse bzw. zum anderen Durchmesser verhält wie EF zu einer Strecke K (Abb. 10.5). Dann ist

$$EO : OF = (BC^2 + 2K^2 + 2AD^2) : (AD^2 + 2K^2 + 2BC^2).$$

Der Beweis für dieses Problem wurde von mir den Freunden in Italien mitgeteilt und auch nach Frankreich gesandt, ungefähr zwei Jahre nachdem ich es vorgelegt hatte.

Definition.
Gegeben sei der durch Rotation eines Kegelschnitts – sei es eine Parabel, eine Hyperbel, ein Stück eines Kreises oder einer Ellipse – erzeugte Körper AFBIC, und es werde parallel

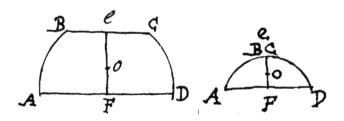

Abb. 10.4 Ms. Gal. 142, c. 23*v*

---

[7] Nr. XXVIII–XXXIV.

[8] Bzw. das Kugelsegment AED (Abb. 10.4 rechts).

[9] Rotationsellipsoid.

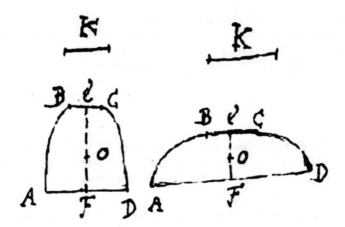

Abb. 10.5 Ms. Gal. 142, c. 24*r*

zur Basis AC die Ebene FI gelegt, welche die Achse im Punkt E halbiert, so bezeichnen wir
den Kreis FI als *Mittelschnitt* (Abb. 10.6).

XI.

THEOREM I.
Der besagte Körper wird sich zu dem ihm einbeschriebenen Kegel verhalten wie seine Basis
zusammen mit vier Mittelschnitten zur doppelten Basis.

XII.

THEOREM II.
Bestimmt man aber den Punkt O so, dass sich die Basis zusammen mit zwei Mittelschnitten
zu zwei Mittelschnitten verhält wie BO : OD, so ist O der Schwerpunkt dieses Körpers.

Abb. 10.6 Ms. Gal. 142,
c. 24*v*

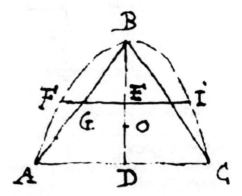

Im ersten dieser beiden Theoreme ist ein großer Teil der Lehre des Archimedes kurz zusammengefasst, d. h. der hauptsächliche Inhalt der Bücher *Über die Kugel und den Zylinder* sowie *Über Ellipsoide und Paraboloide.*

Das zweite enthält einen großen Teil der Lehre von Luca Valerio, Commandino und Galilei, die mit einer großen Zahl von Propositionen die Schwerpunkte der von den Kegelschnitten erzeugten Körper bestimmt haben, worauf wir diese auf eine einzige Proposition reduziert haben. Das eine wie das andere der besagten Theoreme wird mit einem einzigen Beweis gezeigt: die Aufgabe wurde in Frankreich mit Lob bedacht, jedoch nicht gelöst. Und ich habe den Beweis einige Jahre später den Freunden in Italien mitgeteilt.

XIII.

Unter anderen Dingen, die ich vorgeschlagen habe, befand sich auch das Problem der Zykloide, nämlich was die Quadraturen und die Tangenten betrifft, in der Annahme, dass Galilei der Erste gewesen ist, der diese Figur schon vor fünfzig Jahren betrachtet hat (wie ich es von allen Mathematikern Italiens gemeinsam habe sagen hören), und im Glauben, als Erster die Beweise dafür gefunden zu haben. Was den Ursprung dieser Figur betrifft, wurde mir von Herrn Roberval entgegnet, dass sie in Frankreich schon seit vielen Jahren bekannt war, dass es aber ungewiss sei, wer sich damit beschäftigt habe. Was aber die Beweise angeht, so schrieb er mir, dass auch er sie besitze, und zwar sogar vor mir. Damals schenkte ich ihm Glauben, doch belehrt durch die Dinge, die ich rund um das Problem Nr. L hinzufügen werde, beginne ich zu glauben, dass er sie nicht besaß, sondern von mir übernommen hat, so wie er es offensichtlich bei anderer Gelegenheit getan hat, wie ich gesehen habe.

Definition.
Wird eine Hyperbel um eine ihrer Asymptoten AB gedreht, so entsteht ein Körper, der gegen A hin unendlich lang ist (Abb. 10.7).

Abb. 10.7 Ms. Gal. 142, c. 25*v*

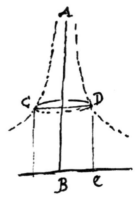

XIV.

THEOREM I.
Wird dieser Körper von der Ebene CD geschnitten, so wird der Zylinder CE gleich dem
Körper CAD sein, obwohl dieser unendlich lang ist.

> Diese Behauptung wurde von Herrn Roberval als falsch beurteilt. Wie ich aus dem Munde
> von Pater Mersenne erfuhr, als er hier vorbeikam, verfasste der besagte Roberval, nachdem
> er einige Zeit darüber nachgedacht hatte, ich weiß nicht was für Beweise oder Reden, um zu
> beweisen, dass meine Behauptung absurd und unmöglich sei. Wie dem auch sei, wie ich von
> dem besagten Pater erfuhr, vergingen nicht viele Tage, bis er dann den wahren Beweis fand.

XV.

THEOREM II.
Ein beliebiger Stumpf dieses Körpers ist gleich der mittleren Proportionalen zwischen dem
ein- und dem umbeschriebenen Zylinder (Abb. 10.8).

XVI.

THEOREM III.
Jeder Stumpf dieses Körpers ist in einem beliebig gegebenen Verhältnis zu teilen.

> Diese drei vorgelegten Probleme zu meinem unendlich langen hyperbolischen Körper wurden
> von Monsieur Roberval bewiesen, mit überaus schönen und erhabensten Beweisen, die von
> den meinigen völlig verschieden sind und die sich bei mir befinden. Dies ist alles, was ich an
> Beweisen aus Frankreich erhalten habe; meine Beweise zu diesem Gegenstand sind bereits

Abb. 10.8 Ms. Gal. 142, c.
26r

in meinem dem Durchlauchtigsten Herrn Fürst Leopold gewidmeten Buch gedruckt worden, nämlich im zweiten Teil am Ende meines Büchleins.[10]

XVII.

Der Dreiecks-Schraubkörper[11] der ersten Umdrehung ist gleich einem hyperbolischen Konoid, dessen die Höhe, *latus rectum* und *latus versum* bekannt sind.

XVIII.

Ist eine unendliche abnehmende Folge stetig proportionaler Zahlen gegeben, so ist das erste Glied gleich der mittleren Proportionalen zwischen der ersten Differenz und der Summe aller Glieder.

XIX.

Alle von demselben Punkt aus mit demselben Impetus ausgeführten Würfe berühren die Oberfläche eines bekannten parabolischen Konoids[12], usw.

XX.

Die Wurfweite bei einem Winkel von 45° ist doppelt so groß wie die beim senkrechten Wurf nach oben mit demselben Impetus erreichte Höhe.

> Dies waren die von mir beim ersten Mal nach Frankreich gesandten Probleme. Nun sind sie alle gedruckt worden, mit Ausnahme der Nummern X, XI und XII, für die ich den Beweis in schriftlicher, aber nicht gedruckter Form in die Hände von Freunden übergeben habe. Von allen obgenannten Problemen wurde in Frankreich einzig jenes des unendlich langen hyperbolischen Körpers bewiesen. Der Beweis von Monsieur Roberval wurde mir durch Vermittlung des Franzosen und hochberühmten Paters vom Orden des S. Francesco di Paola, Marin Mersenne, zugeschickt. Dieser mir zuvor unbekannte Pater war bestrebt, angesichts des geringen Echos, das meine obgenannten Probleme ausgelöst hatten, sich meine Freundschaft zu verschaffen. So fuhr derselbe Pater damit fort, der Vermittler zwischen jenen gelehrtesten Mathematikern in Paris und mir zu sein, und er ist es immer noch.

Definition.
Wird ein Kreis um seine Tangente gedreht, so entsteht ein Körper, den wir einen *geschlossenen Ring* nennen. Wird der Kreis aber um eine in derselben Ebene liegende, vom Kreis stets

---

[10] *Opera geometrica*, Florenz 1644, S. 113–135 der Abhandlung *De dimensione parabolae, solidique hyperbolici problemata duo.*
[11] Der von einem Dreieck erzeugte Schraubkörper (*cochlea*, siehe Kap. 4, Anhang C).
[12] Eines Rotationsparaboloids.

gleich weit entfernte [gerade] Linie gedreht, so entsteht ein Körper, den wir einen *offenen Ring* nennen.

XXI.

THEOREM I.

Die Oberfläche eines geschlossenen Rings verhält sich zu seinem erzeugenden Kreis wie der Umfang des Kreises zum vierten Teil des Durchmessers desselben.

XXII.

THEOREM II.

Die Oberfläche eines offenen Rings ist gleich einem Kreis, dessen Halbmesser gleich der mittleren Proportionalen zwischen dem Umfang des gedrehten oder erzeugenden Kreises und der Summe der beiden unterschiedlichen Halbmesser[13] des Rings ist.

> Obwohl diese beiden Theoreme nicht sehr schwierig sind, wurden sie von mir verschiedenen Mathematikern vorgelegt, doch bis heute habe ich von niemandem dazu eine Lösung erhalten.

XXIII.

Es ist ein rechtwinkliges Dreieck zahlenmäßig zu bestimmen, bei dem die größte Seite ein Quadrat, die Summe der beiden anderen Seiten ein Quadrat und die Summe der größten und der mittleren Seite ein Quadrat ist.

Beispiel: Beim rechtwinkligen Dreieck 5, 4, 3 müssten die 5, die Summe von 4 und 3 und die Summe von 5 und 4 je ein Quadrat sein. Die zu findenden Zahlen müssen diese drei Bedingungen erfüllen, von denen in dem von uns angegebenen Beispiel nur eine einzige, nämlich die letzte, erfüllt ist.

XXIV.

In der geometrischen Folge der Zweierpotenzen ergeben alle Potenzen, deren Exponenten in der besagten Folge enthalten sind, eine Primzahl, wenn sie um eine Einheit vergrößert werden.

Exponenten 1, 2, 3, 4, 5, 6, 7, 8.
Potenzen 2, 4, 8, 16, 32, 64, 128, 256.

Beispiel: Die Potenz 4, deren Exponent 2 in der geometrischen Folge enthalten ist, ergibt die Primzahl 5, wenn sie um 1 erhöht wird, und die Potenz 16, deren Exponent 4 ebenfalls

---

[13] Gemeint sind der innere und der äußere Radius des Rings.

in der geometrischen Folge enthalten ist, ergibt die Primzahl 17, wenn sie um 1 erhöht wird. Und ebenso in allen anderen Fällen.

XXV.

Sind drei Punkte gegeben, so ist ein weiterer Punkt zu finden, für den die zu den drei gegebenen Punkten gezogenen Verbindungsstrecken von minimaler Länge sind, das heißt, dass die drei zusammen genommen kleiner sind als irgendwelche anderen drei, die von einem beliebigen anderen Punkt zu den drei gegebenen Punkten gezogen werden können.

> Diese drei Probleme des numerischen Dreiecks, der geometrischen Folge und der drei Punkte, stammen von Monsieur Fermat aus Toulouse. Keines ist von mir gelöst worden, und ich glaube, dass der Beweis in den Händen des Autors geblieben ist.[14]
>
> Als der Pater Marin Mersenne im Jahre 1644 hier vorbeikam, um sich nach Rom zu begeben, überließ er mir für kurze Zeit, während er nämlich das Mittagessen einnahm, eine Schrift des obgenannten Herrn Fermat. Die Schrift war lateinisch abgefasst, jedoch nach französischer Art, weshalb ich die Formulierung des folgenden Problems kaum verstand. Ich verstand sehr wohl, dass die Lösung über die räumlichen Örter, das heißt über die Hyperbeln erfolgen konnte, was von den Geometern stets zu vermeiden ist, wenn es eine Lösung über die ebenen Örter gibt. Das Problem lautete wie folgt:

XXVI.

Bei gegebenem Halbkreis ABC ist das größte Rechteck ADB zu finden, das aus einem Teil AD des Durchmessers und der Applikate oder Senkrechten BD gebildet werden kann (Abb. 10.9).

> Dieses Problem wurde von mir sofort gelöst, nicht nur für den Halbkreis, sondern auch für die Halbellipse, für die Parabel und die Halbparabel, und ich zeigte nicht nur das größtmögliche

Abb. 10.9 Ms. Gal. 142, c. 29*v*

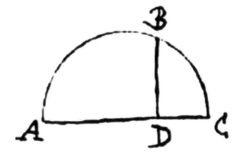

---

[14] In einer später zur Nr. XXV hinzugefügten Randnotiz ergänzt Torricelli: Dies wurde dann von mir auf drei verschiedene Arten gezeigt, und der Beweis wurde in Florenz, Rom, Pisa, Bologna und in Frankreich bekanntgemacht, so dass kein Anderer darauf Anspruch erheben konnte.

Abb. 10.10 Ms. Gal. 142, c.
29v

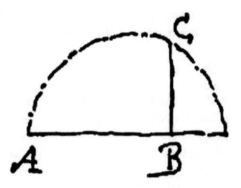

Produkt, das aus einem Teil des Durchmessers und seiner Applikate gebildet werden kann, sondern ich fand auch das maximale Produkt, das aus irgendeiner Potenz eines Teils des Durchmessers mit irgendeiner Potenz seiner Applikate gebildet werden kann.

So zeigte ich beispielsweise, welches das maximale Produkt von AB^3 mit BC^2 ist (Abb. 10.10). Ich erkannte, dass diese Überlegung auf viele andere Figuren ausgedehnt werden kann, insbesondere auf die unendlich vielen Parabeln, und dass derselbe von mir eingeschlagene Weg allgemein dazu dienen konnte, auch bei den unendlich vielen Parabeln und anderen Figuren dieses maximale Produkt zu finden, doch dann war ich der Meinung, meinen Wünschen entsprechend genügend erreicht zu haben, und zu viel, was das von Anderen Verlangte betrifft.

XXVII.

Das aus den Potenzen der Teile einer Zahl oder einer geteilten Strecke gebildete Produkt wird dann das größte sein, das je entstehen kann, wenn die Teile im gleichen Verhältnis stehen wie die Exponenten der Potenzen.

Zum Beispiel: Das Produkt aus der Multiplikation des einen Teils mit dem anderen wird dann maximal sein, wenn die Strecke oder die Zahl in der Mitte geteilt wird. Das Produkt aus der Multiplikation eines Teils mit dem Quadrat des anderen Teils wird dann maximal sein, wenn sich die Teile wie 1 : 2 verhalten. Das Produkt aus der Multiplikation des Quadrats des einen Teils mit dem Kubus des anderen Teils wird dann maximal sein, wenn sich die Teile wie die Exponenten des Quadrats und des Kubus, d. h. wie 2 : 3 verhalten.

Dieses großartige Problem wird von mir mittels reiner Geometrie und ohne Algebra bewiesen. Es wurde von mir vor einiger Zeit gestellt, doch bislang habe ich dafür keinen allgemeinen Beweis erhalten, den ich bei mir aufbewahre. Allerdings habe ich den Beweis für dieses Problem nur für den Fall, dass die Exponenten im Verhältnis eines Vielfachen stehen, den Freunden in Rom (auf Bitte eines von ihnen) bereits zugesandt.

Das folgende Problem der unendlich vielen Parabeln, das meines Wissens zuerst von Bruder Bonaventura Cavalieri ausgedacht worden ist, wird sehr umfassend sein. Doch obschon er sehr wohl herausfand, dass diese Figuren existieren, erkannte er deren Wesen nicht und bewies ihre grundlegenden Eigenschaften nicht. Der Erste, der die unterschiedlichen Eigenschaften dieser Parabeln gezeigt hat, ist, soviel ich weiß, Monsieur Fermat gewesen, und kürzlich auch Monsieur Roberval. Sollte ein Anderer mir zeitlich vorausgegangen sein, so hoffe ich, ihn übertroffen zu haben mit der Vielzahl der mir zur Verfügung stehenden Methoden, um die Quadraturen, die Tangenten, die Schwerpunkte und die Rotationskörper der besagten Parabeln zu bestimmen.

Definition.
Parabeln nenne ich jene, bei denen die Potenzen der Applikaten proportional zu den Potenzen der Diametralen sind.[15]

Beispiel: Es sei die Figur AEBC mit dem Durchmesser BD und der Basis AC gegeben, F ein beliebiger Punkt auf dem Durchmesser, FE die Applikate[16], das heißt die Parallele zur Basis (Abb. 10.11). Die Potenzen der Applikaten DA, FE müssen sich zueinander verhalten wie die Potenzen der Diametralen[17] DB, FB, nämlich beispielsweise wie $DA^2 : FE^2$, so DB : FB, oder wie $DA^3 : FE^3$, so $DB^2 : FB^2$, und dies stets, an welcher Stelle auch immer man den Punkt F wählt und für alle unendlich vielen Potenzen der Algebra.

Abb. 10.11 Ms. Gal. 142, c. 30v

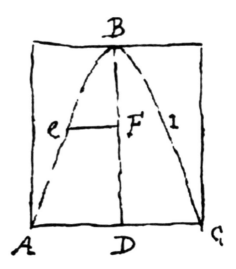

---

[15] Als Randbemerkung wurde hinzugefügt: «D'Autore incerto».

[16] Hier: Applikate = Ordinate (Ursprung des Koordinatensystems im Punkt B, y-Achse parallel zu AC, x-Achse BD).

[17] Diametrale (Durchmesserabschnitt) = Ordinate.

XXVIII.

THEOREM I.

Das einer beliebigen Parabel[18] umbeschriebene Parallelogramm verhält sich zur Parabel
wie die Summe der Exponenten zum Exponenten der Applikate.

XXIX.

THEOREM II.

Der Schwerpunkt einer beliebigen Parabel teilt den Durchmesser im Verhältnis des umbeschriebenen Parallelogramms zu seiner Parabel.

XXX.

THEOREM III.

Auf irgendeiner Parabel AB sei der Punkt A gegeben, und man suche die Tangente. AC sei
die Applikate zum Durchmesser BC.

    Man bestimme den Punkt D so, dass sich die Strecke DC zu BC verhält wie der Exponent
der Applikaten zum Exponenten der Diametralen. Dann wird AD die Tangente der Parabel
im Punkt A sein (Abb. 10.12).

Abb. 10.12 Ms. Gal. 142,
c. 31*r*

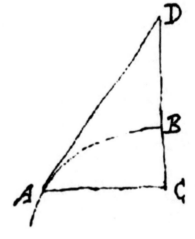

---

[18] In den Nrn. XXVIII–XXXIV ist mit Ausnahme der Nr. XXX unter „Parabel" stets ein Parabelsegment zu verstehen.

XXXI.

THEOREM IV.
Der einem beliebigen durch Rotation einer der Parabeln um ihren Durchmesser erzeugten Konoid umbeschriebene Zylinder steht [zum Konoid] im gleichen Verhältnis wie der zweifache Exponent der Diametralen zusammen mit dem Exponenten der Applikaten zum Exponenten der Applikaten.[19]

XXXII.

THEOREM V.
Der Schwerpunkt des obgenannten Konoids teilt die Achse im gleichen Verhältnis wie jenes des umbeschriebenen Zylinders zum Konoid.

XXXIII.

THEOREM VI.
Wird eine der unendlich vielen Parabeln um ihre Basis gedreht, so ist das Verhältnis des umbeschriebenen Zylinders zu dem von der Parabel erzeugten Körper zusammengesetzt aus dem Verhältnis des einbeschriebenen Dreiecks zu seiner Parabel und aus dem Verhältnis des Exponenten der Diametralen zusammen mit dem zweifachen Exponenten der Applikaten zum Exponenten der Applikaten. Oder auf diese Weise: Der Zylinder wird sich zu dem besagten Körper verhalten wie das Produkt aus den addierten Exponenten und der Summe der addierten Exponenten zusammen mit dem Exponenten der Applikaten zum doppelten Quadrat des Exponenten der Applikaten.

> Diese Theoreme werden von mir auf mehrere Arten bewiesen, insbesondere aber werden die Quadraturen und die Tangenten von mir auf fünf verschiedene Arten gezeigt. Ich zeige auch die Körper der um die vertikale Tangente oder um eine Parallele zum Durchmesser gedrehten Parabeln. Zu den anderen von mir beigefügten Dingen werde ich eine Aufgabe stellen, die ich nach Frankreich gesandt habe, und um die Formulierung zu vereinfachen, werden wir nur jene Parabeln voraussetzen, bei denen die Potenzen der Applikaten sich wie die Teile des Durchmessers verhalten.

---

[19] In *OT*, III, S. 19 muss der letzte Teil: «…ha la medesima proporzione che ha il duplo dell' esponente diametrale insieme con l'esponente delle applicate» ergänzt werden mit «…all'esponente delle applicate».

XXXIV.

Theorem VII.

Wird irgendeine Halbparabel[20] von dem ihr umbeschriebenen Rechteck entfernt, so bleibt
ein gewisses gemischtes Trilineum. Dieses werde auf zwei Arten gedreht, nämlich um die
Tangente sowie um eine Parallele zum Durchmesser. Der bei der Drehung um die Tangente
erzeugte Körper verhält sich zu dem von demselben, um die Parallele zum Durchmesser
gedrehten Trilineum wie der Durchmesser der ganzen Parabel zu einem Bruchteil der Tangente, wobei der Zähler dieses Bruches gleich dem um eine Einheit erhöhten Exponenten
der Potenz der Applikaten ist; den Nenner aber erhält man, wenn der um eine Einheit erhöhte
Exponent mit dem um zwei Einheiten erhöhten multipliziert und das Produkt halbiert wird.

Definition.
Mit der folgenden Definition leite ich aus den archimedischen Spiralen unendlich viele Arten
von Spiralen ab: Man drehe die Strecke AB in einer Ebene mit gleichmäßiger Geschwindigkeit um den festen Punkt A, während sich gleichzeitig ein beweglicher Punkt auf der Strecke,
beginnend im Endpunkt A, gemäß dem Gesetz bewegt, dass sich die Potenzen der zurückgelegten Strecken wie die verflossenen Zeiten oder, was dasselbe ist, wie die überstrichenen
Winkel verhalten (Abb. 10.13).[21]

> Beispiel: Der Kubus oder eine andere Potenz von AC soll sich zum Kubus oder einer anderen
> Potenz gleichen Grades von AD verhalten wie der Winkel CAB zum Winkel DAB, oder wie die
> Zeit, die der bewegliche Punkt gebraucht hat, um in C anzukommen, zu der Zeit, die derselbe

Abb. 10.13 Ms. Gal. 142,
c. 32*v*

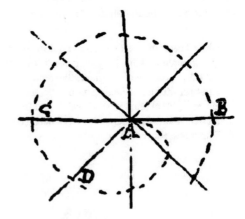

---

[20] Gemeint ist ein halbes Parabelsegment.

[21] Diese Definition betrifft die Spiralen höherer Ordnung $r^n = a \cdot \varphi$ bzw. $r = a' \cdot \varphi^{1/n}$ ($n \in \mathbb{N}$) mit
dem Spezialfall der sog. Fermatschen Spirale $r^2 = a \cdot \varphi$. – Die nachfolgenden Probleme XXXV–
XXXVII beziehen sich hingegen auf die verallgemeinerten Spiralen $r^q = a \cdot \varphi^p$ ($p, q \in \mathbb{N}$), die in
Torricellis Traktat *De infinitis spiralibus* (OT, I_2, S. 381–399) behandelt werden.

gebraucht hat, um in D anzukommen. Die Bewegung des Punktes auf diesen Spiralen wird ungleichförmig sein, und seine Geschwindigkeit wird stetig kleiner und kleiner werden, je weiter sich der Punkt vom Zentrum entfernt. Ist die Bewegung des Punktes ungleichförmig, aber mit zunehmender Geschwindigkeit, dann entsteht eine andere Art von Spiralen, die wir geometrisch nennen, und wir werden die Definition weiter unten angeben.

Bei diesen beginnt der sich bewegende Punkt seine Bewegung stets mit unendlicher Geschwindigkeit, mit Ausnahme der archimedischen Spirale; bei jenen aber mit unendlicher Langsamkeit, wenn auch die eine wie die andere [Geschwindigkeit] nur in einem Zeitpunkt besteht.

XXXV.

THEOREM I.
Ich finde das Verhältnis zwischen der Fläche einer jeden dieser Spiralen zum konzentrischen umbeschriebenen Kreis.

XXXVI.

THEOREM II.
Ich finde das Verhältnis der Kreisbögen zu den von den Tangenten herausgeschnittenen Strecken nach Art des Archimedes.

XXXVII.

THEOREM III.
Ich beweise, dass jede beliebige dieser Spirallinien gleich einer der oben genannten Parabellinien ist.

Das erste dieser drei Theoreme wurde meines Wissens von meinem früheren Schüler, Herrn Michelangelo Ricci in Rom, bewiesen. Was das dritte Theorem angeht, so höre ich, dass in Frankreich von Monsieur Roberval bewiesen worden sei, dass nur die archimedische Spirallinie gleich einer apollonischen Parabellinie[22] ist. Wir besitzen aber den Beweis für die unendlich vielen Spirallinien, von denen jede einzelne gleich einer besonderen, ihr entsprechenden von den unendlich vielen Parabeln ist.

Es wurde von mir eine andere Art von wunderbaren Spiralen gefunden, für welche ich die Definition mittels der Bewegung und auf eine andere Weise angebe. Ich lasse die Definition mittels der Bewegung weg und gebe die andere mithilfe der mittleren Proportionalen:

---

[22] Eine „gewöhnliche" Parabel, die durch den Schnitt eines Kegels mit einer Ebene parallel zu einer Mantellinie entsteht.

Abb. 10.14 Ms. Gal. 142, c.
34*r*

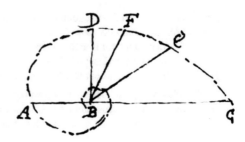

Definition

Eine Strecke AC werde in B auf irgendeine Art geteilt. Man errichte die Senkrechte BD als mittlere Proportionale zwischen AB, BC. Ferner halbiere man den Winkel DBC durch die mittlere Proportionale BE zwischen BD, BC. Man halbiere den Winkel DBE erneut durch die mittlere Proportionale BF zwischen DB, BE, und fahre stets weiter so. Indem man die Winkel jeweils mithilfe der mittleren Proportionalen teilt, wird man viele Punkte wie A, D, F, E, C usw. finden, durch welche eine *geometrisch* genannte Spirale[23] verlaufen wird, die u. a. die Eigenschaft hat, dass sie, bevor sie in ihrem Zentrum B ankommt,[24] um dieses unendlich viele Windungen ausführen muss (Abb. 10.14).

Nichtsdestotrotz erweist sich diese Kurve, wie sehr sie auch gekrümmt sein mag und aus unendlich vielen Windungen besteht, als einer geraden Linie gleich, wie ich in dem folgenden Theorem erklären werde.

XXXVIII.

THEOREM I.
Ist CO Tangente an die geometrische Spirale mit dem Zentrum B und ∠CBO ein rechter Winkel, so ist die Tangente CO gleich der gesamten Spirallinie, beginnend im Berührungspunkt C bis zum Zentrum B, obwohl diese aus unendlich vielen Windungen besteht (Abb. 10.15).

XXXIX.

THEOREM II.
Man zeigt auch, dass ein beliebiger Bogen oder Teil der geometrischen Spirale gleich einer gewissen geraden Linie ist.

---

[23] Die logarithmische Spirale.
[24] In Wahrheit kommt sie dem Zentrum B nur beliebig nahe.

Abb. 10.15 Ms. Gal. 142,
c. 34*v*

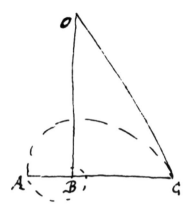

XL.

THEOREM III.
Es sei die geometrische Spirale mit dem Zentrum B, dem größten Radius BC und der
Tangente CO gegeben (Abb. 10.16). Dann ist das Dreieck BOC gleich der doppelten Fläche
zwischen der Strecke BC und allen unendlich vielen Windungen der Spirale oder, wenn wir
über der Basis BC das gleichschenklige Dreieck BDC errichten, so wird dieses gleich der
Fläche zwischen allen unendlich vielen Windungen sein, usw. Dies ist nämlich dasselbe,
usw.

> Diese Dinge werden von mir auf beide Arten bewiesen, nämlich mittels Indivisiblen und nach
> Art der Alten mit dem doppelten Ansatz. Das Problem wurde schon vor einiger Zeit gestellt,
> und es ist meines Wissens noch von niemandem gelöst worden. Der Beweis wurde von mir
> bis jetzt noch niemandem mitgeteilt, sondern er bleibt bei mir unter den geheimsten Dingen
> aufbewahrt.

Abb. 10.16 Ms. Gal. 142,
c. 43*r*

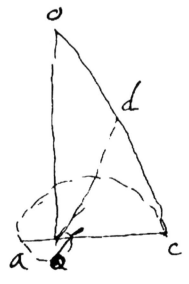

Abb. 10.17 Ms. Gal. 142,
c. 35*r*

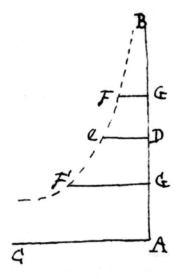

Definition.

Zu meinen Erfindungen gehört jene der unendlich vielen Hyperbeln, deren Definition auf die folgende Weise gegeben wird:

Gegeben seien zwei Geraden AB, AC, die einen rechten Winkel bilden (auch wenn dies nicht einmal notwendig wäre). AB, AC werden die Asymptoten oder, wenn man will, die Nichtschneidenden der Hyperbeln sein. Sodann sei eine Kurve FEF' usw. von der Art gegeben, dass, wo auch immer man die Applikaten DE, GF zu der Asymptote AB legt, sich die je gleichen Potenzen der Applikaten stets zueinander umgekehrt verhalten wie die je gleichen Potenzen der Asymptotalen (Abb. 10.17). Es muss sich beispielsweise ED^2 zu FG^2 (das sind je gleiche Potenzen der Applikaten) verhalten wie GA^3 zu AD^3 (das sind je gleiche Potenzen der Asymptotalen). Die beidseitig unendlich lange Figur BFEF' wird eine der unendlich die nie mit einer der Asymptoten AB, AC zusammentreffen wird.

Die Theoreme dazu sind diese:

XLI.

THEOREM I.
Es sei eine der unendlich vielen Hyperbeln mit den Asymptoten AC, AB gegeben, und es sei AC die Asymptote mit den höheren Potenzen (Abb. 10.18). Wird die Figur von der Applikate DE geschnitten und bildet man das Rechteck BEDA, so werden das Rechteck BEDA und die ganze restliche Figur ECD, obschon diese unendlich lang ist, im selben Verhältnis stehen wie die Differenz der Exponenten zum kleineren Exponenten.

XLII.

Theorem II.
Wird die Figur BECA (Abb. 10.18) um die Achse AB gedreht, so wird ein Körper mit einer unendlich großen Grundfläche entstehen, da die unendlich lange Linie AC einen unendlichen Kreis erzeugen wird. Nun verhält sich der von der Figur BECA erzeugte Körper zu dem von ECD erzeugten wie der Exponent der Asymptotalen zum doppelten Exponenten der Applikaten.

XLIII.

Theorem III.
Wird aber die vorhergehende Figur um die Asymptote AC der größeren Potenzen gedreht, so wird aus der Figur ECD ein unendlich langer Körper erzeugt. Aus der Figur DB jedoch wird ein Zylinder entstehen. Obwohl unendlich lang, steht der erstgenannte Körper zum Zylinder BD in einem bekannten Verhältnis, das man aus den Exponenten der Potenzen erhält.

XLIV.

Theorem IV.
Es sei eine der unendlich vielen Hyperbeln mit den Asymptoten BC, BD gegeben, BC sei jene der höheren Potenzen. In einem beliebigen Punkt A auf der Hyperbel ist die Tangente

Abb. 10.18 Ms. Gal. 142, c. 35*r*

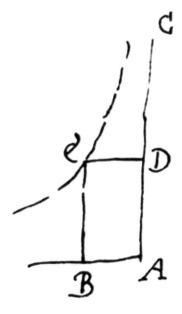

Abb. 10.19 Ms. Gal. 142,
c. 35*v*

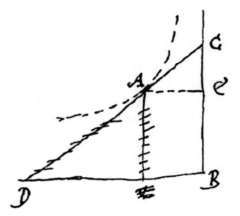

gesucht (Abb. 10.19). Man ziehe die Applikate AE und bestimme C so, dass sich BE zu EC verhält wie der größere Exponent zum kleineren. Die Verbindung CA wird die Tangente sein.

> Diese Dinge zu den Hyperbeln sind in Frankreich und Italien vorgeschlagen, meines Wissens aber bis jetzt noch von niemandem gelöst worden. Wenn auch die Quadratur einer einzigen Hyperbel[25] so sehr, doch stets vergeblich gesucht worden ist, so geben wir anstelle von einer [Quadratur] deren unendlich viele, und diese leiten sich aus dem ersten der vier vorangehenden Theoreme ab, aus welchem wir beispielsweise die folgende [Definition] abgeleitet haben.

Definition.
Gegeben seien der beliebige Winkel DEF und alle untereinander gleich großen Zylinder mit dem gemeinsamen Winkel E, deren Achsen parallel sind zur Geraden DE (Abb. 10.20). Dann liegen diese Zylinder (mit den gegenüberliegenden „Ecken" AE, CE) innerhalb einer gewissen Kurve, welche eine von unseren unendlich vielen Hyperbeln ist.[26]

XLV.

So wie sich die Strecken FE und ED verhalten (d. h. so wie der größte Durchmesser der Zylinder zur größten Höhe), so verhält sich FI^2 (nämlich das Quadrat der Differenz zwischen den extremalen Durchmessern) zum Dreieck AHC zusammen mit dem Hyperbelsegment ABC.

---

[25] Die gewöhnliche (gleichseitige) Hyperbel. Ihre Quadratur gelang schon in der ersten Hälfte der 20er Jahre des 17. Jahrhunderts dem flämischen Mathematiker Grégoire de St. Vincent, was Torricelli aber nicht wissen konnte, denn Grégoire konnte sein Ergebnis erst im Jahre 1647 in seinem *Opus geometricum* im Druck veröffentlichen. Näheres dazu im Kap. 4, Anm. 89.
[26] Nämlich die Hyperbel $x^2y = k$.

Abb. 10.20 Ms. Gal. 142, c. 36*v*

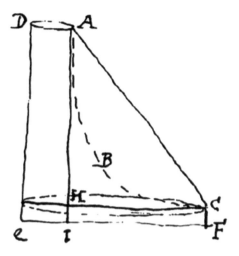

Definition.

Monsieur Roberval legte mir im vergangenen März[27] das folgende Problem vor, das von mir sofort gelöst wurde:

Gegeben seien ein beliebiger Winkel CAB und ein beliebiger Kurvenbogen CDB, sei es ein Teil einer kreisförmigen oder elliptischen Linie, einer Parabel, einer Hyperbel oder einer Zykloide, oder einer beliebigen, wenn auch unbekannten und unregelmäßigen anderen Linie (Abb. 10.21).[28] Man wähle darauf irgendeinen Punkt D mit der Tangente DE und bestimme dann GF gleich und parallel zu AE. Auf diese Weise erhält man den Punkt F, durch welchen eine neue Linie CFHI verlaufen wird, usw. Die anderen Punkte dieser neuen Linie, z. B. H, werden auf dieselbe Weise wie der Punkt F gefunden.

Man beachte, dass das Trilineum BDCFHI manchmal gegen I hin unendlich lang sein wird und die Kurve CFHI nie mit der Geraden BI zusammentreffen wird. Dies wird jedesmal der Fall sein, wenn BI Tangente im Punkt B an die Kurve CDB ist, was in unendlich vielen Fällen geschehen kann. Andernfalls wird das Trilineum von begrenzter Länge sein.

---

[27] Torricelli hat in seinem Manuskript die Angabe «im vergangenen März» (*di marzo prossimo pas.*^{to}) nachträglich durchgestrichen. In seinem «Avvertimento» (*OT*, III, S. 3) weist Loria darauf hin, dass Robervals diesbezüglicher Brief vom 1. Januar 1646 datiert, von Torricelli aber erst im März desselben Jahres empfangen wurde. -Daraus läßt sich schließen, dass der *Racconto* im Jahre 1646 abgefasst worden sein muss.

[28] Torricelli gab dieser Kurve den Namen *Robervalsche Linie.* Es ist dieselbe Linie, die James Gregory in seiner *Geometria universalis* (Padua 1668) beschrieben hat, wobei Abt Gallois in den *Mémoires de l'Académie des Sciences* 1693 behauptet, dass er [Gregory] sie von Roberval übernommen habe, da er anlässlich seiner Italienreise im Jahre 1668 davon Kenntnis erhalten habe. David Gregory, der Neffe von James Gregory, entgegnete darauf in den *Phil. Trans.* 1694, worauf Gallois in den *Mémoires …* 1703 seinen Vorwurf erneuerte.

Abb. 10.21 Ms. Gal. 142,
c. 36*v*

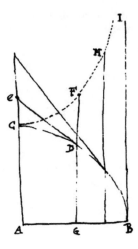

XLVI.

Das Trilineum BDCFHI wird sich stets als gleich groß wie seine erzeugende Figur ACDB erweisen, ob es nun von unendlicher oder endlicher Länge sein mag.

> Mein Beweis wurde nach Frankreich gesandt und auch unter den Freunden in Italien verbreitet.[29]

XLVII.

Der Schwerpunkt aller entweder ebenen oder räumlichen Figuren[30] teilt die Achse oder den Durchmesser stets gemäß demselben Gesetz, d. h. der Teil der Achse oder des Durchmessers bis zum höchsten Punkt verhält sich zum anderen Teil wie alle Produkte der Applikaten des oberen Teils des Durchmessers zusammen zu allen Produkten der Applikaten des restlichen Teils zusammen.

Unter *Applikaten* verstehe ich bei den ebenen Figuren die [senkrecht zum Durchmesser] errichteten Strecken, bei den räumlichen Figuren aber die senkrecht zur Achse errichteten Flächen.

> Der Beweis ist meines Wissens noch nicht gefunden worden; er ist von mir mit den Freunden in Italien besprochen worden.

---

[29] Briefe Torricellis an Cavalieri vom 23. März 1646 und 5. Oktober 1647 (*OT*, III, Nr. 169 und Nr. 214).

[30] Gemeint sind einerseits ebene Figuren mit einer Symmetrieachse und andererseits Rotationskörper.

XLVIII.

Die Oberfläche des schiefen Kegels ist von Monsieur Roberval bestimmt worden. Dieses Problem wurde von ihm schon vor vielen Jahren vorgelegt, doch der Beweis ist bis jetzt noch von niemandem gefunden worden.

XLVIX.

Werden zwei ebene Figuren um zwei Linien als Achsen gedreht, so wird das Verhältnis der aus der Rotation entstandenen Körper zusammengesetzt sein aus dem Verhältnis der ebenen erzeugenden Figuren und dem Verhältnis der Abstände der Schwerpunkte ebendieser Figuren von der Drehachse.

Die einzelnen Verhältnisse müssen homolog gebildet werden.

L.

Der Schwerpunkt der Zykloide liegt auf der Achse und teilt diese im Verhältnis 7 : 5.

Als ich die bloße Formulierung dieses letzten Theorems nach Frankreich gemeldet hatte, antwortete mir Pater Mersenne, der zu jener Zeit Vermittler zwischen Monsieur Roberval und mir war, dass ich in dieser Angelegenheit ihrem Geometer Roberval zuvorgekommen sei, der in Bezug auf die Zykloide alle anderen Dinge mit Ausnahme des Schwerpunkts und des Rotationskörpers um die Achse bewiesen hatte, und dass sie diese Erfindung des Schwerpunktes der Zykloide als von mir stammend anerkannten und [aber] nicht glaubten, dass meine Aussage geometrisch wahr [d. h. bewiesen] sein könne: *Unser Roberval argwöhnt, ob du die Schwerpunkte nur auf mechanische Art gefunden hast, was er mathematisch für falsch hält. Du wirst lehren, ob du einen Beweis für diese Sache hast.*[31] Dies zusammen mit anderen, ähnlichen Zugeständnissen, wie aus eigenhändigen Briefen des Paters Mersenne hervorgeht, die sich bei mir befinden. Darin gibt er offen zu, dass Monsieur Roberval nicht im Besitz dieses Theorems gewesen war, dass sie sich diesbezüglich mir gegenüber als Schuldner bezeichneten, und in Bezug auf Roberval sagt er die folgenden Worte: [welcher eingestanden hatte,] *als er deine letzten* [Beweise] *gelesen hatte, dass der oben genannte Körper und der Schwerpunkt dir zuzusprechen sei, weil von dir als Erstem gefunden.* Er bat mich mehr als einmal darum, ihm den Beweis zu senden, wobei er mir versprach, dass er zu jenen [Beweisen] von Monsieur Roberval hinzugefügt werde, und genau so geschah es. Ich sandte ihm sofort in einem langen Schreiben nicht nur den Beweis für den Schwerpunkt, sondern auch den Beweis des vorstehenden Theorems Nr. ...[32], da dies als Lemma für meine Zwecke diente; dies geschah im Sommer 1644. Sie haben zwei Jahre mit der Antwort zugewartet, und nun, die früheren Briefe außer Acht lassend oder darauf vertrauend, dass ich sie nicht mehr besäße, da ich sie zerrissen hätte, schreiben sie, dass sie die ihnen von mir geschickten besagten Beweise schon seit einiger Zeit selbständig gefunden hätten. Jetzt streitet man in diesem Punkt, und falls sie darauf bestehen zu behaupten, dass sie die besagten Beweise vor mir gefunden hätten, so bin ich entschlossen,

---

[31] Mersenne an Torricelli, 24. Juni 1644 (*OT*, III, Nr. 84; *CM*, XIII, Nr. 1280).

[32] Die obige Nr. L. – Torricelli an Mersenne, Ende Juli 1644 (*OT*, III, Nr. 86; *CM*, XIII, Nr. 1287).

die Briefe, die vielen in Italien sehr bekannt sind, beglaubigen zu lassen und sie zusammen mit meinen Argumenten drucken zu lassen, damit die Welt sieht, welch unverschämten Diebstahl sie an mir zu begehen versucht haben.

LI.

Ist das Parallelogramm ABCD mit seinem Dreieck ACD (Abb. 10.22) gegeben, so sind alle unendlich vielen Linien des Parallelogramms zusammen gleich dem Doppelten von allen unendlich vielen Linien des Dreiecks zusammen. Alle Quadrate aber sind zusammen gleich dem Dreifachen aller Quadrate, alle Kuben sind zusammen gleich dem Vierfachen aller Kuben, alle Biquadrate sind zusammen gleich dem Fünffachen aller Biquadrate, usw. ohne Ende, für alle unendlich vielen Potenzen der Algebra.

Dieses Theorem wurde erstmals von Bruder Bonaventura Cavalieri gefunden und vorgelegt, aber den allgemeinen Beweis dafür fand er nicht, da er einen Weg eingeschlagen hatte, der meines Wissens nur bis zu den Kuben oder den Biquadraten führte.

Der Erste, der das Theorem allgemein für alle unendlich vielen Potenzen der Algebra bewiesen hat, ist der Franzose Monsieur Beaugrand gewesen, der mittlerweile gestorben ist. Sein Beweis wird jedoch auf algebraischem Weg geführt. Danach hat meines Wissens niemand außer mir das Theorem bewiesen, und mein Beweis geht ohne Algebra nur mit Geometrie vor, und er ist nicht nur sehr allgemein wie jener von Monsieur Beaugrand, sondern noch unendlich viel allgemeiner. Jener geht von einem Parallelogramm mit seinem einbeschriebenen Dreieck aus, d. h. der letzten der Parabeln, mit der einbeschriebenen ersten Parabel. Ich aber werde das Problem ausgehend von einem Parallelogramm ausführen, d. h. von der letzten Parabel mit irgendeiner anderen einbeschriebenen Parabel. Wenn dies bewiesen ist, so reduziert sich die Proposition auf zwei Parabeln von welcher Art auch immer, mit einem einzigen Argument *ex aequo*.

Abb. 10.22 Ms. Gal. 142, c.
39v

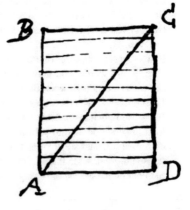

LII.

Wird einem Parallelogramm eine der unendlich vielen Parabeln [$y^q = x^p (p, q \in \mathbb{N})$] einbeschrieben, (Abb. 10.23) so verhalten sich alle [n-ten] Potenzen der Applikaten des Parallelogramms zusammen zu allen Potenzen desselben Grades der Applikaten der Parabel zusammen wie der Exponent [p] der Applikaten der Parabel zusammen mit der Zahl, die sich aus der Multiplikation des Exponenten [n] der gegebenen Potenzen mit dem Exponenten [q] der Diametralen ergibt, zum Exponenten [q] der Diametralen.[33]

> Beispiel: Es sei die Parabel gegeben, deren Potenzen der Applikaten Biquadrate sind, jene der Diametralen aber Kuben, und es werde das Verhältnis aller Quadrate des umbeschriebenen Parallelogramms zu allen Quadraten der Parabel gesucht. Gemäß dem vorstehenden Theorem werden sich alle besagten Quadrate des Parallelogramms zu allen Quadraten der Parabel wie 10 zu 4 verhalten, nämlich wie die Zahl, die gebildet wird, wenn wir zum Exponenten der Applikaten der Parabel (das ist 4) 6 addieren, das ist die Zahl, die sich aus der Multiplikation des gegebenen verlangten Exponenten, nämlich 2, mit dem Exponenten der Potenzen der Diametralen, nämlich 3, ergibt.

Definition.
Der Pater Fra Bonaventura Cavalieri stellte mir keine Aufgabe, sondern er bat mich, den Beweis dafür zu finden, was ich weiter unten sagen werde, wobei er gestand, dass auch er ihn nicht kenne:

Es sei ein Körper ABCDFE gegeben, dessen gegenüberliegende Grundflächen aus zwei gleich großen, ähnlichen, parallel und gleich gelagerten Parabeln ACF, BED bestehen. Dieser Körper werde von der Ebene AEF geschnitten, die durch die Basis der einen und durch

Abb. 10.23 Ms. Gal. 142, c. 40v

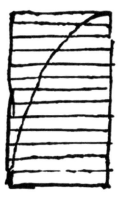

---

[33] «Si in parallelogrammo inscripta sit aliqua ex infinitis parabolis, omnes dignitates applicatarum in parallelogrammo ad omnes ejusdem gradus applicatarum in parabola, erunt ut exponens applicatarum parabolae una cum numero qui fit ab exponente dignitatis propositae in exponentem diametralium, ad exponentem diametralium.»

Abb. 10.24 Ms. Gal. 142,
c. 41*r*

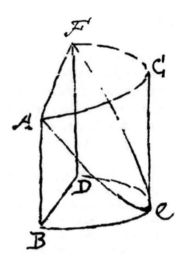

den Scheitel der anderen, gegenüberliegenden Parabel verläuft (Abb. 10.24). Pater Cavalieri
fragte mich nach dem Verhältnis, das zwischen den Teilen dieses Körpers besteht.[34]

LIII.

Die Aufgabe wurde von mir allgemein gelöst, und ich antwortete ihm [Cavalieri] nicht
nur, dass der mir vorgelegte Körper im Verhältnis von 3 : 2 geteilt werde, sondern ich
sagte ihm mit einer einfachen und höchst allgemeinen Formulierung, in welchem Verhältnis
die Teile eines solchen Körpers stehen, wenn die gegenüberliegenden Grundflächen aus
irgendeiner anderen Art Figur bestehen, vorausgesetzt, sie weise einen Durchmesser[35] auf.
Ich sandte ihm einen sehr kurzen Beweis, so wie ich ihn auch an die anderen Freunde in
Italien übermittelte.

Derselbe Pater Fra Bonaventura Cavalieri hat mich mehr als einmal zu verschiedenen
Zeiten gebeten, den Beweis eines anderen Problems zu finden, den er ebenfalls nicht besaß:

Definition.
Wird ein Körper ebenso erzeugt und geschnitten wie der vorhergehende, bei dem aber die
gegenüberliegenden Grundflächen aus zwei halben Parabelsegmenten ABC, ABF bestehen, die an der gemeinsamen Basis AB zusammengefügt und deren Scheitel C und F sind
(Abb. 10.25), so wird der Schwerpunkt der beiden Teile des Körpers gesucht.

---

[34] Siehe dazu die Briefe Cavalieris an Torricelli vom 01.08.1644 (*OT*, III, Nr. 154) und an Giannantonio Rocca vom 31. Dezember 1646 (*CC*, Nr. 100).
[35] Symmetrieachse.

Abb. 10.25 Ms. Gal. 142,
c. 80*r*. (Kopie Serenai)

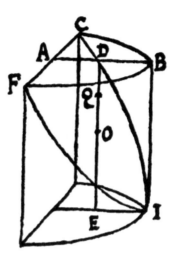

LIV.

Macht man, dass BD : DA = 8 : 7 ist, legt dann DE parallel zu BI, und macht erneut, dass
EO : OD = 8 : 7 ist, so habe ich bewiesen, dass dann der Mittelpunkt Q der Strecke OD
der Schwerpunkt des oberen Teils des zerschnittenen Körpers ist.[36] Da aber mein Beweis
allgemein ist, so bewies ich, wenn der Körper aus einer ersten Parabel (das ist das Dreieck)
gebildet ist, dass sich dann DB zu DA verhält wie 6 : 6, wenn er aus der zweiten [quadra-
tischen] Parabel gebildet ist, wie 8 : 7, wenn aus der dritten [kubischen] Parabel wie 9 :
8, wenn aus der vierten [biquadratischen] wie 10 : 9, und stets so weiter. Wird die Strecke
ED dann im selben Verhältnis geteilt wie BA, so wird man den Punkt O erhalten, und wird
OD in Q halbiert, so wird Q der Schwerpunkt des oberen Teils des zerschnittenen Körpers
sein. Was den Schwerpunkt des unteren Teils betrifft, so füge ich nichts weiter hinzu: Da
der Schwerpunkt des Ganzen und eines Teils bekannt ist, ist mit dem Verhältnis der Teile
auch der Schwerpunkt des restlichen Teils gegeben, aufgrund von § 8 der archimedischen
Abhandlung Über das Gleichgewicht ebener Flächen.

   Der Beweis dafür wurde von mir nur dem Pater Fra Bonaventura mitgeteilt, der ihn von
mir verlangt hatte.

10.2   Ergänzungen zu den einzelnen Problemen

I–VI.

Die Probleme I–VI betreffen die im Buch II der Abhandlung *De sphaera et solidis sphae-
ralia* behandelten sphäralischen Körper.

---

[36] Diese Aussage ist nicht richtig: In der Abhandlung *De infinitis parabolis* (*OT*, I₂, S. 317–320) hat
Torricelli gezeigt, dass BD : DA = 7 : 8 ist. Entsprechend muss dann auch EO : OD = 7 : 8 sein.

VII.

Einige Propositionen des zweiten Buches der Abhandlung *De solidis sphaeralibus* sind dieser Frage gewidmet. Die folgenden Propositionen bestimmen die Verhältnisse der Volumen der durch Rotation eines regelmäßigen n-Ecks um eine Diagonale bzw. Kathete erzeugten sphäralischen Körper zum Volumen der um- bzw. einbeschriebenen Kugel:

umbeschriebene Kugel			einbeschriebene Kugel		
n gerade	n ungerade		n gerade		n ungerade
Rotation um eine Kathete	Rotation um eine Diagonale	Rotation um eine Kathete	Rotation um eine Kathete	Rotation um eine Diagonale	Rotation um eine Kathete
II, 14	II, 7	II, 19	II, 12	II, 6	II, 18

X.

Das Problem wurde Michelangelo Ricci am 7. März 1642 vorgelegt.[37] – Torricelli teilte Cavalieri am 28. Februar 1643 mit, dass er dafür einen Beweis gefunden habe, den er für kürzer als jener von Luca Valerio halte:

> Ich meine, dass sich mittels der Indivisiblen noch immer nicht zu verachtende Ergebnisse finden lassen (neben Ihren unzähligen und wunderbaren), und dass diese mir, falls ich sie bei jemand anderem finden sollte, trügerisch erscheinen würden. Warum also soll diese Lehre nicht zu schätzen sein? Wenn diese Leute die Schlussfolgerungen als zutreffend anerkennen würden, wobei ich glaube, dass man dies zugeben müsse, so werden sie auch die Lehre gutheißen müssen. Oder wenn sie die Schlussfolgerungen loben, nicht aber die Lehre, so werden sie zumindest zeigen müssen, dass es dabei falsche [Schlussfolgerungen] gibt, doch ich glaube, dass sie damit Mühe haben werden.[38]

XI–XII.

Dass die beiden Theoreme in Frankreich mit Lob bedacht wurden, geht aus dem Brief Robervals an Mersenne hervor, der von Mersenne an Torricelli weitergeleitet worden ist. Roberval schrieb dort:

> Die Proposition über das durch eine einzige Zahl ausgedrückte Verhältnis zwischen dem Körper aus irgendeinem um die Achse gedrehten Kegelschnitt zu dem ihm einbeschriebenen Kegel ist äußerst elegant und wahr, wir haben es nämlich bewiesen. Sie [die Proposition] ist jener nicht unterlegen, die wir bei derselben Figur über den Schwerpunkt ihres Körpers besitzen, die wir auch bewiesen haben. Weil er [Torricelli] alle beide mit nur zwei Beweisen gezeigt hat, so sehe ich nichts, was zu dieser Angelegenheit noch gewünscht werden könnte; ich habe aber Bedenken, dass er selber seine Proposition beruhend auf den Beweisen der [früheren] Autoren hergeleitet hat. Auch wenn dem so wäre, so würde er dennoch nicht wenig Lob

---

[37] *OT*, III, Nr. 24.
[38] *OT*, III, Nr. 43.

verdienen, und keinem glückt es, Sätze von so viel Gewicht den von Anderen gefundenen Dingen hinzuzufügen.[39]

Als Erster von den erwähnten italienischen Freunden, denen Torricelli die beiden Theoreme mitgeteilt hat, war offenbar Cavalieri informiert worden (ein entsprechender Brief Torricellis ist allerdings nicht überliefert), wie einem Brief Cavalieris an Giannantonio Rocchi vom 28. Dezember 1642 zu entnehmen ist.[40]

Zu den Empfängern der Nachricht gehörte u. a. der Pisaner Famiano Michelini, dem Torricelli am 3. Februar 1643 schrieb:

> Es wird sie freuen, ein Paar neuer geometrischer Theoreme zu empfangen, die von dem wunderbaren Bruder Bonaventura vorausgesagt worden sind, auch wenn er eines davon verabscheut hat, da es von einem seiner Nacheiferer stammt, der gegen ihn ein Buch veröffentlicht hat.[41]

Eine entsprechende Mitteilung erging am 14. Februar desselben Jahres auch an Raffaello Magiotti in Rom.[42]

Theorem I erscheint in etwas anderer Form als Proposition V («Universalissima pro omnibus sphaeroidibus et conoidibus») in Torricellis Abhandlung *De conoidalium mensura*.[43]

XIV–XVI.

Siehe dazu Abschn. 3.5. Die Lösung der Probleme Nr. XV und XVI wird von Torricelli in den Korollaren XVI bzw. XXIX der Abhandlung (*De solido acuto hyperbolico*) gegeben. Die erwähnten Beweise Robervals sind in dem Brief vom Juli 1643 an Mersenne zu finden.[44]

XVII.

Siehe dazu Kap. 4, Anhang C (Die Abhandlung *De dimensione cochlea*).

---

[39] *OT*, III, Nr. 56; *CM*, XII, Nr. 1204. – Das Original des Briefes befindet sich in der Bibliothèque nationale in Paris (f. lat. nouv. acq. 2338, fol. 40*r*-43*v*). Der Text wurde in den *Divers ouvrages de mathématique et de physique* (Paris 1693, S. 278.282) veröffentlicht (Wiederabdruck in den *Mémoires de l'Académie des Sciences*, t. VI, Paris 1730, S. 349–355). Die von Mersenne an Torricelli weitergereichte, mit eigenhändigen Anmerkungen Torricellis versehene Kopie wird mit «vor dem August 1643» datiert. – Der Aussage Robervals, Torricelli habe «beide [Sätze] mit nur zwei Beweisen gezeigt» hat Torricelli die Notiz hinzugefügt: «Nicht mit zwei Beweisen, sondern mit einem einzigen Beweis haben wir die beiden [Sätze] aus unseren Prinzipien dargelegt.»

[40] *OT*, III, Nr. 33.

[41] *OT*, III, Nr. 22. Mit dem Nacheiferer ist Guldin gemeint, – Zu Famiano Michelini siehe Kap. 2, Anm. 14. – Es sind keine weiteren Briefe zwischen Torricelli und Michelini überliefert.

[42] *OT*, III, Nr. 40.

[43] *OT*, I$_2$, S. 157–158.

[44] *OT*, III, Nr. 56; *CM*, XII, Nr. 1204.

XVIII.

Siehe dazu Abschn. 4.6 (Lemma XXVII).

XIX.

Siehe dazu Abschn. 3.3 (Prop. XXX).

XX.

Dieses Theorem wird in den *Opera geometrica* (De motu proiectorum, S. 166–168) als letzte Folgerung aus der Proposition IX behandelt.

XX–XXII.

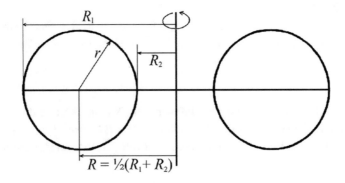

Zu XXI ($R_1 = 2r$, $R_2 = 0$) : Oberfläche $S_{\text{geschlossener Ring}} = 4\pi^2 r^2$.
Zu XXII ($R_1 > 2r$) : Oberfläche $S_{\text{offener Ring}} = 2\pi^2 r(R_1 + R_2) = 4\pi^2 Rr$. Torricellis Beweis beruht auf der Prop. I, 12 der Abhandlung *De solidis sphaeralibus* (siehe Abschn. 3.1).

XXIII.

Diese Aufgabe geht, ebenso wie die nachfolgenden Nrn. XXIV bis XXVI, auf Fermat zurück, der im August 1643 an Mersenne schrieb:

> Damit ich Sie nicht länger im Ungewissen lasse, habe ich alle Aufgaben gelöst, die ich diesen Herren gestellt hatte,[45] von denen ich Ihnen jetzt nur ein Beispiel angebe [...]. Als mein Beispiel wähle ich eine der schönsten Aufgaben, die ich ihnen gestellt habe: *Man finde ein*

---

[45] Die Aufgaben waren an Brûlart de Saint-Martin und Bernard Frenicle de Bessy gerichtet, welche sie offenbar für unlösbar befunden hatten. Siehe *OF*, II, Nr. LVIII, LIX und LX; auch in *CM*, XII, Nr. 1214.

[rechtwinkliges] *Dreieck, dessen grösste Seite ein Quadrat und bei dem die Summe der beiden anderen Seiten ebenfalls ein Quadrat ist.*[46]

Hier ist das Dreieck: 4 687 298 610 289, 4 565 486 027 761, 1 061 652 293 520.[47]

Mersenne gab die Aufgabe, versehen einer dritten Bedingung[48], an Torricelli weiter:

> Der allerberühmteste Geometer Fermat lässt dir durch mich folgendes Problem, das gleichwertig ist mit deinem *De Conoide acuto infinito*, zur Lösung vorlegen: Ein rechtwinkliges Dreieck ist zu finden, bei dem die längste Seite eine Quadratzahl, die Summe der beiden anderen Seiten ebenfalls eine Quadratzahl und schließlich auch die Summe der größten und der mittleren Seite eine Quadratzahl ist. Zum Beispiel: im Dreieck 5, 4, 3 müsste 5 eine Quadratzahl, die Summe von 4 und 3, das ist 7, eine Quadratzahl, und schließlich die Summe von 5 und 4 eine Quadratzahl sein.[49]

Der Geometer Torricelli, der nicht vertraut war mit der damals in Italien nur wenig gepflegten Algebra,[50] konnte mit diesem zahlentheoretischen Problem, ebenso wie mit dem nachfolgenden (Nr. XXIV), offensichtlich nichts anfangen. Am 1. Mai 1644 schrieb er an Mersenne:

> …zu jenem numerischen [Problem], das Du Verdus hinzugefügt hat, habe ich nichts, was ich dir schreiben könnte, da ich mich […] mit dem numerischen […] zu wenig befasst habe,

---

[46] *Trouver un triangle duquel le plus grand costé soit quarré, et la somme des deux autres costés soit aussy quarrée.* Siehe *OF*, II, Nr. LVIII, LIX und LX; auch in *CM*, XII, Nr. 1206.

[47] Die Aufgabe findet sich auch in Fermats 1670 posthum veröffentlichten *Observationes Domini Petri de Fermat* (*OF*, I, Nr. XLIV, S 336).

[48] Dass nämlich die Summe der Hypotenuse und der größeren Kathete ebenfalls ein Quadrat sein soll. In der oben angegebenen Lösung Fermats ist die Summe der Hypotenuse und der kleineren Kathete eine Quadratzahl, nämlich gleich $2\,397\,697^2$. Hingegen ist die Summe der Hypotenuse und der größeren Kathete gleich $22\,150\,905^2$, somit keine Quadratzahl. – HELLER [1970, S. 67] schreibt, dass Fermat in einem Brief an Mersenne vom Dezember 1643 diese zusätzliche Forderung gestellt habe. Allerdings konnten wir weder in *CM* noch in *OF* einen entsprechenden Brief Fermats ausfindig machen.

[49] Brief vom 25. Dezember 1643 (*OT*, III, Nr. 65; *CM*, XII, Nr. 1237).

[50] Zu den wenigen italienischen Zeitgenossen Torricellis, die sich mit Algebra beschäftigt haben, gehört in erster Linie der aus Reggio Emilia stammende Giovanni Antonio Rocca (1607–1656). Er hatte unter anderem die Werke von François Viète sowie Descartes' *Géométrie* studiert und stand in regem Briefwechsel mit Cavalieri.

Allerdings hatte Torricelli in Rom unter Castelli auch Algebra studiert, denn als ihm Cavalieri u. a. ein Problem vorgelegt hatte, bei dem es darum ging, die Zahl 6 so in zwei Teile zu zerlegen, dass die Differenz der Quadrate der beiden Teile, multipliziert mit dem Quadrat des kleineren Teils, 9 ergibt – das Problem führt auf eine kubische Gleichung –, schrieb er am 5. Januar 1641 an Magiotti: «Verstünde ich von dieser Wissenschaft so viel, wie ich verstand, als ich von Rom wegging, so hätte ich sicherlich darüber nachgedacht; da wir hier aber keine Bücher zu diesem Thema haben, befasse ich mich nicht mit Fragen, die über einfache Gleichungen hinausgehen.» (*OT*, III, Nr. 4).

denn, um die Wahrheit zu sagen, ich sehe nicht, wo sich mir der Einstieg und der Zugang zur Überlegung ergibt.[51]

Auf eine Anfrage von Gino Loria im *Intermédiaire des Mathématiciens*[52] hin haben sich zwei Mathematiker ausführlich mit diesem Problem befasst, nämlich Turrière [1918] und Cipolla [1918]. In seiner ausführlichen Studie findet Cipolla, dass beim erweiterten Fermatschen Problem der Hypotenuse des kleinstmöglichen Dreiecks eine 165-stellige Zahl entspricht. Ein Überblick über die Geschichte des Problems sowie die vollständigen Angaben zum kleinstmöglichen Dreieck ist in Heller [1970] und in Hofmann [1972] zu finden.

XXIV.

Im August 1640 hatte Fermat in einem Brief an Frenicle de Bessy festgestellt, dass alle Zahlen der Form $a_n = 2^n + 1 (n \in \mathbb{N})$ zusammengesetzt sind, falls n keine Zweierpotenz ist. Dann fügte er hinzu:

Am meisten erstaunt mich aber, dass ich fast überzeugt bin, dass alle um eine Einheit vergrößerten fortschreitenden Zahlen, deren Exponent Zahlen aus der Folge der Zweierpotenzen sind, Primzahlen sind, wie

3, 5, 17, 257, 65 537, 4 294 967 297 und die folgende, aus 20 Ziffern:
18 446 744 073 709 551 617, usw.

Ich besitze dazu keinen genauen Beweis, doch ich habe eine große Anzahl von Teilern durch unfehlbare Beweise ausgeschlossen und verfüge über so starke Einsichten, welche meine Auffassung stützen, sodass ich Mühe hätte, mich davon loszusagen.[53]

Tatsächlich sind nur die ersten fünf genannten Zahlen prim. 1732 wies Leonhard Euler nach, dass 4 294 967 297 = 641 × 6 700 417 keine Primzahl ist. Ebenso ist die nächste Zahl 18 446 744 073 709 551 617 = 274 177 × 67 280 421 310 721 zusammengesetzt; ihre Faktorzerlegung wurde im Jahre 1880 von Fortuné Landry gefunden. Bis heute sind keine weiteren Fermatschen Primzahlen bekannt.

Am 8. Juli 1646 schrieb Torricelli an Carcavi, dass er sich nicht mit dieser Aufgabe befasst habe, da er in diesem Jahr wegen anderweitigen Beschäftigungen gänzlich von mathematischen Studien abgehalten worden sei. Er habe aber auch Bedenken, dass derartige Probleme vielleicht die Möglichkeiten der üblichen algebraischen Methoden übersteigen könnten.[54]

---

[51] OT, III, Nr. 76; CM, XIII, Nr. 1269.

[52] Vol. 24 (1917), S. 97–98 (Question n° 4755).

[53] OF, II, S. 205–206. – In einem Brief vom 29. August 1654 an Blaise Pascal wiederholte er seine Vermutung (OF, II, S. 309–310).

[54] OT, III, Nr. 181; CM, XIV, Nr. 1489.

XXV.

Die Lösung dieses Problems ist Torricelli später gelungen, wie er in einer nachträglich hinzugefügten Randnotiz erklärt:

> Dies wurde von mir danach auf drei verschiedene Arten gezeigt, und der Beweis wurde in Florenz, Rom, Pisa, Bologna und in Frankreich bekanntgemacht, damit kein Anderer sich dessen rühmen konnte.

Zu den Empfängern seiner Lösungen gehörten in Italien unter anderen Michelangelo Ricci[55] und der Pisaner P. Vincenzio Renieri[56], dem Torricelli in zwei Briefen vom 1. und 8. Dezember 1646 eine davon mitteilte:[57]

> Ist D der gesuchte Punkt zu den gegebenen Punkten A, B, C, so behaupte ich, dass die drei Winkel ADB, BDC, CDA einander gleich sind.[58] Wäre es nämlich möglich, dass irgend zwei von ihnen, angenommen ADB und BDC, voneinander verschieden sind, und verläuft die Ellipse mit den Brennpunkten A, C durch D mit der Tangente EF, so werden gemäß [Apollonius] *Conica*, III, 48[59] die Winkel EDA, FDC gleich sein (Abb. 10.26).
>
> Es wurden aber die Winkel ADB, BDC als verschieden angenommen, folglich sind die restlichen Winkel BDE, BDF ungleich. Deshalb wird ein Kreis mit dem Mittelpunkt B und dem Radius BD sowohl die Gerade EF als auch die Ellipse schneiden denn sollte er die Ellipse nicht schneiden, so wird man im Kreissegment DF von D aus eine Strecke legen können, die zwischen dem Kegelschnitt und seiner Tangente liegt, was gemäß *Conica*, I, 36[60] nicht möglich ist. Nimmt man also auf dem von dem Kreis abgeschnittenen Ellipsenbogen einen beliebigen Punkt I an, so werden gemäß *Conica*, III, 52[61] die Streckenzüge ADC und AIC gleich lang sein. Aber BI ist kürzer als BD, folglich werden die drei Strecken IA, IB, IC zusammen kürzer sein als die drei kürzesten DA, DB, DC zusammen.

---

[55] *OT*, III, Nr. 187: Torricelli verspricht, Ricci den Beweis zu senden, da er wünscht, dass er auf diese Weise Verbreitung finden möge, «denn ich sehe, dass der Druck meiner Werke für immer ruhen wird».

[56] Der Olivetaner Vincenzio Renieri (1606–1647) war Professor der Mathematik an der Universität Pisa.

[57] *OT*, III, Nr. 190 bzw. 191.

[58] Diese Behauptung ist wahr, falls alle drei Winkel des Dreiecks ABC kleiner als $120°$ sind. Ist z. B. der Winkel bei A $\geq 120°$, so ist A der gesuchte Punkt (der sog. Fermat-Punkt, auch Fermat-Torricelli-Punkt genannt).

[59] «Die Verbindungslinien des Berührungspunktes einer Tangente mit den angegebenen Teilpunkten [d. h. den Brennpunkten] der Achse bilden mit der Tangente gleiche Winkel».

[60] «Wenn in einem Punkte […] einer Ellipse […] die Tangente konstruiert wird und durch den Punkt eine zum Durchmesser geordnet gezogene Gerade gelegt wird […, so fällt] in die Fläche zwischen der Tangente und der Kurve […] keine weitere Gerade».

[61] «Verbindet man irgendeinen Punkt einer Ellipse mit den genannten inneren Teilpunkten der Achse [d. h. den Brennpunkten], so ist die Summe dieser Verbindungslinien gleich der Achse».

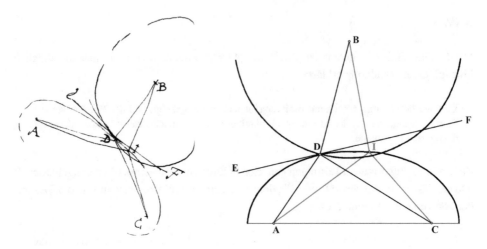

Abb. 10.26 Ms. Gal. 150, c. 9*v*. (Links: Aus Torricellis Brief vom 1. Dezember 1646 an Renieri)

Die Konstruktion ist offensichtlich: Sind die drei Punkte A, B, C gegeben, so wird der Punkt D gefunden, bei dem die drei Winkel ADB, BDC, CDA untereinander gleich sind[62] (Abb. 10.27 rechts).

Ich behaupte, dass die drei Verbindungsstrecken [zusammen] minimal sind. Wären sie nämlich nicht minimal, so seien sie für einen anderen Punkt E minimal (Abb. 10.27 links). Dann sind aufgrund des vorhergehenden Beweises die drei Winkel bei E untereinander gleich, d. h. AEB wird gleich 1/3 von vier Rechten sein, ebenso ist AEC gleich 1/3 von vier Rechten, und aufgrund der Konstruktion ist auch BDC gleich 1/3 von vier Rechten. Deshalb wären im Viereck BDCE mehr als vier rechte Winkel, was unsinnig ist. […]

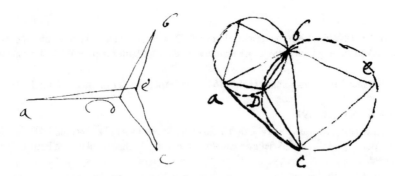

Abb. 10.27 Ms. Gal. 150, c. 10*r*. (Aus Torricellis Brief vom 1. Dezember 1646 an Renieri)

---

[62] Die Kreise ABD und CBE sind die Umkreise der über den Strecken AB bzw. BC errichteten gleichseitigen Dreiecke.

Ich bitte Sie, die Tatsache zu verbreiten, im Besitze dieser Beweise zu sein und sie auch allen von Ihnen als vertrauenswürdig erachteten Personen zu zeigen, denn jene Dummköpfe werden sie sicher nicht haben.

Torricellis verschiedene Lösungen sind in seiner Abhandlung *De maximis et minimis* (*OT*, I_2, S. 90–97) zu finden. Nähere Einzelheiten (u. a. auch zur Behandlung des Problems durch Cavalieri und Viviani) findet man in HOFMANN [1969].

XXVI.

Es handelt sich um ein von Fermat stammendes Problem[63], das Mersenne bei seinem Besuch bei Torricelli in Florenz vorgelegt hatte.[64] Torricelli hatte darüber am 17. Dezember 1644 an Ricci in Rom berichtet.[65] Torricellis Lösung ist in der Abhandlung *De maximis et minimis* *OT*, I_2, S. 83–84 und 86 zu finden:[66]

Halbiert man CB in D und errichtet die Senkrechte DE, so ist im Falle des Halbkreises das □ADE, im Falle der Halbellipse das □ADF maximal.

Es sei BG gleich dem Radius CB (Abb. 10.28). Zieht man die Verbindungen EC und EB, so ist das Dreieck CEB gleichseitig. Wie man leicht sieht, ist ∠CEG = 90°, sodass GH Tangente an den Halbkreis ist.

Wäre nun das Rechteck ADE nicht maximal, so sei AHI maximal. Verlängert man HI bis L, so ist das Rechteck ADE aufgrund von Euklid VI, 27[67] größer als das Rechteck AHL.

---

[63] Das betreffende Dokument wurde aufgrund einer von Arbogast angefertigten Kopie (*d'après le manuscrit de Fermat*) unter dem Titel *Ad methodum de maxima et minima appendix* veröffentlicht in *OF*, I, 157. Franz. Übers. in *OF*, III, S. 139–140. – In Max Millers deutscher Übersetzung: *Pierre de Fermats Abhandlungen über Maxima und Minima*, Leipzig 1934 (Ostwalds Klassiker, Nr. 238), wird auf S. 22 nur die Aufgabenstellung formuliert und auf S. 47 in der Anmerkung 30 die Lösung skizziert.

[64] Siehe Kap. 2.

[65] *OT*, III, Nr. 111. – Ricci, dem Mersenne die Fermatsche Aufgabe offenbar ebenfalls gezeigt hatte, kommt in seinem Brief vom 4. Februar (*OT*, III, Nr. 121) an Torricelli nebenbei darauf zu sprechen. – Zu Riccis eigener Lösung der Aufgabe siehe HOFMANN [1963, S. 153–155].

[66] Ebenfalls in seinem Brief an Mersenne von Ende Januar 1645 (*OT,* III, Nr. 1230; *CM,* XIII, Nr. 1331, Appendice).

[67] «Von allen Parallelogrammen, die man an eine feste Strecke so anlegen kann, dass ein Parallelogramm fehlt, welches einem über ihrer Hälfte gezeichneten ähnlich ist und ähnlich liegt, ist das über der Hälfte angelegte, das selbst dem fehlenden ähnlich ist, das größte.» Daraus folgt, dass von allen dem rechtwinkligen Dreieck AGH einbeschriebenen Rechtecken (mit einer Ecke in A) das Rechteck ADE den größtmöglichen Flächeninhalt aufweist.

Abb. 10.28 Ms. Gal. 136,
c. 165*r*

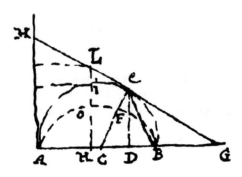

Aufgrund der Konstruktion ist ☐AD = ☐DG; es wurde aber vorausgesetzt, es sei ☐AHI > ☐ADE, also ist erst recht ☐AHI > ☐AHL, d. h. der Teil wäre größer als das Ganze.

XXVII.

Das Produkt $x^m \cdot (s - x)^n$ ist maximal, falls $x : (s - x) = m : n$.

Torricellis Untersuchungen zu dieser Aufgabe sind in der Abhandlung *De maximis et minimis* (OT, I_2, §§ 1–5, S. 79–83) zu finden. Loria weist darauf hin, dass das Problem auf Fermat zurückgeht (siehe OF, I, S. 138–153).

XXVIII–XXXIV.

Die Theoreme I–VII betreffen die unendlich vielen Parabeln $y = x^{p/q}$ (p, q $\in$ $\mathbb{N}$, $x \geq 0$) bzw. die Parabelsegmente $y = |x|^{p/q}$ (p, q $\in$ $\mathbb{N}$, $y < h$), die in Torricellis Abhandlung *De infinitis parabolis* (OT, I_2, S. 277–328) behandelt werden.

Theoreme I–II: Das umbeschriebene Rechteck verhält sich zum Parabelsegment wie $(p+q) : p$. (Abb. 10.29) Der Schwerpunkt S des Parabelsegments teilt dessen Durchmesser ebenfalls im Verhältnis AS : BS = $(p + q) : p$.

Theorem III: DC : BC = $p : q$.

Abb. 10.29 .

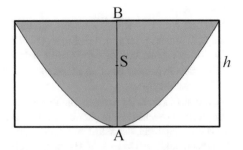

Abb. 10.30 .

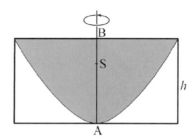

Abb. 10.31 .

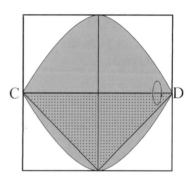

Theoreme IV–V: Der umbeschriebene Zylinder verhält sich zu dem von dem Parabelsegment erzeugten Konoid wie $(p + 2q) : p$.

Der Schwerpunkt S des Konoids teilt dessen Achse ebenfalls im Verhältnis AS : BS = $(p + 2q) : p$. (Abb. 10.30)

Theorem VI: Der Flächeninhalt des Parabelsegments ist gleich $\frac{2p}{p+q} \cdot a^{(p+q)/q}$, jener des einbeschriebenen Dreiecks ist gleich $a^{(p+q)/q}$ (Abb. 10.31). Das Verhältnis des Zylinders zu dem durch Rotation des Parabelsegments $y = |x|^{p/q}$ um die Basis CD erzeugten Körper ist somit gleich $(p + q) \cdot (2p + q) : 2p^2$.

Theorem VII: Bezieht sich auf die Parabeln $y = x^p$ ($p \in \mathbb{N}$, $x \geq 0$). (Abb. 10.32)

$$V_1 : V_2 = AB : \frac{2p + 1}{0.5 \cdot (p + 1)(p + 2)} AC.$$

XXV–XXXVII.

Diese drei Probleme betreffen die verallgemeinerten archimedischen Spiralen (die „unendlich vielen Spiralen") oder Spiralen höherer Ordnung $r^q = a \cdot \varphi^p$ ($p, q \in \mathbb{N}$), die Torricelli im zweiten Teil des Traktats *De infinitis spiralibus* behandelt hat.[68]

THEOREM I: (Abb. 10.33 links) Ist ADC eine der unendlich vielen Spiralen mit dem Zentrum A und der Leitlinie AB, C ein beliebiger Punkt auf dieser Spirale, CEB der Kreisbogen mit dem Mittelpunkt A, so verhält sich die Fläche F [die Sektorfläche ohne die Spiralfläche]

---

[68] *OT*, I₂, S. 381–399.

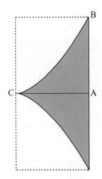

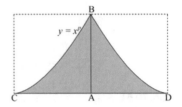

V_1: Drehung um die
Tangente AC

V_2: Drehung um die
Achse AB

Abb. 10.32 .

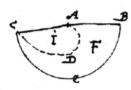

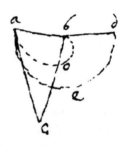

Abb. 10.33 Ms. Gal. 138, c. 59*r*

zur Spiralfläche I wie der doppelte Exponent der Potenz der Zeiten [φ] zum Exponenten der Radien, d. h. wie $2p : q$.

THEOREM II: (Abb. 10.33 rechts) Wird von einem beliebigen Punkt A der Spirale BOA die Tangente AC bis zum Schnittpunkt C mit der Senkrechten BC zum Radius BA gezogen, so verhält sich der Bogen AED zur Strecke BC wie der Exponent der Potenz der Zeiten zum Exponenten der Potenz der Radien, d. h. wie $p : q$.

THEOREM III: Auf analoge Weise, wie er die Gleichheit der Bogenlängen der archimedischen Spirale und der quadratischen Parabel bewiesen hat (Kap. 6, Anhang B), zeigt Torricelli anhand einiger Beispiele, dass der Bogen der Spirale $r^q = \varphi^p$ gleich einem Bogen der Parabel $y^p = ax^{p+q}$ ist. Es sei zum Beispiel die Spirale $r^3 = \varphi^4$ mit dem Zentrum A und der Leitlinie AP gegeben, C ein beliebiger Punkt auf dieser Spirale (Abb. 10.34). Mit dem Mittelpunkt A ziehe man den Kreisbogen CVP. In A errichte man die Senkrechte AF so, dass sich AF zum Bogen CVP verhält wie $p + q$ zu q, in diesem Falle also wie 7 : 4. Dem Rechteck PAFG beschreibe man die Halbparabel AOG mit dem Durchmesser AF ein, wobei der Exponent der Applikaten gleich $p + q$, der Exponent der Diametralen gleich p ist (in diesem Fall also die Halbparabel $y^3 = a \cdot x^7$).

Abb. 10.34 Ms. Gal. 136, c.
165*r*

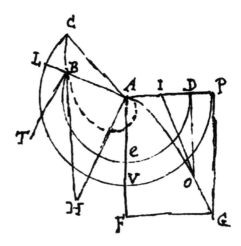

Wie im Fall der archimedischen Parabel zeigt Torricelli sodann, dass die Dreiecke BAH und IDO ähnlich sind und dass die Bewegungen der Punkte C und O auf der Spirale bzw. der Parabel zu jedem Zeitpunkt übereinstimmen, woraus folgt, dass der Spiralbogen ABC und der Parabelbogen AOG gleich lang sind.

XXXVIII–XL.

Diese drei Probleme werden in der Abhandlung *De infinitis spiralibus*[69] behandelt. Siehe dazu Abschn. 6.3.

Zu den Theoremen I und II: In der besagten Abhandlung beweist Torricelli den folgenden Satz:

Ist AC = AD und $\angle$BDE = 90°, so ist der Bogen BC gleich der Tangentenstrecke BE (Abb. 10.35).[70]

XLI–XLIV.

Bei der vorangestellten Definition geht es um die unendlich vielen Hyperbeln $x^p y^q = k$ ($p, q \in \mathbb{N}$, $p < q$). Um sich die Priorität zu sichern, hat Torricelli diese Definition sowie die Theoreme I–IV (in anderer Reihenfolge) an Michelangelo Ricci mitgeteilt:

> Es schien mir angezeigt, den folgenden Text zu kopieren, um ihn in Ihre Hände zu übergeben, mit dem Zweck nämlich, Sie darum zu bitten, mir den Gefallen erweisen, ihn bei sich aufzubewahren, damit Sie in jedem Fall bezeugen können, dass ich ihn zu diesem Zeitpunkt an Sie geschickt habe. Ich habe schon früher – ich weiß nicht mehr welche – Andeutungen rund um

---

[69] Siehe dazu auch die in der richtigen Reihenfolge wiederhergestellte Fassung in CARRUCCIO [1955].
[70] *OT*, I$_2$, S. 372–374.

Abb. 10.35 .

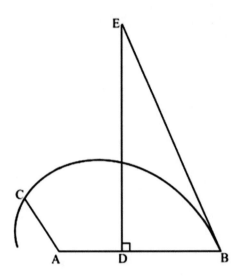

diese Hyperbeln gemacht, aber ohne Bestimmtheit und ohne das vierte Theorem zum Körper
mit der unendlich großen Basis oder mit der unendlichen Länge. Von jenen [Mathematikern]
von jenseits der Alpen habe ich nie eine Antwort gesehen. Sie haben von mir bereits die Definition und eine Skizze der Theoreme erhalten. Ein anderes Mal geschah mir, als ich ihnen die
Formulierung des Schwerpunkts der Zykloide mitgeteilt hatte, dass sie – nachdem sie zuerst
die Wahrheit der Aussage angezweifelt und mich gebeten hatten, den Beweis zu senden und
ich ihnen diesen dann geschickt hatte – während zweier Jahre schwiegen und dann behaupteten, sie hätten alles schon vor mir gewusst. Bei diesem vorliegenden Thema, zu dem ich
noch keinen Beweis veröffentlicht habe, wären sie eher frei von Schuld, wenn sie ihn fänden
und an sich reißen würden. Die andere Gunst, um die ich Sie bitte, ist die folgende: Erweisen
Sie mir den Gefallen und schreiben Sie an Pater Mersenne (oder an andere Mathematiker)
und informieren Sie ihn über dieses vierte Theorem, ohne aber den Beweis offenzulegen. Es
genügt, wenn sie wissen, dass wir auf zwei Arten bewiesen haben – nämlich nach Art der
Alten und mithilfe von Indivisiblen –, dass der durch Rotation einiger meiner Hyperbeln um
eine Asymptote erzeugte Körper, obwohl mit unendlicher Basis bzw. von unendlicher Länge,
in jedem Fall gleich einem Körper von endlicher und auch geringer Größe ist.[71]

Dieselben Theoreme finden sich auch in der Abhandlung *De infinitis hyperbolis*[72].

Zu Nr. XLI (Theorem I): Es sei $x^p y^q = k (p, q \in \mathbb{N})$ eine der unendlich vielen Hyperbeln
mit den Asymptoten AC, AB und dem einbeschriebenen Rechteck BEDA (Abb. 10.36).
Dann verhält sich das Rechteck BEDA zur Figur ECD wie $(q - p) : p$.

In der erwähnten Abhandlung gibt Torricelli das Verhältnis der gesamten Figur BECA
zur Teilfigur ECD mit $q : p$ an (woraus sich das im Racconto angegebene Verhältnis ergibt),
und er fügt hinzu:

---

[71] Brief vom 29. Juni 1647 (*OT*, III, Nr. 201).

[72] *OT*, I$_2$, S. 241–244.

Abb. 10.36 Ms. Gal. 142, c.
$35v$

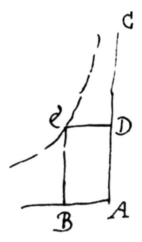

Der Exponent $[q]$ der Asymptotalen muss notwendigerweise größer sein als der Exponent $[p]$ der Applikaten, andernfalls wäre die Figur nicht nur in ihrer Länge, sondern auch in ihrer Größe unendlich, wie von uns bewiesen wird.

Zu Nr. XLII (Theorem II): Die von der Figur BECA und der Teilfigur ECD erzeugten Körper verhalten sich wie $q : 2p$. In dem erwähnten Brief an Michelangelo Ricci ergänzt Torricelli (hier als Theorem 4):

Der Exponent $[q]$ der Asymptotalen […] muss notwendigerweise größer sein als der doppelte Exponent $[p]$ der Applikaten […] sein, andernfalls wäre die Figur von unendlicher Größe, wie von uns bewiesen wird.

Zu Nr. XLIII (Theorem III): Das hier nicht bekanntgegebene Verhältnis ist als „Theorema 4" in Torricellis Brief an Ricci und als „Theorema III" auch in der Abhandlung *De infinitis hyperbolis*[73] zu finden:

Der von der Figur CDEAB [bei der Drehung um die Achse AB] erzeugte Körper verhält sich zu dem von der Figur DEA erzeugten Körper wie der doppelte Exponent der Asymptotalen zum Exponenten der Applikaten [also wie $2q : p$] (Abb. 10.37).

Der doppelte Exponent der Asymptotalen muss notwendigerweise größer sein als der Exponent der Applikaten [$2q > p$], andernfalls wäre der Körper von unendlicher Größe, wie von uns bewiesen wird.

Daraus ergibt sich dann, dass das im Theorem III gesuchte Verhältnis des von der Figur DEA erzeugten Körpers zu dem von dem Rechteck CDAB erzeugten Zylinder gleich$(2q - p) : p$

---

[73] *OT*, I_2, S. 243.

Abb. 10.37 Ms. Gal. 141,
c. 94v

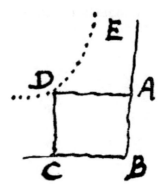

ist, mit der Bedingung $2q > p$.

In der Abhandlung *De infinitis hyperbolis* wird auch der Fall $2q < p$ behandelt (hier als Theorem IV):

> Es seien die Asymptoten BA, BC und eine beliebige Applikate AD gegeben. Man vervollstän-
> dige das Rechteck BD und drehe die Figur um die Achse AB (Abb. 10.38). Dann wird sich
> von der Figur ADECB erzeugte unendlich lange Körper zu dem von der Figur DEC erzeugten,
> unendlich langen Körper verhalten wie der Exponent der Applikaten zum doppelten Exponen-
> ten der Achse [also wie $p : 2p$].

Es ist notwendig, dass der Exponent der Applikaten größer ist als der doppelte Exponent der Achse [$p > 2q$], andernfalls ist die Figur nicht nur von unendlicher Länge, sondern auch von unendlicher Größe

Zu Nr. XLIV (Theorem IV): Das Problem der Hyperbeltangente wird von Torricelli an zwei Stellen in der Abhandlung *De infinitis hyperbolis* behandelt. Bortolotti, der diese Abhand-

Abb. 10.38 Ms. Gal. 141, c.
95r

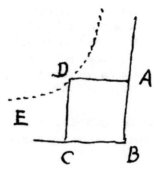

lung eingehend studiert hat, weist aber darauf hin, dass es auch – besser verständlich – in der Abhandlung *De infinitis parabolis* zur Sprache kommt:

> Torricelli hat an mehreren Stellen angemerkt, dass seine Methode gleichzeitig die Quadraturen, die Tangenten und die Maxima liefert. Der Grund dafür wird flüchtig angedeutet im § 46 der Abhandlung, die wir gerade untersuchen; er wird aber deutlicher entwickelt auf den Seiten 307–308 der Abhandlung *De infinitis parabolis*, wo in der Tat über die Tangenten der unendlich vielen Hyperbeln ohne Quadratur, nur aus der reinen Definition heraus abgehandelt wird.[74]

Bortolotti bezieht sich hier auf den Band I_2 von Lorias Ausgabe der *Opere di Evangelista Torricelli*. Da Torricellis Überlegungen im § 46 (OT, I_2, S. 257–258) der Abhandlung *De infinitis hyperbolis* aus verschiedenen Gründen nicht klar erkennbar sind – es ist von einem Punkt I die Rede, dessen Position widersprüchlich beschrieben wird, außerdem enthält der Text in Lorias Ausgabe eine größere Lücke[75] –, geben wir hier den Text (ausnahmsweise in lateinischer Sprache) wieder (ergänzt durch den kursiv gesetzten Text aus dem Original- manuskript):

> Esto hyperbola cujus asymptoti EC, CF, et dignitas maior de more in CF, quaeritur tangens ad A (Abb. 10.39).
>
>   Ducatur vel AD, vel AB ad alteram asymptoton parallela, fiatque ut maior exponens ad minorem ita ED ad DC, sive CB ad BF, et ducta EA, sive FA erit tangens.
>
>   Nisi enim tangens sit, secet, et sit recta ducta EIAF. Sumatur in dicta recta punctum aliquod I quod sit vel intra hyperbolam, vel in ipsa hyperbola, et facto HIL erit ductus *diginitatis maioris* HI *in minorem* HC *non minor ductu* dignitatis majoris AD in DC, cum punctum I sit vel ad hyperbolam, vel ultra. Sed illud fieri non potest: quia EIAFC triangulum est cujus latus EC sectum est in ratione dignitatum ad punctum D, propterea DB erit maximus ductus.

Es sei also die Hyperbel $x^p y^q = k(p < q)$ mit den Asymptoten CE, CF gegeben, und es soll im Punkt A die Tangente bestimmt werden (Abb. 10.39) Dazu bestimme man auf den Asymptoten die Punkte E bzw. F so, dass ED : DC = BC : BF = q : p. Dann ist die Gerade EAF die gesuchte Tangente.

Zum Beweis nehme man an, die Gerade EAF möge die Hyperbel außer im Punkt A noch in einem weiteren Punkt schneiden. Gemäß der Skizze in Torricellis Originalmanuskript wäre dies der Schnittpunkt I. Nun spricht Torricelli aber von einem beliebigen, auf der Geraden EAF liegenden Punkt I, der «entweder innerhalb der Hyperbel oder auf dieser liegt». Nimmt man aber an, es sei I der erwähnte Schnittpunkt und wählt auf der (in der Figur gekrümmt gezeichneten) Sehne AI einen weiteren Punkt I′, der über der Hyperbel und damit auf einer Hyperbel $x^p y^q = k'$ mit $k' > k$ liegt, so ist für diesen Punkt H′ das Produkt $CH'^{\,p} \cdot H'$ $I'^{\,q}$ größer als das entsprechende Produkt für den Punkt A. Das kann aber nicht sein, denn

---

[74] Bortolotti [1925, S. 951]. – Siehe die betreffende Stelle unter dem Titel *Tangenti dell'infinite hyperbole senza quadratura ex sola definitione* (OT, I_2, 307–308).

[75] Loria hat offenbar die von unbekannter Hand für den Druck vorbereitete Kopie (Ms. Gal. 141c. 186*r*) des Manuskripts verwendet, welche diese Textlücke aufweist.

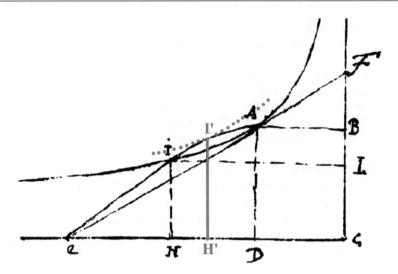

Abb. 10.39 Ms. Gal. 141, c. 57*r*

wie in der Abhandlung *De infinitis hyperbolis* bewiesen wird, ist auf der Geraden EAF im Punkt A das Produkt $CD^p \cdot DA^q$ maximal: *Wird eine gegebene Strecke* AB *im Punkt* T *im Verhältnis* AT : TB = p : q *geteilt, so ist das Produkt* $AT^p \cdot TB^q$ *maximal.*
XLV.

Am 21./28. April 1646 schrieb Torricelli an Cavalieri:

> Ich möchte die Quadratur einer bestimmten „unechten" Hyperbel[76] anfügen, die ich schon früher gefunden habe.
>
> Ist eine Hyperbel ABC gegeben, sodass alle zwischen ihr und den Asymptoten FE, ED liegenden Zylinder CE, AE untereinander gleich sind (Abb. 10.40), so wird sie wie folgt quadriert:
>
> Es wird sich FE zu ED (das heißt der größte Durchmesser dieser Zylinder zur größten ihrer Höhen) verhalten wie das Quadrat von FI (nämlich das Quadrat der Differenz zwischen den äußersten Durchmesser) zum Dreieck AHC zusammen mit dem Hyperbelsegment ABC.
>
> Da das Dreieck AHC geradlinig ist, ist seine Fläche bekannt; folglich wird auch die [Fläche der] Hyperbel bekannt sein. Diese Hyperbel erstreckt sich auf beide Seiten bis ins Unendliche, und nur auf der einen Seite hat sie die Eigenschaft meines unendlichen hyperbolischen Körpers, dass nämlich die unendlich lange ebene Figur gleich dem zwischen der Figur und dem Punkt E auf der Grundseite der Figur liegenden Parallelogramm ist.[77]

---

[76] *Hiperbola bastarda* (auch *hyperbola spuria* genannt): Kurven $x^2 y = k$ oder auch $x y^2 = k$.
[77] *OT*, III, Nr. 172 (Ms. Gal. 150, c. 133*r*-135*r*). Es handelt sich dabei gemäß Angaben des Herausgebers um eine „moderne" Kopie des Briefes. In der Figur ist der Punkt [E] irrtümlich mit «B» bezeichnet.

Abb. 10.40 Ms. Gal. 150, c.
135*r*

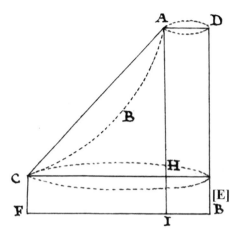

Die erwähnte Quadratur ist in Torricellis Abhandlung De infinitis hyperbolis (OT, I_2, S. 233)
zu finden:

Es sei die Hyperbel ABC ($xy^2 = 1$) mit den Asymptoten ED, EF gegeben. EG sei die
mittlere Proportionale zu ED und EH. Wegen $EG^2 : EH^2 = ED : EH = HC^2 : DA^2$ ist daher
EG : EH = HC : DA, d. h. die Rechtecke GI und HF sind flächengleich (Abb. 10.41).

Aufgrund von Nr. XLI (Theorem I) ist das Rechteck DI gleich der oberhalb der Strecke IA
liegenden, sich ins Unendliche erstreckenden Hyperbelfläche. Ebenso ist ☐HF (und damit
☐GI) gleich der oberhalb der Strecke FC liegenden Hyperbelfläche. Somit ist ☐GA =
☐EA − ☐GI = ☐EA − ☐HF gleich der Differenz der beiden Hyperbelflächen, das
heißt, das Rechteck GA ist gleich dem gemischtlinigen Vierseit ABCFI.

Nun bestimme man den Punkt L so, dass ED : GD = EI : IL (Abb. 10.42 links). Dann ist
☐AL = ☐GA, d. h. das Rechteck AL ist ebenfalls gleich dem Vierseit ABCFI. Folglich

Abb. 10.41 .

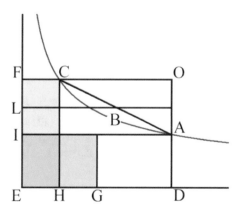

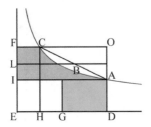 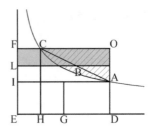

Abb. 10.42 .

ist das Rechteck LO gleich dem Dreieck AOC zusammen mit dem Hyperbelsegment ABC (Abb. 10.42 rechts).

Schließlich ist ED : EG = EF : EI[78] $\Rightarrow$ ED : (ED – EG) = EF : (EF – EI), somit ED : GD = EF : IF. Der Punkt L wurde aber so bestimmt, dass ED : GD gleich EI : IL ist. Folglich sind EF, IF, LF stetig proportional.[79]

Korollar: Das Hyperbelsegment ABC, zusammen mit dem umbeschriebenen Dreieck AOC, ist gleich dem Rechteck, gebildet aus OF und der dritten Proportionalen LF zu EF und IF. Folglich verhält sich das Rechteck DEF zum Hyperbelsegment ABC zusammen mit dem Dreieck AOC wie EF zu LF, bzw. wie EF^2 zu IF^2. Durch „Verhältnisvertauschung" (Euklid V, 12) ergibt sich daraus: IF^2 : (Segment ABC + $\triangle$AOC) = $\square$DEF : EF^2 = DE : EF.

XLVI.

Am 17. März 1646 schrieb Torricelli an Michelangelo Ricci:[80]

> Endlich habe ich jenen Brief Robervals erhalten[81], der mir von Pater Mersenne vor langer Zeit versprochen worden war. [...]
>
> Er legt ein Problem vor, das ihm außerordentlich gefällt, dennoch habe ich, nachdem ich den Brief erhalten hatte, den Beweis dafür gefunden, noch bevor ich nach Hause zurückgekehrt bin. Ich werde es [das Problem] auch Ihnen zukommen lassen. [...] Mein Beweis geht nach Art der Alten vor, und ich verwende nur eine einzige Proposition des ersten Buches von Euklid.[82]

---

[78] EG ist mittlere Proportionale zu ED und EH, daher ist ED : EG = EG : EH. Wegen der Gleichheit der Rechtecke GI und HF ist aber EG : EH = EF : EI. Somit ist EG : EH = EF : EI.

[79] Aus EI : IL = EF : IF, d. h. EF : EI = IF : IL folgt durch „Verhältnisumwendung" (Euklid V, Def. 16) EF : (EF – EI) = IF : (IF – IL) bzw. EF : IF = IF : LF, daher IF ist mittlere Proportionale zwischen EF und LF.

[80] *OT*, III, Nr. 168.

[81] Brief vom 1. Januar 1646 (*OT*, III, Nr. 165; *CM*, XIV, Nr. 1415).

[82] Robervals Beweis wurde erst 1693 im *Traité des indivisibles* (S. 190–245 in *Divers ouvrages de mathématiques et de physique par Messieurs de l'Académie Royale des Sciences.* Paris 1693)

Und am 23. März schrieb er an Cavalieri:[83]

> Der französische Mathematiker Roberval hat mir heute morgen geschrieben und mir eines
> seiner Probleme vorgelegt, in Anlehnung an meinen unendlich langen Körper. Es gelang mir
> sofort, den Beweis zu finden, und ich habe auch ein weiteres [Problem] von derselben Art
> vorbereitet, um es ihm vorzulegen.

Am Schluss eines ausführlichen Briefes vom 7. Juli 1646 an Roberval, in dem er auf verschiedene Plagiatsvorwürfe (u. a. zur Zykloide, zur Tangentenmethode) und andere Einwände entgegnet, teilt er dann seine Lösung zum Robervalschen Problem mit:[84]

> Bezüglich des Beweises habe ich überhaupt nicht gezögert, denn kaum hatte ich den Satz
> gelesen, habe ich sofort erkannt, dass ihm der Beweis zukommt, den ich schon früher bei der
> Messung der unendlichen Parabeln verwendet hatte. Er wurde bereits unter den italienischen
> Freunden bekannt gemacht, und ich werde ihn hier weiter unten bei den Tangenten anfügen,
> da er eben bei den Tangenten zur Anwendung kommt, welche Dinge (mögen es auch alberne
> sein) ich alle Eurer Vertraulichkeit empfehle.

In einem ersten Hilfssatz zeigt er zunächst, wie man in einem beliebigen Punkt A der Parabel $k^{p-q} \cdot y^q = x^p (p > q)$[85] die Tangente findet: Man bestimme auf der Verlängerung des Durchmessers DC den Punkt E so, dass DE : DC = p : q ist. Dann ist AE die gesuchte Tangente. Dies wird bewiesen am Beispiel der Parabel $k^2 \cdot y^3 = x^5$:

Es sei CL = k das *latus rectum,* E der Punkt, für den DE : DC = 5 : 3 ist (Abb. 10.43):

Angenommen, die Verbindung AE treffe in einem weiteren Punkt B mit der Parabel zusammen (Abb. 10.44). Da B auf der Parabel liegt, ist $BI^5 = IC^3 \cdot CL^2$. Ferner sei der Punkt O so bestimmt, dass DE : DC = IE : IO ist.

Nun ist $AD^5 : BI^5$ zusammengesetzt aus $AD^3 : BI^3 = DE^3 : IE^3$ ([86]) $= DC^3 : IO^3$ und aus $AD^2 : BI^2 = DE^2 : IE^2 = CE^2 : OE^2$ ([87]) $= CL^2 : OP^2$. Daher ist

$$AD^5 : BI^5 = (DC^3 \cdot CL^2) : (IO^3 \cdot OP^2) = AD^5 : (IO^3 \cdot OP^2).$$

Folglich wäre $BI^5 = IC^3 \cdot CL^2 = IO^3 \cdot OP^2$.

---

veröffentlicht. Dort wird außerdem das Volumen des von der Robervalschen Figur erzeugten Rotationskörpers bestimmt.

[83] *OT*, III, Nr. 169.

[84] *OT*, III, Nr. 176; *CM*, XIV, Nr. 1485.

[85] In Analogie zum Fall der quadratischen Parabel wird hier die Konstante k als *latus rectum* bezeichnet.

[86] Da B auf der Verbindungsgeraden AE liegt.

[87] Es ist ED : CD = EI : IO, (ED – CD) : CD = (EI – OI) : OI, d. h. EC : CD = EO : OI und damit EC : EO = CD : OI = ED : EI.

Abb. 10.43 .

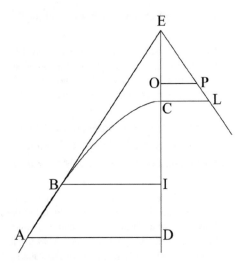

Der Punkt O wurde so bestimmt, dass IE : IO = DE : DC = 5 : 3 ist. Daher ist (IE − IO) : IO = OE : IO = (5 − 3) : 3 = 2 : 3. Es wurde aber früher bewiesen[88], dass dann das Produkt $IO^3 \cdot OE^2$ maximal ist, d. h. es ist $IO^3 \cdot OE^2 > IC^3 \cdot CE^2$ und somit

$$\frac{IO^3 \cdot OE^2}{IC^3 \cdot CE^2} = \frac{IO^3 \cdot OP^2}{IC^3 \cdot CL^2} > 1 \Rightarrow IO^3 \cdot OP^2 > IC^3 \cdot CL^2.$$

Falls die Verbindung AE die Parabel in einem weiteren Punkt B schneidet, so wurde aber vorhin gezeigt, dass dann $IO^3 \cdot OP^2 = IC^3 \cdot CL^2$ sein müsste.

Ein zweiter Hilfssatz besagt: Für alle Parallelogramme, z. B. für AB, CD ist das Verhältnis zu ihren einbeschriebenen halben Parabelsegmenten stets gleich groß, vorausgesetzt, die Parabeln sind von derselben Art.

Wir geben nur die Figur an (Abb. 10.44) und lassen den Beweis weg, er ist nämlich leicht, vor allem aber mithilfe der Indivisiblen, wenn man eine dritte Parabel im Parallelogramm BD hinzufügt und irgendwo die Strecken ef, gh einzeichnet.

Damit wird nun die Quadratur der Parabeln $y = x^{p/q}\,(p > q)$ möglich. In seinem Brief an Roberval fährt Torricelli fort:

Es sei ABC eine beliebige dieser Parabeln mit dem Durchmesser BC, der Basis AC, dem umbeschriebenen Parallelogramm FC und der Tangente AD im Punkte A (Abb. 10.45). Dem Parallelogramm FBDE wird eine weitere Parabel derselben Art einbeschrieben (oder, was

---

[88] Beweis im Anhang zu diesem Kapitel.

Abb. 10.44 .

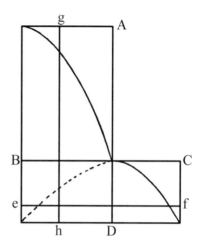

Abb. 10.45 .

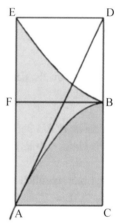

dasselbe ist, die Robervalsche Linie). Dann wird das Halbparabelsegment ABC gleich dem Trilineum ABE sein.[89]

Aufgrund aufgrund des ersten Hilfssatzes verhält sich der Exponent der Applikaten [p] zum Exponenten der Diametralen [q] wie DC zu CB, wegen der Tangente, und wie das Rechteck AC zum Rechteck FC. Aber ebenso verhalten sich die beiden Halbparabelsegmente EBD, ABC zusammen zum Halbparabelsegment ABC, aufgrund des zweiten Hilfssatzes. Gemäss Euklid V, 19 wird sich die Restfläche EBA bzw. die ihr gleiche Fläche ABC zur Restfläche FBA verhalten wie das Ganze zum Ganzen, das heißt wie der Exponent der Applikaten zum Exponenten der Diametralen. Durch Verhältnisumkehr und -zusammensetzung wird offensichtlich, dass sich deshalb jedes beliebige Rechteck zu dem ihm einbeschriebenen Halbparabelsegment verhält wie die Summe der Exponenten zum Exponenten der Applikaten [$(p + q) : p$].

---

[89] Ist AB der Bogen einer Parabel $y = x^{p/q}$ ($p > q$) so lautet die Gleichung der dem Parallelogramm FBDE einbeschriebenen Parabel: $y = \frac{p-q}{q} \cdot x^{p/q}$. Mittels Integralrechnung ist dann leicht zu zeigen, dass das Trilineum ABE und das Halbparabelsegment ABC tatsächlich flächengleich sind.

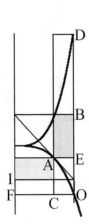 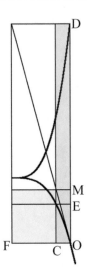

Abb. 10.46 .

Für den Beweis, den er auf einem separaten Blatt mitgeliefert hat, benötigt Torricelli zwei Hilfssätze:

Lemma I: *Ein beliebiges, einer Robervalschen Figur einbeschriebenes Rechteck* AB *ist stets kleiner als das in der erzeugenden Figur liegende Rechteck* FA.

Legt man nämlich die Tangente in A und vervollständigt die Figur (Abb. 10.46 links), so ist ☐AB = ☐AI (Euklid I, 43: Gnomonsatz), und damit ist offensichtlich ☐AB < ☐FA.

Lemma II: *Das umbeschriebene Rechteck* CD *aber ist größer als ein anderes, der erzeugenden Figur umbeschriebenes Rechteck* FE.
Legt man nämlich die Tangente in O und vervollständigt die Figur (Abb. 10.46 rechts), so ist ☐CD = ☐FM. Folglich ist ☐CD > ☐FE.

Theorem: *Ist* ABCDE *irgendein Teil der Robervalschen Figur, so ist dieser gleich der Figur* BGC.

BEWEIS: Es sei BCDE ein endlicher Teil der Figur. Der Teil sei zunächst größer (Abb. 10.47 links). Man halbiere das Rechteck BK so lange, bis HE kleiner ist als der Überschuss über die Figur BGC. Nun beschreibe man dem Trilineum BCE eine aus den Rechtecken RD, KL, …, IO von gleicher Breite bestehende Figur ein (Abb. 10.47 links). Die einbeschriebene Figur ist aufgrund der Konstruktion noch immer größer als die Figur BGC, im Widerspruch zu Lemma I.

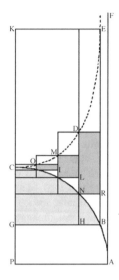
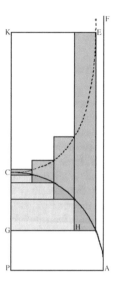

Abb. 10.47 .

Es sei nun der Teil BCDE kleiner. Dann halbiere man BK so lange, bis HE kleiner ist als die Differenz zur Figur BGC. Nun beschreibe man dem Trilineum BCE eine aus Rechtecken von gleicher Breite bestehende Figur um (Abb. 10.47 rechts). Dann wird die umbeschriebene Figur noch immer kleiner sein als die Figur BCE, was nicht sein kann, denn aufgrund von Lemma II ist jede dem Trilineum BCE umbeschriebene Figur größer als irgendeine andere, der Figur BGC umbeschriebene Figur, w.z.b.w.

Das bisher Gesagte gilt auch für den Fall, dass sich die Robervalsche Figur ins Unendliche erstrecken sollte. Angenommen, es sei APC größer als ACEF, dann wäre irgendein Teil von APC, beispielsweise BGC, gleich ACEF (Abb. 10.47 links), was offensichtlich absurd ist, denn es wurde bewiesen, dass BGC gleich einem Teil der Robervalschen Figur ACEF ist.

Ebenso führt auch die Annahme, APC sei kleiner als ACEF, auf einen Widerspruch. Also ist das Trilineum APC gleich der Robervalschen Figur ACEF.

Wie Torricelli an Cavalieri schrieb, hatte er seinen Beweis auch an Ricci in Rom gesandt, was zu Spannungen zwischen den beiden führte:

Den anderen Streit führe ich mit Herrn Michel Angelo Ricci in Rom. Dem besagten Herrn sandte ich im vergangenen März meinen von mir auf die unendlich langen Robervalschen Figuren angepassten Beweis. In den vergangenen Wochen sandte ich demselben den auf die Quadratur der unendlich vielen Parabeln auf zwei Arten angewandten Beweis. Während ich erwarte, dass er mir dankt, finde ich, dass er sagt, auch er habe jenen meinen Beweis auf die Quadratur der Parabeln angepasst, und er beansprucht dasselbe Recht darauf wie ich. Erstens gehört der grundlegende Beweis unbestritten mir, und er gibt dies zu. Noch bevor er mir Anlass dazu gab, sandte ich ihm die Anwendung auf die Parabeln; und nun sagt er mir in seiner Antwort, dass er diese Anwendung [bereits] besessen habe, und er sagt, was mich mehr schmerzt, er habe bereits veranlasst, dass diese seine Dinge in einem bald erscheinenden Buch des Herrn Antonio Nardi gedruckt werden sollen...[90]

Ricci hatte nämlich etwas mehr als ein Jahr zuvor an Torricelli geschrieben:

> Ich bedaure außerordentlich, dass Sie mir Ihren Beweis zu den unendlich vielen Parabeln gesandt haben, ohne mir zuvor anzukündigen, ihn senden zu wollen, denn ich hätte ihn Ihnen zuerst gesandt, damit Sie meine Methode gesehen hätten, die in der Tat nicht von der Ihrigen verschieden ist, außer in einem zufälligen Lemma, um Sie von jedem Verdacht zu befreien, dass ich mich mit Ihren Erfindungen hätte rühmen wollen. [...] Da ich Herrn Antonio Nardi mitgeteilt habe, diese seit dem vergangenen März gefunden zu haben und damals den Beweis dafür aufschrieb, mit derselben Figur, die Sie mir geschickt haben [...] Dies sage ich nur deshalb, weil ich meinen Beweis dem Herrn Antonio versprochen habe, und ich kann nicht vom Festhalten an meinem Wort abrücken. Andererseits trage ich gewissenhaft Sorge zu Ihrer Gunst, und ich möchte nicht, dass Sie mir aus irgendeinem Verdacht die von Ihnen entgegengebrachte Zuneigung entziehen.[91]

Der Streit scheint aber später beigelegt worden zu sein (das angebliche Buch Nardis wurde nie gedruckt), denn im Brief, den Torricelli am 7. November 1646 an Ricci schrieb, ist nichts mehr davon zu spüren.[92] Im Gegenteil, denn Torricelli kündigt dort sogar an, Ricci seinen Beweis zum Problem XXV zu senden.

XLVII.

Der Satz bezieht sich auf ebene symmetrische Figuren *(diametrum habente)* bzw. auf Rotationskörper *(axim habente)*. Er findet sich auch in der Abhandlung *De centro gravitatis planorum ac solidorum:*

Proposition: In jeder Figur, die einen Durchmesser [d. h. eine Symmetrieachse] besitzt, teilt der Schwerpunkt den Durchmesser so, dass sich der Abschnitt bis zum Scheitel [d. h. zum einen Ende des Durchmessers] zum restlichen Abschnitt verhält wie alle Produkte aus der Applikate und dem Durchmesserabschnitt bis zum Scheitel zu allen Produkten aus derselben Applikate mit dem restlichen Durchmesserabschnitt.

Bei einer räumlichen Figur mit einer Achse teilt der Schwerpunkt die Achse so, dass sich der Abschnitt bis zum Scheitel zum restlichen Abschnitt verhält wie alle Körper über dem Quadrat der Applikaten als Basis[93] und den Achsenabschnitten bis zum Scheitel als Höhe zu allen Körpern über ebensolcher Basis und dem anderen Achsenabschnitt als Höhe.[94]

---

[90] Torricelli an Cavalieri am 14. Juli 1646 (*OT*, III, Nr. 182).

[91] Am 23. Juni 1645 (*OT*, III, Nr. 151).

[92] *OT*, III, Nr. 187.

[93] Bei den Rotationskörpern sind die Indivisiblen Kreisflächen, die proportional zu den Quadraten der jeweiligen Applikaten sind.

[94] *OT*, I$_2$, S. 216–217.

Übertragen in die moderne Sprache der Infinitesimalrechnung lautet dieser in der „*omnes*-Sprache" der Indivisiblengeometrie gehaltene Satz wie folgt: Der Schwerpunkt einer symmetrischen ebenen Figur teilt die Achse (Länge h) in die Abschnitte e und $h - e$ im Verhältnis

$$e : (h - e) = \int\limits_0^h x \cdot f(x) dx : \int\limits_0^h (h - x) \cdot f(x) dx,$$

bzw. im Falle einer räumlichen Figur

$$e : (h - e) = \int\limits_0^h x \cdot [f(x)]^2 dx : \int\limits_0^h (h - x) \cdot [f(x)]^2 dx,$$

woraus sich die bekannten Formeln

$$e = \frac{\int\limits_0^h x \cdot f(x) dx}{\int\limits_0^h f(x) dx} \quad \text{bzw.} \quad \frac{\int\limits_0^h x \cdot [f(x)]^2 dx}{\int\limits_0^h [f(x)]^2 dx}$$

für die Bestimmung des Schwerpunkt ergeben.

In einem Scholium fügt Torricelli noch eine wichtige Ergänzung zu der obigen Proposition hinzu, welche sich auf Figuren bezieht, die nicht durch einfache Funktionen beschrieben werden können. Die für das Verständnis wichtige dazugehörige Figur (Abb. 10.52) fehlt übrigens in der Faentiner Ausgabe von 1919:

> Applikaten werden bei den ebenen Figuren die Linien [senkrecht zum Durchmesser] genannt, bei den räumlichen Figuren jedoch die ebenen Schnitte [senkrecht zur Achse], wobei von diesen Applikaten nur jener Teil zu nehmen ist, der innerhalb der gegebenen Figur liegt, auch wenn er sich nicht bis zur Achse erstreckt.

Am 7. April 1646 schrieb Torricelli an Cavalieri:

> …ich weiß nicht, ob schon jemand auf das umfassende Theorem gekommen ist, ich glaube sogar, dass niemand je gedacht hat, dass es ein solches geben könnte; und doch gibt es eines, und es lautet so: Der Schwerpunkt schneidet die Achse oder den Durchmesser sowohl bei ebenen als auch bei räumlichen Figuren so, dass der zum Scheitelpunkt gerichtete Teil sich zum restlichen Teil verhält wie alle Produkte *(omnes ductus)* der Applikaten mit den gegen den Scheitelpunkt hin gerichteten Achsenabschnitten zusammen zu allen Produkten der Applikaten mit den restlichen Achsenabschnitten zusammen.[95] Sie sehen, dass jene Produkte bei ebenen Figuren Rechtecke sein werden, bei den räumlichen Figuren werden es Körper [Zylinder] sein.

---

[95] *Centrum gravitatis ita secat axem sive diametrum tam in planis, quam in solidis figuris, ut pars versus verticem sit ad reliquam ut sunt omnes ductus applicatarum in omnes diametri portiones versus verticem abscissas ad omnes ductus eorumdem applicatarum in reliquas diametri portiones.*

Sie werden sofort erkennen, dass dies ein Korollar aus dem Beweis ist, den ich Ihnen bezüglich des Körpers geschickt habe, der von einer durch die äußersten Applikaten verlaufenden Ebene geschnitten wird. Nichtsdestotrotz habe ich einen direkten Beweis gefunden…

Es sei irgendeine ebene Figur ABCD mit dem Durchmesser CA und dem Schwerpunkt E gegeben. Ich behaupte, dass sich CE zu EA verhält wie alle aus den Applikaten und dem Abschnitt des Durchmessers bis zum Scheitel gebildeten Rechtecke (von denen DI × IC eines ist) zusammen zu allen aus denselben Applikaten und dem restlichen Abschnitt des Durchmessers gebildeten Rechtecken (von denen DI × IA eines ist) zusammen.[96]

Torricellis Beweis ist äußerst elegant, mit dem einzigen „Makel", dass es ein Indivisiblenbeweis ist. Er fügt der Figur ABCD eine zweite kongruente Figur CFGH mit dem Schwerpunkt O an, deren Durchmesser CG auf der Verlängerung des Durchmessers AC der ersten Figur liegt (Abb. 10.49):

Sodann wird die Gesamtfigur im Punkt C aufgehängt. Das Moment der beliebig gewählten Applikate DI wird sich zum Moment der entsprechenden Applikate HL verhalten wie das Rechteck DI × IC zum Rechteck HL × LC. Daher werden sich alle Momente der Figur ABCD zusammen zu sich allen Momenten der Figur CFGH zusammen verhalten wie alle Rechtecke DI × IC zusammen zu allen Rechtecken HL × LC zusammen. Aber auch das Verhältnis CE : CO ist gleich dem Verhältnis der Momente der beiden Figuren. Folglich ist CE : CO (= CE : EA) gleich dem Verhältnis aller Rechtecke DI × IC zusammen zu allen Rechtecken HL × LC zusammen, *w.z.b.w.*

Abb. 10.48 Ms. Gal. 146, c. 116*r*

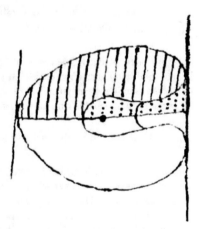

Torricelli fasst hier die Fälle der ebenen und räumlichen Figuren in einer einzigen Formulierung zusammen, wobei aber bei den räumlichen Figuren unter „Applikate" das Quadrat der jeweiligen Applikaten zu verstehen ist.

[96] *OT*, III, Nr. 170. – Gleichentags schrieb Torricelli auch einen ähnlichen Brief an Michelangelo Ricci, wobei er sich allerdings auf die blosse Mitteilung (ohne den Beweis) des von ihm gefundenen Satzes beschränkte (*OT*, III, Nr. 171).

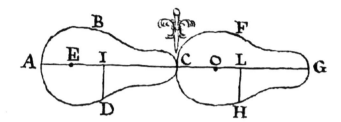

Abb. 10.49 Ms. Gal. 150, c. 132*r*

Der Brief endet mit der Bitte:

Ich flehe Sie an, den Beweis niemandem mitzuteilen, denn ich habe das Theorem den Freunden in Rom vorgelegt, und ich werde es vielleicht auch in Frankreich vorlegen, wobei ich ihn [den Beweis] einzig Ihnen mitgeteilt habe.

Allerdings ist Torricellis Satz nur zur Schwerpunktsbestimmung von einfachen Figuren geeignet, denn bei beliebig geformten Figuren stößt die Bestimmung des *omnes-ductus*-Verhältnisses mithilfe der Indivisiblengeometrie auf erhebliche Schwierigkeiten, die erst dank der Integralrechnung gemeistert werden können. Offenbar hat Cavalieri auf dieses Problem hingewiesen (sein Brief ist allerdings nicht überliefert), denn am 21./28. April 1646 schrieb Torricelli:

Was die Bestimmung jener Verhältnisse der *omnes ductus ad omnes ductus* betrifft, so habe ich nichts vorzuweisen, und ich habe nicht weiter danach gesucht, da ich es für eine sehr verwickelte Angelegenheit halte. Es genügt mir, das reine Theorem und das universale Gesetz für den Schwerpunkt gefunden zu haben.[97]

XLVIII.

Mersenne hatte 1644 geschrieben:

Niemand, abgesehen von unserem Geometer [Roberval], hat meines Wissens bis heute zeigen können, wie groß die Oberfläche des schiefen Kegels ist und welcher Fläche sie gleich ist.[98]

In seinem ausführlichen, an Torricelli gerichteten, aber wohl nie abgeschickten Brief schrieb Roberval:

---

[97] *OT*, III, Nr. 172.

[98] *Cogitata physico-mathematica* Hydraulica pneumatica, S. 77: «Nullus, quod sciam, hactenus demonstrare potuit, praeter nostrum Geometram, coni scaleni quanta sit superficies, & cui spatio sit aequalis.» – Spätere Lösungen von Varignon, Leibniz und Euler werden diskutiert in Daniel J. Curtin: The surface area of a scalene cone as solved by Varignon, Leibniz, and Euler. *Euleriana* **1** (1), 2021, 10–41.

Zu den schiefen und auch zu den geraden zylindrischen und konischen Oberflächen haben wir beachtliche Ergebnisse.[99]

Leibniz, der anlässlich seines Pariser Aufenthalts in den Jahren 1672–76 mit Roberval Bekanntschaft schloss, erzählt:

> Gilles Roberval bestätigte mir als jungem Mann, die Erklärung [für die Oberfläche des schiefen Kegels] sei ihm bekannt; er hat mir aber nicht gesagt, was er [gefunden] habe, und in seinen Papieren habe ich nichts entdeckt.[100]

XLIX.

Eine Konsequenz aus der Guldinschen Regel.

L.

Über die Ereignisse im Zusammenhang mit dem Problem der Zykloide wurde im Kap. 5 ausführlich berichtet.

LI.

Dieses Theorem ist äquivalent zu der bekannten Formel

$$\int x^n dx = \frac{1}{n+1} \cdot x^{n+1} [+C].$$

Es spielt eine wichtige Rolle bei der Bestimmung des Schwerpunktes der Segmente der unendlich vielen Parabeln $y = x^n (n \in \mathbb{N})$ sowie des Volumens der parabolischen Spindel (des Rotationskörpers, der bei Rotation eines Parabelsegments um die Basis entsteht).[101]

Unter den Bezeichnungen „erste Parabel" und „letzte der Parabeln" versteht Torricelli offenbar den Fall $n = 1$ bzw. den Grenzfall $n \to \infty$ (wobei mit „Parabel" stets das Parabelsegment gemeint ist).

Zu Abb. 10.50: Alle n-ten Potenzen der Linien des Parallelogramms ABCD zusammen sind gleich $b \cdot a^n$. Alle n-ten Potenzen der Linien des Dreiecks ABC zusammen sind gleich

---

[99] *OT*, III, Nr. 215; *CM*, XV, Nr. 1623.

[100] *Miscellanea Berolinensia*, III (1727), S. 285: «Robervallius, me juvene ajebat, ejus explanationem sibi esse nota, sed qualem habuerit non dixit. Nihilque ea de re inter ejus schedas repertum accepi.»

[101] Kepler beschreibt die parabolische Spindel in seiner *Stereometria doliorum* (1615), ohne aber ihr Volumen bestimmen zu können. Deren Kubatur war allerdings schon früher dem arabischen Mathematiker Ibn al-Haitham gelungen, indem er eine Summenformel für die vierten Potenzen der natürlichen Zahlen entwickelte (bei Anwendung der Methoden der Infinitesimalrechnung führt das Problem auf die Integration einer Polynomfunktion vierten Grades). Siehe dazu WIELEITNER [1931, S. 202–203].

Abb. 10.50 Ms. Gal. 142, c. 39v

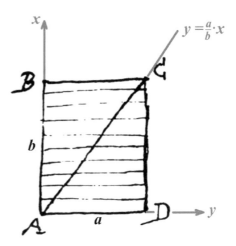

$$\int\limits_{0}^{b} \left(\frac{a}{b}\right) \cdot x)^n dx = (\frac{a}{b})^n \cdot \frac{1}{n+1} \cdot b^{n+1} = \frac{1}{n+1} \cdot b \cdot a^n.$$

In der Exercitatio IV («worin, um die Nützlichkeit und die Kraft der Indivisiblen noch mehr zu verdeutlichen, ihre Anwendung in kossischen oder algebraischen Potenzen erklärt wird»[102]) schreibt Cavalieri in der Einleitung:

Unter den Problemen, die der scharfsinnigste Kepler den Mathematikern zur Untersuchung vorlegte, betreffen die berühmtesten die Messung des Volumens der beiden Körper, die in seiner *Stereometria doliorum* als parabolische und hyperbolische Spindeln (weil jene aus der Parabel, diese jedoch aus der Hyperbel erzeugt wird, wenn beide dieser Figuren um ihre eigene Basis gedreht werden) bekannt gemacht wurden.

Als ich also über die Messung der Körper nachdachte, geschah es, dass ich, gleichsam mit dem geistigen Spaten in dem Feld der Geometrie grabend, mich bückend unerwartet auf einen Schatz stieß, der meiner Meinung nach viel wertvoller ist als das Mass dieser Körper. Dieses ergab sich danach, jedoch unter der Annahme, was die hyperbolische Spindel betrifft, dass die Quadratur der Hyperbel vorausgesetzt wird.

Da ich allerdings vor allem über die parabolische Spindel nachdachte, bemerkte ich, dass man ihr Maß erhalten kann, falls, wenn man in einem beliebig gegebenen Parallelogramm die Diagonale zieht und eine beliebige seiner Seiten als *Regula* nimmt, das Verhältnis aller Biquadrate [der Linien] des Parallelogramms zu allen Biquadraten [der Linien] eines der von der Diagonalen erzeugten Dreiecke bekannt ist. Als ich also suchte, fand ich schließlich, dass dieses Verhältnis gleich dem Fünffachen ist.

---

[102] «in qua, ad indivisibilium utilitatem et energiam amplius declarandam, usus eorundem in potestatibus cossicis seu algebraicis explicatur».

LII.

Es sei $\mathcal{P}$ die Parabel $y = x^{p/q} (p, q \in \mathbb{N}, x \geq 0)$, $\mathcal{R}$ das umbeschriebene Rechteck. Dann ist das Verhältnis aller Potenzen der Applikaten *(omnes dignitates applicatarum)* des Rechtecks zu allen Potenzen desselben Grades der Applikaten *(omnes dignitates ejus gradus applicatarum)* der Parabel gleich

$$\mathcal{O}_{\mathcal{R}}(\ell^n) : \mathcal{O}_{\mathcal{P}}(\ell^n) = (nq + p) : p$$

Es ist nämlich (in moderner Schreibweise):

$$\mathcal{O}_{\mathcal{R}}(\ell^n) = \int\limits_0^{t^{p/q}} y^n dy = t^{n+\frac{p}{q}}, \mathcal{O}_{\mathcal{P}}(\ell^n) = \int\limits_0^{t^{p/q}} y^{nq/p} dy = [\frac{p}{nq+p} y^{\frac{nq}{p}+1}] = \frac{p}{nq+p} t^{n+\frac{p}{q}}.$$

LIII.

In seinem Brief vom 1. August 1645 an Torricelli berichtete Cavalieri über seine Begegnung mit Mersenne, der ihn auf seiner Heimreise nach Paris in Bologna aufgesucht hatte. Er erwähnt darin das Problem, das im *Racconto* unter der Nr. LIII erscheint. Angeblich noch am Tag des Empfangs dieses Briefes hat Torricelli die Aufgabe gelöst und den dazugehörigen Beweis nach Bologna geschickt, wie er am 12. August 1645 an Michelangelo Ricci schrieb:

> Der Pater Bonaventura schrieb mir vergangene Woche, und ich füge hier einen Abschnitt aus seinem Brief bei:
>
> «Bei dieser Gelegenheit sagte ich ihm [dem Pater Mersenne], dass ich damit beschäftigt sei, über ein noch nicht verstandenes Problem nachzudenken, das ich ihm angeben musste, da er mich dazu drängte, um es dem Herrn Roberval weiterzugeben. Ich sagte, es sei kein Problem für Seinesgleichen, trotzdem wollte er, dass ich es ihm mitteile, und es lautet wie folgt:
>
> Es sei über der Basis ACB ein säulenförmiger (oder zylindrischer, wie ich ihn in meiner *Geometria* nenne) Körper ADEBCF gegeben, wobei DFE die gegenüberliegende Basis sei, auch sie eine gleiche und gleich ausgerichtete Parabel wie ACB. Man lege sodann eine Ebene durch die Strecke AB und den Scheitel F der Parabel DFE (Abb. 10.51). Nun sagte ich, dass ich das Verhältnis der beiden von der Ebene AFB erzeugten Teilstücke des besagten Körpers suche. Ich habe dann nicht mehr weiter darüber nachgedacht, doch aus einer gewissen Analogie heraus vermutete ich, dass sie sich zueinander wie 5 zu 2 ([103]) verhalten.»
>
> Dies sind die genauen Worte des Bruders Bonaventura. Ich dachte sogleich darüber nach und fand sofort den Beweis, und sandte ihm am selben Tag, an dem ich den Brief erhalten hatte, die Antwort. Ich werde auch Ihnen meine Gedanken bekanntgeben, wobei ich es Ihnen überlasse, sie den Herren dort mitzuteilen, falls Sie es für richtig halten.[104]

---

[103] Das korrekte Verhältnis ist 3 : 2.

[104] *OT*, III, Nr. 94. – Das dort angegebene Datum vom 12. August 1644 ist falsch, denn Torricelli gibt in diesem Brief einen Auszug aus Cavalieris Schreiben vom 1. August 1645 (*OT*, III, Nr. 154) wieder.

Abb. 10.51 Ms. Gal. 150,
c. 107*v*

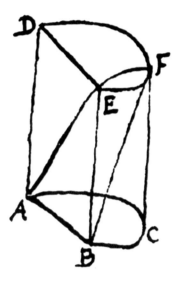

Der Brief an Cavalieri mit dem erwähnten Beweis ist nicht überliefert. Cavalieri schrieb
aber am 8. August nach Florenz:

> Ich habe Ihren äußerst willkommenen [Brief] erhalten und mit Bewunderung die Lösung des
> Problems und sogar noch mehr gesehen, wenn ich auch, als ich nachgedacht hatte, schließlich
> ebenfalls die allgemeine Lösung für sämtliche Parabeln gefunden habe. Ich glaube sodann
> geirrt zu haben, als ich schrieb zu vermuten, dass das Verhältnis der Teile des Körpers im Falle
> der quadratischen Parabel sei gleich 5 zu 2, das sich als Verhältnis des ganzen Körpers zum
> oberen Teil erweist, wie Sie beweisen.[105]

In der Abhandlung *De centro gravitatis planorum ac solidorum*[106] schreibt Torricelli:

> Der berühmteste Geometer Cavalieri berichtete mir[107], dass er den Pariser Mathematikern
> durch Vermittlung von Pater Marin Mersenne eine Aufgabe der folgenden Art vorgelegt habe:
>
> Wird ein zylindrischer Körper AD, über der Basis CBA, welche entweder ein gewöhnliches
> Parabelsegment oder irgendeine andere, einen Durchmesser aufweisende [symmetrische] Figur
> ist, von der Ebene CDA geschnitten, so ist das Verhältnis der Teile gesucht.
>
> Es sei die Figur ABC mit dem Durchmesser BE gegeben; ihr Schwerpunkt sei F (Abb. 10.52).
>
> Ich behaupte, dass sich der zwischen drei ebenen und der gekrümmten Fläche liegende
> [untere] Teilkörper zum restlichen, zwischen zwei ebenen und der gekrümmten Fläche liegen-
> den [oberen] Teilkörper wie die Strecken BF und FE verhalte.

---

[105] *OT*, III, Nr. 155.

[106] *OT*, I₂, S. 215–216.

[107] Der Brief Cavalieris vom 1. August 1645 (*OT*, III, Nr. 154) ist nur in einer später entstandenen
Kopie überliefert.

Abb. 10.52 Ms. Gal. 146,
c. 113v (Kopie Serenai)

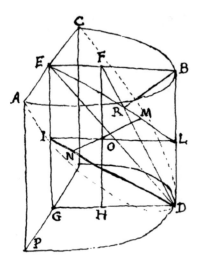

Zieht man nämlich die Achse FH des gesamten Körpers sowie die Verbindung IOL, welche EG und EG und BD halbiert und die Verbindungen EL, DI, so ist offensichtlich der Mittelpunkt O der Achse FH der Schwerpunkt des gesamten Körpers. Der Schwerpunkt des oberen Teilkörpers ABCD aber wird auf der Strecke EL, jener des unteren Teilkörpers auf DFI liegen (dies wird leicht bewiesen: Wird nämlich der gesamte Körper von einer beliebigen Ebene parallel zu CP geschnitten, so wird der Schwerpunkt des im oberen Teilkörper erzeugten Rechtecks auf der Strecke EL liegen, wie das im unteren Teilkörper erzeugten [Rechteck] seinen Schwerpunkt auf der Strecke DI haben wird; deshalb liegt der Schwerpunkt aller Rechtecke des oberen Teilkörpers zusammen auf der Strecke EL, und Gleiches gilt für den unteren Teilkörper).

Es sei nun irgendein Punkt M auf EL der Schwerpunkt des Teilkörpers ABCD, und es werde MON gezogen, so wird N der Schwerpunkt des unteren Teilkörpers sein, und es wird sich der untere Teilkörper zum oberen Teilkörper umgekehrt wie MO zu ON verhalten, oder wie LO zu OI, das heißt wie BF zu FE, w.z.b.w.

Dem Beweis, der mit jenem in Torricellis Brief an Michelangelo Ricci vom 12. August[108] übereinstimmt, ist das folgende Scholium[109] angeschlossen:

Ist aber ein derartiger, von irgendeiner Parabel abstammender Körper gegeben, so soll der Schwerpunkt der Teilkörper bestimmt werden. Der Schwerpunkt des Teilkörpers ABCD *ergibt sich als Schnittpunkt R der Geraden DF und EL. Die ebenen Schnitte parallel zu den Grundflächen ergeben nämlich im Körper* ABCD *lauter Parabelsegmente, deren Schwerpunkte auf der Geraden DF liegen. Folglich liegt der Schwerpunkt dieses Teilkörpers auf DF. Da er aber auch auf EL liegt, ist R der gesuchte Schwerpunkt.*

Ferner behaupte ich, dass sich ER zu RL wie 4 : 3 verhält. Das Dreieck BDF verhält sich nämlich zum Dreieck EDF wie 3 : 2, ebenso wie das Teildreieck BRF zum Teildreieck ERF,

---

[108] *OT*, III, Nr. 94. – Siehe dazu auch Anm. 101.

[109] Die Bezeichnung „Scholium" ist nur in Serenais Kopie (Ms. Gal. 146, c. 113v) zu finden.

usw.[110] *Wenn wir schließlich die Verbindung* RO *bis zum Schnittpunkt mit* ID *verlängern, so werden wir den Schwerpunkt des anderen Teilkörpers erhalten.*[111]

LIV

Im Unterschied zu dem in der Nr. LIII betrachteten Körper bestehen hier die gegenüberliegenden Grundflächen aus zwei an der gemeinsamen Basis AB zusammengefügten kongruenten halben Parabelsegmenten ABF bzw. ABC. Die Schnittebene wird durch die Durchmesser FA, AC der beiden Parabelsegmente gelegt (Abb. 10.53).

Torricelli behandelt diese Aufgabe in der Abhandlung *De infinitis parabolis*[112]: Er betrachtet zunächst den „parabolischen" Zylinder DCAEFG (Abb. 10.54 und 10.55A) mit den aus den halben Parabelsegmenten ACD, EFG (mit den Durchmessern DA bzw. GE und den Basen DC bzw. GF) bestehenden Grundflächen, zusammen mit dem umbeschriebenen Quader AICDGEHF (Abb. 10.58). Dieser Zylinder werde von der Ebene ADFH geschnitten, wodurch er in die Teilkörper **C** und **E** zerfällt (Abb. 10.59). Gesucht ist der Schwerpunkt des oberen Teilkörpers **C**.

Abb. 10.53 Ms. Gal. 146, c. 80*r*.

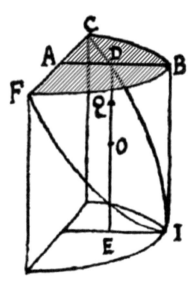

[110] Folglich verhält sich das Restdreieck LRD [= $\frac{1}{2}$ △BRD], zum Restdreieck EDR wie 3 : 4, und daher teilt der Schwerpunkt R die Strecke EL im Verhältnis ER : RL = 4 : 3.

[111] Ms. Gal. 146, c. 51*v*; *OT*, I₂, S. 216.

[112] Ms. Gal. 141, c. 293*r*-294*v*; *OT*, I₂, S. 317–320.

Denkt man sich das Ganze an der Ebene DCFG gespiegelt, so entspricht der Körper **A** (Abb. 10.55) zusammen mit seinem Spiegelbild dem in der Nr. LIV vorgelegten Zylinder. Schon früher hatte Torricelli gezeigt, dass der Schwerpunkt der Fläche ACA′ die Strecke CD im Verhältnis 5 : 3 teilt.[113] Die Ebene AHH′ A′ teilt daher den Zylinder und ebenso den Teilkörper **A** im Verhältnis 5 : 3.[114] Der Zylinder **A** verhält sich zum restlichen Teil **B** des umbeschriebenen Quaders wie die entsprechenden Grundflächen, im Falle einer quadratischen Parabel also wie 2 : 1.

Angenommen, der Quader AICDGEHF bestehe aus 12 Einheiten, so umfassen die Teilkörper **C** und **E** zusammen deren 8, die Teilkörper **D** und **F** zusammen deren 4. Somit besteht **C** aus 3 Einheiten, **E** aus 5 Einheiten. **C** und **D** bilden zusammen die Hälfte des Quaders, das sind 6 Einheiten. Folglich besteht auch **D** aus 3 Einheiten und ist damit gleich groß wie **C**. Schließlich bleibt für **F** noch eine Einheit übrig.

Durch den beliebigen Punkt H* ∈ DC lege man die Parallelebene zur Seitenfläche DAEG. Sie erzeugt im Teilkörper **C** die Schnittfläche H*BML, im pyramidenförmigen Teilkörper **D** die Schnittfläche BNOM (Abb. 10.54), wobei gilt:

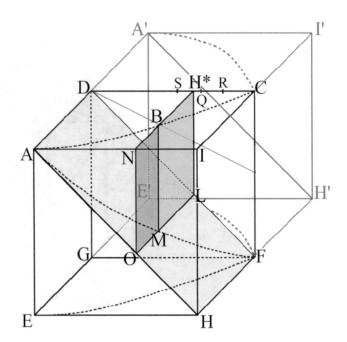

Abb. 10.54 .

---

[113] *Opera geometrica*, De dimensione parabolae, S. 33, Lemma XI. (siehe Kap. 3).
[114] Aufgrund von Nr. LIII.

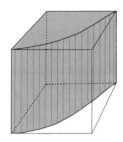

A: „parabolischer" Zylinder (8 Einheiten)   **B**: Restkörper (4 Einheiten)

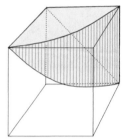

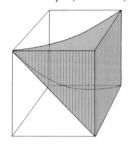

C: oberer Teilkörper (3 Einheiten)   **D**: oberer Restkörper (3 Einheiten)

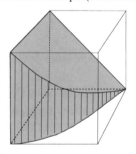

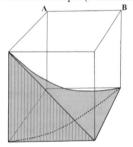

E: unterer Teilkörper (5 Einheiten)   **F**: unterer Restkörper (1 Einheit)

Abb. 10.55 .

$$\square\ CIHF : \square\ BNOM = (CI : BN) \cdot (IH : NO)$$
$$= (AI^2 : AN^2) \cdot (AI : AN) = AI^3 : AN^3.$$

Die Schnittflächen des Körpers **D** verhalten sich somit gleich wie die Ordinaten eines unter der kubischen Parabel $y = x^3$ liegenden Trilineums OXP (Abb. 10.55). Dessen Schwerpunkt liegt aber auf der Parallelen zur y-Achse durch den Punkt S, welcher die Strecke FG im Verhältnis 4 : 1 teilt.[115]

Nun stelle man sich alle bisher betrachteten Körper durch Spiegelung an der Ebene CDGF verdoppelt vor. Aus Symmetriegründen liegen die Schwerpunkte des dreiseitigen Prismas

---

[115] Torricelli beweist dies in seiner Abhandlung *De infinitis parabolis* (OT, I_2, S. 296–297).

Abb. 10.56 .

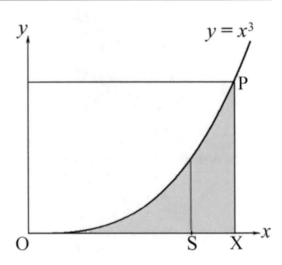

AEHH'A'E' sowie der verdoppelten Teilkörper **C** und **D** alle in der Symmetrieebene CDGF; es ist ferner auch klar, dass sie außerdem alle auf der Verbindungsgeraden von D mit dem Mittelpunkt der Strecke CF liegen. Die Strecke DC werde in 15 gleiche Teile unterteilt (Abb. 10.57). Der Schwerpunkt des dreiseitigen Prismas AHH′ A′ liegt senkrecht unter dem Punkt Q, welcher die Strecke DC im Verhältnis DE : QC = 2 : 1 teilt, der Schwerpunkt S_D des verdoppelten Körpers **D** liegt, wie eben gezeigt, senkrecht unter dem Punkt R, welcher die Strecke DC im Verhältnis 4 : 1 teilt (Abb. 10.58).

    Da bewiesen wurde, dass im vorliegenden Falle einer quadratischen Parabel der Körper **C** gleich groß ist wie der Körper **D,** liegt der Schwerpunkt des verdoppelten Körpers **C** senkrecht unter dem Punkt S, der gleich weit entfernt ist vom Punkt Q wie der Punkt R.[116] Im vorliegenden Fall einer quadratischen Parabel teilt S somit die Strecke DC im Verhältnis 8 : 7.

Abb. 10.57 .

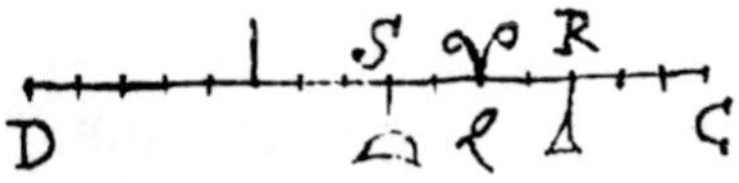

---

[116] Aufgrund von Archimedes, *Über das Gleichgewicht ebener Flächen*, I, 8.

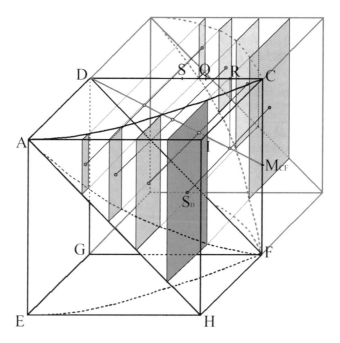

Abb. 10.58 Die grün bzw. blau gefärbten Rechtecke stellen einige Indivisiblen des Körpers **D** und seines Spiegelbilds dar. Das blau gefärbte Rechteck im Vordergrund ist die Indivisible durch den Schwerpunkt S_D des Körpers **D**. Die Schwerpunkte der Paare entsprechender Indivisiblen liegen auf der Verbindungsgeraden von D mit dem Mittelpunkt M_{CF} der Strecke CF

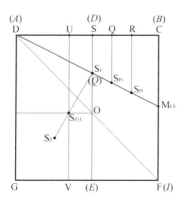

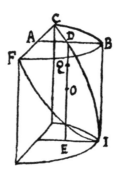

Abb. 10.59 In der Symmetriebene DCFG liegen auf der Strecke DMCF die Schwerpunkte S_D (des verdoppelten Körpers **D**), $S_{Pr.}$ (des verdoppelten Prismas CDAIHF) und S_1 (des verdoppelten oberen Teilkörpers **C**). Rechts zum Vergleich die Figur aus Abb. 10.53. – U, V sind die Schwerpunkte der Basen des Zylinders **A** mit DU : UC = GV : VF = 3 : 5. Der Schwerpunkt $S_{Zyl.}$ des untersuchten Zylinders liegt im Mittelpunkt der Strecke UV. Der Schwerpunkt S_2 des verdoppelten unteren Teilkörpers **E** liegt dann auf der Verlängerung der Strecke $S_1 S_{Zyl.}$, wobei $S_1 S_{Zyl.}$: $S_{Zyl.} S_2$ = 5 : 3 ist.

10.3   Anhang: Torricellis Beweis für den Satz: *Wird eine gegebene Strecke* PQ *im Verhältnis* m : n *in die Abschnitte* PT, TQ *geteilt, so ist das Produkt* PT^m · TQ^n **maximal.** (OT, I$_2$, S. 239)

Originaltext	*Übersetzung*
[1] Ostenditur in opere, quod si fuerit ut dignitas maior AB ad BC, ita dignitas minor DB ad BE, erit DI ad IA in maiori ratione quam maior exponens ad minorem.	Es wird [an anderer Stelle] gezeigt, falls AB^m : BC^m = DB^n : BE^n ($m > n$), dass dann □DI : □IA > m : n ist.

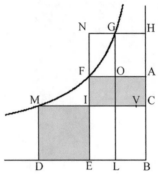

[2] Ostenditur pure sine ope hyperbolarum.	Es wird [dort] ganz ohne Zuhilfenahme der Hyperbel gezeigt.
[3] Ostensum etiam est EG ad NA minorem semper habere rationem quam exponens maior ad minorem exponentem.	Es wird auch gezeigt, dass dann stets □EG : □NA < m : n ist.
[4] Sit iam EF ad FA ut exponens ad exponentem.	Es sei nun EF : FA = m : n.
[5] Dico MI maiorem esse quam IF, sive GO maiorem quam OF.	Ich behaupte, dass MI > IF bzw. GO > OF ist.
[6] Nam DI ad IA maiorem habet rationem, quam exponens ad exponentem, sive quam EF ad FA, ergo et multo maiorem quam EI ad IC bases, quare altitudo MI maior erit quam altitudo IF.	Es ist nämlich □DI : □IA > m : n = EF : FA, also umso größer als [das Verhältnis der Grundseiten] EI : IC.
[7] In alio casu EG ad NA minorem habet rationem quam exponens major ad minorem, sive quam EF ad FA, ergo multo minorem, quam EN ad NH bases, ideo altitudo FO minor quam OG.	Im anderen Fall ist □EG : □NA < m : n bzw. < EF : FA, also umso kleiner als [das Verhältnis der Grundseiten] EN : NH, deshalb ist die Höhe FO kleiner als OG.

[8] Ita erunt EF + FA minima quantitas.	Also ist EF + FA minimal.
[9] Sit itaque EFA ita secanda ut ductus dignitatum segmentorum sit maximus.	Es sei nun eine Strecke der Länge EF + FA so zu zerlegen, dass das Produkt der Potenzen der Abschnitte maximal ist.
[10] Esto EF ad FA ut exponentes dati, dico talem ductum esse maximum.	Es sei EF : FA = m : n. Beh.: Dann ist dieses Produkt maximal
[11] Nam nisi maximus sit; ponatur maximum esse eum, cujus primum segmentum sit DM, vel LG;	Es sei nämlich nicht maximal. Das Maximum sei jenes, dessen erster Abschnitt DM oder LG ist;
[12] fiatque ut dignitas DM ad EF, ita dignitas FA ad MC, eruntque ductus DM, MC et EF, FA aequales.	Dann mache man, dass DM^m : EF^m = FA^n : MC^n ist, und so wird $DM^m \cdot MC^n$ = $EF^m \cdot FA^n$ sein.
[13] Sed rectae DMC maiores sunt rectis EFA ut supra diximus, ergo si secetur MC ita ut DMV sint aequales EFA, erit ductus DM, MV minor ductu EFA, erit ductus DM, MV minor ductu EFA.	Es ist aber DM + MC > EF + FA, wie oben gesagt wurde. Wird daher auf MC der Punkt V so bestimmt, dass DM + MV = EF + FA ist, so wird das Produkt $DM^m \cdot MV^n$ kleiner sein als $EF^m \cdot FA^n$.
[14] Sed ponebatur major etc.	Es wurde aber als größer vorausgesetzt, etc.

Erläuterungen:

[1] Siehe Kap. 4, S. 182-184.

[4] Bem.: Dann hat die Tangente an die Hyperbel $x^n y^m = k$ im Punkt F die Steigung 1.

[6] $\square DI : \square IA = \dfrac{EI \cdot MI}{CI \cdot IE} > m : n = \dfrac{EF}{FA} > \dfrac{EI}{IC}$ (da EI < EF und IC = FA).

[8] Wegen MI > IF ist MD + MI + IC > MD + IF + IC = (EI + IF) + FA = EF + FA somit ist MD + MC = (EI + IF) + FA = EF + FA. Entsprechendes gilt auch für das Rechteck LBHG. Das heißt: Von allen einbeschriebenen Rechtecken hat das Rechteck EBAF den kleinsten Umfang.

[9] Die Strecke s = EF + FA soll in die Abschnitte a und $s - a$ so zerlegt werden, dass das Produkt $a^m \cdot (s - a)^n$ maximal ist.

[10] Behauptung: Dieses Produkt ist maximal, falls $a : (s - a) = m : n$ ist.

[11-12] Es sei also z.B. DM, $s - $ DM die Zerlegung der Strecke s, für welche $DM^m \cdot (s - DM)^n$ maximal ist. Dann ist $DM^m \cdot MC^n = EF^m \cdot FA^n$. Wegen der Minimaleigenschaft von EF + FA ist aber DM + MC > EF + FA.

[13] Man bestimme daher den Punkt V so, dass DM + MV = EF + FA ist, so dass DM + MV eine weitere Zerlegung der Strecke s ist. Wegen MV < MC ist dann aber $DM^m \cdot MV^n < EF^m \cdot FA^n$, im Widerspruch zur Annahme, dass die Zerlegung DM, $s - $ DM das maximale Produkt liefert.

Glossar

Applikate: Bei Apollonius heißen die parallelen Sehnen eines Kegelschnitts, welche vom Durchmesser halbiert werden, *ordinatim applicatae* (in bestimmter Richtung gezogen). Bei Torricelli wird der Begriff auch auf Parabeln und Hyperbeln höherer Ordnung angewendet. Bei den Parabeln $y^n = kx^m$ ($m, n \in \mathbb{N}$) ist die Applikate der x-Achsenabschnitt, der zugehörige y-Achsenabschnitt heißt *Diametrale*. Bei den Hyperbeln $x^m y^n = k$ heißt der y-Achsenabschnitt *Asymptotale*.

Asympotale: siehe unter **Applikate**.

Biquadrat: Vierte Potenz.

Charakteristisches Rechteck eines geraden Kegelstumpfs: Das Produkt Mantellinie × Mittellinie (= Summe der Radien r_1, r_2 der Grund- bzw. Deckfläche) des Stumpfes.

Diametrale: Bei einer Parabel beliebiger Ordnung der zu einer bestimmten *Applikate* gehörige Durchmesserabschnitt.

Doppelter Ansatz (indirekter Beweis *per duplicem positionem*): Um die Gleichheit zweier Grössen A und B zu beweisen, wird die Unmöglichkeit der beiden Annahmen $A > B$ und $A < B$ gezeigt.

Flexilineum: Ein zwischen zwei sich schneidenden Geraden einbeschriebener, aus abwechselnd parallelen Abschnitten bestehender Streckenzug.

Impetus: Innerer Antrieb (die „eingeprägte Kraft") als Bewegungsursache eines Körpers (z. B. eines Projektils) ohne Kontakt zu einem anderen, bewegenden Körper.

Kathete eines regulären Polygons: Der Radius des einbeschriebenen Kreises.

Konoid: Rotationsparaboloid bzw. -hyperboloid.

latus rectum: Das *latus rectum* einer Parabel ist die senkrecht auf der Parabelachse stehende Sehne durch den Brennpunkt. Im Falle einer Ellipse oder Hyperbel ist das *latus rectum* die senkrecht auf der Hauptachse stehende Sehne durch einen der beiden Brennpunkte. Torricelli verwendet den Begriff auch bei den verallgemeinerten Parabeln und Hyperbeln.

Moment: Die Gewichtskraftkomponente eines auf einer schiefen Ebene ruhenden schweren Körpers in Richtung der Ebene. Unter dem *totalen Moment* eines Körpers ist die gegen den Erdmittelpunkt gerichtete Gewichtskraft zu verstehen.

© Der/die Herausgeber bzw. der/die Autor(en), exklusiv lizenziert an Springer-Verlag GmbH, DE, ein Teil von Springer Nature 2023
R. Acampora, *Evangelista Torricelli*, Mathematik im Kontext,
https://doi.org/10.1007/978-3-662-66407-0

more antiquorum (auch *more veterum*): Nach Art der Alten.

Rhombus quadratus: Der durch Rotation eines Quadrats um eine Diagonale erzeugte sphäralische Körper.

Sphäralischer Körper: Der durch Rotation eines einem Kreis ein- oder umbeschriebenen regulären Polygons um eine Symmetrieachse erzeugte Körper.

Sphäroid: Rotationsellipsoid.

Sublimität: Bei Galilei die Höhe, aus der ein Körper fallen muss, um am Ende die Geschwindigkeit zu erreichen, mit welcher derselbe Körper horizontal abgeworfen wird. Diese Höhe heißt dann auch *Sublimität* der zugehörigen (Wurf-)Parabel.

Trilineum/Quadrilineum: Ein Dreieck bzw. Viereck, von dem mindestens eine Seite von einem Kurvenbogen gebildet wird.

Abkürzungen

AC – *Die Kegelschnitte des Apollonius.* Übersetzt von Arthur Czwalina. Darmstadt 1967.

AW – *Archimedes Werke.* Übersetzt und mit Anmerkungen versehen von Arthur Czwalina. Darmstadt 1972.

CC – *Bonaventura Cavalieri. Carteggio.* A cura di Giovanna Baroncelli. Firenze 1987.

CM – *Correspondance du P. Marin Mersenne, religieux minime*, ed. Cornelis De Waard & al. 17 Bde. Paris 1933–88.

GU – *Galilei Galilei. Unterredungen und mathematische Demonstrationen über zwei neue Wissenszweige, die Mechanik und die Fallgesetze betreffend.* Hg. Arthur von Oettingen. Darmstadt 1973. [Nachdruck der Nummern 11, 24 und 25 der „Ostwalds Klassiker der exakten Wissenschaften". Leipzig 1890–1904]

OF – *Œuvres de Fermat*, éd. Paul Tannery & Charles Henry. 4 Bde. Paris 1891–96; *Supplément aux Tomes* I–IV, par Cornelis De Waard. Paris 1922.

OG – *Opere di Galileo Galilei.* Edizione Nazionale. 20 Bde. Firenze 1890–1909. – Nuova Ristampa, Firenze 1966.

OD – *Œuvres de Descartes*, éd. Charles Adam & Paul Tannery. Correspondance I–V. Paris 1897–1903.

OP – *Blaise Pascal. Œuvres complètes* I–IV, éd. Jean Mesnard. Paris 1970–92.

OT – *Opere di Evangelista Torricelli*, ed. Gino Loria & Giuseppe Vassura. Faenza 1919 (Bde. I, II,1–2, III) und 1944 (Bd. IV).

© Der/die Herausgeber bzw. der/die Autor(en), exklusiv lizenziert an Springer-Verlag   541
GmbH, DE, ein Teil von Springer Nature 2023
R. Acampora, *Evangelista Torricelli*, Mathematik im Kontext,
https://doi.org/10.1007/978-3-662-66407-0

Literatur

AGOSTINI [1930a]: Amedeo Agostini. Un brano inedito di Torricelli sulla rettificazione della spirale logaritmica, *Boll. Mat.* **9**, xxv–xxvii. – Wieder abgedruckt S. 295–299 in *Opere di Evangelista Torricelli*, vol. IV, Faenza 1944.

AGOSTINI [1930b]: Dimostrazione di una proposizione di Torricelli sulla spirale logaritmica. *Per. Mat.* (4) **10**, 143–151.

AGOSTINI [1951]: Problemi di massimo e minimo nella corrispondenza di E. Torricelli. *Riv. Mat. Univ. Parma* **2**, 265–275.

ALFANI [1908]: P. Guido Alfani. Il grande barometro dell'esposizione di Faenza. *Riv. Fis. Mat. Sci. Nat.* (Pavia) XVIII, 258–272.

ALLEGRINI [1771]: Giuseppe Allegrini. *Elogj degli uomini illustri toscani*, t. IV. Lucca.

ANDERSEN [1985]: Kirsti Andersen. Cavalieri's method of indivisibles. *Arch. Hist. Ex. Sci.* **31**, 291–367.

AUGER [1962]: Léon Auger. *Un savant méconnu: Gilles Personne de Roberval (1602–1675)*. Paris.

BAILLET [1691]: Adrien Baillet. *La vie de Monsieur Descartes*. 2 Bde. Paris.

BALDINUCCI [1728]: Filippo Baldinucci. *Notizie de' professori del disegno da Cimabue in qua. Secolo V. dal 1610 al 1670*. Firenze.

BARONCELLI [1993]: Giovanna Baroncelli. Intorno all'invenzione della spirale geometrica: Una lettera inedita di Torricelli a Michelangelo Ricci. *Nuncius* **8**, 601–606.

BEAULIEU [1986]: Armand Beaulieu. Mersenne et l'Italie. – S. 69–77 in Jean Serroy (éd.), *La France et l'Italie au temps de Mazarin*. Grenoble: Presses Universitaires.

BEAULIEU [1987]: Torricelli et Mersenne. – S. 39–51 in DE GANDT [1987].

BEAULIEU [1995]: *Mersenne, le grand Minime*. Bruxelles: Fondation Nicolas-Claude Fabri de Peiresc.

BELLONI [1975]: Lanfranco Belloni (a cura di). *Opere scelte di Evangelista Torricelli*. Torino.

BELLONI [1987]: Torricelli et son époque. Le triumvirat des élèves de Castelli: Magiotti, Nardi et Torricelli. – S. 29–38 in DE GANDT [1987].

BERARDI RAGAZZINI [1957]: Marina Berardi Ragazzini. Evangelista Torricelli letterato. *Studi Romagnoli* **8**, 199–268.

BERTRAND [1891]: Joseph Bertrand. *Blaise Pascal*. Paris: Calmann.

BERTONI [1987]: Giuseppe Bertoni. La faentinità di Evangelista Torricelli e il suo vero luogo di nascita. *Torricelliana* **38**, 85–95.

© Der/die Herausgeber bzw. der/die Autor(en), exklusiv lizenziert an Springer-Verlag GmbH, DE, ein Teil von Springer Nature 2023
R. Acampora, *Evangelista Torricelli*, Mathematik im Kontext,
https://doi.org/10.1007/978-3-662-66407-0

BIAGIOLI [2006]: Mario Biagioli. *Galileo's instruments of credit. Telescopes, images, secrecy.* Chicago.

BORTOLOTTI [1922]: Ettore Bortolotti. Le prime applicazioni del calcolo integrale alla determinazione del centro di gravità di figure geometriche. *Rend. Accad. Bologna* **26**, 207–219.

BORTOLOTTI [1925]: La memoria *De infinitis hyperbolis* di Torricelli. *Arch. Storia Sci.* **6**, 49–58, 139–152. – Auch als Nr. 8 in *Studi e ricerche sulla storia della matematica in Italia nei secoli XVI e XVII.* Bologna 1928 und S. 943–958 in *Proceedings of the International Congress of Mathematicians, Toronto 1924*, vol. II. Toronto 1928.

Bortolotti1982a BORTOLOTTI [1928a]: Le prime rettificazioni di un arco di curva nella memoria *De infinitis spiralibus* di Torricelli. *Rend. Accad. Sci. Bologna*, cl. sci. fis., N.S., **32**, 127–139.

BORTOLOTTI [1928b]: I progressi del metodo infinitesimale nell'opera geometrica di Evangelista Torricelli. *Per. Mat.* (4) **8**, 21–59.

BORTOLOTTI [1928c]: Il *De infinitis spiralibus* di Torricelli. *Per. Mat.* (4) **8**, 205–206.

BORTOLOTTI [1939]: L'*Opera geometrica* di Evangelista Torricelli. *Monatsh. Math.* **48**, 457–486. - Wieder abgedruckt S. 301–337 in *Opere di Evangelista Torricelli*, vol. IV, Faenza 1944.

BORTOLOTTI [1947]: *La storia della matematica nella Università di Bologna.* Bologna.

BOSMANS [1914]: Henri Bosmans. Le traité „De centro gravitatis" de Jean-Charles della Faille, S.J. *Ann. Soc. Sci. Bruxelles* **38**, 255–317.

BOSMANS [1920]: La nouvelle édition des œuvres de Torricelli. *Ann Soc. Sci. Bruxelles* **39**, 194–197 und **40**, 141–148.

BOSMANS [1922]: Sur une contradiction reprochée à la théorie des «indivisibles» chez Cavalieri. *Ann. Soc. Sci. Bruxelles* **42**, 82–89.

BOSSUT [1802]: Charles Bossut. *Essai sur l'histoire générale des mathématiques.* 2 Bde. Paris.

BOYER [1964]: Carl B. Boyer. Early rectifications of curves. – S. 30–39 in *Mélanges Alexandre Koyré*, vol. I. Paris.

BUONAVENTURI [1715]: Tommaso Buonaventuri. *Lezioni Accademiche d'Evangelista Torricelli.* Firenze MDCCXV. Per Jacopo Guiducci, e Santi Franchi.

BUSULINI [1974]: Bruno Busulini. I fondamenti della Geometria degli indivisibili e la polemica „Cavalieri-Guldino"*Atti Accad. Patavina* **86**, 203–233.

CANTOR [1907]: Moritz Cantor. *Vorlesungen über Geschichte der Mathematik*, Bd. I, [3]1907.

CANTOR [1913]: *Vorlesungen über Geschichte der Mathematik*, Bd. II, [2]1913.

CARRUCCIO [1955]: Ettore Carruccio (a cura di). *Evangelista Torricelli: De infinitis spiralibus.* Introduzione, riordinamento, revisione del testo sul manoscritto originale, traduzione e commento. Pisa [Quaderni di Storia e Critica della Scienza, N. 3]. – Auch S. 179–229 in Guido Castelnuovo: *Le origini del calcolo infinitesimale nell'era moderna.* Milano: Feltrinelli 1962.

CARUGO [2017]: Adriano Carugo. Galileo and Plato's myth of the origin of the system of the world. *Galilaeana* **14**, 3–19.

CAVALIERI [1632]: Bonaventura Cavalieri. *Lo specchio ustorio overo Trattato delle settioni coniche.* Bologna 1632.

CAVERNI [1891–1900]: Raffaello Caverni. *Storia del metodo sperimentale in Italia*, t. I–VI. Firenze: G. Civelli.

CELLINI [1966]: Giovanni Cellini. Le dimostrazioni di Cavalieri del suo principio. *Per. Mat.* (4) **44**, 85–105.

CHECCHI [1997]: Mario Checchi. Raffaello Magiotti scienziato galileiano. – S. 45–78 in *Il diavolo e il diavoletto: Raffaello Magiotti, uno scienziato di Montevarchi alla corte di Galileo.* Arezzo.

CIPOLLA [1918]: Michele Cipolla. I triangoli di Fermat e un problema di Torricelli. *Atti della Accademia Gioenia* (Catania), Anno XCV, Serie 5, Vol. XI, Memoria XI (48 S.).

Convegno di studi torricelliani in occasione del 350° anniversario della nascita di Evangelista Torricelli (19–20 ottobre 1958). Faenza: Società Torricelliana di Scienze e Lettere 1959.

COSTABEL [1962]: Pierre Costabel, Résumé de la lettre, adressée par Pascal à Lalouère le 4 septembre 1658. *Rev. Hist. Sci.* **15**, 367–369.

DATI [1663]: Carlo Dati. Lettera a' Filaleti di Timauro Antiate della vera storia della cicloide, e della famosissima esperienza dell'argento vivo. Firenze.

DE GANDT [1987]: François De Gandt (dir.). *L'œuvre de Torricelli: Science galiléenne et nouvelle géométrie.* Paris.

DE WAARD [1919]: Cornelis De Waard. Un episodio della vita di Torricelli sconociuto ai suoi biografi. *Boll. Bibl. Storia Sci. Mat.*, serie II, 1919, S. 33–35.

DE WAARD [1921]: Une lettre inédite de Roberval du 6 janvier 1637 contenant le premier énoncé de la cycloïde. *Bull. Sci. Math.* (2) **45**, 206–216, 220–230.

DE WAARD [1936]: *L'expérience barométrique. Ses antécédents et ses explications.* Thouars (Deux-Sèvres).

DE WAARD [1948]: A la recherche de la correspondance de Mersenne. *Rev. Hist. Sci.* **2**, 13–28.

DUFNER [1975]: Georg Dufner. *Geschichte der Jesuaten.* Roma: Edizioni di Storia e Letteratura.

DUHEM [1906]: Paul Duhem. *Les origines de la statique*, vol. II. Paris.

FABRONI [1778]: Angelo Fabroni. *Vitae Italorum doctrina excellentium qui saeculis XVII et XVIII floruerunt*, Vol. I, Pisa.

FARINI [1826]: Domenico Antonio Farini. *Discorso sulla vita, e sugli scritti di Evangelista Torricelli.* Forlì.

FAVARO [1886]: Antonio Favaro. Documenti inediti per la storia dei manoscritti Galileiani nella Biblioteca Nazionale di Firenze, *Bullettino* XVIII, 1–112, 151–230.

FAVARO [1887]: Miscellanea Galileiana inedita. Studi e ricerche. *Memorie del R. Istituto Veneto di sci. lettere ed arti* **22**, 701–1034.

FAVARO [1902/03]: Amici e corrispondenti di Galileo Galilei, VII: Giovanni Ciampoli. *Atti del R. Istituto Veneto di scienze, lettere ed arti*, t. LXII, parte seconda, 91–145.

FAVARO [1906/07]: Amici e corrispondenti di Galileo Galilei, XIX: Giannantonio Rocca. *Atti del R. Istituto Veneto di scienze, lettere ed arti*, t. LXVI, parte seconda, 141–167.

FAVARO [1907/08a]: Ancora di Giovanni Ciampoli. [Serie decimaottava di Scampoli Galileiani, CXXII]. *Atti e Memorie della R. Accademia di scienze, lettere ed arti in Padova*, cl. sci. mat. nat., N.S., XXIV, 17–19.

FAVARO [1907/08b]: Amici e corrispondenti di Galileo Galilei, XXI: Benedetto Castelli. *Atti del R. Istituto Veneto di scienze, lettere ed arti*, t. LXVII, parte seconda, 1–98.

FAVARO [1912/13]: Amici e corrispondenti di Galileo Galilei, XXIX: Vincenzio Viviani. *Atti del R. Istituto Veneto di scienze, lettere ed arti*, t. LXXII, parte seconda, 1–147.

FAVARO [1914/15]: Amici e corrispondenti di Galileo Galilei, XXXI: Bonaventura Cavalieri. *Atti del R. Istituto Veneto di scienze, lettere ed arti*, t. LXXIV, parte seconda, 701–767.

FAVARO [1921]: Evangelista Torricelli e Giovanni Ciampoli. *Arch. Storia Sci.* **2**, 46–50.

FERRONI [1811]: Pietro Ferroni. Supplemento alla dottrina torricelliana sopra le coclee. *Memorie di Matematica e di Fisica della Società Italiana delle Scienze*, t. XV, parte I, contenente le memorie di matematica, Verona 1811, 60–113.

GALLUZZI [1976]: Paolo Galluzzi. Evangelista Torricelli: Concezione della matematica e segreto degli occhiali. *Ann. Ist. Museo Storia Sci. Firenze* **1**, S. 71–96.

GALLUZZI [1979]: Vecchie e nuove prospettive torricelliane. – S. 13–51 in Gino Arrighi & al., *La scuola galileiana. Prospettive di ricerca.* Firenze.

GALLUZZI & TORRINI [1975/84]: Paolo Galluzzi & Maurizio Torrini (a cura di). *Le opere dei discepoli di Galileo Galilei.* Vol. I. Carteggio 1642–1648; vol. II. Carteggio 1649–1656. Firenze.

GARBER & TSABAN [2001]: Daniel Garber & Boaz Tsaban. *A mechanical derivation of the area of the sphere. Amer. Math. Monthly* **108**, 10–15.

GHINASSI [1864]: Giovanni Ghinassi. *Lettere fin qui inedite di Evangelista Torricelli precedute dalla vita di lui.* Faenza.

GIUSTI [1980]: Enrico Giusti. *Bonaventura Cavalieri and the theory of indivisibles.* Roma: Edizioni Cremonese. [Volume fuori commercio; Begleitpublikation zu dem von der U.M.I. veranlassten anastatischen Nachdruck von Cavalieris *Exercitationes geometricae sex*].

GLIOZZI [1944]: Mario Gliozzi. Origini e sviluppi dell'esperienza torricelliana. S. 231–294 in *OT*, IV. – [Original Torino: Giappichelli 1931].

GOVI [1886]: Gilberto Govi. Di una lente per cannocchiale, lavorata da Evangelista Torricelli e posseduta dal Gabinetto di Fisica della Università di Napoli. *Rend. R. Accad. Sci. Napoli*, XXV, 163–169.

GREINER & PEITZ [1978]: Walter Greiner & Heinrich Peitz. Ist das Vakuum wirklich leer? *Physik in unserer Zeit* **9**, Nr. 6, 165–182.

GÜNTHER [1887]: Siegmund Günther. War die Zykloide bereits im XVI. Jahrhundert bekannt? *Bibl. Math.* (2) **1**, 8–14.

HAIRER & WANNER [2011]: Ernst Hairer & Gerhard Wanner. *Analysis in historischer Entwicklung.* Berlin/Heidelberg: Springer-Verlag.

HAUBER [1798]: Karl Friedrich Hauber. *Archimeds zwey Bücher über Kugel und Cylinder, ebendesselben Kreismessung, übersetzt und mit Anmerkungen und einem Anhang von Sätzen über Kugel, Kugelstücke und durch Umdrehung ebener regulärer Figuren entstehende Körper aus Lucas Valerius, Tacquet und Torricelli begleitet.* Tübingen 1798.

HEITZER [1998]: Johanna Heitzer. *Spiralen – ein Kapitel phänomenaler Mathematik.* Leipzig. [Klett Lesehefte Mathematik]

HELLER [1884]: August Heller. *Geschichte der Physik*, II: Von Descartes bis Robert Mayer. Stuttgart: Ferdinand Enke. – Nachdruck Hamburg: Severus-Verlag 2017.

HELLER [1970]: Siegfried Heller. Lösung einer Fermatschen Dreiecksaufgabe für Torricelli. *Arch. Int. Hist. Sci.* **23**, 67–79.

HOARE [2010]: Alexandra Hoare. Freedom in friendship: Salvator Rosa and the Accademia dei Percossi. – S. 33–42 in Sybille Ebert-Schifferer & al. *Salvator Rosa e il suo tempo, 1615–1673.* Roma.

HOFMANN [1953]: Joseph E. Hofmann. Das Problem der Parabel- und Hyperbelquadratur im Wandel der Zeiten. *Math.-Phys. Semesterber.* **3**, 59–79.

HOFMANN [1963]: Über die *Exercitatio geometrica* des M.A. Ricci. *Centaurus* **9**, 139–193.

HOFMANN [1969]: Über die geometrische Behandlung einer Fermatschen Extremwert-Aufgabe durch Italiener des 17. Jahrhunderts. *Sudhoffs Archiv* **53**, 86–99.

HOFMANN [1972]: Über eine zahlentheoretische Aufgabe Fermats. *Centaurus* **16**, 169–202.

JACOLI [1875]: Ferdinando Jacoli. Evangelista Torricelli ed il metodo delle tangenti detto „Metodo di Roberval". *Bullettino* **8**, 265–307.

KLIBANSKY [1980]: Raymond Klibansky. Nicolas de Cues, Charles de Bouvelles et la cycloïde. – S. 358–362 in *CM*, t. XIV.

KOWALEWSKI [1908]: Gerhard Kowalewski. *Newtons Abhandlung über die Quadratur der Kurven.* Leipzig. [Ostwalds Klassiker der exakten Wissenschaften, 164].

KRAGH [2008]: Helge Kragh. *The moon that wasn't. The saga of Venus' spurious satellite.* Basel.

LENOBLE [1943]: Robert Lenoble. *Mersenne ou la naissance du mécanisme.* Paris: J. Vrin.

LOHNE [1966]: Johannes A. Lohne. Thomas Harriot als Mathematiker. *Centaurus* **11**, 19–45.

LOMBARDO-RADICE [1966]: Lucio Lombardo-Radice. *Geometria degli indivisibili di Bonaventura Cavalieri.* Torino: UTET.

LORIA [1904]: Gino Loria. Un'impresa nazionale di universale interesse (pubblicazione delle opere di Evangelista Torricelli). – S. 23–28 in *Atti del Congresso Internazionale di Scienze Storiche* (Roma, 1–9 aprile 1903), vol. XII.

LORIA [1911]: *Spezielle algebraische und transzendente ebene Kurven. Theorie und Geschichte*, Bd. II. Leipzig/Berlin: B.G. Teubner. 2. Aufl.

LORIA [1922]: L'opera geometrica di Evangelista Torricelli. *Boll. UMI* 1922, sez. stor.-bibl., i–vii.

LORIA [1932]: Una lettera inedita di Evangelista Torricelli. Supplemento al carteggio di E. Torricelli. *Archeion* **14**, 12–14.

LORIA [1938]: Le prétendu „larcin" de Torricelli. *Archeion* **21**, 62–68.

MAFFIOLI [2011]: Cesare S. Maffioli. La ragione del vacuo: why and how Galileo measured the resistance of vacuum. *Galilaeana* **8**, 73–104.

MAGALOTTI [1667]: Lorenzo Magalotti. *Saggi di naturali esperienze fatte nell'Accademia del Cimento ...descritte dal Segretario di essa Accademia.* Firenze.

MARIE [1884]: Maximilien Marie. *Histoire des sciences mathématiques et physiques*, t. IV: De Descartes à Huygens. Paris.

MARONNE [2019]: Sébastien Maronne. Pascal, Torricelli et les Données: sur le premier écrit du concours de la roulette. – S. 441–459 in Agnès Cousson (dir.), *Passions géométriques. Mélanges en honneur de Dominique Descotes.* Paris.

MEDOLLA [1993]: Guia Medolla. Alcuni documenti inediti relativi alla vita di Evangelista Torricelli. *Boll. Storia Sci. Mat.* **13**, 287–296.

MERSENNE [1634]: Marin Mersenne. *Les Mechaniques de Galilée. Traduites de l'italien par L.P.M.M.* Paris M.DC.XXXIV. – Édition critique présentée par Bernard Rochot. Paris 1966.

MERSENNE [1647]: *Novarum observationum physico-mathematicarum* Tomus III. Paris 1647.

MIDDLETON [1963]: W.E. Knowles Middleton. The place of Torricelli in the history of the barometer. *Isis* **54**, 11–28.

MIDDLETON [1964]: *The history of the barometer.* Baltimore.

MINIATI [2002]: Mara Miniati & al. 17th-century telescope optic of Torricelli, Divini, and Campani. *Applied Optics* **41**, 644–647.

MØLLER-PEDERSEN [1970]: Kirsti Møller-Pedersen. Roberval's comparison of the arclength of a spiral and a parabola. *Centaurus* **15**, 26–43.

MONCONYS [1665]: Balthasar de Monconys. *Journal des voyages.* Première partie. Lyon.

MONTUCLA [1799]: Étienne Montucla. *Histoire des mathématiques*, t. II. Paris [An VII].

MUDRY [1987]: Anna Mudry (Hg.), *Galileo Galilei. Schriften, Briefe, Dokumente.* 2 Bände. München.

NAPOLITANI [1988]: Pier Daniele Napolitani. La geometrizzazione della realtà fisica: il peso specifico in Ghetaldi e in Galileo. *Boll. Storia Sci. Mat.* **8**, 139–237.

NARDI [1994]: Antonio Nardi. Théorème de Torricelli ou théorème de Mersenne. – S. 87–118 in *Les Études Philosophiques* 1994, no. 1/2: Études sur Mersenne.

NIKIFOROWSKI & FREIMAN [1978]: W.A Nikiforowski & L.S. Freiman (Übers. Harald Sommer). *Wegbereiter der neuen Mathematik.* Moskau/Leipzig. [Enthält die Kapitel „Torricelli", S. 148–179, und „Roberval", S. 180–213].

PALMIERI [2009]: Paolo Palmieri. Superposition: on Cavalieri's practice of mathematics. *Arch. Hist. Ex. Sci.* **63**, 471–495.

PATERNOSTER [1996]: Giovanni Paternoster, Raffaele Rinzivillo & Edvige Schettino. Studio di una lente per cannocchiale di grandi dimensioni lavorata da Evangelista Torricelli. *Nuncius* **11**, 124–134.

POUDRA [1864]: Noël-Germinal Poudra (éd.), *Œuvres de Desargues*, t. I. Paris.

ROBERTI [1692]: Gaudenzio Roberti. *Miscellanea Italica physico-mathematica.* Bologna 1692.

RONCHI [1948]: Vasco Ronchi. Evangelista Torricelli ottico. *Atti Fond. Giorgio Ronchi*, Anno III, N. 5–6, 155–169.

RONCHI [1955]: Un précieux travail, peu connu, d'Evangelista Torricelli. *Arch. Int. Hist. Sci.* **8**, 359–361.

RONCHI [1960]: Ancora sul „segreto degli occhiali" di Evangelista Torricelli. *Atti Fond. Giorgio Ronchi*, Anno XVL, 119–120.

ROSSINI [1956]: Giuseppe Rossini. *Lettere e documenti riguardanti Evangelista Torricelli.* Faenza.

RUDIO [1892]: Ferdinand Rudio. *Archimedes, Huygens, Lambert, Legendre. Vier Abhandlungen über die Kreismessung.* Leipzig.

SASSEN [1964]: Ferdinand Sassen. De reis van Marin Mersenne in de Nederlanden (1630). *Mededelingen van de Koninklijke Vlaamse Academie voor wetenschappen, letteren en schone kunsten van België*, klasse der letteren, XXVI, Nr. 4.

SEGRE [1983]: Michael Segre. „Torricelli's correspondence on ballistics." *Ann. Sci.* **40**, 489–499.

TACQUET [1654]: André Tacquet, S.J. *Elementa geometriae planae ac solidae. Quibus accedunt selecta ex Archimede theoremata.* Antwerpen 1654.

TANNERY [1889/90]: Paul Tannery, Pascal et Lalouvère. *Mem. Soc. Sci. Bordeaux* (3) **5**, 55–84.

TARGIONI-TOZZETTI [1780]: Giovanni Targioni-Tozzetti. *Notizie degli aggrandimenti delle scienze fisiche accadute in Toscana nel corso di anni LX del secolo XVII.* Tomo primo. Firenze.

TATON [1963]: René Taton. L'annonce de l'expérience barométrique en France. *Rev. Sci. Hist.* **16**, 77–83.

TENCA [1954]: Luigi Tenca. A proposito del segreto del Torricelli sulla lavorazione dei vetri. *Atti della Fondazione Giorgio Ronchi*, Anno IX, N. 3, 186–190.

TENCA [1955/56]: Michel Angelo Ricci. *Atti Accad. Patavina* **68**, pt. II, 142–158.

TENCA [1958]: I manoscritti di Evangelista Torricelli e il prossimo Congresso di Faenza. *Boll. UMI* (3) **13**, 248–252.

TENCA [1960]: I presunti contrasti fra Evangelista Torricelli e Vincenzio Viviani. *Per. Mat.* **38** (1960), 87–94.

TOSCANO [2008]: Fabio Toscano. *L'erede di Galileo. Vita breve e mirabile di Evangelista Torricelli.* Milano.

TROPFKE [1924]: Johannes Tropfke. *Geschichte der Elementarmathematik*, Band VII. 2. Aufl. Berlin/Leipzig.

TURRIÈRE [1918]: Émile Turrière. Les origines d'un problème inédit de E. Torricelli. *Enseign. Math.* **20**, 245–268.

VAN HELDEN [1999]: Albert van Helden. *Catalogue of early telescopes.* Firenze: Istituto e Museo di Storia della Scienza.

VOLKERT [1996]: Klaus Volkert. Die Quadratur der Hyperbel des Gregorius a San Vincentio. *Journal f. Matematikdidaktik* **17**, 3–20.

WHITMORE [1967]: Patrick J.S. Whitmore. *The order of Minims in seventeenth-century France.* The Hague.

WIELEITNER [1931]: Heinrich Wieleitner. Das Fortleben der archimedischen Infinitesimalmethoden bis zum Beginn des 17. Jahrhunderts, insbesondere über Schwerpunktbestimmungen. *Quellen und Studien zur Geschichte der Mathematik, Astronomie und Physik* B **1**, 201–220.

WILLACH [2001]: Rolf Willach. Telescope optics in the middle of the 17th century. *Ann. Sci.* **58**, 381–398.

Printed in the United States
by Baker & Taylor Publisher Services